2017

中国海洋年鉴

CHINA OCEAN YEARBOOK

《中国海洋年鉴》编纂委员会 编

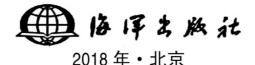

海洋出版社

2018 年·北京

2016年11月18日，国家海洋局党组召开扩大会，学习贯彻习近平总书在推进"一带一路"建设工作座谈会上的重要讲话精神。国家海洋局党组书记、局长王宏传达了习近平总书记讲话的主要内容，并就在全局系统进一步落实和推进"一带一路"建设工作作出部署。国家海洋局党组成员、副局长房建孟、孙书贤、石青峰、林山青参加会议

2016年5月12日，国家海洋局和海南省政府共同举办的全国海洋防灾减灾宣传活动在海口市举行，活动主题为"减少灾害风险 建设安全城市"。海南省委副书记、省长刘赐贵，国家海洋局党组书记、局长王宏出席活动

2016年6月2日，国家海洋局局长王宏在葡萄牙里斯本出席世界海洋部长级会议，在国际高层平台阐明我国"与海为善、以海为伴"的海洋发展模式，与葡萄牙海洋部签署了《关于海洋领域合作的谅解备忘录》，推动中葡海洋合作进入机制化和长期化发展轨道

2016年9月9日，国家海洋局局长王宏视察辽宁盘锦红海滩整治修复项目

海洋战略规划与经济

2016年3月2日，国家海洋局在北京召开新闻发布会，发布
《2015年中国海洋经济统计公报》

2016年11月24日，《2016中国海洋经济发展指数》在"中国海洋经济博览会"上首次
发布。国家海洋信息中心何广顺主任向社会公众介绍《指数》编制情况和指数结果

海域使用管理

2016年12月30日，深圳成为全国首个海洋综合管理示范区揭牌仪式

上海市海洋局G20峰会期间护缆巡航

海域使用管理

河北省海岸带综合整治修复

盘锦退养还滩整治修复项目

海洋科学与技术

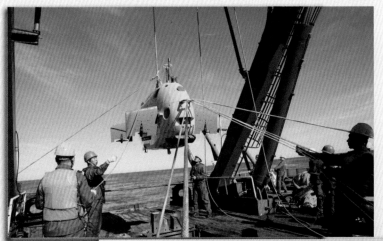

2016年1月10日18时14分（北京时间22时14分），我国自主研发的4500米级深海资源自主勘查系统（AUV）圆满完成其大洋"首秀"。"潜龙二号"第一次在西南印度洋断桥热液区下潜，获得了该区域近底微地形地貌和海底环境参数，实现了我国自主研发的AUV首次在洋中脊海底勘探

2016年3月10日，国家海洋局天津海水淡化与综合利用研究所在滨海新区中海油渤西油气处理厂项目现场开展装置示范应用

2016年3月26日，"向阳红03"船正式入列国家海洋调查船队

海洋科学与技术

2016年 8月 10日 6时 55分，我国首颗一米分辨率C波段SAR卫星—高分三号卫星在太原卫星发射中心成功发射。高分三号卫星发射后将有力促进海洋权益维护、海洋和海况预报、海洋综合管理服务等业务化应用，是我国利用空间技术开展大范围海洋监测监测的又一次飞跃，也是我国海洋事业放眼全球、走向大洋的又一里程碑

2016年12月8日，"海洋生物活性物质高效利用技术国家地方联合工程实验室"获国家发改委正式批复成立

2016 年12月13日，国家海洋局在北京召开全国海洋科技创新大会。国家海洋局党组书记、局长王宏，科技部党组成员、副部长徐南平，国土资源部副部长曹卫星出席会议。刘光鼎等29位资深院士获得"终身奉献海洋"纪念奖章

海洋国际交流与合作

2016 年 10 月 13—14 日，应美国国家海洋与大气局助理局长克雷格·麦克林的邀请，中国国家海洋局副局长林山青率团赴美出席了中美第19次海洋与渔业科技合作联合工作组会议

中国-莫桑比克、中国-塞舌尔大陆边缘海洋地球科学联合调查航次于2016年6月1日至7月25日圆满完成。图为2016年7月25日深圳接航仪式

海洋国际交流与合作

应冰岛教育、科学和文化部邀请，中国国家海洋局副局长孙书贤于2016年10月8—12日率团访问冰岛，出席首届中冰海洋与极地科技合作联委会会议和中冰联合极光观测台奠基仪式

2016年12月14日，中国柬埔寨首次联合海洋科考航次启动仪式暨"向阳红01"船柬埔寨公众开放日活动在柬埔寨王国西哈努克港码头举行

极地考察

2016年7月11日—9月26日，中国第7次北极考察队乘"雪龙"号船开展北极考察任务。
图为考察队员在结束冰站作业后的合影

2016年11月2日，中国第33次南极科学考察队乘"雪龙"号船前往南极执行考察任务。
图为考察队员在出发前合影留念

中国第33次南极考察"昆仑"站队员在撤离该站前集体合影

极地考察

中国南极"泰山"站

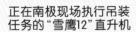

正在南极现场执行吊装
任务的"雪鹰12"直升机

整装待发的
南极内陆车队

海洋船舶工业

全球首艘极地重载甲板运输船

我国首艘300米饱和潜水母船 "深潜" 号

世界最先进的第六代3000米深水半潜式钻井平台
"海洋石油981" 号

我国首艘自主知识产权3000英尺深水钻井船

编 辑 说 明

　　《中国海洋年鉴》是我国海洋界唯一的综合性、资料性、史册性工具书，于 1982 年首次出版，到 2017 年已连续出版了 24 卷。本年鉴旨在客观记载、全面反映我国海洋事业发展状况以及国家涉海各部门、各行业、各地区每年度的最新进展和主要成就，可为国内外全面了解我国海洋事业的发展提供翔实的史料。本年鉴由国家海洋局主办，国务院涉海各部、委、局与沿海省、自治区、市协办，《中国海洋年鉴》编辑部编辑，海洋出版社出版。

　　《2017 中国海洋年鉴》所刊载的内容，主要是 2016 年度我国海洋事业的进展情况，少数资料由于事件的连续性而在时间上有所跨越。

　　《2017 中国海洋年鉴》分设九大部分：①综合信息；②海洋经济；③海洋管理；④沿海海洋管理和海洋经济；⑤海洋公益服务；⑥海洋科技、教育与文化；⑦极地与国际海域；⑧海洋国际交流与合作；⑨附录。

　　《2017 中国海洋年鉴》所刊载的内容分别由国家涉海和沿海地区海洋主管部门和单位提供。资料未包括香港特别行政区、澳门特别行政区和台湾省。《中国海洋年鉴》的编辑出版得到了国家涉海各部门、各行业、各地区的大力支持和热情帮助，得到了海洋界众多领导和专家的指导和鼓励。在此，我们对所有为本年鉴编辑出版工作做出贡献的单位和个人表示衷心感谢。

　　本年鉴刊载的内容涉及国家涉海有关部门、行业和地区，如在框架安排、资料搜集和处理等方面有疏漏或不妥之处，恳请各位领导、各界专家和广大读者批评指正并提出宝贵建议。

《中国海洋年鉴》编辑部

2017 年 12 月

目　次

海洋管理

海洋立法与规划

海洋科技、教育与文化

海洋科学研究

海洋技术

附录

2016 年海洋工作综述

2016 年是"十三五"开局之年，紧紧围绕党中央国务院加快海洋强国的战略部署，我国海洋工作亮点纷呈，成效显著。

一、海洋战略规划与政策法规建设取得重要成果

我国海洋综合管理的制度体系进一步完善。《海岸线保护与利用管理办法》《围填海管控办法》《海洋督察方案》与现行的海洋法律法规、海洋空间基础规划共同勾画了"生态+海洋管理"的新模式。全面建立海洋生态红线制度，印发《关于全面建立实施海洋生态红线制度的意见》和《海洋生态红线划定技术指南》，沿海 11 个省（区、市）完成红线划定方案，将沿海省（区、市）约 30% 的管理海域、约 35% 的大陆自然岸线和约 74% 的海岛自然岸线纳入红线管控范围。

稳步推进海洋立法工作。《深海海底区域资源勘探开发法》和《海洋环境保护法（修正案）》已经全国人大常委会审议通过，前者规范了深海海底资源勘探开发、环境保护、科学技术研究活动，后者将近年建设海洋生态文明的有效做法和成功实践固化为法律。《无居民海岛开发利用审批办法》获得国务院批准。福建、广西、海南制修订了海域和海岛保护、珊瑚礁保护等方面的地方性法规规章。深化"放管服"改革取得新成效，取消行政审批事项 3 项，下放 5 项，将 14 项中介服务事项压缩为 3 项。

推动海洋战略研究和规划编制。大力促进海洋战略规划研究成果的应用，国家"十三五"规划纲要设立"拓展蓝色经济空间"专章，明确海洋领域重点任务及重大工程，并编制了《海洋科技创新总体规划战略研究报告》。《关于开展省级海洋主体功能区规划编制工作的通知》由国家发展改革委和国家海洋局联合印发实施，省级海洋主体功能区规划编制工作全面启动。国家有关部门相继出台涉及海洋经济、海岛保护、生态岛礁、法治宣传、海洋监测、防灾减灾、科技兴海、海水利用、海洋能发展、标准计量、信息化建设、极地深海、海洋文化建设等方面的"十三五"专项规划，基本覆盖海洋工作各领域。

二、海洋经济指导与调节再上新台阶

实现海洋经济发展稳中有进。2016 年全国海洋生产总值约为 7.1 万亿元，同比增长约 6.8%，占国内生产总值的 9.5%。其中，海洋产业增加值 43283 亿元，海洋相关产业增加值 27224 亿元。海洋第一、第二、第三产业增加值分别为 3566 亿元、28488 亿元和 38453 亿元，占海洋生产总值的比重分别为 5.1%、40.4% 和 54.5%。

部分传统海洋产业下行压力加大。2016 年，受国际原油价格低迷的影响，海洋原油和天然气产量同比均有所下降。由于国际船舶市场持续调整，船舶工业三大指标均下滑，规模以上船舶工业企业实现利润总额 147.4 亿元，同比下降 1.9%。海洋战略性新兴产业增速高于传统产业。海上风电项目稳步推进，江苏如东和东台海上风电场等成功并网发电。海水利用业保持良好发展势头，截至 2016 年底，全国已建成海水淡化工程 131 个，工程总规模得到 118.8 万吨/日。海洋服务业比重持续提高。滨海旅游业对海洋经济的贡献率达到 24.2%，成为拉动海洋经济增长的重要因素。全年大连等十一大邮轮港口城市共接待邮轮 1010 艘次，同比增长 74.7%。

加强海洋经济监测与服务。首次编制"海洋经济运行季度报告",发布"中国海洋经济发展指数",监测涉海上市公司运营情况。建立涉海企业直报制度,布设各类直报节点近4500个。全面启动第一次全国海洋经济调查,取得阶段性成果。深化部门间战略合作与数据共享,与工业和信息化部、商务部、国家统计局、中国农业发展银行签署战略合作协议或达成合作共识。

加大金融支持海洋经济力度。中国人民银行、国家海洋局和国家发展改革委等部门积极研究起草金融支持海洋经济发展的政策措施。沿海地方积极探索创新海洋产业投融资服务,助力海洋经济发展。

推动产业集聚创新发展。国家发展改革委、国家海洋局联合印发《关于促进海洋经济发展示范区建设的指导意见》。财政部、国家海洋局共同印发《关于"十三五"期间中央财政支持开展海洋经济创新发展示范工作的通知》,并批准天津滨海新区等8个城市首批示范。推动海洋战略性新兴产业发展,国家海洋局新认定6家科技兴海国家级产业示范基地。

三、海洋开发利用管理力度逐步加强

强化海域使用管理。编制印发《区域建设用海规划管理办法(试行)》《关于进一步规范海上风电用海管理的意见》,修订并印发《关于进一步加强自然保护区海域使用管理工作的意见》等规范性文件,完善海域使用管理配套制度。县级海域动态监管能力建设工作稳步推进,利用卫星遥感资料实现监测的海域面积达到29万平方千米。

加强海岛保护与利用。加强《海岛法》配套制度建设,修订无居民海岛开发利用论证、审理、测量等制度。为将无居民海岛纳入全民所有自然资源资产有偿使用制度改革范畴,开展深入的调查研究工作。完成9个领海基点保护范围选划,开展领海基点所在海岛稳固性修复。首次发布海岛统计调查公报,评选了全国"十大美丽海岛"。开展海岛监视监测顶层设计,将海岛数量、岸线、植被和开发利用状况纳入业务化监测。

重视海洋资源开发与利用。我国近海11个盆地石油地质资源量约239亿吨,天然气地质资源量约21万亿方。2016年,海洋油气产量继续保持增长态势,中国海洋石油公司、中国石油天然气集团公司和中国石油化工集团公司合计生产海洋原油逾5300万吨,天然气逾140亿立方米。沿海港口全年共新建及改(扩)建码头泊位171个,新增通过能力22487万吨,其中万吨级及以上泊位新增通过能力21019万吨。

四、海洋生态环境保护工作持续扎实推进

强化海洋生态环境保护。控制近岸海域污染,牵头开展近岸海域水质状况考核。在渤海湾、胶州湾、厦门湾、大鹏湾等海域继续开展污染物排海总量控制试点。重点实施北戴河海域环境综合整治和京津冀地区海洋资源环境承载能力监测预警试评估。印发加强滨海湿地保护管理的指导意见。新建16处海洋特别保护区和国家海洋公园。目前,国家级海洋公园总数达48处,总面积增加42.7%。成功举办了"贵阳海洋生态文明建设主题论坛",策划和组织中央媒体开展了"海疆生态行"主题宣传活动。

开展海洋生态工程建设。推进"蓝色海湾""南红北柳""生态岛礁"工程,沿海各地积极编制了滚动计划及实施方案,已认定18个实施城市,下拨奖补资金25.9亿元。浙江建立了自然岸线与生态岸线"占补平衡"机制,福建建立了30个保护砂质岸线的海岸公园,河北唐山积极推广藻礁生态系统建设模式。

五、海洋权益维护与执法取得新进展

维护国家海洋权益。中国海警继续开展重点海域执勤值守和我国管辖海域定期维权巡航执法工作,重点对钓鱼岛、黄岩岛及南沙重点岛礁海域加强监管。推进基础设施建设,开展南沙岛礁生态保护。南沙岛礁民事项目建设取得关键性进展,观测监测等项目

主体工程如期竣工，已正式对外发布海洋预报信息。实施南沙岛礁生态调查保护，开展珊瑚礁生态系统原位监测试点。深入开展南海法理和历史研究，积极应对菲律宾仲裁案。开始实施《南海及其周边海洋国际合作框架计划（2016—2020年）》，开通南海专题网站，明确了我国255个南海海底地理实体的命名。成功举办"第五届外大陆架问题"等多个国际研讨会。深入参与联合国海洋和海洋法决议磋商、国家管辖外海域生物多样性可持续利用国际协定、联合国2030年可持续发展议程、全球海洋评估经常性程序报告、"我们的海洋"大会和世界海洋部长会议等多边进程谈判和活动。

加强海洋行政执法监督工作。法治海洋建设年度工作任务完成92项。国家海洋局组织海区分局对海洋生态保护、围填海管理等重点领域开展年度专项督察。健全行政应诉工作机制，建立部门负责人出庭应诉制度。出台行政决策程序建设和权力运行监督制度，完成《海洋听证办法》和《政府信息公开实施办法》的修订。

提高海上综合执法能力。组织开展"海盾2016""碧海2016"、无居民海岛、北戴河海域环境保护等专项执法。全年共派出舰船715航次，航程10余万海里，飞机巡航162架次，飞行544小时，12万千米。全年开展各类检查12.5万次，检查项目4.15万个，发现违法行为1746起，侦办海洋环境刑事案件4起，实现海洋环境刑事案件零的突破，查处海上治安案件166起，查获涉嫌走私案件752起。沿海地区23个市县级海监机构开展了海洋保护区和海洋工程环境保护执法示范工作，有力维护了海洋开发利用秩序。

六、海洋公益服务能力稳步提升

提升海洋观测监测能力。全面推进全球海洋立体观测网"十三五"重大工程和《全国海洋观测网规划（2014—2020年）》实施，形成完全覆盖我国管辖海域、大洋和极地重点关注区域的业务化观测监测和运行保障能力。依托现有全国海洋观测网，增加生态监测、海岛监视监测能力。进一步优化和加密布局，强化重点区域的海洋灾害和生态环境事故应急响应。

提升海洋环境监测时效。全年开展7大类29项监测，布设监测站位约12000个，获取监测数据约200万个。新增危化品本底和微塑料试点监测，国控站位增加了29.7%。编制形成《国家海洋环境实时在线系统总体布局及建设思路》，启动20套在线监测设备建设工作。建立黄海浒苔绿潮灾害联防联控机制，打捞浒苔128万吨。开展海上溢油、危化品风险排查与应对能力建设，完成西太平洋放射性预警监测任务。

积极发挥海洋防灾减灾体系功效。有效应对2016年极强厄尔尼诺和拉尼娜事件导致的系列海洋灾害。建成海上搜救环境保障系统，全年共为各海上搜救机构提供了70多次海上目标漂移预测服务。中国气象局密切跟踪台风变化趋势、及时发布定位定强信息和预警信息，提供巡航预报服务。开展海平面变化影响评估和海岸侵蚀灾害损失评价，开展重点防御区试点划定工作。完成浙江温州和广东大亚湾两个减灾综合示范区建设，取得良好工作成效。组织开展海南文昌、广东徐闻、雷州三个县的海洋灾害风险评估和区划工作。完成全国沿海警戒潮位核定。

七、极地大洋科考工作进一步深化

开展"雪龙探极"工程，提升极地科考能力。编制"雪龙探极"工程项目实施方案，完成"南北极环境综合考察与评估"专项一级、二级成果集成。开工建造新的极地科学考察船。圆满完成第32次南极科学考察、第7次北极科学考察和北极黄河站年度科学考察，新建南极罗斯海站的前期工作进展顺利。"雪鹰601"固定翼飞机投入南极运行，顺利加入国际南极航空网。

推动"蛟龙探海"工程，维护深海合法

权益。编制完成《"蛟龙探海"工程建设方案（上报稿）》，形成深海矿产资源、生物基因资源、环境状况、船舶装备等报告。顺利完成多金属结核勘探合同延期工作。签订两艘大洋科考船建造合同，新船建造工作全面展开。组织完成"蛟龙"号载人潜水器试验性应用和履行合同区勘探等4个外业调查航次。推进"蛟龙"号、"海龙"号以及"潜龙"号系列大型装备体系维护升级和试验应用工作。

八、海洋科研教育取得丰硕成果

提高海洋科技创新能力。召开全国海洋科技创新大会。积极推动"海洋环境安全保障"和"深海关键技术与装备"重大科研专项。强化"海洋公益性行业科研专项"管理，推动成果转化应用。开展"全球变化与海气相互作用"专项，在南海、西太平洋和东印度洋实施调查研究。中国地质调查局开展海洋基础地质调查，首次对南海海底地理实体进行系统命名并获得国务院批准。积极推动我国应对气候变化和海洋防灾减灾工作，继续推动海洋调查船队日常建设管理。新一代海洋综合科考船"向阳红01"船和"向阳红03"船交付使用并首航成功。完成"海洋一号C/D、海洋二号B/C"等4颗业务卫星立项，成功发射"高分三号"海洋应用卫星。2016年度国家自然科学基金批准资助海洋科学项目467项，总经费30191万元。"863"计划完成11个课题的中期检查、77个课题的验收工作。

加强海洋人才培养。高校在海洋领域的学科建设进一步完善，海洋相关专业人才的培养质量进一步提高。2016年，全国高校设有海洋科学类、海洋工程类等海洋相关本科专业126个，与海洋相关的一级学科博士学位授权点29个，一级学科硕士学位授权点35个。2015—2016学年度，我国海洋相关学科共授予博士学位520余人，授予硕士学位2900余人。

提升海洋意识。社会各界增强海洋意识的宣传、研究、教育工作进一步开展。教育部和国家海洋局联合组织编写《青少年海洋意识教育指导纲要》。设立50多个全国海洋意识教育基地。提升海洋类新闻的报道频率，拓展报道内容。

九、国际海洋事务得到进一步拓展

推动实施《南海及其周边海洋国际合作框架计划（2016—2020）》，围绕促进海洋经济政策对接与交流，以海洋科技促进海洋经济发展，以海洋观测与预报以及海洋生态环境保护为社会经济发展提供服务与保障，与斯里兰卡、泰国、马来西亚、柬埔寨等国开展了一系列高层互访交流，实施了具体务实的项目。借出席葡萄牙"蓝色周"世界海洋部长会议和"我们的海洋"大会的契机，积极倡导建立蓝色经济发展合作机制，将蓝色经济作为重要合作领域之一纳入中国—欧盟海洋综合管理高级别对话机制以及与葡萄牙签署的海洋领域合作谅解备忘录。主办第四届APEC蓝色经济论坛，以及海洋经济定义和方法研讨会，参加第二届环印度洋联盟蓝色经济核心小组研讨会，参与联合国亚洲及太平洋经济社会委员会有关蓝色经济问题的磋商等，积极推进有关国际组织框架下的蓝色经济相关活动。促进新型大国关系发展，助推"一带一路"建设。国家海洋局主持中美第八轮战略与经济对话"保护海洋"对口磋商，促成厦门市与旧金山市签署海洋垃圾防治"伙伴城市"合作谅解备忘录，签署《中美海洋与渔业科技合作框架计划(2016—2020年)》。与丹麦、德国、美国、澳大利亚、新西兰、乌拉圭等国签署了多项合作协议或举行了双边海洋合作联委会。与国际组织共同建立海洋管理相关项目，为培养国际合作人才建立新渠道。重启了全球环境基金大黄海海洋生态系统项目。推动白海豚全球保护项目获得批准。继续实施中国政府海洋奖学金项目，为沿海发展中国家培养高端海洋人才。举办多层次多级别海洋专题培训班，为沿海发展中国家能力建设提供援助。

综 合 信 息

特　载

牢固树立五大发展理念 推进海洋生态文明建设

国家海洋局党组书记、局长　王　宏

（2016 年 6 月 8 日）

今天是第 9 个世界海洋日暨全国海洋宣传日，今年的主题是"关注海洋健康、守护蔚蓝星球"。这一主题旨在呼吁公众坚持创新、协调、绿色、开放、共享的发展理念，共同关心、爱护海洋，保护海洋生态环境，营造人海和谐的社会氛围。

健康的海洋是确保海洋事业科学发展的基础

我国是海洋大国，岸线漫长，港湾、岛屿众多，资源丰富，管辖海域辽阔。海洋所蕴藏的巨大潜在资源和能力，是我国实现发展崛起的重要物质条件，是解决当前资源环境问题的主要出路，也是实现未来更大发展的战略新空间。

改革开放以来，我国海洋事业发展迅速，海洋开发对沿海地区经济社会发展起到了重要的推动作用。但与此同时，我们也看到，海洋事业在发展过程中还存在经济规模偏小、资源开发利用程度不高、发展方式比较粗放、科技创新能力不足等矛盾和问题。特别是一些地方过度、盲目、无序的海洋开发以及对海洋资源的掠夺式占有，造成近海渔业资源枯竭、海洋环境污染、物种锐减等一系列生态环境问题，制约了海洋经济的健康发展，

影响了海域的综合开发效益，已成为沿海地区经济社会可持续发展的重大瓶颈。

党的十八大把生态文明建设纳入中国特色社会主义事业"五位一体"总体布局，并把"美丽中国"作为生态文明建设的宏伟目标，提出要树立尊重自然、顺应自然、保护自然的生态文明理念，把生态文明建设放在突出地位，融入经济建设、政治建设、文化建设、社会建设各方面和全过程，努力建设美丽中国，实现中华民族永续发展。这为我们从根本上解决当前面临的海洋资源过度消耗、生态环境形势严峻等问题指明了方向。只有大力推进海洋生态文明建设，维护海洋健康，才能实现海洋事业的科学发展。

健康的海洋是建设海洋强国的应有之义

党的十八大做出了建设海洋强国的重大战略部署。习近平总书记强调，建设海洋强国是中国特色社会主义事业的重要组成部分，要坚持走依海富国、以海强国、人海和谐、合作共赢的发展道路。"十三五"规划纲要提出，要坚持陆海统筹，发展海洋经济，科学开发海洋资源，保护海洋生态环境，维护海洋权益，建设海洋强国。

建设海洋强国，当前突出的瓶颈制约是

资源环境，突出的短板也是资源环境。为此，必须妥善处理好沿海经济社会发展和海洋生态环境保护之间的关系，做好生态环境保护的顶层设计，加强对海洋资源开发利用的宏观把握，实现海洋生态环境质量总体改善。这既是建设海洋强国的应有之义，也是推进海洋生态文明建设的目标要求，关系人民福祉，关乎民族未来。

国家海洋局党组高度重视海洋生态文明建设，坚持把海洋生态环境保护作为海洋事业发展特别是海洋综合管理的基点。牵头制订的《全国海洋主体功能区规划》，为科学谋划海洋空间布局提供了基本依据和重要遵循。印发的《海洋生态文明建设实施方案》，对"十三五"期间海洋生态文明建设工作进行了顶层谋划和全面部署。"十三五"海洋工作思路明确提出，要建立和完善基于生态系统的规划、制度、监督评价、试点示范等海洋综合管理体系，统筹海洋开发与保护，实现人海和谐。

以五大发展理念推进海洋生态文明建设

2015年，习近平总书记在党的十八届五中全会上提出了新时期各项工作必须遵循创新、协调、绿色、开放、共享的发展理念。理念决定发展，更关系发展的质量与前景。只有深刻理解、准确把握五大发展理念的内涵和要求，并将其融入海洋生态环境保护工作之中，贯穿于海洋事业发展的全过程和各方面，才能开创海洋生态文明建设的新局面。

坚持创新发展，形成海洋生态环保的新动力。创新是推动海洋事业快速发展的第一动力。要强化观念创新，把人海和谐思想纳入海洋事业顶层设计，统筹处理好眼前与长远、发展与保护的关系。强化体制机制创新，构建有利于推进海洋生态文明建设的长效机制，推进集约节约用海，建立健全海洋生态红线等制度规范。强化技术创新，大力发展海洋环保新技术，积极培育绿色、循环、低碳的海洋新兴产业。

坚持协调发展，构建海洋生态环保的新格局。协调是海洋事业持续健康发展的内在要求。要科学配置海洋资源，大力推进供给侧结构性改革，明确不同海洋区域的主体功能定位，破解海洋产业结构不合理、区域布局同质化、部分产业产能过剩的难题。坚持陆海统筹，推进陆海污染联防联控。建立健全科学有效的协调机制，积极争取各行业、各部门、沿海地方的广泛支持，形成建设海洋生态文明的强大合力。

坚持绿色发展，开辟海洋生态环保的新途径。绿色是保障海洋事业永续发展的必要条件。要将"生态+"思想贯穿海洋管理各方面，促进"生态+海洋经济"发展，构建"生态+海洋管理"方式，推动"生态+海洋科技"进步。加强生态保护修复，科学划定海洋生态红线，拓展海洋保护区网络体系，实施"蓝色海湾""南红北柳""生态岛礁"等重点工程。加强海洋防灾减灾体系建设，切实提高灾害防御能力。

坚持开放发展，拓展海洋生态环保的新空间。开放是实现海洋事业繁荣发展的必然选择。要统筹国内国际两个大局，坚持"引进来"与"走出去"并重，加强与相关国家和地区在海洋生态修复、海洋垃圾治理、海洋防灾减灾等方面的交流合作。积极主动承担大国责任与义务，深度参与国际海洋治理，建立健全海洋生态环境保护、海洋资源开发等领域的国际合作机制，不断增强我国在国际规则制定中的话语权。

坚持共享发展，提升海洋生态环保的新成效。共享是海洋事业发展造福人民的本质要求。要以对人民群众、对子孙后代高度负责的态度和责任，把海洋环境污染治理好、把海洋生态环境建设好。加强海洋生态环境保护的基本公共服务，兴建海洋公园、治理海洋垃圾、打造亲水岸线，让人民群众享受到海洋的美丽。充分调动公众的积极性和创造性，开展形式多样的宣传教育和科普活动，使爱海护海成为全社会的自觉行动。

当前，我国海洋事业进入了一个全新的历史发展阶段，开好局起好步，对确保实现"十三五"目标具有重要意义。海洋系统全体干部职工要紧密团结在以习近平同志为总书记的党中央周围，锐意进取，扎实工作，牢固树立五大发展理念，为建设美丽海洋、美丽中国，实现全面建成小康社会奋斗目标和中华民族伟大复兴中国梦做出新的更大的贡献。

2016 年大事记

1 月 9 日 中国首架极地固定翼飞机"雪鹰 601"首次成功飞越中国南极昆仑站，并安全返回中国南极中山站，持续飞行 2623 千米。

1 月 10 日 "潜龙二号"稳稳地被吊至"向阳红 10"船后甲板的支架上。这标志着中国自主研发的 4500 米级深海资源自主勘查系统（AUV）圆满完成其大洋"首秀"。"潜龙二号"第一次在西南印度洋断桥热液区的下潜，获得了该区域近底微地形地貌和海底环境参数，实现了中国自主研发的 AUV 首次在洋中脊海底勘探。

1 月 22 日至 23 日 全国海洋工作会议在京召开。会议传达了中共中央政治局常委、国务院副总理张高丽的重要批示。国土资源部党组书记、部长姜大明出席会议并讲话。国家海洋局党组书记、局长王宏作了海洋工作报告，局党组成员、副局长陈连增主持会议，局党组成员、纪委书记吕滨作了党风廉政建设工作报告，局党组成员、副局长张宏声、房建孟、孙书贤出席会议。

1 月 28 日 第一次全国海洋经济调查（以下简称调查）江苏试点工作总结会在江苏省南通市如皋市召开。广西北海、河北栾城、江苏如皋 3 个试点主体工作的如期完成，第一次全国海洋经济调查全面调查工作即将展开。

1 月 29 日 国家海洋局印发《区域建设用海规划管理办法（试行）》，进一步加强区域建设用海规划编制实施管理，要求各地要将依法用海、生态用海理念贯穿于规划编制和实施的全过程，着力打造海洋生态文明建设的典范。

2 月 26 日 第十二届全国人大常委会第十九次会议表决通过了《深海海底区域资源勘探开发法》，国家主席习近平签署第 42 号主席令予以公布，自 2016 年 5 月 1 日起施行。

3 月 2 日 国家海洋局办公室印发《海洋数值预报业务发展指导意见》，到 2020 年，中国将基本实现全国海洋数值预报业务体系的科学布局。

同日 国家海洋局在京召开新闻发布会，发布《2015 年中国海洋经济统计公报》。

3 月 22 日 国家海洋局召开新闻发布会，发布《2015 年中国海洋灾害公报》和《2015 年中国海平面公报》。

3 月 26 日 中国先进的 4500 吨级海洋综合科考船"向阳红 03"在厦门交付使用并正式入列国家海洋调查船队。国家海洋局党组成员、副局长陈连增为"向阳红 03"船加入国家海洋调查船队授牌。中国船舶重工集团有限公司副总经理陈民俊等出席交付及入列授牌仪式。

4 月 8 日 国家海洋局发布《2015 年中国海洋环境状况公报》。

4 月 9 日 中国海油所属海油工程公司承建的亚马尔 LNG 项目首个核心工艺模块装船并将交付国外用户，这是中国首次对外输出 LNG 核心工艺模块，标志着"中国制造"打入国际高端油气装备市场。

4 月 12 日 中国第 32 次南极考察队圆满完成各项考察任务，乘"雪龙"号船返回位于上海的中国极地考察国内基地码头。国家海洋局领导和上海市政府代表等到码头迎接。

4 月 13 日 海洋科学技术奖奖励委员会第四次会议在京召开。会议对 2015 年度海洋科学技术奖 40 个获奖项目进行了审核确认，增补李家彪、陈大可、吴立新等 3 人为委员会委员。国家海洋局党组书记、局长、委员会主任委员王宏出席会议并讲话，国家海洋局党组成员、副局长、委员会常务副主任委员陈连增主持会议。教育部党组成员、副部长杜占元，中国科学院副院长丁仲礼等出席此次会议。

4 月 14 日 北太平洋海洋科学组织（PICES）中国委员会第二次全体会议在北京召开。国家海洋局副局长、北太平洋海洋科学组织中国委员会主任陈连增出席并讲话。会议就 2015 年北太平洋海洋科学组织第 24 届年会情况及 2016 年工作计划进行了交流讨论。来自国家海洋局、教育部、农业部、中科院等部门所属科研单位，以及浙江大学、厦门大学、中国海洋大学和同济大学等北太平洋海洋科学组织中国委员会的相关负责人参加会议。

4 月 15 日 国家海洋局局长王宏在京会见了澳大利亚塔斯马尼亚州州长威尔·霍奇曼一行，双方就进一步加强在南极考察领域的合作进行了深入交流。

4 月 23 日 南京市鼓楼区颐和路社区将军馆、宁海路街道海洋国防教育馆新馆开馆。宁海路街道海洋国防教育馆同时成为全国首家设在社区的"全国海洋意识教育基地"。国家海洋局党组书记、局长王宏，江苏省委常委、南京市委书记黄莉新，江苏省委常委、副省长徐鸣，江苏省委常委、省军区政委曹德信，南京市委副书记、市纪委书记龙翔等江苏省市领导，原南京军区司令员向守志、朱文泉，原南京军区副政委张玉华等老将军出席开馆仪式并揭牌。

4 月 28 日 国家海洋局与环境保护部签订《环境保护部 国家海洋局关于近岸海域水质状况考核工作协议书》。

4 月 29 日 国家海洋局印发《关于全面建立实施海洋生态红线制度的意见》，并配套印发《海洋生态红线划定技术指南》，指导全国海洋生态红线划定工作，标志着全国海洋生态红线划定工作全面启动。

同日 国家海洋局日前发布《2015 年海域使用管理公报》。

同日 《深海海底区域资源勘探开发法》实施座谈会在北京召开。全国人大常委会副委员长沈跃跃出席座谈会并讲话，座谈会由全国人大环境与资源保护委员会主任委员陆浩主持。国家海洋局局长王宏、国务院法制办副主任胡可明、国家海洋局第二海洋研究所所长李家彪、泰和海洋科技集团董事长卢云军分别在会上发言。

5 月 16 日 国务院办公厅印发的《关于健全生态保护补偿机制的意见》提出，到 2020 年，实现森林、草原、湿地、荒漠、海洋、水流、耕地等重点领域和禁止开发区域、重点生态功能区等重要区域生态保护补偿全覆盖，跨地区、跨流域补偿试点示范取得明显进展，多元化补偿机制初步建立。

5 月 19 日 国家海洋局批准发布《海岛命名技术规范》推荐性标准，自 8 月 1 日起实施。

5 月 30 日 国家海洋局局长王宏率团访问马耳他，与国际海洋学院续签《关于进一步加强海洋领域合作的谅解备忘录》，并与马耳他大学、国际海洋学院签署了《关于开展海洋管理硕士项目合作的协议》。

6 月 2 日 搭载"蛟龙"号载人潜水器的"向阳红 09"船从福建厦门国际邮轮码头起航，赴马里亚纳海沟执行中国大洋第 37 航次第二航段调查任务。

6 月 6 日至 7 日 中国国家主席习近平的特别代表、国务委员杨洁篪和美国总统贝拉克·奥巴马的特别代表、国务卿约翰·克里共同主持中美战略与经济对话，并在钓鱼台国宾馆共同出席中美"蓝色海洋"公共宣传活动。对话期间，中国国家海洋局局长王宏、美国副国务卿凯瑟琳·诺维莉共同主持了"保护海洋"对口磋商会议。

6月8日 以"关注海洋健康，守护蔚蓝星球"为主题，2016年世界海洋日暨全国海洋宣传日开幕式以及2015年度海洋人物颁奖仪式在广西北海举行，全国政协副主席罗富和出席开幕式及颁奖仪式。国家海洋局党组书记、局长王宏，中共广西壮族自治区党委常委、自治区人民政府副主席蓝天立出席活动并致辞。广西壮族自治区政协副主席李彬、中国海洋石油总公司副总经理吕波出席此次活动。

同日 在海洋日主场活动上，国家海洋局党组书记、局长王宏代表国家海洋局对在中国海监"B-7115"飞机失事事件中不幸罹难的战友同事表示沉痛的哀悼，并向遇难者家属表示诚挚的慰问。

6月18日 中国最先进的全球级现代化海洋综合科考船"向阳红01"在青岛国家深海基地码头交付国家海洋局第一海洋研究所，并入列国家海洋调查船队。国家海洋局党组成员、副局长陈连增出席入列仪式并讲话。

6月21日 国家海洋局党组书记、局长王宏在南极仲冬节当天致电慰问中国第32次南极考察队长城站、中山站全体越冬队员，代表国家海洋局党组和全局广大职工向他们致以诚挚的问候和良好的祝愿。

6月23日 国家海洋局修订印发《关于进一步规范海域使用项目审批工作的意见》和《国家海洋局关于全面实施以市场化方式出让海砂开采海域使用权的通知》。

6月25日 2016平潭国际海岛论坛在福建平潭召开。国家海洋局党组书记、局长王宏，福建省副省长黄琪玉出席论坛开幕式并致辞。国家海洋局党组成员、副局长张宏声参加论坛。

7月4日 国务院总理李克强和希腊总理齐普拉斯共同出席第二届中希海洋合作论坛并发表主旨讲话。本次论坛由中国国际贸易促进委员会和希腊企业局主办，中国国际贸易促进委员会会长姜增伟、国家海洋局局长王宏、希腊经济发展与旅游部部长斯塔萨基斯、希腊企业局局长斯泰克斯等出席了论坛。王宏在开幕式上致辞。

7月11日 中国第7次北极考察队乘"雪龙"号船从上海起航，前往北极执行考察任务。

7月15日 国家海洋局印发了新修订的《海洋标准化管理办法》，替代2012年开始实施的原《海洋标准化管理办法》。

7月26日 主题为"互联互通、共享共赢"的2016东亚海洋合作平台黄岛论坛在青岛西海岸新区开幕。国家海洋局与山东省政府在论坛开幕式上签订东亚海洋合作平台共建协议，标志着东盟与中日韩（10+3）在海洋领域的合作平台正式启动建设。国家海洋局副局长陈连增，山东省副省长赵润田出席开幕式。

8月3日 中国南海网中文版正式开通，其中部分文献资料和地图属首次公开。中国南海网由国家海洋信息中心主办，目前设有认识南海、新闻动态、历史资料、开发管理、观点评论、政策法规、合作交流、大事记、南海纪实、你问我答10个栏目。

8月9日 中国海油"海洋石油720"深水物探船完成北极巴伦支海三维地震勘探作业，标志中国已具备在全球海域实施三维地震勘探作业的能力。

8月10日 高分三号卫星发射成功。这是中国首颗C频段全极化合成孔径雷达（SAR）卫星，为中国海洋环境监测、海洋目标监视、海域使用管理、海洋权益维护和防灾减灾等方面提供重要技术支撑。

8月15日 浙江舟山联合动能新能源有限公司3.4兆瓦潮流能发电项目首批1兆瓦模块发电机组下海成功发电，8月26日并入国家电网，截至2016年底，累计发电17万度，并网送电超过1万度，一举使中国潮流能发电装置装机规模、年发电量、稳定性和可靠性等多个指标达到世界先进水平，成为亚洲首个、世界第三个实现兆瓦级潮流能并网发电的国家。

9 月 3 日　国家主席习近平与来华出席二十国集团（G20）领导人杭州峰会的美国总统贝拉克·奥巴马举行会晤。双方决定签署谅解备忘录、推进两国在南北极开展科技等相关领域的互利合作等被列入成果清单。

9 月 6 日　财政部、国家海洋局联合印发《关于"十三五"期间中央财政支持开展海洋经济创新发展示范工作的通知》，决定开展海洋经济创新发展示范工作，推动海洋生物、海洋高端装备、海水淡化等重点产业创新和集聚发展。

9 月 7 日　国家海洋局召开新闻发布会，发布《2015 年全国海水利用报告》，为海水利用相关管理决策和社会公众、科研院所、企事业单位提供数据信息服务。

9 月 14 日至 18 日　应美国国务卿约翰·克里和副国务卿凯瑟琳·诺维莉的邀请，国家海洋局局长王宏率领由国家海洋局和外交部条法司、美大司的领导等相关人员组成的中国代表团赴美国华盛顿出席"我们的海洋"第三次大会。会议期间，王宏局长还同美国环保署署长简·妮芙达和美国国家海洋与大气局局长凯西·苏利文就推进包括中美海洋垃圾防治"伙伴城市"合作进程和共同召开第 19 次中美海洋与渔业工作组会议等议题进行了双边会谈。

9 月 18 日　国家海洋局与国家标准化管理委员会联合印发《全国海洋标准化"十三五"发展规划》，对"十三五"海洋标准化工作进行全面部署。

9 月 20 日　国家海洋局印发《全国生态岛礁工程"十三五"规划》。

9 月 26 日　国家海洋信息中心会同新华社中国经济信息社联合研究编制的《2016 中国海洋发展指数报告》正式对外发布。

同日　国家发改委、国家海洋局等部委共同印发《资源环境承载能力监测预警技术方法（试行）》。

同日　中国第 7 次北极考察队圆满完成各项考察任务，乘坐"雪龙"号船返回上海。

9 月 27 日　国家发改委、国家海洋局在京联合发布《中国海洋经济发展报告 2015》。

10 月 10 日　《全国生态岛礁工程"十三五"规划》经国家海洋局批准正式颁布实施。

10 月 12 日　国家海洋局和国家标准化管理委员会联合印发《全国海洋标准化"十三五"发展规划》，旨在加快完善海洋标准化体系，更好地服务于海洋强国和 21 世纪海上丝绸之路建设，为中国海洋工作创新发展、协调发展、绿色发展、开放发展和共享发展提供坚实的技术支撑。

10 月 28 日　国家海洋局和财政部共同批复"十三五"海洋经济创新发展示范城市工作方案，确定天津滨海新区、南通、舟山、福州、厦门、青岛、烟台、湛江等 8 个城市为首批海洋经济创新发展示范城市。

同日　国家海洋局与质检总局联合印发了《全国海洋计量"十三五"发展规划》，这是质检总局第一次与其他部委联合印发专项计量规划。

11 月 1 日　中央全面深化改革领导小组第二十九次审议通过《海岸线保护与利用管理办法》。

11 月 2 日　中国第 33 次南极考察队乘坐"雪龙"号船从上海出发，前往南极执行考察任务。

11 月 4 日　以"共建海上丝绸之路：新愿景 新格局"为主题的 2016 厦门国际海洋周在海沧自贸区创新展示中心正式拉开帷幕。国家海洋局党组书记、局长王宏，福建省副省长黄琪玉出席开幕式并致辞。开幕式由厦门市副市长张毅恭主持。国家海洋局党组成员、副局长林山青出席开幕式，代表国家海洋局与福建省政府签订了《关于共同推进中国—东盟海洋合作建设框架协议》。

11 月 7 日　《海洋环境保护法（修订案）》经全国人大常委会审议通过并于当日公布施行。

11 月 23 日　国家海洋局局长王宏在京会见欧盟环境、海洋事务和渔业委员卡梅奴·维拉一行，并就"中国—欧盟蓝色年"的举办以及中欧海洋领域合作交换了意见。

11 月 24 日　国家海洋信息中心在"中国海洋经济博览会"上首次发布《中国海洋经济发展指数》。

11 月 25 日　国家海洋局战略规划与经济司和深圳证券交易所联合举办的国内首场海洋中小企业投融资路演暨项目推介在广东省湛江市举行，来自山东、天津、上海、福建、广东、海南等沿海省市的 8 家海洋中小科技企业及一些投资机构代表参加了路演。

12 月 2 日　国家海洋局修订印发了《海洋听证办法》，自 2017 年 1 月 1 日起施行。

12 月 5 日　中央全面深化改革领导小组第三十次会议审议通过《围填海管控办法》。

12 月 13 日　全国海洋科技创新大会召开，国家海洋局王宏局长、科技部徐南平副部长、国土资源部曹卫星副部长出席会议并发表重要讲话。

12 月 14 日　国家海洋局与科技部联合印发《全国科技兴海规划（2016—2020 年)》，以深入实施创新驱动发展战略，充分发挥海洋科技在经济社会发展中的引领支撑作用，增强海洋资源可持续利用能力，推动海洋领域大众创业、万众创新，促进海洋经济提质增效。

12 月 19 日　国家海洋局印发《海洋观测预报和防灾减灾"十三五"规划》。

12 月 20 日　我国自行建造的首艘极地科学考察破冰船的第一块钢材在江南造船厂点火切割，拉开了新船建造工程的序幕。

12 月 26 日　国务院同意《海洋督察方案》，授权国家海洋局代表国务院对沿海省、自治区、直辖市人民政府及其海洋主管部门和海洋执法机构进行监督检查，可下沉至设区的市级人民政府。

同日　经国务院同意，国家海洋局印发《无居民海岛开发利用审批办法》（国海发 [2016] 25 号），进一步规范无居民海岛开发利用审查批准工作。

12 月 27 日　国家海洋局发布《2015 年海岛统计调查公报》，这是中国首次对外发布海岛统计调查公报。

12 月 28 日　国家海洋局印发《全国海岛保护工作"十三五"规划》（国海岛字 [2016] 691 号）。

同日　经国务院同意，国家海洋局印发《无居民海岛开发利用审批办法》，以进一步加强无居民海岛保护与管理，规范无居民海岛开发利用审批工作，保护海岛及其周边海域生态系统。

同日　国家发展改革委和国家海洋局联合发布《全国海水利用"十三五"规划》（发改环资 [2016] 2764 号），为中国"十三五"期间加速突破核心技术和体制机制瓶颈，推进海水利用事业健康、快速发展提供了政策依据。

12 月 29 日　国家能源局、国家海洋局联合印发《海上风电开发建设管理办法》。

12 月 30 日　国家海洋局发布《海洋可再生能源发展"十三五"规划》（国海发 [2016] 26 号）。

海洋法规和文件选编

填海项目竣工海域使用验收管理办法

第一条　为加强对填海项目的监督管理，规范填海项目竣工海域使用验收工作，根据《海域使用管理法》《海域使用权管理规定》等有关法律、法规，制定本办法。

第二条　本办法适用于填海造地项目和含有填海用海类型的建设项目。

填海项目竣工海域使用验收（以下简称填海项目竣工验收）是指填海项目竣工后，海洋行政主管部门对海域使用权人实际填海界址和面积、执行国家有关技术标准规范、落实海域使用管理要求等事项进行的全面检查验收。

第三条　国家海洋局负责全国填海项目竣工验收工作的监督管理。

国家海洋局负责组织实施国务院审批的填海项目竣工验收工作。

省、自治区、直辖市海洋行政主管部门负责组织实施本省、自治区、直辖市人民政府审批的填海项目竣工验收工作。

以上负责填海项目竣工验收的部门统称为竣工验收组织单位。

第四条　竣工验收的主要依据：

（一）审批部门批准的海域使用权批复文件；

（二）《海域使用管理法》《海域使用权管理规定》等相关法律、法规；

（三）海籍调查规程、填海项目竣工验收技术标准、规范等。

第五条　海域使用权人应当自填海项目竣工之日起 30 日内，向相应的竣工验收组织单位提出竣工验收申请，提交下列材料：

（一）填海项目竣工海域使用验收申请；

（二）填海项目设计、施工、监理报告；

（三）填海工程竣工图；

（四）海域使用权证书及海域使用金缴纳凭证的复印件；

（五）与相关利益者的解决方案落实情况报告；

（六）其他需要提供的文件、资料。

第六条　竣工验收组织单位受理符合要求的竣工验收申请材料后 5 日内，通知海域使用权人开展验收测量工作，编制验收测量报告。

海域使用权人可按要求自行编制验收测量报告，也可委托有关机构编制。验收调查工作应当自收到开展验收测量工作通知（自行编制验收测量报告）或签订委托协议之日起 20 日内完成。验收测量报告编制要求另行规定。

承担海域使用论证工作的技术单位不得承担同一项目验收测量工作。

第七条　验收测量报告应当包括如下内容和成果：

（一）填海工程竣工后实际填海界址（包括平面坐标和高程）、填海面积测量情况；

（二）实际填海与批准填海的界址和面积对比分析；

（三）绘制相关图件；

（四）其他需要说明的情况。

第八条　承担验收测量工作的技术单位进行验收测量时，竣工验收组织单位应派员监督、见证。

第九条　竣工验收组织单位应当组织项目所在省（区、市）及市（县）海洋、土地等有关行政主管部门和与填海项目无利害关系的测量专家成立验收组，对填海项目进行现场检查，听取海域使用权人、施工单位、验收测量报告编制单位等的报告，提出验收意见。

第十条　验收组的主要工作任务：

（一）审议验收测量报告；

（二）检查国家和行业有关技术、标准和规范的执行情况；

（三）对竣工验收中的主要问题，作出处理决定或提出解决意见；

（四）通过竣工验收报告，签署竣工验收意见书。

第十一条　存在下列情形之一的，验收不合格：

（一）不合理改变批准范围或超出面积实施填海的；

（二）没有落实海域使用批复文件要求的。

第十二条　对竣工验收合格的，竣工验收组织单位应当自竣工验收意见书签署之日起10日内，出具竣工验收合格通知书。

第十三条　验收不合格的填海项目，竣工验收组织单位发出限期整改通知书，要求海域使用权人限期整改，整改期满后重新提出竣工验收申请。

海域使用权人没有整改或整改后仍存在问题的，由海洋行政主管部门按照《海域使用管理法》第四十二条及相关法律规定进行处理。

第十四条　填海项目竣工验收工作结束后30日内，竣工验收组织单位应当将竣工验收情况及有关材料报国家海洋局备案。

第十五条　承担验收测量工作和编制验收测量报告的单位弄虚作假，出具不真实结论的，按相关法律法规给予处罚。

第十六条　海洋行政主管部门工作人员在竣工验收工作中有徇私舞弊、接受贿赂、滥用职权、玩忽职守等行为，对直接负责的主管人员和其他直接责任人员追究相应责任。

第十七条　本办法自发布之日起施行。施行之日前的填海项目，其竣工验收参照本办法执行。

国家海洋局关于进一步规范海上风电用海管理的意见

国海规范 [2016] 6 号

海上风电是我国新兴的可再生能源产业，发展海上风电对于促进沿海地区能源结构调整优化和转变经济发展方式具有重要意义。同时，海上风电项目实际占用和影响的海域面积大，对海域空间资源具有立体化和破碎化的影响。为促进海上风电产业的持续健康发展和海域空间资源的科学合理利用，维护健康的海洋生态环境，根据有关规定和要求，现就进一步规范海上风电用海管理提出以下意见。

一、充分发挥海洋空间规划控制性作用，优化海上风电场选址

海上风电项目用海必须符合海洋主体功能区规划和海洋功能区划，优先选择在海洋功能区划中已明确兼容风电的功能区布置，一般不得占用港口航运区、海洋保护区或保留区等功能区；海洋功能区划中没有明确兼容风电功能的，应当严格科学论证与海洋功能区划的符合性，不得损害所在功能区的基本功能，避免对国防安全和海上交通安全等产生影响。

深入贯彻落实生态文明建设要求，统筹考虑开发强度和资源环境承载能力，科学选定风电建设区域。鼓励海上风电深水远岸布局，在当前和未来开发强度低的海域选址建设，原则上应在离岸距离不少于 10 千米、滩涂宽度超过 10 千米时海域水深不得少于 10 米的海域布局。在各种海洋自然保护区、海洋特别保护区、自然历史遗迹保护区、重要渔业水域、河口、海湾、滨海湿地、鸟类迁徙通道、栖息地等重要、敏感和脆弱生态区域以及划定的生态红线区内不得规划布局海上风电场。

在省级海上风电规划编制过程中，省级海洋行政主管部门应当对规划提出用海初审意见和环境影响评价初步意见，依据海洋功能区划统筹协调海上风电和其他用海活动，确保规划符合海洋功能区划及有关海洋管理政策。

二、坚持集约节约用海，严格控制用海面积

海上风电的规划、开发和建设，应坚持集约节约的原则，提高海域资源利用效率。充分考虑地区差异，科学论证，单个海上风电场外缘边线包络海域面积原则上每 10 万千瓦控制在 16 平方千米左右，除因避让航道等情形以外，应当集中布置，不得随意分块。规划建设海上风电项目较多的地区，风电场应集中布局，统一规划海上送出工程输电电缆通道和登陆点，集约节约利用海域和海岸线资源。

鼓励实施海上风电项目与其他开发利用活动使用海域的分层立体开发，最大限度发挥海域资源效益。海上风电项目海底电缆穿越其他开发利用活动海域时，在符合《海底电缆管道保护规定》且利益相关者协调一致的前提下，可以探索分层确权管理，海底电缆应适当增加埋深，避免用海活动的相互影响。

三、提升服务水平，规范海上风电项目用海申请和环境影响报告书审批程序

根据《国务院关于取消和下放一批行政审批项目等事项的决定》（国发 [2013] 19 号），企业投资风电站项目核准权限由国家发展改革委下放至地方政府投资主管部门。国家海洋局相应下放了海上风电项目用海预审权限，项目用海依照《海域使用管理法》等规定报有审批权的人民政府批准，项目环境影响报告书依照《防治海洋工程建设项目污染损害海洋环境管理条例》等规定报有审批权的海洋行政主管部门批准。各级海洋行政主管部门要按照国务院关于简政放权、放管结合、优化服务的工作要求，进一步优化和规范审批流程，加强公众参与和专家论证，主动服务、协调配合，切实提高审批效率。

严格执行海上风电项目用海预审制度。根据《国务院办公厅关于印发精简审批事项规范中介服务实行企业投资项目网上并联核准制度工作方案的通知》（国办发 [2014] 59 号）要求，用海预审是企业投资项目核准前置审批事项之一，用海预审意见是核准项目申请报告的必要文件。沿海地方海洋行政主管部门应按照规定程序，主要依据海洋功能区划、海域使用论证报告及专家评审意见等进行预审，并出具用海预审意见。

严格海洋环境影响报告书审查制度。有审批权的海洋行政主管部门应坚持提高效率与严格把关相结合，重点分析海上风电建设对鸟类、海洋哺乳动物的累积性和长期性影响，重点论证生态修复、生态补偿和监测能力建设等环境保护措施的可行性。

四、严格监督管理，切实加强海上风电项目用海事中事后监管

海上风电项目建设单位必须取得海洋环境影响报告书批准文件和海域使用权后方可使用海域进行建设。项目用海方案变化，或项目海洋环境影响报告书批准后，工程的性质、规模、地点、生产工艺或者拟采取的环境保护措施等发生重大变化的，用海企业应及时向海洋行政主管部门报告并依法办理相关手续。考虑到由于海洋地质和水文动力等条件限制，海上风电项目从项目核准到实际施工，风机和电缆的具体位置发生局部变化调整的情况较为普遍，沿海地方海洋行政主管部门可以结合本地区实际，按照简政放权要求，研究制定简化项目用海变更手续的程序和要求。

沿海地方海洋行政主管部门应充分运用海域动态监视监测系统等手段，切实加强海上风电项目的用海监管，加强海上执法，及时查处违法违规行为。建设单位应充分发挥主动性，通过建设环境在线监控设施等方式对海上风电建设的环境影响进行长期监测，并根据监测评估结果采取有效保护修复措施。

鉴于海上风电为新兴用海产业，各级海洋行政主管部门可以结合实际，选择典型海域，适时开展后评估工作，科学评估海上风电项目用海对海洋资源环境和海域开发活动的影响，为后续海上风电项目用海管理提供科学依据，提高用海管理水平。

国家海洋局关于进一步规范海域使用论证管理工作的意见

国海规范 [2016] 10 号

为贯彻落实《国务院办公厅关于清理规范国务院部门行政审批中介服务的通知》（国办发 [2015] 31 号）和《国务院关于第二批清理规范 192 项国务院部门行政审批中介服务事项的决定》（国发 [2016] 11 号）要求，提高海域使用论证报告（以下简称"论证报告"）质量，根据《中华人民共和国海域使用管理法》等有关法律法规，现就进一步规范海域使用论证管理工作提出以下意见：

一、严格执行国务院有关决定

（一）国家海洋局所属事业单位、主管的社会组织及其举办的企业，自本意见印发之日起，不得承接国务院审批项目用海的海域使用论证报告编制工作，需要开展的应转企改制或与主管部门脱钩。

（二）对海域使用论证报告编制单位不再进行资质要求，各级海洋行政主管部门不得以任何形式要求用海申请人必须委托具有海域使用论证资质的单位提供海域使用论证技术服务。用海申请人可自行编制海域使用论证报告，也可委托其他单位编制。

（三）已取得海域使用论证资质证书的单位，其业务范围不再受资质等级限制。

（四）各级海洋行政主管部门对海域使用论证报告评审的管理权限不变。

（五）区域建设用海规划的海域使用论证工作按照《区域建设用海规划管理办法（试行)》的要求执行。

二、进一步规范海域使用论证报告编制

（六）海域使用论证报告的编制应遵循客观、公正、科学的原则，须按照《海域使用论证技术导则》要求，对项目用海可行性、面积合理性、生态用海措施等内容进行重点论证。

（七）海域使用论证报告所使用的调查数据和资料，应根据《海域使用论证技术导则》《海洋调查规范》等标准规范和相关法律法规的要求获取，论证报告编制单位对其所使用的数据和资料的真实性负责，用海申请人亦应对其提供的数据和资料的真实性负责。

（八）论证报告编制单位应加强对论证报告的质量管理，建立完善内部审查制度，技术负责人对论证报告质量进行严格把关，提交海洋行政主管部门的论证报告须经技术负责人审核并亲笔签名。无海域使用论证资质的单位由法定代表人行使技术负责人职责。

三、加强对论证报告编制单位和报告质量的监管

（九）论证报告编制单位要建立服务承诺、执业公示、执业记录等制度。各级海洋行政主管部门要采取有效措施规范论证报告编制单位及从业人员执业行为，建立守信激励、失信惩戒和淘汰机制，严肃查处出具虚假证明、使用虚假或者明显失实的数据资料、谋取不正当利益、扰乱市场秩序等违法违规行为。

（十）各级海洋行政主管部门要加强对论证报告质量的监管，建立健全监督检查机制，检查结果要及时向社会公布，通报质量好和存在质量问题单位名单，并将有关信息纳入论证单位（个人）诚信档案，逐步构建海域使用论证信用体系和考核评价机制。将5年内累计3次因论证报告质量问题被通报的论证报告编制单位列入黑名单，并向社会公告，加强对列入黑名单的论证报告编制单位编写的论证报告的审查，并向用海申请人进行风险提示。

四、规范论证报告评审程序和标准

（十一）各级海洋行政主管部门要规范海域使用论证报告评审工作，制订完善评审程序和评审标准，并向社会公开，接受社会监督。建立评审专家随机抽取机制，论证报告评审过程要有详细文字记录，重要环节要有录音或摄像记录，并存入评审档案。评审过程中，不得向用海申请人或论证报告编制单位收取或摊派评审费用。

（十二）上级海洋行政主管部门要对下级海洋行政主管部门的评审过程和结论进行监督检查。委托下属事业单位或社会第三方组织评审的各级海洋行政主管部门，要加强对评审过程和评审结论的监督，确保评审工作的规范性和公正性。

五、加强对评审专家的管理

（十三）建立完善评审专家行为准则。海域使用论证评审专家要有高度的责任心和丰富的专业知识，坚持客观、公正、实事求是的态度，认真、诚实、廉洁地履行职责。评审专家在评审期间，不得私自与论证报告编制单位、用海申请人接触，不得向外界泄露评审情况，不得收取评审专家费以外的费用。国家海洋局应尽快修订《海域使用论证评审专家库管理办法》，进一步规范评审专家的行为准则。

（十四）建立评审专家终身责任制，评审专家对评审结论终身负责。对论证报告存在严重质量问题或论证结论明显不正确而予以评审通过等不负责任、不客观公正履行审查职责的评审专家，将取消其专家资格，并向所在单位通报，各级海洋行政主管部门今后不得将其列入评审专家库；对经其评审通过的论证报告，因论证报告质量问题引发经济损失和社会问题的，评审专家承担相应责任；对触犯法律造成重大损失或恶劣社会影响的，依法追究法律责任。

（十五）完善评审专家库体系。各级海洋行政主管部门应进一步加强海域使用论证报告评审专家队伍建设。国家海洋局应于2017年上半年完成国家级评审专家库的调整更新工作，以后每3年调整一次。各省级海洋行政主管部门也应建设完善省级评审专家库，定期更新调整，并及时将有关情况报国家海洋局。逐步建立评审专家信用考核评价体系，对专家履职情况、专业水平进行定期考核，并接受公众对评审专家的监督和举报，计入专家信用考核评价记录，及时淘汰和替换不称职专家。

六、加快配套措施及制度建设

（十六）各级海洋行政主管部门要对本级制订的海域使用论证管理文件进行清理规范，对不符合国务院决定精神的文件和规定一律修订或废止。

（十七）各级海洋行政主管部门要建立健全海域使用单位对海域使用论证工作的评价反馈机制，向社会公布举报投诉电话、电子邮件，主动接受社会监督。

（十八）要加大海域使用论证信息公开。各级海洋行政主管部门要在《中国海洋报》、"中国海域使用论证网"等媒体及时公布海域使用论证报告检查结果、专家库信息、从业单位（个人）诚信信息，供社会公众查询、监督。国家海洋信息中心负责"中国海域使用论证网"的运行维护工作，要不断升级完善网站功能，以满足管理需求。

（十九）沿海各省（区、市）海洋厅（局）要严格执行国务院规定，参照本意见要求，研究制定本地区配套改革和相关工作方案，并报国家海洋局备案。

国家海洋局之前印发的相关规范性文件与本意见不一致的，以本意见为准。

海上风电开发建设管理办法

第一章　总　则

第一条　为规范海上风电项目开发建设管理，促进海上风电有序开发、规范建设和持续发展，根据《行政许可法》《可再生能源法》《海域使用管理法》《海洋环境保护法》和《海岛保护法》，特制定本办法。

第二条　本办法所称海上风电项目是指沿海多年平均大潮高潮线以下海域的风电项目，包括在相应开发海域内无居民海岛上的风电项目。

第三条　海上风电开发建设管理包括海上风电发展规划、项目核准、海域海岛使用、环境保护、施工及运行等环节的行政组织管理和技术质量管理。

第四条　国家能源局负责全国海上风电开发建设管理。各省（自治区、直辖市）能源主管部门在国家能源局指导下，负责本地区海上风电开发建设管理。可再生能源技术支撑单位做好海上风电技术服务。

第五条　海洋行政主管部门负责海上风电开发建设海域海岛使用和环境保护的管理和监督。

第二章　发展规划

第六条　海上风电发展规划包括全国海上风电发展规划、各省（自治区、直辖市）以及市县级海上风电发展规划。全国海上风电发展规划和各省（自治区、直辖市）海上风电发展规划应当与可再生能源发展规划、海洋主体功能区规划、海洋功能区划、海岛保护规划、海洋经济发展规划相协调。各省（自治区、直辖市）海上风电发展规划应符合全国海上风电发展规划。

第七条　海上风电场应当按照生态文明建设要求，统筹考虑开发强度和资源环境承载能力，原则上应在离岸距离不少于10千米、滩涂宽度超过10千米时海域水深不得少于10米的海域布局。在各种海洋自然保护区、海洋特别保护区、自然历史遗迹保护区、重要渔业水域、河口、海湾、滨海湿地、鸟类迁徙通道、栖息地等重要、敏感和脆弱生态区域，以及划定的生态红线区内不得规划布局海上风电场。

第八条　国家能源局统一组织全国海上风电发展规划编制和管理；会同国家海洋局审定各省（自治区、直辖市）海上风电发展规划；适时组织有关技术单位对各省（自治区、直辖市）海上风电发展规划进行评估。

第九条　各省（自治区、直辖市）能源主管部门组织有关单位，按照标准要求编制本省（自治区、直辖市）管理海域内的海上风电发展规划，并落实电网接入方案和市场消纳方案。

第十条　各省（自治区、直辖市）海洋行政主管部门，根据全国和各省（自治区、直辖市）海洋主体功能区规划、海洋功能区划、海岛保护规划、海洋经济发展规划，对本地区海上风电发展规划提出用海用岛初审和环境影响评价初步意见。

第十一条　鼓励海上风能资源丰富、潜在开发规模较大的沿海县市编制本辖区海上

3

风电规划，重点研究海域使用、海缆路由及配套电网工程规划等工作，上报当地省级能源主管部门审定。

第十二条　各省（自治区、直辖市）能源主管部门可根据国家可再生能源发展相关政策及海上风电行业发展状况，开展海上风电发展规划滚动调整工作，具体程序按照规划编制要求进行。

第三章　项目核准

第十三条　省级及以下能源主管部门按照有关法律法规，依据经国家能源局审定的海上风电发展规划，核准具备建设条件的海上风电项目。核准文件应及时对全社会公开并抄送国家能源局和同级海洋行政主管部门。

未纳入海上风电发展规划的海上风电项目，开发企业不得开展海上风电项目建设。

鼓励海上风电项目采取连片规模化方式开发建设。

第十四条　国家能源局组织有关技术单位按年度对全国海上风电核准建设情况进行评估总结，根据产业发展的实际情况完善支持海上风电发展的政策措施和规划调整的建议。

第十五条　鼓励海上风电项目采取招标方式选择开发投资企业，各省（自治区、直辖市）能源主管部门组织开展招投标工作，上网电价、工程方案、技术能力等作为重要考量指标。

第十六条　项目投资企业应按要求落实工程建设方案和建设条件，办理项目核准所需的支持性文件。

第十七条　省级及以下能源主管部门应严格按照有关法律法规明确海上风电项目核准所需支持性文件，不得随意增加支持性文件。

第十八条　项目开工前，应落实有关利益协调解决方案或协议，完成通航安全、接入系统等相关专题的论证工作，并依法取得相应主管部门的批复文件。

海底电缆按照《铺设海底电缆管道管理规定》及实施办法的规定，办理路由调查勘测及铺设施工许可手续。

第四章　海域海岛使用

第十九条　海上风电项目建设用海应遵循节约和集约利用海域和海岸线资源的原则，合理布局，统一规划海上送出工程输电电缆通道和登陆点，严格限制无居民海岛风电项目建设。

第二十条　海上风电项目建设用海面积和范围按照风电设施实际占用海域面积和安全区占用海域面积界定。海上风电机组用海面积为所有风电机组塔架占用海域面积之和，单个风电机组塔架用海面积一般按塔架中心点至基础外缘线点再向外扩50米为半径的圆形区域计算；海底电缆用海面积按电缆外缘向两侧各外扩10米宽为界计算；其他永久设施用海面积按《海籍调查规范》的规定计算。各种用海面积不重复计算。

第二十一条　项目单位向省级及以下能源主管部门申请核准前，应向海洋行政主管部门提出用海预审申请，按规定程序和要求审查后，由海洋行政主管部门出具项目用海预审意见。

第二十二条　海上风电项目核准后，项目单位应按照程序及时向海洋行政主管部门提出海域使用申请，依法取得海域使用权后方可开工建设。

第二十三条　使用无居民海岛建设海上风电的项目单位应当按照《海岛保护法》等法律法规办理无居民海岛使用申请审批手续，并取得无居民海岛使用权后，方可开工建设。

第五章　环境保护

第二十四条　项目单位在提出海域使用权申请前，应当按照《海洋环境保护法》《防治海洋工程建设项目污染损害海洋环境管理条例》、地方海洋环境保护相关法规及相关技术标准要求，委托有相应资质的机构编制海上风电项目环境影响报告书，报海洋行政主管部门审查批准。

第二十五条　海上风电项目核准后，项目单位应按环境影响报告书及批准意见的要求，加强环境保护设计，落实环境保护措施；项目核准后建设条件发生变化，应在开工前按《海洋工程环境影响评价管理规定》办理。

第二十六条　海上风电项目建成后，按规定程序申请环境保护设施竣工验收，验收合格后，该项目方可正式投入运营。

第六章　施工及运行

第二十七条　海上风电项目经核准后，项目单位应制定施工方案，办理相关施工手续，施工企业应具备海洋工程施工资质。项目单位和施工企业应制订应急预案。

项目开工以第一台风电机组基础施工为标志。

第二十八条　项目单位负责海上风电项目的竣工验收工作，项目所在省（自治区、直辖市）能源主管部门负责海上风电项目竣工验收的协调和监督工作。

第二十九条　项目单位应建立自动化风电机组监控系统，按规定向电网调度机构和国家可再生能源信息管理中心传送风电场的相关数据。

第三十条　项目单位应建立安全生产制度，发生重大事故和设备故障应及时向电网调度机构、当地能源主管部门和能源监管派出机构报告，当地能源主管部门和能源监管派出机构按照有关规定向国家能源局报告。

第三十一条　项目单位应长期监测项目所在区域的风资源、海洋环境等数据，监测结果应定期向省级能源主管部门、海洋行政主管部门和国家可再生能源信息管理中心报告。

第三十二条　新建项目投产一年后，项目建设单位应视实际情况，及时委托有资质的咨询单位，对项目建设和运行情况进行后评估，并向省级能源主管部门报备。

第三十三条　海上风电设计方案、建设施工、验收及运行等必须严格遵守国家、地方、行业相关标准、规程规范，国家能源局组织相关机构进行工程质量监督检查工作，形成海上风电项目质量监督检查评价工作报告，并向全社会予以发布。

第七章　其他

第三十四条　海上风电基地或大型海上风电项目，可由当地省级能源主管部门组织有关单位统一协调办理电网接入系统、建设用海预审、环境影响评价等相关手续。

第三十五条　各省（自治区、直辖市）能源主管部门可根据本办法，制定本地区海上风电开发建设管理办法实施细则。

第八章　附　则

第三十六条　本办法由国家能源局和国家海洋局负责解释。

第三十七条　本办法由国家能源局和国家海洋局联合发布，自发布之日起施行，原发布的《海上风电开发建设管理暂行办法》（国能新能 [2010] 29 号）和《海上风电开发建设管理暂行办法实施细则》（国能新能 [2011] 210 号）自动失效。

中华人民共和国深海海底区域资源勘探开发法

（2016 年 2 月 26 日第十二届全国人民代表大会常务委员会第十九次会议通过）

第一章　总则

第一条　为了规范深海海底区域资源勘探、开发活动，推进深海科学技术研究、资源调查，保护海洋环境，促进深海海底区域资源可持续利用，维护人类共同利益，制定本法。

第二条　中华人民共和国的公民、法人或者其他组织从事深海海底区域资源勘探、开发和相关环境保护、科学技术研究、资源调查活动，适用本法。

本法所称深海海底区域，是指中华人民共和国和其他国家管辖范围以外的海床、洋底及其底土。

第三条　深海海底区域资源勘探、开发活动应当坚持和平利用、合作共享、保护环境、维护人类共同利益的原则。

国家保护从事深海海底区域资源勘探、开发和资源调查活动的中华人民共和国公民、法人或者其他组织的正当权益。

第四条　国家制定有关深海海底区域资源勘探、开发规划，并采取经济、技术政策和措施，鼓励深海科学技术研究和资源调查，提升资源勘探、开发和海洋环境保护的能力。

第五条　国务院海洋主管部门负责对深海海底区域资源勘探、开发和资源调查活动的监督管理。国务院其他有关部门按照国务院规定的职责负责相关管理工作。

第六条　国家鼓励和支持在深海海底区域资源勘探、开发和相关环境保护、资源调查、科学技术研究和教育培训等方面，开展国际合作。

第二章　勘探、开发

第七条　中华人民共和国的公民、法人或者其他组织在向国际海底管理局申请从事深海海底区域资源勘探、开发活动前，应当向国务院海洋主管部门提出申请，并提交下列材料：

（一）申请者基本情况；

（二）拟勘探、开发区域位置、面积、矿产种类等说明；

（三）财务状况、投资能力证明和技术能力说明；

（四）勘探、开发工作计划，包括勘探、开发活动可能对海洋环境造成影响的相关资料，海洋环境严重损害等的应急预案；

（五）国务院海洋主管部门规定的其他材料。

第八条　国务院海洋主管部门应当对申请者提交的材料进行审查，对于符合国家利益并具备资金、技术、装备等能力条件的，应当在六十个工作日内予以许可，并出具相关文件。

获得许可的申请者在与国际海底管理局签订勘探、开发合同成为承包者后，方可从事勘探、开发活动。

承包者应当自勘探、开发合同签订之日起三十日内，将合同副本报国务院海洋主管部门备案。

国务院海洋主管部门应当将承包者及其勘探、开发的区域位置、面积等信息通报有关机关。

第九条　承包者对勘探、开发合同区域内特定资源享有相应的专属勘探、开发权。

承包者应当履行勘探、开发合同义务，保障从事勘探、开发作业人员的人身安全，保护海洋环境。

承包者从事勘探、开发作业应当保护作业区域内的文物、铺设物等。

承包者从事勘探、开发作业还应当遵守中华人民共和国有关安全生产、劳动保护方面的法律、行政法规。

第十条　承包者在转让勘探、开发合同的权利、义务前，或者在对勘探、开发合同作出重大变更前，应当报经国务院海洋主管部门同意。

承包者应当自勘探、开发合同转让、变更或者终止之日起三十日内，报国务院海洋主管部门备案。

国务院海洋主管部门应当及时将勘探、开发合同转让、变更或者终止的信息通报有关机关。

第十一条　发生或者可能发生严重损害海洋环境等事故，承包者应当立即启动应急预案，并采取下列措施：

（一）立即发出警报；

（二）立即报告国务院海洋主管部门，国务院海洋主管部门应当及时通报有关机关；

（三）采取一切实际可行与合理的措施，防止、减少、控制对人身、财产、海洋环境的损害。

第三章　环境保护

第十二条　承包者应当在合理、可行的范围内，利用可获得的先进技术，采取必要措施，防止、减少、控制勘探、开发区域内的活动对海洋环境造成的污染和其他危害。

第十三条　承包者应当按照勘探、开发合同的约定和要求、国务院海洋主管部门规定，调查研究勘探、开发区域的海洋状况，确定环境基线，评估勘探、开发活动可能对海洋环境的影响；制定和执行环境监测方案，监测勘探、开发活动对勘探、开发区域海洋环境的影响，并保证监测设备正常运行，保存原始监测记录。

第十四条　承包者从事勘探、开发活动应当采取必要措施，保护和保全稀有或者脆弱的生态系统，以及衰竭、受威胁或者有灭绝危险的物种和其他海洋生物的生存环境，保护海洋生物多样性，维护海洋资源的可持续利用。

第四章　科学技术研究与资源调查

第十五条　国家支持深海科学技术研究和专业人才培养，将深海科学技术列入科学技术发展的优先领域，鼓励与相关产业的合作研究。

国家支持企业进行深海科学技术研究与技术装备研发。

第十六条　国家支持深海公共平台的建设和运行，建立深海公共平台共享合作机制，为深海科学技术研究、资源调查活动提供专业服务，促进深海科学技术交流、合作及成果共享。

第十七条　国家鼓励单位和个人通过开放科学考察船舶、实验室、陈列室和其他场地、设施，举办讲座或者提供咨询等多种方式，开展深海科学普及活动。

第十八条　从事深海海底区域资源调查活动的公民、法人或者其他组织，应当按照有关规定将有关资料副本、实物样本或者目录汇交国务院海洋主管部门和其他相关部门。负责接受汇交的部门应当对汇交的资料和实物样本进行登记、保管，并按照有关规定向社会提供利用。

承包者从事深海海底区域资源勘探、开发活动取得的有关资料、实物样本等的汇交，适用前款规定。

第五章　监督检查

第十九条　国务院海洋主管部门应当对承包者勘探、开发活动进行监督检查。

第二十条　承包者应当定期向国务院海洋主管部门报告下列履行勘探、开发合同的事项：

（一）勘探、开发活动情况；

（二）环境监测情况；

（三）年度投资情况；

（四）国务院海洋主管部门要求的其他事项。

第二十一条　国务院海洋主管部门可以检查承包者用于勘探、开发活动的船舶、设施、设备以及航海日志、记录、数据等。

第二十二条　承包者应当对国务院海洋主管部门的监督检查予以协助、配合。

第六章　法律责任

第二十三条　违反本法第七条、第九条第二款、第十条第一款规定，有下列行为之一的，国务院海洋主管部门可以撤销许可并撤回相关文件：

（一）提交虚假材料取得许可的；

（二）不履行勘探、开发合同义务或者履行合同义务不符合约定的；

（三）未经同意，转让勘探、开发合同的权利、义务或者对勘探、开发合同作出重大变更的。

承包者有前款第二项行为的，还应当承担相应的赔偿责任。

第二十四条　违反本法第八条第三款、第十条第二款、第十八条、第二十条、第二十二条规定，有下列行为之一的，由国务院海洋主管部门责令改正，处二万元以上十万元以下的罚款：

（一）未按规定将勘探、开发合同副本报备案的；

（二）转让、变更或者终止勘探、开发合同，未按规定报备案的；

（三）未按规定汇交有关资料副本、实物样本或者目录的；

（四）未按规定报告履行勘探、开发合同事项的；

（五）不协助、配合监督检查的。

第二十五条　违反本法第八条第二款规定，未经许可或者未签订勘探、开发合同从事深海海底区域资源勘探、开发活动的，由国务院海洋主管部门责令停止违法行为，处十万元以上五十万元以下的罚款；有违法所得的，并处没收违法所得。

第二十六条　违反本法第九条第三款、第十一条、第十二条规定，造成海洋环境污染损害或者作业区域内文物、铺设物等损害的，由国务院海洋主管部门责令停止违法行为，处五十万元以上一百万元以下的罚款；构成犯罪的，依法追究刑事责任。

第七章　附　则

第二十七条　本法下列用语的含义：

（一）勘探，是指在深海海底区域探寻资源，分析资源，使用和测试资源采集系统和设备、加工设施及运输系统，以及对开发时应当考虑的环境、技术、经济、商业和其他有关因素的研究。

（二）开发，是指在深海海底区域为商业目的收回并选取资源，包括建造和操作为生产和销售资源服务的采集、加工和运输系统。

（三）资源调查，是指在深海海底区域搜寻资源，包括估计资源成分、多少和分布情况及经济价值。

第二十八条　深海海底区域资源开发活动涉税事项，依照中华人民共和国税收法律、行政法规的规定执行。

第二十九条　本法自 2016 年 5 月 1 日起施行。

全国生态岛礁工程"十三五"规划

前　言

我国海岛分布在渤海、黄海、东海、南海及台湾以东海域，跨越温带、亚热带和热带。上万个海岛宛如一颗颗明珠点缀着辽阔的海洋。海岛及其周边海域是黑脸琵鹭、普陀鹅耳枥等动植物栖息生长繁育的空间，是红树林、珊瑚礁和海草（藻）床等典型海洋生态系统发育的依托，是海洋鱼类洄游、产卵、越冬和索饵的理想场所，是港口、旅游、海洋能等资源的富集地，是海岛人民生产生活的家园。新时期，党中央国务院做出了生态文明建设的重大战略部署，把生态文明建设纳入中国特色社会主义事业总体布局，融入经济建设、政治建设、文化建设、社会建设各方面和全过程。《国民经济和社会发展第十三个五年规划纲要》明确提出实施生态岛礁工程。

生态岛礁系指生态健康、环境优美、人岛和谐、监管有效的海岛。生态岛礁工程是为建设生态岛礁而采取的整治修复行动和保护管理措施，以保障海岛生态安全，维护海洋权益，改善人居环境，是海洋强国和生态文明建设的重要举措之一。为全面实施生态岛礁工程，依据《中华人民共和国海岛保护法》《国民经济和社会发展第十三个五年规划纲要》《生态文明体制改革总体方案》《全国海洋主体功能区规划》和《全国海岛保护规划》等政策法规，特制定《全国生态岛礁工程"十三五"规划》（以下简称《规划》）。

《规划》阐明了规划期内全国生态岛礁工程的总体要求、空间布局、重点任务和保障措施，是引导全社会开展生态岛礁建设的行动指南，是实施生态岛礁工程的纲领性文件。

《规划》的规划期限为 2016—2020 年，展望到 2025 年。规划范围为中华人民共和国所属海岛（未包括港澳台地区所属海岛）。

一、规划背景

《中华人民共和国海岛保护法》和《全国海岛保护规划》实施以来，海岛管理能力不断提升，海岛保护制度体系日趋完善，海岛及周边海域生态系统保护持续加强，海岛人居环境有效改善，权益海岛管理显著强化。

海洋生态环境尤其海岛生态环境问题，日益成为公众和政府关注的重大课题。随着我国生态文明建设的不断推进，海岛地区人民群众的生态文明意识逐步提升，对优质生态产品和优良生活环境的需求日趋迫切。当前，我国正处于全面建成小康社会的决胜阶段，区域协调发展进程加快，海岛产业面临优化升级，海岛生态保护与开发利用的博弈局面长期存在。加强海岛生态系统保护，创建集约节约和绿色的海岛开发模式，可以为我国实现绿色发展，建设海上丝绸之路，履行国际义务，维护国家形象作出重要贡献。

我国海岛保护仍面临诸多问题。部分海岛珍稀濒危和特有物种及其生境受损严重，珊瑚礁、红树林和海草（藻）床等典型海洋生态系统退化趋势尚未得到遏制，红树林和珊瑚礁分布面积较 20 世纪 50 年代减少约 70%；部分海岛自然和人文历史遗迹遭到破坏；外磕脚、麻菜珩和中建岛等领海基点所在海岛侵蚀严重；海岛开发层次低，有些海岛使用方式粗放，资源利用效率不高；海岛生产生活条件普遍落后，污水、固废等处置设施缺乏。这些问题对我国海岛生态安全、经济社会可持续发展和海洋权益造成威胁。通过实施生态岛礁工程，遏制海岛生态系统退化趋势，建立绿色、高效、宜居的海岛保护与开发利用模式，创造优良的海岛生态、生产和生活空间和条件，为海洋权益维护、海洋生态文明和海上丝绸之路建设提供支撑与保障。

二、总体要求

（一）指导思想

全面贯彻落实党的十八大和十八届三中、四中、五中全会精神，以习近平总书记系列重要讲话精神为指导，牢固树立创新、协调、绿色、开放、共享的发展理念，按照生态文明建设总体要求，以加强海岛生态保护、改善海岛人居环境、促进海岛经济社会发展、维护海洋权益为主线，推动海岛生态系统健康、生态服务功能强化、资源利用科学高效，实施基于生态系统的海岛综合管理，为打造美丽海岛、实现海洋生态文明、建设海洋强国作出重要贡献。

（二）基本原则

1. 尊重自然，保护优先。树立尊重自然、顺应自然、保护自然的理念，加大生态系统保护力度，坚持自然恢复为主、人工修复为辅，切实保护海岛及周边海域生态环境。

2. 促进发展，改善民生。坚持生态岛礁工程与发展海岛特色产业相结合，与发展绿色、循环、低碳经济相结合，与改善海岛人居环境相结合，提高海岛人民福祉。

3. 分区分类，示范引领。按照我国气候带、海岛分布及生态系统特征，合理布局，因岛制宜，分类实施，形成各具特色的生态岛礁建设模式和标准，示范引领，全面推广。

4. 政府主导，公众参与。发挥各级政府在生态岛礁工程实施中的领导、组织和协调作用，建立科学有效的监管机制，加大财政投入，多渠道吸引社会资金，引导公众广泛参与生态岛礁建设。

（三）工程目标

1. 总体目标。通过实施生态岛礁工程，使我国海岛生态系统完整健康，生态服务功能彰显；海岛人民生产生活水平和品质大幅提升，建成一批国际知名的宜居宜游海岛；权益海岛保持稳定并有效管控，海洋权益维护取得新进展；基于生态系统的海岛综合管理格局形成，我国海岛基本实现"生态健康、环境优美、人岛和谐、监管有效"，为海洋强国、海洋生态文明和海上丝绸之路建设提供强有力的支撑和保障。

2. 规划期目标。到2020年，在100个海岛实施生态岛礁工程，形成各具特色的生态岛礁建设模式、标准和长效监管机制，引领全国生态岛礁建设。具体目标如下：

——海岛生态保护取得新突破。摸清重要生态价值海岛的生态本底状况；在45个海岛实施保护与修复工程，使国家一、二级保护动植物所在海岛、重要鸟类迁徙海岛和人文历史遗迹海岛等得以有效保护，发布海岛保护名录和海岛生态健康指数。

——海岛人居环境呈现新风貌。完善海岛水、电、交通等基础设施，加快海岛环境整治，推进垃圾和污水达标处置；集约节约用岛，因地制宜引导特色产业发展。开展27个宜居宜游类和18个科技支撑类生态岛礁工程，建立绿色、高效、宜居的海岛保护与开发利用模式；制定相关标准规范，发布海岛发展指数，引导全社会参与建设和美海岛。

——权益岛礁保护获得新成就。摸清领海基点、潜在领海基点所在海岛及其他权益岛礁地质体稳定性，对10个权益海岛开展生态修复，保障权益岛礁安全。

——海岛综合管理开创新局面。依据海岛生态系统完整性，划定重要海岛生态系统的区域范围；建立海岛保护与开发约束机制，完善海岛生态保护制度和政策；基于生态系统的海岛综合管理格局初步形成。

三、空间布局

以海岛所处气候带及资源环境禀赋为基础，结合《全国海洋主体功能区规划》《全国海岛保护规划》，立足海岛保护工作与开发利用实际，将全国海岛分为渤海区、北黄海区、南黄海区、东海大陆架区、台湾海峡西岸区、南海北部大陆架区、海南岛区和三沙区 8 个分区，因地制宜，实施各具特色的生态岛礁工程。

（一）渤海区

渤海是我国内海，毗连辽宁沿海经济带、京津冀一体化发展前沿区域和黄河三角洲高效生态经济区，是鸟类迁徙的重要通道，生存着蝮蛇和斑海豹等珍稀濒危和特有物种，发育有独特的沙坝—潟湖体系，建有多处国家级自然保护区、森林公园和地质公园，人文历史遗迹丰富多样。在该区，实施蛇岛等生态保育类工程，实施菩提岛等生态景观类工程，实施觉华岛和北长山岛等宜居宜游类工程。到 2020 年，在 10 个海岛实施生态岛礁工程。

（二）北黄海区

北黄海区是东北亚的重要海上通道，毗连辽宁沿海经济带和山东半岛蓝色经济区，设有海洋生态文明示范区。该区海珍品丰富，是刺参、皱纹盘鲍和紫海胆之乡；建有多处国家级自然保护区、海洋特别保护区和森林公园；是我国北方重要的海防要塞区、近代海军发祥地和中日甲午海战的发生地。在该区，实施行人坨子和海驴岛生态保育类工程，实施小长山岛和刘公岛等宜居宜游类工程，实施獐子岛和圆岛科技支撑类工程，视情开展潜在领海基点所在海岛权益维护类工程，到 2020 年，在 9 个海岛实施生态岛礁工程。

（三）南黄海区

南黄海区毗连山东半岛蓝色经济区和江苏沿海经济区，是欧亚大陆桥的桥头堡，设有多个海洋生态文明示范区。区内辐射状沙洲群独具特色，滩涂湿地发育，是天鹅和丹顶鹤等珍禽的重要栖息地。在该区，实施麻菜珩和外磕脚权益维护类工程，实施灵山岛、秦山岛和连岛宜居宜游类工程，实施千里岩和大公岛科技支撑类工程，视情开展区域内

生态保育类工程。到 2020 年，在 8 个海岛实施生态岛礁工程。

（四）东海大陆架区

东海大陆架区毗连长江三角洲经济区和浙江海洋经济发展示范区，涵盖舟山群岛新区。该区海岛数量约占全国总数的一半，海洋生产力最高，拥有世界著名渔场，珍稀濒危和特有物种众多。在该区，实施九段沙、韭山列岛和南麂列岛等生态保育类工程，实施中街山列岛、西门岛和洞头岛等生态景观类工程，实施枸杞岛和大嵊山等宜居宜游类工程，实施花鸟山岛、东绿华岛、舟山石化基地与宁德核电所在海岛科技支撑类工程。到 2020 年，在 25 个海岛实施生态岛礁工程。

（五）台湾海峡西岸区

该区毗连海峡西岸经济区，涵盖平潭综合试验区，是两岸合作交流的纽带，是 21 世纪海上丝绸之路的核心区，是妈祖文化的发祥地，自然、人文历史遗迹丰富。在该区，实施牛山岛等领海基点所在海岛权益维护类工程，实施琅岐岛生态保育类工程，实施海坛岛等生态景观类工程，实施湄洲岛、惠屿和东山岛等宜居宜游类工程。到 2020 年，在 8 个海岛实施生态岛礁工程。

（六）南海北部大陆架区

南海北部大陆架区毗连港澳、珠江三角洲经济区、广东海洋经济综合试验区和广西北部湾经济区，涵盖横琴新区。区内分布有海龟、猕猴、中华白海豚等珍稀濒危和特有物种，发育红树林、珊瑚礁和海草（藻）床典型海洋生态系统，自然和人文历史遗迹丰富。在该区，实施石碑山角和围夹岛等权益维护类工程，实施南澳岛、内伶仃岛、南三岛、大蜘洲和黄麖洲等生态保育类工程，实施仙人井大岭等生态景观类工程，实施外伶仃岛、下川岛、放鸡岛、斜阳岛和长揽岛等宜居宜游类工程，实施三角岛、龟龄岛、涠洲岛和松飞大岭等科技支撑类工程。到 2020 年，在 24 个海岛实施生态岛礁工程。

（七）海南岛区

海南岛区毗连海南国际旅游岛，是南海资源开发和服务保障基地。该区海岛生态系统优良，是我国唯一的金丝燕栖息地，发育红树林和珊瑚礁等典型海洋生态系统，设有多个国家级自然保护区。在该区，实施大洲岛生态保育类工程，实施分界洲和蜈支洲岛宜居宜游类工程，视情开展感恩角等领海基点所在海岛权益维护类工程。到2020年，在5个海岛实施生态岛礁工程。

（八）三沙区

三沙区位于我国最南海疆，是我国海洋权益维护的最前沿，是国际海上贸易的重要通道。该区海域辽阔，生态环境优良，是全球生物多样性最高的海域之一，是我国珊瑚礁生态系统分布最广和最典型的区域，生存着砗磲等众多珍稀濒危物种，自然和人文历史遗迹丰富。在该区，实施东岛生态保育类工程，实施中岛、南岛和永暑礁等权益维护类工程，实施石屿—"永乐龙洞"生态景观类工程，实施永兴岛、赵述岛和晋卿岛等宜居宜游类工程。到2020年，在11个海岛实施生态岛礁工程。

四、重点任务及工程

海岛生态系统组成与结构复杂，保护目标多样，用途与功能各异。针对当前我国海岛保护和开发利用现状及主要问题，按生态保育、权益维护、生态景观、宜居宜游和科技支撑五类开展生态岛礁工程。

（一）生态保育类

工程对象： 系指有重要生态价值的海岛，包括具有珍稀濒危和特有物种的海岛，具有珊瑚礁、红树林、海草（藻）床等典型海洋生态系统的海岛，具有鸟类和重要经济鱼类繁殖、迁徙、洄游通道的海岛。

工程目标： 到2020年，实施25个海岛的生态保育类工程，有效保护海岛生物多样性及其生境，维护海岛生态健康和生态系统完整性。

工程内容： 对珍稀濒危和特有物种开展就地和迁地保护，重点实施生境保育和修复；对珊瑚礁等典型海洋生态系统实施整体保护与修复；对鸟类和重要物种迁徙通道上的海岛实施封岛保育；开展海岛生态本底调查与评价，实施常态化监视监测，视情建设海岛生态监视监测站（点）；加强已建保护区的能力建设，新建若干保护区。

专栏1　生态保育类工程
01　珍稀濒危与特有物种保护 　　开展物种登记；建设人工种群保育基地、物种标本库、种质资源库及基因库，实施生境修复；针对蛇岛、鸟岛等，开展常态化监视监测。
02　典型生态系统保护 　　开展珊瑚礁、红树林、海草（藻）床等典型生态系统的修复和科学研究；建设海岛生态修复试验基地和实验室。
03　封岛自然保育 　　对未设立保护区但具有重要生态价值的海岛，制定并实行封岛保育措施，严禁开发活动，促进生态系统的自然恢复；适度建设生态保护的基础设施。
04　海岛生态本底调查与评价 　　开展有重要生态价值海岛的生态本底调查与评价，摸清典型生态系统、珍稀濒危和特有物种的分布及生境；划定海岛生态系统的区域范围。

（二）权益维护类

工程对象： 系指领海基点所在海岛、潜在领海基点所在海岛和其他权益海岛。

工程目标： 到2020年，实施10个海岛的权益维护类工程，掌握海岛地形地貌动态变化，维护岛体稳定。

工程内容： 开展领海基点及潜在领海基点所在海岛现状调查，划定领海基点保护范围，设立保护范围标志；建立海岛监视监测系统，开展岛体、岸滩等修复和生态化改造，研究珊瑚礁退化机理和修复技术并示范。

专栏2　权益维护类工程
01　领海基点保护工程 　　建立和运行领海基点、潜在领海基点所在海岛及周边海域的监视监测系统；划定领海基点保护范围，设立保护范围标志；开展外磕脚等的保护与修复；建设石碑山角等领海基点主题公园。
02　权益海岛保护工程 　　开展权益海岛及周边海域的监视监测，研究珊瑚礁退化机理，研发珊瑚礁恢复技术并示范应用。

（三）生态景观类

工程对象：系指具有典型或重要自然和人文历史遗迹的海岛，以及岛体、植被、岸线和沙滩等受损严重的海岛。

工程目标：到 2020 年，实施 20 个海岛的生态景观类工程，保护和修复海岛自然与人文历史遗迹，提升海岛景观效果和生态服务价值。

工程内容：保护海岛特色地质地貌景观，修复受损岸线和沙滩等；防治海岛水土流失，保护与修复海岛植被；保护海岛特色建筑和历史街区、村落等；开展保护和修复技术研发、生态景观保护相关理论方法的研究。

（四）宜居宜游类

工程对象：系指有居民海岛和拟开展生态旅游的无居民海岛。

工程目标：到 2020 年，实施 27 个海岛的宜居宜游类工程，改善有居民海岛的生产生活条件，提升无居民海岛的开发利用价值，形成海岛生态化保护与开发利用新模式。

工程内容：开展基于生态系统的景观设计与建设，完善海岛基础设施；开展有居民海岛环境清洁与整治，完善污水和固体废弃物处置设施，建设防波堤和护岸等防灾减灾工程；保护无居民海岛原生态景观，开展受损植被和沙滩等的修复与整治。

专栏 3　宜居宜游类工程
01　宜居海岛建设 　　开展垃圾堆、废弃渔具堆等环境整治；加强污水、垃圾处置设施建设；推进码头、道路建设；开展防灾减灾设施建设。到 2020 年开展北长山岛、大嵛山、下川岛、斜阳岛、永兴岛等 17 个宜居海岛建设。
02　宜游海岛建设 　　对拟依法确权开展生态旅游的无居民海岛，修复和完善旅游码头和游步道等配套基础设施；开展海岛空间资源、景观资源节约高效利用示范。到 2020 年，开展刘公岛、秦山岛、分界洲等 10 个宜游海岛建设。

（五）科技支撑类

工程对象：系指建设生态实验基地和生态监测站（点）的海岛，以及具有示范意义的生态化和清洁化生产的海岛。

工程目标：到 2020 年，实施 18 个海岛的科技支撑类工程，建成若干个海岛生态实验基地、"一站多能型"生态监测站（点）和清洁生产示范岛，形成支撑生态岛礁工程的技术标准体系。

工程内容：开展水资源综合利用、废弃物资源化利用、多能互补型电力供应系统、海岛保护修复技术的研发与示范，建设海岛生态实验基地；建设集海洋环境监测、观测与预报、海岛监视监测和防灾减灾等于一体的"一站多能型"海洋生态监测站（点）；针对石化和能源等重大用岛项目，制定标准体系，指导企业采用生态化和清洁化技术，开展全过程监视监测和监督管理。

专栏 4　科技支撑类工程
01　海岛生态实验基地建设 　　开展新能源、新材料、水资源综合利用和废弃物资源化利用等技术的研发、试验与示范；建设试验样地和实验室，开展海岛生态保护与修复技术研发与示范。到 2020 年，建设 8 个海岛生态实验基地。
02　"一站多能型"海洋生态监测站（点）建设 　　完善海岛基础设施；按照有关标准，开展实验室和监测能力建设。到 2020 年，建设 5 个一站多能型海洋生态监测站（点）。
03　生态化和清洁化生产示范岛建设 　　对石化、能源等项目用岛，制定集约节约的用岛标准，指导企业全面采用生态化和清洁化生产技术；开展生态养殖业和生态旅游业等特色产业可持续发展研究，为海岛产业结构调整和优化升级提供支撑；建立海岛开发利用的生态环境约束指标，开展监视监测和监督管理。到 2020 年，建设 5 个生态化和清洁化生产示范岛。

五、保障措施

（一）加强组织领导，健全管理机制

国家海洋局负责全国生态岛礁工程的政策制定、实施评估和监督管理；依据《全国海岛保护规划》和本《规划》，建立全国项目库；组织开展共性技术攻关，指导省级工程实施，定期开展工程的监督、检查和评估。

沿海省级海洋行政主管部门要高度重视生态岛礁工程，依据《规划》以及同级海岛保护规划，建立省级项目库；会同有关部门加强对本区域生态岛礁工程的指导、监督和检查，开展实施情况评估与绩效考核，并将评估和考核情况报国家海洋局。

（二）加大资金投入，保障工程实施

加大各级资金投入，将生态岛礁工程经费纳入同级财政预算，形成稳定的资金投入机制，保障工程实施。国家海洋局利用海岛保护资金等中央财政资金，对生态保育类、权益维护类和科技支撑类工程给予重点支持。沿海地区要加大投入，重点开展生态景观类和宜居宜游类工程建设。国家优先支持绩效考核优良的生态岛礁工程，鼓励沿海各地建立多渠道、多元化投融资机制，引导社会各界参与生态岛礁建设。

（三）建立规章制度，规范工程管理

建立生态岛礁工程管理制度，包括生态岛礁工程的申报、审批、监管和验收制度，以及工程实施的法人制度、招投标制度、工程监理制度、安全管理制度和审计制度等。组织实施工程的各级政府和法人，要切实加强工程质量和工期管理，建立长效管护机制，开展工程前、中、后动态监测与评估，确保工程效果。生态岛礁工程涉及用海、用岛和用地的，应依法办理相关手续。

（四）强化科技支撑，培养人才队伍

针对五类"生态岛礁"工程，分别研究制定相应的技术规程。研究海岛生态系统的结构、功能、演变规律和退化机理，建立海岛生态健康、海岛发展指数的评估方法、指标体系和模型；研发海岛生态修复、生态退化诊断、承载力监测预警和防控技术，并进行示范与推广；开展适用于海岛的新材料、新能源和环保技术的研发和推广，创建技术创新示范基地，推动环保产业发展。整合各方资源，加大工程建设与管理人才的培训力度，壮大工程建设和管理人才队伍，培养和形成大批技术创新人才、专业工程与技术团队，确保项目顺利实施。

（五）提高宣传力度，鼓励公众参通过网络、电视、报纸等媒体，不定期的召开新闻发布会，建设生态岛礁博物馆或展示厅，多层次、多渠道地宣传生态岛礁工程的重大意义和作用，全方位展示生态岛礁工程建设的过程和成果，使社会各界及时了解和切身感受生态岛礁工程建设的进展和效果。支持和鼓励各类公益组织开展多种形式、丰富多彩的海岛保护活动，提高公众的海岛保护意识和社会责任感，引导社会各界主动参与生态岛礁建设。

中华人民共和国海洋环境保护法

(1982年8月23日第五届全国人民代表大会常务委员会第二十四次会议通过 1999年12月25日第九届全国人民代表大会常务委员会第十三次会议修订 根据2013年12月28日第十二届全国人民代表大会常务委员会第六次会议《关于修改〈中华人民共和国海洋环境保护法〉等七部法律的决定》修正 根据2016年11月7日主席令第56号《全国人大常委会关于修改〈中华人民共和国海洋环境保护法〉的决定》修改)

第一章　总　则

第一条　为了保护和改善海洋环境，保护海洋资源，防治污染损害，维护生态平衡，保障人体健康，促进经济和社会的可持续发展，制定本法。

第二条　本法适用于中华人民共和国内水、领海、毗连区、专属经济区、大陆架以及中华人民共和国管辖的其他海域。

在中华人民共和国管辖海域内从事航行、勘探、开发、生产、旅游、科学研究及其他活动，或者在沿海陆域内从事影响海洋环境活动的任何单位和个人，都必须遵守本法。

在中华人民共和国管辖海域以外，造成中华人民共和国管辖海域污染的，也适用本法。

第三条　国家在重点海洋生态功能区、生态环境敏感区和脆弱区等海域划定生态保护红线，实行严格保护。

国家建立并实施重点海域排污总量控制制度，确定主要污染物排海总量控制指标，并对主要污染源分配排放控制数量。具体办法由国务院制定。

第四条　一切单位和个人都有保护海洋环境的义务，并有权对污染损害海洋环境的单位和个人，以及海洋环境监督管理人员的违法失职行为进行监督和检举。

第五条　国务院环境保护行政主管部门作为对全国环境保护工作统一监督管理的部门，对全国海洋环境保护工作实施指导、协调和监督，并负责全国防治陆源污染物和海岸工程建设项目对海洋污染损害的环境保护工作。

国家海洋行政主管部门负责海洋环境的监督管理，组织海洋环境的调查、监测、监视、评价和科学研究，负责全国防治海洋工程建设项目和海洋倾倒废弃物对海洋污染损害的环境保护工作。

国家海事行政主管部门负责所辖港区水域内非军事船舶和港区水域外非渔业、非军事船舶污染海洋环境的监督管理，并负责污染事故的调查处理；对在中华人民共和国管辖海域航行、停泊和作业的外国籍船舶造成的污染事故登轮检查处理。船舶污染事故给渔业造成损害的，应当吸收渔业行政主管部门参与调查处理。

国家渔业行政主管部门负责渔港水域内非军事船舶和渔港水域外渔业船舶污染海洋环境的监督管理，负责保护渔业水域生态环境工作，并调查处理前款规定的污染事故以外的渔业污染事故。

军队环境保护部门负责军事船舶污染海洋环境的监督管理及污染事故的调查处理。

沿海县级以上地方人民政府行使海洋环境监督管理权的部门的职责，由省、自治区、直辖市人民政府根据本法及国务院有关规定确定。

第六条　环境保护行政主管部门、海洋行政主管部门和其他行使海洋环境监督管理权的部门，根据职责分工依法公开海洋环境相关信息；相关排污单位应当依法公开排污信息。

第二章　海洋环境监督管理

第七条　国家海洋行政主管部门会同国务院有关部门和沿海省、自治区、直辖市人民政府根据全国海洋主体功能区规划，拟定全国海洋功能区划，报国务院批准。

沿海地方各级人民政府应当根据全国和地方海洋功能区划，保护和科学合理地使用海域。

第八条　国家根据海洋功能区划制定全国海洋环境保护规划和重点海域区域性海洋环境保护规划。

毗邻重点海域的有关沿海省、自治区、直辖市人民政府及行使海洋环境监督管理权的部门，可以建立海洋环境保护区域合作组织，负责实施重点海域区域性海洋环境保护规划、海洋环境污染的防治和海洋生态保护工作。

第九条　跨区域的海洋环境保护工作，由有关沿海地方人民政府协商解决，或者由上级人民政府协调解决。

跨部门的重大海洋环境保护工作，由国务院环境保护行政主管部门协调；协调未能解决的，由国务院作出决定。

第十条　国家根据海洋环境质量状况和国家经济、技术条件，制定国家海洋环境质量标准。

沿海省、自治区、直辖市人民政府对国家海洋环境质量标准中未作规定的项目，可以制定地方海洋环境质量标准。

沿海地方各级人民政府根据国家和地方海洋环境质量标准的规定和本行政区近岸海域环境质量状况，确定海洋环境保护的目标和任务，并纳入人民政府工作计划，按相应的海洋环境质量标准实施管理。

第十一条　国家和地方水污染物排放标准的制定，应当将国家和地方海洋环境质量标准作为重要依据之一。在国家建立并实施排污总量控制制度的重点海域，水污染物排放标准的制定，还应当将主要污染物排海总量控制指标作为重要依据。

排污单位在执行国家和地方水污染物排放标准的同时，应当遵守分解落实到本单位的主要污染物排海总量控制指标。

对超过主要污染物排海总量控制指标的重点海域和未完成海洋环境保护目标、任务的海域，省级以上人民政府环境保护行政主管部门、海洋行政主管部门，根据职责分工暂停审批新增相应种类污染物排放总量的建设项目环境影响报告书（表）。

第十二条　直接向海洋排放污染物的单位和个人，必须按照国家规定缴纳排污费。依照法律规定缴纳环境保护税的，不再缴纳排污费。

向海洋倾倒废弃物，必须按照国家规定缴纳倾倒费。

根据本法规定征收的排污费、倾倒费，必须用于海洋环境污染的整治，不得挪作他用。具体办法由国务院规定。

第十三条　国家加强防治海洋环境污染损害的科学技术的研究和开发，对严重污染海洋环境的落后生产工艺和落后设备，实行淘汰制度。

企业应当优先使用清洁能源，采用资源利用率高、污染物排放量少的清洁生产工艺，防止对海洋环境的污染。

第十四条　国家海洋行政主管部门按照国家环境监测、监视规范和标准，管理全国海洋环境的调查、监测、监视，制定具体的实施办法，会同有关部门组织全国海洋环境监测、监视网络，定期评价海洋环境质量，发布海洋巡航监视通报。

依照本法规定行使海洋环境监督管理权的部门分别负责各自所辖水域的监测、监视。

其他有关部门根据全国海洋环境监测网的分工，分别负责对入海河口、主要排污口的监测。

第十五条　国务院有关部门应当向国务院环境保护行政主管部门提供编制全国环境质量公报所必需的海洋环境监测资料。

环境保护行政主管部门应当向有关部门提供与海洋环境监督管理有关的资料。

第十六条　国家海洋行政主管部门按照国家制定的环境监测、监视信息管理制度，负责管理海洋综合信息系统，为海洋环境保护监督管理提供服务。

第十七条　因发生事故或者其他突发性事件，造成或者可能造成海洋环境污染事故的单位和个人，必须立即采取有效措施，及时向可能受到危害者通报，并向依照本法规定行使海洋环境监督管理权的部门报告，接受调查处理。

沿海县级以上地方人民政府在本行政区域近岸海域的环境受到严重污染时，必须采取有效措施，解除或者减轻危害。

第十八条　国家根据防止海洋环境污染的需要，制订国家重大海上污染事故应急计划。

国家海洋行政主管部门负责制定全国海洋石油勘探开发重大海上溢油应急计划，报国务院环境保护行政主管部门备案。

国家海事行政主管部门负责制定全国船舶重大海上溢油污染事故应急计划，报国务院环境保护行政主管部门备案。

沿海可能发生重大海洋环境污染事故的单位，应当依照国家的规定，制定污染事故应急计划，并向当地环境保护行政主管部门、海洋行政主管部门备案。

沿海县级以上地方人民政府及其有关部门在发生重大海上污染事故时，必须按照应急计划解除或者减轻危害。

第十九条　依照本法规定行使海洋环境监督管理权的部门可以在海上实行联合执法，在巡航监视中发现海上污染事故或者违反本法规定的行为时，应当予以制止并调查取证，必要时有权采取有效措施，防止污染事态的

扩大，并报告有关主管部门处理。

依照本法规定行使海洋环境监督管理权的部门，有权对管辖范围内排放污染物的单位和个人进行现场检查。被检查者应当如实反映情况，提供必要的资料。

检查机关应当为被检查者保守技术秘密和业务秘密。

第三章　海洋生态保护

第二十条　国务院和沿海地方各级人民政府应当采取有效措施，保护红树林、珊瑚礁、滨海湿地、海岛、海湾、入海河口、重要渔业水域等具有典型性、代表性的海洋生态系统，珍稀、濒危海洋生物的天然集中分布区，具有重要经济价值的海洋生物生存区域及有重大科学文化价值的海洋自然历史遗迹和自然景观。

对具有重要经济、社会价值的已遭到破坏的海洋生态，应当进行整治和恢复。

第二十一条　国务院有关部门和沿海省级人民政府应当根据保护海洋生态的需要，选划、建立海洋自然保护区。

国家级海洋自然保护区的建立，须经国务院批准。

第二十二条　凡具有下列条件之一的，应当建立海洋自然保护区：

（一）典型的海洋自然地理区域、有代表性的自然生态区域，以及遭受破坏但经保护能恢复的海洋自然生态区域；

（二）海洋生物物种高度丰富的区域，或者珍稀、濒危海洋生物物种的天然集中分布区域；

（三）具有特殊保护价值的海域、海岸、岛屿、滨海湿地、入海河口和海湾等；

（四）具有重大科学文化价值的海洋自然遗迹所在区域；

（五）其他需要予以特殊保护的区域。

第二十三条　凡具有特殊地理条件、生态系统、生物与非生物资源及海洋开发利用

特殊需要的区域，可以建立海洋特别保护区，采取有效的保护措施和科学的开发方式进行特殊管理。

第二十四条　国家建立健全海洋生态保护补偿制度。

开发利用海洋资源，应当根据海洋功能区划合理布局，严格遵守生态保护红线，不得造成海洋生态环境破坏。

第二十五条　引进海洋动植物物种，应当进行科学论证，避免对海洋生态系统造成危害。

第二十六条　开发海岛及周围海域的资源，应当采取严格的生态保护措施，不得造成海岛地形、岸滩、植被以及海岛周围海域生态环境的破坏。

第二十七条　沿海地方各级人民政府应当结合当地自然环境的特点，建设海岸防护设施、沿海防护林、沿海城镇园林和绿地，对海岸侵蚀和海水入侵地区进行综合治理。

禁止毁坏海岸防护设施、沿海防护林、沿海城镇园林和绿地。

第二十八　国家鼓励发展生态渔业建设，推广多种生态渔业生产方式，改善海洋生态状况。

新建、改建、扩建海水养殖场，应当进行环境影响评价。

海水养殖应当科学确定养殖密度，并应当合理投饵、施肥，正确使用药物，防止造成海洋环境的污染。

第四章　防治陆源污染物对海洋环境的污染损害

第二十九条　向海域排放陆源污染物，必须严格执行国家或者地方规定的标准和有关规定。

第三十条　入海排污口位置的选择，应当根据海洋功能区划、海水动力条件和有关规定，经科学论证后，报设区的市级以上人民政府环境保护行政主管部门审查批准。

环境保护行政主管部门在批准设置入海排污口之前，必须征求海洋、海事、渔业行政主管部门和军队环境保护部门的意见。

在海洋自然保护区、重要渔业水域、海滨风景名胜区和其他需要特别保护的区域，不得新建排污口。

在有条件的地区，应当将排污口深海设置，实行离岸排放。设置陆源污染物深海离岸排放排污口，应当根据海洋功能区划、海水动力条件和海底工程设施的有关情况确定，具体办法由国务院规定。

第三十一条　省、自治区、直辖市人民政府环境保护行政主管部门和水行政主管部门应当按照水污染防治有关法律的规定，加强入海河流管理，防治污染，使入海河口的水质处于良好状态。

第三十二条　排放陆源污染物的单位，必须向环境保护行政主管部门申报拥有的陆源污染物排放设施、处理设施和在正常作业条件下排放陆源污染物的种类、数量和浓度，并提供防治海洋环境污染方面的有关技术和资料。

排放陆源污染物的种类、数量和浓度有重大改变的，必须及时申报。

第三十三条　禁止向海域排放油类、酸液、碱液、剧毒废液和高、中水平放射性废水。

严格限制向海域排放低水平放射性废水；确需排放的，必须严格执行国家辐射防护规定。

严格控制向海域排放含有不易降解的有机物和重金属的废水。

第三十四条　含病原体的医疗污水、生活污水和工业废水必须经过处理，符合国家有关排放标准后，方能排入海域。

第三十五条　含有机物和营养物质的工业废水、生活污水，应当严格控制向海湾、半封闭海及其他自净能力较差的海域排放。

第三十六条　向海域排放含热废水，必须采取有效措施，保证邻近渔业水域的水温符合国家海洋环境质量标准，避免热污染对水产资源的危害。

第三十七条 沿海农田、林场施用化学农药，必须执行国家农药安全使用的规定和标准。

沿海农田、林场应当合理使用化肥和植物生长调节剂。

第三十八条 在岸滩弃置、堆放和处理尾矿、矿渣、煤灰渣、垃圾和其他固体废物的，依照《中华人民共和国固体废物污染环境防治法》的有关规定执行。

第三十九条 禁止经中华人民共和国内水、领海转移危险废物。

经中华人民共和国管辖的其他海域转移危险废物的，必须事先取得国务院环境保护行政主管部门的书面同意。

第四十条 沿海城市人民政府应当建设和完善城市排水管网，有计划地建设城市污水处理厂或者其他污水集中处理设施，加强城市污水的综合整治。

建设污水海洋处置工程，必须符合国家有关规定。

第四十一条 国家采取必要措施，防止、减少和控制来自大气层或者通过大气层造成的海洋环境污染损害。

第五章　防治海岸工程建海洋环境的污染损害

第四十二条 新建、改建、扩建海岸工程建设项目，必须遵守国家有关建设项目环境保护管理的规定，并把防治污染所需资金纳入建设项目投资计划。

在依法划定的海洋自然保护区、海滨风景名胜区、重要渔业水域及其他需要特别保护的区域，不得从事污染环境、破坏景观的海岸工程项目建设或者其他活动。

第四十三条 海岸工程建设项目单位，必须对海洋环境进行科学调查，根据自然条件和社会条件，合理选址，编制环境影响报告书（表）。在建设项目开工前，将环境影响报告书（表）报环境保护行政主管部门审查批准。

环境保护行政主管部门在批准环境影响报告书（表）之前，必须征求海洋、海事、渔业行政主管部门和军队环境保护部门的意见。

第四十四条 海岸工程建设项目的环境保护设施，必须与主体工程同时设计、同时施工、同时投产使用。环境保护设施应当符合经批准的环境影响评价报告书（表）的要求。

第四十五条 禁止在沿海陆域内新建不具备有效治理措施的化学制浆造纸、化工、印染、制革、电镀、酿造、炼油、岸边冲滩拆船以及其他严重污染海洋环境的工业生产项目。

第四十六条 兴建海岸工程建设项目，必须采取有效措施，保护国家和地方重点保护的野生动植物及其生存环境和海洋水产资源。

严格限制在海岸采挖砂石。露天开采海滨砂矿和从岸上打井开采海底矿产资源，必须采取有效措施，防止污染海洋环境。

第六章　防治海洋工程建设项目对海洋环境的污染损害

第四十七条 海洋工程建设项目必须符合全国海洋主体功能区规划、海洋功能区划、海洋环境保护规划和国家有关环境保护标准。海洋工程建设项目单位应当对海洋环境进行科学调查，编制海洋环境影响报告书（表），并在建设项目开工前，报海洋行政主管部门审查批准。

海洋行政主管部门在批准海洋环境影响报告书（表）之前，必须征求海事、渔业行政主管部门和军队环境保护部门的意见。

第四十八条 海洋工程建设项目的环境保护设施，必须与主体工程同时设计、同时施工、同时投产使用。环境保护设施未经海洋行政主管部门验收，或者经验收不合格的，建设项目不得投入生产或者使用。

拆除或者闲置环境保护设施，必须事先征得海洋行政主管部门的同意。

第四十九条　海洋工程建设项目，不得使用含超标准放射性物质或者易溶出有毒有害物质的材料。

第五十条　海洋工程建设项目需要爆破作业时，必须采取有效措施，保护海洋资源。

海洋石油勘探开发及输油过程中，必须采取有效措施，避免溢油事故的发生。

第五十一条　海洋石油钻井船、钻井平台和采油平台的含油污水和油性混合物，必须经过处理达标后排放；残油、废油必须予以回收，不得排放入海。经回收处理后排放的，其含油量不得超过国家规定的标准。

钻井所使用的油基泥浆和其他有毒复合泥浆不得排放入海。水基泥浆和无毒复合泥浆及钻屑的排放，必须符合国家有关规定。

第五十二条　海洋石油钻井船、钻井平台和采油平台及其有关海上设施，不得向海域处置含油的工业垃圾。处置其他工业垃圾，不得造成海洋环境污染。

第五十三条　海上试油时，应当确保油气充分燃烧，油和油性混合物不得排放入海。勘探开发海洋石油，必须按有关规定编制溢油应急计划，报国家海洋行政主管部门的海区派出机构备案。

第七章　防治倾倒废弃物对海洋环境的污染损害

第五十五条　任何单位未经国家海洋行政主管部门批准，不得向中华人民共和国管辖海域倾倒任何废弃物。

需要倾倒废弃物的单位，必须向国家海洋行政主管部门提出书面申请，经国家海洋行政主管部门审查批准，发给许可证后，方可倾倒。

禁止中华人民共和国境外的废弃物在中华人民共和国管辖海域倾倒。

第五十六条　国家海洋行政主管部门根据废弃物的毒性、有毒物质含量和对海洋环境影响程度，制定海洋倾倒废弃物评价程序和标准。

向海洋倾倒废弃物，应当按照废弃物的类别和数量实行分级管理。

可以向海洋倾倒的废弃物名录，由国家海洋行政主管部门拟定，经国务院环境保护行政主管部门提出审核意见后，报国务院批准。

第五十七条　国家海洋行政主管部门按照科学、合理、经济、安全的原则选划海洋倾倒区，经国务院环境保护行政主管部门提出审核意见后，报国务院批准。

临时性海洋倾倒区由国家海洋行政主管部门批准，并报国务院环境保护行政主管部门备案。

国家海洋行政主管部门在选划海洋倾倒区和批准临时性海洋倾倒区之前，必须征求国家海事、渔业行政主管部门的意见。

第五十八条　国家海洋行政主管部门监督管理倾倒区的使用，组织倾倒区的环境监测，对经确认不宜继续使用的倾倒区，国家海洋行政主管部门应当予以封闭，终止在该倾倒区的一切倾倒活动，并报国务院备案。

第五十九条　获准倾倒废弃物的单位，必须按照许可证注明的期限及条件，到指定的区域进行倾倒。废弃物装载之后，批准部门应当予以核实。

第六十条　获准倾倒废弃物的单位，应当详细记录倾倒的情况，并在倾倒后向批准部门作出书面报告。倾倒废弃物的船舶必须向驶出港的海事行政主管部门作出书面报告。

第六十一条　禁止在海上焚烧废弃物。

禁止在海上处置放射性废弃物或者其他放射性物质。废弃物中的放射性物质的豁免浓度由国务院制定。

第八章　防治船舶及有关作业活动对海洋环境的污染损害

第六十二条　在中华人民共和国管辖海域，任何船舶及相关作业不得违反本法规定向海洋排放污染物、废弃物和压载水、船舶垃圾及其他有害物质。

从事船舶污染物、废弃物、船舶垃圾接收、船舶清舱、洗舱作业活动的，必须具备相应的接收处理能力。

第六十三条　船舶必须按照有关规定持有防止海洋环境污染的证书与文书，在进行涉及污染物排放及操作时，应当如实记录。

第六十四条　船舶必须配置相应的防污设备和器材。

载运具有污染危害性货物的船舶，其结构与设备应当能够防止或者减轻所载货物对海洋环境的污染。

第六十五条　船舶应当遵守海上交通安全法律、法规的规定，防止因碰撞、触礁、搁浅、火灾或者爆炸等引起的海难事故，造成海洋环境的污染。

第六十六条　国家完善并实施船舶油污损害民事赔偿责任制度；按照船舶油污损害赔偿责任由船东和货主共同承担风险的原则，建立船舶油污保险、油污损害赔偿基金制度。

实施船舶油污保险、油污损害赔偿基金制度的具体办法由国务院规定。

第六十七条　载运具有污染危害性货物进出港口的船舶，其承运人、货物所有人或者代理人，必须事先向海事行政主管部门申报。经批准后，方可进出港口、过境停留或者装卸作业。

第六十八条　交付船舶装运污染危害性货物的单证、包装、标志、数量限制等，必须符合对所装货物的有关规定。

需要船舶装运污染危害性不明的货物，应当按照有关规定事先进行评估。

装卸油类及有毒有害货物的作业，船岸双方必须遵守安全防污操作规程。

第六十九条　港口、码头、装卸站和船舶修造厂必须按照有关规定备有足够的用于处理船舶污染物、废弃物的接收设施，并使该设施处于良好状态。

装卸油类的港口、码头、装卸站和船舶必须编制溢油污染应急计划，并配备相应的溢油污染应急设备和器材。

第七十条　船舶及有关作业活动应当遵守有关法律法规和标准，采取有效措施，防止造成海洋环境污染。海事行政主管部门等有关部门应当加强对船舶及有关作业活动的监督管理。

船舶进行散装液体污染危害性货物的过驳作业，应当事先按照有关规定报经海事行政主管部门批准。

第七十一条　船舶发生海难事故，造成或者可能造成海洋环境重大污染损害的，国家海事行政主管部门有权强制采取避免或者减少污染损害的措施。

对在公海上因发生海难事故，造成中华人民共和国管辖海域重大污染损害后果或者具有污染威胁的船舶、海上设施，国家海事行政主管部门有权采取与实际的或者可能发生的损害相称的必要措施。

第七十二条　所有船舶均有监视海上污染的义务，在发现海上污染事故或者违反本法规定的行为时，必须立即向就近的依照本法规定行使海洋环境监督管理权的部门报告。

第九章　法律责任

第七十三条　违反本法有关规定，有下列行为之一的，由依照本法规定行使海洋环境监督管理权的部门责令停止违法行为、限期改正或者责令采取限制生产、停产整治等措施，并处以罚款；拒不改正的，依法作出处罚决定的部门可以自责令改正之日的次日起，按照原罚款数额按日连续处罚；情节严重的，报经有批准权的人民政府批准，责令停业、关闭：（一）向海域排放本法禁止排放的污染物或者其他物质的；（二）不按照本法规定向海洋排放污染物，或者超过标准、总量控制指标排放污染物的；（三）未取得海洋倾倒许可证，向海洋倾倒废弃物的；（四）因发生事故或者其他突发性事件，造成海洋环境污染事故，不立即采取处理措施的。

有前款第（一）、（三）项行为之一的，处三万元以上二十万元以下的罚款；有前款第（二）、（四）项行为之一的，处二万元以上十万元以下的罚款。

第七十四条　违反本法有关规定，有下列行为之一的，由依照本法规定行使海洋环境监督管理权的部门予以警告，或者处以罚款：（一）不按照规定申报，甚至拒报污染物排放有关事项，或者在申报时弄虚作假的；（二）发生事故或者其他突发性事件不按照规定报告的；（三）不按照规定记录倾倒情况，或者不按照规定提交倾倒报告的；（四）拒报或者谎报船舶载运污染危害性货物申报事项的。

有前款第（一）、（三）项行为之一的，处二万元以下的罚款；有前款第（二）、（四）项行为之一的，处五万元以下的罚款。

第七十五条　违反本法第十九条第二款的规定，拒绝现场检查，或者在被检查时弄虚作假的，由依照本法规定行使海洋环境监督管理权的部门予以警告，并处二万元以下的罚款。

第七十六条　违反本法规定，造成珊瑚礁、红树林等海洋生态系统及海洋水产资源、海洋保护区破坏的，由依照本法规定行使海洋环境监督管理权的部门责令限期改正和采取补救措施，并处一万元以上十万元以下的罚款；有违法所得的，没收其违法所得。

第七十七条　违反本法第三十条第一款、第三款规定设置入海排污口的，由县级以上地方人民政府环境保护行政主管部门责令其关闭，并处二万元以上十万元以下的罚款。

第七十八条　违反本法第三十九条第二款的规定，经中华人民共和国管辖海域，转移危险废物的，由国家海事行政主管部门责令非法运输该危险废物的船舶退出中华人民共和国管辖海域，并处五万元以上五十万元以下的罚款。

第七十九条　海岸工程建设项目未依法进行环境影响评价的，依照《中华人民共和国环境影响评价法》的规定处理。

第八十条　违反本法第四十四条的规定，海岸工程建设项目未建成环境保护设施，或者环境保护设施未达到规定要求即投入生产、使用的，由环境保护行政主管部门责令其停止生产或者使用，并处二万元以上十万元以下的罚款。

第八十一条　违反本法第四十五条的规定，新建严重污染海洋环境的工业生产建设项目的，按照管理权限，由县级以上人民政府责令关闭。

第八十二条　违反本法第四十七条第一款的规定，进行海洋工程建设项目的，由海洋行政主管部门责令其停止施工，根据违法情节和危害后果，处建设项目总投资额百分之一以上百分之五以下的罚款，并可以责令恢复原状。

违反本法第四十八条的规定，海洋工程建设项目未建成环境保护设施、环境保护设施未达到规定要求即投入生产、使用的，由海洋行政主管部门责令其停止生产、使用，并处五万元以上二十万元以下的罚款。

第八十三条　违反本法第四十九条的规定，使用含超标准放射性物质或者易溶出有毒有害物质材料的，由海洋行政主管部门处五万元以下的罚款，并责令其停止该建设项目的运行，直到消除污染危害。

第八十四条　违反本法规定进行海洋石油勘探开发活动，造成海洋环境污染的，由国家海洋行政主管部门予以警告，并处二万元以上二十万元以下的罚款。

第八十五条 违反本法规定，不按照许可证的规定倾倒，或者向已经封闭的倾倒区倾倒废弃物的，由海洋行政主管部门予以警告，并处三万元以上二十万元以下的罚款；对情节严重的，可以暂扣或者吊销许可证。

第八十六条 违反本法第五十五条第三款的规定，将中华人民共和国境外废弃物运进中华人民共和国管辖海域倾倒的，由国家海洋行政主管部门予以警告，并根据造成或者可能造成的危害后果，处十万元以上一百万元以下的罚款。

第八十七条 违反本法规定，有下列行为之一的，由依照本法规定行使海洋环境监督管理权的部门予以警告，或者处以罚款：

（一）港口、码头、装卸站及船舶未配备防污设施、器材的；

（二）船舶未持有防污证书、防污文书，或者不按照规定记载排污记录的；

（三）从事水上和港区水域拆船、旧船改装、打捞和其他水上、水下施工作业，造成海洋环境污染损害的；

（四）船舶载运的货物不具备防污适运条件的。

有前款第（一）、（四）项行为之一的，处二万元以上十万元以下的罚款；有前款第（二）项行为的，处二万元以下的罚款；有前款第（三）项行为的，处五万元以上二十万元以下的罚款。

第八十八条 违反本法规定，船舶、石油平台和装卸油类的港口、码头、装卸站不编制溢油应急计划的，由依照本法规定行使海洋环境监督管理权的部门予以警告，或者责令限期改正。

第八十九条 造成海洋环境污染损害的责任者，应当排除危害，并赔偿损失；完全由于第三者的故意或者过失，造成海洋环境污染损害的，由第三者排除危害，并承担赔偿责任。

对破坏海洋生态、海洋水产资源、海洋保护区，给国家造成重大损失的，由依照本法规定行使海洋环境监督管理权的部门代表国家对责任者提出损害赔偿要求。

第九十条 对违反本法规定，造成海洋环境污染事故的单位，除依法承担赔偿责任外，由依照本法规定行使海洋环境监督管理权的部门依照本条第二款的规定处以罚款；对直接负责的主管人员和其他直接责任人员可以处上一年度从本单位取得收入百分之五十以下的罚款；直接负责的主管人员和其他直接责任人员属于国家工作人员的，依法给予处分。

对造成一般或者较大海洋环境污染事故的，按照直接损失的百分之二十计算罚款；对造成重大或者特大海洋环境污染事故的，按照直接损失的百分之三十计算罚款。

对严重污染海洋环境、破坏海洋生态，构成犯罪的，依法追究刑事责任。

第九十一条 完全属于下列情形之一，经过及时采取合理措施，仍然不能避免对海洋环境造成污染损害的，造成污染损害的有关责任者免予承担责任：

（一）战争；

（二）不可抗拒的自然灾害；

（三）负责灯塔或者其他助航设备的主管部门，在执行职责时的疏忽，或者其他过失行为。

第九十二条 对违反本法第十二条有关缴纳排污费、倾倒费规定的行政处罚，由国务院规定。

第九十三条 海洋环境监督管理人员滥用职权、玩忽职守、徇私舞弊，造成海洋环境污染损害的，依法给予行政处分；构成犯罪的，依法追究刑事责任。

第十章 附 则

第九十四条 本法中下列用语的含义是：

（一）海洋环境污染损害，是指直接或者间接地把物质或者能量引入海洋环境，产生损害海洋生物资源、危害人体健康、妨害渔业和海上其他合法活动、损害海水使用素质和减损环境质量等有害影响。

（二）内水，是指我国领海基线向内陆一侧的所有海域。

（三）滨海湿地，是指低潮时水深浅于六米的水域及其沿岸浸湿地带，包括水深不超过六米的永久性水域、潮间带（或洪泛地带）和沿海低地等。

（四）海洋功能区划，是指依据海洋自然属性和社会属性，以及自然资源和环境特定条件，界定海洋利用的主导功能和使用范畴。

（五）渔业水域，是指鱼虾类的产卵场、索饵场、越冬场、洄游通道和鱼虾贝藻类的养殖场。

（六）油类，是指任何类型的油及其炼制品。

（七）油性混合物，是指任何含有油份的混合物。

（八）排放，是指把污染物排入海洋的行为，包括泵出、溢出、泄出、喷出和倒出。

（九）陆地污染源（简称陆源），是指从陆地向海域排放污染物，造成或者可能造成海洋环境污染的场所、设施等。

（十）陆源污染物，是指由陆地污染源排放的污染物。

（十一）倾倒，是指通过船舶、航空器、平台或者其他载运工具，向海洋处置废弃物和其他有害物质的行为，包括弃置船舶、航空器、平台及其辅助设施和其他浮动工具的行为。

（十二）沿海陆域，是指与海岸相连，或者通过管道、沟渠、设施，直接或者间接向海洋排放污染物及其相关活动的一带区域。

（十三）海上焚烧，是指以热摧毁为目的，在海上焚烧设施上，故意焚烧废弃物或者其他物质的行为，但船舶、平台或者其他人工构造物正常操作中，所附带发生的行为除外。

第九十五条 涉及海洋环境监督管理的有关部门的具体职权划分，本法未作规定的，由国务院规定。

第九十六条 中华人民共和国缔结或者参加的与海洋环境保护有关的国际条约与本法有不同规定的，适用国际条约的规定；但是，中华人民共和国声明保留的条款除外。

第九十七条 本法自 2000 年 4 月 1 日起施行。

无居民海岛开发利用审批办法

第一章　　总　则

第一条 为加强无居民海岛保护与管理，规范无居民海岛开发利用审查批准工作，依据《中华人民共和国海岛保护法》，制定本办法。

第二条 在中华人民共和国所属无居民海岛从事开发利用活动的申请、审查和批准，适用本办法。

第三条 无居民海岛开发利用遵循科学规划、保护优先、合理开发、永续利用的原则，全面落实海洋生态文明建设要求，鼓励绿色环保、低碳节能、集约节约的生态海岛开发利用模式。

第四条 无居民海岛开发利用审批依据如下：

（一）《中华人民共和国海岛保护法》及有关法律法规；

（二）海洋主体功能区规划、海岛保护规划、海洋功能区划等有关法定规划和区划；

（三）无居民海岛开发利用管理技术标准和规范。

第五条 无居民海岛开发利用有下列情

形之一的，由国务院审批：

（一）涉及利用领海基点所在海岛；

（二）涉及利用国防用途海岛；

（三）涉及利用国家级海洋自然保护区内海岛；

（四）填海连岛或造成海岛自然属性消失的；

（五）导致海岛自然地形、地貌严重改变或造成海岛岛体消失的；

（六）国务院规定的其他用岛。

上述规定以外的无居民海岛开发利用，由省级人民政府批准。

涉及维护领土主权、海洋权益、国防建设等重大利益的用岛，还应按照国家和军队有关规定执行。

第二章　申请审批

第六条　单位和个人在申请开发利用无居民海岛时，需提交以下申请材料：

（一）无居民海岛开发利用申请书；

（二）无居民海岛开发利用具体方案；

（三）无居民海岛开发利用项目论证报告。

第七条　编制无居民海岛开发利用具体方案应明确以下内容：

（一）依据有关法律法规、规划、技术标准和规范，合理确定用岛面积、用岛方式和布局、开发强度等，集约节约利用海岛资源；

（二）合理确定建筑物、设施的建设总量、高度以及与海岸线的距离，并使其与周围植被和景观相协调；

（三）明确海岛保护措施，建立海岛生态环境监测站（点），防止开发利用中废水、废气、废渣、粉尘、放射性物质等对海岛及其周边海域生态系统造成破坏。

第八条　无居民海岛开发利用项目论证报告应在自然资源和生态系统本底调查基础上编制，重点论证以下内容：

（一）无居民海岛开发利用的必要性；

（二）无居民海岛开发利用具体方案的合理性；

（三）对海岛及其周边海域生态系统的影响；

（四）对海岛植被、自然岸线、岸滩、珍稀濒危与特有物种及其生境、自然景观和历史、人文遗迹等保护措施的可行性、有效性。

第九条　报国务院审批的无居民海岛开发利用申请，由国家海洋局受理。

其他无居民海岛开发利用申请，由省级海洋主管部门受理。

第十条　报国务院审批的用岛，由国家海洋局组织有关部门和专家对申请材料进行审查。

报省级人民政府审批的用岛，由省级海洋主管部门组织有关部门和专家对申请材料进行审查。

第十一条　无居民海岛开发利用审查应遵循以下原则：

（一）维护领土主权和海洋权益；

（二）保障国防安全和海上交通安全；

（三）保护海岛及其周边海域自然资源和生态系统；

（四）促进无居民海岛合理开发和可持续利用；

（五）保障国家重大项目建设用岛。

第十二条　无居民海岛开发利用审查主要内容包括：

（一）受理、审查是否符合规定程序和要求；

（二）是否符合有关法律法规规划，是否遵循生态保护红线要求；

（三）具体方案和项目论证报告是否按照规定程序和技术标准编制，是否切实可行；

（四）用岛面积、界址是否清晰，是否存在权属争议；

（五）是否对领海基点、国防用途海岛及其周边军事设施和舰艇航道安全等产生影响；

（六）存在利益相关者的，是否已提交解决方案或协议；

（七）存在违法用岛行为的，是否已依法查处；

（八）有关部门意见是否达成一致。

第十三条　审查主要包括专家评审、公示、征求意见和集体决策等环节。需要进行听证的，应当按照有关规定组织召开听证会。

审查期限按照《中华人民共和国行政许可法》有关规定执行。

第十四条　国家海洋局在审查无居民海岛开发利用申请过程中，应征求有关部门和省级人民政府意见。有关部门和地方自收到征求意见文件之日起 7 个工作日内，应将书面意见反馈国家海洋局。逾期未反馈意见又未说明情况的，按无意见处理。

涉及领海基点、国防用途海岛及其周边军事设施和舰艇航道安全、海洋功能区划中军事区内海岛的用岛，还应征求军事机关意见。

第十五条　军事机关在向国家海洋局提交国防建设用岛申请材料、立项批复文件以及地方政府意见等材料前，有关审查工作按照军队规定执行。

第十六条　审查结束后，报国务院审批的用岛，由国家海洋局提出审查意见报批；报省级人民政府审批的用岛，由省级海洋主管部门提出审查意见报批。

第三章　批复登记

第十七条　无居民海岛开发利用申请经批准后，国务院批准用岛的，由国家海洋局负责印发用岛批复文件，抄送有关军事机关和地方有关部门；省级人民政府批准用岛的，由省级海洋主管部门负责印发用岛批复文件，抄送有关军事机关和部门。

用岛单位和个人应当按照财政部和国家海洋局有关规定缴纳无居民海岛使用金，并按照不动产统一登记的有关规定，依法办理不动产登记手续，领取不动产权属证书。

第十八条　无居民海岛确权面积，应当按照无居民海岛开发利用审批的界址核算。

第十九条　无居民海岛使用最高期限，参照海域使用权的有关规定执行。

第二十条　用岛单位和个人凭用岛批复文件、不动产权属证书等材料到相关部门办理开工建设手续，具体办法由省级人民政府结合本地区实际规定。

第二十一条　对已批准的无居民海岛开发利用活动，应进行监视监测和评估。

需要改变无居民海岛开发利用的类型、性质或其他显著改变无居民海岛开发利用具体方案的，应当报国务院或省级人民政府重新审批，并办理不动产变更登记。

第四章　附　则

第二十二条　有关省级人民政府可依据本办法制定本地区无居民海岛开发利用审批的具体办法。

无居民海岛开发利用技术标准和规范由国家海洋局制定。

第二十三条　无居民海岛开发利用涉及的港口、矿产资源、废弃物处理、安全生产、保护区、风景名胜区等管理，由有关部门依法实施。

第二十四条　低潮高地的开发利用申请审批比照本办法执行。

第二十五条　本办法自发布之日起生效。

全国海岛保护工作"十三五"规划

前　言

海岛是保护海洋环境、维护海洋生态平衡的基础平台，是壮大海洋经济、拓宽发展空间的重要依托，是捍卫国家海洋权益、保障国防安全的战略前沿。健康的海岛生态系统是国家生态安全的重要组成部分，是经济社会可持续发展的重要支撑。为落实《中华人民共和国国民经济和社会发展第十三个五年规划纲要》和《全国海岛保护规划》，指导"十三五"期间我国海岛保护与管理工作，制定本规划，规划期限为 2016—2020 年。

规划总结回顾了"十二五"期间海岛保护与管理工作取得的成效和存在的主要问题，按照海洋强国、生态文明、21 世纪海上丝绸之路等国家重大战略部署要求，对《全国海岛保护规划》进行了细化与深化，提出了"十三五"期间全国海岛保护与管理工作的总体要求、主要任务、重大工程和保障措施，是"十三五"期间全国海岛保护与管理工作的指导性文件。

一、现状与形势

（一）"十二五"期间海岛保护与管理工作进展

"十二五"期间，全国海岛保护与管理工作以《中华人民共和国海岛保护法》（以下简称《海岛保护法》）为依据，以《全国海岛保护规划》提出的各项任务为抓手，在海岛生态保护、海岛经济发展和管理能力提升等方面取得了一定的成效，在海岛地名普查、权益岛礁保护等方面取得了重大突破。

第一，海岛管理能力不断加强。首次完成了全国海岛地名普查，摸清了我国海岛数量，设置了 3647 个海岛名称标志，编制了《中国海域海岛标准名录》并获国务院批准；实施了远岸岛礁调查；启动了海岛监视监测系统建设，获取了高精度海岛遥感数据，建立了国家海岛数据库；建立并实施了海岛统计调查制度；地方海岛保护与管理队伍不断增强，初步构建了全国海岛保护与管理业务支撑体系。

第二，权益岛礁保护取得突破。公布了钓鱼岛及其附属岛屿的标准名称、领海基点及领海基线，公布了钓鱼岛等岛屿及其周边海域部分地理实体的标准名称及位置示意图；选划了 22 个领海基点保护范围并经省级人民政府批准，建成 7 个领海基点所在海岛视频监控系统。权益岛礁保护得到了国家和社会各界的广泛关注和肯定。

第三，海岛生态保护稳步加强。基本建立了海岛保护规划体系；推进了海岛生物多样性及重要生境的保护，新建 8 个涉岛自然保护区、17 个涉岛特别保护区，涵盖海岛 309 个。截至 2015 年底，我国已建成各类涉岛保护区 180 个，涵盖海岛 2300 多个；实施了 169 个海岛整治修复与保护项目，一批生态受损海岛得到修复，开展了海岛基础设施建设和边远海岛开发利用等工程，截至 2015 年底，723 个海岛实现电力供应，建成污水处理厂 118 座，年污水处理量 25258 万吨；建成垃圾处理厂 68 个，年垃圾处理量 231 万吨；我国 12 个海岛县（区）的城镇污水处理率超过了 74%，海岛生态环境不断改善，得到了社会各界的支持和广泛认可。

第四，海岛开发利用不断推进。初步构建了无居民海岛管理制度体系，陆续制订了无居民海岛有偿使用、无居民海岛权属管理和监督检查等配套办法；海岛执法不断推进，巡查覆盖率达到 75%；建立了国家和地方无居民海岛分级管理体系，无居民海岛开发利用秩序进一步规范，全国共颁发无居民海岛使用权证书 16 本；支持了浙江舟山群岛新区、平潭综合实验区等国家重大海岛开发平台建设以及其他涉岛项目的开发利用，有力地促进了海岛地区经济和社会发展。

（二）存在问题

我国的海岛保护与管理工作虽然取得了重要进展，但也存在一些问题，与全面深化改革、生态文明建设、海岛治理体系和治理能力现代化的要求尚有一定差距，主要是：海岛生态保护尚需加强，生态破坏事件仍有发生，部分典型生态系统退化严重；海岛对经济发展的促进作用尚需提升，海岛开发利用约束和引导不够，历史遗留用岛还没有纳入有效管理，高品质、精细化海岛开发利用方式尚未形成；部分领海基点所在海岛稳定性受到威胁；海岛业务支撑能力尚需提高，法律法规及标准体系仍需完善，海岛资料系统性不够，基础研究不深入；海岛分级保护和管理体系尚需完善，一些地方海岛管理能力和力量不足，保护合力尚未形成等。

（三）面临形势

从国际上看，海岛地区应对气候变化和绿色发展转型正成为全球性关注的议题；以生态系统为基础的海岛综合管理正成为当今全球海岛保护管理的发展趋势；国际地缘政治关系更加复杂多变，岛礁生态保护问题正成为各方角力的重要内容，海洋权益维护出现新动向。

从国内看，党中央、国务院高度重视生态文明建设，就生态环境、资源保护和产权制度改革做出了一系列重要决策部署，习近平总书记就海岛工作多次做出重要指示，为海岛生态文明建设指明了方向；21世纪海上丝绸之路建设对海岛工作参与全球海洋治理提出了新要求；供给侧结构改革对发展海岛生态旅游、生态渔业以及重点海岛的开发开放提出了新需求；公众对生态产品需求不断增长，海岛生态保护逐步成为全社会共识；重点海岛开发正在成为沿海地区转型发展的新支点，海岛逐渐成为新时期促进海洋经济发展的新动力。

总体上看，我国海岛保护与管理既面临着全面深化改革和生态文明建设的机遇，也面临着保障海岛生态安全、权益安全和提升海岛对经济社会发展贡献率的挑战，必须实施以生态系统为基础的海岛综合管理，才能确保海岛生态和权益安全，保障海岛地区经济社会可持续发展。

二、总体要求

（一）指导思想

全面贯彻党的十八大和十八届三中、四中、五中、六中全会精神，以习近平总书记系列重要讲话精神为指导，以"五位一体"总体布局要求和"五大发展理念"为指引，深入落实《海岛保护法》和《全国海岛保护规划》，立足于海岛治理体系和治理能力现代化，以促进海岛生态文明建设和海岛地区经济社会可持续发展为核心，以全面深化改革和体制机制创新为动力，将"生态+"的思想贯穿于海岛保护全过程，建立健全基于生态系统的海岛综合管理体系，不断强化海岛生态保护，切实推进无居民海岛管理，积极拓展国际合作与交流，助力开创海洋强国建设新局面。

（二）基本原则

坚持保护优先。按照尊重自然、顺应自然、保护自然的要求，以自然修复为主，推进生态修复与整治，加强特殊用途海岛的保护，维护海岛生态系统的完整性和安全性。

坚持绿色发展。按照人与自然和谐发展的要求，推进重点海岛的合理利用，建立基于生态系统的海岛开发利用约束和引导机制，防止人类活动对自然生态系统的破坏。

坚持惠民共享。按照发展与民共享的要求，将海岛保护与改善海岛地区生产生活条件相结合，将海岛开发与促进海岛地区经济社会发展相结合，引导公众和社区广泛参与，提高海岛保护与管理惠民成效。

坚持改革创新。按照全面深化改革的要求，深入推进海岛生态文明制度建设，探索资源产权制度改革，坚持示范带动，加强考核监督，构建权责一致的海岛保护与管理运行机制。

（三）规划目标

"十三五"期间海岛保护工作的总体目标是：海岛生态文明建设取得新成效，海岛对地区社会经济发展贡献率进一步提高，符合生态文明要求的海岛治理体系基本形成。具体目标如下：

海岛生态保护开创新局面。形成分类分级海岛保护制度，10%的海岛纳入国家海岛保护名录；完成生态红线划定；新建10个国家级涉岛保护区，构建依托海岛的生态廊道；实施50个生态岛礁工程；发布海岛生态指数。

海岛开发利用水平跨上新台阶。培育一批宜居宜游海岛，探索形成旅游、渔业与工业等海岛生态化开发利用模式，海岛对经济社会的贡献率提高；创建 100 个和美海岛；发布海岛发展指数。

领海基点所在海岛的保护进一步增强。完成 51 个领海基点保护范围的选划。

海岛综合管理取得新进展。基本构建海岛保护的约束与引导制度体系，完成 15 项标准规范的制修订；海岛生态监视监测能力大幅提升，国家和地方分工协作的监视监测工作机制基本形成；提高海岛生态系统的科学认知水平；增强国际合作与交流水平。

（四）总体部署

"十三五"期间，以推动海岛生态文明建设为根本宗旨，以促进海岛发展成果与民共享为基本任务，以维护海洋权益为关键使命，以拓展国际合作与交流为重要方向，以提升海岛治理能力为基础保障，助推 21 世纪海上丝绸之路和智慧海洋建设，发挥我国海岛在全球海洋治理中的重要作用。总体部署如下：

表 1 "十三五"海岛保护工作主要指标

类别	序号	指标	2015 年现状值	2020 年目标值	属性
生态保护	1	新增涉岛国家级保护区（个）	/	10	预期性
	2	国家保护名录中海岛数量（%）	/	10	约束性
	3	海岛自然岸线保有率	—	各省达标（附表 1）	约束性
	4	生态岛礁工程（个）	/	≥50	预期性
绿色用岛	5	有居民海岛垃圾污水处置率（%）	>74	≥80	约束性
	6	新增的开发利用无居民海岛垃圾污水处置率（%）	100	100	约束性
	7	和美海岛（个）	/	100	预期性
	8	绿色用岛示范（个）	/	10	预期性
权益海岛保护	9	新增监视监测领海基点所在海岛的数量（个）	/	10	预期性
	10	领海基点保护范围选划（个）	22	73	约束性
综合管理能力	11	标准规范体系制修订（项）	—	15	预期性
	12	具备海岛监视监测能力的站点（个）	/	121	预期性
	13	海岛生态本底调查海岛（个）	/	200	预期性
	14	巡查海岛覆盖率（%）	75	≥80	约束性

一是建设海岛生态文明。以建立实施生态红线和海岛保护名录制度、加强涉岛保护区建设和生态修复为抓手，完善海岛保护体系，保护海岛自然岸线、生物多样性，修复海岛生态系统，推动社区参与，防止开发利用活动对生态系统的破坏，推进海岛生态环境保护从末端治理向维护生态系统健康和生态安全转变。

二是促进海岛经济发展。以创建和美海岛、规范无居民海岛利用为抓手，建立无居民海岛开发利用的引导和约束机制，探索用岛模式，推进海岛地区经济社会发展，合理开发近岸海岛，支持边远海岛发展，推进海岛资源开发利用由注重生产要素向注重消费要素和生态功能转变。

三是严格保护领海基点所在海岛。加强领海基点保护范围及领海基点所在海岛的监督管理，修制订领海基点监视监测与保护范围标志设置标准规范，完成 51 个领海基点保护范围的选划。

四是拓展国际合作与交流。以 21 世纪海上丝绸之路建设为契机，以联合国 2030 年可持续发展目标为指导，拓展合作交流领域，开展海岛治理新理念、海岛生态保护新方法等经验分享与交流，促进全球海岛可持续发展。

五是完善业务体系。围绕海岛保护管理能力提升需求，以海岛监视监测、统计调查、科学研究和标准规范为抓手，完善数据收集分析体系，加强执法监督，为海岛治理体系的建设提供业务支撑。

三、主要任务

（一）保护海岛生态系统

1. 强化海岛生态空间保护

构建由整岛保护和局部区域保护相结合的海岛生态空间保护体系。建立海岛保护名录制度，实施整岛保护，探索开展封岛保育。加强已建涉岛保护区的监督管理和保护能力建设，适时开展调整升级工作；选取具有典型生态系统和重要物种栖息、迁徙路线上的海岛及其周边海域，划定为保护区。加强对海岛自然岸线、自然和历史人文遗迹的保护，确定开发利用海岛保护区域和保护对象，防止开发利用对自然生态系统的破坏。全面划定海洋生态红线，实施红线保护制度，加强考核与评估。

> **专栏 1　海岛保护名录**
>
> 制定海岛保护名录的确定标准，将领海基点所在无居民海岛、典型生态系统分布海岛、珍稀濒危和特有物种分布无居民海岛、典型历史人文遗迹分布无居民海岛，以及其他具有特殊保护价值的海岛纳入保护名录，开展保护名录中海岛监视监测和保护效果考核。到 2020 年，10%以上的海岛纳入国家名录，各省 20%以上的海岛纳入本地名录。

2. 保护海岛生物多样性

分步开展海岛生态本底调查，摸清重点海岛生物多样性；开展海岛物种登记，建立物种数据库和重要物种基因库，构建海岛生物物种信息共享平台，发布我国海岛珍稀濒危和特有物种清单。加强海岛外来物种防控，开展外来入侵物种调查和生态影响评价，探索推进海岛生物安全和外来物种管理制度化

进程。支持建设海岛生物多样性长期观测样地，开展生物多样性和外来物种监测与评价。维护依托海岛的生态廊道，保护典型物种及其生境。建立并发布海岛生态指数，引导社会提升对海岛保护的认知和预期。

> **专栏 2　海岛生态廊道**
>
> 海岛生态廊道系指依托海岛生态系统的典型物种迁移、繁殖、栖息的廊道，包括"东亚—澳大利亚"鸟类迁徙路线、斑海豹和绿海龟产卵场、典型经济鱼类"三场一通道（产卵场、越冬场、索饵场、洄游通道）"等所在海岛。开展资料收集和补充调查，摸清廊道沿线海岛的分布、位置和生态系统特征，将关键无居民海岛纳入保护名录，维护海岛生态廊道。以迁飞鸟类为纽带，开展生态廊道沿线海岛国际合作和调查研究。

3. 修复海岛生态系统

开展海岛生态系统受损状况调查与评估，推进生态受损海岛的修复。实施珊瑚礁、红树林、海草（藻）床等典型海洋生态系统修复，支持海岛周边渔业资源养护，开展海岛重要自然和历史人文遗迹保护。开展鸟类栖息地保护；优先选择乡土物种，推进植被恢复与修复，防治水土流失，构建水下、海岸和岛陆层级贯通的植被景观体系。采用恢复海岸沙丘、人工补沙、木质丁坝等亲和性手段开展海岛海岸和沙滩修复。加强海岛地区环境整治，提高垃圾污水处理能力。建立海岛生态修复效果评估机制，加强对海岛整治修复的引导和管理。

4. 推动社区共建共享

完善海岛管理信息系统公共服务功能，开展多样化的海岛基础地理信息和保护状况信息服务。开展休闲旅游、灾害预警预报等与居民生活有关的定制化信息服务。完善海岛保护与管理的社区参与机制，明确社区居民的权利、责任和义务，鼓励社区居民参与海岛保护与管理决策和行动，发挥涉岛保护区建设、生物多样性保护和海岛生态修复工程对当地居民生产生活条件、职业技能、就业和收入等方面的提升作用，形成社区参与海岛保护"共建、共管、共享"的良好局面。探索推进海岛生态

保护认养制度和海岛保护社会捐赠制度，支持公益组织和社会团体开展多种形式的海岛保护行动，共同推进海岛保护与管理。

专栏 3 海岛保护社区参与示范

选择若干典型海岛，加强海岛居民生态保护知识和技能培训，提高居民参与海岛保护能力。依托生态石礁工程和和美海岛建设，扩大居民在保护区管理、宣传、生态修复、环境整治和生态旅游方面的就业，提高居民收入；明确海岛居民的生态保护和环境整治责任与义务，引导社区自觉参与海岛保护。

（二）合理利用海岛自然资源

1. 推进无居民海岛开发利用管理

主动适应生态文明体制改革形势，建立健全无居民海岛开发利用管理制度。国家出台《无居民海岛开发利用审批办法》及其配套制度，沿海地区制定出台配套文件。探索海岛审批与海岛周边海域围填海审批衔接等制度。严格实施无居民海岛有偿使用制度，明确无居民海岛有偿使用范围、条件、程序和权利体系，探索赋予无居民海岛使用权依法转让和出租等权能。修订《无居民海岛使用金征收使用管理办法》，建立完善无居民海岛使用权出让价格评估管理制度和出让最低价标准的动态调整机制；制定无居民海岛有偿使用的意见。研究出台无居民海岛使用权招标、拍卖和挂牌出让指导意见，鼓励地方结合实际推进无居民海岛旅游娱乐、工业等经营性用岛市场化方式出让。

2. 规范无居民海岛开发利用

制定可开发利用无居民海岛名录，明确开发利用对植被、自然岸线及其他保护对象的保护要求，研究提出海岛建筑物设施总量、高度和离岸距离等限制指标；研究提出石化、旅游、渔业等产业用岛控制性指标。进一步强化可开发利用无居民海岛保护与利用规划的控制性与引导性作用，强化分类分区管理，落实用途管制制度。开展海岛自然资产负债表编制技术研究，选择 3 个县级区域开展试点；按照有关规定，积极推进将海岛资源资产变动情况纳入领导干部离任审计范围，探索建立对地方无居民海岛保护和开发利用考核监管机制。开展海岛生态服务功能价值评估、生态损害和生态补偿研究，推进实施海岛资源环境承载力监测预警机制。

3. 推进海岛地区经济社会发展

主动对接海洋经济发展示范区建设，保障重大项目用岛需求，支持海南国际旅游岛和舟山、平潭、横琴等国家级涉岛新区的开发开放；扶持辽宁长兴岛、上海长兴岛、浙江大榭岛、浙江玉环岛、浙江洞头岛、福建东山岛和广东南澳岛等重点海岛产业集聚区发展。研究总结海岛成功开发经验，支持水资源综合利用和废弃物资源化利用，开展海岛海水利用示范，扩大可再生能源利用规模，加强海岛防灾减灾能力建设。推动国家出台支持海岛经济发展政策，鼓励近岸海岛多元化保护利用，扶持边远海岛发展；推动边远海岛交通体系发展，支持码头、桥梁道路等交通基础设施建设。加强对石化和核电等重大用岛项目的引导，推进以产业链延伸和集约节约用岛为主要目标的绿色用岛示范基地建设。推进在海岛地区开展生态文明示范区建设示范。创建和美海岛，制定发布海岛发展指数。

专栏 4 和美海岛

和美海岛系指生态健康、环境优美、特色鲜明、乡风文明的有居民海岛或已开发利用的无居民海岛。建立和美海岛创建标准、考核与退出机制，引导建设 100 个和美海岛，多方位开展和美海岛建设成果的宣传和推介。

---

4. 培育宜居宜游海岛

落实与国家旅游局的合作协议，依托丰富的海岛旅游资源和海上丝绸之路文化资源，发展观光、运动、休闲度假、生态渔业、休闲渔业、观赏渔业等生态旅游产品。支持码头、游步道、海水淡化、垃圾污水处理、电力供应、海洋牧场、景观保护与修复等基础设施建设，改善海岛生产生活条件，防止基础设施建设破坏海岛原始景观和生态系统；加强海洋文化保护与挖掘。保障生态旅游用岛需求，培育一批海岛生态旅游目的地和精品海岛生态旅游线路。探索建立基于资源环境承载力的海岛生态旅游开发模式，促进海岛旅游产业健康发展。打造岛群经济网络，形成现代化服务体系，建成一批宜居、宜业、宜游的魅力海岛。

专栏5　生态旅游岛

海岛生态廊道系指依托海岛生态系统的典型物种迁移、繁殖、栖息的廊道，包括"东亚—澳大利亚"鸟类迁徙路线、斑海豹和绿海龟产卵场、典型经济鱼类"三场一通道（产卵场、越冬场、索饵场、洄游通道）"等所在海岛。开展资料收集和补充调查，摸清廊道沿线海岛的分布、位置和生态系统特征，将关键无居民海岛纳入保护名录，维护海岛生态廊道。以迁飞鸟类为纽带，开展生态廊道沿线海岛国际合作和调查研究。

（三）严格保护领海基点所在海岛

加强领海基点保护范围及领海基点所在海岛的监督管理，开展领海基点及其所在海岛保护技术研究，修制订领海基点监视监测与保护范围标志设置标准规范。完成51个领海基点保护范围的选划。开展领海基点保护范围标志的巡查，修复或设置部分领海基点保护范围标志；新建10个领海基点所在海岛监视监测系统；依托领海基点所在海岛，开展爱国主义和科普教育。

（四）拓展国际合作与交流

1.拓展国际合作与交流领域

以21世纪海上丝绸之路沿线国家为重点，加强与泰国、马来西亚、印度尼西亚、巴基斯坦、斯里兰卡、马尔代夫、莫桑比克、马达加斯加、斐济和瓦努阿图等国家和地区的合作与交流，办好中国—小岛屿国家海洋部长圆桌会议。提出21世纪海上丝绸之路绿色海岛与蓝色经济合作的倡议，在海岛生态保护、开发利用、经济发展和治理经验等方面与沿线国家开展交流与务实合作。加大与美国、欧盟、韩国等发达国家，以及联合国教科文组织、开发计划署等国际组织的合作力度，借鉴国际海岛保护与管理成功经验。培养选送优秀人才到国际合作组织或平台任职，支持科技人才牵头承担或参与国际科学计划和科学工程，适时发起海岛领域的国际

合作计划，引导形成以我为主的项目合作机制。依托中国政府海洋奖学金项目，资助国外海岛保护与管理人才来华学习。

2.做大做强国内合作平台

鼓励依托海岛建立国际旅游岛以及国际中转、补给和仓储基地，开展旅游、贸易和港口物流合作与服务。提升国内现有海岛论坛和海岛科教基地的国际影响力。将平潭国际海岛论坛建设成为全球海岛保护与发展政策和数据权威发布平台；将舟山国际海岛旅游大会打造成旅游发展经验交流和合作平台；将唐山湾海岛发展论坛打造成国内外海岛发展经验的交流平台。继续引导APEC等国际组织中的海洋合作方向，推动东亚海洋合作平台黄岛论坛、厦门国际海洋周等国际交流平台增加涉岛议题。支持舟山摘箬山岛、宁波梅山岛、平潭海坛岛建设国家海洋教育示范基地，开展海岛教育培训、合作与交流。

3.促进全球海岛可持续发展

开展国外海岛资料、法律制度、管理政策等方面的信息收集研究，构建全球海岛信息网，为国内外海岛保护与管理提供决策信息支撑服务。开展海岛治理新理念、海岛生态保护新方法等经验分享与交流。引导相关科研机构、社会团体积极介入，主动参与多边、双边涉岛合作项目和计划，促进全球海岛可持续发展。

（五）完善业务体系

1.开展监视监测

在"十二五"基础上，依托智慧海洋工程，推进监视监测系统建设，开展智慧海岛建设研究。开展海岛数据的采集、收集和整合，建设海岛管理信息系统和大数据系统，加强数据挖掘与应用，建立统一的无居民海岛监视监测业务平台，实现对无居民海岛开发利用及生态保护状况的常态化和业务化监视监测。完善工作机制，国家负责对全国无居民海岛遥感监测，地方按照统一要求具体负责辖区内海岛监视监测工作，并就国家发

现的"疑点疑区"予以核实。建立实施海岛监视监测年度工作任务目标制和责任制，对各单位、各地区年度工作完成情况及质量进行考核评估。建立监视监测与执法联动机制，强化监视监测在预防和预判中的作用。加强监视监测人员培训。

专栏6　智慧海岛

智慧海岛是智慧海洋在海岛领域的应用与实践。根据智慧海洋建设的总体思路，研究构建智慧海岛体系框架，搭建信息感知、数据互联与普适计算体系，建立国家海岛大数据中心；建立综合管控智能服务系统、海上丝绸之路智能服务系统和公众服务智能服务系统，实现海岛信息融合、知识发现与智能应用。开展智慧海岛建设试点。

2.实施统计调查

全面实施海岛统计报表制度，适时设立海岛专项统计调查制度。加强统计调查指标体系、技术和范围研究，探索统计调查由县级行政区向岛群和重点海岛延伸。各地要结合本地实际需求，开展区域性特色指标、内容的设计与统计调查，推动形成"全国统一框架、区域特色明显"的统计调查体系。编制和发布《海岛统计调查公报》，开展信息分析技术研究，强化统计调查政策建议功能。保障海岛统计信息系统业务化运行和维护，实现海岛统计数据联网直报。加强统计调查队伍建设，加大人员培训力度。

专栏7　以生态系统为基础的海岛综合管理

以生态系统为基础的海岛综合管理是一种跨学科的海岛管理方法，要求以科学理解海岛生态系统的演变规律为基础，将人类活动纳入生态系统管理，以海岛生态系统范围为管理边界，以维护生态系统健康和服务功能、达到海岛可持续利用为目标。继续开展以生态系统为基础的海岛综合管理内涵、边界、原则、目标、体系构成、管理工具与方法、实现途径等的研究，不断完善理论和方法体系，以指导全国海岛保护与管理工作。

3.强化科技标准支撑

加强海岛基础调查与数据收集，开展海岛生态系统结构、功能、过程与服务以及海岛脆弱性形成机制、人类活动对海岛生态系统的影响及机理研究。围绕以生态系统为基础的海岛综合管理，开展生态保护与评价、无居民海岛开发利用、海岛监视监测、海洋生态红线中海岛保护措施研究、典型海岛水资源形态及对海岛生态系统的影响规律等管理技术研究。围绕生态岛礁工程、和美海岛和监视监测系统建设，突破一批关键技术、装备，开展集成和应用。研究制订一批标准规范，完成15项标准规范制修订，包括以生态化利用为重点的无居民海岛开发利用管理标准规范、以生态岛礁建设和生态系统综合评估为重点的海岛保护管理标准规范、以监测内容和监测方法为重点的海岛监视监测标准规范。推动建立全国海洋标准化委员会海岛保护分技术委员会。

专栏8　标准规范

制修订无居民海岛开发利用管理标准规范，包括无居民海岛开发利用具体方案、开发利用项目论证报告大纲和技术要求、集约节约利用、重点生态要素保护及使用权价值评估等。完善海岛保护标准规范体系，包括各级海岛保护规划大纲、生态岛礁建设指南、生态修复与效果评估、海岛生态系统评价等。健全监视监测标准体系，包括自然形态、岸线、开发利用和植被等四项基本要素以及鸟类等典型物种监视监测规程、生态本底调查技术规程和监视监测数据质量控制规范等。

4.加强执法监督

加强海岛行政执法，清理非法用岛活动，依法查处各类海岛违法案件。开展严重破坏地形地貌、未批先用等海岛违法行为的专项执法；探索建立海陆空立体联动的执法巡查模式，重点加强无居民海岛和特殊用途海岛的执法检查，巡查海岛覆盖率达到80%以上。加大对临时用岛活动的监督管理；开展海岛名称监督管理以及名称标志的巡查与修复。理顺海区与地方海岛执法机构的关系，加强与驻岛军队、海事、通信、气象等部门的沟通和协调，建立信息共享和长效协调机制。提升执法能力，强化执法人员监督管理，提高执法人员综合素质。加强对无居民海岛开发利用和保护情况的督察工作。

四、重大工程

（一）生态岛礁工程

贯彻落实《中华人民共和国国民经济和社会发展第十三个五年规划纲要》和《全国

生态岛礁工程"十三五"规划》，到2020年，至少在50个海岛实施生态岛礁工程。在具有重要生态价值的海岛上实施生态保育类工程，在我国领海基点所在海岛和其他重要权益类海岛上实施权益维护类工程，在具有典型或重要自然和历史人文遗迹的海岛实施生态景观类工程，在有居民海岛和拟开展生态旅游的无居民海岛上实施宜居宜游类工程，在开展生态实验基地建设和生态监测站（点）建设的海岛实施科技支撑类工程。通过生态岛礁工程的实施，使我国海岛生态系统完整健康，生态服务功能彰显；海岛人民生产生活水平和品质大幅提升，建成一批国际知名的宜居宜游海岛；权益海岛保持稳定并有效管控；我国海岛基本实现"生态健康、环境优美、人岛和谐、监管有效"。形成各具特色的生态岛礁建设模式、标准和长效的建设与管理机制，引领全国生态岛礁建设。

（二）海岛监视监测系统建设工程

主要包括监视监测、评价、研究、标准与业务监管、信息系统支撑和保障等六大体系建设。监视监测体系依托"智慧海洋""一站多能""全球海洋立体观测网"、海洋生态环境在线监测、空间基础设施和海洋信息化建设，实施121个海岛生态监测站点升级与建设，监测能力基本能够覆盖我国海岛，开展每年2次的我国海岛数量、岛体形态、开发利用和植被覆盖等四项基本要素的常态化监视监测，并逐步拓展监测内容和要素，开展保护名录中海岛、生态红线内海岛及其他重要海岛生态监测。评价体系主要开展海岛生态系统状况综合评价和单岛评价，定期编制监视监测公报。研究体系主要开展监视监测理论、技术和方法研究，突破典型海洋生态系统在线监测技术，提出一批海岛生态系统关键影响因子。标准与业务监管体系主要构建系列监测和数据质量标准。信息系统支撑体系主要是开展数据采集、数据分析、信息服务、业务监管、成果展示等应用系统

的建设和运维。保障体系主要是监视监测管理制度建设，保障体系业务化运转。

（三）海岛生态本底调查与物种登记试点工程

开展全国海岛岸线、植被与土壤、沙滩和水资源等调查，摸清全国海岛岸线、沙滩、植被覆盖、水资源等状况；实施200个海岛的调查，摸清其生态本底状况，识别海岛生物多样性和保护对象，为确定海岛生态系统范围及界限，保护海岛生物多样性、维护海岛生态系统健康提供科学依据。在"十二五"工作和本底调查基础上，全面搜集有关海岛调查成果，按照统一标准进行整编和同化处理，形成数据集和数据库；以浙江海岛为试点，研究海岛植被型、群系和分布特征，进一步确定控制海岛植被分布的关键因子，构建植被型分布与气候关系模型，开展海岛自然区划示范和部分海岛植物物种登记。

（四）历史遗留用岛调查与管理工程

在国家统一部署下，由省级海洋行政主管部门组织开展历史遗留用岛调查与管理工作。全面查清我国历史遗留用岛的基本情况，包括用岛类型与用岛面积、构筑物的面积和高度、权属现状及其来源和费用缴纳情况等；以海岛为单元，建立历史遗留用岛数据库，作为管理的基础依据。开展分类处置与管理试点，符合规定的，简化相关手续与程序，鼓励用岛单位和个人按照《海岛保护法》及有关配套制度，补办无居民海岛开发利用许可；在历史遗留用岛上，《海岛保护法》实施后新增的开发利用行为，应依法办理无居民海岛用岛手续。

五、保障措施

（一）加强组织领导

国家海洋局建立统筹谋划、系统部署、协调推进的长效机制，广泛动员各地和社会力量，推进规划实施。沿海各级政府及其海洋主管部门要按照《海岛保护法》《全国海岛保护规划》和本规划的要求，加强组织领

导，明确各级任务的责任主体和实施进度，确保规划提出的各项目标的实现。鼓励有条件的地区，结合地方实际，编制和实施"十三五"海岛保护工作规划。建立规划实施情况的监督和考核机制，考核结果作为安排海岛相关资金、改进海岛保护与管理工作的重要参考。

（二）增强多元投入

利用好中央财政资金、海洋开发性金融，支持《全国海岛保护规划》和本规划确定的重点任务与重大工程。沿海地方各级人民政府要加大对海岛保护的投入。各级海洋行政主管部门要会同本级发展改革和财政等部门，做好规划项目的储备、申报和资金筹措，加强对项目实施的监管。建立多渠道、多元化的投融资机制，充分发挥财政性资金的引领和示范作用，积极推广政府与社会资本合作（PPP）模式，引导和鼓励社会资金参与海岛保护。

（三）强化队伍建设

在进一步明确中央和地方海岛管理事权划分的基础上，推进国家海洋局系统和地方队伍建设。充分发挥现有海岛业务支撑单位作用，支持涉海科研院所开展海岛科技研究，

参与海岛治理，稳定支持10支海岛科技创新队伍。利用"海洋人才港"工程，与涉海高校联合培养人才；利用"蓝海导航人才"工程，开展继续教育，每年至少组织500人次的人员培训，提升海岛管理与研究人员的业务水平和创新能力，形成一批支撑海岛保护与管理的人才队伍。

（四）深化军民融合

建立健全海岛保护与利用军民融合协调机制，充分发挥军地双方优势，加强信息交流，创建高效有力的军地合作模式。研究废弃国防用途海岛及其设施转为民用机制。

（五）推进宣传教育

将海岛保护作为生态文明理念的传播途径。完善中国海岛网功能，建设平潭海岛博物馆和海岛三维展示平台，应用全媒体手段及时发布海岛有关信息，宣传海岛保护成就。继续实施海岛知识"进学校、进课堂、进教材"活动，培育青少年海岛意识。编纂《中国海岛志》；与有关媒体合作，摄制系列海岛宣传片；编制一批海岛保护知识材料，广泛开展宣传普及，在全社会营造保护海岛、爱护海岛的氛围。

附表1   沿海部分省（区、市）海岛自然岸线保有率控制指标

海区	省份	海岛自然岸线保有率（%）
北海区	辽宁省（黄海部分）	≥80
	山东省（黄海部分）	≥85
东海区	江苏省	≥25
	上海市	≥20
	浙江省	≥78
	福建省	≥75
南海区	广东省	≥85
	广西壮族自治区	≥85
	海南省（本岛）	≥55

注：海岛自然岸线是指海岸相互作用自然形成的海岸线，以及经整治修复后具有自然属性的海岸线，见《国家海洋局关于全面建立实施海洋生态红线制度的意见》（国海发 [2016] 4号）。

附表2　全国海岛保护"十三五"重点工作一览表

序号	工作类别	主要任务	任务方向	任务内容	责任主体
1	主要任务	保护海岛生态系统	强化海岛生态空间保护	1. 发布海岛保护名录。 2. 保护区管理和新建10个涉岛国家级自然保护区。 3. 划定海洋生态红线，加强管理。	国家海洋局和地方海洋主管部门 地方海洋主管部门 地方海洋主管部门
2			保护海岛生物多样性	1. 维护生态廊道。 2. 开展海岛生态指数的研究和试点。	国家海洋局和地方海洋主管部门 国家海洋局
3			修复海岛生态系统	1. 开展海岛生态系统受损状况调查与评估 2. 海岛整体性修复示范。	地方海洋主管部门 地方海洋主管部门
4			推动社区共建共享	海岛保护社区参与示范	地方海洋主管部门
5		合理利用海岛资源	推进无居民海岛开发利用管理	1. 出台无居民海岛申请审批办法、有偿使用及其配套制度。 2. 地方完善配套制度或实施细则并探索无居民海岛市场化出让。	国家海洋局 地方海洋主管部门
6			规范无居民海岛开发利用	1. 制定可开发利用无居民海岛名录。 2. 探索建立无居民海岛保护与利用考核制度。 3. 开展无居民海岛生态服务功能价值评估、损害评估和推进实施海岛资源环境承载力监测预警机制。	国家海洋局和地方海洋主管部门 国家海洋局和地方海洋主管部门 国家海洋局
7			支持重点海岛开发利用	1. 开展海岛发展指数研究与试点。 2. 创建100个和美海岛。 3. 探索边远海岛宜居保障模式。	国家海洋局 地方海洋主管部门 地方海洋主管部门
8			培育宜居宜游海岛	培育生态旅游岛	地方海洋主管部门
9			严格保护领海基点所在海岛	1. 完成领海基点保护范围的选划。 2. 新建10个领海基点所在海岛的监视监测系统。	地方海洋主管部门 国家海洋局和地方海洋主管部门
10		国际合作与交流	拓展合作交流领域	办好平潭海岛国际论坛平台暨中国—小岛屿国家海洋部长圆桌会议	地方海洋主管部门和国家海洋局
11			参与全球海洋治理	1. 建设全球海岛信息网。 2. 开展海岛经验分享与交流。	国家海洋局
12		业务体系建设	监视监测	1. 四项基本要素遥感监测。 2. 本辖区内海岛生态监测。 3. 建立管理制度与工作机制。	国家海洋局和地方海洋主管部门 地方海洋主管部门 国家海洋局
13			统计调查	1. 实施统计调查报表制度，编制统计调查公报。 2. 探索开展重点海岛统计调查。 3. 统计调查信息系统运行维护和人员培训	地方海洋主管部门和国家海洋局 地方海洋主管部门和国家海洋局 地方海洋主管部门和国家海洋局
14			科技标准	1. 以生态系统为基础的海岛综合管理研究。 2. 关键技术研发与推广应用。 3. 制定出台15项标准规范。	国家海洋局 地方海洋主管部门和国家海洋局 国家海洋局
15			执法监督	1. 加强对无居民海岛开发利用和保护情况的督察。 2. 开展常态化行政执法。	国家海洋局 国家海洋局和地方海洋主管部门
16	重大工程		生态岛礁工程	详见《全国生态岛礁工程"十三五"规划》	地方海洋主管部门和国家海洋局
17			海岛监视监测系统	1. 海岛生态监视监测站（点）能力提升与建设。 2. 数据传输系统建设。	国家海洋局和地方海洋主管部门
18			海岛生态本底调查与物种登记试点	1. 海岛区划与植物登记试点。 2. 200个海岛生态本底调查。	国家海洋局和地方海洋主管部门 地方海洋主管部门
19			历史遗留用岛调查与管理	1. 查清历史遗留用岛的现状。 2. 建立历史遗留用岛的数据库。 3. 开展历史遗留用岛分类管理。	地方海洋主管部门和国家海洋局

海 洋 经 济

海 洋 经 济 概 况

【综述】 2016 年，各级海洋行政主管部门认真贯彻落实党的十八届五中全会精神，紧紧围绕党中央、国务院建设海洋强国的战略部署，积极推进海洋领域供给侧结构性改革，加快拓展蓝色经济空间，促进海洋经济发展方式转变，海洋经济在新常态下实现缓中趋稳的发展。

据初步核算，2016 年全国海洋生产总值70507 亿元，比上年增长 6.8%，海洋生产总值占国内生产总值的 9.5%。其中，海洋产业增加值 43283 亿元，海洋相关产业增加值27224 亿元。海洋第一产业增加值 3566 亿元，第二产业增加值 28488 亿元，第三产业增加值 38453 亿元，海洋第一、第二、第三产业增加值占海洋生产总值的比重分别为 5.1%、40.4% 和 54.5%。据测算，2016 年全国涉海就业人员 3624 万人。

【主要海洋产业发展情况】 2016 年，我国海洋产业继续保持稳步增长。其中，主要海洋产业增加值 28646 亿元，比上年增长 6.9%；海洋科研教育管理服务业增加值 14637 亿元，比上年增长 12.8%。

海洋渔业 海洋渔业总体保持平稳增长，近海捕捞和海水养殖产量保持稳定，1—11月，全国海洋捕捞产量 1333 万吨，同比增长1.4%。全年实现增加值 4641 亿元，比上年增长 3.8%。

海洋油气业 海洋油气产量同比减少，其中海洋原油产量 5162 万吨，比上年下降4.7%，海洋天然气产量 129 亿立方米，比上年下降 12.5%。全年实现增加值 869 亿元，比上年减少 7.3%。

海洋矿业 海洋矿业平稳发展，全年实现增加值 69 亿元，比上年增长 7.7%。

海洋盐业 海洋盐业稳定增长，全年实现增加值 39 亿元，比上年增长 0.4%。

海洋化工业 海洋化工业稳步发展，全年实现增加值 1017 亿元，比上年增长 8.5%。

海洋生物医药业 海洋生物医药业较快增长，全年实现增加值 336 亿元，比上年增长 13.2%。

海洋电力业 海洋电力业保持良好的发展势头，海上风电项目稳步推进。全年实现增加值 126 亿元，比上年增长 10.7%。

海水利用业 海水利用业稳步发展，海水利用项目有序推进，全年实现增加值 15 亿元，比上年增长 6.8%。

海洋船舶工业 海洋船舶工业产品结构持续优化，产业集中度进一步提高，但面临形势较为严峻。全年实现增加值 1312 亿元，比上年下降 1.9%。

海洋工程建筑业 海洋工程建筑业稳步发展，多项重大海洋工程顺利完工。全年实现增加值 2172 亿元，比上年增长 5.8%。

海洋交通运输业 沿海港口生产呈现平稳增长态势，航运市场逐步复苏，海洋交通运输业总体稳定。全年实现增加值 6004 亿元，比上年增长 7.8%。

滨海旅游业 滨海旅游发展规模稳步扩大，新业态旅游成长步伐加快。全年实现增加值 12047 亿元，比上年增长 9.9%。

【区域海洋经济发展情况】　2016 年，环渤海地区海洋生产总值 24323 亿元，占全国海洋生产总值的比重为 34.5%，比上年回落了 0.8 个百分点；长江三角洲地区海洋生产总值 19912 亿元，占全国海洋生产总值的比重为 28.2%，比上年回落了 0.2 个百分点；珠江三角洲地区海洋生产总值 15895 亿元，占全国海洋生产总值的比重为 22.5%，比上年提高了 0.3 个百分点。

海 洋 渔 业

【综述】   2016 年,海洋渔业稳中向好，质量和效益同步提升。近海捕捞保持稳定，海水养殖稳步增长，休闲渔业蓬勃发展，远洋渔业综合基地建设快速推进。科技创新亮点纷呈，黄海冷水团养殖、大型金枪鱼围网捕捞成套设备研发等创新成果丰厚，国家虾夷扇贝产业科技创新联盟等多个创新联盟成立。沿海各地积极开展金融保险模式创新，有力地支持了海洋渔业发展。海洋渔业"十三五"期间的政策引导不断强化，农业部印发了《全国渔业发展第十三个五年规划（2016—2020 年）》。海洋渔业实现增加值 4 641 亿元，比上年增长 3.8%。

【海洋渔业生产】   2016 年全国水产品总产量 6901.25 万吨，比上年增长 3.01%。其中：养殖产量 5142.39 万吨，同比增长 4.14%，捕捞产量 1758.86 万吨，同比下降 0.16%，养殖产品与捕捞产品的产量比例为 75：25；海水产品产量 3490.14 万吨，同比增长 2.36%，淡水产品产量 3411.11 万吨，同比增长，海水产品与淡水产品的产量比例为 51：49。

【海水养殖】   2016 年，全国海水养殖产量 1963.13 万吨，占海水产品产量的 56.25%，比上年增加 87.50 万吨、同比增长 4.67%。其中，鱼类产量 134.76 万吨，同比增长 3.06%；甲壳类产量 156.46 万吨，同比增长 9.04%；贝类产量 1420.75 万吨，同比增长 4.59%；藻类产量 216.93 万吨，同比增长 3.83%。

2016 年，全国水产养殖面积 8346.34 千公顷，同比降低 1.40%。其中，海水养殖面积 2166.72 千公顷，同比下降 6.52%；淡水养殖面积 6179.62 千公顷，同比增长 0.53%；海水养殖与淡水养殖的面积比例为 26：74。

【海洋捕捞】   2016 年，国内海洋捕捞产量 1328.27 万吨，占海水产品产量的 38.06%，同比增长 1.03%。其中，鱼类产量 918.52 万吨，同比增长 1.45%；甲壳类产量 239.64 万吨，同比下降 1.30%；贝类产量 55.13 万吨，同比增长 0.96%；藻类产量 2.39 万吨，同比下降 7.30%；头足类产量 71.56 万吨，同比增加 2.25%。

【远洋渔业】   2016 年，远洋渔业产量 198.75 万吨，同比下降 10.29%，占海水产品产量的 5.69%。

【渔民人均纯收入】   据对全国 1 万户渔民家庭当年收支情况抽样调查，全国渔民人均纯收入 16904.20 元，比上年增加 1309.37 元、增长 8.40%。

【水产品人均占有量】   全国水产品人均占有量 49.91 千克（人口 138271 万人），比上年增加 1.17 千克、增长 2.40%。

【渔船拥有量】   年末渔船总数 101.11 万艘、总吨位 1098.48 万吨。其中，机动渔船 65.42 万艘、总吨位 1054.06 万吨、总功率 2236.81 万千瓦；非机动渔船 35.69 万艘、总吨位为 44.42 万吨。机动渔船中，生产渔船 62.71 万艘、总吨位 947.30 万吨、总功率 2020.76 万千瓦。机动渔船中，海洋渔业机动渔船 26.12 万艘、总吨位 895.20 万吨、总功率 1722.02 千瓦。

【水产品进出口】   据海关统计，2016 年我国水产品进出口总量 827.91 万吨、进出口总额 301.12 亿美元，同比分别增长 4.69% 和 2.72%。其中，出口量 423.76 万吨、出口额 207.38 亿美元，同比分别增长 4.37% 和 1.99%；进口量 404.15 万吨、进口额 93.74 亿美元，同比分别降低 0.97% 和增长了 4.37%。

【渔业从业人员】   渔业人口 1973.41 万人，

比上年减少 43.55 万人，降低 2.16%。渔业人口中传统渔民为 661.11 万人，比上年减少 17.36 万人，降低 2.56%。渔业从业人员 1318.69 万人，比上年减少 33.16 万人，降低 2.34%。

【渔业灾情】　2016 年由于渔业灾情造成水产品产量损失 164.39 万吨，受灾养殖面积 1069.50 千公顷，沉船 1987 艘，死亡、失踪和重伤人数 165 人，直接经济损失 287.79 亿元。

海 洋 油 气 业

重点海洋油气企业情况

【中国海洋石油总公司】　中国海洋石油总公司（以下简称"中国海油"）是国务院国有资产监督管理委员会直属的特大型国有企业，是中国最大的海上油气生产运营商，公司成立于 1982 年，总部设在北京。经过 30 多年的改革与发展，中国海油已发展成为主业突出、产业链完整、业务遍及 40 多个国家和地区的国际能源公司，形成了油气勘探开发、工程技术与服务、炼化与销售、天然气及发电、金融服务等五大业务板块，可持续发展能力显著提升。2016 年，公司全年生产原油 7697 万吨，天然气 245 亿立方米；加工原油 3231 万吨，生产成品油 738 万吨；进口 LNG 1652 万吨，天然气发电 215 亿千瓦时；实现营业收入 4377 亿元，实现利润总额 105 亿元，缴纳利税费 741 亿元；公司在《财富》杂志"世界 500 强企业"排名中位列第 109 位；在《石油情报周刊》杂志"世界最大 50 家石油公司"排名中位列第 30 位，比 2015 年上升 2 位。截至 2016 年底，公司资产总额 11578 亿元，净资产 6750 亿元；公司的穆迪评级为 Aa3，标普评级为 A+。

（中国海洋石油总公司）

【中国石油天然气集团公司】　中国石油天然气集团公司（以下简称"中国石油集团"）是国有重要骨干企业和中国主要的油气生产商和供应商之一，是集油气勘探开发、炼油化工、销售贸易、管道储运、工程技术、工程建设、装备制造、金融服务于一体的综合性国际能源公司。在国内油气勘探开发中居主导地位，在全球 35 个国家和地区开展 91 个油气合作项目。在《美国石油情报周刊》公布的世界 50 家大石油公司综合排名中位居第三，在《财富》杂志公布的全球 500 家大公司排名中位居第三。

中国石油集团海上矿区包括环渤海浅海矿区和南海深海矿区两部分。浅海矿区主要位于辽河、冀东、大港油田的滩浅海区域，自然条件恶劣且环境敏感程度高，如水浅、流急、潮差大、河流入海口密布、冬季冰情严重、工程地质复杂、附近渔业和海上航运发达、毗邻多个自然保护区等，目前已形成滩浅海油田年生产原油 200 多万吨的产能规模。

（中国石油天然气集团公司）

【中国石油化工集团公司】　中国石化集团公司是上下游、内外贸、产销一体化的特大型石油石化企业集团，主要业务包括油气勘探开发、石油炼制、成品油营销及分销、化工产品生产及销售、国际化经营等，在 2016 年《财富》杂志"世界 500 强企业"中排名第 4 位。中国石化在国内海洋油气勘探开发业务主要集中在胜利油田浅海区块和上海海洋油气分公司海域区块。其中，胜利油田的浅海区块位于山东省北部渤海湾南部的极浅海海域，探区西起四女寺河口，东至潍河口，海岸线长 414 千米，有利勘探面积 4000 平方千米。上海海洋油气分公司是中国专业从事海洋油气勘探开发的油田企业，拥有海域勘查区块 30 个，面积 10.29 万平方千米。其中，自营勘探区块 14 个，面积 6.51 万平方千米，分布在东海陆架盆地和南海琼东南盆地、北部湾盆地以及南黄海南部盆地；与中国海油共同持有勘查区块 13 个，开采区块 3 个，面积 3.78 万平方千米，分布在东海陆架盆地西湖凹陷。

（中国石油化工集团公司）

海洋油气资源

【近海海洋油气资源情况】　根据最新的研究成果，我国近海 11 个盆地石油地质资源量为 239 亿吨，天然气地质资源量为 21 万亿立方米。石油地质资源量主要集中于渤海、珠江口和北部湾 3 大盆地，累计 206 亿吨，占近海的 86%。天然气地质资源量主要分布于东海、珠江口、琼东南、莺歌海和渤海 5 大盆地，累计 20 万亿立方米，占近海的 96%。截至 2016 年底，中国海洋石油总公司共有净证实储量约 38.8 亿桶油当量（含权益法核算的储量约 2.9 亿桶油当量），其中约 62.5% 的净证实储量位于中国海域，储量替代率 8%，剔除经济修正后的储量替代率为 145%。

【环渤海海洋油气资源】　截至 2016 年底，中国石油集团环渤海辽河、冀东和大港三个滩浅海油田登记矿权面积 9127 平方千米，累计探明石油地质储量 7.62 亿吨，探明天然气地质储量 117.03 亿立方米。

【浅海探区海洋油气资源】　截至 2016 年底，中国石油化工集团胜利油田在浅海探区已发现明化镇、馆陶组、东营组、沙河街组、中生界、古生界、太古界七套含油层系，累计探明含油面积 196 平方千米（含合作区），探明石油地质储量 4.62 亿吨（含合作区），其中，自营区探明含油面积 174 平方千米，探明石油地质储量 4.07 亿吨。

上海海洋油气分公司自营勘探区块拥有石油资源量 6.91 亿吨，天然气资源量 5.03 万亿立方米；与中海油共同持有勘查区块拥有三级地质储量 8534 亿立方米气当量。

海洋油气勘探

【勘探开发一体化】　中国海油加强勘探开发一体化，优先配置中国海域，平衡成熟区、滚动区和新区；海外聚焦优质区块和常规油气。中国海油深化价值勘探理念，以寻找大中型油气田为主线，适当减少高风险、高投入井的比例，以较高的工作量保障中长期可持续发展。2016 年，中国海油在中国海域勘探工作量持续饱满，完成探井 115 口，自营采集二维地震资料 2471 千米，自营和合作采集三维地震资料 11347 平方千米，获得 12 个新发现，并成功评价了 19 个含油气构造，自营探井勘探成功率达 52%~69%。高效完成"垦利 16-1""曹妃甸 12-6 /6-2""蓬莱 20-2/20-3""流花 21-2"等 4 个大中型油田评价。琼东南盆地深水天然气勘探取得新进展，成功评价了"陵水 25-1"构造，扩大了该构造的储量规模。利用现有设施，实现了勘探开发一体化，在"锦州 25-1""曹妃甸 6-4""文昌 13-6""番禺 4-1"和"西江 30-1"等油田和涠西南油田群获得了新增储量。

【南堡滩海堡勘探重要发现】　截至 2016 年底，中国石油集团完成二维地震 14760 千米，三维地震 10045 平方千米；完钻各类探井和评价井 482 口，获工业油气流井 257 口。2016 年，南堡滩海堡探 3 井完井试油获高产油气流，南堡凹陷岩性油气藏勘探取得重要新发现。

【油气勘探新突破】　2016 年，中国石油化工集团胜利油田在浅海探区部署评价井 25 口，完钻 10 口，钻井成功率 80%，新增探明储量 129.76 万吨，新增控制储量 1191.43 万吨、新增预测储量 1133.57 万吨。"埕北 213"井馆上段获日产 61.8 吨的高产工业油流，深化了"胜海 2-201"空白区地质认识，扩大了含油气范围，提供了产能接替阵地。垦东北部馆下段构造油藏勘探取得新进展，垦东"473井"、斜"474井"在馆下段分获日产 97.8 吨、112 吨高产工业油流，新北油田地质储量持续扩大。埕北斜 212、古斜 405、斜 704 区块评价井成功实施，斜 212 井当年转入开发，动用储量 63 万吨，累计产油 2600 吨，勘探开发一体化成效突出。

上海海洋油气分公司涠西自营勘探再获新突破。涠 6 井在多个层系见到良好油气显示，涠洲组两层测试获日产油 983.1 立方米、气 5.26 万立方米，进一步证实了涠洲组存在油气高产富集区。经过涠 4 井、涠 6 井两口井的钻探，发现并评价了涠洲油田，提交探明储量石油 507.5 万吨，溶解气 5.91 亿立方米。西湖深层勘探取得新进展，平湖构造带连续发现了武云亭东、飞凤亭两个气田。

海洋油气开发工程

中国海油积极响应国家出台的《中国制造 2025》，提出并组织开展新技术、新工艺、新材料在油气田工程建设中的开发、推广和应用，促进标准化、简易化、国产化工作，努力实现降本增效，促进油气田开发。2016 年，中国海油国内上游在建项目 13 个，其中 5 个项目年内投产，主要包括："垦利 10-4"和"恩平 23-1"两个油田。其中，"垦利 10-4"油田位于渤海南部，莱州湾凹陷南部斜坡带；油田平均水深 15.2 米，充分依托"垦利 10-1"油田现有设施，采用全海式开发；新建 1 座海上平台、平台上新建 1 座 30 人生活楼、新铺设 2 条海管、新铺设 1 条复合海底电缆。"恩平 23-1"油田群位于中国南海珠江口盆地，包括"恩平 23-1、23-2、23-7、18-1"四个油田；主要工程设施包括新建 1 座"恩平 23-1"钻采生产平台和 1 座"恩平 18-1"井口平台，铺设 2 条海底管道和 3 条海底电缆，"恩平 24-2"钻采生产平台和海洋石油 118 浮式生产储油轮相应校核改造。

中国石油集团具备海洋石油钻井、完井、固井、试油试采、井下作业、海洋工程设计和施工、船舶服务等综合一体化海上石油生产保障能力。2016 年在渤海、黄海等多个海域开展服务，重点项目进展顺利。浙江舟山大陆引水三期工程镇海—马目段跨海输水管道、辽东湾新区污水排放工程先后完工；渤海湾"BZ25-1"油田低渗先导试验井压裂施工项目顺利完成，累计入井总液量 1967 立方米，入井总砂量 163 立方米，是目前国内海上压裂施工规模最大的项目。全年完成海上钻井进尺 4.4 万米。截至 2016 年底，环渤海滩浅海矿区共建设人工岛（井场）18 座、固定钢平台 11 座、海底管道 92.1 千米、海底电（光）缆 120.06 千米。

2016 年 5 月，中油海 17 自升式钻井平台正式交付，并抵达黄海海域目的井位作业。该平台是中国石油集团为发展海洋业务投资建造的第二座 121.92 米钻井平台，是公司最大水深、最先进的海洋钻井平台，整体达到国内外同类型钻井平台先进水平。截至 2016 年底，中国石油集团拥有海上钻井及作业平台 16 座、各类船舶 25 艘。2016 年动用自有船舶 4783 航天，4000 匹以上船舶动用率 61.7%。

2016 年，中国石油化工集团胜利油田浅海区块老区调整为埕北北区，新区产能建设区块为西北区新区。全年完钻新井 28 口，投产新井 31 口，新建产能 13.2 万吨，方案符合率达到 100%。按照"井位井网最优"原则，优化钻井轨迹，埕北"246A"、埕北"248"等 4 个井组累计减少钻井进尺 1080 余米，节省钻井投资 540 多万元；优化方案设计，强化井位跟踪分析，平均单井钻遇油层 25.95 米/6.4 层，钻遇油层厚度增加 7.8 米，均好于方案设计；应用复合盐钻井液技术，有效减少了钻井液侵入污染油层，提升了油层保护质量，平均单井日产油 29.2 吨，超方案设计能力 3 吨。

平湖油气田是上海海洋油气分公司（前身为上海海洋石油局）于 1983 年在东海发现的第一个油气田，由中国石化、中国海油和上海申能按照 3:3:4 的股比合资开发。开发区块面积 240 平方千米，1998 年 11 月建成投产，1999 年向上海市供气。目前，平湖油气田开发已进入中后期，油气藏采出程度均已超过 40%，油藏含水率达到 95% 以上。2016 年，在三家股东方的共同努力下，克服种种困难，全年完成商品原油 2.88 万吨、商品天然气 1.29 亿立方米。开发井 PHZG1 井顺利投产，目前产气量基本稳定在 10 万立方米/天、产油量 30 立方米/天、产水量基本稳定，生产情况较好。在平西区块完成了第一口预探井 PH14 井的钻探，进一步探索平西地区岩性圈闭含油气性。

海洋油气生产

2016 年，中国海油圆满完成生产任务，油气产量达到年初目标，其中，国内生产原油 4555 万吨，天然气 129.2 亿立方米。计划于 2016 年投产的 4 个新项目，"垦利 10-4"油田、"番禺 11-5"油田、"涠洲 6-9/6-10"油田整合调整和"恩平 18-1"油田均于年内陆续投产。中国海油的开发生产工作以创新为驱动、以实效为引领，突出质量效益、突出持续发展。通过精细化管理，继续保持高生产时率，全年油井时率达到 98.6%、利用率达到 90%，实现全年安全平稳生产。持续开展作业费用专项治理，成效显著，桶油作业费用降为 7.62 美元/桶油当量，连续 3 年下降。深度优化开发项目技术方案，降本增效成果显著。通过完整性管理工作的深入开展，设备设施故障率降低。

2016 年，中国石油集团滩浅海油田生产原油 223.15 万吨、天然气 6.04 万立方米，其中冀东南堡滩浅海油田生产原油 79.3 万吨、天然气 4.25 亿立方米，大港滩浅海油田生产原油 81.92 万吨、天然气 1.57 亿立方米，辽河滩浅海油田生产原油 61.93 万吨、天然气 2168 万立方米。

2016 年，中国石油化工集团胜利油田浅海区块生产原油 312.4 万吨，天然气交气量 9598.6 万立方米；注水 1524.2 万立方米。油井躺井率控制在 0.76% 以内，电泵井平均检泵周期突破 5 年；实现了安全无事故、环境无污染目标。截至 2016 年底，自营区动用含油面积 131.4 平方千米，动用地质储量 2.98 亿吨，累计建产能 704.4 万吨，累计生产原油 4907.2

万吨，天然气交气量 17.5 亿立方米，累计注水 8503.7 万立方米。

海洋油气科技

2016 年，中国海油发布实施"十三五"科技规划和科技重大项目顶层设计，召开中国海油第八次科技大会和首届创新大会。完成总公司"十三五"35 个科技重大项目顶层设计，进一步聚焦稠油高效开发、深水油气田勘探开发等领域关键核心技术攻关。全年科技投入 47.8 亿元，实施各级科研课题 1151 个。中国海油"十三五"科研条件平台建设顶层设计已完成，形成了地球物理重点实验室等 14 个重点平台建设布局清单，成功验收"新疆钻井试验平台建设"等 6 个项目。取得省部级以上获奖成果 35 项，"南海北部陆缘深水油气地质理论技术创新与勘探重大突破"等两个项目荣获国家科技进步二等奖。共获得授权专利 834 件，其中发明专利 452 项，"一种脱烯烃催化剂的制备方法"荣获第十八届中国专利优秀奖。发布技术标准 108 项，其中国家标准 17 项，推进"模块钻机"和"管道完整性管理"两项国际标准。紧密结合产业发展需要，积极组织参加国际国内科技交流 31 项，累计参会交流 3055 人次。

中国石油化工集团胜利油田海洋石油开发技术取得新进展。长寿命细分注水工艺进一步完善，实现了单井 6 段细分注水、一次管柱分 7 段改造增注，细分率提高 8.8%，精细注水达到油田先进水平。配套形成了电泵管柱防腐防垢、电缆整体穿越等 4 项长寿命举升支撑技术，延长了油井检泵周期。通过优化氮气泡沫吞吐返排解堵工艺、稠油增产配套工艺，低液井治理平均单井日增油 14.2 吨，治理成功率 100%。

上海海洋油气分公司科技研究取得新成果。圆满完成《东海西湖凹陷深层勘探潜力评价研究》项目，形成了西湖凹陷深层油气勘探成藏模式，建立了深层优质储层预测技术系列；涠西科研项目群研究如期开展，《涠西区块复杂构造精细成像及储层预测技术研究》等 3 个项目获石化集团批准立项，目前已开展涠西南凹陷资源潜力评价，初步分析了涠西南凹陷油气成藏主控因素，优选了有利勘探区带和上钻目标；开展《印月构造低渗地层控压钻井方案研究》，提出了降低钻井液密度、提高机械钻速、保护储层的方法，为勘探开发提供了新的技术支撑。

海洋油气国际合作

中国海油坚持"积极践行创新发展理念，用创新塑造公司未来"的对外合作指导思想，采取灵活多变的商务合作模式，在困境中求生存、谋发展，取得了良好的业绩。2016 年，中国海油顺利完成海上区块招商推介工作，签署了 10 个石油合同及协议，主要包括：与韩国 SK 公司签署了附带石油合同的中国南海 17/08 合同区联合研究协议、与澳大利亚 EMPYREAN 签署南海 29/11 物探协议、与康菲石油公司签署了蓬莱油田的两个开发补充协议、与哈斯基签订了一揽子原则性协议等。截至 2016 年底，中国海油共与 21 个国家和地区的 81 家公司签订了 213 个石油合同和协议；外国公司在中国近海累计采集二维地震约 37 万千米、三维地震约 6.5 万平方千米，钻井 501 口，分别占中国海油海上勘探总工作量的 37%、29% 和 26%；累计吸引外方直接勘探投资约 435 亿元，占中国海油海上总勘探投入的 31%；通过对外合作共发现了 45 个油气田，探明石油地质储量 17.6 亿吨，占近海总探明石油地质储量的 37%，探明天然气地质储量 4344 亿立方米，占近海总探明天然气地质储量的 30%；合作油田累计生产油气总产量 4.29 亿吨，占近海油气田累计产量的 54%。

中国石油集团充分发挥一体化优势，克服国际油价低迷、市场量价齐跌等困难，服务业务市场开拓能力进一步增强。深海勘探聚焦重点市场区域，创新"合作多用户"模式，取得重大突破。巴西里贝拉项目西北区多井测试获高产，其中 NW-3 井单井原油产能超万吨，NW-2 井发现油层超 400 米，基本探明 12 亿吨级地质储量的巨型整装大油田。海工建造业务实现跨越式发展。亚马尔项目是中国石油集团首次承揽的国际高端海工建造项目，2015 年 1 月开工建设，至 2016 年 12 月完工交付，共完成钢材加工量 42000 吨，高峰期投入人员达 4000 人。在项目实施过程中，面对施工规模大、技术等级高、作业风险多和合同条款严格等因素，坚持技术创新，开展焊接工艺、深冷保温、防火涂料、精度控制、超长件吊装、运输等方面技术攻关，实施全方位、全过程、全天候安全监督，以优良业绩获得甲方认可，成为亚马尔项目中承建工程包数量和模块种类最多的公司。

中国石油化工集团胜利海上油田埕岛西合作 A 区块，目前由中国石化集团公司与云顶埕岛西新加坡私人有限公司（简称云顶公司）合作开发。该区块位于渤海湾南部极浅海海域的胜利埕岛油田西部，目前 A 区块面积 29 平方千米。

（中国海洋石油总公司　中国石油天然气集团公司　中国石油化工集团公司）

海 洋 矿 业

【综述】 2016 年海洋矿业平稳发展，海洋矿产资源开采秩序进一步规范。全年实现增加值 69 亿元，比上年同期增长 15.6%。

【海域采砂用海管理】 福建省宁德市海洋与渔业局 3 月 29 日至 4 月 7 日组织中国海监宁德市支队、蕉城区大队、福安市大队，开展了为期 10 天的联合执法行动，打击非法采砂行为。共出动执法人员 33 人次，查获非法采砂船 12 艘。下一步支队将继续加大海上巡查力度，保持对非法采砂行为的高压态势。8 月 16 日，福建省平潭综合实验区海洋与渔业执法支队联合屿头边防所，在屿头乡东京村南面海域，成功查获两艘非法采砂船。定期或不定期开展的联合执法，可以保障航道畅通和过往船只安全，切实维护好海域使用秩序，维护海洋资源环境。

江苏省连云港市边防支队 4 月 27 日晚，在张圩港泵闸西北侧现场制止一起非法盗采贝壳砂行为，《江苏省海域使用管理条例》规定，海堤、港口等海岸工程和桥梁等设施的安全保护范围内禁止开采海砂。连云港支队依据《江苏省海域使用管理条例》中的相关规定，依法对其做出行政处罚。

中国海监广西壮族自治区北海市支队、广西山口红树林保护区支队、北海市合浦县山口镇政府、合浦县边防等部门 5 月 4 日联合执法，派出 40 多名执法人员，一天内清理山口镇山角村、丹兜村、水东村等非法采砂场 9 处，面积 30 多亩，拆除非法抽砂管道 11 条，保护了红树林，消除了对居民生活的影响。

海南省按照国家海洋局南海分局统一部署，9 月 11 日至 14 日中国海监南海总队、海南省总队、第十支队、海口市支队、文昌市大队在海南文昌市铺前镇附近海域开展打击非法采砂联合执法行动，共派出执法船艇 4 艘、执法人员 25 名，此次巡查是联合执法行动会持续到 10 月 10 日。

中国海监广东省总队协调国土、公安、水利等部门，在珠江口海域开展联合执法专项行动，打击违法开采海砂活动，保护海洋生态环境和通航安全。中国海监南海航空支队，派出海监飞机对珠江口伶仃洋范围内的 40 余艘抽砂作业船进行拍摄取证，采集了判断船舶是否在批准范围内作业和停泊的重要依据。

【政策法规】 2016 年 7 月，国土资源部公布《关于促进国土资源大数据应用发展的实施意见》。该《意见》提出，大力推进地质调查信息服务，培育智能地质调查、智慧探矿等应用新业态，鼓励社会力量开发各类国土资源信息产品并提供服务。并提出到 2018 年底，在统筹规划和统一标准的基础上，丰富与完善统一的国土资源数据资源体系。初步建成国土资源数据共享平台和开放平台，实现一定范围的数据共享与开放；到 2020 年，国土资源数据资源体系得到较大丰富与完善。国土资源数据实现较为全面的共享和开放。基于数据共享的国土资源治理能力不断提高，基于数据开放的公共服务能力全面提升。国土资源大数据在资源监管和公共服务等领域得到广泛应用。国土资源大数据产业新业态初步形成。

【国际合作】 截至 2016 年 6 月，经过 4 年多的合作，中国地质调查局与法国国家科学研究中心、法国巴黎高等师范学院签署的"南海西南海盆及邻区深部地壳结构探测与研究"取得阶段性进展，项目有效提升了对南海西南海盆深部构造、地壳结构、扩张机制等科学问题的研究程度。

项目实施以来，广州海洋地质调查局分别在 2011 年、2013 年两次完成野外工作，获取了南海西南海盆 50 个海底地震仪台站和 1000 多千米的多道地震数据。据项目中方负责人、广州海洋地质调查局教授级高级工程师介绍，通过对野外采集数据处理、解释、分析和反演等研究，项目首次获得了关于南海西南海盆地壳速度结构，建立起了横跨西南海盆的速度剖面；开展了深部地壳结构研究，确定了莫霍面分布；研究了洋陆过渡带热点问题，首次用实际资料定量描述洋陆过渡带的具体宽度；通过对比西南海盆洋壳和陆壳在海盆扩张时期不同的沉积响应，已初步总结出南海扩张模式。

【海底矿产资源发现】   2016 年 4 月，由中国地质调查局广州海洋地质调查局承担的“南海天然气水合物资源钻探”项目取得突破性成果。项目在南海天然气水合物勘查成果的基础上，于神狐钻探区开展了天然气水合物钻探工作，并首次发现了 II 型天然气水合物。

此次发现完钻深度在海底以下 242.37 米，从钻探结果看，海底以下深度 135 米~138 米之间的天然气水合物饱和度最高，现场样品分析显示钻探区内以结构 I 型天然气水合物为主，兼有 II 型天然气水合物存在。

在中国南海海域发现 II 型天然气水合物尚属首次，这不仅对该区天然气水合物成藏研究具有重要的科学意义，也为资源潜力的评价提供了依据，为后续的天然气水合物勘探开发奠定了基础。

海 洋 盐 业

【综述】　2016年海洋盐业稳定发展，海盐生产情况基本稳定，全年实现增加值39亿元，比上年增长0.4%。由于受下游化工行业持续低迷影响，工业盐价格一路走低。随着盐业生产结构的逐步调整，海盐生产企业将合理推进多种经营方式，维持经济效益稳定。

【海盐生产】　我国海盐生产具有明显的地域特征，沿海10个省份具备海盐生产的滩涂条件，其中浙江、福建、广东、广西、海南历史以来称为南方海盐区。南方海盐区的特点是降雨量较大，蒸发量较小，沿海的滩涂面积多集中在城镇或者具备开发条件的城市周边，盐田面积集中，走水路线单一；北方海盐区分布在黄海、渤海区域，主要省份有：辽宁、山东、河北、天津和江苏。北方海盐区的主要特征是降水量比南方小，沿海滩涂面积广阔，适于盐田布局，蒸发量是南方海盐区的200%以上，盐田面积集中，规模大。基于气象条件和滩涂利用率的差异，我国历史以来形成南方海盐和北方海盐不同的生产工艺。南方海盐是短期结晶法生产，常年生产，随时结晶随时收盐；而北方海盐生产则是春季纳潮，常年制卤，长期结晶，春秋两季收盐。由于南方和北方不同气象条件和滩涂条件形成的海盐生产工艺造成海盐产量的巨大差异。

海盐生产是露天作业靠天吃饭，依赖天气因素。按照传统的国民经济行业分类盐业包括海盐被整体纳入工业范畴，但海盐生产的特征更接近农业，海盐生产的丰歉程度70%取决于气象因素。

【政策法规】　4月22日，为推进盐业体制改革，实现盐业资源的有效配置，进一步释放市场活力，促进行业健康可持续发展，国务院出台《盐业体制改革方案》。该方案旨在弘扬创新、协调、绿色、开放、共享发展理念，以确保食盐质量安全和供应安全为核心，在坚持食盐专营制度基础上推进供给侧结构性改革，坚持依法治盐，创新管理方式，健全食盐储备，严格市场监管，建立公平竞争、监管到位的市场环境，培育一批具有核心竞争力的企业，逐步形成符合我国国情的盐业管理体制。

9月19日，为贯彻落实《国务院关于印发盐业体制改革方案的通知》（国发[2016] 25号）精神，保障盐业体制改革各项措施顺利实施，有序放开区域市场和打通产销环节，确保改革过渡期间食盐质量安全和供应安全，做好食盐定点生产企业进入食盐流通销售领域和食盐批发企业开展跨区经营相关工作，工业和信息化部办公厅、国家发展和改革委员会办公厅印发《关于做好改革过渡期间食盐定点生产企业进入食盐流通销售领域和食盐批发企业开展跨区经营有关工作的通知》。

【盐业执法】　5月31日，为进一步净化食盐市场，严厉打击涉盐违法犯罪行为，维护省市边界地区广大群众食盐消费安全，江苏省盐务管理局决定在江苏与上海边界开展"春雷1号"盐政联合执法行动，该行动旨在不断健全盐政监管协作机制，进一步维护全省盐业市场秩序，确保全省人民食盐消费安全。同月，江苏省公安厅、省盐务管理局联合召开了全省加强食盐安全管理开展制贩假盐专项治理动员大会。会议传达了国家发改委、工信部和江苏省政府关于加强食盐安全管理的最新要求，对在全省深入开展制贩假盐专项治理行动进行了全面部署。

【盐业科技】　氟化工作为新材料产业的重要分支，其产品广泛应用于电子信息、航空航天、节能减排、生物医药、新能源、高端装备等战略性新兴产业。长芦盐业集团看中高端含氟新材料的市场前景，近三年来，围绕含氟新材料原料保障、工艺开发、工业转化等高端含氟新材料技术产品研发和应用，先后成立了长芦新材料工程技术中心、长芦化工新材料有限公司、长芦新材料研究院、长芦华信公司、内蒙古长芦矿产投资公司 5 家企业，累计投资约 5.57 亿元，集中优势资源和要素，形成创新合力，全面推进新材料创新和产业化，氟化工新材料研发能力进入国际先进行列。

【交流合作】　为积极应对盐业体制改革，认真贯彻落实深化国有企业改革及盐业体制改革精神，贵州盐业（集团）有限责任公司与云南省能源投资集团有限公司、云南盐化股份有限公司本着"优势互补、强强联合、合作共赢"的原则，抓住机遇迎接挑战，双方在多轮会谈的基础上最终达成了共识，于 2016 年 6 月 28 日签订了战略合作框架协议。此次战略合作框架协议的签订，将有利于充分发挥双方优势，实现优势互补、合作共赢，对提升双方的资源整合能力和综合竞争能力，

实现发展战略有着重要而积极的意义。

为应对盐业体制改革，8 月 17 日，苏盐集团与阿里云——数梦工场签署战略合作协议。根据协议约定，阿里巴巴集团旗下的杭州数梦工场科技有限公司将以"信息化驱动业务"的战略导向，通过输出阿里巴巴集团信息化建设经验，帮助集团建立统一的云计算大数据平台、共享能力中心和数据运营中心，并提供企业计算、共享能力和大数据分析三大服务，实现集团在新一轮的市场改革中转型升级。该协议将助力推动"智慧苏盐"战略切实落地，实现苏盐集团"互联网+"的发展模式，推动企业在盐业体制改革中实现跨越式发展。

为深化银企合作，更好地发挥中国银行的金融优势，最大限度地支持集团公司的转型发展及应对盐业体制改革，7 月 20 日，山东省盐业集团有限公司与中国银行山东省分行签署战略合作协议。银企战略合作协议的签署，标志着盐业集团公司与中国银行山东省分行的合作迈向了更高起点。下一步，双方将在授信贷款、债券融资、资金结算、电子商务、国际金融业务、职工个人信贷等金融服务业务中实现更好的合作，此举有利于促进银企双方互惠互利、共同发展。

海 洋 生 物 医 药 业

【综述】 国家对于海洋生物科技发展日益重视，加大了对海洋生物医药业政策扶持和投入力度。2016 年，海洋生物医药业较快增长，全年实现增加值 336 亿元，比上年增长 13.2%。

【我国首个深海沉积物微生物原位培养系统回收成功】 2016 年 5 月，在西南印度洋执行大洋科考第 40 航次第四航段科考任务的"向阳红 10"科考船上的科考队员在科考船工作区域顺利回收在海底工作了 117 天的重达 450 千克的深海沉积物微生物原位培养系统。这是我国自主研发的首个深海沉积物微生物原位培养系统，可布放到深海海水与沉积物界面开展微生物原位培养实验，实验完成后，可通过水声遥控，实现样品的无污染回收。这次回收成功将为未来进一步开展深海微生物功能研究提供新平台。

【辽宁省海洋生物产业科技成果转化对接活动顺利举办】 2016 年 8 月，由辽宁省教育厅、中国科学院沈阳分院、大连市海洋与渔业局主办，大连海洋大学和长海县政府联合承办的"2016 年辽宁省海洋生物产业科技成果转化对接系列活动·蓝海行动长海行"，在长海县顺利举行，来自省内高校和科研院所的专家以及风险投资机构代表和企业家共 200 余人参加活动。此次活动以海洋生物产业为主线，面向产业发展的"政、产、学、研、用、金"各要素主体，开展海洋生物产业的科技成果转化对接活动。"蓝海行动"科技成果涉及海洋生物苗种繁育、养殖增殖、生物制品、海洋食品等 7 个领域，共 392 项，成果来自国内 48 家高校和科研院所。

【青岛海洋生物医药研究院揭牌】 2016 年 7 月，青岛海洋生物医药研究院在中国海洋大学浮山校区成立。研究院的建设重点突出研发与工程化的结合。研究院确定了五大研发方向，包括海洋糖工程药物、现代海洋药物、现代海洋中药、海洋药用资源和海洋功能制品；与之配套的，建立了新药筛选与评价中心、质量分析与测试中心、制剂研发中心和海洋药物工程技术研发中心四大技术服务平台。

【青岛市生物医药行业自然科学智库联合基金正式启动运营】 青岛市生物医药行业自然科学智库联合基金正式启动运营，第一个项目"海麟舒肝二次开发"签署资助协议。生物医药智库联合基金总额度 2000 万元，由黄海制药、青岛海洋生物医药研究院、青岛鲁信驰骋创投公司和青岛市科技局共同出资组建，委托青岛海洋生物医药研究院运营管理，重点支持生物医药行业领域内具有产业应用前景的基础应用研究。

【山东中医药大学设技术转移中心研发海洋生物医药】 青岛市政府与山东中医药大学签署战略合作协议，共建山东中医药大学青岛研究院和青岛研究生院，设立技术转移中心，加强在海洋生物医药等方面的基础研究和成果转化，促进校地产学研结合，推动青岛海洋生物医药等产业的发展。

【第四届"长三角"海洋生物医药产学研科技论坛暨第二届浙江省海洋药物学术会议在舟山召开】 2016 年 11 月 30 日至 12 月 2 日，第四届"长三角"海洋生物医药产学研科技论坛暨第二届浙江省海洋药物学术会议在浙江大学舟山校区举行。会议围绕"海洋药物研究与创新"主题，针对海洋药物研发、海洋食品、海洋天然产物、海洋活性物质等热点问题，通过主题报告、学术讲座和联盟论坛等多种形式开展深入研讨，展示最新研究成果。

【宁波大学海洋学院与美国加州大学圣地亚哥分校打造国际海洋生物医药研究中心】   宁波大学海洋学院与美国加州大学圣地亚哥分校 Scripps 海洋研究所签署合作协议，将联手在梅山打造集科研和教学为一体的海洋生物医学联合体，国际海洋生物医药研究中心。拟开发具有自主知识产权的原创海洋药物，完成海洋医药生物库和天然生物库的建设。

【福建海洋生物医药产业峰会举办】   2016 年 6 月，第 13 届中国·海峡项目成果交易会暨第二届福建海洋生物医药产业峰会在福州召开。峰会由国家海洋局宣教中心、国家海洋局第三海洋研究所、福建省海洋与渔业厅主办，会上，省海洋与渔业厅发布了福建海洋高新产业企业技术需求，海洋三所发布了海洋科技成果。

海 水 利 用 业

【综述】 2016 年，海水利用面临重大发展机遇。"十三五"规划明确提出要"推动海水淡化规模化应用"，国家发展改革委和国家海洋局联合印发了《全国海水利用"十三五"规划》，统筹部署未来 5 年我国海水利用发展目标、重点任务。海水利用作为重要内容写入科技创新、海洋经济、全民节水、工业绿色发展等多个部门规划。沿海各地不断推进产学研用结合，打造海水利用产业集聚创新平台，国家海洋局天津临港海水淡化与综合利用示范基地破土动工，杭州国家海水淡化产业基地全面建成投产。海水利用产业全年实现增加值 15 亿元，比上年增长 6.8%。新发布标准 15 项，包括国家标准 2 项、行业标准 12 项，地方标准 1 项。

【海水淡化】 海水淡化工程规模稳步增长。截至 2016 年底，全国已建成海水淡化工程 131 个，工程规模 118.81 万吨/日。其中，2016 年，全国新建成海水淡化工程 10 个，新增海水淡化工程规模 17.92 万吨/日。全国已建成万吨级以上海水淡化工程 36 个，产水规模 105.96 万吨/日；千吨级以上、万吨级以下海水淡化工程 38 个，工程规模 11.75 万吨/日；千吨级以下海水淡化工程 57 个，工程规模 1.10 万吨/日。全国已建成最大海水淡化工程规模 20 万吨/日。

区域分布 截至 2016 年底，全国海水淡化工程在沿海 9 个省市分布，主要是在水资源严重短缺的沿海城市和海岛。北方以大规模的工业用海水淡化工程为主，主要集中在天津、山东、河北等地的电力、钢铁等高耗水行业；南方以民用海岛海水淡化工程居多，主要分布在浙江等地，以百吨级和千吨级工程为主。2016 年，海南省三沙市永兴岛建成1000 吨/日海水淡化工程。该工程针对海岛高温、高湿、高盐雾特点，采用"超滤+反渗透"双膜法工艺、"两用一备"运行方式和系统全自动控制，充分保证设备的产水量和稳定运行，为岛上军民用水提供了保障。

技术进展与应用 反渗透、低温多效和多级闪蒸海水淡化技术是国际上已经商业化应用的主流海水淡化技术，我国已掌握反渗透和低温多效海水淡化技术，相关技术达到或接近国际先进水平。截至 2016 年底，全国应用反渗透技术的工程 112 个，工程规模 81.26 万吨/日，占全国总工程规模的 68.40%；应用低温多效技术的工程 16 个，工程规模 36.92 万吨/日，占全国总工程规模的 31.07%；应用多级闪蒸技术的工程 1 个，工程规模 6000 吨/日，占全国总工程规模的 0.50%；应用电渗析技术的工程 2 个，工程规模 300 吨/日，占全国总工程规模的 0.03%。

2016 年，我国积极推动海水淡化科技创新与关键技术装备研发。国家海洋局、财政部批准支持了"新型海水淡化装备创新服务平台""海水冷却塔塔芯构件产业化"等 10 个海洋经济创新发展区域示范项目。工业和信息化部、财政部利用绿色制造工程专项支持"零能耗太阳能光热海水淡化关键工艺突破"项目立项建设。"基于钢铁流程余热利用的海水淡化技术研发及示范"等海水利用项目获得国家科技部重点研发计划"水资源高效开发利用"重点专项立项支持。

海水淡化水用途 海水淡化水的终端用户主要分为两类：一类是工业用水，另一类是生活用水。截至 2016 年底，海水淡化水用于工业用水的工程规模为 79.13 万吨/日，占总工程规模的 66.61%。用于居民生活用水的工程规模为 39.27 万吨/日，占总工程规模的 33.05%。用于绿化等其他用水的工程规模为 3975 吨/日，占 0.34%。

成本与能源　海水淡化产水成本主要由投资成本、运行维护成本和能源消耗成本构成。2016 年，海水淡化产水成本为 5~8 元/吨，主要包括：电力成本、蒸汽成本、药剂成本、膜更换成本、人工及管理成本、维护成本和折旧等。其中，万吨级以上海水淡化工程产水成本平均为 6.22 元/吨；千吨级海水淡化工程产水成本平均为 7.20 元/吨。部分使用本厂自发电的海水淡化工程产水成本可以达到 4~5 元/吨。

2016 年，全国已建成海水淡化工程的能源供给以电力为主。在海水淡化与可再生能源耦合技术研究应用方面，新建成 100 吨/日小嵊岛风能、太阳能海水淡化综合利用工程，海洋平台核能海水淡化系统完成试验样机方案设计。

【海水直接利用】　海水直接利用主要包括海水直流冷却、海水循环冷却和大生活用海水等，应用上以海水直流冷却为主。2016 年，海水冷却技术在我国沿海核电、火电、石化等行业得到广泛应用，年利用海水量稳步增长。截至 2016 年底，年利用海水作为冷却水量为 1201.36 亿吨，年新增用量 75.70 亿吨。

区域分布　截至 2016 年底，辽宁、天津、河北、山东、江苏、上海、浙江、福建、广东、广西和海南 11 个沿海省（自治区、直辖市）均有海水冷却工程分布。海水循环冷却工程主要分布在天津、河北、山东、浙江和广东。年海水冷却利用量超过百亿吨的省份有广东、浙江、福建，利用量分别为 386.06 亿吨/年、305.55 亿吨/年、178.19 亿吨/年。

【海水化学资源利用】　在海水化学资源利用方面，除海水制盐外，产品主要包括溴素、氯化钾、氯化镁、硫酸镁、硫酸钾，主要生产企业分布于天津、河北、山东、福建和海南等地。

在浓海水综合利用及产品高值化产业化技术研究方面，海洋公益性行业科研专项项目"浓海水制卤、苦卤结晶纯化及产品高值化技术研究与示范"通过中期检查，完成了光卤石连续结晶纯化产业化建设、光卤石热分解制备食品级氯化钾联产氯化镁中试设计、食品级氯化钾产业化工程建设。

【国际交流与合作】　**2016 年亚太和环印度洋地区海水淡化国际论坛在北京举行**　国家发改委、工信部、科技部、国家海洋局、国际脱盐协会等机构的国内外专家围绕海水淡化技术、产业现状及发展思路等进行了研讨，来自中国、日本、意大利、伊朗、泰国等国家和地区的 300 余名代表参加了论坛。

2016 青岛脱盐大会在山东省青岛市召开　大会主题为"脱盐：创新驱动与绿色发展"，来自美国、德国、加拿大、日本、奥地利、以色列等 20 多个国家（地区）和国内脱盐及水资源利用领域专家以及相关企业负责人共 700 余人参加了大会。

2016 第四届西湖国际海水淡化与水再利用大会在杭州举行　来自中国、中国香港、法国、意大利、加拿大等多个国家和地区的高校、科研院所和企事业单位共 300 余名代表参加了大会。

第四次中印战略经济对话会在印度新德里举行　在节能环保工作组会议上，中印双方就海水淡化等进行了深入交流，海水淡化被列入两国政府间合作协议。

海 洋 船 舶 工 业

船舶工业发展情况

【全国船舶工业发展概况】 2016 年是船舶工业"十三五"的开局之年，也是全球造船业深度调整、我国船舶工业进入全面做强阶段的关键之年。我国船舶工业在党中央、国务院关心下，在国家有关部门的指导下，认真贯彻中央经济工作会议精神，抓紧落实"三去一降一补"五大任务，实现了产业集中度不断提高、科技创新能力逐步提升、过剩产能有效化解、行业发展短板有所弥补、降本增效扎实推进、国际产能合作稳步开展的良好开端，造船大国地位进一步巩固。但受国际船舶市场持续深度调整的影响，我国骨干船舶企业在承接订单方面竞争更加激烈，完工船舶交付更加艰难，融资贷款审查更加严格，全行业手持订单持续下滑，盈利水平大幅下降，船舶工业面临的形势更为严峻。

【船舶工业总体运行状况】 我国造船企业主要分布在江苏、上海、辽宁、浙江、广东、山东、安徽、天津等地区。2016 年，全国规模以上船舶工业企业共 1520 家，其中船舶制造企业 706 家，船舶配套设备制造企业 542 家，船舶改装及拆除企业 69 家，船舶修理企业 130 家，海洋工程专用设备制造企业 68 家，其他企业 5 家。

截至 2016 年底，我国已投产的 1 万吨以上的船坞（台）共计 573 座，其中，造船用船坞（台）518 座，修船用船坞 55 座。大型造船船坞（台）中，50 万吨级船坞 7 座，30 万吨级船坞 33 座，10 万~25 万吨级船坞（台）29 座。大型修船设施中，万吨级以上修船干船坞 19 座，其中 30 万吨级 7 座，10 万~25 万吨级 10 座；万吨级以上修船浮船坞 36 座，最大举力达 8.5 万吨。

经济规模与效益 2016 年，全国规模以上船舶工业企业实现营业收入 7593.1 亿元，比上年下降 9.2%。其中：船舶制造业实现主营业务收入 4872.7 亿元，比上年下降 11.9%；船舶配套业实现主营业务收入 1345.8 亿元，比上年下降 16.2%；船舶修理业实现主营业务收入 213.4 亿元，比上年下降 6.2%；船舶改装与拆船业实现主营业务收入 377.1 亿元，比上年增长 26.3%；海洋工程专业装备制造业实现主营业务收入 781 亿元，比上年增长 11.8%。

2016 年，全国规模以上船舶工业企业实现利润总额 182.2 亿元，比上年增长 1.3%。其中：船舶制造业利润总额 150.3 亿元，比上年增长 7.1%；船舶配套业实现利润总额 63.0 亿元，比上年增长 97.5%；船舶修理业利润总额比上年大幅下降，亏损 0.1 亿元；船舶改装与拆船业实现利润总额 23.8 亿元，比上年增长 95.1%；海洋工程专业装备制造业利润总额亏损 53.9 亿元，比上年大幅下降。

【船舶制造完工情况】 **造船完工量与船舶订单** 2016 年，全国造船完工量 4262.8 万载重吨，比上年下降 1.3%；新承接船舶订单量 2526.1 万载重吨，比上年下降 24.7%；年末手持船舶订单量 1.12 亿载重吨，比上年下降 17.6%。据英国克拉克松公司统计数据，按载重吨计，我国造船完工量、新接订单量、手持订单量分别占世界市场份额的 39.9%、66.2% 和 46.6%。

2016 年我国建造船舶主要船型构成

船 型	造船完工量		新承接订单量		手持订单量	
	2015 年	2016 年	2015 年	2016 年	2015 年	2016 年
散货船	61.9%	59.9%	17.6%	67.4%	53.9%	51.3%
油船	13.7%	22.7%	40.5%	13.3%	25.6%	24.9%
集装箱船	14.2%	6.7%	32.3%	8.4%	12.9%	16.0%

主要造船地区 2016 年，江苏、上海、辽宁、浙江四省（市）造船完工 3115.6 万载重吨，占全国造船总量的 73.1%，比 2015 年下降 5.9 个百分点；四省（市）新接订单量合计 1517.4 万载重吨，占全国造船总量的 60.1%，比 2015 年下降 27.2 个百分点；年末，四省（市）手持订单量合计 8695.4 万载重吨，占全国造船总量的 77.7%，比 2015 年年末下降 4.6 个百分点。

2016 年，江苏省造船完工量 1535 万载重吨，比上年下降 10%，占全国份额的 36%；新承接订单 450.4 万载重吨，比上年下降 62.8%，占全国份额的 17.8%；年末手持船舶订单 3992.3 万载重吨，比上年下降 30.1%，占全国份额的 35.7%。上海造船完工量 630.2 万载重吨，比上年下降 14.6%，占全国份额的 14.8%；新承接订单 613.4 万载重吨，比上年增长 18.8%，占到全国份额的 24.3%；年末手持船舶订单 2016.9 万载重吨，与上年基本持平，占全国份额的 18%。辽宁省造船完工 486 万载重吨，比上年增长 17%，占全国份额的 11.4%；新承接订单 37.1 万载重吨，比上年下降 93.9%，占全国份额的 1.5%；手持订单 1391.3 万载重吨，比上年下降 11.8%，占全国份额的 12.4%。浙江省造船完工 464.5 万载重吨，比上年下降 16.1%，占全国份额的 10.9%；新接订单 416.5 万载重吨，比上年下降 29.4%，占全国份额的 16.5%；手持船舶订单 1294.9 万载重吨，比上年下降 30.2%，占全国份额的 11.6%。

2016 年主要造船地区三大指标

地区	造船完工量		新接订单量		手持订单量	
	万载重吨	占比	万载重吨	占比	万载重吨	占比
江苏省	1535	36.0%	450.4	17.8%	3992.3	35.7%
上海市	630.2	14.8%	613.4	24.3%	2016.9	18.0%
辽宁省	486	11.4%	37.1	1.5%	1391.3	12.4%
浙江省	464.5	10.9%	416.5	16.5%	1294.9	11.6%

主要造船集团 2016 年，中国船舶工业集团公司和中国船舶重工集团公司造船完工量分别为 957.3 万载重吨和 592.4 万载重吨，占全国造船完工总量的 22.5%、13.9%，位居世界造船集团造船完工量排名第 2 位和第 5 位；新承接船舶订单分别为 667.6 万载重吨和 376.1 万载重吨，占全国承接订单总量的 26.4%、14.9%，位居世界造船集团接单量排名第 1 位和第 3 位；年末手持船舶订单分别为 2805.8 万载重吨和 1566.2 万载重吨，占全国手持订单的 25.1%、14%，位居世界造船集团手持订单量排名第 1 位和第 4 位。在《财富》公布的 2016 年"世界 500 强"榜单，中国船舶重工集团、中国船舶工业集团分别位列第 233 位、364 位。

主要造船企业 2016 年，我国造船完工量排名前十的企业造船完工量 2047.3 万载重吨，占全国完工总量的 48%，比 2015 年下降 3.8 个百分点。其中上海外高桥有限公司完工 410 万载重吨，居全国首位；扬子江船业（控股）有限公司完工 323.6 万载重吨，居全国第二位；大连船舶重工（集团）有限公司 312.2 万载重吨，居全国第三位。我国造船完工量 100 万载重吨以上的企业为 11 家，2015 年为 13 家。

2016 年我国主要造船企业完工量

全国排名	企业名称	造船完工量（万载重吨）	产业集中度（%）
1	上海外高桥造船有限公司	410.0	9.6%
2	扬子江船业（控股）有限公司	323.6	17.2%
3	大连船舶重工集团有限公司	312.2	24.5%
4	江苏新时代造船有限公司	222.9	29.8%
5	广船国际有限公司	148.1	33.2%
6	南通中远川崎船舶工程有限公司	142.9	36.6%
7	青岛北海船舶重工有限责任公司	127.5	39.6%
8	沪东中华造船(集团)有限公司	124.3	42.5%
9	中国长江航运集团金陵船厂	121.1	45.3%
10	中船澄西船舶修造有限公司	114.8	48.0%
11	常石集团(舟山)造船有限公司	109.9	50.6%

注：产业集中度=前 N 个企业完工量/全国造船完工总量。

【科技开发与技术进步】 2016 年，面对低迷的市场环境，我国骨干船舶企业不断加大科技创新力度，产品结构持续优化，生产效率明显提升。高技术、高附加值船舶不断突破，3.88 万吨双相不锈钢化学品船、1.5 万吨双燃料化学品船、液化天然气（LNG）动力 4000 车位汽车滚装船、3.75 万立方米乙烯船和极地重载甲板运输船等全球首制船完成交付。40 万吨超大型矿砂船（VLOC）、8.5 万立方米乙烷运输船、2 万吨级化学品船和多型支线集装箱船等获得批量订单。2 万 TEU 集装箱船开工建造，豪华邮轮和 1 万车位汽车滚装船等项目稳步推进。

企业生产效率不断提升。南通中远川崎通过条材加工自动化生产线减少劳动力超过 60%，生产效率提高 3 倍；大船重工开发自动化加工技术，小组立和中/大组立自动焊利用率分别达到 76% 和 50%；金海重工实施"机器换人"项目，减少劳动力 20% 以上，关键工序生产效率提升 50%，降低综合成本近 40%。同时，我国船企依据自身特点，因地制宜，稳步开展智能制造工程。江苏自动化研究所自主知识产权船舶制造多功能舱室焊接机器人正式上岗，沪东中华 LNG 船分段建造数字化车间、大船重工船舶分段制造数字化车间、振华重工海上钻井平台装备制造智能化焊接车间等项目稳步推进。

【造船产能化解情况】　2016 年，在产业政策的引导下，船舶企业大力推进供给侧结构性改革，坚决落实化解过剩产能的重点任务。工业和信息化部发布《船舶行业规范企业监督管理办法》，对规范企业进行动态管理，中国船舶工业行业协会发布中国造船产能利用监测指数；骨干船企主动应对市场变化，利用自身优势拓展非船领域，化解过剩产能，中国船舶重工集团公司三峡升船机等项目取得突破；央企兼并重组迈出实质步伐，中国远洋海运集团整合 13 家大型船厂和 20 多家配套服务公司成立中远海运重工有限公司，中船重工大船与山船、武船与北船整合重组稳步推进；中国船舶工业集团公司所属上船公司、广船国际、中船澄西等主要造修船企业主动开展存量产能削减，沪东中华、外高桥造船、黄埔文冲等企业提出产能压控和资产处置的行动计划表。此外，江苏、浙江、山东、福建等地通过产能置换、退城还园、改造升级等方式主动压减和化解过剩产能。

【主要建设项目以及资本运营】　2016 年，中船重工成功打造全球技术门类最全、国内最大的动力装备上市公司——中国动力，新增中电广通、华舟应急、久之洋 3 家上市公司，在 A 股市场直接融资 149.7 亿元。中船集团大力调整了投资结构，重点支持军民融合项目、大型邮轮、动力服务公司、科技产业化发展，中船邮轮科技公司、中国邮轮投资公司、中船芬坎蒂尼邮轮产业发展公司相继成立，300 亿元邮轮基金完成各方股东审批和签约，上海中船国际邮轮产业园揭牌。

海洋工程装备制造业发展情况

【完工交付情况】　2016 年，我国完工交付 140 艘（座）各类海工装备，完工交付金额 71 亿美元，比上年下降 16.5%。其中自升式钻井平台 10 座；科考和调查船 9 艘；生活居住平台/船、潜水支持船、物探调查船、风电安装船、半潜运输船等建造支持类装备 35 艘（座）；平台供应船、三用工作船、维修船等支援类船舶 86 艘。

2016 年我国交付的主要海洋工程装备产品
单位：艘（座）

产品类型	企业	数量
自升式钻井平台	招商局重工（江苏）有限公司	3
	大连船舶重工集团有限公司	2
	大连中远船务工程有限公司	2
	江苏扬子江船业集团公司	1
	中船黄埔文冲船舶有限公司	1
	烟台中集来福士海洋工程有限公司	1
起重运输船	大连中远船务工程有限公司	3
	广船国际有限公司	2
自升式辅助平台	武汉船用机械有限公司	3
	上海振华重工（集团）股份有限公司	2
半潜式起重船	中船黄埔文冲船舶有限公司	1
	广船国际有限公司	1
ROV 支持船	中船黄埔文冲船舶有限公司	2
风电安装船	上海振华重工（集团）股份有限公司	1

【订单情况】　2016 年，我国海洋工程装备制造业实现新接订单金额 18 亿美元，比上年下降 70%，占全球市场份额 40%；接单数量 39 艘（座），比上年减少 61.8%。从具体装备类型来看，钻井装备零成交；生产装备仅有 1 座自升式生产平台成交；科考调查类船舶成交 3 艘；建造支持类船舶成交 29 艘（座），数量占比最大，主要包括风电安装船、起重拆解船、自升式生活平台等。截止 2016 年年末，我国手持海工装备订单金额 425 亿美元，比上年下降 11.6%，手持订单金额比例仍居全球首位。

2016 年我国新承接的主要海洋工程装备产品

单位：艘（座）

产品类型	企业	数量
自升式辅助平台	武汉船用机械有限公司	6
	中船黄埔文冲船舶有限公司	2
	渤海船舶重工有限责任公司	2
风电安装船	上海振华重工（集团）股份有限公司	1
	中船黄埔文冲船舶有限公司	1
	江苏韩通船舶重工有限公司	1
起重运输船	烟台中集来福士海洋工程有限公司	3
	招商局重工（集团）有限公司	2
三用工作船	武昌船舶重工集团有限公司	3

【科技开发与技术进步】　大型海工装备：2016 年，一系列大型海工装备关键技术研究和产品开发取得突破。多缆高性能地球物理勘探船多项关键技术研究取得进展；全球首制 R-550D 型自升式钻井平台核心装备本地国产化率超过 90%；适应低油价的经济型自升式钻井平台开发取得成果；首个圆筒型 FPSO 关键技术取得阶段性进展，水下长距离（38 千米）输配电和系泊方案实现突破；Spar、LNG-FSRU 等新型海工装备研制工作持续推进。

海洋工程船：深水半潜式大型吊装生活平台实现从概念设计、基础设计，到详细设计、生产设计的全生命周期设计；科考船等船型关键技术研究工作取得突破，开展了破冰型 PSV 等新船型关键技术研究；完工交付的深水综合勘察船达到国际领先水平；世界最大起重船"振华 30"号交付，该船以单臂架 12000 吨的吊重能力和 7000 吨 360 度全回转的吊重能力位居世界第一；亚洲最大 10 万载重吨级半潜船顺利交付。

配套设备：成功研制海上综合补给系统，透平货油泵系统，大排量潜液泵系统，海上综合补给系统等产品研制取得成果；拥有自主知识产权的"海上单点系泊系统核心设备"研发成功；物探系统，溢油检测系统等研发工作稳步推进。

【主要建设项目及技改项目】　2016 年，武昌船舶重工集团有限公司双柳基地商务中心、滑道二期工程交付使用，横移区二期、48 米跨室内船台土建工程、2# 码头水工工程、总配电站土建工程、集配库主体结构、油漆库陆续完工，船台总组延长工程全线贯通。青岛基地坞区研发中心、厂区联通工程完工。大悟基地风电塔筒生产线已经投产，钢质门窗生产线开工安装。

中船黄埔文冲船舶有限公司累计完成固定资产投资 3.65 亿元。项目包括推进长洲厂区造船主流程改造项目实施、完成 2.5 万吨重载滑道、900 吨龙门吊、沉坞坑等重要设施、完工投用铝制装焊车间工程、龙穴厂区综合楼工程建设有序推进。

船舶进出口情况

2016 年，全国完工出口船 39110.1 万载重吨，比上年增长 3.2%；承接出口船订单 2054.7 万载重吨，比上年下降 30.4%；年末手持出口船订单 9931.1 万载重吨，比上年下降 21.8%。出口船舶分别占中国造船完工量、新接订单量、手持订单量的 91.7%、81.3% 和 88.8%。

2016 年，我国船舶产品进出口总额 239.1 亿美元，比上年下降 17.6%。其中，出口船舶产品总额 221.6 亿美元，比上年下降 20.9%；进口船舶产品总额 17.5 亿美元，比上年增长 75%。

（中国船舶工业行业协会）

中国船舶工业集团公司

【集团基本情况】　　中国船舶工业集团公司（简称中船集团）组建于 1999 年 7 月 1 日，是在原中国船舶工业总公司所属部门企事业单位基础上组建的中央直属特大型国有企业，是国家授权投资机构，由中央直接管理。

截至 2016 年底，中船集团拥有近 50 家下属单位，分布在北京、上海、广东、江苏、江西、安徽、广西、香港等地，拥有中国船舶工业股份有限公司、中船海洋与防务装备股份有限公司、中船钢构工程股份有限公司 3 家上市公司，现有员工近 7 万人，年用工总量 15.7 万人。中船集团在中国香港及美国、俄罗斯、泰国等 8 个国家和地区设有驻外机构。

中船集团旗下聚集了一批实力雄厚的造修船企业和船舶配套企业，包括江南造船（集团）有限责任公司、上海外高桥造船有限公司沪东中华造船（集团）有限公司、广船国际有限公司、中船黄埔文冲船舶有限公司、沪东重机有限公司、中船动力有限公司等，还拥有中国船舶及海洋工程设计研究院、上海船舶研究设计院、广州船舶与海洋工程设计研究院 3 家船舶研究设计机构，以及中船第九设计研究院工程有限公司等知名工程咨询、设计、总包单位。

中船集团在业务上已经形成了以军工为核心主线，立足船海主业，非船产业和生产性现代服务业等多元产业协调发展的产业格局。中船集团能够设计、建造符合世界上任何一家船级社规范、满足国际通用技术标准和安全公约要求、适航于任一海区的现代船舶和具有国际先进水平的大型海洋工程装备，产品种类从普通油船、散货船到具有当代国际先进水平的液化天然气（LNG）运输船、2 万 TEU 以上超大型集装箱船、大型液化气体运输船（VLGC）、液化乙烯（LEG）运输船、超大型油船（VLCC）、自卸船、各型化学品船、豪华客滚船、超深水半潜式钻井平台、自升式钻井平台、大型海上浮式生产储油船（FPSO）、多缆物探船、深水工程勘察船、大型半潜船等，形成了多品种、多档次的产品系列，产品已出口到 150 多个国家和地区。

【生产经营情况】　　2016 年，面对错综复杂的国内外经济形势和长周期深度调整的船舶海工市场，中船集团全年实现营业收入 1984.8 亿元，利润总额 19.7 亿元，实现了"十三五"发展的平稳开局。其中，船海主业的产品高端化趋势更加明显，全年承接民船订单 679 万载重吨，年底手持订单 2853 万载重吨，接单和手持订单居全球第一；全年造船完工 969 万载重吨/384 万修正总吨，在建高端船型占比继续保持在 50% 以上；同时，贸易、物流、金融等现代服务业围绕服务民船主业和提升盈利贡献进一步站稳坐实，科研院所加快产业化发展步伐，盾构机、陆用电站、陆用环保等非船装备业务市场开拓成效显著。2016 年，中船集团首次迈进"世界 500 强"，列 349 位。

【重大项目进展】　　2016 年，中船集团突出"稳"字，努力实现民船产业平稳运行，全年共批量承接了 40 万吨超大型矿砂船（VLOC）、全球最大双相不锈钢化学品船、全球首艘极地凝析油船、国内首制南极磷虾捕捞科考船、新一代极地科学考察破冰船、亚洲首制支线双燃料集装箱船、国内领先 1500 吨深潜坐底起重工程船等高技术船型订单，产品结构进一步优化，产品高端化趋势日益明显；豪华邮轮工程取得实质性进展，豪华邮轮船东公司、豪华邮轮造船总包公司组建成立，国内首个 2+2 艘 13.35 万吨大型豪华邮轮建造意向书顺利签署；全年交付了全球首制极地甲板模块运输船、全球最大半冷半压式 3.75 万立方米液化乙烯运输船和亚洲最大 10 万吨级半潜船、国内首制 3.8 万吨双相不锈钢化学品船以及 4.5 万吨集装箱滚装船等一批代表性产品；打造中船品牌的主建船型"三位一体"工作体系及机制各项工作全面启动；深入推进提质增效工作和造船模式升级，造船水平稳步提升，高端制造持续发力，旗下沪东中华获我国工业领域最高奖项——中国工业大奖企业奖，外高桥造船自升式钻井平台JU2000E获中国工业大奖项目提名奖。2016年中船集团着力打造中船动力产业板块，全年完工低速机511万马力，承接288万马力，全球市场占有率达20%，组建了全球动力服务公司，初步建立了研发生产售后全体系、低中高速机完整谱系、沪苏皖三地协同发展的产业格局。

2016年，中船集团全年新批立项建设项目同比大幅下降92%；加快了存量资产的处置，广船国际、中船绿洲、海鹰集团整体搬迁有序推进，沪东中华配件公司完成整体搬迁。在优化产业布局方面，中船集团大力调整了投资结构，重点支持军民融合项目、大型邮轮、动力服务公司、科技产业化发展，中船邮轮科技公司、中国邮轮投资公司、中船芬坎蒂尼邮轮产业发展公司相继成立，300亿元邮轮基金完成各方股东审批和签约，上海中船国际邮轮产业园揭牌；设立感知海洋探测产业基金，抓紧组织实施一批产业项目；全面推进实施南京、无锡、上海临港、九江、钦州等产业园区和基地建设。

【产品开发与技术进步】　2016年，中船集团始终把科技创新作为第一动力，加快创新驱动引领产业发展。一是科技创新顶层谋划明显加强。2016年，中船集团成立了科技委，加强全局性、战略性、先导性、综合性问题研究；召开了中船集团科技创新大会，发布了一系列政策文件，对科技创新工作进行了全面系统部署，建立了"1+N"科技创新制度体系，形成了推动科技创新的顶层框架设计，未来一段时期的科技创新工作方向更加明确、环境更加优化；全面启动了"双创"工作，发布了指导文件，"中船海创网"对外发布并上线试运行，推动科技与经济深度结合的机制和平台初步形成。二是研发机构和平台建设持续加强。2016年，中船集团科技创新体系进一步完善，海洋工程总装研发设计国家工程实验室获批设立，外高桥造船成为国家创新企业百强工程首批试点，中国船舶工业综合技术经济研究院成为工信部首批19家产业技术基础公共服务平台之一，江南造船正式成立江南研究院，"船舶智库"建设稳步推进，正式发布"中国造船业景气指数"和"新造船价格中国指数"；科技创新协作网络进一步拓展，围绕豪华邮轮自主建造、国家低速机创新工程、智能船舶等技术热点开展产学研用联合研发。三是低速机创新工程、大型邮轮创新专项、智能船舶、船舶智能制造共性技术等重大创新工程加快实施，巩固了中船集团在船海关键领域研发的领先地位。四是关键产品技术研发扎实推进。2016年，中船集团3.88万吨智能示范散货船开建，大型集装箱滚装船、双相不锈钢化学品船、极地科考破冰船、大功率救助船等一批高技术船舶完成工程化开发，Spar、LNG-FSRU、FPS等海工装备，WHR余热回收系统，1200吨海工吊机，动力定位系统，物探系统，溢油检测系统等研制工作有序推进。五是科技成果质量水平持续提升。2016年，中船集团共发布国际标准15项；全年获专利授权1061件，其中发明专利授权281件，分别增长20.8%和121%，累计有效专利持有量达3396件，其中发明专利879件，分别增长15.4%和41.8%；全年获国家科学技术进步奖2项、国防科学技术奖7项。

【对外合作交流】　2016年，中船集团强化战略互融与需求共鸣，加快走出去步伐，与跨国集团、行业企业开展了多领域、多层次合作，与瓦锡兰、曼恩、麦基嘉、西门子等世界知名企业不断深化合资合作，与NYK、日本船级社、DNV GL等合作伙伴建立起定期双边技术交流机制；船用柴油机业务国际化运营不断加快，实现全资控股Win GD公司，国际份额进一步提升，组建设立中船海洋动力技术服务有限公司，加快国际服务网点建设。

（中国船舶工业集团公司）

海洋工程建筑业

【综述】 2016年,海洋工程建筑业保持平稳增长,全年实现增加值2172亿元,比上年增长5.8%。海洋工程建筑业在引领经济增长、拉动地区就业、促进区域间融合等方面继续发挥重要支撑作用。

【跨海大桥工程】 **港珠澳大桥主体桥梁与拱北隧道正式贯通** 2016年6月,港珠澳大桥主体桥梁宣告成功合龙;9月,港珠澳大桥主体桥梁正式贯通;12月,港珠澳大桥拱北隧道贯通,珠海口岸交通中心钢结构建成完工,珠海连接线全线贯通,预计明年上半年有望完成人工岛和海底隧道的主体工程。港珠澳大桥再创重大科技创新,拱北隧道暗挖段首层导洞的顺利贯通,标志着港珠澳大桥珠海连接线拱北隧道关键核心技术取得重大突破,其中曲线管幕顶管成套施工技术、长距离、大断面水平环向一次冻结技术填补了我国建筑领域的空白;暗挖施工采用的"多层多部开挖、立体交叉作业"组织模式及安全风险管控措施为类似工程提供了借鉴参考。

大连渤海大道一期工程普湾跨海大桥一标段主体工程全部完工 普湾跨海大桥位于普湾新区松木岛东南部海域,是渤海大道一期工程中最长的跨海特大桥,也是制约全线贯通的重要控制性工程,大桥全长2245米,划分为2个标段,其中普湾跨海大桥一标段全长1020米,主桥长740米,引桥长280米,桥面宽33米,工程总造价2.8亿元,由中铁七局集团公司承建。渤海大道一期工程普湾跨海大桥一标段主桥多跨悬浇连续梁顺利完成最后一次合龙,标志着普湾跨海大桥一标段主体工程全部完工。

【人工岛】 **漳州双鱼岛陆岛连接桥完工** 5月27日,双鱼岛陆岛连接桥连接漳州开发区南滨大道与双鱼岛,全长1010.8米,其中桥梁全长685米,桥梁宽度为37米。主桥为连续梁独塔双索面斜拉桥,全长204米,索塔高度90米,历时3年建成。同期,启动以海豚为主题的"双鱼岛 海梦湾"旅游项目,双鱼岛正式开门迎客。

儋州海花岛工程施工进展顺利 世界顶级人工岛旅游综合体——儋州海花岛总占地12000亩,相当于1120个标准足球场大小。海花岛人工填海面积为7.83平方千米,其整体填海面积超过迪拜棕榈岛,一举成为全球最大的人工岛。2016年,计划投资50亿元,1月至5月海花岛旅游综合体及对岸配套工程共完成投资29.4亿元,投资率达58.8%,实现了全年时间未过半但完成任务已过半的目标。

【海底隧道工程】 **大连采用PPP模式落实大连湾海底隧道和光明路延伸工程** 9月30日,中国政府采购网日前发布公告,大连湾海底隧道和光明路延伸工程政府与社会资本合作(PPP)项目公开招标后,由中国交通建设股份有限公司中标,项目概算163.09亿元。这是大连市迄今最大的PPP项目,标志着大连市加快推进PPP模式,实现项目运作方式的转型。大连湾海底隧道和光明路延伸工程是一个整体衔接工程,其中,大连湾海底隧道建设工程主线全长约5.4千米,其中主要结构形式为海底隧道、道路等,海底沉管隧道长2.7千米;光明路道路延伸工程全长2300余米、桥梁全长1100余米。工程建成后,将成为出入大连市区的第三条通道,打通大连市区与金普新区的交通瓶颈。根据公告,大连湾海底隧道建设工程建设期为50个月,运营期为20年;光明路延伸工程建设期为36个月,运营期为20年。项目实施模式为建设一运营—移交（BOT）模式，由大连市政府授权委托大连市城建局作为项目实施单位，将项目特许经营权授予项目公司，项目公司由中国交通建设股份有限公司与大连市城市建设投资有限公司按85%:15%股比共同组建，负责工程的投融资、施工、运营维护等工作。特许经营期满后，项目将无偿移交给大连市政府或市城市建设投资有限公司。

大连湾海底隧道建设工程（陆域）目前已进入环评公示阶段　大连湾海底隧道位于大连中心城区的中山区与甘井子区。该工程环评报告显示，大连湾海底隧道工程总投资高达92亿元，耗时长达50个月，总投资92.04亿元，陆域部分投资27亿元。这一工程建成后，将解决大连核心区与开发区—保税区之间、核心区与金州城区之间的交通瓶颈问题。

厦门第二条海底隧道获批　厦门第二西通道"可研"已于6月10日获国家发改委批复，正式获得国家发改委立项。这条连接海沧与湖里的海底隧道，项目总投资估算为57.05亿元，计划今年底开工建设，2019年建成通车。建成后，将有效缓解出入厦门岛的交通压力，为海沧大桥"减负"，完善海西区域路网。

烟大海底隧道前期工作将启动　烟台市十六届人大六次会议，审议通过了《关于烟台市国民经济和社会发展第十三个五年规划纲要的决议》，提出：研究启动渤海海峡跨海通道前期工作。与此同时，近日大连市人民政府办公厅也发布了《大连市贯彻落实环渤海地区合作发展纲要实施方案》通知。该《实施方案》要求，推动渤海海峡跨海通道建设。根据烟台到大连海底隧道施工方案，烟大隧道工程将采用全海底隧道方案，跨海通道将两地陆路交通距离由1600千米缩短为107千米。

【**海洋博物馆**】　2016年9月，在中新生态城建设管理中心的监督下，国家海洋博物馆主体结构顺利验收。国家海洋博物馆位于中新天津生态城滨海旅游区域南湾南侧。博物馆由四座场馆和中央大厅联结而成，整个外形新颖独特，直观展现出四条飞鱼"跳跃入海"的造型，形象的演绎了自然生物从陆地向海洋延进的动态形体之美，体现出一种别致的动感张力。作为我国首座国家级海洋博物馆，国家海洋博物馆建造难度巨大的主体结构实施了多项"智能建造技术"，特别是"鱼跃入海"的外观造型获得各界赞誉。国家海洋博物馆主体结构基础部分为混凝土框架结构，零层板以上的中央大厅全部为钢结构，场馆为异型超高大跨度门式桁架框架结构体系，内部为钢框架及桁架板楼板体系，总计用钢量17000余吨。屋面桁架结构共计137榀，成拱形状横跨于楼层框架结构两侧。其中门式桁架112榀，中央大厅鱼腹式桁架25榀，每一榀桁架的规格尺寸、结构、安装角度等均不一样。此外，场馆南北两端的悬挑钢结构体系也是国家海洋博物馆主体结构的一大亮点，其最大悬挑距离达到29米，这在大型钢结构建筑中也是屈指可数。

海 洋 交 通 运 输 业

综　述

2016 年，受国内外宏观经济环境影响，航运市场逐步复苏，海洋交通运输业发展总体稳定。全年实现增加值 6004 亿元，同比增长 7.8%。

海洋交通运输

【国际航运情况】　截至 2016 年底，我国持有国际船舶运输经营许可证的航运企业有 253 家，拥有远洋运输船舶 2409 艘、6522.76 万载重吨。在华开展班轮运输业务的中外航运企业共 144 家。2016 年，我国远洋运输完成货运量 7.98 亿吨、货物周转量 58074.62 亿吨千米。国际航运业承担了我国绝大多数进出口物资的运输，大宗商品进口量继续保持增长，贸易条件进一步改善，其中，进口铁矿石 10.24 亿吨，增长 7.5%，原油 3.81 亿吨，增长 13.6%，煤炭 2.56 亿吨，增长 25.2%，铁矿石、原油、煤炭海上进口量分别占世界铁矿石、原油、煤炭海运量的 71.1%、18.1%、17.6%。

【国内航运情况】　截至 2016 年底，全国拥有内河运输船舶 14.72 万艘，净载重吨 13360.81 万吨，载客量 77.44 万客位，集装箱位 29.72 万标准箱，分别比 2015 年末增长 -3.5%、6.9%、-1.1% 和 9.9%；全国拥有沿海运输船舶 10513 艘，净载重吨 6739.15 万吨，载客量 20.36 万客位，集装箱位 41.91 万 TEU，分别比 2016 年末下降 1.9%、1.7%、2.6% 和 21.4%。2016 年，全国内河运输完成货运量 35.72 亿吨、货物周转量 14091.68 亿吨千米，分别比 2015 年增长 3.27% 和 5.85%；沿海运输完成货运量 20.13 亿吨、货物周转量 25172.51 亿吨千米，分别比 2015 年增加 4.3% 和 3.92%；2016 年全国完成水路客运量 2.72 亿人、旅客周转量 72.33 亿人/千米，分别比 2015 年增长 0.6% 和减少 1.0%。

【两岸海上运输】　截至 2016 年底，海峡两岸直航的航运企业 124 家，直航船舶 331 艘、净载重量 384 万吨，集装箱箱位 4.6 万标准箱，载客量 6355 客位。2016 年，两岸贸易额 11868 亿元，比 2015 年增长 1.6%（按美元计算，两岸贸易额 1796 亿美元，比 2015 年下降 4.5%）。两岸海上运输完成货运量 5584 万吨，比 2015 年下降 1.8%。普通散杂货、液体化学品、液化气和油品运量分别为 2002 万吨、514 万吨、79 万吨和 17 万吨，分别比 2015 年下降 2.9%、4.8%、16.3% 和 38.2%。2016 年，两岸集装箱运输市场量升价跌，完成集装箱运输量 264 万标准箱，比 2015 年增长 12.4%。12 月 28 日，上海航运交易所与厦门航运交易所联合发布的台湾海峡两岸间集装箱运价指数（TWFI）为 922.41 点，比 2015 年底下降 8.8%。2016 年，两岸海上直航运输完成客运量 191 万人次，比 2015 年增长 0.8%。大陆至台湾本岛客运量完成 11.5 万人次，比 2015 年下降 24%；福建至金门、马祖、澎湖客运量完成 179.5 万人次，比 2015 年增长 2.9%。

【国际航运管理】　一是推动航运企业做大做强。支持中国远洋海运集团、招商局集团与淡水河谷达成矿石运输长期合作协议。新组建的中国远洋海运集团成为全球第一大散货运输公司和第四大集装箱班轮公司。做好中外运长航集团整体并入招商局集团有关工作。二是积极推进国轮船队建设。推进落实中资"方便旗"船回国登记政策，2016 年共受理

13 艘"方便旗"船回国登记税收优惠政策申请。三是推进国际航运中心建设。与上海市签署《加快推进上海国际航运中心建设合作备忘录（2016)》，明确了 2020 年前上海国际航运中心建设的具体工作任务。四是落实自贸区海运扩大开放试点政策。自贸区海运部分开放试点政策取得了积极进展，截至 2016 年底已有 13 家外商独资国际船舶管理公司在上海和广东自贸区设立，68 艘中资非五星红旗船舶进行了"沿海捎带"业务备案。配合完成浙江等七个新设自贸区总体方案编制和报批，向新设自贸区复制海运试点政策。五是继续推进简政放权。印发了关于落实 CEPA 服务贸易协议有关事项的公告。下放广东、广西、海南、福建四省区到港澳航线普通货物运输及在航香港、澳门航线船舶变更船舶数据后继续从事香港、澳门航线运输的审批权到 4 个省区。六是加大国际海运市场监管力度。2016 年共开展了两次国际集装箱班轮运输运价备案检查，对部分国际集装箱班轮公司未备案运价或未执行备案运价的违规经营行为依法实施处罚。

【国内航运管理】 一是大力推进国内水路运输船舶运力结构调整。继续实施内河船型标准化、老旧运输船舶和单壳油轮提前报废更新政策，引导老旧海船提前淘汰，鼓励新建符合国际新规范、新公约、新标准的船舶。同时加强政策实施监管，委托第三方机构开展政策实施情况检查。二是不断强化国内航运市场监管。开展为期 1 年的长江等内河航运市场秩序专项治理。组织开展 2016 年国内水路运输及辅助业年度核查工作，加强企业经营资质动态监管，进一步清理整顿"僵尸"企业。继续落实好国内沿海省际客船、液货危险品船运输市场宏观调控政策，促进市场平稳发展。每半年定期发布国内沿海省际货船运力分析报告，引导航运市场运力有序投放。三是不断加强国内航运法规制度建设。发布《水路旅客运输实名制管理规定》（交

通运输部令 2016 年第 77 号），有效保障了水路运输旅客生命和财政安全。修订《国内水路运输管理规定》，调整中央航运企业国内航运管理事项。

沿海港口建设与生产

【港口建设】 2016 年，全国水运建设完成投资 1417.37 亿元，其中，沿海建设完成投资 865.23 亿元。沿海港口新建及改（扩）建码头泊位 171 个，新增通过能力 22487 万吨，其中万吨级及以上泊位新增通过能力 21019 万吨。沿海港口重点建设项目有序推进，上海国际航运中心洋山港区四期工程、唐山港京唐港区 25 万吨级航道工程、唐山港曹妃甸港区煤码头三期工程、宁波-舟山港衢山港区鼠浪湖矿石中转码头工程等一批项目建设进展顺利。截至 2016 年底，全国港口拥有生产用码头泊位 30388 个，其中沿海港口生产用码头泊位 5887 个，比上年末减少 12 个。全国港口拥有万吨级及以上泊位 2317 个，其中沿海港口万吨级及以上泊位 1894 个，比上年末增加 87 个。

【港口生产】 2016 年全国港口生产运行态势稳中向好，主要生产指标保持平稳增长，增速同比有所加快。全国港口完成货物吞吐量 132.01 亿吨，比上年增长 3.5%。其中，沿海港口完成 84.55 亿吨，增长 3.8%；内河港口完成 47.46 亿吨，增长 3.1%。全国港口完成外贸货物吞吐量 38.51 亿吨，比上年增长 5.1%。其中，沿海港口完成 34.53 亿吨，增长 4.6%；内河港口完成 3.98 亿吨，增长 9.7%。全国港口完成集装箱吞吐量 2.20 亿标准箱，比上年增长 4.0%。其中，沿海港口完成 1.96 亿标准箱，增长 3.6%；内河港口完成 2415 万标准箱，增长 7.4%。全国港口完成旅客吞吐量 1.85 亿人，比上年下降 0.3%。其中，沿海港口完成 0.82 亿人，增长 0.5%；内河港口完成 1.03 亿人，减少 0.9%。全年全国港口共接待国际邮轮旅客 218 万人，增长 79%。全国

规模以上港口完成煤炭及制品吞吐量 21.51 亿吨，增长 3.8%；石油、天然气及制品吞吐量 9.30 亿吨，增长 9.0%；金属矿石吞吐量 19.13 亿吨，增长 4.7%。

【海洋交通科技】　2016 年，交通运输部天津水运工程科学研究院依托港口水工建筑技术国家工程实验室、国家水路绿色建设与灾害防治国际科技合作基地等科研平台和世界最大的综合水动力实验室、全球最大功能最先进的大比尺波浪水槽等领先的科研设施设备，承担并开展国家"863"科技计划、国际科技合作、国家自然科学基金和省部级科技项目 60 余项，完成技术服务类项目 700 余项，主要涉及港口海岸工程水动力泥沙研究、沿海码头结构检测及水文监测、港口安全绿色生态研究、水运工程测绘及海上救捞扫测定位等相关领域，为开敞海域泥质浅滩深水航道建设、港珠澳特大跨海桥隧建设、"碧海行动"沉船清除打捞等国家重大工程提供了重要的技术支撑，相关成果促进了水运工程的技术进步，对于开发港口水工新型结构、推动绿色生态型港口建设，提高海上突发事件应急处置能力具有重要意义。

交通运输部为推动船舶排放控制区监督管理，建立了由交通运输部海事局牵头，国家发改委、财政部、环保部等部门相关部门参与的部际协调机制，共同研究船舶排放控制区政策实施涉及的船用油品供应保障，积极配合推进船舶使用岸电、LNG 等清洁能源、船舶尾气处理等，同时开展了《船舶污染物排放监测系列技术标准》行业标准制订工作。

由交通运输部组织实施、大连海事大学承担的高技术船舶科研计划项目"基于镁基法的船舶废气洗涤脱硫设备及系统设计关键技术研究"，完成了船舶动力装置脱硫与废液排放技术机理等研究任务，掌握了船舶废气洗涤脱硫设备及系统设计关键技术，实现适用于 3 万~5 万载重吨船舶需要的船舶废气洗涤脱硫设备工程样机设计与制造。相关科技成果达到世界领先水平，有关产品填补了我国在船舶废气排放控制领域的空白，已进入产业化应用阶段，将有力提升我国船舶防污染公约履约能力和远洋运输企业国际市场竞争力。

大连海事大学等单位完成的科技成果"基于羟基自由基高级氧化快速杀灭海洋有害生物的新技术及应用"获得国家技术发明二等奖，目前成果推广应用于远洋船舶压载水处理、水产养殖海水处理、高藻水源地供水卫生保障等领域，为有效防控海洋生物入侵提供了重要技术支撑。

交通运输国际科技合作基地建设取得新进展。大连海事大学联合美国休斯敦大学、美国加州大学圣地亚哥分校、乌克兰国立技术大学、美国船级社等国外机构，组建成立"海底工程技术与装备国际联合研究中心"，获得科技部批复建设，该中心将与国外合作伙伴开展学术研究与人才培养方面的长期深入合作，探索国际一流科技合作模式，承担一批国际合作以及行业重要科研任务，持续产出重大科研成果，为中国海洋工程技术与装备事业发展提供理论基础、关键技术支撑和人才储备。

交通运输部天津水运工程科学研究院联合印度尼西亚万隆理工大学，成立"中国—印尼港口建设与灾害防治联合研究中心"，获得科技部批复建设，将进一步增强我国技术标准和文化认可度，提升我国与东盟国家的合作层次，加快港口绿色建设与防灾减灾技术成果推广应用。　　　（交通运输部水运局）

海 洋 旅 游 业

综 述

海洋旅游是我国旅游业的重要组成部分。在我国旅游消费环境日趋完善，旅游保障体系日益健全，旅游消费市场秩序不断优化的背景下，海洋旅游基础设施建设进一步加快，滨海旅游产品不断拓展，邮轮旅游消费规模稳步扩大，海岛游、休闲游等新业态旅游成为海洋旅游的新热点。海洋旅游业是带动海洋经济的重要增长点。

【中国海洋旅游业发展现状】 **海洋旅游发展规模稳步扩大** 随着旅游通达条件的进一步改善和滨海旅游景区景点等基础设施建设进一步加快，五大滨海旅游带积极开发、拓展滨海旅游新项目，提升滨海旅游服务质量和水平。除此之外，国家海洋局印发了《关于批准建立大连仙浴湾等 9 处国家级海洋公园的通知》（以下简称《通知》），新增 9 个国家级海洋公园，丰富海洋生态文明的内涵，有效保障区域滨海、海岛与海洋生态系统的健康、安全，促进海洋文化的提升和传播，有效推动区域海洋经济的多样化发展。

海上休闲旅游兴起，将陆上休闲旅游范围扩大到海上，拓展了居民休闲游憩的空间，或将培育一种新的消费观念，引领消费潮流，引导游艇、邮轮消费，从而带动海上婚庆、商务会议、餐饮购物等综合性消费，促进旅游消费结构转型升级。

邮轮旅游发展势头持续强劲 随着沿海港口基础设施建设的加快、国内居民生活水平的提高和旅游休闲度假需求的增长，我国邮轮旅游快速发展，邮轮市场规模持续扩大，国际地位大大增强。2016 年全年我国 11 大邮轮港大连、天津、青岛、烟台、上海、舟山、厦门、深圳、广州、海口、三亚共接待邮轮 1010 艘次，同比增长 74.7%，接待出入境邮轮游客量达 456.74 万人次，同比增长 87.8%。国家和沿海各地纷纷出台多项支持邮轮产业发展的政策，为邮轮旅游未来的发展提供了重要的宏观政策支持。

多项政策助推海洋旅游健康发展，规范旅游活动市场秩序 2016 年，在国家经济结构深度调整的背景下，《国家创新驱动发展战略纲要》《国务院办公厅关于加强旅游市场综合监管的通知》《国务院关于深化泛珠三角区域合作的指导意见》《国务院关于深化投融资体制改革的意见》《国家旅游局关于旅游不文明行为记录管理暂行办法》《关于开展特色小城镇培育工作的通知》《国务院办公厅关于进一步扩大旅游文化体育健康养老教育培训等领域消费的意见》《国务院关于印发"十三五"旅游业发展规划的通知》《国家蓝色旅游示范基地》《国务院关于平潭国际旅游岛建设方案的批复》《上海市邮轮旅游经营规范》等文件陆续出台，从不同方面对海洋旅游发展形成综合助推力，不断规范海洋旅游活动市场秩序，提升旅游服务质量和水平。

滨海旅游

滨海旅游在我国旅游业发展中占有重要的地位。我国旅游业较为发达、旅游活动较为活跃的省市，大多分布于沿海地区。2016年我国滨海旅游业稳步发展，规模持续扩大，已成为中国旅游业持续增长的重要动力。

【环渤海滨海旅游带】 地处环渤海湾滨海旅游带的天津市积极挖掘旅游资源价值，通过"深度亲海"新亮点打造滨海旅游品牌。秦皇岛依托滨海特色优势做优休闲旅游经济。山东日照市多个海洋文化旅游项目全面推进。青岛加快打造滨海度假旅游集群，以石老人和凤凰岛两大国家级旅游度假区为核心，以琅琊台、灵山湾、田横岛、大沽河四个省级旅游度假区为带动，加快完善东、西两大度假旅游集群的规划建设，开发经营邮轮母港、邮轮停靠港以及海岛等旅游资源，配置好游船游艇码头、海上旅游集散体系等海洋旅游基础要素。同时，精细运营滨海度假区和度假地，重点打造疗养度假、养生度假、体验度假等滨海度假系列旅游产品，意在将打造滨海度假旅游城市作为青岛发展全域旅游的重要支撑和引领，形成海陆互动的旅游发展新格局。

【"长三角"滨海旅游带】 地处"长三角"滨海旅游带的上海市计划在"十三五"期间着力打造水陆联动、全域开发的大旅游空间格局，规划建设滨海临江旅游圈。宁波市梅山依托"山、海、湖、港、湾、湿地、温泉"等生态资源，以及十千米蓝湾、滨海万人沙滩、F2国际赛车场等重点核心项目，积极申报创建省级旅游度假区，致力于建设长"三角"地区最具滨海风情、年旅游人数超千万人次的休闲旅游岛。浙江苍南县建设生态海洋牧场，依托"海、山、岛、湾"，以"海上游乐""海上休闲""海上体验"为理念，建设浙东部最具特色的海洋休闲旅游基地。

【"珠三角"滨海旅游带】 地处"珠三角"滨海旅游带的广东省大力开发滨海旅游资源，形成了八大海湾和海岛旅游圈，"海上丝绸之路"系列旅游线路和"一核两带三廊五区"的旅游布局，其中旅游圈包括环珠江口旅游圈、川岛—广海湾旅游圈、海陵岛—月亮湾旅游圈、水东湾—放鸡岛旅游圈、环湛江湾旅游圈、环大亚湾旅游圈、红海湾—品清湖旅游圈、南澳岛—汕头湾旅游圈；旅游线路分省内线路、跨省线路和国际线路（"重走海上丝绸之路"邮轮航线）。汕尾围绕"海陆丰绕，人文汕美"的主题，以海洋为主旋律，组织"2016中国·汕尾海洋文化旅游节暨开渔节"，致力于将汕尾打造为宜居宜业宜游的现代化滨海城市和广东滨海旅游的集聚区。惠东正不断地完善配套、加强服务、深度挖掘、强化推广，助推蓝色滨海旅游提档升级，把惠东海岸线打造成"百里国际滨海旅游长廊"，集中力量打造成为一个高层次、多功能的南中国综合性海洋旅游度假区。

【海峡西岸滨海旅游带】 地处海峡西岸滨海旅游带的厦门以生态廊道为基底，打造由城区向滨海带渗透的山海景观廊道，构筑一条以休闲旅游为目的的滨海旅游浪漫线，由厦门前往"中国第一渔村"浯屿岛的"浯屿海上牧场"旅游专线试航成功，并正式启动浯屿休闲渔业基地建设。福州市委、市政府印发《对接国家战略建设"海上福州"工作方案》，提出尽快形成"一轴串联、四湾联动、全域共建"的联动发展阶段性战略格局，打造"21世纪海上丝绸之路核心区海上合作战略支点城市"。

【海南滨海旅游带】 地处海南滨海旅游带的三亚滨海旅游产品已经逐渐从起步走向成熟，出现了滨海旅游传统业态和新业态齐头并进的新局面；不断挖掘滨海休闲运动项目发展潜力，开展国际帆船赛、马拉松等国际赛事产品；推动海上休闲观光旅游，开发游艇、帆船、潜水和冲浪等海上娱乐产品；已经初步形成了颇具吸引力的滨海度假产品体系。2016中国（陵水）国际潜水节7月31日在陵水黎族自治县清水湾旅游度假区开幕，这是海南首个国际性潜水节，也是海南省深度挖掘海洋旅游+体育赛事新业态，布局潜水旅游经济迈出的重要一步。

海 岛 旅 游

国家发改委和国家旅游局联合印发的《全国生态旅游发展规划（2016—2025年）》，提出未来10年，我国海洋海岛旅游将重点打造具有海上观光、海上运动、滨海休闲度假、热带动植物观光等特色的海洋海岛生态旅游片区，建设国际邮轮港，打造东南亚生态旅游合作区。2016 国际海岛论坛上，国家海洋局评选出 2015 年"十大美丽海岛"，分别是东山岛、南三岛、涠洲岛、刘公岛、菩提岛、觉华岛、连岛、南麂列岛、海陵岛、三都岛。

【山东省】　山东省海阳连理岛，作为中国北方首个经国务院批准的离岸式人工岛，2016 年 7 月正式对游客开放。连理岛经历了 7 年建设，总面积 174.6 公顷，海岸线长 7.5 千米。连理岛以"情定连理岛"为主题，重点突出海上千亩薰衣草、水上乐园、垂钓牧场、"一带一路"沙雕艺术展等，将为游客提供以滨海休闲为主、多业态融合的海岛旅游精品。烟台市将进一步整合开发海滨及海岛旅游资源，加快推进长岛生态旅游度假岛开发建设，全面启动芝罘岛、养马岛、崆峒岛等岛屿开发建设，加快推进芝罘湾港区邮轮码头、太平湾等 45 处旅游码头建设，开辟市区至崆峒岛、养马岛等地的海上旅游航线。

【福建省】　国务院批复同意《平潭国际旅游岛建设方案》，这是继海南之后，我国获批的第二个国际旅游岛。批复要求，要进一步突出特色、发挥优势，积极探索海岛旅游开发新模式，构建以旅游业为支柱的特色产业体系，促进两岸经济文化社会深度融合，形成两岸合作新局面，积极融入"一带一路"建设，构建对外开放新体制，深入推进生态文明建设，形成人与自然和谐发展新格局，努力把平潭建设成为经济发展、社会和谐、环境优美、独具特色、两岸同胞向往的国际旅游岛。目前，福建平潭已全面启动重点旅游景区配套服务设施整体提升工程，完成平潭《国际旅游岛发展规划》基本编制。

【上海市】　大金山岛是上海地区的自然最高点，也是上海地区野生植物资源最丰富的生态岛。金山海洋公园是上海首座获批的国家海洋公园，2016 年正式启动金山三岛的生态维护，以海滨区域为核心，辐射周边地区，重点开展对大金山岛、小金山岛和浮山岛的生态修复等，加快推进海洋公园建设，不仅有效地保护了岛体大环境，还极大提高了海岛整体环境和整体景观的质量，提升了海岛的旅游资源价值。

海 洋 管 理

海 洋 立 法 与 规 划

海 洋 立 法

【《中华人民共和国深海海底区域资源勘探开发法》颁布】　2016 年 2 月 26 日第十二届全国人民代表大会常务委员会第十九次会议审议通过《中华人民共和国深海海底区域资源勘探开发法》。这部法律是第一部规范我国公民、法人或者其他组织在国家管辖范围以外海域从事深海海底区域资源勘探、开发活动的法律，对促进深海资源的可持续利用和维护全人类利益具有重要的意义。

【《中华人民共和国海洋环境保护法（修正案)》颁布】　2016 年 11 月 7 日，第十二届全国人民代表大会常务委员会第二十四次会议审议通过《中华人民共和国海洋环境保护法（修正案)》。这次修改共修改了十九条，主要集中在 3 个方面：一是落实党中央、国务院关于推进生态文明建设和生态文明体制改革作出的新部署、新要求；二是与新修订的《环境保护法》《环境影响评价法》相衔接，强化法律责任，提高对违法行为的处罚力度；三是对接国务院行政审批"放管服"改革，取消部分行政审批事项。

（国家海洋局政策法制与岛屿权益司）

海 洋 规 划

【国家海洋局印发《全国生态岛礁工程"十三五"规划》】　2016 年 9 月 20 日，国家海洋局印发《全国生态岛礁工程"十三五"规划》，明确了全国生态岛礁工程的总体要求、空间布局、重点任务和保障措施。积极拓展资金支持渠道，2016 年利用中央海岛和海域保护资金支持地方实施 10 处"生态岛礁"工程建设。

【国家海洋局印发《全国海岛保护工作"十三五"规划》】　2016 年 12 月 28 日，国家海洋局印发《全国海岛保护工作"十三五"规划》，对"十三五"期间海岛保护与管理各项工作了系统部署。

（国家海洋局政策法制与岛屿权益司）

【《全国科技兴海规划（2016—2020 年)》印发】　国家海洋局会同科技部联合印发。该规划是支撑海洋强国建设和创新驱动发展战略目标实施、指导未来 5 年海洋科技成果转化与产业化的纲领性和指导性文件。

【《全国海水利用"十三五"规划》发布】　2016 年 12 月 28 日，国家发展改革委和国家海洋局联合发布《全国海水利用"十三五"规划》（发改环资 [2016] 2764 号）。规划明确中国"十三五"期间海水利用的总体要求，并明确提出扩大中国海水利用应用规模、提升海水利用创新能力、健全综合协调管理机制、推动海水利用开放发展、强化规划实施保障等。

【《海洋可再生能源发展"十三五"规划》发布】　2016 年 12 月 30 日，国家海洋局发布《海洋可再生能源发展"十三五"规划》（国海发 [2016] 26 号）。规划明确了"十三五"期间中国海洋可再生能源发展的指导思想、主要目标和重点任务，并要求强化规划的实施保障措施。按照规划，到2020年，中国将形成一批高效、稳定、可靠的海洋能技术装备产品，工程化应用初具规模，一批骨干企业逐步壮大，产业链条基本形成，全国海洋能总装机规模超过5万千瓦，建设5个以上海岛海洋能与风能、太阳能等可再生能源多能互补独立电力系统。

【《全国海洋标准化"十三五"发展规划》印发】　2016年9月国家海洋局联合国家标准化管理委员会共同发布《全国海洋标准化"十三五"发展规划》。该规划提出，到2020年，基本建成现代化的具有中国特色的海洋标准化体系，深化海洋标准分类改革，健全海洋标准体系，加强海洋标准制修订工作，加强海洋标准与海洋科技创新的融合。同时通过建立健全海洋标准实施推进机制、强化政府在海洋标准实施中的作用、充分发挥涉海企事业在海洋标准实施中的作用等措施推进海洋标准实施。强化海洋标准监督，提升海洋标准化服务能力，加强海洋国际标准化工作，大力推动中国海洋标准"走出去"，抓好重大工程标准管理。加快完善海洋标准化体系，使海洋工作获得最佳秩序和效益，更好地服务于海洋强国和21世纪海上丝绸之路建设。

【《全国海洋计量"十三五"发展规划》印发】　2016年10月国家海洋局与国家质量监督检验检疫总局联合印发《全国海洋计量"十三五"发展规划》。该规划明确在十三五期间，将着力加强海洋计量标准装置研究，加强海洋标准物质的研究和研制，同时做好海洋量传溯源的技术方法研究，从而推进海洋计量科技创新，加快海洋计量技术规范制修订。加强海洋计量检测服务与监督，健全海洋计量体系，加强海洋计量检测能力建设，并从组织领导、投入机制、宣传工作力度、评估考核等方面明确了海洋计量工作的保障措施。　　　　　（国家海洋局科学技术司）

海 洋 政 策

国家海洋局印发《国家海洋局关于修订〈填海项目竣工海域使用验收管理办法〉的通知》（国海规范〔2016〕3号）

国家海洋局印发《国家海洋局关于修改〈关于进一步规范海域使用项目审批工作的意见〉等2份规范性文件的公告》（2016年第5号（总第29号））

国家海洋局与工业和信息化部联合印发《国家海洋局 工业和信息化部关于加强2016年G20峰会期间海底光缆保护的通知》（国海发〔2016〕9号）

国家海洋局印发《国家海洋局关于印发〈区域建设用海规划编制技术规范（试行）〉的通知》（国海管字〔2016〕416号）

国家海洋局印发《国家海洋局关于进一步规范海上风电用海管理的意见》（国海规范〔2016〕6号）

国家海洋局印发《国家海洋局关于印发〈填海项目竣工海域使用验收测量报告编写大纲〉和〈填海项目竣工海域使用验收测量技术要求〉的通知》（国海规范〔2016〕7号）

国家海洋局印发《国家海洋局关于进一步规范海域使用论证管理工作的意见》（国海规范〔2016〕10号）

国家能源局与国家海洋局联合印发《国家能源局 国家海洋局关于印发〈海上风电开发建设管理办法〉的通知》（国能新能〔2016〕394号）　　　　（国家海洋局海域管理司）

2016年12月22日，国家海洋局对2010年印发的《海洋可再生能源专项资金项目实施管理细则》进行修订，印发《海洋可再生能源资金项目实施管理细则（暂行）》（国海规范〔2016〕9号）。该细则主要调整了海洋能资金支持范围及分配方式，明确了部门职责，优化了工作流程，加强了监管措施。

2016年6月国家海洋局印发《海洋标准化管理办法》，明确海洋标准化工作的组织管理，海洋标准的范围与类别，海洋标准制定的主要过程、原则、标准立项编制环节等，以及海洋标准的审批发布和复审，海洋标准的实施与监督检查等工作，规范海洋标准化工作。

2016 年 12 月国家海洋局印发《关于加强海洋质量管理的指导意见》，从认识海洋质量管理的重要性入手，通过明确海洋质量管理分工，落实海洋工作单位质量主体责任健全了海洋质量管理机制。

（国家海洋局科学技术司）

海 洋 法 制 建 设

【国家海洋局办公室印发《法治海洋建设任务细化表》】　按照《中共国家海洋局党组关于全面推进依法行政加快建设法治海洋的决定》的部署要求，2016 年 6 月 21 日，国家海洋局办公室印发《法治海洋建设任务细化表》，明确各部门单位的工作任务成果及工作进度。通过任务分解、按月督办、季度通报的形式，督促各有关部门单位落实工作任务，推动法治海洋建设部署落到实处。

【国家海洋局印发《国家海洋局行政应诉工作机制（试行）》】　2016 年 8 月 1 日，国家海洋局印发《国家海洋局行政应诉工作机制（试行）》，按照"权责一致，谁行为谁负责"的要求，初步建立了分工明确、各司其职、互相配合、运转协调的行政应诉工作机制。

【国务院同意《海洋督察方案》】　2016 年 12 月 26 日，国务院同意《海洋督察方案》，授权国家海洋局代表国务院对沿海省、自治区、直辖市人民政府及其海洋主管部门和海洋执法机构进行监督检查，可下沉至设区的市级人民政府。重点督察地方人民政府对党中央、国务院海洋资源环境重大决策部署、有关法律法规和国家海洋资源环境计划、规划、重要政策措施的落实情况。

【启动"七五"普法工作】　国家海洋局积极开展海洋法制宣传培训，启动海洋系统"七五"普法工作。

（国家海洋局政策法制与岛屿权益司）

海 洋 信 息 化 建 设

综 述

2016 年，国家海洋局认真贯彻党中央、国务院关于信息化工作的重要指示精神，成立了国家海洋局信息化工作领导小组，确立"强化海洋信息化顶层设计，统筹协调海洋信息建设"的海洋信息化建设基本思路，在完善信息化工作机制、开展信息化顶层规划设计、启动国家海洋局信息化整合等方面开展了一系列的工作，取得了显著成效。

组 织 机 制 建 设

【成立国家海洋局信息化工作领导小组】
2016 年 7 月 22 日《国家海洋局关于成立信息化工作领导小组的通知》（国海办字 [2016] 329 号）印发，正式成立国家海洋局信息化工作领导小组。国家海洋局党组书记、局长王宏任组长，局党组成员、副局长房建孟任副组长，局机关各部门、信息中心、北海分局、东海分局、南海分局有关负责同志担任组员。领导小组主要职责包括：研议局信息化规章制度；研议局信息化五年规划、年度计划及经费需求；统筹协调、推进局信息化工作；研议局信息化建设总体实施方案和重大工程建设方案；研究提出信息化重大事项；落实局党组确定的其他事项等。国家海洋局信息化工作领导小组下设办公室，简称"局信息化办公室"。局信息化办公室日常工作由国家海洋信息中心承担。

【印发《国家海洋局信息化工作领导小组办公室工作规则》】 2016 年 9 月 1 日，国家海洋局印发《国家海洋局信息化工作领导小组办公室工作规则》（国海办字 [2016] 418 号）。文件规定了局信息化办公室的主要职责、工作制度和议事规则等有关事项，为发挥局信息化办公室作用，促进局信息化办公室工作规范化、制度化，确保工作效率、质量，提供了依据。

【成立全国海洋信息化工作专家组】 国家海洋局成立全国海洋信息化工作专家组，为局信息化工作提供技术指导与咨询服务。专家组组长由中国工程院院士潘德炉担任，成员由国家海洋局局属单位、地方海洋管理部门、涉海科研院所的有关专家组成。2016 年，全国海洋信息化工作专家组对《国家海洋局信息化整合工作总体方案（2017—2019 年）》等有关文件材料进行了技术审查和指导。

【建立海洋信息化工作联络员制度】 由沿海省、自治区、直辖市海洋厅（局）、国家海洋局局属单位、机关各部门负责信息化工作的处级领导担任海洋信息化工作联络员，负责同局信息化办公室联系，承担本单位（部门）的信息化协调等工作。2016 年，局信息化办公室组织召开两次海洋信息化工作联络员会议，并辅以实地座谈、电话沟通等方式，打通了沟通协调的渠道，在贯彻海洋信息化整合总体思路、落实信息化整合主要环节、协调综合业务专网整合任务等方面发挥了重要作用。

【扎实推进局信息化办公室各项任务】 2016 年 10 月，局信息化领导小组办公室第一次主任办公会召开，重点审议了国家海洋局信息化整合、国家海洋综合业务专网建设的总体设计、任务设置、组织分工和实施步骤等内容，研究部署了下一阶段工作安排，研讨了下一年度工作经费安排等。认真落实局信息化办公室职责，例行检查督促各项信息化建设任务进展，组织开展新建信息化项目审查论证、总结交流信息化整合建设经验，定期编制海洋信息化工作月报、国家海洋局信息化办公室年度工作报告，呈报局信息化领导小组，抄送信息化整合相关单位（部门）。

海洋信息化顶层设计

【制定《国家海洋局信息化整合工作总体方案（2017—2019年）》】　针对海洋信息化建设缺乏顶层设计，基础设施建设投资重复，业务系统协同能力不足等问题，由局信息化办公室组织，国家海洋信息中心牵头编制了《国家海洋局信息化整合工作总体方案（2017—2019年）》，并通过局信息化办公室主任办公会、全国海洋信息化工作专家组审议。方案提出整合建设国家海洋信息通信网（一张网）、国家"海洋云"（一朵云）、海洋管理应用平台（一片海）和海洋电子政务服务平台（一个大厅）的"四个一"工程，共计17项工作任务，作为未来三年国家海洋局信息化整合工作的总体安排。

【开展海洋领域信息化工作整体规划论证】国家海洋局会同国家发展改革委共同牵头推进"智慧海洋"等海洋领域重大信息化工程论证，2016年度取得重要的阶段性成果。同时，以"智慧海洋"工程论证为基础，国家海洋局组织开展了海洋领域信息化工作的整体布局和顶层设计研究，编制《国家海洋信息化建设规划纲要（征求意见稿）》，上报国家发展改革委。规划纲要重点围绕提升海洋信息化发展能力和健全海洋信息化支撑体系两大方面，梳理提出海洋领域信息化建设的主要任务和重点工程。

【实施全国海洋信息资源摸底】　国家海洋局组织制定《全国海洋信息资源摸底工作方案》和《全国涉海数据资源情况调研表》，联合国家发展改革委印发至涉海部委、沿海地方和涉海单位等，对国家重点海洋工程项目、海上观测布局、空间基础设施、信息传输网络、海洋信息系统、海洋数据资源等信息资源基本情况开展了摸底调查，为海洋信息化整体规划和重大工程项目论证提供了翔实的基础材料。

海洋信息化整合建设

【启动国家海洋局综合业务专网整合建设】局信息化办公室组织，国家海洋信息中心牵头编制《国家海洋局综合业务专网整合总体方案》和《国家海洋局综合业务专网整合工作方案》，确定了综合业务专网整合的总体思路、技术路线和任务安排等有关事项，并经局信息化办公室主任办公会、全国海洋信息化工作专家组审议通过。2016年，全面完成了全局综合业务专网摸底调查工作。局信息化办公室组织召开2次专题的海洋信息化工作联络员会议，部署国家海洋局综合业务专网摸底调查和资料核查工作。经核实，共收集整理了观测数据传输网、海洋预警报视频会商网（实时海况视频传输网）、数字海洋网、海域动态监测网、行政财务专网5张综合业务专网，422个网络节点，512条网络线路的拓扑结构、设备部署和技术参数配置等详细信息，完成国家海洋局综合业务专网现状文档整理和图件编绘，有效保障了国家海洋局综合业务专网整合技术方案的科学性和精准性。

【开展国家海洋云平台规划设计】　在存储计算资源整合层面上，制定《国家海洋信息中心云平台建设方案（一期）》，启动国家节点云平台计算环境的试验性建设。在数据资源整合层面上，以海洋环境、海洋地理和海洋专题信息及信息产品等各类海洋数据的科学有序管理为目标，围绕数据接收/收集、整理、处理和加工的业务主线，编制形成《海洋数据管理体系总体设计》和《海洋数据与信息目录清单格式（试行稿）》，对国家海洋局现已实现集中统一管理的海洋资料进行了系统梳理，编制形成分类海洋数据资源目录清单，有计划地推进海洋数据管理体系建设，启动海洋数据资料整编相关标准规范编报。初步开展海洋综合数据库规划研究和建设工作，编制形成《海洋综合数据库建设方案》，并启动一期工程海洋环境综合数据库设计。

【开展海洋应用系统整合设计论证】　根据国家海洋局信息化整合总体要求，编制《海洋应用系统整合建设工作方案（初稿）》。升级改造海洋环境地理信息服务平台，完成平台运行管理与监控系统开发，实现用户管理、数据审批管理、日志管理、虚拟机管理和库表配置。利用海洋环境地理信息服务平台开展海洋观测资料共享，定期更新数据资料，全年提供观测资料服务共计 28 个批次。整合改造数字海洋应用服务系统，初步实现数字海洋框架系统与海洋环境地理信息服务平台的集成与融合。开展系统安全自查与整改，定期检测"iOcean 中国数字海洋公众版"，确保网站正常更新运行。建设海洋数据共享服务系统（专网版），实现各类数据的查询、收藏、数据订单、虚拟机、成果下载、资料上传等功能。

【稳步推进局机关电子政务建设任务】　按照国家电子政务网络建设统一安排和部署，为提高国家海洋局电子政务发展水平和应用能力，实施国家海洋局机关机房改建，启动局机关内网办公系统建设，完成系统需求调研和详细设计工作。按照国务院办公厅《"互联网+政务服务"技术体系建设指南》（国发函[2016] 108 号）要求，制定了《国家海洋局"互联网+政务服务"工作实施方案》及工作任务进度表，上报国务院办公厅政府信息与政务公开办公室。　　　　（国家海洋信息中心）

海 域 使 用 管 理

综 述

【海域使用申请审批】 2016 年，全国批准海域使用申请并颁发海域使用权证书 2746 本，确权海域面积 21.34 万公顷，其中国务院批准重大项目用海 15 个，海域使用面积合计 1617 公顷，项目投资总规模达 1630 亿元（不含调整项目）。

【海域使用权招标拍卖挂牌出让】 2016 年，全国通过招标拍卖挂牌出让方式颁发海域使用权证书 667 本，确权海域面积 7.79 万公顷，征收海域使用金 12.07 亿元。

【临时用海】 2016 年，全国共颁发临时海域使用权证书 50 本，批准临时用海面积 1355.05 公顷，征收海域使用金 1436.09 万元。

【海域使用权登记】 海域使用权初始登记 2016 年，批准项目用海 3275 个，发放海域使用权证书 3413 本（含不动产登记证书），同比减少 5%；确权海域面积 29.13 万公顷，同比增加 15%。

海域使用权注销登记 2016 年，全国共注销海域使用权证书 2719 本，注销海域使用面积 16.05 万公顷。

海域使用权抵押登记 2016 年，全国办理海域使用权抵押登记 796 个，抵押海域面积 9.33 万公顷，抵押金额 635.44 亿元。

【海域使用金】 海域使用金征收 2016 年，全国共征收海域使用金 65.46 亿元（同比减少 25%），其中新增项目征收海域使用金 52.82 亿元、原有项目征收海域使用金 12.65 亿元。全国征收的海域使用金缴入中央国库 18.18 亿元，缴入地方国库 47.28 亿元。

海域使用金减免 2016 年，全国减免海域使用金 5.52 亿元。各用海类型海域使用金减免金额为：渔业用海 9713.63 万元，工业用海 5552.09 万元，交通运输用海 2.65 亿元，旅游娱乐用海 3596.63 万元，海底工程用海 1.68 万元，排污倾倒用海 5.4 万元，造地工程用海 7155.37 万元，特殊用海 2675.53 万元。

【围填海】 全国下达建设用围填海计划指标 1.39 万公顷，农业用围填海计划指标 1698 公顷；全国填海造地实际确权 7910.16 公顷，同比减少 28.45%。

【海底电缆管道】 2016 年，批准海底电缆管道铺设施工 4 条，其中，电缆 2 条、管道 2 条、铺设完工注册备案 33 条，维修、改造海底电缆管道 36 条次，其中，国际通信海底光缆 32 条次。

【海域使用论证】 加强海域使用论证报告质量检查，给予 2 家海域使用论证资质单位暂停执业 2 年、4 家单位暂停执业 1 年的处罚，对 10 家单位给予通报批评。组织完成 2015 年海域使用论证单位资质认定和变更，新认定海域使用论证资质单位 20 家，晋级 5 家，注销 1 家，证书信息变更 21 家。

生态用海管海

【制度建设】 深化海域综合管理制度改革 组织编制《围填海管控办法》和《海岸线保护与利用管理办法》，经中央全面深化改革领导小组审议通过。推进海域有偿使用制度改革，开展《海域、无居民海岛有偿使用的意见》有关问题的研究。

健全海域使用管理配套制度 编制印发《区域建设用海规划管理办法（试行）》《区域建设用海规划编制技术规范（试行）》《关于进一步规范海上风电用海管理的意见》《海上风电开发建设管理办法》（国家能源局、国家海洋局联合印发)、《宗海图编绘技术规范（试行)》《填海项目竣工海域使用验收测量报告编写大纲》《填海项目竣工海域使用验收测量技术要求》等 7 个规范性文件，明确区域建设用海应节约集约利用海域和海岸线资源，海上风电项目建设用海深水远岸布局等原则，规范填海项目竣工海域使用验收工作。

修订并印发《关于进一步加强自然保护区海域使用管理工作的意见》《关于进一步规范海域使用项目审批工作的意见》《关于全面实施以市场化方式出让海砂开采海域使用权的通知》《关于海域使用论证报告依申请公开有关问题的通知》《填海项目竣工海域使用验收管理办法》5 个规范性文件，全面落实简政放权、放管结合、优化服务部署要求，进一步规范了用海程序和竣工验收程序等内容。

修订并印发《重点区域海域使用权属核查技术规程》，加强海域权属管理，提高海域使用行政审批效率。

【管理措施】 围填海管控　加强围填海全过程监管和区域建设项目用海规划管理，确定全国和省级的围填海总量控制目标。确定围填海项目符合生态用海门槛，严格执行国家产业结构调整指导目录和海洋产业发展政策要求。

严格控制单体项目围填海面积、占用岸线长度，对于区域建设用海规划等集中连片的填海区域，整体形成的新海岸线长度与占用原海岸线长度的比值应不小于 1.5。

注重生态和景观建设，围填海项目平面设计要规划布置出水系、湿地等生态空间，要规划出沿岸绿化带、人工沙滩、公众亲海空间和进出亲海空间的通道，有条件区域还应在堤顶或海堤（护岸）向海建设观景栈道和平台等亲海廊道，建设生态化海堤、岸滩。

围填海工程要求增产不增污，污水应纳入污水管网集中处理，确保工程实施后区域污染物排放总量不增加，确需排海的，必须根据所在海洋功能区水质要求进行高标准处理，并尽可能采用集中排、离岸排和生态排。

海岸线保护　严格限制建设项目占用自然岸线，加强新形成岸线的生态建设。积极指导地方开展岸线整治修复。

海洋功能区划　根据海洋生态文明建设总体要求，建立基于生态系统的海洋功能区划理论方法体系。报请国务院批准省级海洋功能区划修改原则和修改程序，对海洋功能区划的修改严把生态用海关，审查并报经国务院批准浙江、福建、辽宁、海南、江苏、广东、山东 7 个省份海洋功能区划修改方案。组织开展了市县级海洋功能区划的备案工作。

生态用海审查　2016 年，国家海洋局按照加强保护优先、红线管控、节约集约和绿色发展的原则，严格围填海管理，强化自然岸线保护，加强项目用海方式和工程设计的生态建设，切实提高海域使用的生态门槛。

生态用海论证　全面深化海域使用论证改革工作，印发《国家海洋局关于进一步规范海域使用论证管理工作的意见》，修订《海域使用论证技术导则》及相关管理制度，在论证报告中增加生态建设方案专章，强化生态用海、集约节约用海和科学选址等方面的论证工作。

【"放管服"改革】 简政放权 全面清理海域综合管理行政审批事项，取消海域海岸带整治修复项目审批；废止区域建设用海、海砂开采、论证收费、功能区划等 5 个规范性文件；下放海上风电站和火电站等十余类项目的用海预审、海砂开采与国家级自然保护区实验区用海的审批及监管；清理规范编制海域使用论证、填海项目竣工验收测量报告 2 项中介服务。

积极推进海域使用项目的日常监管和随机抽查，鼓励各级海洋行政主管部门以"双随机一公开"的形式开展海域使用项目监管。开展对海域资源和海域使用现状的动态监视监测，全年卫星遥感监测海域面积达 29 万平方千米；组织沿海地方开展重点项目用海、区域用海的现场监测和无人机遥感监测，及时发现涉嫌违法违规用海；建立海域使用监视监测月报制度，编印《全国海域使用情况月报》和《全国海域使用疑点疑区监测月报》；加快推进县级海域动态监管能力建设，建立健全国家、省、市、县四级海域动态监管体系。

事后监管　开展海域使用后评估，实地调研江苏省海域后评估试点，考察了启东市滨海工业集中区已建用海项目、启东市黄海滩涂围海养殖用海项目，就周边生态环境的影响、海域资源集约节约利用情况、产生的经济效益和社会效益等问题，与用海企业进行了深入的座谈；对海域使用权人遵守海域使用和生态环境保护法规情况、履行义务情况，以及开展海域使用后评估及落实相关整改措施的情况进行监督检查。

优化服务　规范海域使用项目审查报批工作，编制了海域使用权审核等4项审批事项的服务指南和审查工作细则；建立完善重大建设项目协调推进机制，优化审批程序，提高审批效率，上报国务院批准的项目审批时间均控制在60个工作日内，满足审批时限要求。推进行政审批网上办公，为企业提供管理政策咨询服务；完成国家海域动态监视监测系统和国家发改委投资项目审批监管平台的互联互通。

专项行动　组织已建（在建）涉海危化品项目海域使用情况排查整改工作；印发《国家海洋局关于开展海域使用疑点疑区核查工作的通知》，对涉嫌违法违规的疑点疑区进行核查。推进不动产统一登记改革，完成国家海域动态监视监测系统和天津市不动产登记平台的对接。完成国务院批准项目用海海域使用权登记现状电子数据移交，包含约4.7万条数据和3200多张图片。

（国家海洋局海域综合管理司）

各海区海域使用管理

【北海区海域使用管理】　**海域使用监督管理**　组织开展了山东省日照市岚山区和河北省沧州市渤海新区海域使用权属核查，督促山东省海洋与渔业厅和河北省海洋局提出问题权属数据的处理意见并依法按程序做好权属数据的变更工作。组织北海区三省一市全面排查涉海危化品项目海域使用存在问题，建立了涉海危化品项目海域使用项目台账并督促三省一市整改落实。对中央分成海域使用金支持的"北戴河及相邻地区近岸海域环境综合整治"项目开展了中期检查。组织召开了北海区国管海域使用项目监督管理研讨会，完善了国管海域使用项目监督管理体制机制。组织开展了大连港长兴岛港区通用泊位工程等9个填海项目竣工海域使用验收工作。完成53个海上油气勘探作业的临时用海备案工作。

海底电缆管道管理　参与完成《铺设海底电缆管道管理规定实施办法》修订工作，完善了海底电缆管道管理制度设计。批复3个项目的路由调查申请和3个项目的海底电缆管道铺设施工申请。批复外籍船舶开展东亚环球海底光缆青岛段维修。审查了渤中34-1油田等项目29条海底电缆管道的注册备案表并提出注册备案要求。

（国家海洋局北海分局）

【东海区海域使用管理】　**海域监督管理体系**　建立了以东海勘察中心为牵头单位，各业务中心、中心站（海站）、海监支队组成的海域使用事中事后监管工作机制和监管业务体系。

向东海分局所属8家单位下达了2016年度海域监视监管工作任务书，明确了工作要求，并确定了27个国管项目和区域建设用海规划作为重点监管对象，定期要求各单位提交监管报告。

专项任务开展情况　针对2015年度东海区144个海域使用项目的权属核查成果，组织推进了85个问题项目的权属处理。同时，组织开展了 2016 年度东海区 182 个海域使用项目的权属核查任务。

组织完成了东海区三省一市 364 个涉海危化品项目用海排查整改工作，编制完成东海区排查整改总报告。

组织完成了《温州市海域综合管理示范区建设》的前期研究成果和东海区油气管道保护立法调研成果。

用海项目事中事后管理　针对国家海洋局今年新批复的厦门第二西通道项目、浙江台州第二发电厂"上大压小"新建工程、如东县刘埠一级渔港工程、浙江舟山液化天然气（LNG）接收及加注站项目配套码头和取排水工程和上海市金山新城东部区域建设用海规划、宁海县三山涂区域农业围垦用海规划等 6 个国管项目和区域用海规划，及时向用海单位下发了监管文件，提出了具体管理要求，实现了与国家局管理环节的有效衔接。

组织开展了招商局漳州开发区人工岛、洋口港区临海工业围涂工程（三期）、舟山石油基地、国投湄洲湾煤炭码头一期等 4 个填海项目的海域使用验收，及时发现项目存在的用海问题，加大沟通协调，并提出合法、合理化解决方案，使项目顺利通过验收。

围填海督察工作探索　根据国家海洋局关于印发《区域建设用海规划管理办法（试行）》的通知，在三个海区率先组织编制了"2016 年东海区区域建设用海规划实施情况督察工作方案"，得到了海域司、法制司的支持。下半年，根据国家海洋局海洋专项督察工作的要求，做好海区围填海督察工作。积极谋划督察内容、收集整理围填海督察涉及相关法律法规，梳理地方围填海审批管理流程和重点督察内容，编制海域使用督察记录表，开展围填海督察培训，赴省市开展实地督察，完成了海区三省一市的围填海督察工作。

海底电缆管道管理　根据工信部和海洋局的要求，牵头组织召开了"杭州 G20 峰会东海区海底光缆管道保护和应急处置协调

会"，成立东海区应急处置协调领导工作组，建立了管道保护和应急处置协调联系机制，成功组织了 G20 峰会期间东海区海底光缆管道海上护缆活动，有效保障了海底光缆的安全。为 G20 峰会的圆满召开做出了贡献。

组织召开了新跨太平洋（NCP）国际海底光缆工程上海南汇段和上海崇明段路由勘察报告（含海域使用论证专章）审查会，并积极帮助业主单位协调海洋、渔业、海事等部门，使项目建设得以顺利推进。

组织召开了宁波气田群（一期）开发工程海底管道路由调查、勘测报告审查会。

组织完成了新跨太平洋（NCP）国际海底光缆工程上海南汇（S3）段和上海崇明（S1.1）段路由勘察报告保密审查初审。

组织召开了 2 条军用海底光缆预选路由协调会、桌面研究报告审查会、路由勘察报告审查会。

2016 年 1—12 月份，共受理审批 32 件海底电缆管道铺设施工、变更、维修施工等许可申请，发布管理公告 24 期。对 7 条海底电缆和 1 条海底管道进行了注册登记，并将其路由通报海军航保部、海洋和海事等部门。

推进东海分局海洋事务中心的设立　根据海底电缆管道审批管理的重大改革，分局将承担原由地方海洋部门负责的其辖区内海底电缆管道的审批工作。为切实承担和全面履行分局对海区海底电缆管道的审批职责，规范行政审批行为，创新分局机关行政管理运行体制和机制，分局积极推进海洋行政事务中心的建设工作，研究梳理电缆管道路由调查勘测、铺设施工申请受理、部门意见、专家评审、批复程序等全过程审批流程的建立，草拟相关办事指南。

（国家海洋局东海分局）

【南海区海域使用管理】　**开展已建（在建）涉海危化品海域使用排查整改**　结合南海区实际情况及 2015 年下半年开展的涉海危化品项目用海摸底调查初步成果，组织三省（区）

对涉海危化品项目的海域使用情况及审批存在的问题进行排查整改，并建立涉海危化品项目海域使用台账。其中，三省（区）排查涉海危化品海域使用项目 211 个（存在问题需整改项目 31 个，约占 14%）；南海分局排查的地方管理海域以外的涉海危化品用海项目共有 56 个，未发现海域使用审批问题。

开展海域权属核查 根据国家海洋局任务要求，明确南海区海域权属核查工作目标，确定工作原则，构建项目组织架构。结合南海区实际，将用海项目密集且疑问用海较多的广西北海市铁山港区作为 2016 年核查区域，完成其现场核查及内业处理工作。

开展填海项目竣工海域使用验收 严格按照相关法律法规要求开展南海区填海项目海域使用竣工验收，对项目全过程跟进，确保竣工验收工作科学、合法、高效。2016 年组织完成 1 个项目——深圳港盐田港区集装箱码头三期工程填海（西港区）项目分期验收。

常态化开展海域综合管理有关业务监督 2016 年，继续常态化开展南海区国管围填海项目监督检查工作，由南海分局领导带队，海域处、环保处、执法处及辖区支队和中心站等工作人员共同参与，先后走访了台山核电等 16 个用海项目，详细掌握了项目进展、相关利益者协调、海域使用和海洋环境保护对策措施的落实等相关情况，并针对检查中出现的重点问题，下发了"监督检查工作反馈意见"。

开展海底电缆管道日常管理 本着依法用海和服务用海相结合的原则，对各类铺设海底电缆管道项目，做到规范审批程序、严格遵守审批时限，确保海底电缆管道路由设置合理，协调方案和补偿措施落实到位。2016 年共完成石油平台间 6 条海底电缆管道铺设施工以及 20 条海底电缆管道铺设完工的备案，3 条海底电缆管道的路由勘察报告的审查，13 起光缆故障维修施工申请的批复。此外，积极参与《海底电缆管道管理规定实施办法》的修订。 （国家海洋局南海分局）

海 岛 管 理

综 述

【召开全国海岛工作会议】 2016 年 5 月 27 日，国家海洋局召开全国海岛工作会议，对"十二五"海岛工作进行了全面回顾，明确了"十三五"期间海岛工作的总体思路和重点任务。

【海岛生态保护】 2016 年 6 月 25 日，以"生态海岛 协调发展"为主题的首届平潭国际海岛论坛召开，来自印尼等多个国家百余位专家参会。积极筹办中国—小岛屿国家海洋部长圆桌会议。结合美丽海岛评选、第三届海岛发展论坛等活动开展海岛保护系列宣传活动。

海岛生态保护制度建设稳步推进。配合完成了京津冀地区资源环境承载力监测预警评估试点，将无居民海岛人工岸线比例等指标写入发改委等 12 部委局联合印发的《资源环境承载能力监测预警技术方法》；将海岛自然岸线保有率控制指标、海岛砂质岸线和特殊保护海岛等纳入了海洋生态红线控制范围。海岛物种登记研究前期工作取得较大进展，

开展了 2 航次 11 个海岛的浙江省植被调查登记试点。

积极推进领海基点保护范围选划工作。督促指导地方完成 9 个领海基点保护范围选划，选划总数达到 31 个；组织开展领海基点所在海岛稳固性修复前期工作并编制了总体方案。

【海岛监视监测】 完成全国海岛监视监测顶层设计，构建了监测体系、评价体系、研究体系、信息系统支撑体系、标准质控和保障体系六大体系，并初步实现了系统的业务化运行。2016 年 10 月 31 日，国家海洋局印发

《海岛四项基本要素监视监测技术要求》，首次实现了全国无居民海岛数量、岛体形态（岸线）、植被覆盖和开发利用变化的全覆盖监测。

【无居民海岛开发利用规范化管理】 2016 年 12 月 26 日，为加强对无居民海岛的保护与管理，进一步规范无居民海岛开发利用审查批准工作，经国务院同意，国家海洋局印发《无居民海岛开发利用审批办法》。2016 年，全国批准无居民海岛开发利用项目用岛 1 个。

对现有无居民海岛开发利用管理相关的规范性文件进行全面清理，开展无居民海岛开发利用论证、审理、测量等制度的修订工作，废止《关于印发〈无居民海岛使用申请审批试行办法〉的通知》等 4 个文件。推进历史遗留用岛管理工作，在广东、江苏等地实地调研的基础上，研究起草历史遗留用岛管理试点工作方案。

（国家海洋局政策法制与岛屿权益司）

（国家海洋局海岛研究中心）

各海区海岛管理

【北海区海岛管理】 海岛监视监测 组织开展了 5 个省际间争议海岛、7 个领海基点所在海岛、4 个依法已确权海岛、60 个保护区内重要无居民海岛和 2 个县政府所在地有居民海岛的监视监测。

海岛四项基本要素监视监测 组织利用高分辨率遥感开展海岛灭失、形态变化、开发利用和植被覆盖四项基本要素监视监测，实现了北海区 1221 个海岛和 10 个省际争议海岛的全覆盖。 （国家海洋局北海分局）

【东海区海岛管理】 海岛监视监测体系建设与业务化运行 完善了以东海监测中心为技术

牵头单位，由海区预报、信息、勘察中心、各中心站、海监支队组成的海陆空天"四位一体"海岛监视监测体系，并已经形成常态化海岛监测执法管理工作格局。完成了2015—2016年东海区全覆盖无居民海岛基本要素试点监视监测，开展了2012—2016年东海区全覆盖无居民海岛四项基本要素监视监测，对17个领海基点海岛现场监视监测、26个省际争议海岛、13个开发利用海岛现场监视监测、66个保护区与典型生态系统海岛、7个县级政府驻地有居民海岛等重点海岛进行了现场监视监测。

新型海岛监视监测设备研发 开展了无人机应用、海岛生态地图、规程规范研究试点，装备了一批海岛监视监测仪器设备，基本完成了海岛智能遥感监测系统建设和开展了海岛水下监视监测移动智能平台的研发。

海岛管理信息系统建设与运行 维护东海分局海岛信息系统的日常运行，基本完成东海分局海岛信息系统的优化改造，深化东海分局海岛信息系统与国家海岛网的融合，开展东海分局海岛监视监测数据库管理及档案管理工作。继续开展海岛智能视频监控试点。

海岛统计 完成了2015年度东海分局海岛调查统计工作，编制了《2015年度东海区海岛统计公报（草拟稿）》1份和报表1套。

海岛监督检查 依托东海标准计量中心，会同江苏省海洋与渔业局、浙江省海洋与渔业局、福建省海洋局与渔业厅，通过自查、现场监督检查和项目年度执行情况报告审查相结合的方式，现场监督检查12个项目，累计对东海区90%的项目进行了现场监督监测，年审全部正在实施的项目28个，实现了对海区海岛整治修复项目和中央海岛保护专项的全面监管，促进了东海区海岛整治修复项目和中央海岛保护专项的规范实施和资金的合理使用。

海岛物种资源控制因子调查评估与区划示范 海岛物种资源控制因子调查评估与区划示范工作有序进行，取得欧美生态领域研究进展分类、气候条件（水热）数据的重构和物理模型的阶段性成果，以及对典型示范海岛14个航次的生态调查，形成了从北到南的海岛调查植被样带，形成完整的海岛群落调查数据集。初步划定普陀山植物群落类型37种，初步分析确定了海岛植被分布与环境控制因子之间的关系。

第二次全国海岛资源综合调查 继续推进"二调"任务。克服各种外部限制因素，完成了8个航次的外业调查（水文、地形地貌和环境要素），内业工作已完成全部数据处理和相应的图件和报表，正在进行部分报告编写。通过"二调"等重大任务的实施，对3艘专业调查船舶进行了重大维修改造，装备了一批先进的仪器、设备。

生态岛礁建设 根据"一站多能""生态岛礁"规划，受政策法制与岛屿权益司委托，组织召开"生态岛礁"保护工作研讨会，牵头组织海洋一所、二所、江苏省海洋与渔业局、南京水利科学研究院、华东师范大学等单位编制了《"生态岛礁"建设项目总体方案（草拟稿）》。

海岛监视监测质量控制 编制了《2016年东海分局海岛监视监测质量控制工作方案》，统计汇总了18个海岛监视监测技术规范/规程，对东海监测中心及6个中心站进行了水质外控样和浮游动物监督能力考核，对大金山岛和秦山岛海岛监视监测进行了现场监督。 （国家海洋局东海分局）

【南海区海岛管理】 **开展南海区海岛要素监视监测** 通过航空遥感、现场作业及实验室分析等手段，组织完成对南海区63个海岛开展海岛监视监测工作，全方面地对目标海岛各重点要素进行了摸底。此外，根据国家海洋局政策法制与岛屿权益司9月新增任务要求，按照一岛一档原则完成了南海区所有海岛（3248个海岛）岛体灭失、开发利用、岛体形态变化和植被覆盖率等四项要素的建档工作，组织分局技术单位通过 2012 年与 2016 年遥感影像比对分析，依托各中心站完成了分管片区内海岛的现场核查工作，摸清了三省（区）海岛四项要素情况。

开展西沙群岛开发利用现状调查　5 月至 8 月，组织开展了西沙群岛海岛开发利用现状调查，查清 2016 年以来已建设（正建设、拟建设）项目规模、用途、建设时间、责任主体、是否报批等情况。通过现场测量、高分辨率卫星影像、A3 航摄仪航测，以及与三沙市政府、海南省海洋与渔业厅等相关部门座谈、函调等方式，掌握了该区域海岛现状，为西沙群岛的后续开发利用和管控提供了基础数据。

推进惠州大亚湾许洲公益性用岛确权申请　2016 年重点推进惠州市大亚湾许洲公益性用岛项目的确权申请，经与大亚湾管委会、惠州市海洋局和惠州市海洋局大亚湾分局多次沟通协调，将以正式文件的形式批复《惠州市大亚湾许洲保护和利用规划》，下一步将继续开展《海岛开发利用方案》和《开发利用方案论证》的编制工作。

组织南海区海岛监视监测业务能力培训　组织召开南海区海岛监视监测业务能力培训班，提升了各业务承担单位一线技术人员的岸线勘测、植被甄别和典型生态系统等方面的能力，为海岛监视监测工作的开展做好技术保障。　　　　　　（国家海洋局南海分局）

海 洋 环 境 保 护

综　述

2016 年，国家海洋局深入贯彻落实党的会议精神，积极推进海洋生态文明建设，健全完善制度体系、夯实打牢能力基础，扎实做好海洋生态保护、监测评价、监督管理、污染防治与应急响应等业务工作，推动海洋生态环境保护工作立根固本、创新前行，为"十三五"开好局、起好步。

【2016 年中国海洋环境状况】　海洋生态环境质量总体维持较好水平，但近岸部分海域水质较差。2016 年我国管辖海域海水环境质量状况总体较好，符合第一类海水水质标准的海域面积约占我国管辖海域总面积的 95%。多年来，近岸以外海域水质始终保持良好水平，但近岸局部海域污染相对严重，春季和夏季劣四类严重污染海域面积分别约 4.2 万平方千米和 3.7 万平方千米，较上年同期分别减少了 0.9 万平方千米和 0.3 万平方千米；春季和夏季重度富营养化海域分别约为 1.6 万平方千米和 1.7 万平方千米，较上年同期分别减少了 0.12 万平方千米和 0.36 万平方千米，严重污染范围呈下降趋势。劣四类海域主要分布于大中型河口、部分海湾和大中城市近岸海域。海水中的主要超标物质是无机氮、活性磷酸盐和石油类。

在我国面积大于 100 平方千米的 44 个海湾中，有 17 个海湾四季均出现劣于第四类海水水质标准的海域，较上年同期减少了 4 个，影响海湾环境主要污染要素为无机氮、活性磷酸盐和石油类。

近岸典型海洋生态系统总体处于健康和亚健康状态，部分生态系统健康状况不容乐观。我国管辖海域海洋生物物种多样性状况基本保持稳定，我国近岸典型海洋生态系统多处于亚健康状态，部分海洋生态系统健康状况有所好转，部分海洋生态系统健康状况依旧不容乐观。实施监测的河口、海湾、滩涂湿地、珊瑚礁、红树林和海草床等海洋生态系统中，处于健康、亚健康和不健康状态的海洋生态系统分别占 24%、66% 和 10%。

主要海洋功能区环境满足使用要求，部分区域环境质量稳中趋好。全国海洋倾倒量较上年增加 16.9%，倾倒物质均为清洁疏浚物。年内所使用的倾倒区及其周边海域海水水质和沉积物质量均满足海洋功能区环境保护要求。全国海洋油气平台生产水、生活污水、钻井泥浆和钻屑的排海量均较上年有所增加，油气区及邻近海域环境质量状况与上年相比基本稳定，油气区及邻近海域水质和沉积物质量基本符合海洋功能区环境保护要求。重点监测的海水浴场、滨海旅游度假区环境状况总体良好。海水浴场 90% 以上天数水质均可达到"优"和"良"水平，满足公众亲海需求。海水增养殖区环境质量状况稳中趋好，满足沿海生产生活用海需求。

陆源入海污染状况有所好转，但陆源排放仍是造成近岸局部海域污染的主要原因。枯水期、丰水期和平水期，68 条河流入海监测断面水质劣于第 V 类地表水水质标准的比例分别为 35%、29% 和 38%。劣于第 V 类地表水水质标准的污染要素主要为化学需氧量（COD_{Cr}）、总磷、氨氮和石油类。全年入海排污口达标排放次数占监测总次数的 55%，较上年有所升高。入海排污口邻近海域海洋环境质量依然较差，91% 以上无法满足所在海域海洋功能区环境保护要求。

海洋赤潮绿潮灾害与海岸侵蚀依然严重。

我国管辖海域共发现赤潮68次，累计面积约7484平方千米，与近5年平均值相比，赤潮发现次数增加12次，累计面积增加1559平方千米。黄海海域浒苔绿潮分布面积近5年来最大，较5年平均值增加37%；最大覆盖面积比5年平均值略大。沿岸大部分地区海水入侵和土壤盐渍化范围基本稳定，但局部地区呈扩大趋势，渤海沿岸依然是海水入侵和土壤盐渍化的严重地区。砂质海岸侵蚀长度比往年相比减少，但局部海岸侵蚀加重。

【海洋生态环境保护与管理】　《中华人民共和国海洋环境保护法》修订发布。2016年11月7日，《中华人民共和国海洋环境保护法》（修正案）经由第十二届全国人民代表大会常务委员会第二十四次会议审议通过并实施。本次修订共计19处，对其中16个条款作了修改，删除2条，新增1条。《中华人民共和国海洋环境保护法》将生态保护红线制度确定为海洋环境保护的基本制度；增加环评限批的规定；强化了重点海域总量控制制度；加大了对污染海洋生态环境违法行为的处罚力度；落实简政放权，取消五项行政许可。作为海洋环境保护领域的专门法，此次修改体现了海洋生态文明制度建设和依法治国的要求，对遏制海洋生态环境违法行为，切实改善海洋生态环境质量，实施海洋强国战略具有重大意义。

【海洋工程与海洋倾废管理】　持续推进海洋环保领域"放管服"改革。坚持简政放权与严格把关，研究下放"海洋工程拆除或改作他用"等3项审批事项，压缩4项中介服务事项，将1项审批事项改由地方实施，先后依法依规审查3个区域用海规划环评专章，批准天津"两化"搬迁填海工程等15项重大海洋工程建设项目报告书，批准建立11处临时性海洋倾倒区、5个延期和3个增量，有力助推地方经济发展。坚持放管结合和严格监管，修订《海洋工程环境影响评价管理规定》，形成《海洋工程区域限批管理办法》等规范性文件。

【海洋环境监测评价】　2016年，国家海洋局组织各级海洋部门，重点开展了管辖海域海水质量、生物多样性状况监测，加强各类海洋保护区及典型生态系统生态监测，强化主要入海河流及陆源入海排污口监督监测，密切跟踪赤潮、绿潮等海洋环境灾害发生发展态势。共布设监测站位约12000个，获取监测数据200余万个。

建立近岸海域水质状况考核机制。2016年4月，国家海洋局与环境保护部签署了《环境保护部、国家海洋局关于近岸海域水质状况考核工作的协议》，共同建立了近岸海域水质状况考核工作机制。11月，国家海洋局、环境保护部就水质考核方案联合征求沿海省级人民政府意见，共同推进近岸海域污染防治工作，开展2016年近岸海域水质评价工作。

国家海洋环境实时在线监控系统建设。2016年，国家海洋局组织开展了国家海洋环境实时在线监控系统总体布局和建设方案论证工作，并以渤海为重点，在全国开展了20个入海污染源在线监测站的示范建设。

海洋微塑料试点监测。2016年，国家海洋局在海洋垃圾监测工作基础上，组织开展表层海水、海滩、海洋生物体中微塑料试点监测工作，初步掌握我国海洋微塑料分布特征。

海洋资源环境承载能力监测预警。2016年，国家海洋局开展了京津冀海域试评估，评估结果编入《资源环境承载能力监测预警报告》并报送国务院。

黄海浒苔绿潮联防联控。2016年，国家海洋局会同山东省、江苏省、青岛市人民政府，建立了"黄海跨区域浒苔绿潮灾害联防联控工作机制"，沿海各地相应成立了多部门参与的协调组，建立跨区域防治信息通报制度。黄海浒苔绿潮爆发期间，国家海洋局北海分局、东海分局及时发布漂浮浒苔覆盖面积、影响范围、漂移路径、登陆情况等监测预警信息，山东省、江苏省、青岛市人民政府积极组织开展了浒苔的拦截、打捞、清理处置及资源化利用等工作，累计打捞清理浒苔近128万吨，其中资源化利用46万吨。

【海洋生态文明建设】　全面建立海洋生态红线制度。2016年4月，国家海洋局印发了《国家海洋局关于全面建立实施海洋生态红线制度的意见》和《海洋生态红线划定技术指南》。至2016年底，全国沿海11个省（区、市）基本完成了红线划定，初步将全国30%以上的管理海域和36%以上的大陆自然岸线纳入海洋生态红线管控范围，全国海岛保持现有砂质岸线长度，到2020年近岸海域水质优良比例达到70%左右。

举办海洋生态文明建设主题论坛。7月10日，在贵阳举办"守护蓝色家园：共有的海洋，共同的行动"为主题的海洋生态文明建设论坛。全国政协副主席罗富和出席论坛，国家海洋局王宏局长发表主旨演讲，9位中外嘉宾做特邀报告。我国厦门市、威海市分别与美国旧金山市和纽约市在论坛上结成中美海洋垃圾防治姐妹城市，共同签署了《姐妹城市伙伴关系合作备忘录》。

海洋生态环境整治修复。2016年，财政部和国家海洋局批复18个城市实施"蓝色海湾"整治工程，规划整治修复岸线270余千米，修复沙滩约130公顷，恢复滨海湿地5000余公顷，种植红树林160余公顷、翅碱蓬约1100余公顷、柽柳462万株、岛屿植被约32公顷，建设海洋生态廊道约60千米。

滨海湿地保护与管理。2016年，国家海洋局印发了《关于加强滨海湿地管理与保护工作的指导意见》，要求各级海洋部门全面加强滨海湿地保护、修复、开发利用监管和监测工作。力争到2020年，实现对典型滨海湿地生态系统的有效保护，新建一批国家级、省级及市县级滨海湿地类型的海洋自然保护区、海洋特别保护区（海洋公园），开展受损湿地生态修复，修复恢复滨海湿地总面积不少于8500公顷。

海洋保护区选划。2016年，国家海洋局新批准建立了16个国家级海洋公园。截至2016年底，我国已建立各级海洋自然/特别保护区（海洋公园）260余处，总面积12万平方千米。　　　（国家海洋局生态环境保护司）

【海洋环境保护国际交流与合作】　参与联合国环境规划署的西北太平洋行动计划、东亚海行动计划、全球环境基金"实施南中国海战略行动计划项目"，开展中韩黄海环境联合调查、中日韩海洋环境合作等国际海洋环保事务，参与中日海洋事务磋商（第五、六轮）。商定2016年中韩黄海环境联合调查有关事项，并签署了2016年黄海环境联合调查项目工作会议纪要及2016年中韩黄海环境联合调查专家会议纪要。

推进区域海行动计划。参加西北太平洋行动计划（NOWPAP）第21次政府间会议，讨论2015—2016年NOWPAP工作计划的实施情况、NOWPAP 2018—2023年发展战略等议题。参加实施南中国海战略行动计划项目区域确认研讨会，对完整项目文件（Full Project Document）进行协商、积极推动TEMM—NOWPAP海洋垃圾联合研讨会暨国际海滩清洁活动。　　　（环境保护部水环境管理司）

各海区海洋环境保护

【北海区海洋环境保护】　石油勘探开发监管依法加强海洋石油勘探开发监管，落实简政放权、清理中介服务、放管结合等政策要求。依法推进各石油勘探开发企业历史遗留的环保审批问题的整改落实；继续开展环境风险排查整治，及时发现整治环境风险；加强各种排海污染物检验、抽检等工作力度，确保达标排放。全年完成4份环评报告书公示，18个溢油应急计划的备案，7个海洋油气开发工程的环保设施现场检查，5个工程环保设施竣工验收批准泥浆钻屑排放申请100份，批准排放泥浆15014立方米，钻屑58232立方米。在含油生产污水在线监测试点的基础上进一步完善排海污染物在线监测。

海洋工程环境监管　完成3个海洋工程环评听证工作，对天津渤化化工"两化"搬迁改造填海工程等项目提出以企业为主体落实生态环保措施、开展生态资源及特征污染物本底调查等相关细化要求及监管措施，对位于青岛西海岸国家级海洋公园内的青岛西海岸海洋生态乐园项目等4个海洋工程涉嫌未批先建行为，组织环保管理、执法人员开展现场监督工作。有序推进海洋工程生态环境行政管理信息系统的建设调试工作。

海洋倾废管理　依托新型倾废记录仪和"北海区海洋倾废动态监视监控系统"业务化运行，海洋倾废管理信息化程度不断提高，倾废管理更加科学与规范。组织海洋倾倒区选划，新批准设立临时性海洋倾倒区5个，截至年底，在用海洋倾倒区17个。全年新批准许可证26份、批准疏浚物倾倒量1919万立方米，审查地方签发倾倒许可证16份、同意倾倒40.9万立方米、骨灰15000盒。

海洋环境监测管理　根据海洋生态文明建设需要，加强了近岸海域监测，实现国控站点全覆盖。落实国务院"水污染防治行动计划"近岸海域水质考核工作，开展北海区考核站点水质监测工作。会同三省一市海洋厅（局）开展了北海区排污口样品比测和质控样考核，进行了监测质量飞行检查、现场检查，推广全程质量管理系统。组织开展了海洋站监测能力建设。积极落实渤海入海排污口（河）在线监测系统建设工作。认真做好北戴河海域环境保护专项工作。

海洋生态保护管理　落实国家海洋局"简政放权"工作要求，对生态红线和国家级海洋保护区开发活动开展卫星遥感监视监测和无人机监视监测。会同山东省海洋与渔业厅开展了山东省海洋保护区监督检查。积极落实国家海洋局海洋督察任务，对北海区三省一市国家级和省级海洋保护区开展开发活动督察工作。以大乳山国家级海洋公园为试点，建立海洋保护区全景平台。蓬莱19-3油田溢油事故生态修复工作扎实推进，分局承担的任务全部完成，进入验收总结阶段。

海洋应急管理　（1）应对浒苔绿潮灾害，完善浒苔应急常态化的工作机制，利用卫星、飞机、船舶、岸站为一体的立体化、全天候的浒苔绿潮监测预警体系，全面监控浒苔绿潮发生、发展，进行漂移预测；落实"黄海跨区域浒苔绿潮灾害联防联控工作机制"，第一次在黄海海域浒苔绿潮应急中推广使用海洋突发事件应急管理子系统，及时向国家海洋局、沿海省市地方政府及社会公众通报浒苔绿潮信息20期，汇总各单位上一日应对工作情况和监测预测信息，发布黄海跨区域联防联控绿潮通报15期；2016年5月10日卫星首次在黄海南部海域发现浒苔绿潮，5月26日，启动绿潮灾害应急执行预案。6月14日，启动绿潮灾害三级应急响应。6月22日启动绿潮灾害二级应急响应。6月25日黄海海域绿潮分布和覆盖面积达到最大值，分布面积约57500平方千米，覆盖面积约554平方千米。7月中旬开始，浒苔绿潮开始进入消亡阶段。8月8日，终止浒苔绿潮应急响应。（2）与中海油天津分公司海洋石油勘探开发溢油应急管理信息建立了互联互通，依托海洋突发事件应急管理系统，联合中海油天津分公司开展了渤海海洋石油勘探开发溢油应急演习，实现了与中海油天津分公司溢油应急信息的实时传输、视频会商、海上平台监控视频共享，全面演练了分局溢油应急预案，检验了分局与中海油天津分公司信息互联互通工作成效。（3）及时开展赤潮应急监视监测，指导地方政府做好防灾减灾。2016年北海区共发现赤潮14起，其中渤海共发现10次赤潮、面积约740平方千米，黄海中北部共发现4次赤潮、面积约61.5平方千米。

技术交流与培训　开展了危化品泄露应急技术培训、海洋环境监测与评价技术培训，着力提高省级监测机构和分局中心站监测技术水平。开展全国海洋突发事件应急管理子系统培训，提高溢油、绿潮等应急处置效率。

（国家海洋局北海分局）

【东海区海洋环境保护】　　海洋环境保护监管 2016 年，东海区新设立临时海洋倾倒区 12 个，到期关闭 3 个，实际使用倾倒区 33 个，发放许可证 327 本，批准倾倒量 10543 万立方米，实际倾倒量 10284 万立方米，倾倒量较上年增加 11.1%，倾倒物质主要为清洁疏浚物。继续推进疏浚物的资源化利用工作，以进一步降低倾废对海洋环境的影响，全年倾倒入海的疏浚物中，有 3117 万立方米通过吹泥站中转后用于吹填造地或港池回填，实现疏浚物的资源化利用，资源化率为 30.3%。2016 年，东海区有 5 个移动钻井平台从事勘探作业，在天外天、平湖等油气开发区有 12 个海上油气平台从事生产作业；各平台的生产水、生活污水、钻井泥浆和钻屑均达标排放，生产水排放总量较去年增加 58.7%，生活污水、钻井泥浆、钻屑排海总量较去年分别减少 8.9%、72.9%、68.5%，各平台、管线均未发生溢油事故。天外天、平湖、丽水等油气区邻近海域海洋环境质量状况良好，平台邻近海域水体各监测指标均符合第一类海水水质标准，未发现海洋油气生产活动对附近海域环境产生明显影响。

海洋环境监测与评价　　优化监测布局，全面落实近岸海域水质考核工作。参与《国家海洋生态环境监测体系总体布局》编制，系统谋划"十三五"期间东海区的监测体系建设布局，优化调整海区生态环境监测工作方案，全海域国控点增加到 416 个，海洋站高频站位增加到 72 个；明确东海区 313 个水质考核站位的位置、编号、任务承担单位；实施 5 月、8 月、10 月份水质考核站位监测，以及 4 个航次海水监测、西太平洋放射性监测、长江口入海通量、6 个重点排污口高频次监督监测及水质在线监测等各项任务，并及时发布、报送东海区海洋环境月报、季度、公报等海洋环境信息。

提出东海区海洋站"一站多能"建设布局规划设想，深化落实"一站多能"建设目标任务。组织开展第二批 10 个海洋站监测能力建设；将 24 个海洋站海水监测纳入业务化监测范围；以舟山、洋口港、芦潮港岸基站在线监测为试点，推进海洋站在线监测能力；组织 3 期共计 150 人次的海洋环境监测人员技术培训，提高监测技术水平；继续推进长江口生态浮标监测系统研发和海洋生态环境监测智能平台建设工作。

海洋生态保护与建设　　协助各省市确定红线控制指标，并监督检查海洋生态红线执行情况。在 2015 年底对国家级保护区进行全面监督检查基础上，召开海区保护区工作总结及现场交流会，推进保护区规范化建设和管理，保障东海区国家级海洋保护区 6 套视频在线监控系统的正常运行。组织开展了 2 个航次东海区生物多样性监测，完成长江口生态监控区监测和崇明东滩湿地试点监测，督促开展苏北浅滩、杭州湾、乐清湾及闽东沿岸等 4 个生态监控区监测工作。

海洋环境灾害预警与风险管理　　参与黄海跨区域浒苔绿潮灾害联防联控相关工作；下发了《关于做好东海区赤潮、绿潮监视监测和预警工作的通知》。协调各省市应对赤潮灾害，发现赤潮 37 起，累计影响面积约 5714 平方千米，编制 4—10 月份赤潮月报；开展绿潮卫星遥感监视监测，跟踪绿潮发生、发展动态，并对水体和沉积物中绿潮藻繁殖体进行调查研究，发布 5 期绿潮监视监测信息通报。

海洋环境监测质量管理　　编制实施《2016 年东海区海洋环境监测质量保证工作方案》，对海区 14 家监测机构"年度质量保证工作方案"进行了监督检查；对海区 9 家监测机构开展了实验室全过程监督监测，拓展了海洋站的监督检查力度；对东海区范围内承担海洋监测任务的省市及局属系统的监测中心、中心站、海洋站等 38 家监测机构实施实验室能力验证和外控样考核；首次对三省一市及局属业务中心（站）等 12 家监测机构开展生物外控样考核。同时，组织开展检测人员个人质量档案制度试点工作，协助国家监测中心起草全国海洋环境监测人员个人质量档案制度。　　　　　　（国家海洋局东海分局）

【南海区海洋环境保护】 **海洋倾废监督管理**　按照海洋倾废管理相关法律法规以及年度工作任务，积极开展海洋倾废管理工作。严把倾废许可证审批关，强化申请材料审查，年度共签发废弃物海洋倾倒许可证 34 份，批准倾倒量约 5682 万立方米，实际倾倒量 4846 万立方米；做好临时性海洋倾倒区选划和增量论证，加强与相关部门的沟通和协调，确保选划的倾倒区更加"科学、合理、安全、经济"，年度共受理临时性海洋倾倒区选划和增量申请 8 项，组织开展临时性海洋倾倒区选划 5 项、增量论证 1 项，审批吹填蓄泥坑 4 个；继续加强香港惰性拆建物料台山处置区物料处置现场监管，年度共批准香港惰性拆建物料处置量 1560 万吨，台山处置区共接收物料 3309 船次，约 1356 万吨；应用倾废记录仪管理系统以及倾废监管信息系统对倾废活动进行监管，加强与执法部门合作，及时通报许可证签发以及违法违规信息。

　　配合做好《全国倾倒区规划》编制　组织相关技术人员对南海区倾倒区历史情况和现状进行了系统的总结和分析，在收集南海三省区未来十年倾倒需求的基础上，结合海洋环境保护规划、沿海经济发展规划、海洋保护区规划、海洋经济发展和环境保护的实际情况，向国家海洋局提交了南海区拟选倾倒区规划需求预测和建议和拟选倾倒区所在海域环境状况和利用现状分析材料，为下一步开展全国海洋倾倒区规划奠定了基础。

　　海洋工程日常全过程监管　认真落实海洋油气勘探开发工程的日常监管工作，海上生产设施均按要求生产运营。全年共审批海洋石油勘探开发钻井泥浆和钻屑排放许可 304 项，组织开展海洋石油勘探开发工程环保设施现场检查 2 项，备案登记溢油应急计划 9 项。

　　开展南海区石油勘探开发原油样品油指纹分析　开展了 2015 年采集的 291 个南海区海洋石油平台典型原油样品的入库、条形码录入以及油指纹分析工作，编制了南海石油平台原油更新采样计划，组织开展了油指纹数字化检索信息系统的调研及信息系统开发方案编制工作，以最终实现原油样品的谱图入库及信息集成，提升溢油事故溢油源排查能力。

　　开展南海区海洋石油勘探开发含油污水监测化验员考核　为了进一步提高南海区海洋石油勘探开发含油污水监测化验员的业务水平，确保监测数据的准确性和可靠性，组织开展了第十一期南海区海洋石油勘探开发含油污水监测化验员考核工作。考核分为笔试和实验室操作两部分内容，为严肃考风，笔试采用闭卷形式，并区分了 AB 卷，实验室操作采用独立操作的形式，确保了考核的严肃性和规范性。

　　筹划海洋站海洋环保咨询服务　为贯彻落实党中央、国务院关于加强海洋生态文明建设的战略部署，结合国家海洋局关于中心站和海洋站"一站多能"的发展需求，经研究决定，在中心站和海洋站开展海洋环保咨询服务，通过向所辖海域企事业单位提供海洋环境保护行政审批法律法规、海洋生态建设和管理以及海洋环境监测、观测等咨询服务，为沿海企事业单位提供快捷高效的便民服务。为做好该项工作，编制并向各中心站分发了咨询服务工作指南和法律法规汇编，组织开展了咨询服务专题培训，参加培训人数 48 人，课程涵盖海洋工程、倾废、生态、监测等管理依据和技术方法等 8 个方面，通过宣贯法律法规、案例展示、技术讲解、经验分享等方式加深参培人员对咨询服务工作的了解，提高咨询服务工作人员的管理和技术水平，确保海洋环保咨询服务工作顺利开展。

　　　　　　　　（国家海洋局南海分局）

海洋观测预报和防灾减灾

综　述

2016年是"十三五"规划的开局之年，也是推进海洋强国建设的关键之年。根据海洋工作的新形势新要求，海洋预报减灾工作围绕海洋强国的战略目标，坚持五大发展理念，积极探索、创新思路、认真履职，各项工作均取得开创性进展。

海洋观测预报

【发展规划】　抓紧编制《海洋观测预报与防灾减灾"十三五"规划》等专项规划方案。编制完成了《海洋观测预报和防灾减灾"十三五"规划（审议稿）》，与国家发改委、中国气象局联合印发了《海洋气象发展规划（2016—2025年）》，编制印发了《"一站多能"海洋（中心）站规划布局方案》和《"一站多能"海洋（中心）站"十三五"实施方案》。

【管理制度和标准规范建设】　加快推进《海洋灾害防御条例》立法研究及相关管理制度建设工作。编制上报了《海洋观测站点管理办法》和《海洋观测资料管理办法》，印发了《海洋预报员业务发展专项管理暂行规定》《海洋预报业务分类（试行）》《海洋数值预报业务发展指导意见》及《目标精细化预报业务管理暂行规定》，组织编制了《海洋预报减灾司部门预算管理办法》等。

组织制修订、审核了38项标准及技术文件。其中：《海洋观测预报与防灾减灾标准体系》《基准潮位核定技术指南》《海洋预报产品文件命名规则》《厄尔尼诺/拉尼娜事件判别业务规范》《海上目标漂移试验规范》《海上搜救预测模型检验评估方法》《海上搜救预报产品制作格式规范》等已编制印发；《海洋观测

雷达站建设规范》《船舶海洋水文气象辅助测报规范》《海洋观测规范第3部分》《海洋观测仪器装备选型规范》《海洋观测资料传输技术规程》等完成编制报批；《海洋观测系统运行维护支出定额标准》《海洋观测延时资料质量控制技术规范》《海上丝绸之路环境保障服务产品制作规范》等完成初稿编制。

【海洋观测能力】　2016年1—10月，浮标数据到报率97.39%，海洋站正点报文到报率99.30%，分钟报文到报率98.8%，比"十二五"初期提高了8个百分点。

编制了《"一中心多基地"总体建设方案（征求意见稿）》，组织海区分局新建海洋站17个、测点19个，在卫星遥感领域，开展了海洋卫星地面应用系统为主体的海冰监测和台风监测工作。

【基准潮位核定】　编制印发了《全国海洋站基准潮位核定工作方案》和《2016年度标准海洋断面调查工作方案》，组织开展了基准潮位核定方案技术培训与标准宣贯工作，完成了4个航次的标准海洋断面调查工作。

【海洋预报】　2016年新增保障目标11个，业务化运行的保障目标达到130个。组织研发针对1000多个渔区的格点预报产品，于年底前与农业部渔业局联合发布。组织开展浙江和福建城市近岸海洋预报试点工作，开展细化至县级海域的近岸预报单元划分工作。

开展预警报产品检验试点工作，初步建立起预警报产品检验的工作机制和技术路线。出台了《海洋预报业务分类（试行）》和《海洋预报员业务发展专项管理暂行规定》，完成了2017年预报员业务发展专项的申报审查工作。

全国海洋预报产品数据库二期建设任务基本完成，组建了海洋预报制作人机交互工

作平台升级建设团队并启动了建设工作，完成海洋数值预报分发云平台建设并开展了试运行。

【海洋环境保障】　数据传输管理和观测资料共享服务工作有序进行。一是针对海洋观测数据传输与质量控制问题，组织编制了《海洋观测资料传输技术规程》和《海洋观测延时资料质量控制技术规范（征求意见稿)》，举办了海洋观测资料处理与质量控制培训班，海洋数据传输管理与质量控制水平得到进一步提高。二是组织北海分局和东海分局建设了海区到辖区内省级预报机构的 4M 专线，逐步实现国家和地方海洋观测数据传输网的互联互通和数据共享。三是截至 2016 年 10 月底，对外提供了 18 次观测数据和信息产品服务，与国家测绘地理信息局、地震台网中心开展了数据共享合作，观测数据共享与服务范围进一步拓展。

海洋环境专题服务保障能力切实提升。一是在已有渔业专题保障系统服务的基础上丰富了保障产品种类，预报时效全部延长至 72 小时，增加了 22 个重点渔港港内潮和港外风、浪保障服务产品和全国 1000 多个渔区海浪、海温和海面风保障服务产品，制定了《海洋渔业预警报产品联合发布工作方案》。二是组织 3 个分局建设完善海上搜救专题保障系统，制定印发海上目标漂移试验方法、搜救预报产品制作格式规范等制度标准，在不同季节和海区开展海上漂移试验，完成系统开发部署和联调测试等工作，已投入正式使用。三是组织开展海上丝绸之路环境保障服务系统建设。

海洋防灾减灾

【海洋灾害风险防范】　一是在前期海洋灾害风险评估和区划试点基础上，编制印发了《国家海洋局关于开展海洋灾害风险评估和区划工作的指导意见》，全面推动沿海地方开展海洋灾害风险评估和区划工作。二是完成了浙江省海洋灾害重点防御区划定试点工作，启动了福建省划定试点，为进一步完善划定技术方法提供了实践经验。三是先后组织实施了沿海大型工程海洋灾害风险排查第二、三批共 6 个试点的结题验收工作，修订《沿海大型工程风险排查技术规程》，并组织编制了《沿海大型工程海洋灾害风险总报告（草稿)》。四是基本完成海洋灾害承灾体调查工作。五是基本完成全国沿海警戒潮位核定工作。

【海洋减灾综合示范区建设】　完成浙江温州示范区、广东大亚湾示范区建设及验收工作，完成山东寿光、福建连江示范区建设工作。在示范区内重点推进示范区海洋防灾减灾体制机制建设，进一步完善海洋观测预警体系，开展海洋灾害风险评估和区划、灾情信息员队伍建设及减灾进社区等工作。

【海洋灾害调查评估和灾情统计】　业务化工作体系进一步完善。编制完成 2016 年《中国海洋灾害公报》和《海平面公报》。全力推进灾情统计制度和灾情信息员队伍建设，编制《海洋灾情统计制度建设论证报告》《海洋灾情统计制度（讨论稿)》《海洋信息员队伍建设管理办法》和《海洋灾情信息员工作手册》。启动历史海洋灾情库建设工作，开发海洋灾情信息采集 APP 系统。推动完善全国海洋灾害调查业务机制，强化海洋灾害调查技术要求，编制印发《风暴潮、海浪灾害现场调查技术规程》。组织开展"尼伯特"、"妮妲""电母""莫兰蒂""马勒卡""莎莉嘉""海马"等重大海洋灾害现场调查工作。

【海洋减灾综合业务平台研发】　初步完成海洋减灾业务平台规划总体设计，编制《海洋减灾业务平台规划》初稿。完成数据平台建设方案，确认了数据平台的整体架构及拓扑图，完成了数据平台环境搭建工作；初步完成了"海洋自然灾害风险评估与区划业务应用""海洋环境灾害和突发事件辅助决策"和"海洋灾情预评估和损失评估"三个业务应用系统原型开发，开展国际海洋减灾综合政策研究信息库建设。

【海洋自然灾害和应急管理】　2016年受极强厄尔尼诺和拉尼娜事件的影响，海洋灾害呈现台风个数少、强度大，首台偏晚、夏秋季台风偏多，冬季海冰偏重等特点，国家海洋局预报减灾司组织各级海洋观测预报和防灾减灾机构，圆满完成2015/2016年度海冰灾害、10次台风风暴潮过程、8次温带风暴潮过程和19次灾害性海浪过程的应急工作。

2016年2月至9月，国家海洋局预报减灾司联系中国海上搜救中心，开展马航MH370海外搜寻工作，组织国家海洋环境预报中心每天提供搜救海域的预报保障服务。

【应对气候变化和海平面变化研究】　每月分别发布一期《海洋与中国气候展望》和《厄尔尼诺监测预测通报》。针对普遍关注的2015/2016年极强厄尔尼诺/拉尼娜事件积极开展评估预测，及时向各级政府部门和社会媒体提供相关信息，多次以海洋专报形式向国务院上报厄尔尼诺\拉尼娜分析预测结果。开展《国家海洋与气候变化评估报告》招标与编制启动工作

开展2016年海平面变化影响调查评估工作，对沿海99个站的海平面资料进行了核定分析。对围填海区域海平面变化及脆弱性进行了评估，初步摸清我国沿海围填海受海平面影响状况。编制出版《中国近海海平面月报》，并开展海平面上升集合预测方法研究。编制完成了《海岸侵蚀灾害监测技术规程（试行稿）》和《海岸侵蚀灾害损失评估技术规程（试行稿）》，开展海南省、广东省、山东省和辽宁省4个试点区重点岸段海岸侵蚀遥感监测与评估工作。开展海岸侵蚀灾害控制机理研究。

（国家海洋局预报减灾司
国家海洋局海洋减灾中心）

海洋权益维护与执法监察

综　述

2016 年，中国海警局认真贯彻落实中央的各项决策部署，以习近平总书记涉海战略思想为指导，坚持维护国家主权、安全、发展利益相统一，主动服务海洋强国和平安中国建设，海上维权执法工作取得新进展。

海洋权益维护

2016 年，中国海警继续开展重点海域执勤值守和我国管辖海域定期维权巡航执法工作，重点对钓鱼岛、黄岩岛及南沙重点岛礁海域加强监管。全年出动海警舰艇 600 余艘次，航程约 60 万海里；派出飞机 92 架次，航时 417 小时，航程 9.2 万千米。钓鱼岛海域，共组织 24 个编队执行常态化维权巡航任务，巡航时长 225 天，进入领海巡航 33 艘次；调集 24 艘海警舰艇，妥善处置我国渔船大规模聚集钓鱼岛作业，稳控局面，避免误判。黄岩岛等重点值守岛礁海域，全天候保持海警舰艇值守，共出动舰艇 50 余艘次，驱离外籍渔船 35 艘次。　　（中国海警局）

各海区海洋权益维护

【北海区海洋权益维护】 黄海定期维权巡航执法　保持对黄海我国管辖海域的管控，维权船舶海上巡航 32 航次、500 余天、航程 5.4 万海里，海监飞机维权飞行 36 架次、航程 3.6 万千米。

南海专项维权执法　组织维权船舶 12 艘次赴南海执行专项维权任务，合计巡航 1000 余天、航程 6.8 万海里。

涉外海洋科研活动监管　2016 年 9—10 月，组织开展了对北海区中方单位 2016 年度涉外海洋科研活动执法监管检查，共派出执法人员 99 人次，对 48 个单位的 38 个海洋科研项目进行了排查，对准备开展和跨年度的涉外海洋科研项目进行了了解和跟踪调查。

国际海底光缆巡护　持续开展北海区国际海底光缆常态业务化巡护工作，对 49 艘次渔船进行了劝离、制止、驱离。2016 年 8—9 月，组织实施了北海区 2016 年度 G20 杭州峰会期间专项护缆执法行动。

水下文物保护巡航执法　组织执行了 32 航次北海区水下文物保护巡航执法工作，保护了水下文化遗产安全。

涉外渔业执法　持续开展涉渔管控和伏季休渔执法工作，发现、驱离渔船 93 艘次，维权船舶海上巡航 3.9 万海里，航时 4725 小时；海监飞机飞行 2 架次、航程 2310 千米。

（国家海洋局北海分局）

【东海区海洋权益维护】 2016 年，国家海洋局东海分局组织开展了钓鱼岛海域常态化维权巡航、东海定期维权巡航和重大专项维权行动，维护了国家的海洋权益和国防安全。

（国家海洋局东海分局）

【南海区海洋权益维护】 2016 年，南海分局 2016 年共派出船舶执行维权执法任务近百艘次，累计出海 2500 多天，总航程 15 万余海里；海监飞机飞行 19 架次，106 小时，航程 23270 千米。对我国南海九段线范围内的岛礁、沙洲、海域进行巡航监视，持续值守黄岩岛海域。

海底光缆巡护与监管　杭州"G20"峰会期间，组织了对广西沿海海底电缆管道及粤东海底电缆管道的巡查和现场普法专项护缆行动。船舶海上航行 1200 余海里。

南沙常态化伴航护渔　坚持常年派出 1

艘公务船执行南沙西南渔场护渔任务,保障渔民生命财产安全。

"中国海警3501"船成功救助两名菲律宾渔民并护送中国渔民返回三亚　11月29日,正在规避台风的"中国海警3501"船接到国家海洋局南海分局指挥中心命令,赶赴正值台风肆虐的黄岩岛海域救助遇险的中、菲渔民。"3501"船顶风破浪,克服恶劣海况,成功救助了2名菲律宾渔民,在船上对二人进行了医治,并与菲律宾海警完成了2名渔民的交接,随后护送19名中国渔民返回三亚。此举获国内国际社会一致好评。

(国家海洋局南海分局)

海洋执法监察

【海域执法】　2016年,全国各级海洋行执法机构依托"海盾2016"专项执法行动平台,以陆岸巡查为主,结合船舶巡航、航空巡视等执法方式及卫星遥感等高技术手段,对我国内水、领海内持续使用特定海域三个月以上的排他性用海活动开展执法检查,及时发现和查处违法用海行为。全年,共检查用海项目21079个,检查次数81092次,发现违法行为657起,做出处罚决定298件,决定罚款339859.32万元,实际收缴罚款300516.38万元。在日常执法基础上,中国海警局以进一步促进海域资源节约集约利用为指导思想,连续第14年组织开展"海盾"专项执法行动,严厉打击重大违法用海行为。专项行动以区域建设用海规划和填海造地、构筑物用海项目为执法重点,并首次根据工作重点划分阶段开展,部署排查阶段立足日常排查管控,突出用海项目全面清理核查,逐一登记,不留死角;实施阶段突出整改处分类、侧重重大疑难案件分工,避免推诿扯皮。全年,共立案79起,做出处罚决定63件,结案70起(含往年),决定罚款约19.04亿元,收缴罚款约24.65亿元(含往年),其中,案值超千万元的27件,过亿元案件3

件。专项行动立案数、结案数分别同比增加43.6%、14.3%。专项行动的开展有力打击和遏制了非法围填海等海洋违法行为,为规范海域使用秩序、推动重大涉海项目实施、保障沿海地区经济社会发展发挥了重要作用。

【海洋渔业执法】　2016年,各级海警队伍按照统一部署,不断加大国内渔业执法力度,强化涉外敏感海域渔船管控和保护力度,积极开展双多边执法合作交流,努力提升队伍执法能力和水平。全年,各级海警队伍在各类渔业执法执行中共出动海警舰艇14866艘次,检查国内渔船8277艘次,查处国内违法违规渔船1477艘次,没收渔获物22.75万公斤;侦办涉渔刑事案件77起,抓获犯罪嫌疑人147人,刑事拘留69人;组织、参与海上渔船安全事故调查28起,调处渔事纠纷135起;妥善处置涉外渔业事件23起。

【海岛保护执法】　2016年,各海区和沿海省(市、区)各级海监机构共派出海岛执法人员26005人次;船舶4071航次、航程148046海里;飞机83架次、航程46377千米;车辆行程173372千米。共检查海岛11880个,检查海岛13730次。其中船舶巡航和人员登岛共检查海岛8714个,检查海岛10853次,检查海岛开发利用项目2423个;航空巡视(含无人机)检查海岛3166个,检查海岛2877次。共发现违法行为198起,立案163件,作出行政处罚决定161件,收缴罚款1888万余元。2016年,通过组织开展海岛定期巡航执法检查和无居民海岛专项执法行动,保护我国领海基点海岛,整治海岛周边非法盗采海砂行为,全面保护海岛及其周边海域生态系统,规范海岛开发利用秩序。

【海洋环境保护执法】　2016年,全国开展海洋环境保护日常执法检查50374次,检查海洋环境项目8417个,发现违法行为672起,作出行政处罚决定543起,收缴罚款4565.5万元。在日常执法工作基础上,进一步加大执法力度,组织开展"碧海2016"专项执法行动，共查处"碧海"案件 529 件、收缴罚款 4283 万元，严厉打击了重大海洋环境违法行为；组织开展北戴河海洋环境保护专项执法，共派出执法船艇 2847 艘次、海上航程 53144 海里，保障了北戴河海域环境安全；组织开展全海域石油勘探开发定期巡航执法检查，海上定巡航程 15693 海里，登检石油平台 368 座次，确保了海上无重大溢油事故发生；组织 23 个单位开展海洋保护区和海洋工程环境保护执法示范，在建章立制、执法办案、技术支撑等方面进一步规范；组织开展海洋野生动物保护执法，共查获野生动植物案件 6 起，抓获涉案人员 37 名，查扣涉案船舶 6 艘、砗磲制品 593 个、砗磲贝原料 4.2 吨、红珊瑚 69.522 千克，有效遏制了违法采捕海洋野生动物猖獗态势。通过合理部署日常巡查和专项执法，不断加大执法力度，海洋环境保护执法品牌效应凸显，切实增强了海洋环境保护工作力度。　　　　（中国海警局）

各海区海洋执法监察

【北海区海洋执法监察】　　2016 年，北海分局行政执法工作，以建设"法治北海"为核心，以打造"生态北海"为重点，深化"定期执法"和"专项执法行动"，完善北海区执法协调和督导机制，加强队伍建设，执法工作取得良好成效。

通过强化近岸海域定期与不定期巡查，实施覆盖检查；深化"海盾""碧海""无居民海岛""北戴河海域环境保护"和"苏鲁争议海岛"等专项执法检查与联合执法行动，有效遏制重大海洋违法案件的发生；持续开展"渤海海洋石油勘探开发活动定期巡航执法检查活动"和渤海溢油污染防控、应急监视工作，使海洋溢油污染事件和溢油应急反应次数逐年下降，2016 年全年再次取得海上溢油污染事故的零发生。全年共派出执法人员 3496 人次，陆岸巡查 140459 千米，船舶巡视 360 航次，海上航程 37996 海里；

海监飞机飞行 34 架次，航时 121 小时；检查海域使用项目 385 个，检查 509 次；检查海洋工程建设项目 643 个，检查 1079 次；检查海洋倾废项目 47 个，检查 130 次；检查海洋生态保护区 21 个，检查 62 次；检查海岛 265 个，检查 395 次；处理海洋举报案件 6 起。立案查处各类海洋违法案件 17 起，收缴罚款 1243.584 万（含往年 307.824 万），追缴加处罚款 840.85626 万元。

定期和不定期执法巡查　　以单独定期、渤海石油勘探开发定期巡航和海岛定期巡航为主线，发挥卫星遥感、无人机等技术手段作用，突出对国管项目全程、常态执法监管。加强不定期执法巡查，加大热点海域、重点项目监管力度，处理举报案件 6 起。

海洋石油勘探开发执法　　落实"海上巡航统筹、陆岸巡查和平台登检划片"定巡部署，组织开展平台集中大检查和平台值守现场监督，实现辖区平台一年两次的全面排查和登检；按照国办 56 号文件要求组织排查，对存在溢油隐患企业实施约谈及整改督查。全年共派出执法人员 2020 人次，船舶海上航程 14545 海里，巡视海上油田矿区 196 个次、平台 1533 座次、FPSO（浮式储油装置）73 艘次，登检平台、人工岛 394 座次，检查滩涂油井 1915 个次。

各类专项执法行动　　组织开展了"海盾 2016""碧海 2016""2016 无居民海岛保护"和"苏鲁争议海岛"等专项执法行动，全年查处"海盾"和"碧海"案件 7 起、收缴罚款 817.822 万元。联合北海区地方总队组织开展了"北戴河海域环境保护""无居民海岛保护"等联合执法行动，采取点、线、面相结合方式，形成执法合力，实现北海区互动。

北海区执法协调和交流　　完善北海区执法协调和督导机制，强调海区与地方按照"谁审批谁监管"的原则开展执法检查，有效解决重复多头执法。组织开展北海区"十二五"行政执法工作交流、北海区行政执法技能交流研讨，增强了北海区海洋行政执法队伍的凝聚力。组织开展第八次北海区案卷评查，发挥案卷评查的纠错和监督作用。为北海区各市级以上海监管理干部进行了法治海洋建设培训，增强了海洋依法行政意识。

执法业务基础建设 加强专职执法队伍建设，继续聘任北海总队海洋行政执法主办监察员，组织北海区支队各类执法业务培训。推进执法规范化建设，建立执法全程记录制度，推进研制执法全过程记录仪。组织开展执法工作季度评价，进行支队行政执法业务专项检查、行政执法档案年度检查，加强对支队案件的审核和案件督办及复核监督。

（国家海洋局北海分局）

【东海区海洋执法监察】 组织支队岸线定期巡查 6 期、海岛定期巡航执法检查 4 期，开展各类执法检查 4278 次（含航空），检查各类项目 1709 个，派出执法人员 6277 人次，出动船舶 256 航次、航程 18922.9 海里，飞机 41 架次、航时 116 小时、航程 25564 千米，车辆 158 台次、行程 68898 千米。查处案件 26 起，办案数量较去年明显增加，目前已结案 25 起，收缴罚款 1300.6378 万元，收缴罚款数比去年大幅增加 56%。其中"海盾 2016"立案 2 起，结案 2 起，收缴罚款 1103.5035 万元；"碧海 2016"立案 11 起，结案 11 起，收缴罚款 67.9 万元。

海域执法检查 制订东海区"海盾 2016"专项行动实施方案，落实国家海洋局《区域建设用海规划管理办法（试行）》，组织支队开展海域使用执法检查，始终保持对各类违法用海行为的打击力度。

组织支队核查多起涉嫌违法用海疑点项目，重点查处了一批非法围填海、用海"三边"工程等违法行为，全年查处违法用海案件 6 起，已结案 6 起，共收缴罚款 1201.71689 万元，创近年来海域案件罚款数额新高。

根据上级指示和群众举报对 6 起用海举报进行调查核实。

应各省海监总队的邀请，多次派员参加地方海盾案件会审，指导地方案件查处。

根据国家海洋局通知要求，对国家海洋局 2016 年下达给地方的 27 个海域使用疑点疑区项目核查情况进行监督。

海洋环境保护执法 在海上及岸线巡查中，对辖内新建、改建、扩建的海洋工程项目进行了全覆盖检查，查处违法海洋工程案件 1 起，罚款 11.5 万元。各支队指定专人负责维护海洋工程数据库，做到及时备份、更新，切实保证了海洋工程项目档案的全面性与完整性。总队组织开展"倾废"专项执法检查，在疏浚工程活跃期采取高频率集中检查模式，有效开展突击巡航或陆检行动，共查处各类违法倾废案件 16 起，罚款 78.5 万元。

以高频度巡航监视和定期性平台登检为手段，对平北黄岩油气群（一、二期）开发工程和丽水"36-1"气田等平台及其周边海域进行海上监视，未发现有违法违规及损害海洋环境的情况。

加大对国家级海洋保护区开发利用活动的监督检查力度，对辖区内 19 个海洋自然保护区和特别保护区的自然环境、生物物种保护及设施、海洋资源开发利用情况等开展了巡视和检查，摸清现状并掌握了大量的本底资料，为深入开展执法检查提供了便利。

重点海岛执法检查 认真组织开展 2016 年无居民海岛专项执法检查工作，积极查实中国领海基点保护范围内的保护情况，努力掌握已开发利用无居民海岛的使用情况，加强省际间争议海岛执法检查，对接中国海监北海总队完成苏鲁间争议海岛执法交接工作，组织开展无居民海岛预警工作，认真查处严重破坏无居民海岛的违法行为。

截至 10 月底，共派出执法人员 800 人次；船舶 51 航次、航程 5933 海里；车辆 17 车次、行程 6561 千米；飞机 37 架次、航程 22549 千米；船舶巡航和人员登岛共检查无居民海岛 226 个，检查海岛 253 次，检查项目 236 个；获取海岛照片 2210 张，摄像 190 分钟，更新海岛执法档案 226 个；航空巡视共检查无居民海岛 577 个，检查海岛 577 次；获取海岛照片 518 张，摄像 32 余分钟；更新海岛档案 577 个。共发现无居民海岛涉嫌违法行为 6 起，立案 2 起，结案 2 起，共收缴罚款 6.320058 万元。另有 3 起无居民海岛涉嫌违法行为已由地方海监机构立案查处，1 起无居民海岛涉嫌违法行为将进一步调查核实。

海底电缆管道执法　组织开展海底电缆管道日常巡护。8—9 月期间，组织苏浙沪两省一市海洋行政主管部门及其所属执法机构开展了 G20 杭州峰会专项护缆行动。海区和地方共投入各类执法船艇 30 艘、出动 277 艘次、航时 1741.6 小时、航程 16071.66 海里，累计监视各类船舶 1258 艘，劝离、驱离在海底光缆管道保护区附近海域从事抛锚、作业的各类船舶共计 315 艘次，登检船舶 65 艘，处罚船数 2 艘，拆除网具 28 顶，确保了 G20 峰会期间东海区海底光缆管道的安全畅通。

认真做好相关执法工作　3 月，组织开展东海区 2015 年度海洋行政处罚案卷评查，选取东海区各省（市）海监机构及海区支队 2015 年办结的 28 案卷进行集中检查，最终评定优秀案卷 24 宗、良好案卷 4 宗，案卷优良率 100%。结合 2016 年海洋专项督察工作，对东海区三省一市的围填海执法情况进行了检查。全年，为海区 143 名监察证到期人员申办换发海洋执法监察证。

（国家海洋局东海分局）

【南海区海洋执法监察】　**海洋行政执法力度加强**　2016 年，南海分局以"海盾""碧海"和海岛定期巡查等专项执法工作为重点，加大对海洋违法案件的查处力度。采用海陆空相结合的方式，以常态化定期巡查监管为主导，专项执法检查为重心，对国管重大项目采取全程监管，全面提升依法用海监管水平。2016 年，共出动海监飞机 146 架次，航时

253 小时，航程 55660 千米；出动海监船舶 100 航次，巡航 1338 小时，航程 17023 海里；开展陆上巡查 186 次，派出执法人员 3383 人次，派出执法车辆 272 车次，陆地行程 121040 千米；开展石油定巡 3 航次，现场检查 17 次；开展海底电缆管道项目执法检查 3 次；检查海域和海环等涉海项目 466 个；登检台山惰性物料监管点倾废船 2653 艘次，登检废弃物倾废船 162 艘次；检查海岛 224 个，其中登岛检查 112 个。立案查处海洋违法案件 22 件，罚款 1460 多万元。

落实海洋工程项目全程监管　积极开展国管海洋工程建设项目全程监管工作，依照"事前介入，紧密跟踪，严格监督"的原则，对国家海洋局核准的填海工程建设项目环境保护设施是否执行三同时制度、是否落实海域使用动态监测和海洋环境监测以及是否及时申请竣工验收进行监督检查。

开展海洋石油勘探开发活动监管　开展石油勘探开发定巡工作，重点加强对南海区海上石油平台、海底管道和有关沿岸设施的监督检查，完善南海区石油勘探开发活动本底资料，建立健全了突发事件的应急处理机制。

开展海洋自然保护区和生态监控区执法　以海上巡航和陆地检查相结合的方式，积极开展海洋自然保护区和生态监控区执法，重点对珠江口生态监控区、珠江口白海豚保护区、淇澳岛红树林保护区、湛江徐闻珊瑚礁保护区、雷州珍稀海洋生物国家级自然保护区、大亚湾生态保护区、三亚国家级珊瑚礁自然保护区等进行执法检查。

有效打击非法采砂行为　为打击非法采砂，维护海砂开采管理秩序，保护海洋生态环境，南海分局所属各支队采取专项行动和日常监管的方式，加强了对海砂开采行为的监管，重点对北海铁山港湾、钦州茅尾海、防城港东湾、文昌西南浅滩海、三亚东锣岛和西鼓岛附近海域等重点采砂区域进行了监管，集中打击非法采砂行为。

组织开展南海区案卷评查　为提高海洋行政执法水平，规范案件查办程序和文书制作标准，南海总队会同广东、广西、海南省（区）总队组织开展了"碧海2016"案卷评查工作。案卷评查采用推荐和抽取相结合的方式，在各海监机构上报的136宗碧海案卷中抽取了46宗进行评查，有效推动了南海区各级海监机构案件查办规范化水平的提高。

（国家海洋局南海分局）

海 洋 交 通 管 理

海洋交通政策和法规

研究出台《危险货物水路运输从业人员考核和资格管理规定》（交通运输部令 2016 年第 59 号）《水路旅客运输实名制管理规定》（交通运输部令 2016 年第 77 号）《水运建设市场监督管理办法》（交通运输部令 2016 年第 74 号），修订《港口经营管理规定》（交通运输部令 2016 年第 43 号）《港口工程竣工验收办法》（交通运输部令 2016 年第 44 号）《港口设施保安规则》（交通运输部令 2016 年第 68 号）《国内水路运输管理规定》（交通运输部令 2016 年第 79 号）。启动了《港口法》修订前期准备工作，组织开展港口法实施效果后评估和港口法修订重大法律制度研究并取得阶段性成果。

组织对现行交通运输规章进行了清理。经过清理，发布《交通运输部关于废止 20 件交通运输规章的决定》（交通运输部令 2016 年第 57 号），对发布时间较久、主要内容已与上位法规定不一致、不适应交通运输改革形势发展需要、不符合简政放权和政府职能转变要求或超越部门规章权限的规章予以废止。其中，涉及水运的部门规章有 5 件，分别是《关于加强承运进口废物管理的规定》（交通部令 1996 年第 5 号）《国内水路集装箱港口收费办法》（交水发[2000]156 号）《港口货物作业规则》（交通部令 2000 年第 10 号）《国内水路货物运输规则》（交通部令 2000 年第 9 号）《交通部水运工程造价人员资格认证工作管理规定》（交基发[1995]1068 号）。与国家发展改革委共同开展港口价格调整改革工作，发布了《交通运输部关于废止 2 件交通运输规章的决定》（交通运输部令 2016 年第 3 号），对内容

已不适用的《港口收费规则（外贸部分）》（交通部令 2001 年第 11 号令）《港口收费规则（内贸部分）》（交通部令 2005 年第 8 号）予以废止。

法治海事建设稳步推进。一是法律法规体系更加健全。配合做好立法推进工作，《海上交通安全法》修订已列入国务院一类立法计划。持续推进实施海事法规"清单式"管理，实现海事规范性文件目录清单动态管理，并建立现行有效的船检技术规范清单。完成《船舶登记办法》《中华人民共和国海事行政许可条件规定（修正案）》《中华人民共和国船舶及其有关作业活动污染海洋环境防治管理规定（修正案）》《中华人民共和国船舶污染海洋环境应急防备和应急处置管理规定（修正案）》《长江三峡水利枢纽水上交通管制区通航安全管理办法（修正案）》《中华人民共和国海员外派管理规定（修正案）》等规章的制修订工作，清理政策性文件 146 件，执法依据进一步明晰。修订完善《内河船舶法定检验技术规则》等 11 项船舶法定检验技术规范和行业标准，为海事执法提供有力的法律支撑。山东、山西、新疆地方海事局，广东、海南海事局推动出台地方性水上安全监管法规，为破解海事监管难题提供有力的法规保障。二是行政执法更加规范。完善海事权力清单，实施《海事现场执法工作规范》《海事行政执法全过程记录管理办法》，规范海事行政执法流程和程序。修订出台《海事行政执法责任追究规定》，强化对"行政不作为"的责任追究。实施《海事行政执法结果信息公开管理办法》，增强海事政务公开和执法的透明度。三是简政放权更加有力。全年新上报取消 5 项行政许可事项，累计取消和下放事项 30 项，占海事全部行政许可事项总量的

71.4%。稳妥推进船舶进出港签证取消后的事中事后监管工作，落实"放管服"要求。优化行政审批运行机制，简化行政许可流程，减少143项申请材料，减少9项许可审批环节，压缩10项许可办结时间，提高审批效率。

海上交通安全管理

2016年，全国海事系统以革命化、正规化、现代化"三化"建设为统领，全面加强水上交通安全监管，水上交通安全形势持续稳定，全国运输船舶全年共发生水上交通事故196件，死亡失踪203人，沉船82艘，直接经济损失2.4亿元，比上年分别下降7.8%、8.6%、14.6%、30.8%；加强海事服务，积极发挥海事专业优势，主动服务国家重大战略实施和交通运输发展，海事社会形象和影响力稳步提升；加强自身建设，推进"三化"，深化改革，夯实基础，补齐短板，扎实推进海事转型升级和科学发展。

一是安全监管体系建设更加完善。落实交通运输部交通安全体系建设意见，部署系统单位开展水路交通安全监管体系建设工作，探索建立平安船舶、平安渡口考核评价指标体系，组织开展水上交通安全风险管理试点，完善安全监管体系。二是风险预防预控和隐患排查治理更加到位。深刻吸取"6·1""东方之星"号客轮翻沉事件和"8·12"天津港特大火灾爆炸事故教训，深入隐患排查，强化隐患治理，全面开展后续整改工作，并加大整改督查落实力度。扎实开展创建"平安船舶"专项行动，以四类重点船舶为对象，集中开展整治，发现一批薄弱环节，解决一批事故隐患。全面调整实施宁波—舟山港核心港区、成山角、珠江口水域船舶定线制和报告制，进一步优化重点水域的通航环境和通航秩序。三是安全形势判断和规律把握更加准确。研究分析近5年来水上交通安全事故发生的规律，增强安全监管的针对性。开展内河船舶非法从事海上运输治理、船舶配员和任解职检查、船舶与港口污染防治等专项活动，重拳出击，使长期未能解决的安全监管"顽疾"获得突破。四是安全生产主体责任和监管责任进一步落实。加强航运公司安全管理体系审核和日常监督检查、规范安全监管工作督查约谈、推动地方政府加强渡运安全监管、深化商渔船安全会商机制、加强船舶检验管理等系列规范管理措施出台和实施，强化地方政府、企业等单位（部门）的责任，完善齐抓共管、综合治理的安全责任制度。五是水上交通安全文化氛围和意识增强。开展世界海员日、环境日及中国航海日等系列活动，弘扬航海文化，增强社会公众的水上安全意识。继续联合教育部门开展水上交通安全知识进校园活动，在首届举办的全国小学生水上交通暨防溺水知识网上竞赛活动中，有4000多所学校、600余万人次参加，使水上交通安全知识在更广范围内获得普及。六是安全保障及应急处置作用进一步凸显。圆满完成G20杭州峰会水上交通安保工作任务。此外，还组织开展南海海域巡航和渤海"碧海行动"计划，成功防御"莫兰蒂""妮妲"等超强台风，开展钓鱼岛水域"天使勇气轮"与"闽晋渔05891轮"碰撞、"川广元客1008"轮风灾等事故的应急处置和调查工作，继续加强春运、国庆等重点时段的水上安全监管工作。　（交通运输部）

沿海海洋管理和海洋经济

辽 宁 省

综 述

2016 年，辽宁省海洋与渔业厅认真贯彻落实党的十八届三中、四中、五中、六中全会精神，以习近平总书记系列重要讲话精神为统揽，牢固树立"五大发展理念"，按照"四个着力"要求，适应经济发展新常态，创新理念，勇于担当，全面落实从严治党各项要求，统筹推进海洋强省建设，大力发展现代渔业，促进海洋与渔业事业持续健康发展。

海洋经济与海洋资源开发

【海洋渔业】 锦州近海海域以及大连财神岛、蚂蚁岛、大长山岛、小长山岛海域获批为第二批国家级海洋牧场示范区。人工鱼礁示范区累计达到 30 处，形成礁区面积 6.5 万亩。水生生物资源增殖放流共投入省级以上资金 3401 万元，其中海水增殖放流资金 2627 万元。共放流水生生物 104.4 亿单位，海水增殖放流 58.1 亿单位，比上年增长 12.2%。取得中韩入渔资格渔船 601 艘，渔获配额共计 1.55 万吨。水产品对外贸易企稳回升，水产品出口额占辽宁省农产品出口额的 59%，稳居辽宁省大宗农产品出口首位。鼓励优势水产品出口，葫芦岛地区养殖大菱鲆首次走出国门，全年累计出口 30 吨。

【海洋船舶工业】 2016 年，海洋船舶工业主要经济指标总体保持平稳运行。主营业务收入实现 662.78 亿元。新承接订单 820.8 万载重吨，手持订单 1363 万载重吨。

【启动海洋经济调查】 2016 年 5 月，启动了辽宁省第一次全国海洋经济调查工作。成立了由赵化明副省长担任组长的辽宁省第一次海洋经济调查工作领导小组。印发了《第一次全国海洋经济调查辽宁省调查实施方案》。11 月 24 日，在沈阳召开了辽宁省第一次全国海洋经济调查领导小组暨海洋经济调查工作会议。完成辽宁省海洋经济运行监测与评估系统同国家海洋局海洋经济运行监测系统的对接工作，加强了海洋经济统计核算和运行监测。

【基础设施建设】 獐子岛维权执法基地改造项目突堤和顺岸码头建设工程完工并验收。渤海（锦州）海洋与渔业综合执法码头项目水工码头建设工程完工。新补建 1000 吨海监船开工。启动海洋与渔业综合管理大数据服务平台建设。

海洋立法与规划

【法治海洋建设】 优化海洋与渔业经济发展法治环境，制定下发了《辽宁省海洋与渔业厅 2016 年依法行政工作要点》，对依法行政 20 项重点工作进行了部署，明确了工作目标、责任分工和完成时限。调整了辽宁省海洋与渔业厅依法行政领导小组成员。编制了《海洋与渔业法律法规规章汇编》，收集整理海洋与渔业法律、法规、规章 108 部，近 10 万字。印发了《辽宁省海洋与渔业厅关于开展重大行政处罚备案审查的通知》。依法办理行政复议 14 件，对 28 个海洋环境影响报告书核准进行了听证。

【规范性文件管理】　起草下发了《关于加强规范性文件管理的通知》。对制发规范性文件的起草、审查、备案等程序进行规范，明确了规范性文件的范围，对加强规范性文件管理提出了具体要求。对辽宁省海洋与渔业厅2016年制发的《辽宁省海洋与渔业厅关于港口建设项目用海实行整体海域使用论证和海洋环境影响评价工作的通知（试行）》等规范性文件进行了合法性审查，提出修改意见。

【"十三五"规划】　编制完成了《辽宁省海洋经济与海洋事业发展"十三五"规划》。提出了辽宁省海洋经济与海洋事业"十三五"发展的总体思路、发展目标、空间布局和重点任务。

海域使用管理

【编制海洋规划区划】　《辽宁省海洋主体功能区规划（送审稿）》上报国家发改委和国家海洋局审查，市级海洋功能区划修编圆满完成并获省政府批复，各沿海地区养殖用海规划已全部获当地政府批准实施。严格落实海岛保护规划制度，开展了省级海岛保护规划实施情况评估。

【控制自然岸线占用】　坚持"点上开发，面上保护"原则，适度、合理利用黄海，克制、精细利用渤海。实行差别化供给政策，继续把自然岸线管控纳入省政府对沿海各市绩效考核，叫停8个用海项目，避免占用自然岸线2千米。

【重大项目用海】　项目用海需求得到有效保障。科学谋划、统筹安排围填海计划指标，全年获批项目用海55个，处理历史疑难项目50个，保障用海面积1819公顷。出台了整体论证环评和"五优先"政策措施支持港口建设，大大节省了审批时间和企业成本。全年保障港口项目用海36个，面积13.9平方千米。召开了辽宁省港口建设重点项目推进工作会议，出台"政策包"节约审批时间和企业成本。

【海域使用动态监视监测】　严格执行围填海申报项目技术审查和海域使用权证书统一配号登记制度。创新开展了海域和海岛开发利用监测，编制完成了辽宁省疑似违法用海图集、无居民海岛变化监测图集、已确权围填海项目填海及利用现状报告、区域建设用海规划实施情况分析报告等。县级海域动态监视监测能力建设居全国前列。

海岛管理

【无居民海岛保护管理】　全面加强无居民海岛保护管理，不断规范海岛开发利用秩序。制定了《2016年辽宁省海岛管理工作实施方案》，明确了工作重点、责任主体和保障措施。印发了《关于开展无居民海岛使用管理工作调研的通知》，组织有关单位，对相关市、县历史遗留用岛开展了调研，通过实地登岛、召开座谈会和听取用岛单位意见，掌握了公益用岛的数量、用途、现状，并同步开展了海岛执法巡查、海岛监视监测、海岛名称标志巡护等工作。加强无居民海岛监视监测，逐步推进常态化海岛监视监测工作，制定印发了《2016年辽宁省重点执法检查海岛目录》和《2016年辽宁省重点监视监测海岛目录》，涵盖无居民海岛近60个，为海岛保护专项执法和海岛监视监测提供了依据。

【海岛保护规划中期评估】　组织各市开展了《辽宁省海岛保护规划》中期评估，召开辽宁省海岛保护规划实施情况中期评估研讨会和专家评审会，全面总结2012年以来沿海各市和重点县区落实省级海岛保护规划各项工作。评估表明辽宁省海岛保护效果明显，投入资金6亿元，对16个海岛进行修复，海岛管理逐步规范。

【美丽海岛评选】　组织参加全国"生态海洋、美丽海岛"评选活动，辽宁省觉华岛被评为中国"十大美丽海岛"，大长山岛、蚂蚁岛、哈仙岛、葫芦岛4个海岛获得"十大美丽海岛"特别提名，展示了辽宁省海岛人文底蕴和生态文明建设的风采，提高了辽宁省公众海岛保护意识。

【海岛整治修复】　参与组织 2016 年度中央海岛和海域保护资金"蓝色海湾"整治修复项目申报工作。强化在建整治修复项目监督管理。严格执行工作进展季报制度，全年 9 次深入海岛生态修复项目现场指导，推动项目实施。参与蓝色海湾整治行动项目专项检查，对大连、丹东项目进行了检查。研究出台了中央海岛和海域保护资金整治修复项目竣工验收办法。明确了验收标准、申请程序和后续处理等 12 项内容。

海洋环境保护

【出台规划】　制定并实施《辽宁省海洋生态环境保护规划（2016—2020）》。在总结前 5 年工作的基础上，提出了未来 5 年辽宁省海洋环境保护工作的指导思想和基本原则，明确了未来 5 年海洋生态保工作的 5 项任务和 4 大重点工程。积极创造条件，重点推进红线管控和总量控制，加强生态保护与修复，严格防治海洋环境污染，提升监测预警与防灾减灾能力等主要任务。指导沿海各市制定本地区的"十三五"生态环境保护工作规划，提升辽宁省海洋生态保护的整体水平。

【海洋环境监测】　完成 18 项监测任务，近岸趋势性监测站位增加到 96 个，实现管辖海域全覆盖。入海排污口监测频次增加到 6 次，完成了营口大辽河、锦州小凌河入海口在线监测选址。印发了《2015 年海洋环境状况公报》，发布海洋环境监测通报 7 期。辽宁省海洋功能区一、二类水质面积达到 82.3%，实现了海水水质稳中向好的年度目标。营口白沙湾海洋观测站和无人机基地项目建设有了实质性进展。编制了《辽宁省突发海洋自然灾害应急预案》。

【海洋工程建设项目管理】　认真开展海洋环境影响报告书核准、海洋工程环境保护设施竣工验收和废弃物海洋倾倒许可行政审批工作。2016 年，共收到涉及海洋环保行政审批事项 35 项，其中，环评许可 29 项，海洋工程环保设施验收许可 4 项，倾废许可 2 项。共办结 30 项，未办结 5 项，办结率占 88%。

海洋生态文明

【海洋生态红线划定】　完成了黄海海洋生态红线划定工作。红线区面积 6796.9 平方千米、自然岸线 788 千米，分别占管控面积和岸线的 25.4% 和 60.2%。

【生态修复项目管理】　通过专项检查、现场办公和情况通报，有效推进"蓬莱 19-3"溢油生态修复项目。25 个"蓬莱 19-3"溢油生态修复项目修复滨海湿地 2026 公顷、沙滩岸线 12 千米，生态效益明显。大连、锦州、盘锦三市先后争取到国家 2016 年"蓝色海湾"整治行动项目，支持资金达 10 亿元。贯彻落实省政府要求，对近 7 年来共 68 个海洋生态环境整治修复项目开展了大检查，逐项整改提升。

【海洋保护区建设】　大连星海湾、大连仙浴湾获批国家级海洋特别保护区。2016 年 5 月，协调锦州市开展了大凌河口海洋特别保护区申报工作。2016 年 9 月，国家海洋局王宏局长来辽宁省视察，提出"将盘锦红海滩建成国家级海洋公园"的指示。协调盘锦市，将原"盘锦鸳鸯沟国家级海洋公园"更名为"辽河口红海滩国家级海洋公园"，将辽河口东西两侧大面积的红海滩区域划入海洋公园保护管理范围，扩大了原海洋公园的面积。对锦州大笔架山海洋特别保护区进行调整扩建，面积由原来的 3240 公顷扩大至 12249 公顷，并加挂了锦州大笔架山国家级海洋公园牌子。

海洋环境预报与防灾减灾

【海洋预报警报】　对辽宁省沿海市县海域发布 24 小时海洋预报。重点加强三大渔场、汛期和冬季海冰期间的海洋灾害预报警报。海洋预报产品数据库建设取得阶段成果，预报产品入库率达到100%。全年发布各类警报48期，发送警报短信11万余条，警报传真2200余份。依托海洋能力建设项目，开展了三个渔场的48小时及72小时的海面风和海浪预报。精细化预报有序进行，开展72小时海浪预报和潮汐预报，进一步扩展精细化保障目标的预报时效。省级海洋预警报能力升级改造项目如期进行，其中海洋观测站、观测浮标和有缆观测系统的建设，将填补辽宁省海洋观测数据方面的空白。

【全国海洋预报产品数据库建设】 完成了一期建设内容，实现了预报产品文件上传和入库功能，并通过FTP方式实现了预报产品的文件共享。目前，完成了二期预报产品入库中间件的开发，开发的xml文件经过测试可以正常入库。自2016年5月，预报产品入库率达到100%。按照《全国海洋预报产品数据库规范》要求和二期产品列表，做好海洋预报数据制作、发送和入库的业务化试运行工作。

【海平面变化影响评估】 参加海平面变化影响调查评估工作验收会和技术交流会，编制了《2015年度海平面变化影响调查评估工作报告》等相关验收材料，编制了《2016年辽宁省海平面变化影响调查评估工作方案》《2016年辽宁省海平面变化影响调查评估技术方案》《2016年度海平面变化影响信息采集表》《2016年度海平面变化影响实地调查附表》等内容。

海洋执法监察

【日常执法】 深入开展海洋各项专项执法，借助公安部门力量增强执法刚性，重点查处非法围填海行为。全省共开展执法检查18964次，办结案件50起，收缴罚款5.01亿元。

【"海盾""碧海"专项执法行动】 组织全省各级海监机构深入开展"海盾2016"专项执法行动。在大连金州、旅顺、锦州凌海、营口盖州等地开展疑点疑区核查工作。做好海域巡查执法，按要求定期对辽宁省海岸线进行巡查，共开展岸线巡查1130余次，派出执法人员10138人次，执法车辆2528车次，行程214613余千米，出动执法船（艇）216艘次，累计航程21635余海里。以"碧海2016"专项执法行动为载体，对海洋工程项目、海洋保护区生态环境、海洋排污口和海洋倾废活动进行定期检查和重点项目随机抽查，全面打击海洋环境违法行为。

【海砂监管执法】 全面开展打击非法占用海域采挖海砂专项执法行动，取得较好效果。对采挖海砂重点海域进行长期驻守，调动全省各海监机构执法船只，在营口采挖海砂重点海域进行轮班值守，占用海域采挖海砂行为得到有效遏制。严厉打击大连、营口交界海域非法占用海域采挖海砂行为，保护海洋资源和生态环境。

【海岛保护执法】 组织各市支队、县区大队开展辽宁省海岛保护专项执法行动，对大连、丹东、锦州、葫芦岛、绥中等市100多个重点岛屿进行登岛检查，采集了大量坐标数据、利用现状、海岛照片等基础管理资料。海岛巡查共调动执法船艇76艘次，航程2700余海里，共检查海岛100余次，获取照片1000余张，视频资料110分钟。

海洋行政审批

【网上审批】 辽宁省海洋与渔业厅作为首批进驻辽宁省政务服务中心开展工作的单位，自2015年12月进驻服务大厅以来，积极选派政治素养高、业务能力强的工作人员开展审批工作，深入推进"放管服"各项改革任务，加快转变政府职能，坚持依法行政，规范行政审批行为，提高行政审批效率，2016年在行政审批效率、管理服务水平等各方面取得明显实效。2016年7月13日第一次通过辽宁政务服务网受理海域使用权申请。截至2016年3月,所有海洋与渔业行政许可事项均已纳入辽宁政务服务网，实行网上办理。2016年全年共受理海域使用权审核行政许可66件，办结66件，其中大连市20件，营口市16件，盘锦市16件，丹东市8件，鞍山市2件，锦州市2件，葫芦岛市2件。

海 洋 科 技

【科研工作成果】　组织申报创建"十三五"海洋经济创新发展示范区，其中大连市项目已通过审核答辩。科研项目中获国家海洋科学技术一等奖、地理信息科技进步一等奖、海洋工程科学技术二等奖、全国农牧渔业丰收三等奖、省科技进步三等奖各1项，省测绘科学技术进步一等奖2项。评选出辽宁省海洋与渔业科技贡献一等奖4个、二等奖3个。推进标准化建设，获批海洋与渔业地方标准17项。辽宁省海科院1人获全国优秀科技工作者、1人被授予国务院政府特殊津贴。

海 洋 文 化

【海洋宣传】　紧紧围绕辽宁省海洋与渔业中心工作，始终服务辽宁省海洋与渔业工作大局，努力打造"三会一网"宣传品牌，即媒体吹风会、新闻发布会、重点工作通报会和辽宁海洋与渔业网，发挥宣传主阵地作用，强化政务信息报送，提升新闻信息质量，积极发挥新媒体作用，不断扩宽宣传途径，努力讲好海洋故事、写好渔业文章、传播海洋与渔业"好声音"。

【6·8海洋日】　组织各级海洋主管部门紧紧围绕"关注海洋健康、守护蔚蓝星球"活动主题，结合海洋经济、海域整治、海岛管理、海洋环保、海洋执法等中心工作，多角度、多层次地开展了包括盘锦红海滩主场活动在内的丰富多彩的宣传活动，将"6.8海洋日"打造成全方位对外展示辽宁省海洋工作的宣传平台。

【应急管理宣传周】　9月3日至9日，组织辽宁省各级海洋与渔业主管部门开展以"普及应急知识，构建平安家园"为主题的应急管理宣传周系列活动，紧紧围绕海洋自然灾害、涉外渔业、安全生产、渔业病害、水产品质量安全等突发事件处置，推进海洋与渔业应急科普知识进学校、进机关、进社区、进渔企、进渔港、进渔村。

【海疆行】　9月27日至29日，陪同2016年国家海洋局海疆生态行宣传报道团，赴葫芦岛市和盘锦市参观考察，对辽宁省海洋生态保护、海域综合管理等方面工作进行了深度报道，对宣传辽宁省海洋生态保护工作起到了积极的作用。《中国海洋报》、中新网已就辽宁省海疆行有关情况作了专题报道。

（辽宁省海洋与渔业厅）

大　连　市

综　述

2016 年，大连市海洋管理取得实效，各项工作稳步前进。

海域海岛使用审批管理。全市获批用海项目 383 宗，确权用海面积 84089 公顷，其中辽宁省人民政府批准大连地区用海项目 11 宗，批准围填海面积 140 公顷；市县两级批准用海项目 372 宗，批准用海面积 83949 公顷。全年征收海域使用金 4.17 亿元，其中市本级财政入库 4346 万元。设置海岛名称标志累计 348 个。与省海洋与渔业厅海域和海岛动态监测中心协调，调取大连市部分海岛卫星遥感影像数据，逐步录入全市 541 个海岛遥感影像资料，基本形成大连市海岛管理信息系统架构，实现相关数据共享。海岛生态修复和保护与开发利用项目成效显著。

海洋资源环境保护与修复。以大连市政府办公厅名义印发《大连市海洋生态文明建设行动计划（2015—2020 年）》。组织开展大连市"十三五"海洋生态环境保护规划编制工作，明确未来 5 年海洋生态环境保护的目标和任务。推动瓦房店市仙浴湾和大连星海湾申报国家级海洋公园项目并获批，新增国家级海洋公园 2 个，至此全市有国家级海洋公园 4 个。组织相关监测机构开展陆源入海排污口及邻近海域环境质量、海水浴场、重点养殖区、赤潮监控区、入海河流、海水入侵等监测任务。推进"蓬莱 19-3"油田溢油事故生态修复、石槽岸段综合整治等生态修复项目的实施，东海公园生态修复项目、6 个"蓬莱 19-3"油田溢油事故生态修复项目通过辽宁省海洋与渔业厅的验收。配合辽宁省海洋与渔业厅开展黄海海域海洋生态红线区的

划定工作，提出完善优化意见。

海洋预报减灾能力增强。继续加强大连市海洋灾害应急管理体系建设，以市政府办公厅名义印发《大连市突发海洋自然灾害应急预案》，完成突发海洋自然灾害应急预案修订工作。推进市海洋预报台海洋预警报能力升级改造项目实施，提升海洋预警报能力和水平。

海洋行政执法监管。继续加强涉海施工监管和海洋倾倒废弃物执法检查，确保倾废船依法作业；加强伏季休渔管理。加强海洋执法检查，完成国家海洋维权执法、200 海里专属经济区和黄海北部联合巡航检查任务；加强海砂开采执法管理，常态化检查全市各大港口、装卸海砂码头，严格实施海砂装卸上报制度。

海洋经济与海洋资源开发

【海洋经济引导服务】　以科技为引领，加快推进海洋经济科学发展。完成《大连市海洋功能区划（2013—2020 年）》编报工作，并得到省政府批复。编制完成《大连市海洋渔业发展"十三五"规划》《大连市养殖用海规划（2015—2020 年）》，确保海洋经济健康发展。完成《辽宁省海洋功能区划（2011—2020 年）》长兴岛海域区划修改工作。5 月 17 日，长兴岛海洋功能区划修改方案获国务院批准。

【海洋牧场管理】　2016 年，大连市海洋与渔业局通过规划引领、目标牵引、政策扶持、科技支撑等措施，扶强做大现代海洋牧场。完成《大连现代海牧场建设总体规划(2016—2025)》，明确全市海洋牧场建设总体思路，布局重点任务和保障措施。建立现代管理体系、金融服务体系、智力平台体系、科技支

撑体系和风险防范体系，助推大连现代海洋牧场健康持续发展。新建现代海洋牧场6666.7 公顷。继续推进国家资金支持的大连金州新区瀛海海洋牧场示范区和大连市南部海域海洋牧场示范区 2 个海洋牧场示范区建设项目。其中，瀛海海洋牧场示范区项目由中央投入资金 500 万元，由金州新区海洋与渔业局在 400 亩（26.7 公顷）海域内投放堆石礁 4.55 万立方米，完成项目验收。争取农业部渔业资源保护项目资金 1416 万元，除增殖放流外，660 万元用于补助长海县、金普新区和庄河市 3 处海洋牧场人工鱼礁项目建设，项目预计 2017 年竣工。

海域和海岛管理

2016 年，全市获批用海项目 383 宗，确权用海面积 84089 公顷，其中辽宁省人民政府批准大连地区用海项目 11 宗，批准围填海面积 140 公顷；市县两级批准用海项目 372 宗，批准用海面积 83949 公顷。全年征收海域使用金 4.17 亿元，其中市本级财政入库4346 万元。

【重点用海项目管理】　做好恒力石化、长海机场、大连湾海底隧道、地铁五号线海底隧道等重大建设项目海域使用手续办理工作。至 2016 年末，恒力石化 2000 万吨/年炼化一体化项目完成项目申报、海域使用论证、区划修改及批准等工作，通过国家海洋局审核、待报国务院批准；长海机场跑道填海工程完成用海预审、国家部委意见征求等相关工作，上报国家海洋局审核；大连湾海底隧道建设工程完成海域使用论证专家评审工作，获原则性通过；大连地铁五号线海底隧道工程完成预审申报、海域使用论证等工作。

【海岛管理工作有序推动】　制定印发《2016年大连市海岛管理工作实施方案》，保证市县两级海岛管理工作的针对性和有效性。会同辽宁省海洋与渔业厅开展重点海岛踏勘和使用管理工作调研。6月中旬至 7 月下旬，完成

市辖 50 余个无居民海岛的登岛踏勘、影像采集、地理信息实测、界址点数据采集等调研工作。组织实施海岛统计调查制度，按照经国家统计局批准的海岛统计调查制度，完成2016 年大连市海岛统计数据的填报、汇总上报工作。配合完成辽宁省蓝色海湾整治行动海岛项目检查工作。9 月中旬，由省海洋与渔业厅、省财政厅和中介机构专业人员组成的联合检查组对 2010 年以来下达大连市的中央海域和海岛保护资金项目开展专项检查，有 3个海岛修复项目接受检查。5 月，与省海洋与渔业厅海域和海岛动态监测中心协调，调取大连市部分海岛卫星遥感影像数据，逐步录入全市 541 个海岛遥感影像资料，基本形成大连市海岛管理信息系统架构，实现相关数据共享。海岛生态修复和保护与开发利用项目成效显著。推进獐子岛及马坨子岛保护与开发利用项目，完成监理招投标和施工招投标，进入工程施工建设阶段；完成大王家岛一期除垃圾转运中心工程以外的主体项目，同时垃圾转运中心采取压缩、粉碎贝壳打包外运垃圾的初步设计报告通过专家评审，完成施工招投标；完成海洋岛项目、长山群岛项目（一期）、广鹿岛项目（一期）和王家岛项目（二期）4 个海岛修复项目的专家验收评审；组织开展长山群岛（二期）、广鹿岛（二期）2 个项目验收准备工作；圆岛项目全部竣工，开展财务审计报告编制工作。申报生态岛礁建设项目，组织广鹿岛乡政府和国家海洋环境监测中心、大连中交理工交通技术研究院等单位，按时完成广鹿岛生态岛礁项目实施方案的规划、评审和上报。开展多层次海岛保护管理宣传报道工作，并在大连广播电视台等多家媒体宣传报道。

海洋环境保护

【海洋环境监管】　2016 年，大连市海洋与渔业局加大海洋环境监管力度，开展"碧海行动"海洋环境专项整治工作，联合中国海监

大连市支队及区市县海洋渔业部门，对海洋工程建设项目、陆源入海排污口等进行专项环境执法检查。快速应对海洋环境突发事件，有效应对金普新区泊石湾海域发生污染事件，组织力量全力进行海域清理。组织开展全市海洋工程建设项目进展情况调查，对各区市县及先导区情况排查摸底，整理汇总后报国家海洋局。梳理全市海洋环境保护工作，按照环境保护部东北督查中心提出的问题清单进行排查，提交自查报告。

【海洋环境监测】 2016年，大连市海洋与渔业局组织大连市海洋与渔业环境监测中心等监测单位完成近岸生物多样性、近岸海水、赤潮监控区、重点海水养殖区、海水浴场、金石滩滨海旅游度假区、陆源入海排污口及邻近海域、入海河流、海洋垃圾等监测任务。监测结果显示：近岸海域海水质量状况良好。其中，符合第一类海水水质标准的海域面积21821平方千米，占全市管辖海域总面积2.9万平方千米的75%；符合第二类海水水质标准的海域面积4509平方千米，占16%；符合第三类海水水质标准的海域面积1539平方千米，占5%；符合第四类海水水质标准的海域面积484平方千米，占1.8%；劣于第四类海水水质标准的海域面积647平方千米，占2.2%。针对金普新区泊石湾海域突发溢油事故、大连湾附近海域赤潮等突发事件，组织实施20余次应急监视监测，及时发布信息，用监测数据说话，满足公众知情权，打消公众疑虑，为领导决策提供技术支撑。

海洋生态文明

【海洋生态保护与建设】 以市政府办公厅名义印发《大连市海洋生态文明建设行动计划（2015—2020年）》。组织开展大连市"十三五"海洋生态环境保护规划编制工作，明确未来5年海洋生态环境保护的目标和任务。推动瓦房店市仙浴湾和大连星海湾申报国家级海洋公园项目并获批，新增国家级海洋公

园2个，至此全市有国家级海洋公园4个。组织相关监测机构开展陆源入海排污口及邻近海域环境质量、海水浴场、重点养殖区、赤潮监控区、入海河流、海水入侵等监测任务。推进蓬莱19-3油田溢油事故生态修复、石槽岸段综合整治等生态修复项目的实施，东海公园生态修复项目、6个蓬莱19-3油田溢油事故生态修复项目通过辽宁省海洋与渔业厅的验收。配合辽宁省海洋与渔业厅开展黄海海域海洋生态红线区的划定工作，提出完善优化意见。

海洋环境预报与防灾减灾

国家海洋局投入1455万元，升级改造大连市海洋预报台，提升全市海洋预警报能力与海岸观测能力。全年开展海洋灾害应急演练13次，其中在甘井子区、长海县开展海洋自然灾害（风暴潮和海浪灾害）综合应急演练2次、组织督导区市县开展海洋灾害应急演练3次，总计参演人数200多人，动用各类船只10余艘，提高了全市海洋灾害应急反应能力。发布海浪等海洋灾害预警报38次。

海洋执法监察

2016年，大连市各级海洋与渔业执法部门强化行政执法责任制，加大文明执法工作力度。全年组织市级海洋工程项目海洋环境影响评价听证3个，配合辽宁省海洋与渔业厅举行用海项目海洋环境影响评价听证18个。利用动态监测网络视频监控系统，加强对重点海域、重点岸线、重点区域的实时动态监管，岸线检查覆盖率100%。开展全市海岛执法检查工作，重点检查填海连岛、无居民海岛开展旅游，无居民海岛周边围海养殖业户的登记备案，全年未发现违法违规使用海岛行为。继续加强海砂开采执法管理，常态化检查全市各大港口、装卸海砂的码头，检查砂子的种类、来源、采砂手续、装卸协议等相关情况，查获非法采砂船2艘，查获

运输海砂船 2 艘。加强伏季休渔管理，同时加强思想宣传教育，严密筑牢渔民不越界捕捞的思想防线，确保全市伏季休渔管理秩序稳定；全市出动检查人员 1.9 万人次，出动执法船艇 1540 航次，航程 6.2 万海里，出动执法车辆 2430 辆次，行程 18 万多千米，登临检查渔船 8500 余艘次，查处违规渔船 913 艘。坚决制止非法越界捕捞，开展"三无"(无有效的渔业捕捞许可证、无渔业船舶检验证书、无渔业船舶登记证书) 渔船检查，全年拆解和销毁"三无"渔船 154 艘、吸蛤泵 25 具、地滚笼 13000 余个、各类违规网具 12000 米；摸底排查全市 3000 余艘 40 马力以上渔船，突出重点港口、重点船只、重点区域，加强重要时间节点的渔船监管。开展各类巡航和专项执法行动，累计出动执法人员 15200 多人次，航时 3347 小时，航程 40000 余海里。集中开展清理涉渔"三无" (无有效的渔业捕捞许可证、渔业船舶检验证书、渔业船舶登记证书) 船舶专项行动，摸底排查全市海洋涉渔"三无"船舶 891 艘，拆解涉渔"三无"船舶 154 艘，没收违禁渔具 2 万余件。

参与中国海监北海总队、中国海监辽宁省总队联合执法 5 次，历时 5 天。全年派出执法人员 7500 人次，执法行程 12 万千米，检查项目 320 个。开展海洋倾倒废弃物检查，完成市内 30 余个排污口的现场执法检查和取样工作。登检海岛 40 个，收缴罚款 70 万元。多次完成部队重大军事演习扫海警戒护航任务。

（大连市海洋与渔业局）

河 北 省

综 述

河北省海岸线长 487 千米，管辖海域面积 7000 多平方千米。有海岛 13 个，海岛面积 36.30 平方千米。河北省沿海地区处于环渤海经济圈的中心地带，海洋生物、港口、原盐、石油、旅游等海洋资源丰富，气候环境适宜，海洋灾害少，是发展海水养殖、盐和盐化工、港口运输、滨海旅游等产业的优良地带，适合进行各种形式的综合开发，具有发展海洋经济的巨大潜力。目前主要海洋产业有滨海旅游业、海洋交通运输业、海洋渔业、海洋化工业以及海洋盐业等。

海域管理

【集约节约用海】 **严把项目准入关** 加强用海生态审查，除国防、重大建设项目外不得占用自然岸线，禁止在重点海湾、海洋自然保护区的核心区及缓冲区、重点河口区域、重要滨海湿地等区域开展围填海建设。严格落实全省主要项目用海控制指标，在海域使用论证、用海预审、招拍挂方案审查、用海审批等环节中，严格执行填海造地建设项目投资强度、容积率等控制标准，限制盲目圈占海域行为。

强化集约节约用海 积极引导用海项目向园区聚集，坚持区域用海规划和围填海计划相衔接，通过差别化海域供给管理，引导、调控项目向曹妃甸、渤海新区等区域用海规划范围内已填成陆区聚集；对采用可竞争方式取得的工业、商业、商品住宅、旅游娱乐、养殖和其他经营性项目用海以及同一宗海有两个以上用海意向人的，全部实行招标、拍卖、挂牌出让。

推进海域定级和基准价格评估工作 为在招标、拍卖、挂牌出让海域使用权中确定科学合理的海域资源价格，组织技术单位完成了海域定级和基准价格评估工作。

保障重大项目用海 围绕京津冀协同发展，积极协调各有关部门、单位和当地政府，为首钢二期、渤西油气田、华电海上风电、曹妃甸千万吨炼油、海兴核电、沧州液化天然气等重大建设项目做好用海服务。

【依法科学管海治海，做好规划区划制定实施】 认真抓好省海洋功能区划、海岸线保护与利用规划、海域海岛海岸带整治修复保护规划、海岛保护规划的实施。督导秦皇岛市加强与驻军等有关部门的沟通协调，积极推进秦皇岛市海洋功能区划报批。

认真开展海域动态监视监测 全面完成海域监视监测业务，对全省 4 个区域用海规划及重点围填海项目，每季度开展一次实地监测。对海洋空间资源开展年度监测，结合遥感影像，及时发现上报用海疑点疑区。充分利用海域动态监视监测系统开展技术审核、围填海指标管理等工作，形成一大批有参考价值的成果报告，为海洋资源管控提供了技术支撑。圆满通过了国家组织的海域动态监视监测系统省、市级节点运行情况检查，省本级和唐山市考评结果为优秀。

扎实推进县级海域动态监管能力建设 扎实推进县级海域动态监管能力建设，组织沿海 14 个市县区完成海域动态监控指挥车、核心系统设备招投标，年底前 14 台海域动态监控指挥车交付使用，核心系统设备正在采购。视频会商室、机房场地改造及硬件设备建设基本完成。

主动简政放权精简审批事项 经河北

省政府同意，将省级负责的海上风电、海底电缆管道、海上透水构筑物审批权下放设区市。

【海域海岸带整治修复保护】　围绕建设"美丽海洋"总目标，突出海域海岸带整治修复项目管理，通过强化日常督导检查，推动海域海岸带整治修复项目加快实施，不断推进海洋生态文明建设。成功申报秦皇岛市成为全国首批蓝色海湾整治行动重点城市，第一批中央资金 1.6756 亿元下达，项目实施方案经专家审查修改后上报国家海洋局、财政部批准实施，督促秦皇岛市政府制发了《秦皇岛市蓝色海湾整治行动工作方案》。北戴河及相邻地区近岸海域环境综合整治项目中，6 个子项目已完成，1 个项目计划修改工程内容，按程序申请省发改委及国家海洋局批准。滦南县嘴东双龙河河口海域及海岸带综合整治修复工程、北戴河老虎石浴场及周边岬湾海岸修复工程、北戴河新区洋河至葡萄岛岸线整治与修复共 3 个海域海岸带整治修复项目全部完工。

海洋环境保护

【海洋规划建设】　3 月 7 日，报经省政府批准，发布实施了《河北省海洋环境保护规划（2016—2020 年）》，认真落实《河北省海洋生态红线》各项管控措施。

【暑期海洋环境保护】　发布实施《2016 年暑期秦皇岛海洋环境保护工作方案》。6 月份在秦皇岛召开暑期海洋环境保护工作督察会，全面贯彻"暑期工作无小事"的指导方针，增强责任意识和使命感。暑期前对秦皇岛重点浴场、港口、入海河口等区域进行检查，查找问题隐患，督导相关部门限期整改。组织省地理信息局继续对秦皇岛 8 条重点入海河流和滨海湿地的环境状况进行实时航拍，航拍面积 500 平方千米。合理布设监测站位，加密监测频率。继续实行专家会商制度，每天将监测分析结果以快报形式报送国家海洋局、北海分局和各级政府及有关部门。暑期共获取监测数据 6300 余组，编制快报 62 期，浴场监视监测周报 7 期，各项应急监视监测快报 57 期，专项技术分析报告 10 份。

【海洋环境监视监测】　制定《2016 年河北省海洋生态环境监测工作实施方案》，对各项监测任务逐月分解，按月实施，工作落实到日，任务安排到人。全年共获取数据 2.5 万个，及时发布了《2015 年河北省海洋环境状况公报》和《河北省 2016 年上半年海洋环境状况通报》。省海洋环境监测中心全年对沿海市、县海洋环境监测单位实施开放式实验室带训和技术培训，夯实从业人员的基础技术，解决工作中存在的问题，全面提升了全省监测工作水平。

【海洋观测预报减灾】　根据国家防汛工作部署和全省汛期工作要求，汛期应急期间，严格实行主要领导负责制和值班制度，应急值班电话 24 小时值守，做好应急预警报工作。遇有突发事件或紧急情况，各级海洋预报部门第一时间向地方政府和有关部门发布海洋预警报信息，同时连续滚动发布灾害变化趋势和有关防范措施信息，为地方政府和有关部门防灾减灾提供了有效的技术支撑；及时发布海洋预警报，全年共发布海洋环境预报约 2500 份，通过网络发布海洋环境预报 1200多份，通过北戴河老虎石浴场 LED 屏发布各浴场海洋预警报和防灾减灾信息 62 份。7 月 20 日，秦皇岛沿海区域发生风暴潮及强降水，期间及时组织有关技术部门提前预报、提前预判、提前预警，实时跟踪预报，科学分析灾害发展趋势，迅速编制《强降水影响下秦皇岛近岸海域及主要海水浴场环境变化分析》专题报告，得到各级政府和有关部门的肯定。

【海洋行政许可管理】　进一步缩短海洋工程环境影响评价核准时间，报告书核准时间由 30 个工作日缩短为 10 个工作日。根据新修订的海洋环境保护法要求，在核准报告书之前，在厅政务网站上公示五个工作日，广泛征求公众意见，扩大公众的知情权。认真落实海洋生态红线制度，按照《河北省海洋生态红线》管控措施审批海洋工程，严格环境准入，严控开发强度，对不符合要求的海洋工程一律不予核准。建立《河北省海洋生态红线区数据库信息管理系统》，河北是全国第一个将海洋生态红线区纳入数据库管理的省份。

【海洋生态环境保护】 对昌黎黄金海岸国家级自然保护区全年开展 2 次陆域沙丘动态变化监测，2 个航次的海域生态环境监测，210 次陆域巡护，76 次海域巡护，查扣违法吸采海肠船只 4 艘，清理私搭乱建设施 1 处，阻截、驱离进入保护区越野车 521 辆；配合省环境保护厅对昌黎自然保护区存在的开发建设活动进行了全面检查整改；完成核心区围封、远程视频监控系统、宣教系统和基础设施的建设与维护，确保监管设施正常运行；全年接待大专院校、科研单位专家、学者和学生 2000 多人次，结合"第 47 个地球日""山里孩子看大海"等活动，开展了形式多样的宣教和科普宣传。

海 洋 执 法

【全面落实日常巡查检查】 重新修订中国海监河北省总队《海洋执法检查工作制度》，规范了执法巡查、检查方式、频次等。各级海监机构认真落实辖区执法巡查制度，加强海域巡航和陆岸巡查，特别是对重点时期和重点区域，加大执法巡查频次和力度，确保执法人员履职到位，省总队所属各支队每月制定详细海域巡查和陆域巡查计划并严格予以落实。加大海上巡航执法工作力度，全年开展两次全省范围的海上远航巡航，达到了海上巡航全覆盖。

【扎实开展专项执法行动】 以秦皇岛海域海洋环境专项执法为重点，结合"碧海"和暑期办公，认真谋划、精心组织秦皇岛海域海洋环境专项执法行动。加强对海洋工程项目"事前、事中、事后"全程跟踪监视，确保海洋工程环保措施及动态监测计划落实到位。全面落实海洋生态监控区监测、执法、管理情况定期通报和信息共享制度，实现了海洋生态监控区生态环境实时监测与动态监管联动。积极开展海洋倾废执法、海砂开采执法和重点排污口监视工作。北戴河主要浴场水质不断改善，取得了明显效果，受到社会各界好评。

【"海盾"专项执法工作】 开展全省范围的专项执法集中行动，逐市进行拉网式排查，清理各类海洋违法行为，列出清单，明确责任，明确查处时间，力争不留死角、不留漏洞。全年办理海盾案件 11 件，案件查处工作到位，专项行动取得实效。制定实施《河北省无居民海岛专项执法行动实施方案》，不间断登岛巡查，及时发现和制止违法用岛、破坏海岛行为。

【严格案件查处工作】 认真处理各类海洋违法案件线索，对巡查发现、群众举报、动态监测监视发现以及上级交办、其他部门转办的违法线索，及时组织核查。涉嫌违法的，一律按照管理权限立案查处。违法线索核查后，召开会审会对核查结果进行集体讨论，保证核查报告事实清楚、定性准确，提出的处理意见符合法律规定。省海监总队处理的违法线索需要立案的，以河北省国土资源执法监察局名义书面下达有关市海洋局进行查处。全省省海洋局直接立案查处案件 2 件，市、县级海监机构立案查处案件 18 件，罚款总额 5.5 亿元。

【其他工作】 积极配合省不动产统一登记整合工作，将海域使用权登记工作移交不动产登记部门；根据国家要求，全面梳理全省涉海危化品项目，对危化品项目实行台账管理；配合北海分局完成了 2016 年海洋专项督察；配合国家海洋局、北海分局完成了重点海域权属核查验收；组织参加全国海洋人物和美丽海岛评选活动，唐山海洋牧场实业有限公司董事长张振海被评为全国"2015 年度海洋人物"。

（河北省国土资源厅）

天　津　市

综　述

　　2016年，天津市海洋系统全面贯彻落实党的十八大、十八届四中、五中、六中全会和市委十届八次、九次、十次全会精神，牢固树立"五大发展理念"，坚持把握"五大战略机遇"，紧紧围绕海洋事业科学发展的主题，以建设海洋经济科学发展示范区为龙头，以推进海洋法治建设和治理能力现代化为抓手，圆满完成各项海洋管理工作，努力为全市经济社会发展做好服务保障，为贯彻落实"十三五"规划开创了良好局面。

海洋经济与海洋资源开发

【推进海洋经济示范区建设】　按照国家发改委、国家海洋局关于全国海洋经济发展试点工作要求，加快推进示范区建设。优化海洋经济发展环境，联合8部门制定印发促进海洋经济发展的产业、财政、金融等7方面支持政策，为海洋经济发展提供支撑和保障。承办京津冀协同发展、自由贸易实验区等发展战略工作，向天津市发改委、自贸区管委会等对口部门按时报送相关材料。编制示范区建设情况、示范区工作总结等文稿报送国家发展改革委、国家海洋局，完成天津市政府、天津市委信息处约稿，报送国务院办公厅。9月，国家发改委、国家海洋局召开海洋经济发展经验交流会，明确海洋经济依然是国家"十三五"发展的重点方向，国家将进一步推进试点建设。

【实现海洋经济提质增效】　以财政部、国家海洋局海洋经济创新发展区域示范项目为抓手，加快调整海洋产业结构，培育壮大海水淡化、海洋工程装备制造等海洋战略性新兴产业，形成了产业集聚和放大效应，在国家年度检查考核中，天津区域示范项目连续两年被国家考核组评为"优秀"；积极指导滨海新区政府参加财政部、国家海洋局联合组织的"十三五"海洋经济创新发展示范城市申报工作，使其获批"全国海洋经济创新发展示范城市"；联合相关单位成功举办第二届中国（天津）国际海工装备与港口机械交易博览会，展会期间，同步举行了产需对接会、投资宣讲、海洋产业创新与发展国际论坛、实地参观考察等系列活动，实现了高水平、多方位、深层次的合作与交流。

【探索推进海洋金融创新】　一是开展海洋金融创新，积极探索金融促进海洋经济发展的新路径，为海洋经济发展提供坚实的资金保障，范围和影响不断扩大。二是探索设立海洋经济发展引导基金，充分发挥财政资金的撬动作用，鼓励社会资本进入海洋经济投资领域，联合相关部门制定海洋经济发展引导基金设立方案。三是推进开发性金融促进海洋经济发展试点，申请融资额度达190多亿元，项目数、申请融资额度全国最高。推进融资租赁加快装备改造升级，积极参与市"支持企业通过融资租赁加快装备改造升级"，协调融资租赁对海洋项目加大支持。四是加强与金融机构合作，研究海洋企业及项目建设，构建海洋银行、建立海洋卡服务模式。

【开展海洋经济调查工作】　一是按照国家海洋局统一部署，全面开展全国海洋经济调查的前期准备工作。申请成立了由天津市海洋局、天津市统计局、滨海新区政府等部门组成的调查领导小组。二是编制了实施方案和专项细化方案。根据国家调查方案，组织编制了天津市调查实施方案和涉海清查、产业调查、专题调查、质量控制、数据处理 5 个专项工作细化方案，形成"1+5"的调查方案基本框架，并获得全国调查办充分肯定。制定了 6 项相关管理办法，规范天津市调查工作的管理流程。积极落实调查经费，申请天津市财政拨付 170 万前期工作经费，用于调查准备工作的开展。

海洋立法与规划

【完成重点规划编制任务】　出台《天津市海洋经济和海洋事业发展"十三五"规划》　海洋经济和海洋事业发展"十三五"规划是全市重点专项规划，由天津市海洋局牵头组织编制，2016 年是编制报批的最后冲刺阶段，天津市海洋局认真学习领会国家和本市"十三五"规划纲要精神，积极与相关专项规划进行对接，扎实做好规划深化完善工作。1 月 28 日，组织召开"天津市海洋经济和海洋事业发展'十三五'规划编制工作领导小组会"，进一步对规划指标数据进行测算，力求准确科学。按照全市重点专项规划报批程序和时间节点要求，2 月，向全市相关管理部门、涉海功能区、大型企业、科研院所等 80 家单位印发了规划征求意见函，收到反馈意见 78 条，共吸收采纳 61 条，调整了规划定位，并对规划相关内容进行了修改完善。3 月 25 日，组织召开了规划专家论证会，来自市委研究室、市政府研究室等单位的 7 位专家深入讨论，并予以高度评价。4 月 14 日规划报请分管市长审定并于 9 月 6 日经市政府批准实施。为更好地推动规划实施，天津市海洋局起草了落实规划的任务分工，组织编制了市海洋领域 2016 年度"十三五"规划实施情况监测分析报告。

　　编制《天津市海洋主体功能区规划》　2015 年 8 月 1 日，国务院印发了《全国海洋主体功能区规划》，要求沿海省级人民政府负责《规划》的实施，编制省级海洋主体功能区规划。为了进一步推动此项工作，国家发改委、国家海洋局与市发展改革委共同起草了《天津市海洋主体功能区规划编制工作方案》并由两部门联合印发。成立了以天津市发展改革委分管领导为组长，天津市海洋局分管领导为副组长的规划编制联合工作组，明确了联合工作组成员，建立了规划编制联络员队伍，落实了规划编制经费，确定规划编制单位为国家海洋信息中心。编制完成规划文本后，先后两次征求了有关单位意见，并于 7 月 4 日，组织召开规划专家评审会，经市政府研究室、市经济发展研究院等单位的 7 名专家评审通过。经市领导同意，于 8 月中旬报送至国家发展改革委、国家海洋局综合协调，并征求了河北省发展改革委、河北省海洋局意见。10 月 10 日，两部委在京召开《规划》审查会，提出增加规划指标和调整限制开发区域两条主要意见，《规划》均予采纳，修改形成的《规划（送审稿）》再次报送两部委做进一步审查。

【法治机关建设有序推进】　推进立法进程，完善制度体系　立法领域，开展《天津市海洋观测预报管理办法（草案）》调研，就《办法（草案）》向天津市法制办有关领导做了专题汇报，并向天津市政府法制办报送了调研报告。密切联系天津市人大做好《天津市海域使用管理条例》修订的前期准备和把关工作，争取《条例》列入市 2017 年度立法工作计划。出台了《天津市海洋听证工作规则》《天津市海洋局关于规范行政处罚自由裁量权的若干规定》《天津市海洋局内部重大行政决策合法性审查办法》《天津市海洋局法律顾问工作规则》《天津市海洋局行政应诉工作暂行办法》等 5 项管理制度。编印并发放《天津市海洋局行政管理制度汇编》。

　　坚持依法行政，发挥职能作用　依法做好海洋听证工作。落实重大行政决策听证制度，全年共完成海洋工程建设项目环境影响听证会 28 项。建立专职听证员、记录员队伍，为进一步规范海洋听证工作奠定了较好的基础。加强行政执法与刑事司法衔接，建立了与天津海事法院的合作机制，包含了行政司法机关建设互促机制、建章立制与规范化建设中的互助机制等 9 项具体措施。

按照中央、国家海洋局、天津市人民政府"七五"普法规划相关要求，制定了《天津市海洋法治宣传教育第七个五年规划（2016—2020 年）》并上报国家海洋局。先后组织开展行政诉讼法专题讲座，开展"12·4 宪法日"宣传活动等多项普法活动。发布各类法治信息共计 24 篇。

海域使用管理

【启动天津市海岸线的修测工作】 编制修测工作方案，完成公开招标和政府采购。国家海洋信息中心中标，已初步确定海岸线走向，正开展外业测量工作，年底前完成初步成果。

【修订完善《天津市建设项目用海规模控制指导标准》】 结合天津市海域管理工作实际需求，在收集了国家对海洋产业管控的新政策新要求、国家及沿海省市海域管理相关标准、在对天津市沿海功能区和研究院所进行现场调研座谈的基础上，编制完成了《天津市建设项目用海规模控制指导标准》修订初稿和《天津市建设项目用海规模控制指导标准修订调研报告》。

【海域动态监视监测系统升级改造和管理工作取得实质性成效】 天津市县级动态监管能力建设项目在 2016 年 7 月已完成了市局统招的设备项目的采购，完成了应急指挥车的招标采购工作，完成了核心系统招标采购的前期工作，即将发布公告。已完成了 cors 基站采购方案的制订，即将开展采购。正在进行无线频段的使用申请工作，已经完成无线信号现场勘测工作，等待批复。

【顺利完成海域使用权登记向不动产登记工作的过渡】 天津市不动产统一登记工作正式实施，为满足不动产登记和海域管理工作的要求，实现天津市国土资源网络的不动产登记平台与海域动态专网的业务平台数据的实时共享，拟采用专线方式实现两网的互联互通，系统间通过接口方式传递数据。完成了系统开发和测试工作，彻底实现数据共享。

【加快已批复的海岸带整治修复项目的实施进程】 大沽排污河综合整治及续建项目共投资约 2.0661 亿元，计划中央分成海域使用金支持 4733 万元。该项目实际使用中央分成海域使用金 43237541 元，已全部拨付到位。该资金支持的工程部分已于 2016 年 4 月完成，并于 2016 年 5 月 13 日通过了专家验收会。该项目的竣工，可有效的整治河口海域海岸带生态系统，明显改善海河河口海域生态景观；增加了大沽排污河河口地区的纳潮量，提高了河道行洪排沥能力；提升该区域防潮防汛的功能。

海 岛 管 理

【加强海岛保护执法工作】 依据《天津市海岛定期巡查工作制度》的要求，中国海监天津市总队下发了《中国海监天津市总队关于开展 2016 年度海岛定期巡查工作的通知》（津海监〔2016〕6 号），布置了 2016 年海岛定期巡查工作，并组织塘沽支队定期对天津三河岛开展登岛检查，截至目前，共组织登岛检查 61 次，未发现改变海岛现状的行为。

《关于加强海洋调查工作的指导意见》出台 2015 年 2 月 27 日，国家海洋局、国家发展和改革委员会、教育部、科技部、财政部、中国科学院、国家自然科学基金委员会等 7 部委联合印发《关于加强海洋调查工作的指导意见》。该意见就海洋调查规划和法规建设、海洋调查活动规范、海洋调查资料管理和共享应用、海洋调查保障能力建设、组织实施等提出建议。该意见的出台，对于推动海洋调查资料管理和共享应用，加强海洋调查保障能力建设具有重要意义。

《水污染防治行动计划》印发 2015 年 4 月 2 日，国务院印发《水污染防治行动计划》，计划提出到 2020 年，全国水环境质量得到阶段性改善，污染严重水体较大幅度减少，饮用水安全保障水平持续提升，地下水超采得到严格控制，地下水污染加剧趋势得到初步遏制，近岸海域环境质量稳中趋好，京津冀、"长三角""珠三角"等区域水生态环境状况有所好转。《水污染防治行动计划》从全面控制污染物排放、推动经济结构转型升级、着力节约保护水资源、强化科技支撑、充分发挥市场机制作用、严格环境执法监管、切实加强水环境管理、全力保障水生态环境安全、明确和落实各方责任、强化公众参与和社会监督十个方面开展防治行动。

《突发环境事件应急管理办法》出台　2015年4月16日，环境保护部第34号部令公布《突发环境事件应急管理办法》，自2015年6月5日起正式施行。该办法共八章四十条，对风险控制、应急准备、应急处置、事后恢复、信息公开以及责任追究等作出规定。

《风暴潮、海浪、海啸和海冰灾害应急预案》修订　2015年5月28日，国家海洋局修订印发《风暴潮、海浪、海啸和海冰灾害应急预案》。此次修订内容主要体现在8个方面：一是调整了适用范围。二是应急响应级别与警报级别不再自动逐一对应。三是增加了应急响应级别研判和领导签发环节。四是将行政部署环节提前。五是丰富了应急观测和数据传输相关内容。六是调整了警报制作的发布形式。七是规范并丰富了应急决策服务和灾害调查评估的内容。八是增加了应急工作情况公开等内容。同时，修订后的《风暴潮、海浪、海啸和海冰灾害应急预案》还增加了应急响应启动标准简表、应急响应程序简表等内容，方便海洋灾害应急工作者使用。

海洋环境保护

【海洋生态环境保护进一步强化】　完成海岸修复与生态系统保护与修复项目　为向天津市海域海岸带生态环境保护修复工作提供了有力技术支持和成功示范借鉴，同时进一步提升天津市海洋生态环境保护管理能力。上半年，天津市海洋局组织完成了中央分成海域使用金支出项目（环保类）——"滨海旅游区海岸修复生态保护项目""大神堂浅海活体牡蛎礁独特生态系统保护与修复项目"结题验收工作。两项目以实现滨海新区海洋生态服务功能的可持续开发利用为目标，累计建设投放人工鱼礁4600个，牡蛎礁6万袋，放流各类海洋686万尾（粒），建成海上及海岸生态环境保护修复技术示范区2个，海洋生物养护设施4个，海上监视监控平台1座。

严格海洋环境影响评价审批工作　2016年共完成30个海洋工程环境影响评价项目的审批前期工作，针对海洋工程环境影响评价报告书内容和征求意见事宜与法定的有关行政审批部门做好沟通对接。为了更好地服务于大项目，天津市海洋局积极与国家海洋局就"两化"搬迁改造项目填海工程海洋环境影响评价工作进行了多次汇报和沟通，同时与北海分局做好听证衔接，并在天津市海洋局网站上对"两化"搬迁项目简本和专家意见进行公示。

【保护区建设与管理不断加强】　编制完成《大神堂特别保护区管理办法》初稿并通过专家评审，《天津大神堂牡蛎礁国家级海洋特别保护区总体规划》通过专家论证。完成自然保护区年度监测任务，完成了永久性保护生态区域考核工作，加大科普宣传、日常巡查和专项执法力度，有效保护生态系统。

海洋生态文明

【推进海洋生态红线区管控体系建设】　2016年天津市海洋局从制度建设、监管系统研发、界碑布设和常规监测四方面着力推动天津市海洋生态红线区监管体系建设。2016年12月，组织编制的《天津市海洋生态红线区管理规定》由市政府办公厅转发实施。天津市海洋生态红线区管理信息系统实现业务化运行，有力提升了天津市海洋生态红线区管理信息化水平。组织完成了天津市海洋生态红线区陆域界碑制作布设工作，完成了 2016 年度天津市海洋生态红线区专项监测任务，获得专项监测数据 500 余组，覆盖海水、生物和沉积环境三大类介质设置 40 项指标，全方位监测评价天津市海洋生态红线区环境状况，及时掌握红线区生境变化，为红线区管理工作提供信息支持。

【稳步开展海洋生态环境监测与评价工作】
结合国家海洋局年度海洋生态环境监测工作部署要求，从天津市实际监管需求出发，天津市海洋局组织制定印发了 2016 年天津市海洋环境监测工作实施方案和质量保证工作方案。2016 年共设置各类监测站位 128 个，累计开展陆域、海上调查作业 107 天次，圆满完成了 2016 年度各项监测任务，获取各类监测数据 16000 余组，在此基础上组织编制发布了《2016 年天津市海洋环境状况公报》。

【扎实推进"蓬莱 19-3"油田溢油事故生态修复项目】 截至 2016 年 11 月 14 日，"蓬莱19-3"油田溢油事故天津市生态修复全部 22 个项目总体进展顺利，按照预期进度稳步推进。"蓬莱 19-3"油田溢油事故天津市生态修复项目共 22 个，总经费 1.94 亿元，经费执行率达到 89.8%。目前，22 个项目已全部启动，已完工项目 13 个，正在实施项目 8 个，正在履行招标程序项目 1 个，并对 13 个结题项目进行审计，其中 12 个项目组织了结题验收，未完成项目承担单位正抓紧推进工作。在环渤海三省一市中，天津市项目进度处于前列。

海洋环境预报与防灾减灾

【开展常规海洋观测预报】 为做好天津市海洋观测预报及信息服务能力，在扎实做好海洋观测预报工作基础上，天津市海洋局积极拓展海洋环境预报信息发布渠道，每天在 T1 新闻频道《第一观察》时间段播放天津近岸海域环境预报信息，同时，广泛利用广播、网络、微博、微信等宣传媒介发布天津近海

海浪、水温、海面能见度、潮汐等海洋环境预报信息，2016 年度，通过各种渠道累计发布常规海洋环境预报信息 2135 期，精细化预报服务方面，新增 4 个精细化预报服务区域，累计发布 24 小时、48 小时以及 72 小时海温、浪高、潮汐等海洋环境要素精细化预报信息 840 期。2016 年度，天津市海洋局组织发布风暴潮消息 3 期，警报 13 期，风暴潮警报解除通报 6 期；发布海浪消息 2 期，警报 14期，海浪警报解除通报 5 期。

【着力推动天津市海洋预警报能力升级改造项目】 2016 年，天津市海洋局以天津市海洋预警报能力升级改造项目实施为抓手着力提升天津市海洋观测预报业务水平。按照国家海洋局批复的《天津市海洋预警报能力升级改造项目具体实施方案》，将项目整体分为 16个子项目实施，项目整体执行率已超过 75%。

【强化海洋防灾减灾管理】　强化组织领导，落实海洋防灾减灾管理责任　为应对"720"渤海气旋海洋灾害过程，在接到《关于启动国家海洋局海洋灾害 IV 级应急响应的通知》后，立即组织召开天津市海洋局应对"720"渤海气旋海洋灾害过程工作会议，7 月 19 日下午针对薄弱岸段进行视察，并对天津市海洋环境监测预报中心进行了检查，确保观测系统稳定运行。按照《天津市海洋灾害应急预案》启动了海洋灾害（风暴潮、海浪）II级应急响应，组织全市 26 家成员单位加强应急值守，按照职责分工做好风暴潮、海浪灾害防范应对工作。7 月 18 日至 21 日，天津市海洋局实行 24 小时值班，加强组织领导，确保人员到位，随时了解海上实际情况和渤海气旋发展趋势。

多举措提高海洋防灾减灾意识　通过组织开展了 2016 年天津市海洋局系统海洋灾害应急管理专题培训，进一步提高海洋灾害应急管理工作人员的专业管理能力。通过组织《天津市海洋灾害应急预案》中 11 个成员单位开展 2016 年天津市海洋灾害应急演练，从

而加强各成员单位协调联动，完善统一指挥、科学高效、规范有序的海洋灾害应急响应机制，提高天津市应对海洋灾害能力，具有积极促进作用。

海洋执法监察

【海域使用执法】 开展"海盾2016""养殖用海"等专项执法行动，加大对各类违法用海行为的执法力度，全年共检查各类海域使用项目393宗，出动船舶63航次，航程2080.8海里，派出执法车辆479车次，执法人员1778人次。共立案查处海盾案件3宗，已执结1宗，收缴罚款185.99085万元，另外两宗正在调查取证。

【海洋环境保护执法】 开展"碧海2016"专项执法行动，以查处海洋环境违法大案、要案为重点，全年检查海洋工程项目135个，海洋环境违法案件执结率100%，收缴罚款18万元。

【保护区执法】 开展保护区日常巡护累计786人次，巡护里程40206千米；结合卫星遥感监测报告，对2013年以来新增或规模扩大的人类活动有关问题的41个点位进行了现场核查；案件处理方面，截至十月底，共发现并责停违规行为13起，向天津市滨海新区、宁河区有关单位、乡镇发函、通报违法建设活动情况22次，依法查处1起，拆除违规设施1个，基本做到了有案必查、一案一策、多措并举；专项执法方面，开展了"春季护鸟""清网行动"等专项联合执法行动，有力打击和威慑了七里海湿地内针对鸟类的犯罪。

【水污染防治工作】 中国海监天津市总队积极开展岸线巡视巡查和海洋生态红线日常巡查巡护工作，要求各支队每周不少于1次岸线巡查。结合日常巡查计划，海监总队加强对已批准用海项目的监督和巡查，从严查处违法围填海行为。

【打击内河船舶参与海上运输专项治理行动】 为切实维护好天津港海域交通运输安全，按照市政府统一部署，派遣中国海监3011、3012船搭载执法队员赴马棚口海域值守待命，参加天津市交通运输委牵头组织开展的打击内河船舶参与海上运输专项治理行动。截至8月31日，任务历时92天，共完成13个航次保障任务，累计航行230小时，航程1588海里，在任务海域监视取证31天，配合海事和海事公安抓扣各类非法运输船舶8艘，有效震慑内河船舶非法从事海上运输的违法行为，专项治理工作成效显著。

海洋行政审批

全面梳理与审批相关的公共服务事项，统一事项目录和办理指南，制定SOP，公共服务事项进入"中心"集中办理、规范管理。编制上报了行政许可事项操作规程，经与天津市审批办沟通，已确认定稿。截至目前（11月15日），行政审批事项69件（其中，海洋工程建设项目环境影响报告书许可29件，海洋倾倒废弃物审批2件，海域使用权审核38件），提前办结率100%，受到用海申请单位的一致好评。共审核批准用海项目38宗（其中新批准用海项目26宗，续期项目11宗，临时用海1宗），批准用海面积1121.4505公顷。

海 洋 科 技

【实施科技兴海培育新动能】 围绕关于深化创新驱动部署要求，提升海洋科技创新能力，支撑引领海洋经济中高速、中高端发展。经市政府批准同意后联合印发全市实施《天津市科技兴海行动计划（2016—2020年）》。向国家海洋局申报的临港海洋高端工程装备制造产业科技兴海示范基地列入"国家科技兴海产业示范基地"，获得国家海洋局批准并颁牌。推进国家海洋设备定型测评中心建设，拓展渤海监测监视基地支撑服务功能，推进与国家海洋技术中心在基地共建"国家级海洋设备定性测评中心"。组织17家优秀企业参加"第三届国际海洋科技与海洋经济展览",获得了"最佳组织奖"。切实加强科技兴海项目管理,先后组织完成了2014年、2015年度立项的30项科技兴海项目中期检查,认真督促各单位完成问题整改。先后完成了20个科技兴海项目的结题验收,及时将结题项目成果归档入库,为项目成果转化应用做好保障。

海 洋 教 育

【宣传日活动】　围绕"减少灾害风险 建设安全城市"活动主题,组织开展2016年"5.12防灾减灾日"科普宣教活动。展示展出赤潮、风暴潮、海浪、海啸灾害科普知识宣传展牌60余块,发放《天津市海洋灾害应急预案》《天津市海洋防灾减灾知识手册》各类宣传册、宣传书签1000余份。宣传活动收到了良好的社会效果。

【公益宣传活动】　配合国家海洋局策划并组织了《人民日报》、新华社、《中国海洋报》等9家中央媒体参加的"海疆生态行"主题宣传活动;借助"5.12"防灾减灾日、"6.8"全国海洋宣传日平台,在中国海监"3011"船组织海上自救应急培训演练、开放中国海监"3015"船和大港贝壳堤博物馆,通过主题宣传,进一步拓展天津海洋工作的影响力。

【媒体宣传报道】　加强政务网站、政务微博的运维管理,政务网站平稳运行,政务微博刊发信息质量稳步提升。与天津市委办公厅、天津市政府办公厅信息处和天津政务网办公室沟通,及时掌握政务舆情、政务信息报送要点,报送各类政务信息23条。组织新闻媒体,积极宣传海洋生态文明建设、海洋强市建设的好经验、好做法和工作成效。在《中国海洋报》、天津电视台、《天津日报》《今晚报》等主流媒体刊发各类消息、通讯等数十篇,取得了较好的反响。

海 洋 文 化

国家海洋博物馆建设进展顺利,主体结构工程建设全部完成。积极协调参建单位,在保证安全和质量的前提下,不断克服施工难题,推进施工进度,于8月12日完成主体结构工程建设,并顺利通过主体结构验收。展陈设计工作基本完成。确定了"总体规划,分期开馆"的总体思路和展陈设计"三结合"的原则,目前已完成海洋人文、海洋自然等一期开馆展厅施工图设计。藏品征集工作成效明显。坚持展品导向,以满足首期开馆展品需求为第一要务。截至目前,累计征集各类藏品4.93万件,其中今年新增藏品1306件。组织开展文物定级,当前珍贵文物数量已达2000件左右。按照首期开馆展品需求测算,上展展品需求总量约为5252件套,目前已征集上展展品3131件,首期开馆满足率达到90%。

(天津市海洋局)

山 东 省

综 述

山东省濒临渤海和黄海。大陆海岸线北起冀、鲁交界处的漳卫新河河口，南至鲁、苏交界处的绣针河河口，海岸线长达 3345 千米，占全国海岸线 1/6 强。相对应的海洋面积达 15.96 万平方千米，与山东省陆地面积相当；全省共有海岛 456 个，海岛总面积约 111.22 平方千米，海岛岸线长约 561.44 千米；1 平方千米以上的海湾 49 个，海湾面积 8139 平方千米；潮间带滩涂面积 4395 平方千米，负 20 米浅海面积 29731 平方千米。

海洋经济与海洋资源开发

【海洋经济保持较快发展势头，海洋战略性新兴产业快速崛起】 按照山东省委、省政府关于发挥海洋优势、补齐发展短板的部署，编制印发了《山东省"十三五"海洋经济发展规划》，谋划和推进海洋经济发展。一是开展海洋经济创新发展示范。青岛、烟台获批成为国家"十三五"海洋经济创新发展示范城市，共获中央财政 6 亿元奖励；潍坊海洋战略性新兴产业示范基地获批成为国家科技兴海产业示范基地，有力推动了海洋生物、海洋装备等战略性新兴产业集群发展。二是开展海洋经济运行监测与评估。全省海洋经济运行监测与评估系统通过国家验收，开展了 50 家海洋企业统计直报试点。加快海洋特色产业园区建设，青岛西海岸新区海洋生物产业保持领先，潍坊滨海新区海洋动力装备、海洋化工、临港经济等产业加速聚集，威海南海新区形成先进海洋装备、海洋新材料、海洋食品等产业体系，烟台东部新区重点打造海洋创新孵育平台和载体。全省已建设省

级海洋特色产业园区 18 个，聚集海洋企业 5190 余家，引领了海洋经济转型升级。支持成立了山东省海洋发展研究会，打造了山东省首家海洋智库。三是推进开发性金融促进海洋经济发展试点。全省向国家开发银行报送试点项目 21 个，申请贷款总额度 78.29 亿元。山东省海洋与渔业厅与山东省农业发展银行签订了战略合作框架协议，未来三年提供不低于 200 亿元人民币的授信额度，支持山东省海洋生态修复、新兴产业培育、海洋公共服务等领域发展。四是推动东亚海洋经济合作交流。国家海洋局和山东省政府签署了共建合作框架协议，东亚海洋合作平台正式揭牌成立。成功举办了合作平台首届黄岛论坛，向全球发布了"2016 东亚海上贸易互通指数"和《2016 东亚海洋经济发展分析报告》，为促进东亚地区海洋经济发展提供了路径指引。

【海域资源利用更加规范科学，综合管控能力显著提升】 一是优化海洋空间布局。编制完成了《山东省海洋主体功能区规划》。二是做好用海大项目保障服务。国务院批准了省级海洋功能区划局部修改方案，促进了青岛西海岸新区建设和日照港石臼港区转型。在国家大量缩减围填海计划指标的背景下，山东省争取增加计划指标 400 公顷，保障了烟台港、东营大唐发电、德龙烟铁路等一大批国家、省重点项目建设。三是"数字海域"工程稳步推进。建设了全省海域核心数据库，海域数字化展示、动态监视监测、使用项目管理等系统建设取得新进展。四是推进海域管理机制创新。出台了海域海岛使用权招拍挂出让办法，海域海岛资源市场化配置迈出重要一步。制定下发了《莱州湾特定区域海域使用

管理若干意见》，特定海域管理实现新突破。

海洋立法与规划

【《山东省海洋功能区划（2011—2020年）》局部修改方案获批实施】 在该区划局部修改方案上报国务院后，2016年重点加强沟通协调，按照国家部委有关意见进一步调整范围，完善文本内容。经国务院同意，2016年8月25日，国家海洋局印发批复文件。该区划局部修改方案主要对青岛西海岸部分海域、日照部分海域的海洋功能区划进行调整，涉及海域总面积约285平方千米。该区划局部修改方案的获批实施，对推动青岛西海岸新区国家战略实施、加快日照港石臼港区转型发展、拓展山东省海洋经济发展空间具有重要意义。

【编制完成了《山东省海洋主体功能区规划》】 根据国家发展改革委、国家海洋局要求，山东省海洋与渔业厅与省发展改革委联合启动了《山东省海洋主体功能区规划》编制工作。该规划先后征求了相邻江苏、河北、辽宁三省，沿海七市政府及省直有关部门的意见。2016年12月12日，《山东省海洋主体功能区规划》首批通过了国家发展改革委和国家海洋局的审查。该规划对全面推动山东省海洋领域实现"多规合一"，构建可持续发展的海洋主体功能区格局，打造具有国际先进水平的海洋经济改革发展示范区具有重要意义。

【编制完成了《山东省海岸线保护规划》，建立科学合理自然岸线保护新格局】 为全面加强生态文明建设，中央全面深化改革领导小组办公室、山东省委全面深化改革领导小组办公室先后将实施自然岸线保有率目标列为重点改革任务之一。山东省海洋与渔业厅和山东省发展和改革委员会联合启动了《山东省海岸线保护规划》编制工作，通过遥感影像、实地调查等多种手段对山东省大陆海岸线进行了详细摸底调查，收集更新了海岸线基础数据和资料，历经10余次调研、座谈、咨询、论证等研讨，先后3次征求地市意见、数次修改完善，形成了《山东省海岸线保护规划》。《山东省海岸线保护规划》的实施，将有效保护全省大陆自然岸线资源和海岸原始自然景观，落实自然岸线保有率控制制度，加快推进海岸带地区生态文明建设水平，促进沿海地区社会经济可持续发展。

海域使用管理

严格落实围填海计划管理制度。强化海域使用精细化管理，进一步落实集约节约用海。今年国家对围填海计划指标大幅压缩，山东省严格执行围填海计划台账管理，不超计划安排、使用指标。在海域审批工作中，严格落实国家、山东省有关规定，严控向产能过剩行业供海。依据《山东省用海项目控制指标体系（试行）》，加强对用海项目填海规模合理性审查，2016年共压减各类围填海项目用海面积100余公顷。2016年，山东省共计安排围填海计划指标1399.1990公顷。

海 岛 管 理

【齐鲁美丽海岛评选】 组织开展了齐鲁美丽海岛评选活动。为宣传、推介山东省丰富多彩的海岛旅游资源，引导沿海地方政府和涉海部门加大海岛保护力度，增强社会公众的海洋意识。山东省海洋与渔业厅会同山东省旅游发展委员会开展"齐鲁美丽海岛"评选工作。经过市县推荐、专家评选等环节，评选出刘公岛、灵山岛、南长山岛、海驴岛、达山岛、小青岛、大黑山岛、崆峒岛、砣矶岛、小管岛等10个海岛为山东省首批"齐鲁美丽海岛"。

【海岛保护规划编制】 《山东省"十三五"海岛保护规划》出台。根据《全国海岛保护"十三五"规划》和全国海岛工作会议精神，编制了《山东省"十三五"海岛保护规划》。到2020年山东省海岛保护要实现"管理制度基本完善""海岛生态保护显著加强""海岛保护与利用科学规范""特殊用途海岛得到严格保护""海岛人才队伍更加完善"等五大目标，为山东省今后五年海岛保护工作奠定重要规划基础，海岛保护工作再上新台阶。

【领海基点海岛保护】 加强领海基点所在海岛的保护与管理。2016年6月，利用省专项资金，开展了苏山岛、朝连岛等领海基点海岛的监视监测工作，全面摸清领海基点海岛周边海域水深资料和海底地形地貌，确保领海基点稳固安全，维护国家海洋权益。

【无居民海岛开发利用管理】 加快推进用岛审批工作。积极推进千里岩、土埠岛等无居民海岛登记确权工作，指导做好单岛规划和论证报告书编写，组织专家登岛踏勘，召开专题会议研究推进工作，为无居民海岛保护与利用打下坚实基础。

海洋环境保护

【全面建立全海域海洋生态红线制度】 2016年1月，山东省政府办公厅下发了《关于划定黄海海洋生态红线和建立全海域海洋生态红线制度的通知》，连同之前通过的渤海海洋生态红线划定方案，标志着山东省率先建立实施了全省全海域海洋生态红线制度。全省海域共划定海洋生态红线区224个，其中禁止开发区59个，限制开发区165个，生态红线区总面积9669.26平方千米，占全省管辖海域总面积的20.4%，全省重要海洋生态脆弱区、敏感区实现了全覆盖，为"十三五"海洋生态环保工作提供了重要管控机制。充分发挥海洋生态红线管控约束监督作用，在海洋开发和工程建设中，严守海洋生态红线。重点在用海项目环境影响评价中，加强项目用海与生态红线区符合性分析。

【海洋生态补偿制度】 制定发布海洋生态补偿管理办法和地方标准。编制完成《山东省海洋生态补偿管理办法》，补偿范围由原来的生态损失补偿，扩展到生态保护、生态损失全面补偿，补偿内容由原来的生物资源补偿扩展到生物资源、生态服务功能损失全面补偿。2016年1月，经山东省政府同意印发实施《山东省海洋生态补偿管理办法》，提升了生态补偿法律效力。同时，修订完善了作为配套补偿标准的《山东省用海建设项目海洋生态损失补偿评估技术导则》。

【海洋环境监测评价体系建设】 目前，全省共建成34个海洋环境监测机构，初步形成了以省监测中心，沿海7市海洋监测中心（站）和26个县（区）级监测机构组成的三级海洋环境监测业务体系。2016年，重点加强全省海洋环境监测评价体系现代化和信息化建设。印发实施《山东省海洋环境监测与评价体系"十三五"建设规划》和《山东省海洋环境实时在线监测系统布局规划》两个规划，为"十三五"全省海洋环境监测评价体系建设奠定了基础。初步开发完成全省海洋环境监测评价信息系统建设，进入试运行；初步建成了渤海溢油在线监测系统，实现已经建成运行的8套浮标系统实时显示。

【海洋工程监管】 完善海洋工程环评改革，开展海洋工程环评监督专项检查。加强环评核准权限下放后事中、事后监管，进一步研究明确事中、事后监管的责任。完成海洋工程环评核准权限下放后续事宜专题调研，研究提出了在海洋工程建设项目环境影响评价、海洋工程建设项目施工期环境影响跟踪监测、海洋工程建设项目竣工环保验收工作等方面存在的问题和整改措施。

海洋生态文明

【出台并实施全省海洋生态文明建设意见和规划】 在前期工作基础上，经山东省政府同意，印发实施《关于加快推进全省海洋生态文明建设的意见》和《山东省海洋生态文明建设规划（2016—2020年）》。全省海洋生态文明建设进入省委省政府重要决策。启动开展海洋生态文明建设 7 个试点和 5 大工程建设。探索提出了山东省海洋生态文明建设专家行。采取一市一行，逐一施策，通过邀请国家和省内海洋生态文明建设相关领域知名专家，开展前期现场调研、座谈、质询，进行专家讲评，形成该市海洋生态文明建设的专家意见，提出具体的方向思路、任务措施、路径模式等海洋生态文明总体解决方案。精心组织实施山东省海洋生态文明建设专家行首站日照行活动。通过解剖日照具有海洋生态文明建设特色的样本城市，形成专家意见和解决方案，推进了全省海洋生态文明建设新进展，并为全国海洋生态文明建设理论和实践的结合进行有益探索。

【海洋生态文明建设示范区及保护区建设】
2016 年山东省新建国家级海洋公园 2 处，共建立国家级海洋保护区 29 处、省级 9 处，总面积 70 多万公顷，形成了较为完善的保护区体系。实施海洋保护区分类管理，推进海洋保护区管理创新。组织由国家有关单位专家、沿海市海洋与渔业局专业管理人员参加的检查组，采取交叉检查和互评打分的方式，对全省国家级及省级海洋保护区进行了专项检查。

海洋环境预报与防灾减灾

【海洋预报减灾体系建设扎实推进】　体系建设从 2015 年 6 月 19 日在东营召开会议进行全面动员部署，2016 年青岛市机构编制委员会办公室正式批复，在青岛市海洋与渔业局设立海洋减灾中心。威海市已经批准成立海洋环境保护与预报减灾科，并申请将威海市海洋环境监测中心名称调整为威海市海洋环境监测与预报减灾中心，增加海洋观测预报和海洋防灾减灾职能，已经调整人员负责海洋预报减灾业务。无棣县、昌邑区、东营区成立了业务机构或明确职责、调整人员，积极主动开展工作。山东省海洋预报减灾中心坚持中心改造和业务建设一起抓，各项工作进展顺利，目前，已经搬迁到新办公地点，并

完善了相关内部管理及业务工作规范，基本实现了省级节点海洋减灾工作的业务化运行。

【海洋预报减灾工作秩序逐步规范】　为加强项目组织、实施和管理，保证建设质量，提高投资效益，制定下发了《山东省海洋预报减灾能力建设项目管理办法》，从项目分工、组织实施、监督检查、竣工验收、运行管理等方面对项目建设进行规范，提出了明确要求。依据国家海洋局新修订的《风暴潮、海浪、海啸和海冰灾害应急预案》，针对山东省海洋预报减灾工作新形势，新修订了山东省海洋灾害《应急预案》。同时，对山东省海洋与渔业厅直属相关单位和沿海各市制订的《应急预案》实施备案制度，实现了各级预案的有效对接。

【海洋预报减灾服务水平不断提升】　2016 年继续加强常规海洋环境预报和海洋灾害警报的制作和发布，通过传真、邮件、电视、微信、微博、手机 APP 等多种方式及时向山东省沿海各级人民政府、海洋主管部门、涉海企事业单位、社会公众等及时发布预警信息，共发布各类预报、警报产品两万余份。开展与山东省气象局的战略合作，与山东省气象局签署了《山东省海洋气象战略合作协议》，自 2016 年 7 月 1 日，石岛海洋气象广播电台正式播报山东省风暴潮、海浪、海啸和海冰灾害警报。石岛海洋气象广播电台语音广播覆盖半径 2500 千米，预警信息发送覆盖半径 1500 千米。有效增加了山东省海洋灾害预警信息的发布渠道，扩大了预警信息的覆盖范围，为山东省海洋渔业生产和海洋防灾减灾提供了有力保障。

【海洋预报减灾基础工作取得进展】　海洋灾害风险区划信息系统目前已完成台风/温带风暴潮、海平面上升、海浪、海冰、海啸五大灾种风险评估和区划成果的数据整合可视化、地图服务网络发布及信息集成工作，完成数据查询、测量标绘、地图互操作、视图书签等核心功能的研发。同时，系统后台为"智

慧海洋"平台发布了 50 余个符合 OGC 标准的成果服务图层，用于成果数据的融合对接。完成了全省沿海七市 39 个岸段警戒潮位核定工作，编制了技术报告，并通过专家评审。在全省组织海洋灾害承载体调查工作，为开展海洋灾害风险评估、风险治理、应急决策等工作提供可靠基础数据。

海洋执法监管

2016 年，全省各级海洋行政主管部门及海监机构依据《中华人民共和国海域使用管理法》《中华人民共和国海洋环境保护法》《中华人民共和国海岛保护法》等法律法规，以"海盾 2016""碧海 2016""无居民海岛""护航蓝区建设"等专项执法行动为主线，在海监执法规范化建设、执法能力建设等方面实现了新突破，执法监管成效得以显著提升，维护了全省海域使用秩序稳定，推动了海洋生态文明建设，为山东半岛蓝色经济区、黄河三角洲高效生态经济区和"海上粮仓"建设提供了强有力的执法保障。

全年各级海监机构共派出海监船舶 2117 航次，航程 74778 海里；海监车辆 5851 车次，行程 421264 千米；执法人员 18801 人次，检查用海项目 7243 个次，查处海洋违法案件 91 起，决定罚款金额 6.02 亿元，收缴罚款 5.72 亿元。

海洋行政审批

2016 年国家对围填海计划指标大幅压缩，山东省严格执行围填海计划台账管理，不超计划安排、使用指标。在海域审批工作中，严格落实国家、省有关规定，严控向产能过剩行业供海。依据《山东省用海项目控制指标体系（试行）》，加强对用海项目填海规模合理性审查，2016 年共压减各类围填海项目用海面积 100 余公顷。

2016 年，全省范围内共确权海域面积 131234.59 公顷，其中经营性用海项目 130559.51 公顷，公益性用海项目 675.09 公顷；发放海域使用权证书 1516 本，其中经营性项目 1491 本，公益性项目 25 本。其中，国务院批准确权海域面积 832.83 公顷，全部为经营性项目；发放海域使用权证书 11 本。山东省政府批准确权海域面积 1632.93 公顷，其中经营性项目 1496.22 公顷，公益性项目 136.72 公顷；发放海域使用权证书 69 本，其中经营性项目 52 本，公益性项目 17 本。

（山东省海洋与渔业厅）

青 岛 市

综　述

青岛市地处山东半岛南部，位于东经119°30′—121°00′、北纬35°35′—37°09′，东、南濒临黄海。全市总面积为 11282 平方千米，海域面积约 1.22 万平方千米，其中领海基线以内海域面积 8405 平方千米；海岸线（含所属海岛岸线）总长为 905.2 千米，其中大陆岸线 782.3 千米，大陆岸线占山东省岸线的 1/4，面积大于 0.5 平方千米的海湾 49 个。根据 2013 年 10 月全国海岛地名普查结果、2013 年 12 月《山东省海岛保护规划》公布的海岛数量，青岛市海岛总数为 120 个，包括有居民海岛 7 个，无居民海岛 113 个。海岛总面积 15.04 平方千米，岸线总长约 122.9 千米。青岛属正规半日潮港，每个太阴日（24 小时 48 分）有两次高潮和两次低潮。平均潮差为 2.8 米左右，大潮差发生于朔或望（上弦或下弦）日后 2~3 天。8 月份潮位比 1 月份潮位一般高出 0.5 米。中国以青岛验潮站观测的平均潮位作为"黄海平均海水面"，其高度在青岛观象山国家水准原点下 72.289 米。中国自 1957 年起，大陆国土的地物高程即以此为零点起算。2016 年，全市启动建设"三中心一基地"（国家东部沿海重要的创新中心、国内重要的区域性服务中心、国际先进的海洋发展中心和具有国际竞争力的先进制造业基地），经济总量超过 1 万亿元，生产总值完成 10011.29 亿元，比上年（下同）增长 7.9%，一般公共预算收入完成 1100 亿元，增长 10.3%。

海洋经济与海洋资源开发

【概述】　全市实施《青岛市"十三五"蓝色经济区建设规划》《青岛市"海洋+"发展规划》《青岛市建设国际先进的海洋发展中心行动计划》等一系列规划措施，成功获批"十三五"首批全国海洋经济创新发展示范城市，获中央财政资金 3 亿元补助用于海洋经济创新发展项目。全市在经济运行压力加大的情况下，海洋经济呈现增长快、活力足的良好发展态势。2016 年，全市实现海洋生产总值 2515 亿元，占 GDP 比重达到 25.1%，海洋经济拉动 GDP 增长 3.5 个百分点。五年来海洋生产总值年均增速 16%，高于 GDP 年均增速 7.1 个百分点。海洋第一产业实现增加值 105 亿元，比上年（下同）增长 5.2%；海洋第二产业实现增加值 1287 亿元，增长 17.5%；海洋第三产业实现增加值 1123 亿元，增长 13.7%。海洋一、二、三次产业比例由 2011 年的 7.5∶42.7∶49.8 调整为 2016 年的 4.2∶51.2∶44.6。

【海洋渔业】　2016 年全年实现水产品产量 122.1 万吨（含远洋渔业）、产值 156.5 亿元，增长 9.5%。充分发挥政策叠加效应，新注册 5 家远洋渔业企业，注册资金 3 亿余元，年内全市远洋企业达到 31 家，发展远洋渔船 171 艘，作业渔船 111 艘，其中，世界最大拖网加工船"明星"轮落户建设。全年完成远洋渔业捕捞量 14.1 万吨、产值 13.8 亿元，实现产量、产值再提升。加快实施"走出去"战略，积极推进远洋渔业开发合作，9 家企业与印尼、俄罗斯、塞内加尔等 12 个国家、地区建立合作项目。推进中国北方（青岛）水产品交易中心和冷链物流基地项目建设，加快一期陆域冷库、防波堤等基建工程。积极推广生态健康养殖模式和先进技术，完成池塘标准化改造 2000 亩，新增陆基工厂化养殖 7.3 万平方米。加快水产良种繁育基地建设，

13 家省级水产良种场通过复核验收，推荐"广泰 1 号"凡纳滨对虾参加国家新品种评定。稳定发展来料加工，积极发展地产品加工，突出发展海珍品保鲜和精深加工，重点抓好海参、对虾、贝类、大宗鱼类等养殖品种加工，5 家渔企被认定为市农业产业化龙头企业。全球第二大水产贸易展览会—中国国际渔业博览会连续三年在青岛成功举办。全年水产品进出口总量 88.9 万吨，创汇额 14.5 亿美元。全力保障水产品质量安全，强化产地环境、渔用投入品、生产标准化三个重点环节监管，建立企业水产品质量安全承诺制，规定重点渔业生产单位实施产地证明制度，新通过农业部无公害水产品基地 30 个，对全市原良种场监管率达 100%，完成水产品安全抽检任务 648 批次，合格率达 100%。着力创建海、陆休闲垂钓示范基地，加快休闲渔业示范园区建设，全国休闲海钓邀请赛及全省休闲海钓基地推介会成功举办，城阳渔乐客电子信息平台运行。

【海洋交通运输业】 2016 年，海洋交通运输业实现增加值 357 亿元，占海洋生产总值比重 14.2%，对全市海洋经济增长的贡献率 6.3%。完成港口吞吐量 5.15 亿吨，增长 3.44%；外贸吞吐量 3.43 亿吨，增长 4.49%；集装箱吞吐量 1805.01 万标准箱，增长 3.52%。完成水路客运量 225 万人次，下降 21.9%；完成水路运输客运周转量 2346 万人千米，下降 24.5%；完成货运量 1685 万吨，增长 19.9%；完成货运周转量 727 亿吨千米，增长 30.9%。全市有集装箱航线 153 条，通航 180 余个国家和地区。新增万邦 20 万吨级泊位 1 个，新增通过能力 1437 万吨，全市港口生产性泊位达到 128 个（含万吨级泊位 91 个），通过能力 3.25 亿吨，世界大港地位更加巩固。其中，青岛港老港区（大港）生产性泊位 31 个（含万吨级泊位 21 个），通过能力 1657 万吨；青岛港黄岛港区生产性泊位 17 个（含万吨级泊位 11 个），通过能力 5929 万吨；青岛港前湾港区生产性泊位 40 个（含万吨级泊位 39 个），通过能力 14343 万吨；青岛港董家口港区生产性泊位 20 个（含万吨级泊位 20 个），通过能力 10268 万吨；地方小型港站生产性泊位 20 个，通过能力 289 万吨。有海上旅游泊位 35 个。其中，青岛国际邮轮母港泊位 1 个，设计年通过能力 60 万人次。

【滨海旅游业】 2016 年，全市实现旅游消费总额 1500 亿元，比 2015 年（下同）增长 13%。滨海旅游业实现增加值 477 亿元，占海洋生产总值比重 19%，位居各行业之首。全市接待国内外游客 8081.12 万人次，增长 8.4%。其中，接待入境游客 141.05 万人次，增长 5.4%；接待国内游客 7940.07 万人次，增长 8.4%。实现旅游消费总额 1438.68 亿元，增长 13.3%。其中，入境旅游收入 9.81 亿美元，增长 6.8%；国内旅游收入 1283.6 亿元，增长 13.3%。青岛市政府制发《青岛市国家级旅游业改革创新先行区实施方案》，明确青岛市国家级旅游改革创新先行区建设工作六大任务，推进旅游业改革创新工作。全市规划总投资 3000 亿元的 80 余个旅游重点项目进展顺利。其中，58 个项目开工建设，总投资 1628 亿元。青岛市正式成为"中国邮轮旅游发展实验区"，举办世界旅游城市联合会邮轮分会成立大会暨第四届中国（青岛）国际邮轮峰会，发起成立国内首个世界级邮轮行业组织—世界旅游城市联合会邮轮分会，吸引 30 余个国家和地区的 600 名代表参会，同时，青岛市当选为邮轮分会理事长单位，确定分会秘书处常设青岛，发布《青岛共识》。2016 年 9 月，成功申办世界旅游城市联合会 2018 香山旅游峰会，奠定了青岛邮轮旅游城市的品牌基础。依托邮轮母港加快邮轮产业发展，截至 2016 年底，累计接待 125 个邮轮航次，接待邮轮旅客约 12 万人次。

【海洋生物医药产业】 2016 年，海洋生物医药产业实现增加值 48 亿元，五年来年均增长 19.1%，高于海洋生产总值增速 3.1 个百分点，对海洋经济增长贡献率达到 2.1%。实施青岛海洋生物医药聚集（310）开发计划（简称"310"计划），打造海洋生物医药技术、工程熟化平台，加快海洋生物医药产业园区建设，通过项目、载体和平台促进产学研合作，引领支撑海洋生物医药产业持续健康发展，基本形成"一院三园"[一院：青岛海洋生物医药研究院；三园：崂山海洋生物产业园、青岛（高新区）蓝色生物医药科技园和黄岛海洋生物产业园] 发展格局。其中，青岛海洋生物医药研究院引进人才 60 人，其中博士 22 人，整建制引进海洋药物筛选与评价、海洋微生物工程等两个具有国际先进水平的团队，启动开展"310"A、B、C 计划的研发工作，签订技术合同额 2167.3 万元；崂山海洋生物产业园依托华仁药业、黄海制药、蔚蓝生物、博智汇力等企业，重点发展海洋生物医药、海洋生物制品、海洋生物材料等海洋生物产业；青岛蓝色生物医药科技园围绕海洋药物、海洋生物医用材料、海洋生物制品等三大产业领域，重点发展海洋创新药物、海洋生物制品、干细胞及抗体药物、医疗器械、健康医疗服务等生物与健康产业；黄岛海洋生物产业园依托明月海藻集团、聚大洋藻业集团、东海药业等骨干企业，重点发展藻类加工、生物医药、药用材料、海洋食品等生物产业。

【船舶和海工装备产业】　2016 年，海洋设备制造业实现增加值 428 亿元，占全市海洋生产总值的 17%。全市拥有北船重工、武船重工、中海油海洋工程等 18 家规模以上工业企业以及 100 余家各类配套企业建成的海西湾船舶与海洋工程产业基地，形成船舶修造和海洋工程全产业链的大型产业集群，被商务部、工业和信息化部认定为首批国家级船舶新型工业化产业示范基地，是中国四大海洋工程基地与重要的船舶修造基地之一。重点推进中船重工海洋装备研究院、哈尔滨工程大学青岛船舶科技园等项目建设。其中，中船重工海洋装备研究院项目总投资 30 亿元，占地 2.93 公顷，重点围绕高技术船舶、海洋工程装备、深海潜器等海洋装备，构建海洋装备自主创新体系，打造成综合实力强、专业特色明显、部分专业具有国际影响力的国内领先、世界一流的海洋装备研究院；哈尔滨工程大学青岛船舶科技园建成 3.6 万平方米的孵化器及 1.1 万平方米的中试车间并投入使用。年内，青岛北海船舶重工有限责任公司完成工业总产值 48.06 亿元，比上年（下同）增长 11.7%；新承接合同金额 66.06 亿元，增长 134.4%；出口产值 40.28 亿元，增长 12.8%；营业收入 42.09 亿元，增长 3.46%。

【海洋石油产业】　2012 年以来，国际油价波动较大，特别是 2014 年下半年开始油价长期低迷，该行业受之影响一直处于低迷状态，随着 2016 年三季度后国际油价的企稳回升，国内石化产品价格逐步改善。青岛炼化检修完毕恢复生产，企业优化生产、调整产品结构，产品质量进一步升级。阳煤集团年产 20 万吨非光气法聚碳酸酯项目进展顺利，青岛碱业年产 50 万吨苯乙烯项目完成投资 5.7 亿元，16 个液体储罐主体安装已完成。行业景气度尚好，盈利能力逐步改善。2016 年，涉海产品及材料制造业实现增加值 298 亿元，是 2011 年的 1.6 倍，年均增长 10.5%。

【海洋金融服务业】　2016 年，海洋金融服务业实现增加值 80 亿元。国内首家海洋经济专营机构—浦发银行蓝色经济金融服务中心落户青岛，总投资 470 亿元的西海岸蓝色金融中心、青岛国际财富港等涉海金融项目也分别落户青岛。青岛蓝色硅谷核心区联合青岛蓝海股权交易中心设立青岛蓝海股权交易中心蓝谷中心，为科技型企业提供融资、并购、资本运作等金融服务，同时设立蓝谷金融超市，引进中国工商银行、中国银行、中国人民财产保险、太平洋财产保险、小额贷款公司等 40 余家银行、保险、担保、资本管理、证券、中介服务等战略合作机构，为科技型企业提供全面、专业和个性化的金融和中介服务，打造"一站式"金融服务平台。

【盐业】　2016 年，青岛市销售各类盐产品 98775 吨，比 2015 年（下同）减少 1919 吨，下降 1.9%。其中，小包装食盐销售 22479 吨，增加 650 吨，增长 3.0%，完成年度计划的 98.6%；大包装食盐销售 56055 吨，减少 232 吨，下降 0.4%；小工业盐销售 20242 吨，减少 2337 吨，下降 10%。

海洋立法与规划

2016 年 9 月 20 日，青岛市委印发《青岛市建设国际先进的海洋发展中心行动计划》（青发 [2016] 27 号），把建设国际先进的海洋发展中心纳入青岛"三中心一基地"建设目标，并成立由市委、市政府主要领导任组长的"三中心一基地"建设工作领导小组，重点打造国际海洋科技创新中心、国际海洋高端人才集聚中心、东北亚国际航运中心、东北亚海洋信息服务中心，着力推进国家海洋装备产业发展等七大工程，加快实施重点企业培育、特色园区发展、重大项目建设、生态环境提升行动，建设国际先进的海洋发展中心。7 月 8 日，青岛市蓝色经济推进协调委员会办公室印发《青岛市"十三五"蓝色经济区建设规划》，提出青岛市"十三五"时期蓝色经济的发展目标为：全国蓝色经济领军城市和国际先进的海洋发展中心建设取得重大进展，科技创新、产业规模、要素集聚、开放合作、生态环境、重大工程等支撑能力大幅提升，到 2020 年，全市海洋生产总值占全市 GDP 的比重达到 30% 左右，年均增长率保持在 10% 以上，比全市 GDP 增速高 2 个百分点以上。10 月 20 日，中共青岛市委组织部、市发展和改革委员会、市人力资源和社会保障局印发《青岛市集聚海洋高端人才行动计划（2016—2018 年)》，通过实施海洋高端人才集聚系列行动、加大海洋人才集聚政策支持力度、构建海洋高端人才集聚平台体系、优化海洋高端人才集聚服务环境、建立

健全海洋高端人才集聚工作机制等措施，确定到 2018 年,计划引进培育 2000 名左右在海洋相关领域内具有国际影响力的顶尖人才、具有国内一流水平的领军型海洋人才、涉海领域青年优秀人才。同年，协调推进省级海洋功能区划青岛部分调整报批，完成《青岛市海洋功能区划》编制工作方案，开展了编制调研工作，组织召开了青岛市海洋功能区划暨区（市）海域使用规划编制调度会议，明确工作任务和时限。配合《全国生态岛礁建设"十三五"规划》《山东省海洋主体功能区规划》编制，提供相关编制数据并提出建议。启动开展《青岛市海域资源综合利用总体规划》编制，起草海域资源综合利用规划研究招标技术文件，并提报经费预算。

海域使用管理

强化海域使用服务，推进海域资源市场化配置，通过海洋产权交易中心流转海域使用权 13 宗、面积 2600 公顷。加大对企业融资支持力度，办理青岛丽星物流有限公司业主化工液化码头项目等 3 宗海域使用权抵押手续，帮助企业办理海域使用权抵押贷款 5.9 亿元。创新金融服务方式支持海洋产业发展，联合国家开发银行实施开放性金融试点。组织开展第一次全国海洋经济调查，提升海洋经济运行监测评估和信息服务能力。与不动产登记部门衔接，开展不动产登记海域登记资料移交工作。推进海域动态监控系统县级能力建设，完成县级海域动态监管能力建设"基础数据体系建设""常规设备采购及大屏幕建设"两个包段政府采购计划，各区市完成组织机构建设、人员配备、办公场所及机房改造，完善系统运行管理办法，不断提升海域信息化、数字化监管水平。

海　岛　管　理

2016 年 4 月，青岛市政府印发了《关于组织实施青岛市海岛保护规划（2014—2020

年）的通知》，正式出台《青岛市海岛保护规划》并组织实施，为我国第一部公布批复的市级海岛保护规划。年内完成灵山岛（一期）和竹岔岛整治修复项目，项目进入整理建设资料和进行单体工程验收阶段。大公岛保护与开发利用示范项目办理完成海域使用权手续，完成招标前期准备，现进入施工图评审和工程控制价预算等工作环节。协调组织2015年度中央海岛专项资金项目工程前期准备，分别组织斋堂岛和竹岔岛（二期）整治修复项目设计招标和工程地质勘察。开展海岛分类管理、海岛名称标准化等工作，对已设置的67个海岛标志碑进行了完好率调查，形成维护修复方案。加强领海基点海岛的保护和巡查，协助上级划定领海基点保护范围。

海洋环境保护

2016年，在继续开展近岸海域海水环境和生物多样性监测的基础上，重点加强胶州湾生态监控区监测和入海排污口邻近海域监测，深入做好浒苔绿潮灾害的监测预警与评价工作，共完成全市海域367个站位的监测工作，获取各类海洋环境监测数据3.4万余组。其中，11月第一套青岛市海洋环境在线监测系统在胶州市大沽河入海口正式布放下水并开始运行。全市近岸海域海水环境质量状况总体良好，98.5%的海域符合第一、二类海水水质标准。青岛市近岸海域富营养化程度较低，富营养化覆盖比例为1.1%，其中重度富营养化的海域面积占0.02%，主要分布在胶州湾东北部；青岛市近岸海域沉积物质量状况总体良好；海洋生物群落结构保持稳定。青岛市海洋保护区海水环境状况总体较好，主要污染物为无机氮，其他监测指标基本符合第一类海水水质标准，生物多样性指数较高，群落结构较稳定，生物栖息环境较好；重点海水浴场和滨海旅游度假区环境状况优良，适宜各类休闲、娱乐活动；重点海水增养殖区环境质量优良，适宜开展海水养殖；

主要临海工业区邻近海域环境状况较好，未发现用海活动对周边海域环境质量产生明显影响；倾倒区及周边海域海水质量良好，沉积物质量状况良好，未发现倾倒活动对邻近海域环境敏感区及其他海上活动造成明显影响。重点入海排污口邻近海域环境质量受到一定程度的陆源排污影响，超标情况与2015年基本持平；海洋垃圾以生活垃圾为主，海洋垃圾密度较往年无明显变化。

海洋生态文明

【概述】 深入推进国家级海洋生态文明示范区建设，认真落实黄海生态红线制度，青岛市海洋与渔业局先后印发《关于贯彻落实〈山东省黄海海洋生态红线划定方案〉（2015—2020年）的实施意见》和《关于加快推进全市海洋生态文明建设的意见》。积极申报蓝色海湾整治项目，获批成为开展《蓝色海湾整治行动项目计划》城市之一，中央扶持资金约2亿元。积极构建布局合理、功能完善的海洋保护区体系，2016年8月，国家海洋局批复总面积约200平方千米的胶州湾国家级海洋公园，成为我国最大的半封闭海湾型国家级海洋公园。全市海洋特别保护区达到6个，总面积达到804.7平方千米，占全市海域面积6.5%。深入开展近岸海域海洋环境监测，完成海洋环境在线监测系统建设，加强对海洋生态环境监测情况通报，近岸海域海水水质监测状况从年度发布变为季度通报，及时发布年度海洋环境公报。启动胶州湾环境容量及入海污染物总量控制研究，为开展胶州湾环境污染防治提供科学支撑。继续开展海洋生物资源增殖放流活动，全年共投资1500万元，在胶州湾、灵山湾、琅琊台湾、鳌山湾、崂山湾海域放流对虾、梭子蟹、牙鲆、金乌贼等各类水产苗种7.2亿单位。加快推进海洋牧场建设，全年完成投资5000余万元，人工鱼礁礁体投放10万空方。青岛石雀滩海域、崂山湾海域和灵山海域3处海洋牧场获批国家级海洋牧场示范区。

【胶州湾保护与管理】　　制定实施了《青岛市政府关于加强胶州湾保护工作的实施意见》（青政字〔2016〕81号），明确胶州湾保护总体要求、主要任务和责任分工。编制完成《胶州湾保护利用总体规划》，着力推进多规合一、湾区统筹。积极申报国家蓝色海湾整治行动实施专项，争取中央财政资金4亿元组织实施胶州湾岸线、"南红北柳"滨海湿地整治修复，加快开展城阳白沙河下游、红岛、小港湾等岸线整治工程。将胶州湾列入国家近岸海域生态监控区，设置海洋系统监测站位79个，实现胶州湾海域监视监测有效覆盖。强化胶州湾保护社会监督，积极筹建胶州湾保护社会监督委员会。开展海湾治理行动，全面完成胶州湾养殖设施清理整治任务，年内清理网箱983个，拆除养殖伐架5262亩，拆解渔船196艘。至此，胶州湾海域养殖设施全部清理完毕，累计恢复胶州湾海域面积20余平方千米。组织开展胶州湾综合执法，重点整治乱捕乱养、乱排乱放、乱倒乱采、乱填乱建等行为。中央电视台新闻频道《新闻直播间》对胶州湾保护情况进行了专题报道。

海洋防灾减灾

【概述】　　3月，青岛市机构编制委员会批复在青岛市海洋与渔业局所属青岛地区渔业电台的基础上设立青岛市海洋减灾中心。该中心除承担原有的渔业电台相关职责外，增加了海洋减灾职责，主要是负责青岛所辖海域内海洋观测系统的建设、运维及观测数据的收集处理和上报，承担所辖海域海洋灾害和环境突发事件现场应急处置及信息上报与灾情评估，以及全市海洋灾害承灾体调查等工作。4月，发布新修订《青岛市海洋大型藻类灾害应急预案》《青岛市海洋赤潮灾害应急预案》《青岛市风暴潮、海浪、海啸和海冰灾害应急预案》3个海洋灾害专项预案。加快海洋

预警报能力升级改造项目建设，认真组织海洋灾害承灾体调查、警戒潮位核定、风暴潮灾害风险区划、海平面变化调查等基础性工作，及时发布日常海洋预报和海洋灾害预警短信信息，完成两起近海海域溢油污染应急监测。协调国家、省开展浒苔处置联防联控，建立健全"四位一体"的监视监测体系和"三道防线"的应急处置体制。加强与海洋科学与技术国家实验室联系、沟通、合作，市政府、青岛海洋科学与技术国家实验室、国家海洋局北海分局三方共建绿潮防护实验室和海湾生态环境保护与整治实验室项目启动。

【浒苔灾害处置】　　2016年5月中旬，在黄海南部海域发现漂浮浒苔，其后漂浮浒苔逐渐向北移动。6月4日浒苔绿潮开始进入青岛管辖海域，7月底浒苔绿潮开始消亡。绿潮发生期间，青岛管辖海域漂浮浒苔最大分布面积10177平方千米，最大覆盖面积116平方千米。浒苔绿潮对青岛滨海旅游和城市形象造成一定负面影响，但未对海水环境造成明显影响，海水pH、溶解氧、化学需氧量、无机氮、活性磷酸盐等指标在绿潮爆发期间基本符合第一类海水水质标准。青岛市在按照上级联防联控工作部署健全浒苔处置防控机制的同时，强化"空、天、海、陆"四位一体的监视监测体系和"三道防线"的应急处置体制，新建5000吨级海上浒苔综合处置平台，构建"2+X"海上浒苔打捞处置模式，提升浒苔应急处置和资源化利用水平，共清理处置浒苔51.5万吨，其中海上打捞18.9万吨，最大限度减少浒苔到岸率，确保滨海岸线整洁有序。

海洋执法监察

继续开展"海盾""碧海""护岛"专项行动，加大重点海域巡查力度，落实岸段管理责任制，增加辖区海域执法检查率和覆盖面，全市查处违法用海、危害海洋环境等案件32起。强化联合执法机制，行政执法和

刑事司法衔接机制，对胶州湾20余亩非法养殖设施进行强制清除；对8处非法占填海建筑实施拆除，恢复海域面积175亩；查获4艘非法盗采海砂船移交公安机关追究刑事责任。全力贯彻落实上级关于加强渔船管控工作部署要求，突出强化具备涉外航行能力的大马力渔船管控，定向定位实施船位报告制度，严厉打击海洋涉渔"三无"、套号、假号船舶，确保全市渔船平稳可控。完成全市渔港普查，加快渔船渔港信息化建设，推进渔业安全生产隐患大排查快整治严执法集中行动，重点开展渔船非法载客、休闲海钓船等专项整治，防范安全事故发生，渔业安全生产保持平稳向好态势。强化远洋渔船船位监测，加强境外安全防范和应急处置。继续开展"护渔"专项行动，严厉打击破坏渔业资源违法行为，全市查处渔业违规案件97件。开展违规渔具专项清理整治，组织了5次大规模"清网"行动，清理绝户网、地笼网等禁用渔具8700余顶。制定落实休季休渔执法工作方案，全面加强海上抓扣、港口封堵，定人、定岗、定责加强对敏感海域、渔港码头的全天候、不间断执法，有效落实"岸上盯紧、海上严查"的执法联动机制，查获违规渔船230余艘，对查处的典型案例实行全媒体公开宣传报道，从严从重打击渔船违规出海捕捞行为。创新制定和实施《海上行政执法罚没渔获物处置管理制度》，全面规范罚没物处置程序。及时开展行政执法案卷检查，进一步规范行政处罚标准，调整行政处罚裁量基准60项。完善执法能力建设，完成海洋与渔业高频执法专网建设和执法船数字船载系统安装，海监维权执法基地全面建成并投入使用。

海洋行政审批

2016年，市级受理并办理海洋审批及其他权力事项2231项，其中，办理海域使用许可8件、海洋工程环评价核准3件，捕捞辅助船许可证核发54件、海洋渔业捕捞许可审核711件、渔船网批审核301件，渔业船舶检验703件，渔业船舶登记77件，渔业船员发证311件，无公害水产品产地认定、远洋渔业项目审核、水生野生保护动物经营利用许可审核等63件。组织海域使用论证专家评审会7次、海洋环评专家评审会8次。年内办理完成蓝色硅谷滨海景观整治工程、大公岛保护与开发利用示范项目等11宗用海项目海域使用权证书，协调山东省办理中石化山东液化天然气项目一期工程、青岛港董家口港区港投通用泊位一期和二期工程竣工验收等项目海域使用竣工验收，组织黄岛区汽车零部件、汽车物流项目海域使用竣工验收，办理14宗底播养殖海域使用权延期。

海洋科技和教育

【科研机构与人才资源】　截至2016年底，青岛市有中国海洋大学、中国科学院海洋研究所、农业部中国水产科学院黄海水产研究所、国家海洋局第一海洋研究所、国土资源部青岛海洋地质研究所等31家驻青海洋科研与教育机构；建设国家、省级重点实验室、工程中心58家。有各类海洋人才4.3万人。其中，中国科学院院士和中国工程院院士18人、外聘院士3人，国家"千人计划"专家28人，国家杰出青年科学基金获得者26人，"长江学者"19人，"泰山学者"29人，享受国务院津贴者144人。有博士学位一、二级学科授予点各7、42个，博士后流动站8个，国家级重点学科5个。有海洋科学观测台站11个，其中国家级1个、部委级6个。有各类海洋科学考察船20余艘，其中1000吨级以上现役大型科学考察船7艘。建有科学数据库12个、种质资源库5个、样品标本馆（库、室）6个。

【海洋科研项目及成果】　2016年，全市涉海科研教育单位及企业主持承担的60余项海洋科技项目获国家重点研发计划立项支持，中央财政经费支持超过 4 亿元；12 个项目获山东省重点研发项目立项支持，获山东省财政专项扶持资金近 1000 万元；钢铁研究总院青岛海洋腐蚀研究院等单位完成的"材料海洋环境腐蚀评价与防护技术体系创新及重大工程应用"等 5 项成果获国家科技进步（或技术发明）二等奖。

【海洋科技平台建设】　2016 年，海洋国家实验室取得新进展。在人才队伍方面，5 人入选国家"万人计划"，2 人入选"长江学者"，9 人入选山东省"泰山学者"计划，谢尚平教授与李三忠教授入选 2016 年《基本科学指标数据库》全球高引研究人员名录，谢尚平教授获斯维尔德鲁普金质奖章（Sverdrup-GoldMedal），成为首位获该奖项的华人科学家。在公共科研平台建设方面，高性能科学计算与系统仿真平台、海洋创新药物筛选与评价平台、科学考察船共享平台相继建成并投入试运行。海洋多功能材料平台、海洋同位素与地质年代测试平台、高端仪器设备研发平台、海洋分子生物技术实验平台等正在加快完善建设方案。在国际合作与交流方面，参与国际海洋科技创新治理体系，与澳大利亚科学与工业研发组织、新南威尔士大学、塔斯马尼亚大学签署合作协议，共建"南半球海洋研究中心"，加入全球海洋联合观测组织（POGO），发起全球海洋院所领导人论坛，设立鳌山论坛。围绕海洋动力过程与气候变化、海洋生命过程与资源利用、海底过程与油气资源、海洋生态环境演变与保护、深远海和极地极端环境与战略资源、海洋技术与装备等 6 个重点研究方向，取得系列重要进展。青岛海洋科学与技术国家实验室、中国水产科学研究室等联全打造深蓝领域渔业创新平台，成立全国深蓝渔业科技创新联盟。

深海基地建设　总投资 5 亿元、占地 26 公顷的国家深海基地是中国唯一国家级深海科学技术综合性研究机构和支持保障平台。2016 年，国家深海基地一期工程竣工，与中国航天员训练中心、海军潜艇学院等特殊人才培养机构建立战略合作关系，建成"蛟龙"号试验性应用安全保障制度体系，为蛟龙号载人潜水器等重大深海装备入驻进行业务化运行创造一流的基础条件。年内，获多项国家重点研发计划项目，主持或参与多参数化学传感器、规范化海上试验、全海深 ARV、深海采矿等多项重点项目，形成面向深海技术的特色鲜明的学科体系。推动载人、无人水下运载装备体系建设，搭建面向全海深立体剖面的水下三大运载平台装备体系。

【蓝色硅谷核心区】　2016 年 12 月，全国海洋科技创新大会在北京召开，会上举行了国家科技兴海产业示范基地授牌仪式，青岛蓝色硅谷成为全国 12 个首批获得授牌的国家科技兴海产业示范基地之一。年内，"建设青岛蓝谷等海洋经济发展示范区"列入《国家"十三五"发展规划纲要》。蓝色硅谷实现生产总值 69 亿元，比上年（下同）增长 11.5%。其中，实现海洋经济生产总值 7.8 亿元，增长 19.6%。完成固定资产投资 236 亿元，增长 17%。签约引进高等院校设立校区或研究院项目 6 个、累计 18 个，引进国土部青岛海洋地质调查研发平台、国家海水利用工程技术研究（青岛）中心、中国航天海洋技术创新中心等"中字头""国字号"重大科研平台项目 3 个、累计 17 个，新签约引进各类科技型企业 40 余家、累计 250 余家。引进黄锷、金翔龙、朱蓓薇、钟万勰等 4 名顶级院士及顶尖团队，在青岛蓝谷设立院士工作站或开展科学研究。新引进各类人才 260 人，全职与柔性人才累计 3500 人。其中，两院院士、国家杰出青年、长江学者等高层次人才 300 余人，海外人才 52 人。

海 洋 文 化

【海洋宣传】　2016 年 6 月 4 日，由国家海洋局北海分局、山东省海洋与渔业厅、青岛市人民政府主办，青岛市海洋与渔业局、青岛旅游集团承办的主题为"生态海洋·蔚蓝山东"的2016年世界海洋日暨全国海洋宣传日启动仪式在青岛市奥帆中心举行，参加此次活动的与会代表及市民达500余人。启动仪式上，组织方向全省35家最新获批的全国海洋意识教育基地代表颁发奖牌，向青岛电视台首席播音员单云同志颁发2016年青岛市海洋公益形象大使聘书、奖牌，分别向青岛市2016年世界海洋日暨海洋生物资源增殖放流公益活动最具爱心集体、人士授予荣誉奖牌。青岛市2016年世界海洋日暨海洋生物资源增殖放流活动共计放流中国对虾、日本对虾、褐牙鲆、三疣梭子蟹等优质苗种220多万单位。10月13日，农业部在青岛海昌极地世界隆重举行"2016年水生野生动物保护科普宣传月启动仪式暨2015年水生野生动物保护海昌奖评优活动表彰大会"，启动了水生野生动物保护科普宣传活动。年内，围绕"识别灾害风险，掌握防灾技能"的主题，组织开展了"5·12国家防灾减灾日"系列宣传活动，先后走进青岛民超海洋教育馆、州市第二十九中学、青岛博文小学、青岛国际会展中心、栈桥以及沿海社区和渔港等，进行形式多样的宣传活动。

【海洋节庆会展】 2016年，青岛市获"中国十佳品牌会展城市""2016年中国最具创新力国际会展城市"等称号。市政府印发《关于进一步促进会展业发展的实施意见》，明确青岛市会展业发展方向和路径，提出到2020年，力争实现会展业直接收入和会展经济增加值分别达到50亿元和400亿元，推动青岛市成为辐射东北亚的区域性会展中心城市。与全球展览业协会（UFI）、国际大会和会议协会（ICCA）、国际展览与项目协会（IAEE）、独立组展商协会（SISO）、国际展览局（BIE）、会议策划者国际联盟（MPI）等国际知名会展机构建立联系，形成战略合作机制并加入ICCA、IAEE。年内，室内展览面积均超过10万平方米的西海岸中铁博览城、红岛国际会展中心等两大新会展中心开工建设。

东北亚邮轮产业国际合作论坛暨第四届中国（青岛）国际邮轮峰会 2016年5月16~17日在青岛香格里拉大酒店举行。由中国港口协会、世界旅游城市联合会主办，青岛市旅游局、青岛市市北区政府、青岛市贸促会、青岛港（集团）有限公司等单位支持。以"旅游合作促进邮轮产业发展"为主题，旨在更好地加强青岛市与全球邮轮城市、港口、邮轮旅游企业的交流与合作，提升城市国际地位和影响力，推动青岛更好地融入"一带一路"建设国家倡议，加快实现建设青岛为"中国北方邮轮中心"和"东北亚区域性邮轮母港"发展目标。来自德国、法国、希腊、美国、加拿大、摩洛哥、阿根廷等26个国家和地区的90家会员代表以及来自澳大利亚、韩国等地的特邀嘉宾100余人参会。期间举办开幕式、世界旅游城市联合会邮轮分会成立仪式、主题论坛、邮轮产品发布、邮轮旅游展等活动。

第十一届青岛国际脱盐大会 2016年6月27—30日在青岛西海岸新区举行。由中国科协、青岛市政府联合主办，青岛市科协、青岛阿迪埃脱盐中心、中国金属学会、欧洲脱盐学会承办，中国净水产业发展与战略联盟、山东省水生态文明促进会、山东省盐业集团有限公司、江苏省净水设备制造行业协会协办，国际水协会、中国水利企业协会脱盐分会、山东省科学技术协会、中国工业节能与清洁生产协会节水与水处理分会支持。来自美国、德国、加拿大、日本、奥地利、以色列等20余个国家（地区）和国内脱盐及水资源利用领域专家，以及青岛水务集团、懿华水处理技术公司、上海巴安水务股份有限公司、景津集团、北京倍杰特国际环境技术有限公司、科林环保装备股份有限公司、北京新源国能科技集团股份有限公司、博天环境集团股份有限公司、杭州天创环境科技股份有限公司、杭州上拓环境科技股份有限公司、上海东硕环保科技有限公司等 400 余家知名企业负责人 700 余人参会。活动围绕"脱盐：创新驱动与绿色发展"主题，举行主题报告会。其间，设置 80 余个展位，集中展示国内外先进的海水淡化与水利用技术设备和装置等。

2016 年东亚海洋合作平台黄岛论坛　2016 年 7 月 26 日在青岛西海岸新区举行。本次论坛以"互联互通、共享共赢"为主题，由国家海洋局、山东省政府主办，青岛市政府、青岛西海岸新区管委会承办。旨在为东亚地区经济、科技和文化发展搭建合作交流平台，为东亚海洋合作平台建设注入动力、增添活力。开幕式上，来自中国、日本、韩国、东盟及美国、法国、巴基斯坦、吉布提等 34 个国家和地区的 400 余名嘉宾出席论坛。国家海洋局与山东省政府在论坛开幕式上签订东亚海洋合作平台共建协议，标志着东盟与中日韩（10+3）在海洋领域的合作平台正式启动建设。其间，举行东亚工商领袖峰会、东亚港口联盟大会、东亚文化艺术展、东亚商品展、东亚海洋高峰论坛等五大板块活动。其中，东亚海洋高峰论坛以"互联互通共建东亚海上丝路"为主题，举办"东亚海洋经济合作与金融互通"主题论坛和"科技引领东亚合作走向深蓝""东亚海上合作中的人文纽带"2 个分论坛，发布"2016 年东亚（10+3）海上互联互通指数"和《东亚（10+3）贸易互通发展报告（2016）》，来自国内及日本、韩国、东盟各国海洋领域的 23 位知名专家学者围绕海洋科技合作与开发、海洋经济发展"十三五"规划总体设想、推进海洋金融、东亚区域海洋经济合作等课题作主旨演讲。

2016 年中国（青岛）国际海洋科技展览会　2016 年 9 月 26—28 日在青岛国际博览中心举行。由青岛蓝谷科学技术协会主办，北京振威展览有限公司、青岛启航国际会展服务有限公司承办，青岛蓝谷管理局、即墨市政府、青岛海洋科学与技术国家实验室、新华（青岛）国际海洋资讯中心支持。以"科技经略海洋，创新实现梦想"为主题，按照"高端化、专业化、国际化"原则，突出"科技引领、成果展示、技术交易"特色。组织了海洋科技展、论坛、科技成果转化洽谈会、重大项目签约等 4 项活动，规模 3 万余平方米，吸引 3.5 万人次参观。海洋科技展包括海洋工程装备、海洋新能源、海洋新材料、海洋生物科技、海水淡化、海洋科技中介与金融服务、海洋科普等七大板块，举办 2016 中国·青岛海洋国际高峰论坛、2016 年全球海洋院所领导人论坛、2016 年海水淡化与综合利用高峰论坛、海洋生物产业创新发展高峰论坛、科技金融与海洋科技创新论坛、海洋科普教育论坛、第七届中国海洋工程技术装备论坛、中国海洋新能源产业发展峰会、2016 年海洋新材料腐蚀与防护论坛、数字海洋装备论坛等 10 个论坛，发布"2016 中国海洋发展指数""2016 全球海洋科技创新指数"。

第十四届中国国际航海博览会暨中国（青岛）国际船艇展览会　2016 年 10 月 13~17 日在青岛奥帆中心举行。由中国国际贸易促进委员会主办，中国国际贸易促进会青岛市分会、青岛旅游集团承办。以"助力海洋经济、促进产业升级"为主题；以展会为平台，拓宽"海洋+"产业领域、提升"海洋+"产业水平；旨在传播世界先进的游艇文化与理念，带动青岛市海洋高端旅游经济发展，推动青岛市船艇制造业对外交流与合作，促进青岛市蓝色经济区和高端产业聚集区发展。展会设游艇、帆船、船艇相关设备、水上运动和水上休闲器材及装备、游艇码头装备与配套设施、高端生活方式等展区。总展出面积 2.6 万平方米，其中陆域面积 1.8 万平方米、水域面积 8000 平方米。来自中国、美国、法国等 20 余个国家和地区的 150 余家企业参展。展会期间参众 4 万余人次，其中专业观众 1.8 万人。意向签约成交额 1 亿元。其间，还举办尚帆·千人航海节、船艇海岸线夜游、激情·海岸音乐酒会、美食美酒品鉴、游艇和帆船体验活动、航运供给侧改革论坛、海之蓝游艇帆船知识分享会、国际航海体育产业发展论坛、"海琴帆"系列亲子互动项目、世界知名游艇品牌专场推介会、中外游艇俱乐部经营经验交流会、船艇业区域合作以及产品订购签约仪式、中国游艇制造与配套企业洽谈会、全国帆船游艇设计大赛、帆船航海比赛等活动。

第二十一届中国国际渔业博览会 2016年11月2—4日在青岛国际博览中心举行，是全球第二大水产贸易展会。由农业部农业贸易促进中心（中国国际贸促会农业行业分会）主办，美国海洋展览公司为海外协办，北京雅图海洋展览有限公司承办。农业部副部长于康震、农业部渔业局局长张显良、山东省海洋与渔业厅厅长王守信等出席开幕式。展出面积8万平方米，分设国际、国内和设备三大展区，展出内容涵盖水海捕捞产品、养殖品种与技术、水产加工和养殖设备等。举行水产品加工展示和品尝活动。来自加拿大、俄罗斯、新西兰、美国、日本、冰岛等44个国家（地区）的1350家展商参展。其中，国家展团26个，国际组织、专业协会、专业联盟和国内的区域展团10个。100余个国家（地区）的3万余名专业观众参加各项活动。其间，还举办"中外渔业对话会"等各种商贸推介研讨活动。

第八届青岛国际帆船周·青岛国际海洋节 2016年8月5—14日在青岛奥帆中心举行。由国家体育总局水上运动管理中心、中国帆船帆板运动协会、北京奥运城市发展促进会、青岛市政府主办。以"帆船之都，助推城市蓝色跨越"为主题，继续采取双节合一形式，突出国际性、开放性和市民参与性，推出帆船普及、海洋人文科技、帆船文化交流、旅游商贸休闲等七大板块30余项活动。举办2016年"市长杯"国际帆船绕岛赛、2016年青岛国际帆船赛、2016年青岛国际OP帆船营暨帆船赛等三大本土自主品牌赛事及2016年全国青少年帆船俱乐部联赛青岛站、与莱州市和韩国京畿道华城市发起的2016年"莱州杯"中韩海上丝绸之路城市帆船拉力赛。举行俄罗斯籍大帆船"帕拉达号"访问青岛文化交流活动、以奥林匹克体育文化为内容和群众参与为一体的系列主题活动、2016年青岛国际大学生帆船训练营活动。推出"传承奥运，扬帆青岛"纪念奥运8周年专题活动，8月6日上午，近300条各类帆船、帆板举行"帆船之都"海上巡游嘉年华，邀请市民游客体验帆船乐趣。其间，举行奥帆赛8周年先进评选暨颁奖仪式、海洋女神选拔大赛、"青岛经典"旅游品牌精品旅游展会、OP级帆船夏令营中国文化体验、夜游三湾、"海洋文化国学六艺"公益专场演出、饕餮海鲜宴等活动。

（青岛市海洋与渔业局）

江 苏 省

综 述

2012 年以来特别是党的十八大以来，在党中央、国务院的正确领导下，在国家海洋局的精心指导和大力支持下，江苏省上下认真贯彻习近平总书记关于实施海洋强国战略、建设"经济强、百姓富、环境美、社会文明程度高"新江苏和"主动参与一带一路建设"的重要指示精神，按照 2009 年国务院批复的《江苏沿海地区发展规划》要求，坚持保护优先、节约集约原则，大力推进海洋强省建设，加快实施沿海开发战略，全面加强海洋保护、管理和开发，成效显著。江苏省海洋经济呈现总量提升、结构优化、动力增强的快速健康发展态势，成为国民经济重要的增长点，为沿海地区"洼地"崛起发挥了重要作用；近岸海域水环境质量总体稳定。2013 年至 2016 年，江苏一二类海水占比分别为 46%、63.4%、62.9%、53.43%，四类、劣四类海水水质面积整体呈逐年减少趋势。

海洋经济与海洋资源开发

【海洋经济发展】　江苏沿海沿江拥有 8 个亿吨大港，数量位居全国第一；2016 年，江苏沿海沿江港口生产总体平稳，完成货物吞吐量 18.8 亿吨，同比增长 5.1%。江苏省造船完工量、新船承接订单量和手持订单量三大指标连续多年位居全国第一。在全球船舶市场萧条的形势下，2016 年，江苏省造船完工量 1493.3 万载重吨，占全国份额的 42.3%；新承订单量 424.2 万载重吨，占全国份额的 20.1%；手持订单量 3910.8 万载重吨，占全国份额的 40.7%。

海洋战略性新兴产业快速发展。江苏省海工装备产品数量和产值均占全国约 1/3，南通中远海工先后交付了世界最先进的首座超深水海洋钻探储油工作平台、世界首艘带有自航能力自升式海洋工作平台等多个高端海工产品，几乎覆盖了从浅海到深海、从油气平台到海洋工程船舶的各种类型，成为我国海洋工程装备制造业的领军者。2016 年，江苏省沿海地区风电装机容量约为 506 万千瓦，其中，海上风电装机容量达到 111 万千瓦，位居全国首位，风力发电机、高速齿轮箱等风电设备关键部件产量约占全国一半。

【沿海发展政策】　为推动江苏沿海地区加快建成我国东部地区重要的经济增长极和辐射带动能力强的新亚欧大陆桥东方桥头堡，2016 年 7 月，江苏省委、省政府印发《关于新一轮支持沿海发展的若干意见》（简称《意见》），以进一步贯彻"一带一路"、长江经济带建设等国家重大战略，推动沿海地区发展。《意见》从推动供给侧结构性改革、产业转型升级、创新驱动发展战略等 13 个方面列出 45 条建议，并明确了一系列发展目标。《意见》提出，"十三五"时期，江苏沿海地区生产总值年均要增长 9% 左右的目标，高于东部地区平均水平；研发经费支出占地区生产总值比重提高到 2.5% 以上，现代产业体系基本形成。

具体内容方面，《意见》提出了一系列创新性的举措。例如，在推动产业转型升级上，明确将海洋生物、生物医药等临港优势产业项目，优先列入省级重大项目计划，并给予引导资金支持。在深化对内对外合作上，提出围绕"一带一路"建设先行基地，争取设立自由贸易区。在创新驱动方面，积极推动科技成果转化改革，实施转增股本、股权激励、个人所得税缓交或分期缴纳等创新创业政策。为了保障一系列举措的顺利推行，《意见》明确将加强财政支持，比如对通往连云港港的集装箱运输，免收高速公路通行费等，并适时拓展到沿海其他港口；对新批建设的5万吨级以上航道工程给予一定比例财政补助；沿海地区企业开发新技术、新产品的研发费用可以在缴税时加计扣除等。

【省级海洋经济园区创建】　为培育具有较强支撑作用的海洋经济创新发展载体，促进江苏海洋经济持续健康发展，2015年，江苏省海洋与渔业局会同省发改委、省沿海办编制了《江苏省海洋经济创新示范园区认定管理办法（试行）》。经过各有关方面近一年时间的共同努力，2016年4月，第一批江苏省海洋经济创新示范园区获认定并公布，分别是：上海合作组织（连云港）国际物流园区、南通启东海工船舶工业园、洋口港经济开发区、盐城新能源淡化海水产业示范园和东台海洋工程特种装备产业园。

【海洋经济创新发展区域示范】　继续组织实施国家海洋经济区域示范项目，海洋经济创新区域示范21个实施项目完成总投资9.9亿元，转化高新技术成果30多项，新增产值超过30亿元。完善项目监管制度，省海洋与渔业局会同省财政厅出台了《江苏省海洋经济创新发展区域示范项目验收管理暂行办法》，建立了项目月报、季报制度。2016年上半年顺利通过国家海洋局、财政部组织的年度考核并再次获得"优秀"等次。成功组织南通市竞争申报国家海洋创新示范城市，成为全国首批入围的8个城市之一，"十三五"期间获得中央财政3亿元资金支持，目前已到位1.8亿元。

海洋立法与规划

【江苏省海洋环境保护条例】　2007年9月27日江苏省第十届人民代表大会常务委员会第三十二次会议通过了《江苏省海洋环境保护条例》。2016年3月30日，江苏省第十二届人民代表大会常务委员会第二十二次会议决定对《江苏省海洋环境保护条例》作如下修改。

将第三十一条修改为："海岸工程建设项目应当依法进行环境影响评价，环境影响报告书报环境保护行政主管部门审查批准。环境保护行政主管部门在批准环境影响报告书之前，必须征求海洋、海事、渔业行政主管部门和军队环境保护部门的意见。"

"海洋工程建设项目应当依法进行海洋环境影响评价，海洋环境影响报告书报海洋行政主管部门核准，并报环境保护行政主管部门备案，接受环境保护行政主管部门监督。海洋行政主管部门在核准海洋环境影响报告书之前，必须征求海事、渔业行政主管部门和军队环境保护部门的意见。"

【江苏省海洋经济促进条例】　该《条例》是全国唯一将促进海洋经济发展列入地方性立法的文件。2016年，江苏省海洋与渔业局完成了《条例》草案文本的起草工作，并报请江苏省人大启动立法程序。江苏省人大将《条例》的制定列入2017年立法调研项目，省人大常委会副主任蒋宏坤带队赴山东、辽宁开展了立法调研工作。

【法制建设】　2016年，江苏省海洋与渔业局深入推进行政审批制度改革，编制并经省审改办核准了《江苏省海洋与渔业系统行政权力清单》，实施的行政许可等行政权力事项计314项。江苏省海洋与渔业局被省政府法制办列为江苏省规范性文件合法性审查试点单位，进一步理顺了规范性文件制定程序，明确了责任分工，使规范性文件起草、合法性审查、出台印发、报备、归档、后评估以及年度计划、年度清理等各个环节形成了长效管理机制。7月，江苏省海洋与渔业局被国家海洋局授予全国海洋系统"六五普法"先进单位；8月，被中共江苏省委宣传部、江苏省法制宣传教育工作领导小组办公室、江苏省司法厅联合表彰授予"2011—2015年江苏省普法工作先进单位"称号。

【海洋规划】　《江苏省"十三五"海洋经济发展规划》被列为省政府重点专项规划，经过近1年的努力，2016年9月底，规划文本通过了专家评审，11月下旬，上报江苏省政府办公厅待批。《"十三五"规划》在内容上新增了海洋经济开放合作内容，特别是参与"一带一路"建设方面的内容；在空间布局上创新性地提出了提升"一带"、培育"两轴"、做强"三核"的发展思路，得到了专家的肯定。

海域海岛管理

【海域使用管理】　依法依规审批用海项目，全年新确权用海发证134宗，面积25157公顷，安排建设用填海指标653公顷，征收海域使用金约4.07亿元，连云港港30万吨航道二期、南通滨海园区三夹沙区域建设用海、连云港港徐圩港区临港产业服务区等重点工程项目用海得到保障。推进海域使用权"直通车"制度落实，江苏省有65宗建设用海、3000多公顷海域直接办理建设项目相关手续。推进海域海岛整治修复，累计争取中央海域和海岛保护资金3.55亿元，实施秦山岛二期、羊山岛、兴隆沙、滨海、射阳和临洪河口的整治修复项目。

【海洋功能区划】　2月底，江苏省人民政府先后批复了南通、盐城、连云港三市市级及所辖沿海13个县级海洋功能区划。3个设区市13县（市、区）的海洋功能区划分别评价了各市（县）海洋开发保护现状与面临的形势，明确提出到2020年各自海洋开发和保护的目标，为合理开发利用海洋资源、有效保护海洋生态环境提供了依据，确立了方向。组织开展了《江苏省海洋功能区划（2011—2020年)》中期评估工作，9月底前通过了专家审查，在全国率先完成了省级海洋功能区划中期评估。

【领海基点保护】　领海基点标志是维护中国海洋权益和宣示主权的重要标志，2016年，江苏省完成了对达山岛、麻菜珩和外磕脚等三个领海基点保护范围的立碑工作。外磕脚领海基点是江苏省境内3个领海基点之一，也是江苏省最东端的领海基点，为加强领海基点保护，从2015年开始对外磕脚动态监视系统进行了施工，2016年2月监视系统实现了全线贯通，海洋行政主管部门可通过专线随时对外磕脚领海基点周边海域进行远程实时监控，获取领海基点保护范围内实时影像数据。

【海域动态监视监测】　6月，国家海洋局对2014—2015年海域动态系统省市节点运行检查情况与考评结果进行了通报，江苏省及连云港市、盐城市和南通市海域动态监视监测系统运行工作再次被评为优秀，江苏省省、市两级海域使用动态监视监测工作保持了在国家综合检查与考评连续三次被评为优秀，江苏省也是连续三次被评为优秀的唯一省份。江苏省海洋与渔业局高度重视海域动态监视监测工作，强化组织领导，确保业务经费充足。不断健全运行机制和人才队伍，江苏省19家海域监管机构全部进入业务化运行，为海域管理提供技术支撑。

海洋生态文明建设

【生态文明建设】　4月7日，江苏省海洋与渔业局在全国率先召开了江苏省海洋与渔业生态文明建设工作会议。会议提出，通过5至10年的不懈努力，江苏要率先建成全国海洋与渔业生态文明建设示范区。重点抓好六个方面工作举措：

一是着力优化海洋开发利用格局。发挥海洋功能区划的约束性作用，统筹协调海陆资源开发、产业布局和生态环境保护，促进海域资源整合和海洋产业升级。尽快编制成《江苏省海洋主体功能区规划》。制定《江苏省海洋生态红线区域保护规划》，严守生态红线，加强围填海管理和监督。

二是着力提升生态环境监测保护能力。强化海洋与渔业监测机构建设，注重优化监测站位设置，提升监测质量。逐步建立向地方党委政府定期通报海洋与渔业环境状况制度。加强海洋污染源基础调查，提出有针对性的海洋环境污染控制方案。加强水生生物资源调查与监测评估，摸清本底情况。

三是着力抓好养殖业转方式调结构。加快完善水域滩涂养殖规划，严格按照各级政府颁布的《水域滩涂养殖规划》依法开展养殖活动，稳定基本养殖面积，优化养殖区域布局。大力发展水产生态健康养殖，积极推进池塘工业化生态养殖系统建设，创新渔稻综合种养、工厂化集约养殖等养殖模式。

四是着力推进捕捞业优化调整。加大减船转产力度，逐年压减海洋捕捞渔船数量和总功率，逐步降低捕捞强度，到2020年江苏省计划压减海洋捕捞机动渔船850艘、7.4万千瓦左右。多措并举推动长江捕捞渔民转产转业，提高长江渔业资源保护水平。严格执行好休渔禁渔制度，严厉打击涉渔"三无"船舶，清理取缔"绝户网"。稳妥推进海洋捕捞总量控制制度。积极发展远洋渔业。

五是着力强化海洋与渔业资源养护修复。积极开展水生生物增殖放流，扩大增殖放流规模，组织开展"放鱼节""放鱼日"等活动。大力推广"以渔控草、以渔控藻"等净水模式，促进以渔净水。加强海洋与渔业类保护区建设与管理。积极推进江豚迁徙地保护，探索人工繁育，促进长江生态保护。对射阳、滨海、响水等沿海侵蚀性岸线进行生态整治修复。完成秦山岛、羊山岛、连岛等海岛的生态保护修复工作。完善生态保护补偿机制，编制实施河湖休养生息规划，制定出台《江苏省海洋生物资源损害赔偿和损失补偿评估办法》。

六是着力加强海洋与渔业生态监督管理。强化用海管控，着力将区域建设用海规划打造成海洋生态文明建设的典范。强化涉海工程全过程监管，加大对涉海项目"三同时"检查力度，提高近岸海域环境保护水平。强化海洋与渔业行政执法，深入开展"碧海""海盾"等专项执法行动，严肃查处各类涉海涉渔环境违法行为，严厉查处非法捕鱼行为。

【海洋环境保护】 加强海洋环境监测体系建设，射阳、灌云和启东3个县级海洋环境监测机构通过省级实验室资质认定，在沿海三个设区市重点入海河各建设一套在线监测系统，江苏省共布设海洋环境监测站位721个，获得各类监测数据6.8万多个。严格执行海洋工程建设项目环境影响评价核准程序和规范，全年核准海洋工程项目35个，不予核准的6个。成功组织了江苏省第三届海洋环境监测技能大赛。制定出台了《江苏省海洋生物资源损害和损失补偿评估办法（试行）》，2016年核准的海洋工程项目生态补偿金总计达1.68亿元。

【浒苔绿潮应急处置】 认真落实国家海洋局关于浒苔联防联治工作机制要求，江苏省海洋与渔业局组织省海洋环境监测预报中心和省海洋渔业指挥部等单位加强浒苔监视监测，6月7日至12日开展了2016年浒苔打捞和无害化处置及资源化利用工作，共计打捞浒苔3275包，卸载干重326.58吨。

【增殖放流】 2016年，江苏在管辖的海洋、长江、湖泊放流各类水生生物苗种21.79亿尾（只、颗），其中放流海洋经济物种8.2311亿尾（只、颗），放流内陆经济物种13.5606亿尾（只、颗），放流珍稀濒危物种109.65万尾，江苏省共投入渔业资源增殖放流资金7949余万元。

【近岸海域环境】 江苏省海洋与渔业局组织省海洋环境监测预报中心等单位继续开展了江苏管辖海域环境与生态状况、海洋功能区状况、陆源入海排污及邻近海域生态环境质量状况、苏北浅滩生态监控区状况、海洋环境灾害等调查、监测与评价工作。在江苏管辖海域共设监测站位721个，获得各类监测数据6.8万余个。结果显示：

海水环境质量 江苏管辖海域符合一类、二类海水水质标准的面积为 18576 平方千米，占管辖海域面积的 53.4%；符合三类海水水质标准的面积为 7728 平方千米，占管辖海域面积的 22.2%；符合四类海水水质标准的面积为 3640 平方千米，占管辖海域面积的 10.5%；劣于四类海水水质标准的面积为 4822 平方千米，占管辖海域面积的 13.9%。水质中 pH、溶解氧、COD、石油类、重金属（铜、锌、铅、镉、铬、汞）和砷含量总体符合一类海水水质标准；主要超标物为无机氮、活性磷酸盐。

【海洋生物多样性】 近岸海域共布设 26 个监测站位，于 3 月、5 月、8 月和 10 月开展了四次调查监测。

浮游植物 共监测到 154 种，优势种为浮动弯角藻、中肋骨条藻和柔弱伪菱形藻，平均生物密度为 648.97×10^4 个/立方米。生物多样性指数全年平均为 2.62，物种丰富度较高，个体分布较均匀，多样性指数较高。

浮游动物 共监测到 81 种，优势种为小拟哲水蚤、拟长腹剑水蚤和双刺纺锤水蚤等，平均生物密度为 2363.29 个/立方米，平均生物量为 308.61 毫克/立方米。生物多样性指数全年平均为 2.00，物种丰富度较高，个体分布较均匀，多样性指数较高。

鱼卵和仔稚鱼 共监测到鱼卵 28 种，优势种为鲬、鲹、蓝点马鲛、小黄鱼，平均密度为 0.59 个/立方米。监测到仔稚鱼 41 种，优势种为鲹，平均密度为 0.50 个/立方米。鱼卵和仔稚鱼生物多样性指数分别为 1.32 和 1.29。密度总体较低，物种丰富度较低，个体分布较均匀，多样性指数一般。

底栖生物 共监测到 164 种，优势种为海葵、司氏盖蛇尾、滩栖阳遂足、伶鼬榧螺，平均生物密度为 11.85 个/平方米，平均生物量为 14.44 克/平方米。生物多样性指数全年平均为 2.40，物种丰富度较高，个体分布较均匀，多样性指数较高。

潮间带生物 共监测到 103 种，优势种为褶牡蛎、文蛤、中华近方蟹和疣荔枝螺等，平均生物密度为 131.53 个/平方米，平均生物量为 219.24 克/平方米。生物多样性指数全年平均为 1.48，潮间带生物物种丰富度较低，个体分布较均匀，多样性指数一般。

【海洋功能区环境】 分别选择了农渔业区、港口航运区、工业与城镇用海区、旅游休闲娱乐区、海洋保护区、特殊利用区各 9 个，保留区 6 个，实施了海洋功能区环境监测。功能区环境状况总体良好，基本满足功能需求。

农渔业区 应用环境质量综合指数法（EQI）分别对 9 个农渔业区进行评价，总体水质状况优良；水质中石油类、镉、铬、砷站位达标率均为 100%，铜、锌、铅、汞站位达标率分别为 77.8%、96.3%、81.5%、96.3%。

港口航运区 水质总体站位达标率为 66.7%。其中无机氮、活性磷酸盐站位达标率分别为 70.4%、96.3%；化学需氧量、油类、铜、铅、镉、汞、砷站位达标率均为 100%。

射阳港口航运区、大丰港口航运区、网仓洪港口航运区海域水质站位达标率为 100%，满足海洋保护区功能要求；连云港港口航运区、徐圩港口航运区、滨海港口航运区、洋口港港口航运区、吕四港港口航运区部分满足港口航运区功能要求；连云港及徐圩港口航运区海域水质中各项要素基本保持稳定，无机氮含量部分满足功能区要求。

工业与城镇用海区 水质总体站位达标率为 7.4%。其中无机氮、活性磷酸盐、COD 站位达标率分别为 59.3%、40.7%、92.6%；pH、溶解氧、石油类、铜、锌、铅、镉、铬、汞、砷站位达标率均为 100%。

旅游休闲娱乐区 其中连岛海水浴场健康指数为 94，达到了优等水平。适宜和较适宜游泳的天数比例为 81%，造成不适宜游泳的主要原因是天气不佳。墟沟旅游度假区水质指数为 4.3，环境质量"优良"。海面状况指数为 3.6，状况"优良"，影响海面状况的主要原因是天气不佳等。度假区平均休闲

（观光）活动指数为3.5，综合环境质量"优良"，很适宜开展海滨观光、海上观光、沙滩娱乐、海钓等多种休闲（观光）活动。

海洋保护区 总体满足牡蛎礁、贝壳堤、海蚀地貌、自然湿地、鸟类等保护对象的功能要求。

特殊利用区 水质总体站位达标率为74.1%。其中无机氮、活性磷酸盐站位达标率分别为92.6%、81.5%；pH、溶解氧、COD、石油类、铜、锌、铅、镉、铬、汞、砷站位达标率均为100%。

【**苏北浅滩生态监控区环境状况**】 监测区域由盐城射阳至南通启东浅滩湿地及邻近海域（120°29′—122°10′E，31°41′—34°03′N），涉及南通市、盐城市所述的启东、海门、通州、如东、海安、东台、大丰、射阳八县（市、区），面积1.54万平方千米。监测内容包括环境质量状况、生物多样性、滩涂植被和滨海湿地空间分布。结果表明：苏北浅滩生态监控区仍处于亚健康状态。

环境质量状况 江苏省管辖海域水质符合第一类、第二类、第三类、第四类和劣于第四类海水水质标准的站位分别占36.4%、30.3%、15.2%、9.1%和9.1%，较2015年有所好转，主要污染物为无机氮、活性磷酸盐，水体呈富营养化状态。沉积物整体质量状况良好，石油类、总有机碳、硫化物、重金属（铜、锌、铅、镉、铬、汞）、砷均符合一类海洋沉积物质量标准，综合潜在生态风险较低。

生物多样性 共鉴定浮游植物86种，中小型浮游动物46种，大型浮游动物59种，鱼卵7种，仔稚鱼15种，底栖生物57种，潮间带生物42种，游泳生物67种。苏北浅滩生态监控区浮游动植物、潮间带生物资源丰富，生物量较高；底栖生物、鱼卵和仔稚鱼生物密度较低。

滩涂植被 根据遥感影像解译，目前互花米草、碱蓬和芦苇是苏北浅滩湿地的主要植被类型。现有滩涂植被223平方千米，与2015年相比略有减少。目前较大面积植被主要分布在新洋港至斗龙港之间盐城国家级珍禽自然保护区核心区、川东港口南侧大丰麋鹿保护区核心区、新北凌闸至小洋口外闸东侧、如东东凌垦区北侧、腰沙根部滩涂；其他岸段存在部分较窄的沿海堤分布的植被带。

滨海湿地空间分布 射阳河口以南滨海湿地为3596平方千米，其中自然湿地2510平方千米，人工湿地1086平方千米。

【**海洋牧场**】 2016年，江苏省海洋与渔业局争取到农业部安排的2500万元年度资金支持连云港海州湾海洋牧场示范区建设。12月初经江苏省十二届人大常委会第二十七次会议批准，全国海洋牧场管理领域的第一部地方性法规《连云港市海洋牧场管理条例》正式诞生。自2002年起，连云港市在海州湾海域开始实施海洋牧场建设，以维护海洋生态平衡，经过10多年的建设，已在海州湾海洋牧场示范区累计投放各类混凝土鱼礁近1.2万个、旧船礁190个、浮鱼礁25个、石头礁2.26万个，形成人工鱼礁投放区面积134.25平方千米。同时，江苏省海洋渔业指挥部于2016年启动了南黄海海洋牧场试验性人工鱼礁建设，南黄海海洋牧场位于江苏南部海域吕泗渔场小黄鱼、银鲳国家级水产种质资源保护区实验区内，距南通近岸约40海里，水深20米左右，海底地形地貌平坦稳定，海况条件和水质状况良好，水体含沙量低，拥有丰富的渔业资源，适宜人工鱼礁建设。

海洋环境预报与防灾减灾

【**海洋防灾减灾**】 继续加快海洋观测网建设步伐，在中国海监江苏省总队连云港维权基地、盐城市滨海港、南通市大唐电厂等沿海区域建设了8座潮位气象自动观测站，江苏省自主建设投入运行的海洋观测站点数量达20座。创新研发了海洋预报信息网页发布系统、海洋预报信息展示PDA应用系统并投入业务运行，全面提升海洋防灾减灾服务保障水平。加强海洋灾害的观测预警工作，江苏省海洋环境监测预报中心全年累计制作发布风暴潮警报 5 份、海浪警报 39 份，发送传真 1320 份、邮件 440 封、短信 37752 条、微博 44 条，在江苏卫视发布滚动字幕预警信息44 条，及时提醒海上船只和涉海生产作业单位采取防御应对措施。拓展海洋预警报信息发布渠道，自 2016 年 10 月 1 日起，江苏海洋预报正式通过江苏交通广播网（江苏应急广播 FM101.1）每日 9 时、16 时准点播出，填补了江苏省海洋预警报广播渠道发布的空白。

【海洋灾害情况】 2016 年江苏省发生风暴潮灾害过程 1 次，直接经济损失 8.90 万元，无人员伤亡。发生灾害性海浪过程 2 次，直接经济损失 1655.70 万元，无人员伤亡。连云港海域发生海冰灾害，直接经济损失 2000 万元，无人员伤亡。全年未发生海啸灾害。管辖海域全年未发现赤潮；5—8 月发现浒苔绿潮，持续时间为 107 天，最大覆盖面积 185.00 平方千米。江苏省沿海海平面较 2015 年高 33 毫米。海岸侵蚀、海水入侵和土壤盐渍化也有不同程度发生。全年海洋灾害直接经济损失 3664.60 万元，无人员伤亡。与 2015 年比较，直接经济损失和死亡（含失踪）人数均有所下降。

风暴潮 沿海发生台风风暴潮灾害过程 1 次，没有发生温带风暴潮灾害过程。2016 年第 16 号台风"马勒卡"9 月 13 日生成，9 月 21 日减弱消亡，是一个生命周期长、强度变化大的台风。该台风 9 月 17—19 日影响江苏省海域，江苏省沿岸自南向北出现了 30~112 厘米的风暴增水。受台风风暴潮影响，江苏省沿海损毁房屋 6 间，紧急转移安置人口 6 人。风暴潮灾害造成直接经济损失 8.90 万元。

灾害性海浪 共发生灾害性海浪过程（有效波高 2.5 米及以上）2 次，累计天数 6 天，其中一次为台风浪过程，一次为台风和冷空气共同影响的海浪过程。水产养殖绝收面积 63.23 公顷，农作物受损 265.00 公顷，损毁码头 0.01 千米，损毁海堤、护岸 0.80 千米，直接经济损失 1655.70 万元。

海冰 2016 年 1 月 22—26 日，受强冷空气影响，连云港市沿海最低气温降至零下 14.7℃，海州湾沿海海冰发展迅速，在连云区海州湾街道西墅海岸边，海冰厚度超过 20 厘米，数万亩未及时采收的鲜紫菜受损严重。灾害共造成水产养殖受灾面积 1.67 千公顷，水产养殖损失总量 3700 吨，造成直接经济损失 2000 万元，无人员伤亡。

赤潮 江苏管辖海域全年未发现赤潮。海州湾监控区内赤潮生物以硅藻和甲藻为主，主要优势种为中肋骨条藻、小细柱藻、短角弯角藻、叉状角藻等，细胞密度介于 6.55×10^3~5.55×10^6 个/升之间；全年富营养化指数（E）介于 0.05~3.51 之间，平均值为 1.18，处于富营养化状态，具有发生赤潮的潜在风险。

浒苔绿潮 4—10 月，江苏省海洋与渔业局组织开展了浒苔绿潮卫星遥感监视监测工作。5 月 11 日首次在南通、盐城近岸海域发现浒苔绿潮，6 月中下旬，盐城和连云港部分区域出现浒苔登滩现象，8 月 25 日最后一次在南通近岸海域及盐城外海监测到零星漂浮浒苔，全年浒苔绿潮持续时间为 107 天。管辖海域浒苔绿潮单次最大覆盖面积为 185.00 平方千米，发现于 6 月 9 日。

【海平面变化】 2016 年，江苏沿海海平面比常年高 140 毫米，比 2015 年高 33 毫米。预计未来 30 年，江苏沿海海平面将上升 80~165 毫米。

【海岸侵蚀】 调查显示：受侵蚀海岸长度达 19.19 千米，主要集中在盐城市。其中：响水县三圩港岸线侵蚀长度为 0.89 千米；滨海县河北圆头海堤、南八滩闸至淮河入海口段侵蚀长度分别为 0.10 千米和 0.70 千米；射阳县海岸侵蚀总长度达 17.50 千米，主要区域为扁担港以南至夸套港北一线海堤向外围海养殖区、双洋港口两侧。海岸侵蚀造成土地流失，房屋、道路、沿岸工程、旅游设施和养殖区域损毁，给沿海地区的社会经济带来较大损失。

【海水入侵和土壤盐渍化】 连云港赣榆和盐城大丰沿岸部分地区海水入侵严重。连云港赣榆海水入侵距离 5.04 千米，盐城大丰海水入侵距离 12.33 千米，海水入侵距离较去年有所增加。盐城大丰沿岸土壤盐渍化严重，有氯化物-硫酸盐型盐土和硫酸盐-氯化物型重盐渍化土分布。盐渍化距岸距离大于 15.76 千米，较去年有所增加，盐渍化类型主要为硫酸盐型、及硫酸盐-氯化物型。

海洋执法监察

【海洋监察】 2016 年江苏省共立案查处"碧海"案件 13 宗，结案 12（其中 3 宗为往年案件）宗，收缴罚金 99 万元；共立案查处"海盾" 9 宗，结案 8 宗，收缴罚金 5437 万元，先后组织打击非法盗采海砂和海岛专项执法检查各 2 次。加强海洋环保执法能力建设，积极争取中国海警局将滨海县海监大队、海门蛎蚜山牡蛎礁国家级海洋公园海监大队分别纳入海洋工程环保执法和保护区执法示范单位创建。加大专项执法行动力度，突出入海排污口、涉海危化品项目用海和区域用海执法检查。"两会"、G20 峰会期间加强了江苏海域海底光缆巡护，共组织 15 个航次，查处 3 起进入光缆保护区内违规抛锚案件，保证了江苏海域国际海底光缆安全畅通。

【海洋环境监督执法】 加强海洋环境监督执法，全年组织开展了"碧海""海盾"等海监执法行动，共立案 79 宗，结案 74 宗，收缴罚款 6137.81 万元。

海洋科技教育与文化

【海洋科技】 围绕"十三五"江苏海洋科技重点领域和布局，江苏省海洋与渔业局组织编制完成《江苏海洋科技创新专项资金立项建议书》并经专家论证，江苏省级财政从 2017 年度开始设立海洋科技专项资金。认真组织实施在研国家海洋公益专项并取得进展，开发了海滨锦葵饲料、海蓬子天然咸味剂产品等系列产品，建成了海滨锦葵饲料（添加剂）生产线等；水下滑翔器项目 6 月份进行第三次海试再度获得成功，实现了滑翔器编队组网作业；对贝类项目进行了贝源下脚料诱食型饲料添加剂放大生产并开始建设贝鲜酱料中试生产线，产业化开发持续推进。支持大丰国家科技兴海产业示范基地实施国家海洋公益专项，推动该区耐盐植物产业发展，2016 年 11 月获得国家海洋局考核"优秀"等级。

【海洋宣传】 6 月 8 日世界海洋日暨全国海洋宣传日之际，江苏省海洋与渔业局组织江苏省海洋管理部门开展了一系列丰富多彩的宣传活动。6 月 6 日上午，2016 年全国"放鱼日"主会场（江苏）增殖放流活动在启东市举行，农业部副部长于康震，江苏省委常委、副省长徐鸣等参加活动并进行了海洋渔业资源放流。较早时间，江苏省暨南京市在南京市江宁区长江江豚省级自然保护区举行 2016 年长江水生生物资源增殖放流活动。时任江苏省委书记罗志军、省长石泰峰等省领导同志出席放流活动，并向长江投放鱼苗。江海联动渔业资源增殖放流充分体现了"关注海洋健康、守护蔚蓝星球"的主题。

江苏省海洋与渔业局夏前宝副局长带领相关处室负责同志走进江苏省政府网站在线访谈栏目，同网友就海洋生态文明建设等社会关切的热点问题进行了互动交流。驻江苏省海洋与渔业局纪检组组长谢国华带领部分干部职工，同社区居民代表一起参观了海洋国防教育馆和颐和路社区将军馆。江苏省海洋与渔业局向省级机关第一幼儿园捐赠了一批海洋绘本类图书，努力提高少年儿童的海洋意识。此外，为了迎接世界海洋日，6 月 8 日上午，包括河海大学在内的 5 所江苏省涉海院校在河海大学江宁校区举办了第三届全国涉海高校慢跑公益活动暨全国海洋科普志愿者招募活动。

南通市海洋与渔业局开展了海洋增殖放流活动，共放流大黄鱼、半滑舌鳎、海蜇等重要海洋生物苗种 500 多万尾。江苏省海洋水产研究所发布了《社会共同防治海洋垃圾倡议书》，号召全体市民和单位共同守护好蔚蓝、美丽、健康的海洋。

盐城市海洋与渔业局举办了海洋经济、海洋生态等专题图片展，免费发放《海洋知识》宣传单、《盐城海洋》等科普书籍，活动现场吸引了众多市民驻足参观。

连云港市海洋与渔业局举办了"海洋文化节"开幕式，以及羊山岛生态保护与修复项目开工仪式、"保护碧海蓝天、呵护蓝色家园"清洁海滩等活动。

（江苏省海洋与渔业局）

上　海　市

综　述

2016 年，上海紧紧围绕建设海洋强国和"一带一路"国家倡议以及全市推进"四个率先"、建设"四个中心"和"具有全球影响力的科技创新中心"的大局，以服务经济社会发展和保障城市安全为主线，深入推进海洋经济发展、切实保护海洋生态环境、不断深化海洋综合管理，各方面工作取得良好进展。

海洋经济与海洋资源开发

【海洋船舶工业】　上海船舶业整体出现见底回升的迹象，全年交付新船 653 万载重吨，同比下降 11.3%；新接订单 614 万载重吨，同比增长 16.1%。在高端船舶领域，40 万载重吨超大型矿砂船、1.8 万~2.1 万标准箱超大型集装箱船等高端船型实现批量化制造，17.4 万立方米 LNG 运输船、世界最大 3.75 万立方米 LEG 船、自主设计制造的全球最先进 3.8 万吨双相不锈钢化学品船、自主研发设计的世界最大容量超大型 8.3 万立方米 VLGC 船等船型进入世界先进行列。宝钢集团成为国内首家获得 ABS（美国船级社）LPG 船用-75℃低温钢板证书的钢铁企业，打破国外垄断。

【海洋交通运输业】　受全球经济下行影响，2016 年上海海洋交通运输业发展趋缓，全港完成货物吞吐量 7.02 亿吨，同比下降 2.2%。从内外贸情况看，内贸货物大幅度下降态势有所改观，同比下降 5.2%；外贸货物突破零增长局面，实现同比增长 0.6%。完成集装箱吞吐量 3713.3 万标准箱，同比增长 1.6%，继续保持世界第一。洋山港四期集装箱码头基本建成，系统进入联合调试阶段，自动化码头基本具备试运行条件。同时，中国远洋运输（集团）总公司、中国海运（集团）总公司两家国内航运巨头重组，成立中国远洋海运集团有限公司，总部设在上海。

【滨海旅游业】　金山城市沙滩、奉贤碧海金沙、崇明生态岛等海洋主题景区收入实现较快增长，上海海昌极地海洋世界建设步伐加快。邮轮产业积极对接市场，推进在邮轮口岸实施特定时限内的过境和出入境免签政策，设立进境和出境双向便利的免税购物商店，2016 年上海国际邮轮停靠和旅客吞吐量大幅增长，上海港共靠泊邮轮 509 艘次，同比增长 47.9%；邮轮旅客吞吐量 289.38 万人次，同比增长 75.9%。其中，以上海为母港的靠泊次数为 482 艘次，同比增长 50.6%；母港邮轮旅客吞吐量 282.9 万人次，同比增长 77%。

【推动开发性金融支持海洋经济发展】　在国家海洋局、国家开发银行联合下发的《关于开展开发性金融促进海洋经济发展试点工作的若干意见》指导下，上海市海洋局与国家开发银行上海市分行建立了工作联络机制，签订了合作框架协议，确定了"十三五"工作目标，梳理细化了重点支持的产业领域，搭建了投融资服务平台。

【第一次全国海洋经济调查】　按照全国海洋经济调查办公室和上海市政府的统一部署，上海市海洋局会同相关部门积极推进全市第一次全国海洋经济调查工作。6 月，在上海市海洋经济调查工作推进小组框架下设立了海洋经济调查办公室和调查工作组，落实了办公场地和专职人员。10 月，上海市政府审批同意《第一次全国海洋经济调查上海市总体方案》，发文各区政府，明确市、区分级负责的调查工作机制，调查办积极推进区级调查机构组建，落实了市级调查经费和非沿海区补助经费，完成市级调查主体任务的招标，确定了市级技术单位。

海洋立法与规划

【上海市海洋局海域使用审批细则】　为了进一步规范海域使用审批工作，推进海域使用审批工作标准化，提高海域使用审批的科学性、规范性，根据《中华人民共和国海域使用管理法》《海域使用权管理规定》《上海市海域使用管理办法》，2016年1月上海市海洋局制定了《上海市海洋局海域使用审批细则》，自2016年2月1日起施行。

【关于进一步加强本市区（县）海洋管理工作的若干意见】　为进一步贯彻落实2015年上海市海洋工作会议精神的要求和市政府《关于上海加快发展海洋事业的行动方案（2015—2020年）》，进一步加强本市区（县）海洋管理工作，2016年3月9日，上海市海洋局制定印发了《关于进一步加强本市区（县）海洋管理工作的若干意见》，自2016年7月1日起施行。

【上海市海洋"十三五"规划】　按照上海市级"十三五"专项规划编制要求，上海市海洋局编制了《上海市海洋"十三五"规划》，同时，为落实《上海市国民经济和社会发展第十三个五年规划纲要实施意见》，编制了《上海市海洋"十三五"规划主要目标和任务实施分工方案》。

【上海市海洋主体功能区规划】　上海市海洋局会同上海市发展和改革委员会编制了《上海市海洋主体功能区规划》。规划以上海市沿海区级行政区管理海域范围为基本分区单元，以海域的资源环境承载能力、现有开发强度和未来发展潜力为基础，对接《全国海洋主体功能区规划》和《上海市主体功能区规划》，提出上海沿海5个区海域主体功能以优化开发为主要导向，零星布局禁止开发区。

海域海岛管理

【上海市海域使用论证报告审查要点】　上海市海洋局行政服务中心组织编制了《上海市海域使用论证报告审查要点》，结合上海实际用海情况，按不同的用海类型，系统归纳了用海论证报告审查中的重点和难点，旨在形成一套比较规范的论证报告质量判定体系，有效提高海域使用审批工作的质量和效率。

【海域权属及有偿使用管理】　上海市海洋局完成"上海临港物流园区奉贤分区港区圈围工程"等6宗用海项目初始登记发证，确权用海面积362.2039公顷；完成"金山城市沙滩以西保滩工程"1宗用海项目变更登记发证，变更用海面积9.1953公顷。上海市海洋局积极与不动产登记局对接，梳理海域使用权登记管理、业务规则及国家海域动管系统衔接，为上海市下一步海域不动产统一登记奠定基础。

【海域动态监视监测】　上海市海洋局组织开展海域动态监视监测，一是加强对区域建设用海规划实施情况的监督管理，借助遥感、无人机、远程视频监控和地面巡查等方式开展动态监测，未发生超范围用海现象；二是开展围填海疑点疑区现场核查；三是组织开展海域日常巡视检查、批后监管和联合巡查执法，规范用海秩序；四是区级动管业务能力逐步提高，10月份金山区人民政府批准成立上海市首个区级海域动态监管中心。

【建成海岛综合管理系统】　上海市海洋局整合了全市海岛地名管理数据库、金山三岛视频监控资源，建成了海岛基础业务数据库，开发了海岛地名管理、领海基点保护管理、无居民海岛调查管理等模块，形成的海岛综合管理系统，为提升海岛基础数据管理、业务应用和信息共享水平，服务全市海岛综合管理提供了服务。

【领海基点保护】　为加强领海基点管理，上海市海洋局在本市佘山岛、芦潮港等地设置了领海基点保护范围标志，挂牌"上海市海域海岛动态监视监测管理中心佘山站"。同时联合佘山岛驻岛部队共建佘山岛海洋展示馆，发挥领海基点爱国主义教育功能。

【海岛整治修复】 2016 年 3 月，大金山岛保护与开发利用示范工程开工建设。项目内容包括新建 1019 米防波堤和 560 米栈桥、改造岛内道路、修缮码头、新建光伏发电和雨水收集净化系统等。

海洋生态文明

【海洋环境监测】 2016 年，上海市海洋局按照国家海洋局海洋生态环境保护工作的总体要求，开展了近岸海洋生态环境监测、海洋环境监管监测、公益服务监测、海洋生态环境风险监测、海洋资源环境承载力试点监测等。监测要素涉及水文气象、海水、沉积物、海洋生物等百余项。监测海域覆盖本市海域及邻近区域，面积逾 1.72 万平方千米，共布设水质站位 355 个，沉积物、生物站位各 206 个，共采集样品约 1.18 万个，获得监测数据约 12.8 万个。

【临海生态协调区海岸带生态廊道建设】 2016 年 9 月，上海市临海生态协调区海岸带生态廊道建设项目通过验收，该项目是 2012 年中央分成海域使用金项目，实际总投资为 872.85 万元。项目位于上海临港海洋高新技术产业化示范基地内，总面积约 29.06 万平方米，主要包括构建雨水和引淡立体排水系统、修整临海生态协调区地形、改良盐碱土壤、建设生态廊道景观带等内容，该项目能够有效提高海岸带防护大堤抵御海风和海水侵袭的能力，提升对本地区有毒有害气体的吸收能力，改善地区小气候，降低土壤含盐量，增加土壤有机质含量。

【金山城市沙滩西侧综合整治与修复工程】 金山城市沙滩西侧综合整治与修复工程是 2015 年中央海域使用金项目，总面积为 23.2 公顷，总投资 9240 万元。2016 年 4 月开工，12 月完工。该项目主要通过湿地基底修复、本地植被恢复、水体生态修复和景观造景，形成本项目独具特色的杭州湾潮滩湿地景观，提升区域生态服务功能与环境质量。

【发布《2015 年上海市海洋环境质量公报》】 根据 2015 年上海市海洋环境监测、监视和调查结果，上海市海洋局组织有关技术单位对 2015 年上海市海洋环境质量状况进行了评价与综合分析，编制完成《2015 年上海市海洋环境质量公报》，于 2016 年 4 月发布。

【上海市海洋生态环境监督管理系统】 上海市海洋生态环境监督管理系统项目建设正式启动，目标为建立国家、市、区（县）三级海洋生态环境监督管理与科学决策提供全面支撑的综合信息系统平台，建设内容包括一个信息管理系统、一个综合数据库和一个信息发布平台。

【陆源入海排污口调查】 上海市海洋局开展陆源入海排污口及邻近海域环境监测，对本市 19 个沿江沿海陆源入海排污口处理后尾水的出水量、水质进行分析评价，掌握了排海污水处理厂污染物入海的主要情况。

海洋环境预报与防灾减灾

【上海市海洋环境监测预报中心成立】 2009 年，上海市水文总站增挂上海市海洋环境监测预报中心牌子，在海洋环境监测预报工作中发挥了重要作用。为更好地适应新形势、新任务、新要求，着眼于本市海洋发展战略需要，2016 年 11 月 29 日，成立上海市海洋环境监测预报中心。该中心是由上海市编委批准的上海市海洋局所属的公益一类事业单位，主要承担海洋观测预报、海洋环境监测、分析评价、滩涂测绘分析等工作。

【海洋预警报能力升级改造项目实施】 为进一步提升海洋预警报能力，上海市海洋局实施海洋预警报能力升级改造项目，分为系统集成建设与海洋灾害承载体调查与评价两部分。其中系统集成建设包含预报产品制作及管理系统、高性能计算机系统、业务会商系统，新建完成了芦潮港、金山嘴地波雷达站一对，奉贤海洋站一座等 11 项内容。

【首次开展风暴潮灾害应急处置演练】　上海市海洋局首次开展上海市风暴潮灾害应急处置演练，采用实战与桌面推演和多媒体演示相结合方式，模拟了应对处置影响杭州湾北岸海域风暴潮的全过程，完成了发布预警、应急响应、解除预警通报、结束响应等既定演练科目。以实战演练方式，完成了一线海塘巡查、闸门关闭、金山城市沙滩游客劝撤、渔船进港避风、在建海洋工程工地人员设备撤离等应急响应动作。

【海洋灾情信息调查统计评估发布】　上海市海洋局组织开展 2016 年海洋灾害调查与评估工作，针对上海市海洋灾害的主要类别，开展海洋灾害统计、重大海洋灾害灾情调查工作，对本年度上海海洋灾害进行全面评估，在年度海洋灾害调查与评估的基础上，编制完成《上海市海洋灾害通报》。

【海平面变化】　2016 年，上海市沿海海平面比常年高 102 毫米，比 2015 年高 45 毫米。各月海平面均高于常年同期，2016 年 4 月、6 月和 11 月海平面较常年同期分别高 148 毫米、120 毫米和 132 毫米，均为 1980 年以来同期最高；与 2015 年同期相比，10 月海平面高 166 毫米，7 月海平面低 94 毫米。

海洋执法监察

【概述】　2016 年，中国海监上海市总队共开展海域使用监督检查 85 次共 32 个项目；开展海洋倾废监督检查 248 次 229 个项目；开展海岛保护监督检查 90 次；开展海底电缆管道巡护 12 航次 3 个项目；开展海洋工程建设项目环境保护监督检查 125 次 100 个项目；开展海洋生态保护监督检查 7 次 2 个项目。累计出动执法人员 1664 人次，组织空中巡视 1 架次，航时 4 小时，航程 80 千米；海上巡航 127 航次 133 天，航时 821 小时，航程 8286 海里；陆上巡视 309 车次，车程 31461 千米。查处破坏海洋生态环境案件 12 件，结案 9 件，执行罚款 33.6 万元；查处长江口水

域违法采砂案件 7 件，结案 2 件，执行罚款 36 万元。

【海域使用执法】　中国海监上海市总队对在建海洋工程采取全过程监督检查，加大对区域用海规划实施情况的监管力度；对已取得《海域使用权证书》的用海项目开展行政许可批后监督检查。专项执法中未发现违法行为。

【海洋环境保护执法】　在海洋环境保护方面，中国海监上海市总队不断加大违法倾废及违法采砂的查处力度；重点加强对沪苏交界水域、吴淞锚地等非法采砂高发区域的检查，联合海警、海事、航政、长航公安等水上执法单位，多次开展夜间蹲守专项整治行动。落实公开听证，召开海洋违法倾倒建筑渣土案公开听证会，促进政府权力规范透明运行。

【海岛保护执法】　着力从海岛定期巡航制度化、基础台账规范化、工作协同常态化等方面开展了执法检查工作，不断加强对佘山岛等重点海岛的保护力度。针对有居民海岛，锁定重点区域，重点检查违法行为易发岸段，不定期检查偏远岸段，实现全覆盖。

【海底电缆管道保护执法】　在海底电缆管道保护方面，中国海监上海市总队坚持定期巡航，并在重大活动期间开展专项执法检查，对部分往来船只进行了必要的宣传和指导，有效地保护了上海海底电缆管道安全。

海洋行政审批

上海市海洋局共受理海洋行政审批申请事项 265 项，全部办结。海洋环境保护方面，签发《废弃物海洋倾倒普通许可证》正本 188 本，副本 1008 本，其中许可倾倒疏浚物 567.28 万立方米，征收倾倒费 170.18 万元，骨灰撒海共计 3385 盒；核准海洋工程建设项目环境影响报告书 1 项。海域使用方面，审批海域使用金减免 4 项，审核海域使用权 10 项，备案临时用海项目 1 项，共计征收海域使用金 10189.8 万元。

【明确沿海区海洋行政审批事项】　上海市海洋局围绕简政放权，明确9项沿海区海洋行政审批事项。浦东新区、金山区、奉贤区、崇明区等沿海区海洋局认真落实，编制完成海洋行政审批办事指南和业务手册。在此基础上，浦东新区海洋局完成上海临港海上风电一期示范项目用海审批和长江口水文监测站网南汇咀水文站建设工程用海初审；金山区海洋局完成上海市金山区新江水质净化二厂排海管道工程海洋环境影响报告书审批。

【上海市水务业务受理中心（上海市海洋业务受理中心）更名】　2016年12月6日，上海市水务业务受理中心（上海市海洋业务受理中心）更名为上海市水务局行政服务中心（上海市海洋局行政服务中心）（以下简称行政服务中心），行政服务中心是上海市水务局（上海市海洋局）所属的统一受理、受托办理水务、海洋行政审批事项、政府信息公开及市民热线服务等公共服务的全额预算事业单位。

海洋科技教育及文化

【科技兴海示范基地和海洋科技服务平台建设】　上海市海洋局着力加强科技服务平台建设和科技兴海示范基地建设，认真做好迎接国家海洋局对上海临港科技兴海产业化示范基地（国家科技兴海产业示范基地）的考核工作，获得检查组优秀评价。根据《科研和应用推广项目管理办法》，依托社会专业力量研发了"上海水务海洋科技创新网"，为水务海洋科技创新提供智库情报，科研管理和成果转化等平台服务。

【"数字海洋"上海示范区建设】　"数字海洋"上海示范区建设旨在建成全局统一、服务全市的水务海洋数据云平台，为全市防汛、水务、海洋信息化建设提供了稳定、高效的云数据支撑。目前主要完成了项目软硬件的采购和服务器上架调试、"海洋水务一张网"的搭建、"水务海洋数据中心"的搭建以及海洋门户网站和行政办公子系统、海洋科技服务子系统的开发与整合。

【深海石油钻采钻铤无磁钢国产化及防护技术】　上海市海洋局协助国家海洋局完成了海洋行业公益性项目"深海石油钻采钻铤无磁钢国产化及防护技术"的中期检查。项目科技成果推广及产业化应用效果明显，综合评价优秀，为实施国家深海战略夯实基础。

【上海市海洋局河口海洋测绘工程技术研究中心正式挂牌】　该中心以海洋测绘产业化平台为支撑，以海洋测绘数据获取手段、测绘数据技术处理、海域动态监管、海洋测绘大数据平台为重点，以创建国家河口海洋测绘工程中心为目标，提升联合攻关能力，解决重大科学研究和技术数据获取处理等瓶颈问题，建立教学与科研成果示范应用相结合、基础研究与服务产品开发并重的人才培养、科学研究、成果转化和高技术产品的生产基地。

【科技兴海经济统计核算评价体系及方法研究】　7月，《科技兴海经济统计核算评价体系及方法研究》获2016年水务海洋科技进步一等奖。该课题由上海市海洋管理事务中心联合国家统计局浦东调查队、上海海洋大学完成，着重分析比较了国内外海洋经济统计核算方法，研究了上海市海洋产业属性分类，梳理了上海海洋经济重点产业名录及重点企业名录，设计形成了上海海洋经济统计指标体系及核算方法，浅析了科技进步贡献率在海洋经济分析评价应用中的必要性和可行性，提出了上海市海洋经济运行监测与评估系统建设的对策建议。

【世界海洋日暨全国海洋宣传日系列活动】　6月8日，围绕"关注海洋健康，共享绿色发展"的活动主题，由上海市海洋局、浦东新区人民政府、上海市临港地区开发建设管理委员会主办的上海市纪念2016年"世界海洋日暨全国海洋宣传日活动""临港海洋节"开幕式暨"2016上海海洋论坛"在临港隆重举行。浦东新区区委常委、上海市临港地区开发建设管理委员会党组书记、常务副主任陈杰和上海市海洋局党组书记、局长白廷辉出席活动开幕式，国家海洋局战略规划与经济司副司长沈君，海洋地质学家、中科院院士汪品先，上海交通大学海洋研究院副院长连琏等三位专家围绕我国海洋经济整体规划和深海领域发展现状及前景进行了深入的解读和探讨。同时，上海市海洋局以及浦东新区、宝山区、金山区、奉贤区、崇明区等沿海区海洋局通过海洋知识进小学、进中学、进码头、进渔村、进渔船，海滩清洁，海域巡查，海底管道保护执法协同应急演练，"携手看海去"海洋日实地探究考察活动等多种形式，广泛开展社会宣传教育，提升全民海洋意识，营造关心海洋、认知海洋的良好社会氛围。

【水务海洋科技大会】　10月9日，上海市水务海洋科技大会暨上海市水务局、上海市海洋局科技大会在杨树浦水厂召开。中国工程院院士、南京水利科学研究院院长张建云，中国工程院院士、国家海洋局第二研究所研究员潘德炉，上海市水务局、上海市海洋局局长兼科技委主任白廷辉，上海市水务局、上海市海洋局总工程师兼科技委常务副主任周建国，上海市科委副主任马兴发，上海市住建委总工程师、上海市住建委科技委副主任刘千伟，水利部太湖流域管理局巡视员、总工程师林泽新，国家海洋局东海分局副巡视员潘增弟等领导专家出席了大会。本次科技大会旨在贯彻落实全国科技创新大会精神，大会回顾展示了本市水务海洋"十二五"科技发展成就，表彰了《上海市水务海洋科学技术奖》，以及水务海洋科普先进单位，明确了"十三五"海洋科技发展目标，围绕海洋重大战略、重大工程、重点工作，部署了着力开展科技攻关的任务，正式启动了"上海水务海洋科技创新服务网"，开展了海洋领域尖端科技学术交流，进一步推进了海洋科技发展。

（上海市海洋局）

浙 江 省

综 述

2016 年，浙江省沿海各市、县（市、区）和省级各涉海部门围绕建设浙江海洋经济发展示范区等国家战略和"加快建设海洋强省"等省委、省政府做出的一系列决策部署，着力改善海洋资源、环境、服务等供给质量，促进海洋经济发展和海洋生态文明建设，推动海洋科技、教育和文化发展，取得了重要的阶段性成果。经初步核算，2016 年浙江省海洋经济总产出 21408 亿元，比上年增长 6.4%（现价）；海洋生产总值 6598 亿元，比上年增长 9.7%，海洋经济占浙江地区生产总值的比重为 14.0%，比重比上年增加 0.72 个百分点。

海洋经济与海洋资源开发

【海洋渔业】　2016 年浙江省水产品总产量 630.95 万吨，同比增长 4.81%。其中，国内海洋捕捞产量 347.06 万吨，同比增长 3.08%；海水养殖产量 101.77 万吨，同比增长 9.03%；远洋渔业产量 67.8 万吨，同比增长 10.89%。2016 年海洋渔业总产出 727.1 亿元，比上年增长 14.8%，海洋渔业增加值 470.38 亿元。2016 年全省水产品出口数量 51.18 万吨，比上年增长 9.4%；水产品出口贸易额 18.53 亿美元，同比减少 1.4%。全省渔民人均纯收入 23071.5 元，同比增长 7.3%。

【海洋盐业】　2016 年，全省保有盐田面积 1682.97 公顷，其中盐田生产面积 1498.95 公顷，较上年下降 8.08%；全省制盐企业 18 家，主要为岱山、象山、普陀等地盐场；全省盐业企业 93 家。全年共产盐 6.35 万吨，出场盐产品 4.08 万吨；销售各类盐产品 77.56 万吨，其中食盐 58.45 万吨，工业用盐 16.90 万吨。全年实现盐产品销售收入 16.73 亿元。年末全省盐产品库存总量 20.91 万吨，较上年下降 32.61%。

【海洋船舶工业】　2016 年，全省船舶工业共完成工业总产值 1514.01 亿元，同比增长 12.31%。其中，民用船舶制造产值 738.8 亿元，同比下降 0.03%；民用船舶配套产品产值 77.2 亿元，同比增长 6.2%；民用船舶修理产值 150.1 亿元，同比增长 25.1%；海洋工程装备产值 70.9 亿元，同比增长 28.7%。全省船舶企业完工船舶 464.5 万载重吨，同比下降 12.8%；出口完工 424.1 万载重吨，同比下降 2.3%；新接船舶订单 416.5 万载重吨，同比下降 25.51%；手持订单总量 1294 万载重吨，同比下降 27.56%。2016 年全省船舶工业企业实现主营业务收入 562.2 亿元，同比增长 8.6%，全行业依然亏损，利润总额约-4.1 亿元，企业压力依然较大。

【临港钢铁工业】　2016 年，全省临港钢铁工业企业实现主营业务收入 362.51 亿元，重点企业共完成钢、铁、钢材产量分别为 645.96 万吨、426.97 万吨和 781.09 万吨。其中，不锈钢粗钢和不锈钢钢材产量分别为 96.22 万吨和 125.39 万吨。临港钢铁工业粗钢产量占全省钢铁工业的 49.7%。与此同时，全省积极推进钢铁去产能，共淘汰炼钢产能 638 万吨，实现压减粗钢产能 388 万吨。受益于国家钢铁去产能政策效应，2016 年钢材价格持续回升，全省钢铁企业生产经营环境有所改善，效益大幅回升，临港钢铁工业扭转了全面亏损局面，全年实现利润达 16.54 亿元。

【临港石化工业】　2016 年，全省临港石化工业完成销售收入 2240 亿元，同比增长 2%，基本形成以炼油、乙烯为龙头，有机化工原料、合成材料及下游化学品制造业协调发展的石油化工产业体系，MDI、聚丙烯、ABS、合成纤维单体、染料等产品产量均居全国首位。重点园区发展态势良好，舟山绿色石化基地和宁波石化产业基地建设扎实推进，杭州湾上虞经济开发区等园区有序推进化工行业整治提升，推动了精细化工产业向高端化、集约化方向发展。2016 年宁波石化经济技术开发区（第 4 位）、宁波大榭开发区（第 10 位）、中国化工（新材料）嘉兴园区（第 12 位）被评为中国化工园区 20 强，浙江独山港经济开发区被评为 2016 中国化工潜力园区 10 强。此外，绍兴滨海工业园、杭州萧山临江工业园、嘉兴平湖独山港工业园等临海临江地区也加快园区规划和建设，引进知名化工企业和特色产品，促进了全省石化产业布局的优化和产业集聚。

【海水淡化业】　浙江省是国内最早开展反渗透海水淡化研究和应用的省份，也是中国海水淡化人才、技术、产业最集中的省份之一。2016 年，温州市洞头在建海水淡化工程 1 项（鹿西乡海水淡化工程），规模 1000 吨/日。截止 2016 年底，全省已建成的民用海水淡化厂 14 座，民用海水淡化工程主要集中在舟山市的普陀区、岱山县、嵊泗县和温州市洞头区。已建成海水淡化总生产能力 89400 吨/日。截至 2016 年底，舟山地区已建成海水淡化厂 13 座，海水淡化总生产能力 91650 吨/日。2016 年，舟山市海水淡化利用量 741 万吨。

【海洋交通运输业】　2016 年，全省水路运输船舶 15971 艘，同比下降 2.1%，运力达到 2858.3 万载重吨，同比增长 9.3%。完成水路货运量 7.8 亿吨，同比增长 3.8%，完成周转量 7950.6 亿吨千米，同比下降 2.4%。其中内河水路货运量 2 亿吨，周转量 293.6 亿吨千米。沿海港口生产增幅居全国前列。全年沿海港口完成货物吞吐量 11.4 亿吨、集装箱吞吐量 2362 万标箱，同比分别增长 3.9%、4.7%。宁波舟山港成为全球首个货物吞吐量突破 9 亿吨大港，完成集装箱 2156 万标箱，同比增长 4.5%，增幅居全球前六大港口首位。重大项目建设持续推进。积极参与舟山绿色石化基地建设，编制完成岱山港区鱼山作业区规划方案和进港航道、锚地规划。开工建设梅山港区 6#~10# 集装箱码头、梅山进港航道等一批项目。建成鼠浪湖矿石中转码头二阶段工程等万吨级及以上泊位 5 个。

【滨海旅游业】　2016 年，全省把海洋旅游作为"十三五"时期旅游业供给侧改革的重要引领，坚持休闲主导、培育精品，滨海旅游发展实现历史性跨越。据统计，全省全年接待入境游客 416.79 万人次，同比增长 11.74%，实现国际旅游（外汇）收入 19.61 亿美元，同比增长 10.36%；全省接待国内游客 3.82 亿人次，同比增长 0.46%；实现国内旅游收入 4625.2 亿元，同比增长 2.52%；实现旅游总收入 4745.58 亿元，同比增长 2.71%。2016 年全省在建海洋旅游项目 62 个，计划总投资 1391.15 亿元，实际完成投资 338.52 亿元。全省 37 个沿海县（市、区）接待滨海旅游游客达到 3.86 亿人次，比上年略有增加；全年实现滨海旅游总收入 4745.58 亿元人民币，同比增长 2.7%。

【浙江海洋经济发展示范区等国家战略建设】
一是浙江海洋经济发展示范区建设深入推进。围绕重点扶持发展的港航物流业、临港先进制造业、滨海旅游业、现代海洋渔业等 8 大产业，一大批海洋产业项目推进实施，波音 737 系列飞机完工和交付中心落户舟山航空产业园。2016 年 8 大产业合计增加值 4470 亿元，占全省海洋生产总值的 68%。二是舟山群岛新区建设势头良好。以海洋经济为主题的国家级舟山群岛新区建设实现了更快速度、更高水平的发展。2016 年新区 GDP 达到 1228.51 亿元，比上年增长 11.3%，增速位居全省各市首位；海洋经济增加值占全市 GDP

的比重为 70.2%，比上年提高 0.2 个百分点。三是舟山江海联运服务中心建设全面启动。2016 年 4 月国务院批复设立舟山江海联运服务中心，5 月国家发展改革委印发《舟山江海联运服务中心总体方案》，省政府印发《舟山江海联运服务中心建设实施方案》。一年来，江海联运平台项目加速建设，宁波航运交易所"海上丝路集装箱指数"正式登陆波罗的海交易所；中国船级社规范和技术中心舟山办公室挂牌运作，完成 2 万吨级江海直达散货船设计；梅山保税港区多用途码头、鼠浪湖矿石中转码头一阶段和条帚门、蛇移门航道、东霍山锚地、大榭实华 45 万吨原油码头等建成；国家战略资源加速集结浙江，中国（浙江）自贸试验区获国务院批复，舟山港综合保税区、中国（浙江）大宗商品交易中心等也相继获批。

【海洋经济重大项目建设】 编制全省"十三五"海洋港口经济重大建设项目库，明确实施重大项目 208 个，总投资 7023 亿元，"十三五"计划投资 4077 亿元，2016 年完成投资 505 亿元。推进实施《2016 年度浙江海洋经济发展重大建设项目实施计划》，安排项目 418 个，总投资 1.1 万亿元，2016 年完成投资 1020 亿元。编制舟山江海联运服务中心重大项目库及年度实施计划，安排项目 132 个，总投资 5600 多亿元。举办舟山江海联运服务中心建设推进会，集中签约重大项目 20 个，总投资 1280 亿元。省海港集团积极发挥主平台作用，牵头设立首期 100 亿元海洋港口发展产业基金，主导开发项目 49 个，总投资 865 亿元，完成投资 75 亿元。

海洋立法与规划

【颁布《关于加强海洋幼鱼资源保护促进浙江渔场修复振兴的决定》】 2016 年 12 月 23 日，经浙江省第十二届人大常委会第三十六次会议通过，浙江省人民代表大会常务委员会发布《关于加强海洋幼鱼资源保护促进浙江渔场修复振兴的决定》，分别从幼鱼定义、政府职责、捕捞管理、流通管理、部门监管、司法保障等方面作出具体规定。这是省人大常委会针对沿海各地伏季休渔期间普遍存在的非法捕捞、销售海洋渔业资源重点保护品种幼鱼的突出问题，经过广泛深入调查后专门研究制定的，将为本省深入推进渔场修复振兴暨"一打三整治"专项执法行动提供新的法律支持。

【发布《浙江省海洋港口发展"十三五"规划》】 2016 年 4 月，《浙江省海洋港口发展"十三五"规划》经省政府常务会议审议通过后由省政府办公厅发布。这是浙江省第一个海洋经济和海洋港口发展统筹规划。规划提出了"四个全球一流"建设目标，即建设全球一流现代化枢纽港、全球一流航运服务基地初步形成、建成全球一流大宗商品储运交易加工基地、建立全球一流港口运营集团，并按照全省港口规划、建设、管理"一盘棋"，港航交通、物流、信息"一张网"，港口岸线、航道、锚地资源开发保护"一张图"的总体要求，提出了"一体两翼多联"发展格局，即以宁波舟山港为主体，以浙东南沿海温州港、台州港和浙北环杭州湾嘉兴港、杭州港、绍兴港为两翼，联动发展义乌国际陆港、湖州港、金华兰溪港、衢州港、丽水青田港等内河港口。规划还就推进海港、海湾、海岛"三海"联动，推进港口、产业、城市融合发展，打造覆盖长三角、辐射长江经济带、服务"一带一路"的港口经济圈等明确了相关建设发展任务。

【《宁波舟山港总体规划（2014—2030 年）》获批】 2016 年 12 月，《宁波舟山港总体规划（2014—2030 年）》获得交通运输部和浙江省人民政府联合批复。《总体规划》明确，宁波舟山港是中国沿海主要港口和国家综合运输体系的重要枢纽，是上海国际航运中心的重要组成部分，是服务长江经济带、建设舟山江海联运服务中心的核心载体，是浙江海洋经济发展示范区和舟山群岛新区建设的重要依托，是宁波市、舟山市经济社会发展的重要支撑。规划期内重点发展大宗能源、原材料中转运输和集装箱干线运输，积极发展现代物流、航运服务、临港产业、保税贸易、战略储备、旅游客运等相关产业，努力发展成为布局合理、能力充分、功能完善、安全绿色、港城协调的现代化综合性港口。宁波舟山港总体上呈"一港、四核、十九区"的空间格局。其中"四核"为六横、梅山及穿山核心发展区；北仑、金塘、大榭及岑港核心发展区，白泉及岱山大长涂核心发展区，洋山及衢山核心发展区。"十九区"分为主要港区、重要港区、一般港区。总体规划还明确了宁波舟山港的主要运输系统布局，航道、锚地布局等。

【组织完成海洋与渔业"十三五"规划编制】
按照"2+4"规划体系，组织完成《浙江省海洋综合管理"十三五"规划》《浙江省渔业转型升级"十三五"规划》等2部省级专项规划和《浙江省海洋生态环境保护"十三五"规划》《浙江省海域使用"十三五"规划》《浙江省海洋灾害防御能力提升"十三五"规划》《浙江省远洋渔业发展"十三五"规划》等4个规划的编制工作。除《浙江省远洋渔业发展"十三五"规划》外，其余均已印发。

海域使用管理

【概述】　2016年，浙江省管辖海域新增确权登记用海面积3431.99公顷（5.15万亩），核发海域使用权证书154本，其中：产业用海3239.97公顷（4.86万亩），核发海域使用权证书154本；基础设施建设用海192.02公顷（0.29万亩）。办理注销海域使用权证书129本，面积3418.75公顷（5.13万亩）。办理海域使用权证书抵押登记89本，抵押金额101.75亿元。征收海域使用金79780.60万元；减免海域使用金3272.58万元。

【海洋功能区划管理】　推进省级海洋功能区划调整。为加快推进国家、省级重点项目实施，组织开展了省级海洋功能区划舟山温州局部海域调整工作，并获国务院批准同意。省级海洋功能区划的调整，为加快推进舟山绿色石化基地等等重点项目建设等提供了有力保障。完善市县级海洋功能区划体系。根据国家有关市县级功能区划编制细化二级类的要求，组织开展温州、宁波、舟山和嘉兴市县级海洋功能区划的专家评审、省级部门意见征求和上报省政府等工作。强化项目用海区划管控作用。充分发挥海洋功能区划的管控作用，加强用海项目审批的前置审查。全年累计审核项目用海36个、招拍挂出让使用权方案28个。

【编制省级海洋主体功能区规划】　根据国家发改委、国家海洋局编制省级海洋主体功能区规划的要求，组织完成主体功能区分区认定和文本编制，在此基础上，会同省发改委完成了主体编制，并完成了意见征求、专家评审和国家综合协调等环节。规划经省政府批准后，将成为《浙江省主体功能区规划》的重要组成部分，是海洋空间开发的基础性和约束性规划。

【海域权属管理】　初始登记。各级政府办理海域使用权初始登记、核发海域使用权证书154本，面积3431.99公顷。其中：国家海洋局登记（浙江省管辖海域）、核发证书4本，面积221.67公顷。注销登记。全省注销海域使用权证书129本，面积3418.75公顷。变更登记。全省变更登记海域使用权证书171本，面积4712.29公顷。抵押登记。全省办理海域使用权抵押登记证书89本，面积2161.34公顷，抵押金额101.75亿元。

【海域有偿使用管理】　海域使用金征收。全省征收海域使用金79780.60万元，其中年度新批项目征收海域使用金71281.97万元；原有项目征收海域使用金8498.63万元。

【围填海管理】　年度围填海指标使用。2016年沿海各市使用围填海计划指标5139.97公顷

（含宁波市 999.37 公顷）。其中:建设用围填海计划指 3441.68 公顷；农业用围填海计划指 1698.29 公顷。围填海登记发证情况。2016 年新增登记确权填海项目用海 58 个，面积 912.76 公顷，核发海域使用权证书 64 本。区域用海规划管理情况。2016 年获国家海洋局批准的区域农业围垦用海规划 1 个，规划面积 1751.73 公顷（2.63 万亩）。省政府在区域用海规划内，审批建设填海项目 14 个，面积 184.61 公顷（0.28 万亩）。

【海底工程管理】 2016 年 2 月，国务院发文取消了中央指定地方对内水、领海范围内的海底电缆管道铺设路由调查勘测、铺设施工的行政审批事项。截至 2016 年 12 月 31 日，浙江省共参与选划、协调了甬台温成品油海底管道、省级天然气温州段海底管道等 18 个项目 82 条海底电缆管道路由，同时在国务院发文取消前批复了 4 个项目 4 条海底电缆管道的铺设施工。认真做好 G20 杭州峰会和第三届世界互联网大会召开前期和会议期间的海底光缆通信安全保障工作。

海 岛 管 理

【构建海岛保护规划体系】 根据省级海岛保护规划编制要求，开展浙江省无居民海岛保护与利用规划终期评估工作，形成《评估报告》，并根据海岛区位、社会经济属性等，对浙江省海岛及其周边海域保护和开发利用提出阶段性目标与利用方向，编制完成《浙江省海岛保护规划（初稿）》。同时，开展沿海相关市、县（市、区）海岛保护规划的审查，推进舟山市、岱山县海岛保护规划获得省政府批复。舟山市、岱山县海岛保护规划的实施将为全省海岛保护规划管理工作提供试点经验。

【组织大陆海岸线调查】 为全面掌握浙江省大陆岸线资源基本情况，在全国率先启动了大陆海岸线及保护与利用现状的调查工作。通过统一技术方法、统一数据格式、统一汇交要求，开展了 2134 千米大陆岸线调查。通过调查，摸清了区域内大陆海岸线类型分布等基本情况，形成了统一的海岸线资源和利用现状本底，为有效实施海岸线分类保护，保护自然岸线，整治修复受损岸线奠定了坚实基础。

【探索自然岸线"占补平衡"制度】 为加强围填海项目占用自然海岸线的管理，促进自然海岸线保护和节约利用管理，落实自然岸线保有率控制目标，起草《海洋自然岸线利用管理暂行办法》，在全国率先探索建立自然岸线与生态岸线"占补平衡"机制，研究海岸线自然化整治修复，制订自然岸线认定标准，完善自然岸线"占补平衡"措施，确保自然岸线保有率控制目标全面完成。

【实施蓝色港湾整治行动】 积极争取中央资金开展整治修复行动，温州市（洞头国家级海洋公园核心区）蓝色海湾整治行动项目（已批）、舟山市蓝色海湾整治行动（待批）各获中央财政资金 3 亿元补助，其中温州市一期 1.5 亿元补助资金已下达。初步完成"十三五"期间"蓝色海湾"和"南红北柳"整治修复项目库建设，争取纳入国家五年规划。项目库总投资约 80 亿元，申请中央财政资金补助约 49 亿元（含宁波）。通过中央资金投入项目的示范效应，以点带面促进浙江省海岸线整治修复、蓝色海湾整治、生态岛礁建设和滨海湿地修复工作。

【加强海洋空间资源整治修复】 以海岸线整治修复为核心，结合蓝色海湾整治行动、生态岛礁建设、滨海湿地修复工作，初步拟定《浙江省"十三五"海洋空间资源整治修复实施方案》，梳理《浙江省海洋功能区划（2011—2020 年）》实施以来海岸线整治修复情况，将 300 千米海岸线整治修复任务指标分解到市县。方案公布实施后将成为全省海岸线整治修复的指导性文件和年度考核依据，确保到 2020 年完成整治修复 300 千米的目标。

【海岛审批管理】　2016 年，浙江省海洋与渔业局完成了台州市椒江区海洋渔业总公司局部使用台州市椒江区北一江山岛的申请审核，并于 2017 年 3 月 17 日经浙江省人民政府批准。北一江山岛申请用岛面积 0.46 公顷，主要用于建设战役遗址史料馆、静思台、广场、游步道和配套管理房等。建成后将免费向普通市民、中小学生和部队官兵开放，作为爱国主义教育和宣传基地。

海洋环境保护

【概述】　2016 年，浙江省进一步加强海洋生态环境监视监测和通报力度。各级海洋环境监测业务机构在全省近岸海域共布设各类监测站位 2003 个，共获取各类海洋环境监测数据逾 13 万个。全省近岸海域海水环境质量状况总体有所好转。夏季海水水质状况明显优于春、秋、冬三季，有 44% 的海域水质符合第一、二类海水水质标准，同比上升 18 个百分点。海洋沉积物质量总体良好。海洋生物群落结构基本稳定。重点港湾、河口生态环境状况基本维持稳定，港湾水质状况有所改善，沉积物质量尚可。农渔业区、旅游休闲娱乐区、海洋保护区、特殊利用区等海洋功能区环境质量总体良好，基本满足海域功能使用要求。江河及主要入海排污口携带入海的主要污染物量有所减少。海洋垃圾总体处于较低水平。滨海地区海水入侵和土壤盐渍化不明显。全省近岸海域水质富营养化状况依然明显，全年 63% 以上的海域呈现富营养化状态。全海域赤潮发现次数较上年增加 15 次，累计面积增加了 1777.5 平方千米。杭州湾、乐清湾生态系统分别处于不健康和亚健康状态。

【近岸海域水环境状况】　2016 年，全省近岸海域水环境状况总体有所好转。夏季水质状况明显优于春、秋、冬三季。劣于第四类海水主要分布在重要港湾、河口海域，以及沿岸局部区域。海水中主要超标指标为无机氮和活性磷酸盐。多年夏季监测结果显示，2016 年劣于第四类和符合第四类海水水质标准的海域面积比例与 2011—2015 年均值相比下降 11 个百分点，符合第一、二类海水水质标准的海域面积上升 16 个百分点；与 2015 年相比，劣于第四类和符合第四类海水水质标准的海域面积比例下降 15 个百分点，符合第一、二类海水水质标准的海域面积上升 18 个百分点。

【海洋污染防治】　海洋生态环境监测。根据"五水共治"工作要求，在对全海域 315 个监测站位开展季度趋势性监测的基础上，进一步加大港湾和入海污染源监测频度。其中，针对三湾一港，钱塘江、甬江、椒江、飞云江、瓯江和鳌江 6 条入海河流和 48 个重点入海排污口状况开展月度监测。建立了海洋环境质量月度通报制度，重点对港湾环境质量、陆源污染物排海状况实施月度通报。海洋工程建设项目监管。继续加强海洋工程建设项目环境影响评价监管，确保 10 个工作日的办理时限，委托下放核准了 82 项海洋工程建设项目环评报告。保障重大公益性项目推进进度，完成 2 项跨区域海洋工程建设项目环评核准，协助服务舟山绿色石化环评规划和环评报告编制。开展海洋倾废审批，共办理海洋倾倒许可证 81 个，批准倾倒疏浚物 416 万立方米。海洋船舶污染防治。加强对海洋船舶的检查和查纠。2016 年，全省防污染登轮检查 20393 批次，查纠违章 3381 起，其中行政处罚 195 起，同比增加 30%。在国内率先实施船舶排放控制区，加强了对船舶使用合格燃油、保存燃油样品或供受油单证的检查力度。

海洋生态文明

【海洋生态保护修复】　海洋与渔业类保护区建设。重要的海洋生态功能区保护范围进一步扩大。2016 年，在各级海洋部门的努力和地方政府的支持下，经省政府同意，国家海洋局批准，浙江省新建象山花岙岛、玉环和普陀 3 个国家级海洋公园。全省国家级海洋公园数量达到 6 个，国家级海洋保护区数量达到 9 个。为加强带鱼、小黄鱼等重要经济鱼类的产卵场的保护，2016 年，浙江省还在近海海域初步选划了 9 个产卵场保护区。海洋保护区规范化建设和管理水平进一步提高，较好地完成了年度任务，其中南麂列岛国家级海洋自然保护区在 2016 年省级以上自然保护区规范化建设评估中获得优秀（已连续 4 年），象山韭山列岛国家级自然保护区和舟山五峙山列岛鸟类省级自然保护区获得良好。水生生物资源养护。水生生物资源增殖放流力度进一步加强。全省共放流 58 种各类水生生物苗种 48.58 亿单位，投入各类资金 1.34 亿元，同比分别增加 44% 和 30%。其中，增殖放流国家二级保护水生野生动物大鲵 0.39 万尾，较上年增加 755.56%。海洋生态修复。推进海洋生态保护修复，在全国率先探索建立围填海计划指标差别化管理、岸线"占补平衡"等机制，启动"美丽黄金海岸带"整治修复和海洋牧场建设。坚持将海洋生态建设纳入海洋经济、海洋港口相关规划方案和年度计划并积极推动落实。2016 年以来，共有 37 个海洋生态类建设项目纳入年度全省海洋经济重大项目实施计划，总投资达 265 亿元；2013 年以来，省海洋经济发展专项资金中用于支持海洋生态保护建设项目的资金每年达到 2000 万元左右。

【海洋生态文明探索】　开展海洋生态建设示范区创建。继续开展国家级海洋生态文明建设示范区建设，组织完成了第一批国家级海洋生态文明建设示范区阶段性成果总结。筹备开展省级海洋生态建设示范区创建，编制完成了浙江省海洋生态建设示范区创建实施方案、管理暂行办法、指标体系等相关配套制度和建设评价标准等，形成相对完整的省级海洋生态建设示范区创建方案，开展海洋生态红线划定。根据国家海洋局《全面建立实施海洋生态红线制度的意见》等要求，组织开展了全省海洋生态红线划定方案编制，形成海洋生态红线划定方案（包括文本、登记表和图件），并通过了国家海洋局的审查。省级海洋经济试验区创建。2011 年浙江海洋经济发展示范区上升为国家战略以来，浙江省相继批复了 5 家省级海洋经济试验区，其中"象山海洋综合开发与保护试验区""洞头海洋综合开发与保护试验区""大陈海洋开发与保护示范岛"三家海洋经济试验区均以海洋生态文明建设为主要特色。

海洋环境预报与防灾减灾

【海洋环境预报】　2016 年继续开展海洋常规预报服务，共发布浙江海域海浪预报 732 期，浙江渔场海浪预报 732 期，滨海旅游区海洋环境预报 732 期，港口海浪、潮汐预报 732 期，海水浴场预报 105 期，浙江海域海温周预报 52 期，北太平洋鱿钓海域海洋环境预报 188 期。开展和发布宁波镇海炼化和温州洞头渔港两个重点保障目标附近海域潮汐、海浪预报 732 期。继续加强海洋灾害预警报工作，全年共发布风暴潮警报 23 期，海浪警报 79 期，渔船安全保障预警短信 93 期，积极参与各级应急会商 31 次。同时在台风影响过程中，在浙江卫视、浙江教育科技频道、浙江公共新闻频道完成 10 次直播连线采访工作。利用公众微信号及时发布海浪、风暴潮预警信息 15 期。

【海洋灾害情况】　2016 年浙江省海洋灾害造成直接经济损失 4.02 亿元，人员死亡（含失踪）17 人，海洋灾害直接经济损失和死亡（含失踪）人数均低于近 10 年（2006—2015 年）平均值。全年海洋灾害概况如下：发生台风风暴潮灾害 2 次，造成直接经济损失 2.40 亿元，无人员死亡（含失踪）；发生灾害性海浪天数 53 天，灾害性海浪引发事故 6 起，造成 2 艘船舶沉没，45 艘船舶损坏，直接经济损失 191 万元，死亡（含失踪）17 人；

全球大洋及其他海域共发生45次可能引发海啸的海底地震，其中9次地震引发了海啸，浙江省沿岸海洋观测站未观测到海啸波；发现赤潮27次，其中有害赤潮2次，赤潮累计面积2615平方千米，均未造成渔业直接经济损失；浙江海域发生低温冻害1次，造成养殖受灾面积7877公顷，产量损失319.3吨，经济损失1.60亿元；沿海海平面仍处于1980年以来高位；钱塘江涌潮没有造成人员死亡（含失踪）；根据对重点岸段的监测，浙江省海岸侵蚀不明显，基本稳定；浙江钱塘江8—11月份发生咸潮入侵4次，取水点盐度累计超标时间20.84小时，影响天数达7天。

【海洋灾害防御行动】 根据国家和浙江省委省政府的战略部署，以"不死人、少伤人、少损失"为工作统领，浙江省各级海洋与渔业行政主管部门，深入推进海洋与渔业防灾减灾工作，在灾害应急管理、灾害风险评估与区划、风暴潮重点防御区选划、渔港建设和管理等领域取得新突破，为"平安浙江"建设提供了有力支撑。一是抓好"尼伯特"等5个台风和7次强冷空气过程的海洋灾害应对，24小时灾害性海浪警报准确率82.3%，风暴潮警报准确率82.9%（双双超过考核指标），实现了新警戒潮位核定成果的顺利应用。二是做好应对寒潮和强降雨的渔业生产防御工作，全面贯彻落实省领导批示精神，指导全省海洋与渔业系统做好相关防范工作。三是组织海上作业渔船安全避风，海洋防台预警信息发布到位率100%（超过考核指标）。四是组织开展全省海洋与渔业防台风应急演习，事先不打招呼，全面检查市、县应急响应能力。五是开展全省海洋与渔业防台指挥人员、标准渔港安全责任人和渔船安全定人联系三项渔业防台数据库抽查工作，真正落实"横向到边、纵向到底，不留死角"的责任制目标。同时，完成浙江省沿海新警戒潮位核定值颁布、创新推进海洋灾害重点防御区划定、抓紧实施海洋灾害观测预警系统建设、组织开展防灾减灾宣传活动。

海洋执法监察

【概述】 2016年，浙江省共派出执法船艇1510航次、航程65317海里，对渔业、交通、工矿、旅游、围填海等海域使用、海洋工程建设项目的环境保护、海洋倾废、海洋生态保护、无居民海岛及海底管线保护等共组织各类检查2570次、参检人数11643人次，检查对象5106个，查处各类海洋违法案件84件，收缴罚款29387.76万元。

【加强日常巡查监管】 各级落实两项制度开展海岸线分段定期巡查和海岛定期巡查工作，全省共检查海域使用项目1683个，巡查海岛3193个，检查海洋环境项目833个（艘、次），其中：监管海洋工程363个次、巡查海洋生态保护区129个次、监视监察入海排污口68个次、检查海洋倾废船180艘次、检查采砂船93艘次。还开展了省局年度5次海审会共58个项目的用海合法性审查工作；完成了国家审计署对浙江省2013—2015年期间围填海案件行政处罚及重大用海项目执法监管工作的审计和2016年国家海洋局对浙江省海洋执法工作的专项督察。

【开展各项专项执法行动】 根据2016年度工作计划和部署，各地开展了"海盾""碧海""护岛"、用海项目"回头看"疑点疑区核查、区域用海规划实施情况监督检查等一系列专项执法行动。省总队借助卫星遥感图片与海域动态监视监测系统，对用海现状进行了桌面排查甄别，特别是全省现有的26个区域用海规划以及2016年省重点监视监测的174个单宗围填海项目，作为"回头看"重点核查对象，新发现的25个用海疑点疑区，通过"省督办、市复核"的方式进行分类处理，立案查处了一批海洋违法大案要案，全省共查处海域使用违法案件51起，收缴罚款29198.92万元；查处海洋环保违法案件28起，收缴罚没款152.84万元；查处海岛保护违法案件 5 起，收缴罚款 36 万元。并与东海总队在舟山嵊泗马鞍列岛国家级海洋特别保护区，开展了 2016 年度浙江海洋保护区联合执法行动。

【海底管线巡护工作】　中美海底管线如同海底的"中枢大动脉"，它连接着我国与亚洲和北美洲的通信、油气等系统。根据国家和省里的统一部署承担了"G20 杭州峰会""第三届世界互联网大会"期间海底管线的巡护任务。累计投入执法船只 326 艘次，派出执法人员 4035 人次，航程 14599 海里，航时 1622 小时，观察船数 1691 艘，劝离船数 254 艘，检查船数 90 艘，处罚船数 9 艘，清理拆除网具 97 顶，报送周报表 16 份、日报表 60 份。特别是在 8 月 28 日至 9 月 6 日，调集了 18 艘执法船只，对重点保护目标涉及的 3000 多平方千米海域，组织开展了连续 10 天不间断的高密度海上联合巡航，确保国家重大活动期间的海底管线通信畅通安全。

海　洋　科　技

【印发《浙江省社会发展科技创新"十三五"规划》】　《规划》明确了在"十三五"期间，将重点在船舶制造与海洋工程装备、海洋资源开发与利用、海洋信息产业与服务、港口航道与港航物流、海洋环境监测与保护、海洋环境灾害预警报等产业和服务领域，以产业化和技术突破为抓手推动海洋科技创新，攻克一批关键技术，引进转化集成一批科技成果，自主研发一批关键装备，整体提升浙江省海洋科技实力，部分重点方向引领全国海洋科技。落实"21 世纪海上丝绸之路"倡议，促进海洋经济发展和改善民生。同时，明确了重大项目、成果转化、示范应用、人才培育与载体建设、科技创新政策等五方面的保障措施。

【6 项海洋科技重点研发计划立项研发】　2016年，浙江省科技厅在海洋科技领域共立项了大型船舶设计建造技术开发及产业化、基于北斗的海洋渔业导航救助与大数据服务平台关键技术研究及应用示范、双向潮流能高效发电装置开发与应用等省重点研发计划项目 6 项，投入省级财政科技经费资助 1310 万元，带动科研项目总投入 6449 万元。此外，还立项开展海洋环境污染物三丁基锡的毒性机制研究、高效直驱式海浪发电装置关键技术研究等省公益类项目 5 项，投入省级财政科技经费资助 95 万元，鼓励高校、院所科研人员积极探索。新建"浙江省海洋观测—成像试验区重点实验室"。

【实施国家重大专项推进海洋科技研发和成果转化】　海洋可再生能源利用技术取得重大突破。"漂浮式潮流能电站海岛独立发电应用示范项目"等 2 项目通过自验收，其中"LHD-L-1000 林东模块化大型海洋潮流能发电机组项目（一期）"3.4 兆瓦发电机组试验总成平台于 2016 年 8 月在舟山海域成功下海发电并网并在同年 11 月通过自验收，这是中国海洋可再生能源利用技术上的重大突破，标志着我国海洋能利用技术进入了世界先进行列。舟山群岛新区被国家海洋局授予国家海洋生物产业示范基地，重点打造以远洋渔业资源和渔获物为基础，以建设现代化的海洋综合服务体系和生产高品质海洋生物的海洋高端装备产业体系为两翼，以生物医药和生物制品行业为主导产业的海洋战略产业示范基地。

海　洋　教　育

【综述】　浙江是海洋大省，历来重视海洋教育。2016 年，浙江在加快发展海洋经济的同时，高度重视海洋教育，取得了显著成效。

【推进涉海类省重点建设高校和一流学科建设】　遴选浙江工业大学、宁波大学、杭州电子科技大学涉海高校为第一批省重点建设高校；启动实施省一流学科建设，遴选产生"十三五"省一流学科（A 类）98 个，省一流学科（B 类）232 个，其中，涉海类省一流学科（A类）12个、涉海类省一流学科（B类）31个，分别占15.4%和15.3%。会同省财政厅制定并下发了《浙江省一流学科建设管理办法》，明确了建设目标、建设原则、经费管理办法、过程管理要求、绩效考核办法和建设任务书制订要求。

【支持涉海涉港高校相关专业发展提升】 围绕和服务于浙江省海洋港口和海洋经济发展战略，重点支持一批涉海涉港专业全面提升专业人才培养和社会服务能力，确立了宁波大学、浙江海洋大学、浙江交通职业技术学院、浙江经济职业技术学院、浙江国际海运职业技术学院等高校的水产养殖学、船舶与海洋工程、海洋渔业科学与技术、海洋技术、航海技术、报关与国际货运等相关专业为浙江省高校"十三五"优势专业建设项目。

【扶持涉海涉港相关开放课程立项建设】 围绕和服务于省海洋港口和海洋经济发展战略，顺应"互联网+"时代的发展趋势，浙江海洋大学、浙江交通职业技术学院、浙江国际海运职业技术学院等高校发挥学科专业优势和现代教育技术优势，建设一批受众面广、适合网络传播的内容质量高、教学效果好的涉海涉港精品在线开放课程，提高海洋战略相关专门人才培养质量，推动海洋文明的传播。

【推进产学研联盟中心和协同创新中心建设】 不断提高高校服务能力和水平，指导浙江高校产学研联盟中心进一步围绕省委、省政府重点工作和地方产业发展需求开展工作。完成第四批浙江省"2011协同创新中心"认定工作，认定浙江大学"智慧东海协同创新中心""'一带一路'合作与发展协同创新中心"和宁波大学"海洋信息感知与通信协同创新中心"为第四批浙江省"2011协同创新中心"。启动了浙江省应用技术协同创新中心申报认定工作。

【对口帮扶浙江海洋大学加快发展】 围绕浙江省打造海洋经济强省战略，加强政策支持与业务指导，大力扶持浙江海洋大学建设以海洋为特色的多学科协调发展的高水平大学，2016年浙江海洋学院成功更名大学。

【举办第三届浙江省大学生海洋知识竞赛】 2016年，浙江省海洋与渔业局、团省委、省教育厅、省学联联合举办了第三届浙江省大学生海洋知识竞赛。全省高校近万名大学生踊跃参赛，普及海洋知识、传播海洋文化、提高青少年海洋意识，得到国家海洋局等部门的高度认可。

【加强职业教育基础能力建设】 2016年，舟山航海学校综合实训楼建设完工，投资1605万的校园整体改造工作启动。投资1.5亿元的岱山县职业技术学校新校区正式启用。舟山蓉浦学院（舟山社区大学）新校区顺利搬迁。

【创建省级品牌专业、优势专业】 普陀职教中心旅游服务与管理为省级品牌专业；镇海职教中心港口机械运行与维护、舟山航海学校船舶水手与机工、临海市高级职业中学船舶制造与修理3个涉海类专业为省级优势特色专业。

【创建省级示范学习型城市】 普陀区沈家门街道、定海区马岙街道等2所成人学校被认定为省级现代化成人学校，普陀区虾峙镇成校现代新海员培训、定海区金塘镇成校"浙贝母种植管理技术培训"、岱山县长涂镇成校"修造船企业员工培训"3个成教培训项目成为省级成教品牌项目。

【涉海类中职学生培养】 2016年涉海类中职专业招生、在校生分别达到2601人、7489人。

海 洋 文 化

【综述】 浙江省海洋文化资源丰富，积淀深厚，是中国海洋文化的重要组成部分。2016年，浙江在加快发展海洋经济的同时，高度重视海洋文化的建设，取得了显著成效。

【圆满举办东亚文都系列活动】 "东亚文化之都·2016宁波"活动年以春夏秋冬为节点，分别以"传承""绽放""和睦""共享"为主题，全年各部门、各区县（市）及社会各界共举办文化、教育、体育、宗教、旅游、经贸等各类活动 150 余项。4 月 15 日，以"东亚意识、文化交融、彼此欣赏"为主题的"东亚文化之都·2016 宁波"活动年开幕式暨 2016 东亚非物质文化遗产展在宁波举行，中国的泉州、青岛、宁波，日本的横滨、新潟、奈良，韩国的光州、清州、济州 9 个"东亚文化之都"城市代表共同结彩，发布了凝聚三国九城意愿的《"东亚文化之都"建设宁波共识》。9 月 28 日至 10 月 5 日，作为"秋·和睦"板块的重要内容，中日韩艺术节期间举行了 10 多项系列文化艺术活动，囊括了中日韩三国演艺、书法、摄影、美食、创意设计等类别。12 月 7 日，"东亚文化之都·2016 宁波"活动年顺利闭幕，来自中日韩 20 余个城市的代表共同见证了"东亚文化之都"友好碑揭幕仪式，举办了文都之夜交响音乐会和具有三国民俗风情的闭幕式晚会，期间文化部召开了"东亚文化之都"工作会议，文化部丁伟副部长高度评价宁波东亚文都工作并亲临宁波宣布闭幕。

【成功举办多项文化节庆和演出活动】　成功举办"东海音乐季""宁波海丝文化周"等节庆活动。打造第二届中国海岛户外运动休闲季系列品牌赛事，成功举办第二届舟山马拉松、第八届中国宁波农民电影节暨首届中国戏曲电影展、"神行定海山"全国徒步大会、环浙江舟山群岛新区女子国际公路自行车赛、中国·岱山国际风筝节、沙滩足球赛、排球赛等 20 余项国际、国内重大体育赛事。启动国家艺术基金资助的"海路遗风·越剧万里行"，宁波小百花越剧团沿陆上与海上丝绸之路赴全国 21 个城市开展《烟雨青瓷》《梁祝》等巡演。

【精品创作和群文创作喜获丰收】　选送舞蹈作品《阿姆合唱团》《天边的号子》、音乐作品《墨香》《带鱼煮冬菜》参加全国"群星奖"评选，其中海曙文化馆创作的舞蹈《阿姆合唱团》经过层层选拔，成为全国仅 5 个、

浙江省唯一的全国第十七届群星奖获奖作品。宁波市合唱团获得第十三届中国国际合唱节金奖。舟山渔民画赴京展览，并获得中国国际版权博览会"金慧奖"。创排了越剧《明州女子尽封王》、话剧《大江东去》、多媒体剧《霸王别姬》，完成了民族歌剧《呦呦鹿鸣》剧本创作，与中央歌剧院合作的舞剧《花木兰》完成剧本修改。舟山市完成电影《刺海》（原名《双屿宝图》）剧本第五稿，并赴北京召开专家评审会。完成大型原创越歌剧《观世音》初稿。召开海洋文化精品戏舟山锣鼓《鼓舞大海》专家座谈会。

【重点文化设施建设稳步推进】　继续抓好重大项目续建，宁波艺术剧院（凤凰剧场）改造项目完成土建、装修和设备安装工程，图书馆新馆完成主体结顶和智能化立项工作，天一阁东扩工程完成初步设计文本编制及审批工作。舟山市体育场建设、舟山博物馆老馆改造相继完成，市少体校迁建工程已完成总工程量的 50% 以上，海洋文化艺术中心二期启动建设音乐厅和综合展览馆，建筑面积 6 万平方米的普陀全民健身中心建成并对外开放。

【文化遗产保护工作扎实开展】　《大运河（宁波段）保护管理规划》获得国家文物局正式立项批准，完成了监测预警平台一期工程和遗产标志性雕塑的选址与制作工作。保国寺、天童寺、永丰库遗址和上林湖越窑遗址等入围国家海丝申遗点，《宁波市海上丝绸之路史迹保护办法》正式颁布。全面推进第一次可移动文物普查工作，加强省保单位定海测候所、东沙海产品加工作坊的文物保护维修管理，开展文保单位、文保点的巡查和监控，以及文物安全大排查大整治活动。启动水下文物调查，开展六横双屿港考古调查第二阶段工作，发现部分木炭遗迹及瓷器残片。2016 年 5 月，经中国考古学会组织专家多轮评审，"小白礁Ⅰ号"水下考古项目成功获评中国考古学界最高质量奖——"田野考

古奖"。

【文化产业发展势头良好】 宁波入选文化部国家文化消费试点城市。宁海县文化综合体 PPP 项目被财政部、文化部等国家部委公布为第三批政府和社会资本合作示范项目。海伦钢琴、大丰集团等 9 家企业被文化部、商务部等 5 部委授予 2015—2016 年国家文化出口重点企业，象山影视城、广博集团等 2 家企业被认定为浙江省文化产业示范基地，旷世智源、创源文化等 2 家企业被认定为2015—2016 浙江省文化出口重点企业，爱珂文化、宁海大观园等 2 家文化企业入围 2015 年度宁波市服务业十佳"创新之星"。卡酷动画、美麟文化等 17 家企业被市文广局、市商务委联合认定为 2016—2017 年度宁波市文化出口重点企业。舟山市 3 月份正式启动"淘文化"产业平台，吸引 600 余家文化体育企业入驻。

在第 11 届中国（义乌）文化产品交易会上，100 余家外地企业达成入驻协议，"淘文化"产业平台服务文化体育企业作用凸现。

【有效提升对外文化交流水平】 创新对外文化交流机制，推进宁波与文化部合作共建保加利亚索菲亚中国海外文化中心。推动文化单位与国（境）外文化机构间建立友好合作关系，宁波博物馆已与国外 9 座博物馆建立宁波友好城市博物馆联盟、与香港历史博物馆双边合作意向书，天一阁博物馆、庆安会馆、保国寺古建筑博物馆分别与香港中文大学饶宗颐学书馆、台南善化庆安宫、日本元兴寺等签订合作关系协议。承办了文化部的"意会中国——阿拉伯国家来华采风"项目，共有来自阿曼、伊朗、突尼斯等 9 个阿拉伯国家的 12 名知名画家来甬采风创作。

（浙江省海洋与渔业局）

宁 波 市

综 述

2016 年，宁波市紧紧围绕"六个加快""双驱动四治理"战略决策，以"十三五"规划为引领，以经济建设为中心，坚持科学发展、创新驱动、依法行政、惠民保安，奋力推进"四个全面"战略布局在海洋综合管理上的实践，深化海洋领域供给侧改革，加快海洋经济建设，实现了"十三五"海洋经济发展的良好开局。2016 年全市海洋经济总产出 4541.69 亿元，海洋经济增加值 1364.74 亿元，比上年增长 5.9%。

海洋经济与海洋资源开发

【海洋交通运输业】　宁波市围绕长江经济带战略和舟山江海联运服务中心建设、构筑宁波舟山港多式联运枢纽港为目标，宁波市委市政府高度重视发展海洋经济发展，先后同上海铁路局、铜陵市政府、金华市政府等签订战略合作协议。

【金融支持海洋经济发展】　大力开展涉海领域供给侧改革，不断提高海洋经济支撑能力。联合国家开发银行宁波分行开展金融支持宁波海洋经济发展试点，启动国内首家海洋特色金融创新示范区梅山海洋金融小镇建设，成立全市首个专门服务于海洋经济的产业基金—海洋产业发展基金。"海上丝路指数"继 2015 年被列入国家"一带一路"倡议重点、习近平主席访英期间中英双方达成的重要成果之一之后，被写入国家"十三五"规划纲要。

【加速推进海洋经济重大平台建设】　重点围绕杭州湾、象山港湾和三门湾"三湾"发展，杭州湾新区产业经济发展增长极地位进一步凸显，已连续 3 年在省级产业集聚区综合考核中位列第一，2016 年上半年工业总产值同比增长超过 15%。

梅山保税港区申报梅山新区，构建千亿级科技创智岛、千亿级国际贸易岛、千亿级财富管理岛和千万级蓝海休闲岛，打造北仑版"新加坡"，2016 年，该区通过供给侧改革，调整传统临港产业，引进高端项目，不断拓展提升功能，集聚效应已经进一步显现，2016 年上半年梅山新引进企业 2263 家，同比增长 198.55%，注册资本 1233.96 亿元，同比增长 260.43%，其中海洋金融小镇建设快速推进，金融企业占新引进企业数的 84.7%。

三门湾区域海洋经济发展形势良好，宁海南部滨海新区、宁波象保合作区、三门湾现代渔业园区等平台发展迅猛，象山国际水产保税冷链物流基地、海峡两岸石斑鱼产业化（象山）示范基地、石浦港区主航道一期、沈海高速石浦连接线、三门湾大桥及接线工程等重点项目逐步推进，其中宁波象保合作区与航天科工集团开展合作，实质性启动军民融合创新示范区建设，加快打造千亿级航天智慧科技城。

海洋立法与规划

【海洋立法】　出台《宁波市海洋生态治理修复若干规定》，完成《宁波市无居民海岛管理条例》的立法后评估，开展的《象山港海洋环境和渔业资源保护条例》相关工作。

【海洋规划】　宁波市积极融入国家"一带一路"倡议，市委、市政府印发《宁波参与"一带一路"建设行动纲要》，形成《宁波参与"一带一路"建设行动纲要 2016 年度工作任务分解》。2016 年，宁波市形成了以《宁波市"十三五"海洋事业发展规划》和《宁波市"十三五"海洋环境保护规划》为龙头，远洋渔业、海岛保护、防治船舶污染海洋环境应急能力建设等子规划为支撑的框架格局。修编完成《宁波市海洋功能区划》，出台《关于加快远洋渔业发展的实施意见》，为今后一个时期海洋事业发展指明了方向，为各项工作的开展提供了政策保障。

海域使用管理

【围填海管理】   宁波市海洋主管部门加强围填海计划指标精细化管理和个性化服务，在集约用海、节约用海、科学用海的基础上保障沿海重点区块、重大项目和省市海洋经济重大平台建设用海需求。宁海三山涂区域农业围垦用海规划获国家海洋局函复批准，象山东海涂区域和镇海泥螺山北侧区域农业用海规划、慈溪镇龙浦一期区域建设用海规划提交国家海洋局局长办公会议审查，宁海双盘涂区域农业围垦用海规划通过国家海洋局咨询中心组织的专家评审。完成宁波市大陆岸线调查，基本摸清宁波市大陆海岸线家底。

【海域使用动态监管】   海域动管队伍和力量建设初见规模，宁波市海域海岛使用动态监视监测中心在2016年全国海域动态监管运行情况考核中获得优秀。在前期制定的海域资源市场化出让相关工作制度的基础上，宁波市完成全市海域海岛价格评估研究课题，督促和推进海域市场配置日常工作的规范化，2016年全市所有经营性用海进行招拍挂出让。

海洋环境保护

【环境污染防治】   实行象山港污染物总量控制及减排考核，实施《2016年象山港污染物总量控制及减排目标确定工作方案》及《2016年象山港减排考核监测方案》。

【环境监测与评估】   提升海洋环境监测能力建设，加强海洋环境监测评价管理。编制完成《象山港海洋生态红线区划定方案》，组织

实施海洋资源环境承载能力试点区域（象山县）监测评估项目，评估分析象山海域各项指标超载及临界超载的特征，诊断分析导致承载能力超载或临界超载的人为活动根源。出台《2016年宁波市陆源入海排污口比对监测工作方案》，重新梳理全市入海河口（排污口），纳入2017年海洋环境监测任务。

2016年完成60个站位4个航次的海水趋势性监测，完成重点港湾（象山港）、甬江口及2个重点排污口及7个一般排污口的月度监测；完成宁波市海洋环境突发污染风险源补充调查；开展赤潮常规监测和应急监测，全年在宁波市海域发现赤潮2起，现场未发现过鱼贝类死亡现象。宁波市海洋部门发布《2015年宁波市海洋环境公报》和《2015年象山港海洋环境公报》，编印"2015年宁波市海洋环境监测评价综合报告"，完成入海污染物自动监测系统建设和3个岸基站、3个浮标的投放，基本完成实验室应急能力建设及象山港海洋环境监督管理辅助决策信息系统建设。

海洋生态文明

【海洋生态保护修复】   开展海域海岛海岸带整治修复，继在建的8个海域海岛海岸带整治修复项目外，象山花岙岛生态岛礁建设和象山港梅山湾岸线整治修复获批国家海洋局蓝色海湾项目，争取中央分成海域使用金4亿元。

【海洋生态文明示范区及保护区建设】   加强海洋生物资源养护，海洋牧场建设项目完成投资2762万元，建设紫菜增养殖海藻场1500亩，象山港海洋牧场核心示范区建设项目基本完成。2016年全市总计增殖放流海水水生物11亿尾，韭山列岛国家级自然保护区和渔山列岛国家级特别保护区的规范化管理顺利开展。

海洋环境预报与防灾减灾

【海洋环境预报】   精细化观测预报能力不断强化，开展浙北海域海洋灾害预警报，发布

大浪预警报 56 期，风暴潮警报 14 期，预警报手机短信 5 万余条；发布各类日常海洋预报 7850 份，上传至全国海洋预报产品数据库预报产品 519 份，数据上传率 99%以上。

【海洋灾害防御】　防灾减灾应急处置能力不断提高，完成市县海洋灾害应急指挥平台和象山港、三门湾两个监控雷达建设，推进实施象山港区域水上应急抢险救助船建造。

【防灾减灾体系建设】　海洋与渔业防灾减灾体系项目完成投资 3100 万元，重点开展了海洋防灾组织、预警报、安全避险、海洋灾害风险评估与区划等工作，象山石浦中心渔港扩建项目顺利开工。

海洋执法监察

【概述】　以用海项目"回头看""区域用海""疑点疑区"专项执法检查为抓手，提升海域使用综合管控能力，坚决查处各类海洋违法行为，加强用海项目监管等执法力度。

2016 年全年开展海监执法 686 次，查处涉海案件 8 件，收缴罚款 8116.75 万元。中国海监"7028"船获得"2015—2016 年度国家海洋局青年文明号"称号。创新海监执法手段，重点拓展无人机海监执法应用，开展"两项推进、两项试点"工作：推进利用无人机遥感测量技术为海域执法提供测量数据，推进利用无人机开展无居民海岛联合巡查，探索无人机海域岸线联合巡查试点，探索无人机用海项目动态监测试点，取得明显成效。

【海洋环境保护执法监察】　加强对海洋工程建设项目全过程的监督检查和跟踪监测，2016 年共核准海洋工程建设项目环境影响报告书（表）17 个，收取资源损害补偿费 440 万元，对 18 个项目实施情况进行现场监视监督和环境影响跟踪监测。

【渔政执法监察】　加强海洋渔业资源保护，全面打响"幼鱼保护攻坚战"和"伏季休渔保卫战"。深入推进治渔具、抓伏休、护幼鱼、健机制等，渔场修复振兴及"一打三整治"行动进入新阶段，宁波市荣获浙江省"一打三整治"第一阶段唯一的考核优胜市。2016 年开展渔政执法 2019 次，查获涉渔"三无"船舶 124 艘，完成"船证不符"渔船整治 2529 艘，清剿违规禁用渔具 8 万余顶（张），查处涉渔案件 445 件（移送公安机关 32 件，刑拘 93 人，网上追逃 1 人）。

执法行动中紧抓部门协同、联动管控这一关键点，全力构建常态长效监管机制，组建了市县两级流通领域联合执法行动小组，实行伏休期间集中办公、联合执法；实施水产品交易"索证索票"制度，加强流通环节违禁渔获物监管；开创无人机巡查执法和空气动力艇清理新模式，执法效率大幅提升。

海 洋 科 技

【海洋科教快速发展】　组织实施一批重大（重点）攻关项目，建成集约化海水养殖废水治理工程示范点 1 个。以宁波国际海洋生态科技城为主要平台，不断加大海洋科技支持力度，2016 年，宁波海洋研究院正式挂牌成立、宁波大学梅山海洋科教园正式开工、与美国麻省理工学院合作共建的宁波（中国）供应链创新学院落户梅山岛。梅山获批国家科技兴海产业示范基地，成为宁波市首个国家级科技兴海产业示范基地。

【积极实施海洋发展区域示范项目】　宁波市完成两部委年度考核和 21 个项目的最终验收，核定拨付中央财政补助资金 3.37 亿元。截至 2016 年底，全市累计实施国家海洋经济创新发展区域示范专项 29 项，培育国家省市级海洋产业化基地（含技术中心）4 个，21 家涉海企业申请各类技术专利 213 项，海洋脐带缆、海洋工程装备大型铸件、海洋药物体外诊断试剂盒等一批项目产品实现产业化，部分产品达到国际先进水平，打破国外企业市场垄断。　　　　（宁波市海洋与渔业厅）

福 建 省

综　述

2016 年，福建省紧紧围绕"机制活、产业优、百姓富、生态美"新福建目标，全面落实国家海洋局和省委省政府部署要求，致力抓产业、打品牌、建平台、保生态、优服务，全力实施《福建海峡蓝色经济试验区发展规划》，全省海洋与渔业保持平稳较快发展，顺利实现了"十三五"良好开局。

海洋经济与海洋资源开发

【概述】　福建省政府出台《福建省"十三五"海洋经济发展专项规划》，提出到 2020 年全省海洋生产总值突破万亿元。

【海洋渔业】　2016 年福建省渔业经济总产值 2734.12 亿元，同比增长 11.0%；水产品总产量 767.98 万吨，同比增长 4.7%；水产品人均占有量 198.24 千克；海洋捕捞产量 233.1 万吨，同比增长 0.4%；海水养殖产量 432.38 万吨，同比增长 7.0%；水产品加工产量 351.16 万吨，实现产值 837.07 亿元，分别同比增长 5.6%、10.6%；水产品出口创汇 58.98 亿美元，同比增长 6.3%；渔民人均纯收入 17851 元，同比增长 11.6%。福建省海洋与渔业厅出台《关于推进九大特色品种超百亿元全产业链培育工作的实施意见》，2016 年大黄鱼、石斑鱼、鳗鲡、对虾、牡蛎、鲍鱼、海带、紫菜、海参、河鲀十大特色品种全产业链产值达 867 亿元。福建省政府实施远洋渔业工程包建设，全年完成项目投资 15.26 亿元，开工建造远洋渔船 127 艘，新建（扩建、在建）境外基地 4 个，新增水产品加工、冷链物流项目 4 个，其中宏东渔业股份有限公司投资建立的毛里塔尼亚综合基地，成为全国境外投资规模最大的远洋渔业基地；全年新增外派远洋渔船 20 艘，全省远洋渔船投产规模达到 540 艘。设施渔业成效明显，全年建设工厂化养殖基地 38 个，新增工厂化养殖车间 27 万平方米，新建环保型全塑胶养殖网箱 2 万多口，新增抗风浪深水大网箱 60 口，春申股份有限公司等 10 家企业在印度尼西亚、马来西亚建立渔业养殖基地，投资总额超 9 亿美元。

【海洋交通运输业】　2016 年福建省港航固定资产投资完成 102.8 亿元，沿海港口生产用码头泊位 492 个，比 2015 年增加 12 个，其中万吨级及以上泊位 168 个，比 2015 年增加 6 个。全省沿海港口货物吞吐量累计完成 5.08 亿吨，同比增长 1.0%，集装箱吞吐量累计完成 1440.16 万标准箱，同比增长 5.6%；沿海港口完成旅客吞吐量 973.14 万人，同比下降 3.9%。全省沿海运输完成货运量 2.54 亿吨、货物周转量 3970.61 亿吨千米；远洋运输完成货运量 0.28 亿吨、货物周转量 859.18 亿吨千米。"厦门五通对台客运码头三期工程"等 12 个项目开工建设，罗源湾航道二期工程等 2 个项目已启动前期工作。邮轮游艇业加快发展，2016 年共接待邮轮 79 艘次，同比增长 19.7%，邮轮旅客吞吐量首次突破 20 万人次；新增越南、菲律宾 2 条东盟邮轮航线，完成厦门集装箱码头、江阴集装箱码头、罗源湾北岸散货码头、湄洲湾北岸散货泊位整合。

【滨海旅游业】　全省推进 18 个滨海旅游项目建设，总投资 416.84 亿元，2016 年完成投资 96.21 亿元。闽台旅游交流往来实现新突破，全年共接待台湾同胞 267.2 万人次，同比增长 12.2%，经福建口岸赴金马澎和台湾本岛旅游人数 56.35 万人次，同比增长 4.9%。"海峡号"共运行 224 个单航次，旅客总量

4.49 万人次；"丽娜轮"共运行 142 个单航次，旅客总量 4.33 万人次。福建省无居民海岛旅游开发、"21 世纪海上丝绸之路"旅游经济带建设、福建邮轮母港和游艇旅游综合体建设、平潭国际旅游岛旅游基础设施及配套建设等一批重大项目纳入《福建省"十三五"国民经济和社会发展规划纲要》，25 个滨海旅游项目列入《福建省"十三五"旅游发展专项规划》。福建省旅游局召开无居民海岛旅游规划座谈会；湄洲岛获评"中国特色国际海岛目的地"。

【产业环境】 福建省有效拓宽融资渠道，加强与金融部门及央企等合作，福建省海洋与渔业厅和福建省农村商业银行签订第二轮战略合作框架协议；开展科技型海洋中小企业保证保险贷款业务，全年累计贷款 2 亿元；筹备设立 100 亿元渔港经济区产业基金；引导设立 10 亿元的福建省远洋渔业产业基金，推进开发性金融支持海洋经济发展试点，现代海洋产业中小企业助保金全年新增贷款 3.2 亿元，区域示范项目助保贷取得阶段性成效。福州、厦门两市列入首批国家海洋经济区域创新发展示范城市，占全国首批示范城市的 1/4，争取国家补助资金 3.6 亿元；厦门、诏安两地海洋生物产业园建设取得阶段性成效，获得国家科技兴海产业示范基地授牌。福建省海洋经济运行监测与评估系统 I 期工程建成投入使用。

海洋立法与规划

【海洋立法】 《福建省海岸带保护与利用管理条例》《福建省海洋生态补偿管理办法》《福建省海洋环境保护条例》（修订）、《福建省海域使用管理条例（修订）》《福建省实施〈渔业法〉办法（修订）》《福建省渔港和渔业船舶管理条例（修订）》和《福建省实施〈野生动物保护法〉办法》（修订水生动物部分）列入福建省 2016 年度立法计划。《福建省海洋环境保护条例》《福建省海域使用管理条例》和

《福建省实施〈渔业法〉办法》修订案经福建省人大常委会审议通过。开展《福建省海岸带保护与利用管理条例》立法调研、初审及一审工作，《福建省实施〈渔业法〉办法（修正案）》、《福建省海域使用补偿办法（修订案）》提交省政府常务会审议。平潭综合实验区制定《滨海沙滩保护管理办法》；泉州市起草《崇武至秀涂海岸带资源环境保护条例》，制定《福建崇武国家级海洋公园管理办法》。

【海洋规划】 福建省政府印发《福建省"十三五"海洋经济发展专项规划》，规划目标是到 2020 年，海洋生产总值争取突破万亿元，年均增长 10% 左右；科技对海洋经济的贡献率达 60.5%，成为我国科技兴海重要示范区；海洋功能区水质达标率达 85% 以上，近岸海域一类、二类水质面积占海域面积的 72% 左右，自然岸线保有率不低于 37%。《厦门珍稀海洋物种国家级自然保护区总体规划》获省政府批复。福建省海洋与渔业厅印发《福建省海洋与渔业执法"十三五"发展规划》《全省海洋与渔业系统法治宣传教育第七个五年规划（2016—2020 年）》，编制完成《福建省滨海沙滩资源保护规划》；联合省发改委制定出台《福建省海岸带保护与利用规划》。福州市出台《海岛保护和利用规划》《近岸海域环境保护规划》。

海域使用管理

【项目用海保障】 厦门新机场、福州机场二期、漳州核电等重点项目涉及的省级海洋功能区划修改方案获得国家批复，福州琅岐区域用海规划和福平铁路平潭海峡公铁两用大桥用海获得国家海洋局批准，宁德核电二期、平潭防洪防潮工程等国家重大项目用海用岛报批进展顺利。省政府全年共批准项目用海 65 宗，用海总面积 2210.9 公顷，支持古雷炼化一体化、宁德漳湾临港冶金产业、连江可门经济开发区新材料、福安不锈钢新材料、

南安石井科技生态城新能源等产业发展。

【市场化配置】　海域资源市场化配置有序推进，福建省将海域使用权招拍挂出让方案审批纳入政府内部管理事项，全年省政府共批准招拍挂出让填海项目海域使用权 20 宗，出让海域面积 814.58 公顷，宗数占批准项目用海总宗数近三分之一，出让溢价累计超过 6609 万元，实现了效益最大化和效率最优化。全年出让海砂开采海域使用权面积 1080 公顷，出让溢价达 5796 万元。宁德福鼎市成立海域海岛收储机构，莆田市全年收储海域 3056 公顷，用于发展石门澳化工新材料、节能电器、高新技术以及规模化深水网箱养殖等项目。

【海域使用监管】　福建省进一步充实县级海域动态监视监测机构队伍，为 30 个县级机构统一招聘录用工作人员 46 名，配备摄像器材、办公设备、应急监测车等，举办县级海域动态监视监测机构队伍培训班；完成福建省海域使用审批管理系统升级，增加县级审批流程；建设 20 个县级海域动态监视监测机构视频会商和核心系统。2016 年，全省完成重点项目监视监测 23 宗，编制报告 23 份；完成 7 宗疑点疑区用海项目、涉嫌海域权属纠纷等用海项目复测工作；完成 116 宗海域使用权统一配号。

海 岛 管 理

【保护与利用】　福建省海洋与渔业厅联合中国太平洋学会、国家海洋局海岛研究中心等单位，在平潭举办首届中国·平潭国际海岛论坛。希腊、智利、越南等 13 个国家和地区的 120 多名国内外专家学者，围绕"生态海岛、协调发展"这一主题开展深入交流研讨。福建省漳州市东山岛、宁德市三都岛入选国家海洋局公布的全国十大美丽海岛名单。建设平潭大屿生态示范岛，完成示范基地功能性保障用房、废弃物循环利用工程主体部分，环岛路挡墙和路基工程，以及岛屿航拍测绘

摄像、水深地形测绘码头设计等工作。福州市推进"海上福州"建设，于 2016 年 5 月编制完成福建省第一个市级海岛保护和利用规划，探索无居民海岛综合开发模式，开发利用连江县目屿岛、长乐东洛岛、福清黄官岛等 8 个无居民海岛，发展海岛高端旅游。依法对福清黄官岛法前用岛进行确权登记，解决无居民海岛开发旅游历史遗留问题。厦门市突出"岛在城中"特色，发展海上游、串岛游，编制开发利用方案，解决火烧屿、大兔屿开发利用历史遗留问题。

【整治与修复】　惠屿岛、平潭岛、湄洲岛、东山岛、城洲岛、连江洋屿、平潭大屿、东洛岛等 13 个海岛的整治修复及保护项目有序推进。厦门、平潭获得"蓝色海湾"整治行动中央财政资金支持，开展生态岛礁建设，修复受损岛体，促进生态系统的完整性，提升海岛综合价值。

海 洋 环 境 保 护

【环保制度建设】　福建省将海洋环保责任考核纳入年度党政领导生态环境保护目标责任书，考核内容主要包括海洋环境质量、污染控制、生态保护、环境监管能力和区域突出海洋环境问题整治等 5 项内容。海洋生态红线划定成果经国家海洋局审查通过，全省共划定 10 种类型的海洋生态红线区 188 个，总面积 14303.2 平方千米，占全省海域总选划面积的 38.0%，高于控制指标 3 个百分点，大陆自然岸线保有率 37.5%，海岛自然岸线保有率 75.4%，其中，海洋生态红线 I 级区 45 个，面积 3472.52 平方千米，占选划海域面积的 9.2%；海洋生态红线 II 级区 143 个，面积 10830.68 平方千米，占选划海域面积的 28.8%。同时，还开展了三沙湾海洋资源承载力研究。

【海域资源管控】　福建省编制了《福建省海洋主体功能区规划》，以县为单元，根据不同海域资源环境承载能力、现有开发强度和发

展潜力,划分为优化开发区域、重点开发区域、限制开发区域和禁止开发区域。福建省海洋与渔业厅联合福建省统计局编制《海域资源存量及变动表》,在霞浦、长乐、晋江开展海域自然资源资产负债表填报试点,加强海域自然资源统计调查和监测基础工作。落实海洋生态文明建设要求,将海域自然资源资产纳入领导干部自然资源资产离任审计内容。

【海洋环境监测】 2016年全省共布设水质监测856个站位,开展监测1500余航次,上报监测数据8.5万多组,发布各类海洋环境信息、通报共180期。近岸海域水质监测结果表明,近岸海域海水水质总体优良,第一、二类海水水质海域面积比例达88.7%,水质较上年明显好转。各监测要素中pH、铜和镉符合第一类海水水质标准,溶解氧、化学需氧量、石油类、铅和汞基本符合第二类海水水质标准,主要超标要素为无机氮和活性磷酸盐。近岸海域优良水质主要分布在河口及海湾以外的海域,劣四类海水水质主要分布在闽江口、九龙江口及三沙湾、罗源湾、泉州湾等河口、海湾的局部海域。对赤潮高发海域、养殖集中区开展密切监视监测,有效发现跟踪赤潮灾害8起,累计影响面积109平方千米。赤潮主要分布于泉州惠安、宁德霞浦、莆田南日岛和平潭等近岸海域。各起赤潮均未造成直接经济损失。

海洋生态文明

【渔业增殖放流】 持续开展"百姓富、生态美"福建海洋生态·渔业资源保护十大行动,积极推进"6·6八闽放鱼日"常态化,放鱼日当天共组织"江河湖海 年年有鱼"增殖放流活动24场,放流各类水生经济与濒危物种8.22亿尾(粒)。福建省海洋与渔业厅联合福州市政府在闽江公园望龙园百花台景区设置"闽江增殖放流公益平台",每月组织社会公众参与增殖放流活动,引导社会公众科学规范开展群众性增殖放流。2016年全省累计投放各类经济、特色和珍稀水生物种30多种,共37.4亿尾(粒)。

【沙滩资源保护】 对全省143处滨海沙滩开展现状调查和研究,打造厦门鼓浪屿沙滩公园等首批30个海岸公园,组织发动民间净滩行动70多场,3000多人次参与净滩行动。福建省海洋与渔业厅联合地方海洋保护组织,率先创建石狮天天净滩模式、厦门亲子净滩模式、平潭军民共建模式、惠安净滩生态工作假期模式等4种净滩机制。泉州市在全省率先开展全岸线海漂垃圾治理,每月组织开展海岸带环境卫生考评并进行通报,海漂垃圾治理取得显著成效;厦门海沧湾嵩屿码头至海沧大桥岸线整治工程得到国家海洋局的高度肯定。

海洋环境预报与防灾减灾

【海洋环境预报】 2016年福建省对海洋预警报决策会商系统进行升级改进,对原有的"预警报产品制作系统""PPT智能组织系统""海洋预警报制作系统""风暴潮漫堤辅助决策系统""赤潮预警系统"等预报业务系统进行改进和完善。申报"十三五"国家科技部2016年度"海洋环境安全保障""第一岛链重点海域观测示范分系统"等重点研发专项课题;新增《福建省海洋灾害预警信号图标技术标准》《台湾海峡海上航行乘船舒适度预报》和《海洋环境观测浮标运行维护技术规范》3个省级地方标准。开发海洋环境监测信息集成应用与服务平台,获得4项软件著作权;研发全国首个基于位置服务的"福建海洋预报"公众版手机APP软件,获得2项软件著作权。新版《福建海洋预报》电视节目于2016年1月1日正式上线,收视率位居福建省晚间时段所有可收视栏目第10位。全年参加国家海洋环境预报中心预报技术会商34次,通过电视、广播、网站、短信、LED显示屏、传真、手机PDA等多种媒介方式及时向公众发布灾害预警信息，共制作明传电报 15 期、"渔民之友"海洋灾害警报广播稿 48 期，发布台风风暴潮、海浪警报 48 期、预警报短信 236 万条，发送传真 8000 余份。

【海洋防灾减灾】 编制公布《2015 年福建省海洋灾害公报》；开展《福建连江海域海洋综合减灾示范区建设》《福建省海洋渔船通导和安全装备建设项目》《福建省海洋预警报能力升级改造》和《福建省海洋防灾减灾基础能力建设》等重点项目建设；海平面变化影响调查评估工作通过国家考核；开展海洋承灾体调查工作，为防灾减灾决策提供依据。制定《福建省 2016 年海洋与渔业防灾减灾日宣传活动方案》，开展"福建省海洋防灾减灾宣传周"活动，各级海洋与渔业行政主管部门通过开设专题栏目、专家访谈、举办专题展览、现场宣教、张贴海报标语、印发科普读物、播放宣传片等方式，进一步提升社会群众的海洋防灾减灾意识、安全意识、法制意识和社会责任意识，普及防灾减灾知识，提升群众自救互救能力。5 月 12 日，福建省海洋与渔业厅联合福州市海洋与渔业局、连江县海洋与渔业局、黄岐镇人民政府在连江县黄岐中心渔港开展防灾减灾宣传活动，在连江县兴海小学举行防灾减灾进校园活动。

【台风防御】 福建省公布《2016 年福建省避风渔港、避风锚地防台责任人名册》和《2016 年福建省海上养殖渔排集中区防台责任人名册》，确保汛期避风渔港、避风锚地和养殖渔排的防台工作责任落实到人。开展防台风桌面演练，从 4 月份开始组织开展 4 次防台应急演习，先后以历史台风 1513 苏迪罗、1521 杜鹃和 1312 潭美等为例进行台风预警报演习，通过演习提高预报人员应用各项预报系统的能力，解决演习过程中遇到的问题。开展渔船、渔排调查，对全省渔船渔排以县为单位重新进行登记造册，摸清底数，为汛期防台做好基础工作。2016 年共有 9 个台风影响福建省，其中 1 号"尼伯特"、4 号"莫兰蒂"、17 号"鲇鱼"等 3 个台风在福建省登陆，4 号"妮妲"、13 号"玛瑙"、16 号"马勒卡"、18 号"暹芭"、19 号"艾利"、22 号"海马"等 6 个台风不同程度影响福建海域，期间共转移和撤离海上渔船 10.53 万艘次、渔排上人员 12.11 万人次、渔船上人员 20.72 万人次，全省台风风暴潮灾害造成损失超过 16 亿元。

【应急处置】 编制完成《福建省海啸灾害应急预案》，并以省政府名义正式下发执行；修订完善《福建省渔业船舶水上突发事件应急预案》《福建省渔港安全事故应急救援预案》；全年共开展各类水上安全应急演练共 34 次，处置海洋与渔业各类突发事件 139 起，组织渔船自救互救 114 起，救助船员 1279 人，调度救助船舶 205 艘次，挽回经济损失 2.87 亿元。福建省渔业互保协会出台突发性事件和重大案件应急处置预案，成立会员服务部，开创全国渔业互保系统会员服务工作的先例，获得中国渔业互保协会的高度肯定。全年共办理渔工互保 9.18 万人，办理渔船互保 10030 艘，完成渔业互保签单会费 1.88 亿元，同比增长 10.9%，提供风险保障金额 456.5 亿元，同比增长 10.6%，共接报案 923 起，赔付金额 6895.76 万元。

海洋执法监察

【"蓝剑"执法行动】 福建省以打击非法采捕红珊瑚、涉渔"三无"船舶、敏感海域作业船舶、清理整治违规渔具及违法采砂等为重点，围绕元旦、春节、全国及省两会、伏季休渔监管节点、G20 杭州峰会等重点时段，突出台控岛屿周边敏感海域、省际交界海域及违法行为多发地重点海域，开展海洋"蓝剑"联合执法行动，集中力量实施精准打击，打造福建海洋执法品牌。全年共组织部署 12 次"蓝剑"行动，历时 140 天，出动执法船艇 1528 艘次，登临检查船舶 4691 艘次，宣传劝导渔民群众 7434 人次，防范劝阻拟赴敏感海域作业渔船 205 艘次，查获涉嫌违规船舶 374 艘，收缴罚没款 575.56 万元，拆除违规网具 405 张，移送公安等有关部门立案 6 件；在全国海洋与渔业系统率先建立起情报工作制度和信息宣传员制度，在沿海重点区域设立情报信息联络点，组建 500 人的信息宣传员队伍，圆满完成 G20 杭州峰会海上安全保卫工作任务。

【打击非法采捕红珊瑚】 福建省海洋与渔业执法机构围绕"不让一船一人到周边海域"目标，突出岸上严管严控、海上综合巡查、拆解取缔"三无"船舶三个重点，全面整治非法采捕红珊瑚及涉渔"三无"船舶。至 2016 年底，全省共取缔无照修船厂 2 家，破获非法采捕交易红珊瑚案件 29 起，抓获犯罪嫌疑人 78 人，查获疑似红珊瑚 380.52 千克，案值 1.3 亿元；审结涉红珊瑚案件 18 件，33 名涉及非法采捕、交易红珊瑚人员被判刑；处置涉嫌非法采捕红珊瑚船舶 147 艘、拆解大型涉渔"三无"船舶 997 艘，全省大中型涉渔"三无"船舶基本清理完成，有效遏制和扭转了非法采捕红珊瑚的猖獗势头，涉外渔业案件数量大幅下降，全年未发生福建籍渔船、渔民被日方抓扣案件。

【海洋专项执法】 组织实施"海盾""碧海"等专项执法行动，通过上下联动、横向联合、综合整治等方式，集中力量严厉打击海洋违法行为，推进海洋生态文明建设，保护海洋资源环境。2016 年全省"海盾"行动办结案件 6 宗，收缴罚款 33451 万元，"碧海"行动办结案件 242 宗，收缴罚没款 2203 多万元。同时，把海洋工程建设项目监管和打击违法采砂用海纳入区委、区政府、市政府海洋环保责任目标进行考核，提升地方政府保护海洋生态环境的法制意识，进一步保障用海秩序。执法基础设施建设加速推进，启动编制《福建省"十三五"执法码头建设规划》，开工建造 4 艘 300 吨级渔政船和 3 艘

100 吨级渔政船，2 艘执法快艇正在建造。

海洋行政审批

【海域论证和海洋环评改革】 2016 年福建省财政安排专项资金 5400 多万元，开展改革和优化用海项目立项和环评试点工作，组织技术单位对全省 13 个重点海湾海洋环境监测资料进行全面调查和整合，完成春秋两季海洋生态、渔业资源等外业调查和数据整理工作，建立海洋基础大数据，实施网格化管理。通过创新机制，将原先由项目业主自行承担的海洋现状调查，自行收集资料，改为由福建省海洋与渔业厅统一组织调查，统一整理数据，统一规范提供，加快海域使用论证和海洋环评报告书编制进程，打通了用海审批"梗阻"。全年共提供 8 个项目外业资料，其中为漳州沿海大通道（纵一线）诏安湾特大桥及连接线工程提供诏安湾春季环境质量现状调查资料，环评、论证时间缩短近 8 个月。

【行政审批改革】 福建省对凡影响企业创新、制约渔业转型升级及供给侧结构性改革推进的行政审批事项一律予以取消；凡基层渔业主管部门能够承接办理的审批事项，在修法前提下予以下放或委托实施。推进"五规范、四统一"等审批服务标准化建设及"三集中"改革，简化、优化行政审批和公共服务流程，建立社会信用体系，建设"双公示"制度、"双随机一公开"及"一单两库"随机抽查监管体系，制定"福建省海洋与渔业行政审批和服务事项目录纵向清单"，编制完成相关标准化服务指南、审查细则、工作规程。通过制定随机抽查事项清单、建立随机抽查的市场主体名录库和随机抽查的执法检查人员名录库的方式，建立"双随机"抽查机制，强化事中事后监管。全面推行信用信息公示制度，明确福建省海洋与渔业行政许可和行政处罚等信用信息，自做出行政决定之日起 7 个工作日内在厅门户网站进行公示，并同步推送至"信用福建"进行公示。

全年共对 998 件网上行政审批办件、12 宗海洋与渔业行政处罚案件信息进行公示。

海 洋 科 技

【科技创新平台】 福建省围绕福建海洋产业发展的关键性和紧迫性技术问题，利用福建省海洋高新产业发展专项资金 2000 万元，在海洋生物医药、海洋工程装备两个领域扶持实施 26 个技术研发、成果转化及公共服务平台建设项目。充分发挥中国—东盟海上合作基金作用，国家海洋局与福建省政府签订《关于共同推进中国—东盟海洋合作建设框架协议》，完善《中国—东盟海洋合作中心顶层设计与发展战略规划研究》，争取第二批中国—东盟海上合作基金 3500 万元；中国—东盟海产品交易所共发展会员 358 家、交易商 2187 个，累计交易总额 4880 亿元，马来西亚、柬埔寨等分中心筹建工作稳步推进。厦门南方海洋研究中心采用"联合办公+独立空间公司策划+孵化区"结合的运作模式，为海洋高技术产业相关企业、创业创新团队提供"拎包入住"式服务。实施种业创新与产业化工程，完成经济贝类、紫菜、黄姑鱼三大种业创新和产业化工程。加快推进福建省虚拟海洋研究院协同创新平台建设，启动建设福建海洋创新成果转移中心展示平台、海洋众创空间。

【科技成果转化】 打造"6·18 智慧海洋馆"，举办福建海洋战略性新兴产业项目成果交易会暨第三届海洋生物医药产业峰会，签约海洋与渔业项目 168 项，总投资 237.58 亿元。举办第十一届中国（福州）国际渔业博览会，展示面积 5.8 万平方米，展会参观人数达 28 万人次，专业买家人数 7000 人以上，现场签约项目 28 个，签约金额 169 亿元，现场贸易配对额 2.6 亿元；举办第十一届中国（厦门）国际渔业博览会暨 2016 年亚太水产养殖展览会，展会总面积达到 2.1 万平方米，展会成为我国首次展示从"养殖、捕捞"到"加工、流通"全产业链渔业盛会。福建省虚拟海洋研究院共征集入驻专家达 1500 多名、入驻高校 20 家、科研院所 39 家，对接项目技术成果 250 余项。实施国家海洋公益专项、福建省海洋高新产业发展专项，1 项成果获国家自然科学奖二等奖；7 项成果获福建省科学技术奖，其中：二等奖 2 项、三等奖 5 项；5 项成果获国家海洋科学技术奖，其中：特等奖 1 项、一等奖 2 项、二等奖 2 项。

海 洋 文 化

【海洋主题活动】 全年组织开展 14 期"公众开放日"活动，先后邀请农业部、国家海洋局、中小学生、海洋环保志愿者、市民代表等 600 人来参加。开展"6·8 世界海洋日暨全国海洋宣传日"系列活动，福建省将"海洋日"提升为"海洋月"，开展中国·福建"海洋月"系列活动，包括海峡（福州）渔业周·中国（福州）国际渔业博览会、海峡两岸"放鱼节"、"6·8 全国海洋宣传日"启动仪式暨福建省海洋与渔业厅成立 60 周年纪念活动、"6·18 海洋科技成果交易会"和第三届海洋生物医药产业峰会、中国·平潭国际海岛论坛、中国·平潭国际海洋休闲运动博览会、"海洋杯"中国·平潭国际自行车公开赛等 7 项活动。福建省海洋与渔业厅、共青团福建省委联合组织开展第九届全国大学生海洋知识竞赛（福建赛区）活动，厦门大学夺得团体赛冠军。莆田市开展首届"十大渔业珍品"评选；漳州市开展市级"十大水产名牌产品"评选，并利用海峡两岸农博会花博会平台进行推介，举办了漳州市鱼王赛和水产美食节；宁德市评选推出"十大海鲜系列名菜"和"十大海产名品"。莆田市在北京大学举办"妈祖文化与海丝之路"主题研讨会，有力扩大了福建海洋与渔业的境外知名度。

【海洋文化宣传】 启动拍摄大型纪录片《海上福建》，全方位展现福建海洋的区位优势、历史文化、生态文明、经济建设成就，4 月 7

日，《海上福建》大型纪录片新闻发布会暨开机仪式在北京人民大会堂举行。该纪录片由福建省海洋与渔业厅、国家海洋局宣教中心、福建省委宣传部、福建省广播影视集团联合出品。纪录片计划拍摄8集，由央视纪录国际传媒有限公司、福建省广播影视集团海峡卫视、福建省海洋影视文化中心联社摄制。著名影视学者、"长江学者"特聘教授、北京师范大学艺术与传媒学院院长胡智锋先生出任纪录片艺术指导。全年《福建日报》共发表《海洋通迅》79篇，"福建海洋云"微信荣获年度"福建互联网大会智慧政务奖"，全年推送海洋与渔业信息2000余条。6月8日，全国首家专业化海洋科普馆—福建崇武海洋科普馆正式开馆，全国海洋科普教育基地、全国海洋意识教育基地、泉州市中小学生海洋知识教育基地同时揭牌。漳州市出版《漳州海洋与渔业文化丛书》，受到社会各界好评；莆田市组织编写海洋读物《莆田海洋读本》，开展"关注海洋健康、守护蔚蓝星球"海洋环保志愿服务系列活动，形成良好社会氛围。　　　（福建省海洋与渔业厅）

厦 门 市

综 述

2016 年，厦门凭借海洋和海湾资源的优势，以项目为抓手，大力发展临海工业、港口交通运输、滨海旅游和海洋高新技术产业等海洋产业，海洋经济对全市国民经济发展的贡献率逐步增大。海洋经济三次产业调整形成以第三产业为主导、第二产业协同发展的格局。厦门市海洋产业实现总产值 2073.49 亿元，同比增长 10.2%，其中，海域清淤、生态修复等海洋工程建筑业取得较快发展，实现总产值 249.18 亿元，同比增长 80.7%；实现增加值为 79.97 亿元，同比增长 69.6%。海岛游、海洋观光休闲等滨海旅游业保持快速增长趋势，实现总产值 580.96 亿元，同比增长 16.3%。海洋战略性新兴产业中，海洋生物产业保持较快发展，同比增长 13.2%。海洋经济约占全市 GDP 的 14.4%，对全市经济的稳步增长做出了重要的贡献。

海洋经济与海洋资源开发

【2016 年海洋经济发展的项目和成果】 "十二五"海洋经济发展区域示范项目及厦门市海洋经济发展专项资金项目实施以来，共申请专利 150 余项，制定标准 43 项，发表论文 120 余篇，已实现成果转化 50 余项，新建生产线 62 条，新增厂房面积 25 万平方米，平台建设面积 7000 平方米，吸引和培养高级专业人才 200 余人，新增就业 6000 余人。厦门市在国家海洋局、财政部开展的"十三五"海洋经济创新发展示范工作中，成为 8 个获批的"十三五"国家海洋经济创新发展示范市之一，获得中央财政资金 3 亿元奖励支持，启动资金 1.8 亿元已到位。

【厦门市（区）海洋开发资料统计】 海沧区全力打造厦门海洋生物产业社区，获国家海洋经济创新发展示范资金支持；厦门生物医药港园区海洋生物企业集聚效应日益凸显，园区配套日趋完善，形成"创业苗圃—孵化器—加速器"培育体系；加快建设厦门国际航运中心，2016 年全年实现港口货物吞吐量 1.05 亿吨，集装箱吞吐量 800 万标箱，同比增长均达 10% 以上；大力发展滨海旅游业，加快推进嵩屿旅游综合体、海上新世界、海天湾游艇产业、海沧湖水秀公园、串岛游等旅游项目的建设。

湖里区全力推进西海湾邮轮城建设，项目累计投资额达 30.42 亿元，超前完成年度投资计划；积极配合市、区相关职能部门加快推进海峡旅游服务中心、五缘湾游艇综合体等省海洋经济重大项目建设，打造厦金湾滨海旅游休闲区；成功举办 2016"乐游湖里"第二届厦门帆船嘉年华，积极开展帆船培训、航海帆船体验及青少年 OP 帆船夏令营，整合五缘湾帆船、游艇、直升机和海洋文化等特色旅游元素，广泛开展海洋旅游系列主题活动。

思明区积极培育滨海特色旅游，配套设施不断完善，成立集自驾领队服务、停车场地资源服务、景区、酒店及餐饮服务为一体的自驾旅游服务中心；利用曾厝垵渔村打造"五街十八巷"，依托沙坡尾打造海洋文化创意港，为游客提供海滨文化创意休闲空间；大力发展航运服务业，以楼宇经济为依托，促进航运物流企业聚集。

翔安区水产种苗业发展逐步规范，2016 年全年南美白对虾种苗产量 2200 亿尾，同比增长 10%，产值 4.05 亿元，同比增长 13.4%；全年水产总产量为 12997 吨，其中海洋捕捞产量为 839 吨，海水养殖产量为 9338 吨；全区共接待游客 380 万人次，旅游总收入 9.6 亿元。

同安区加强生态环境综合整治工作，深入实施东西溪、官浔溪、埭头溪等重点流域生态修复和流域整治，推进同安湾、环东海域近岸海域水环境质量整治，打造美丽生态水系；加大环东海片区基础设施建设，构建美丽海岸线；逐步完善海洋经济产业链，以轻工食品园为载体，积极发展海洋生物制药、海洋产品深加工等新兴产业，做大做强海洋产品精深加工业。

集美区制定防止养殖回潮和堤岸安全监管办法，以强化辖区海域管理，巩固养殖清退成果，保障堤岸安全；开展岸线餐饮船及砂场整治工作，提供良好海岸环境；加强宣传教育，提高群众海上作业安全意识；推动滨海特色休闲业的发展，杏林湾岸线打造带状公园，规划面积达 111 公顷，总长 26 千米。

海域和海岛管理

【概述】　2016 年，根据厦门市海洋与渔业工作要点及任务分解与责任分工的要求，厦门市海洋与渔业局以"五大发展理念"为引领，以做好厦门新机场等重大项目用海保障工作为重点，继续推进海洋生态修复，开展用海规划编制工作，创新海域管理制度，推进海岛保护与利用工作，强化海域动态系统的运用，取得了较好的效果。

【用海保障】　一是厦门新机场用海报批工作取得显著进展。《福建省海洋功能区划（厦门大嶝海域部分）》（2011—2020 年）修改方案已获国务院审批，成为翔安机场建设第一个获得国务院审批的文件；二是厦门湾口海砂用海工作取得重要突破。完成厦门湾口海域海砂开采一期海域使用权出让工作，出让面积约 6.94 平方千米，海砂开采量 4400 万立方米，试采表明海砂质量良好，有力保障新机场建设用砂需求。三是不断加强用海保障能力。2016 年国家、福建省及厦门市审批的省、市重点涉海工程项目的用海面积累计约为 1784 公顷，超额完成全年任务要求；海域使用金征缴力度加大，海域使用金缴交入库约 1.8 亿元。

【海洋与渔业规划整合工作】　2016 年，厦门市在国内沿海地区率先启动海洋与渔业规划整合工作，以海域资源承载力为基础，理顺海域资源、环境与海洋产业之间关系，整合海域与海岛使用、海洋环境、经济、渔业、科技等空间规划，形成厦门市海域可持续发展的空间规划。

【厦门市海洋功能区划】　按照"多规合一"的思路，注重与厦门市城市总体规划、土地利用总体规划的协调对接，《厦门市海洋功能区划（2013—2020 年）》修编稿在完成专家评审、征求省、市有关部门及部队意见后，2016 年 7 月获福建省政府批准实施。

【海岛保护与利用】　加强无居民海岛等典型海洋生态系统的修复工作，推进无居民海岛保护与利用示范项目建设；落实海岛保护与利用规划。以海岛生态保护和串岛游为重点，逐步建设面向公众开放的海岛公园，加快推进海上游、串岛游的发展；落实清理收储工作方案，推动大兔屿重点无居民海岛清理收储工作。

【海域使用权市场配置】　厦门市海洋与渔业局提出的海域使用权市场化配置实施意见上报市政府决策；做好集美游艇项目海域使用权资格出让试点方案编制、征求意见及报批工作；推动翔安港区 5 号泊位海域与土地联合出让工作；探索完成滨海旅游规划的用海论证工作；率先启动厦门市海域基准价格评估工作。

【用海全过程监管】　厦门市海洋与渔业局出台用海项目事中事后监管实施方案；开展大嶝区域规划用海项目、油气管道、涉海危化品、疑点疑区及海底光缆等用海项目检查工作。

海洋环境保护

【概述】 2016年，厦门海洋环境保护工作以海洋生态文明示范区建设为主线，以近岸海域水环境污染治理为抓手，以改善海洋环境质量为目标，以解决厦门海域突出问题为导向，统筹推进厦门海域生态修复、海洋环境监督管理、海洋污染防治、海洋监测评价等各项工作，获得2015年度福建省海洋环保责任目标考核第一名。

【编制厦门市海洋环境保护规划】 2016年初启动《厦门市海洋环境保护规划（2016—2020年）》的修编立项工作，2016年5月厦门市海洋与渔业局组织专家对该项目进行立项评审，12月21日该规划通过专家评审验收，已上报市政府批准实施。

【海洋工程环评和监督】 继续严把涉海工程海洋环评关，以保障轨道交通工程、马銮湾片区生态修复工程等省市项目为重点，2016年共组织完成对18个海洋工程项目的环境影响评价核准。突出加强事中事后监管，精心筹备、严密组织，牵头开展了大嶝航空城用海项目海域使用和海洋环保措施落实的综合检查，取得很好的监管效果。在全国率先开展海洋工程环保监理试点，推动厦门湾口海砂开采工程海洋环保监理试点实施，建立了海洋环保监理制度，属全国首创。2016年市海洋执法支队组织海域巡航1127次，岸线巡查839次，无居民海岛检查71次，检查海洋工程53个次。对厦门海域从事倾废作业的船舶安装GPS定位和监控设备，实现全天候监管。

【海洋珍稀物种保护】 全国中华白海豚人工繁育技术研讨会在厦门市成功举行，会议发布了中华白海豚保护及人工繁育《厦门共识》，引起国内外广泛关注。组织编制了《厦门珍稀海洋物种国家级自然保护区总体规划》，经国家海洋局、农业部等审查，获福建省政府批复实施。同时，加强保护区规范化管理与建设，厦门珍稀海洋物种国家级自然保护区管委办获环境保护部、国土资源部、水利部、农业部、国家林业局、中国科学院、国家海洋局7个部门联合颁发的中国保护区事业60周年先进集体称号。农业部委托厦门市编制并组织实施《全国中华白海豚保护行动计划（2017—2019)》，将厦门经验向全国推广。

海洋生态文明

【厦门近岸海域水污染治理】 落实国家"十三五"规划纲要中提出的厦门湾水质污染治理和环境综合整治工程。坚持陆海统筹、河海共治，联合海洋、市政、海事、港口等多个部门，持续推进《厦门近岸海域水环境污染治理工作方案》各项工作落实。在《厦门日报》上开辟"保护美丽蓝海在行动——聚焦近岸海域水污染治理系列报道"专栏中开展宣传等方式，实实在在推动了各项治理工作的落实。

【组织实施国家"蓝色海湾"工程】 6月3日，时任厦门市长的裴金佳书记亲自带领工作人员赴北京参加答辩，答辩成绩名列全国前茅。获得中央财政补助资金4亿元（海沧湾嵩屿码头至海沧大桥岸线整治工程1亿元，下潭尾滨海湿地公园二期2.8亿元，海洋垃圾监测、评估与防治技术业务化研究及示范应用0.2亿元）。7月15日，已经下达2016年资金20500万元。目前，"蓝色海湾"工程按序时进度顺利推进，其中，海沧湾嵩屿码头至海沧大桥岸线整治工程已完成休闲广场、亲水栈桥、亲水护岸等主体结构建设，完成红树林种植4.25平方千米，逐步打造成为生态休闲、旅游与产业发展相结合的秀美海湾；下潭尾滨海湿地公园二期正式开工建设，完成投资2950万元；海洋垃圾监测、评估与防治技术业务化项目已完成基础性研究，开展了宣传片和宣传手册制作。2016厦门国际海洋周期间，国家海洋局王宏局长调研了厦门市实施的"蓝色海湾"工程，给予了高度肯定。

【推进厦门国家级海洋公园建设】 2016 年，继续推进厦门国家级海洋公园基础设施建设，《厦门国家海洋公园总体规划（2012—2020 年)》已通过国家海洋局专家组评审。鼓浪屿、黄厝、前埔、观音山等 4 个沙滩被省海洋与渔业厅评选为省首批海岸公园。编制完成《厦门国家级海洋公园沙生植物园区建设方案》，已组织通过专家评审。

【国家级海洋生态文明示范区建设】 编制完成并由市政府办公厅印发了厦门国家级海洋生态文明示范区建设规划和实施方案，有效地形成了海洋部门牵头，环保、发改、水利、市政、海事、农业等多部门参与的海洋生态文明建设工作体制机制格局。建立海洋生态文明建设考评机制，将海洋生态文明示范区建设和海洋环境保护目标责任制落实纳入市委、市政府对各区委、区政府年度生态环保考核指标体系，考核权重占 2%，为厦门市获得国家生态市作出了积极贡献。编制《中美海洋垃圾防治厦门—旧金山"伙伴"城市合作实施方案》获国家海洋局批准后市府办印发执行。与旧金山市签署了合作备忘录，开展中美海洋垃圾防治的互访。制作厦门海洋垃圾防治工作宣传片和宣传手册，开展了防治宣传工作。完成了 2016 年市委年度重点调研课题《厦门海洋垃圾防治研究报告》。环岛路（长尾礁—五通段）岸线整治和沙滩修复工程取得实质性开工建设。

海洋环境预报与防灾减灾

【概述】 2016 年厦门海域未发生赤潮灾害。受 1614 号强台风"莫兰蒂"影响，厦门验潮站的过程最大增水为 113 厘米，紧急转移安置人口 4044 人，直接经济损失 28710 万元；受 1617 号超强台风"鲇鱼"影响，厦门验潮站的过程最大增水为 108 厘米。

【厦门海洋赤潮预防与治理】 2016 年，厦门市按照《厦门市海洋赤潮灾害应急预案》，利用海域水质自动在线监测系统，认真做好厦门海域赤潮等级预报和预警工作。海洋与渔业局在赤潮高发期的 5 月 1 日至 10 月 31 日，通过厦门市电视台和局门户网站等媒体，发布赤潮等级预报 184 期，其中预报赤潮等级 1 级（不会发生赤潮）143 天，2 级（发生赤潮概率较小）29 天，3 级（发生赤潮概率较大）12 天。其中 1 级、2 级和 3 级分别占预报赤潮等级总天数的 77.7%、15.8% 和 6.5%。2016 年，厦门海域未发生赤潮灾害。

【厦门协调赤潮应急监测行动】 2016 年，厦门海域共有 4 次发生赤潮生物接近赤潮临界状态的情况，在赤潮预警进入 3 级时，及时组织市海洋环境监测站和市海洋综合行政执法支队进行海上巡航监视监测，共组织出海巡航 17 次，累计监测监视海域面积 2682 平方千米。

【厦门海洋风暴潮与应急管理】 2016 年，厦门共发生 2 次台风风暴潮灾害过程。一是"1614"号超强台风"莫兰蒂"正面登陆厦门，受"莫兰蒂"台风风暴潮和近岸浪影响，厦门直接经济损失 28710 万元，损毁船只 106 艘，由于紧急转移安置人口 4044 人，未造成人员伤亡；二是受"1617"号超强台风"鲇鱼"影响，厦门验潮站的最大增水为 108 厘米。2016 年，厦门市海洋与渔业局认真做好中央海域使用金支持的厦门市海洋防灾减灾预警报能力建设项目，海洋预警报能力和海洋灾害防御能力得到提升；厦门市积极应对 2016 年影响厦门的 4 次热带气旋，精准发布预警报信息，及时采取措施，组织做好人员转移、渔船进港、沿岸堤防设施加固等灾害防御工作，及时调查海洋灾害，积极参与灾后重建，有效降低了海洋灾害造成的影响。

海洋执法监察

【行政执法监督】 2016 年，组织重大案件会审 17 起，涉案金额约 1.5 亿多元；组织召开了 5 个填海项目的海洋环境影响听证会，涉及填海面积 203.19 公顷，投资规模约 19 亿元；

审查各类合同150多件，涉及金额2亿多元；组织全局系统122名执法人员旧证换发新证，12名新招录执法人员申领新证；督办市长专线数十件；组织开展2016年度局系统行政许可、行政处罚执法督察；组织开展2016半年度、年度各区防止养殖回潮工作的考核。同时，加强电子监督，厦门市海洋与渔业局所有行政处罚案件全部进入局OA办案系统，且已并入市法制局行政处罚监控系统，并按照要求录入省检察院"行刑衔接"系统。

【敏感海域】　为确保厦金海域和谐稳定，厦门、金门密切协同，8次协调公安边防联合进渔村宣讲渔业生产相关规定，10次开展厦门金门协同执法，在厦金敏感海域共查处21艘违法违规船舶，拆除定制网19槽。

【打击盗采海砂】　一是支队不断调整执法的组织方式与盗砂者斗智斗勇，有效提高了打击的精准率，最多一夜查处7艘；二是加大处罚力度，2016年累计查处非法采砂36起，拟出罚款294.83万元，实际收缴罚款243.67万元，平均每起案件罚款额近9万元，最高1起处罚达26万元，有效地威慑了违法业者；三是建立常态化海上执法平台，从8月下旬开始在欧厝至十八线海域建立海上执法平台，执法人员前移海上平台，实行全天候盯防。

【打击非法捕捞】　一是累计查处非法渔船130艘次，罚款53万元，罚款数额为历年最多，特别是2016年以来加大对非法采捕花蛤苗行为的打击力度，收到明显的执法效果；二是组织拆解12艘涉渔"三无"船舶，进一步震慑了非法捕捞行为；三是两艘海上钩机船每日巡航，累计拆除违规网具2000余张。

【海洋工程监管】　采取定人负责和随机抽查等方式对海洋工程进行事中、事后监管，启动了双随机抽查工作。重点加强对大嶝机场造地工程的海洋环保监管。分别对三家施工单位落实环保措施不力等问题及时下达《限期整改通知书》，对1起改变施工工艺的行为进行立案查处。坚持每周至少1次开展厦门湾口采砂区的巡航，对3起超范围采砂行为开展深入调查取证，并移送省总队处理。

【渔港渔船监管】　2016年，开展海上巡航720航次，陆上巡查80天次，及时制止了管辖区域内禁渔期捕捞、沙滩电鱼、沙滩摩托车和沙滩采挖等违法违规行为，确保海洋珍稀物种生态环境健康。对厦门新机场造地工程海砂运输航道水下炸礁工程共出海巡查7次，检查施工船7艘次，现场纠正违规现象2次，出动驱赶船次2230艘次，组织驱赶次数233次。猴屿航道扩建项目保护区出动巡航90航次，组织驱赶船只580多艘次。坚持"服务到渔村，方便到渔民"的工作方式，2016年共完成渔业行政进村入户、渔港巡查177天、2072人次，现场为渔民办理检验、进出港签证、渔业保险、手持定位终端检测维修等业务，共检验渔业船舶1459艘次，办理船舶进出渔港签证1929艘次，积极做好中华白海豚文昌鱼自然保护区管护的各项工作。

【"福建海洋蓝剑"专项执法行动】　针对海上非法采砂、非法倾废、非法电鱼和越界生产等违法行为进行打击，开展了为期63天的联合执法行动，共出动船只220艘次，执法人员2028人次，480小时，3021海里，登临680艘船次，查获涉嫌违法作业船舶41艘，已办结违法案件36起，收缴罚款311.8万元，拆除80张大型捕捞网具，拆除违法养殖800余亩，发放宣传材料2500余份。

【实施伏季休渔制度】　2016年，厦门伏季休渔船共有1058艘，均能够按规定进港休渔服从管理。监管期间，支队先后巡查港口、码头2156次，联系边防、船管站及区大队进渔村宣传座谈18次，组织海上巡航550次，出动执法人员6820人次，出动执法车辆602辆次，检查渔船1575艘次，共查处非法捕捞渔船86艘次，办结74起，罚款35.71万元，查处非法电鱼船3艘次，没收电鱼设备4套。

【水生野生动物保护专项行动】　2016年，组织海上巡航1051次，岸线巡查769次，累计检查在建海洋工程 124 个次，厦门湾口采砂区开展执法巡航 36 艘次。针对在厦门市海域从事清淤、海上工程施工和渣土海上运输船舶，累计安装 GPS 定位和监控设备 71 艘（其中大嶝填海造地施工船只 40 艘、渣土海上运输船只 27 艘、清淤船只 4 艘）；联合环保、市局资环处、研究所等单位开展陆源污染源排查 1 次，涉及入海排污口 3 处，涉污企业 18 家；联合海事、港航支队等单位开展对渣土海上运输企业联合检查 1 次，涉及 3 家企业的中转场共 4 处、船舶 14 艘，下发整改通知书 9 份，提出整改意见 18 条。施工过程中海豚驱赶、观测操作均按规定实施，未出现海豚伤亡情况。

海洋行政审批

【概述】　2016 年，共办理行政许可 105 项，征收海域使用金 1.8 亿元，组织海上巡航 1256 次，陆上巡查 934 次，无居民海岛检查 105 次，检查海洋工程 179 个次，检查渔船 1051 艘次，检查各类养殖场、育苗场 76 家次。累计处理 110 报警 252 次、群众举报 106 次，办理市长专线举报 53 件。累计查处各类海洋与渔业违法案件 193 起，收缴罚款 377.8 万元。

【全面推进依法治理】　厦门市海洋与渔业局认真实行重大行政许可项目听证制度。严格落实重大行政处罚案件会审、领导集体研究决定制度。实行海域使用项目集体审核制度。紧跟国家、省、市审改步伐，实时调整行政权力清单、责任清单、涉企收费清单、涉中介服务清单等；及时承接省厅下放厦门审批事项；全面清理办事指南、办理规程；推进全程网上审批；建立厦门市海洋与渔业局电子证照库，实现审批信息内部共享，凡由厦门市海洋与渔业局系统出具的证照，不再要求当事人提供；推进双随机执法抽查制度落实，制定"一库两单一细则"，并按要求实质性地开展了双随机抽查工作；推进社会信用

制度建设，建立厦门市海洋与渔业局社会信用工作领导小组和运行机制，按要求及时向"信用厦门"平台上传行政处罚、行政许可等信息；出台《厦门市海洋与渔业局关于印发厦门市海洋与渔业局行政审批专用章使用管理暂行规定》（厦海渔 [2016] 94 号）、《厦门市海洋与渔业局关于印发厦门市海洋与渔业局渔港工程建设管理暂行规定的通知》（厦海渔 [2016] 23 号）、《厦门市海洋与渔业局关于进一步简政放权优化审批流程的通知》（厦海渔 [2016] 232 号），进一步优化审批服务，规范内部流程，减少环节，压缩时限，全部行政审批事项办理时限压缩到法定时限的 35%，真正做到审批提速 65%。同时还推行预约服务、下乡服务，为行政对象提供更好地便民服务。

【加强制度建设】　2016 年厦门市海洋与渔业局制定出台了《厦门市水产品批发市场管理处行政处罚案件办理流程规范》（厦海渔[2016] 2 号）、《厦门市海洋与渔业局关于印发厦门市海洋与渔业局海洋与渔业案件管理办法的通知》（厦海渔 [2016] 148 号）、《厦门市水产品批发市场管理规定行政处罚自由裁量权实施办法》（厦海渔 [2016] 208 号）、《厦门市海洋与渔业局关于印发行政复议答复和行政诉讼应诉工作规程的通知》（厦海渔 [2016] 308 号）等 10 多部规范行政审批、行政处罚、事中事后监督检查的规范性文件，从源头上保障和促进依法开展行政工作。

海　洋　科　技

【海洋与渔业科技成果和论文】　2016 年完成了"厦门市海洋生态补偿管理办法""杏林湾河流入海通量在线监控示范平台""宝珠屿、大离浦屿、土屿保护与利用规划""《促进海洋经济发展条例》立法前期调研"等科技项目的立项；完成了"厦门南方海洋研究中心海洋产业公共服务平台开放共享管理办法配套政策研究""当前我国游艇产业发展

瓶颈和对策研究""厦门市智慧海洋信息化发展规划"等科技项目的结题验收,形成了相关课题报告与论文成果。

【厦门"数字海洋"与厦门海洋信息化建设】一是统筹谋划,做好"智慧海洋"顶层设计。厦门市海洋与渔业局联合市信息集团、市发改委等部门在全国范围内较早地开展了"智慧海洋"顶层设计工作,系统的梳理了厦门市"智慧海洋"工程建设的基础资源,结合厦门海洋信息化条件优势和海洋高新产业发展特点提出建设目标、主要任务、项目储备和保障措施。二是做好海域空间规划"一张图"。厦门在全国沿海地区率先开展以海洋功能区划为主导的海洋渔业"多规合一"工作,整合厦门市海域使用、海洋环境、海洋渔业、海洋科技等专项规划,形成统一坐标、统一数据格式的地理信息数据,协调调整存在冲突的海域,提升海域资源利用率。通过建立海洋与渔业统一的空间信息平台,实现海域、环境、渔业、科技部门间信息共享和审批信息实时联动,推动信息资源共享共用,并与厦门市"多规合一"平台实现了有效对接。三是实现海洋经济项目全程在线监管和成果对接。建设"'互联网+海洋'协同创新服务平台",实现了海洋经济项目的申报、评审、管理、监理、验收、归档、后评价等"一站式"在线管理,对项目实施各阶段信息进行收集,达到综合管控目的。同时实现海洋科技成果与技术需求的在线交流互动,促进成果转化。四是整合实现门户网站升级改造。围绕政府信息公开工作的要求,对局门户网站进行全面升级改造,进一步突出网上审批、公众参与、便捷查询等内容,坚持每周至少10次更新录入,持续推进政府信息公开工作有序、高效开展,切实保障公众的知情权和监督权。

【"科技兴海"投入与产出统计】　实施厦门市海洋经济发展专项资金项目93项,2016年新增10项,拨付滚动及启动经费5546.51万元。全市13个在建省级海洋经济重大项目完成投资总额81.87亿元,完成计划投资比107.24%。

【举办第三届科技成果转化洽谈会】　2016年11月,海洋科技成果转化洽谈会成功举办,共80多家涉海单位、100多个项目成果参展,设立40个展台、55个展板对市内外涉海单位海洋创新成果、南方海洋创业创新基地、海洋产业公共服务平台等进行展示,为广大涉海高校、科研院所、企业现场提供了洽谈对接平台,促进了交流与合作。

(厦门市海洋与渔业局)

广 东 省

综 述

【广东省海洋与渔业局升格为"厅"】 2016年12月1日，广东省第十二届人大常委会第29次会议经表决，任命文斌为广东省海洋与渔业厅厅长。此前，经省编办批复同意，广东省海洋与渔业局更名为广东省海洋与渔业厅，由省政府直属机构调整为省政府组成部门。此举彰显了广东扎实推进海洋强省建设的决心，充分体现广东省委、省政府对海洋强省和现代渔业工作的高度重视。

【签署部省合作框架协议】 2016年11月24日，广东省政府与国家海洋局在广州市签署《国家海洋局 广东省人民政府关于进一步深化合作 共同推动广东海洋强省建设的框架协议》。根据协议，"十三五"期间，双方将充分发挥广东海洋经济优势及在"一带一路"建设中的示范引领作用，切实保护海洋生态环境，全面提升海洋资源开发和管理水平，加快海洋强省建设步伐。到2020年，双方共同促进广东省海洋经济健康可持续发展，海洋生产总值占生产总值比重接近五分之一；全省海洋创新驱动和成果转化能力明显增强，海洋经济转型升级加快推进，形成具有国际竞争力的现代海洋产业体系；海岸带、海岛综合整治修复，以及海洋生态文明示范区、美丽海湾建设成效显著，海洋生态环境进一步好转；国家海洋局和广东省人民政府协同机制健全完善，海洋事务统筹协调与综合管理能力全面提升，现代化海洋综合管理体系基本建立，海洋强省建设取得重大进展。

【深圳成为全国首个海洋综合管理示范区】 2016年11月18日，国家海洋局批准同意《深圳市海洋综合管理示范区建设实施方案（2016—2020）》。所谓海洋综合管理示范区，是实施基于生态系统的海洋综合管理，是在遵循海洋生态系统内在规律、保持生态系统动态平衡和服务功能的基础上，通过综合运用法律、行政、技术等多种手段实现海洋资源的永续利用。

深圳作为南海之滨的国家经济中心城市和经济特区，在海洋城市建设和海洋综合管理上优势明显，在实施国家战略、构建对外开放的新格局中占有极为重要的战略地位。尤其在海洋产业经济、海洋科技创新能力、海洋生态保护、海洋文化氛围等多个方面走在了全国的前列，发挥了先锋引领作用。深圳完全有能力、有条件建设世界级海洋城市、打造基于生态系统的海洋综合管理示范区，为中国的海洋综合管理工作率先探路、积累经验。今后，深圳将以建设世界级海洋中心城市为目标，加快推动海洋事业的发展。

海洋经济与海洋资源开发

【概述】 "珠三角"、粤东、粤西三大海洋经济主体区域全面发展。"珠三角"以海洋交通运输业、海洋油气业、海洋高端装备制造业、滨海旅游业和海洋服务业等为主导且集聚效应较强，粤港澳大湾区海洋经济合作不断深化；粤西以临海工业、海洋油气业、海洋渔业和滨海旅游业为主导，粤桂琼区域合作向海洋领域扩展，中国海洋经济博览会成为国际合作开放大平台；粤东以临海工业、海洋渔业和滨海旅游为主导，粤闽合作持续推动区域海洋经济发展。

【启动首次海洋经济调查】 2016年7月10日，广东省人民政府办公厅发布"关于成立广东省第一次全国海洋经济调查领导小组的通知"，决定成立由广东省副省长邓海光任组长的海洋经济调查领导小组。通知要求，"广东省第一次全国海洋经济调查领导小组"的主要职责为协调解决省第一次全国海洋经济调查中的重大问题；审定广东省实施方案、年度工作计划、工作总结；组织开展调查成果验收等工作，督促、指导成员单位按职能共同做好调查工作，完成省政府及第一次全国海洋经济调查领导小组交办的相关任务。随后，海洋经济调查领导小组制定了调查实施方案，召开了全省海洋经济调查电视电话会议，省级财政安排海洋经济调查专项经费1000 万元，海洋经济调查有序推进。

广东省第一次全国海洋经济调查的对象为省内海洋产业法人单位和海洋相关产业法人单位。其中，待采集的海洋产业法人单位（约 12 万家）将先清查，再筛选调查；海洋相关产业法人单位（约 26 万家）按每个产业层 10% 的比例抽样调查，目的是了解上下游产业链结构。

【推进开发性金融支持海洋经济发展】　2016年，开发性金融新增涉海项目贷款 5 笔，贷款额 34.8 亿元，其中中长期贷款 4.7 亿元，专项基金 14.76 亿元。开发性金融支持海洋经济发展贷款余额 84.7 亿元，主要支持广东省沿海基础设施建设、大型渔港建设，以及交通运输、临海能源、海工装备等海洋产业发展。

联合国家开发银行广东分行开展开发性金融支持海洋经济发展试点项目申报、评审、推荐工作。通过国家海洋局评审，广东省有19 个项目纳入国家开发性金融支持促进海洋经济发展试点工作项目，其中重点推荐项目 5个，推荐项目 14 个，总投资额 343 亿元，融资需求 181 亿元，在全国各省项目中，位居前列。与国开行广东分行对 19 个项目进行对接，开展项目摸底。在 2016 年中国（珠海）国家海洋高科技展览会期间举办"金融促进广东海洋产业发展宣介对接会"，邀请国开行广东分行、中国平安广东分公司等金融机构

对金融支持广东省海洋产业发展有关政策进行宣传介绍；对接会吸引了 60 家企业参加，搭建了涉海企业与金融机构之间的融资平台，反响热烈。

海洋立法与规划

2016 年底，广东省海洋与渔业厅印发了《广东省海洋生态文明建设行动计划（2016—2020)》并成为未来 4 年广东省海洋生态文明建设的指导性文件。《行动计划》明确规定将建设 10 个海洋牧场、修复海岸线，并会将重要、敏感、脆弱的海洋生态系统纳入海洋生态红线区管制范围。根据《行动计划》，到2020 年，广东应整治修复海岸线不少于 400千米，建成滨海休闲廊道和海岸景观带不少于 200 千米；完成 10 个海岛的生态修复，恢复受损海岛的地形地貌和生态系统，80%的有居民海岛固体废弃物和污水得到有效处置；全省新增红树林 1000 公顷，新增海草床 100公顷。

海域使用管理

【概述】　2016 年，广东省海洋与渔业厅加快推进省重大民生工程、重点项目用海审核，服务保障省重点项目用海，省政府共批复项目用海 19 宗，涉及填海 14 宗、围填海面积约 199 公顷；审查上报国家海洋局审查项目 7个，出具用海预审意见 39 项，同意开展用海前期 41 项。

【美丽海湾试点工程建设】　2016 年，广东率先在全国实施美丽海湾建设，确定在汕头青澳湾、惠州考洲洋、茂名水东湾开展美丽海湾建设，下达补助资金共计 9000 万元。

青澳湾美丽海湾建设项目已列入 2016 年度十大民生工程，项目重点建设青澳湾海岸带环境整治、海岸带绿化、生态廊道建设等三大部分。建设内容：海岸带整治工程清理的岸线长度约 2 千米；海岸带绿化工程的植被绿化带 800 米，面积 1.6 万平方米；生态廊

道建设海岸景观带长度约 1.6 千米。

水东湾新城管委会积极响应广东省美丽海湾建设的号召，经认真研究，决定以茂名水东湾海洋公园（一期）项目积极申报。水东湾海洋公园（一期）工程项目位于南海半岛北侧坡园石坝地段，总投资为 3000 万元。项目海域建设内容包括入口广场、湿地栈道、水上廊桥、观鸟屋、瞭望塔等，建成后将免费对公众开放；陆域部分结合旅游码头配建 50 亩码头配套及停车场用地和 30 亩酒吧街用地。该项目围绕"保护优先、恢复先行"的设计理念进行设计，主要建立湿地与城市之间的良性、有序的发展模式，恢复场地记忆，挖掘当地文化，保护原生态湿地风貌，构建人与自然和谐发展的城市湿地公园。

考洲洋位处惠东半岛南端，由吉隆镇、铁涌镇等半包围形成一个内港，是红海湾向内延伸的一个溺谷湾，口窄腹宽，海岸线长 65.3 千米，水域面积约 29.7 平方千米，其中滩涂面积约 2.06 万亩，是粤东沿海重要水产增殖水域之一。然而由于早些年围网养殖的无序发展和岸上污染的排放，考洲洋海域生态环境恶化，内港一度处于失控状态。2013 年开始，当地政府打响生态保卫战，铁腕推进污染清理整治，目前非法围网养殖已消失，海水变清，多年未见的海龟水母重现该片水域。

【海岸带修复整治】 2016 年，广东在沿海市县党委政府的重视推动下，在惠州考洲洋、潮州拓林湾、汕尾品清湖等地实施了湿地生态系统修复工程，开展湛江金沙湾、南澳岛、威远岛、小铲岛等海岸海岛整治修复，湛江、汕尾、潮州、珠海等地投入 7 亿元开展港湾整治，初步实现还海于景、还海于民。

海岛管理

【发布全国首个地方海岛统计调查公报】 2016 年 12 月 28 日，《2015 年惠州市海岛统计调查公报》正式发布，这是全国首个地方发布的海岛统计调查公报。《公报》主要内容包括惠

州市海岛基本情况、海岛资源、海岛周边海域生态环境质量、海岛人居环境基本状况、海岛经济发展总体情况以及特殊用途海岛保护、海岛管理与执法等方面。

【出台国内首部市场化无居民海岛使用权价值评估省级地方标准】 为市场化配置无居民海岛资源，使无居民海岛使用权出让金的评估建立在科学、合理的基础上，高质量地利用好无居民海岛，广东省出台国内首部市场化的无居民海岛使用权价值评估省级地方标准——《无居民海岛使用权价值评估技术规范》。

该标准的实施，将为《海岛保护法》《无居民海岛使用金征收使用管理办法》等法律法规等提供重要技术支撑，是实现公共资源市场化配置、落实国家无居民海岛有偿使用制度、避免国有资源资产流失的重要举措，对于完善无居民海岛产权交易制度，维护无居民海岛使用权人合法权益，科学保护好无居民海岛资源具有十分重要意义。

海洋环境保护与生态文明建设

【概述】 2016 年，广东创新方式，加快海洋环境保护工作。建设海洋生态文明示范区；推进自然保护区建设，将省级以上保护区重点区域实行实时监控；加强海岛生态保护修复。

全省海洋与渔业保护区总数已达到 110 个，其中国家级自然保护区 5 个，省级自然保护区 8 个，市县级自然保护区 75 个，海洋公园 6 个，水产种质资源保护区 16 个，总面积 51.48 万公顷。广东省保护区经过多年的发展，已经初步形成了类型较为齐全、布局较为合理、管理较为规范、发展较为快速的保护区网络。

美丽海湾建设、大型人工鱼礁建设工作获得进一步推动，2016 年共有 8 座人工鱼礁（巢）区实事工程建设，共完成制作礁体空方量约 34704 立方米，肇庆、河源、云浮市完成人工鱼巢建设覆盖江河面积 40025 平方米。

【新增两处国家海洋公园】 2016 年 8 月 4

日，阳西月亮湾、红海湾遮浪半岛国家级海洋公园由国家海洋局批准建立。

月亮湾国家级海洋公园位于阳西县沙扒镇，范围包括月亮湾、青洲岛及其附近海域，总面积3403公顷。7.8千米长的月亮湾，海滩呈弧形展开，两侧悬崖峭壁，礁石奇立，如一弯新月，水质清澈，沙质极白，景色迷人。按照规划，月亮湾国家级海洋公园将划分为重点保护区、生态修复区、适度开发区和预留区，其中重点保护区1095公顷，生态修复区549公顷，适度开发区730公顷，预留区1029公顷。

红海湾遮浪半岛海洋公园位于红海湾经济开发区，总面积1878公顷，其中重点保护区575公顷，生态修复区232公顷，适度开发区538公顷，预留区533公顷。所在区域生态系统类型有渔业种类73种。亚热带特征生物群落有浮游植物、浮游动物、底栖生物等8大类，生物物种总数达到571种以上。有国家Ⅰ级保护动物中华白海豚，Ⅱ级保护动物绿海龟、棱皮龟等。海洋公园东面的碣石湾是鲻鱼长毛对虾国家级水产种质资源保护区及海马资源市级自然保护区。

【人工渔礁建设】　人工渔礁的建设，使渔业资源得到了较好恢复，海洋生态修复效果明显。2016年，全省已建成人工渔礁50座、礁区核心区面积达300平方千米。

【新增两个国家级海洋牧场】　"海洋牧场"是指在一定海域内，采用规模化渔业设施和系统化管理体制，利用自然的海洋生态环境，将人工放流的经济海洋生物聚集起来，像在陆地放牧牛羊一样，对鱼、虾、贝、藻等海洋资源进行有计划和有目的的海上放养。海洋牧场是保护和增殖渔业资源、修复水域生态环境的重要手段。2016年12月8日，汕尾市遮浪角岛西、南澳岛两个海域成功申报国家级海洋牧场示范区。

其中，遮浪半岛位于汕尾市区以东18千米处，东临碣石湾，南依红海湾，三面环海，

渔业资源丰富，地理条件优越；南澳岛坐落在闽、粤、台三省交界海面，多年来，南澳海洋养殖业长盛不衰。深澳镇、云澳镇成为南澳两大养殖主产区。牡蛎、龙须菜、紫菜等成为海岛主要的养殖产物，其美誉度广受认可。养殖业在南澳的兴起带来的不仅仅是岛民的经济收入，也推动了相应的海洋旅游业的发展，并助推了海岛的关注度的提升。

如今，加上第一批入选的万山海域与龟龄岛东海域，广东省共有4处海域成为国家级海洋牧场示范区。这对保护广东海洋生态系统，实现可持续生态渔业发展具有重大意义。

海洋环境预报与防灾减灾

【增设海洋减灾室】　2016年，广东省海洋发展规划研究中心增设了海洋减灾室，建立了一支稳定和专业的技术团队，努力提高海洋预报和减灾业务的管理和技术水平，协助承担国家海洋减灾各项重点工作。

【落实汛期海洋灾害防御】　2016年3月21日，广东省提前进入汛期。4月份以来，广东又接二连三地面对台风袭击，直接登陆和间接影响的台风逾9个。其中，"妮妲""莎莉嘉""海马""尼泊特""莫兰蒂""艾利"等都给广东造成了较大损失。受多个强台风、双台风以及洪水与风暴潮、海浪叠加影响和最不利组合，防御形势十分严峻。

对此，广东省坚决做到"五个强化"，即强化监测预报预警、强化转移预案编制、强化设施安全、强化防灾减灾措施及领导责任制，强化对薄弱环节、重点部位进行严防死守。

【推进全国海洋减灾综合示范区建设】　2016年，广东顺利完成了全省58个沿海重点岸段的警戒潮位核定工作，并高分通过国家海洋局技术验收。全力推进惠州大亚湾全国海洋减灾综合示范区建设，创建区级海洋预警减灾新模式，2016年12月23日，示范区建设创优通过国家专家组验收。

【海洋灾害调查】　启动开展海洋承灾体调查

（湛江、茂名市为重点区域）、城市海洋减灾能力综合评估、海平面调查工作、海岸侵蚀调查、《海洋灾害公报》等编制工作。确立"十三五"全省18个沿海县区海洋灾害评估区划工作目标，选择湛江市徐闻县及雷州市率先开展风险评估和区划工作。

海洋执法监察

【概述】 实施珠江口海域24小时蹲守执法，有力保障了港珠澳大桥顺利施工。牵头开展海砂开采及使用监管联合执法，查处违法开采海砂案件112宗。建立海监执法驻点办公模式，推进执法窗口前移。认真开展"海盾""碧海"和无居民海岛专项执法。

【海漂垃圾整治】 2016年9月，珠江口海域出现海上违法倾倒垃圾，发现当天，广东省渔政总队成立整治工作专职小组，印发紧急通知，公布投诉电话，发动渔船举报违法行为，并部署开展打击行动。第二天，广东省渔政总队会同海事、海警、公安边防等部门启动了为期一个月的专项执法行动，并按照职能分工，积极配合环保、公安、住建等部门，推动建立海漂垃圾监管长效机制和"两法衔接"机制，加大违法惩治力度。2016年，全省渔政海监队伍共查获涉嫌违法倾倒垃圾案件32宗，扣押船舶11艘。公安机关对3艘违法船舶进行立案侦办，刑事拘留当事人5名。在一系列执法行动的有力震慑下，在较短时间内遏制住了珠江口海域违法倾倒垃圾行为高发、多发等不利局面，海漂垃圾得到有效控制。

【海砂开采监管】 2016年，广东省海洋与渔业厅渔政总队牵头组织省住房城乡建设厅等8个部门，开展了海砂开采及使用监管联合执法专项行动和海（河）砂流向整治专项执法行动，在省级层面初步形成建立海砂开采监管的长效机制；下发了《关于进一步规范和加强广东省海砂开采用海执法监管工作的通知》，建立了海砂企业不良记录和采砂船舶黑名单制度。

【保护区执法取得突破】 广东省5个国家级自然保护区管理局和地方渔政支队建立起联合执法机制，并开展大规模联合执法。同时，为了支持保护区队伍建设和工作开展，渔政总队直属三支队、湛江支队和徐闻保护区支队采取共建方式，成立徐闻珊瑚礁国家级自然保护区执勤点。

此外，为加强保护区生态文明建设，严厉打击保护区海域"绝户网"等违法行为，省渔政总队直属三支队牵头组织湛江支队和雷州、徐闻两个保护区支队开展联合行动，共出动执法船4艘，警戒船1艘，执法快艇8艘，行动人员103名，4天巡航海域5万多公顷，清理保护区内定置网、缯网、围网共计209张，劝退妨碍执法渔船2艘，查获使用禁用网具作业渔船3艘，扣押违规采砂船2艘。

惠东保护区支队则以伏季休渔工作为切入点，以绿海龟产卵繁殖期为工作重点，联合当地渔政大队、边防大队和派出所开展绿海龟产卵繁殖期专项保护行动。

海洋行政审批

【行政审批标准化工作】 由于行政审批标准化网上录入的标准有所变动，广东省海洋与渔业厅按照要求，组织人员在规定时间内完成网上修改工作，厅36子项行政审批事项全部通过省编办组织的合规性、合法性备案审查。

【完成国家垂直业务系统对接工作】 广东省海洋与渔业厅有5个事项使用中国渔政管理指挥系统。2016年11月，完成了该系统与省网上办事大厅对接工作。同时，提前完成农业部行政审批综合办公系统的对接。目前，厅8个使用国家垂直业务系统的事项已经全部与省网上办事大厅对接。

"进入国家级海洋与渔业自然保护区核心区从事科学研究观测、调查活动审批"等3个事项开通了网上办事大厅和手机版办理功能，申请人可以直接利用自己的手机进行该类事项的申请。

海洋科技与文化

【实施海洋经济创新发展区域示范】　2016 年 8 月 11 日，广东省海洋与渔业局发布关于印发《广东省海洋经济创新发展区域示范专项项目验收暂行办法》的通知，对验收程序作出明确规定。承担和实施广东海洋经济创新发展区域示范专项项目的企业中，有国内外上市公司 5 家，正式进入 IPO 申请的企业 3 家，进入新三板的企业 5 家，省级以上龙头企业 4 家，高新技术企业超过 20 家。区域示范专项项目承担企业自主科技研发投入超过 2.5 亿元，建设和认证市以上的企业科研中心、工程技术中心、企业重点实验室、中试基地等企业技术开发应用示范平台 47 家，取得创新技术成果近 200 项，形成创新产品逾 40 个。

【2016 年海博会】　2016 中国海洋经济博览会于 11 月 24 日至 27 日在湛江市举办，博览会以"创新、绿色、开放、合作"为主题，首次邀请泰国作为"主宾国"参加，共 53 个国家参展参会，比上年增长 23%；参展国外企业 329 家，比上年增长 102%；参展企业机构达 2300 多家。博览会还设置了国家馆、国际馆、产业馆，以及南方海谷（海洋创客）区、旅游文化区、商品展销区等三馆三区。

除了系列高端论坛外，还举办技术发布会、合作洽谈会、投资说明会、旅游推介会、项目路演、休闲体验等系列活动，并邀请中外政商学界来湛交流，共谋发展。

本届海博会还增加了基地企鹅标本、"雪鹰号"直升机、"潜龙二号"深潜器模型等一批新的展品。在国家海洋信息中心的大力支持下，展会期间发布了 2016 中国海洋经济发展指数。

【推进海洋战略性新兴产业发展】　通过海洋经济创新发展区域示范专项项目的重点布局和引导，截止 2016 年底，广东省共组织实施海洋科技成果转化与产业化、产业公共服务平台项目 44 项，获中央财政资金支持 7.04 亿元，项目总投资额超过 20 亿元，直接推动了广东省海洋战略性新兴产业加快发展。区域示范相关战略性新兴产业年度总产值 1659.76 亿元，其中，海洋生物高效健康养殖业 31.61 亿元，海洋生物医药与制品业 166.26 亿元，海洋装备业 1461.68 亿元。新增产值 1129.94 亿元。

【出版《广东岛情》】　根据海岛地名普查等多项调查和最新研究成果，编撰出版了第一本关于广东省海岛基本情况、旅游资源、历史文化于一体的工具书。

（广东省海洋与渔业局）

深 圳 市

综 述

2016年，深圳市以推进陆海统筹为重点加快向海发展，积极贯彻海洋强国发展战略，获批成为全国首个海洋综合管理示范区，以海洋综合管理示范区和生态保护示范区建设为抓手，大力强化海洋机构建设，扎实推进海洋事业发展，在向海发展上迈进一大步。

海 洋 经 济

深圳市海洋生产总值从2011年的998亿元增加到2016年的1480亿元，2016年海洋生产总值占全市生产总值比重的7.6%；重点培育的海洋电子信息、海洋生物、海洋高端装备等海洋战略性新兴产业快速发展，在海洋经济中的地位和贡献不断提升；海洋产业价值链向高端升级，在海工装备领域，依托自贸区前海蛇口片区，深圳市海工金融、海工设计、海洋基金等领域快速成熟。已发起规模500亿元的海洋产业基金，涉海融资租赁、海洋保险与再保险快速发展；探索设立科技创新银行、科技创业证券公司，产融结合、金融助推海洋产业发展已成为未来海洋经济发展的重要方向。

海洋立法与规划

【海洋法制建设】 继续推进《深圳市海域管理条例》（草案）的编制工作。按照海陆统筹、海陆一体化开发管理的原则，结合深圳市实际，对海洋环境保护和海域使用管理体制机制进行了一系列制度构建和创新。在海洋行政管理体制方面，建立市海洋部门统一管理、登记中心统一登记、监测中心监测海洋环境、监管中心监管海域使用、市海监机构统一执法以及其他相关部门各司其职的管理体制；在海陆界限方面，发挥规划、土地、海洋统一管理优势，建立海岸线划定的机制，明确海陆边界；在生态环境保护方面，重点建立海洋环境保护、完善海洋生态保护措施、海洋环境污染防治等制度；在海域资源管理方面，探索建立海域使用权市场化、创新围填海造地中海域使用权与土地使用权的衔接机制、海洋工程建设管理等制度；在执法主体方面，进一步理顺海监执法体制，同时加强海监队伍建设。

【规划体系】 以深圳海洋功能区划为统领，协同推进海洋事业"十三五"规划、海洋环境保护规划，创新性开展海域利用规划，重点开展海岸带综合管理策略及海岸带保护和利用规划，统筹推进各用海规划及专项规划，建立了层次分明的海洋规划体系。贯彻落实海洋强国战略，参与国家海洋局组织的"拓展蓝色经济空间先导区"研究。2016年11月18日，《深圳市海洋综合管理示范区实施方案》获得国家海洋局批复同意。此外，稳步推进《东角头海域专项研究》《大铲岛保护与利用规划》《深圳市东西部港区功能布局调整及围填海研究》等项目。

【海陆统筹】 编制完成《海岸带综合管理策略研究》，划定深圳市海岸带管理的具体范围，结合海岸带管理现状与关键问题和国内外海岸带管理的最新趋势，从立法机制建构、海岸带规划编制、海岸带综合管理试点等方面提出策略。推进《海岸带保护与利用规划》，进一步深化海陆功能协调和衔接，划定海岸带空间功能分区，统筹布局海岸带生产、生活和生态功能，整合海岸带重大基础设施布局，海岸带建设设计指引等内容。《深圳市东部海域人工岛围填策略规划》取得中期成果，重点探讨人工岛建设对国家和深圳的意义、功能定位、规划选址、围填初步方案、经济社会环境效益、城市安全及生态影响等内容。开展《盐田港东港区正角咀以东区域围填海可行性研究》，重点论证盐田港东港区正角咀以东区域围填海水动力环境影响、拟建港区与周边地区的功能协调、生态环境景观影响等内容。

海域使用管理

按照《深圳市科学用海拓展海洋战略发展空间实施方案》，有序推进各项用海项目申报，海洋新兴产业基地、机场三跑道、宝安综合港区二期、大小铲岛仓储基地、前海桂湾综合开发、前海滨海休闲带和沿江高速二期等项目已获国家海洋局、广东省海洋与渔业局同意开展前期工作。截至 2016 年 12 月底，海洋新兴产业基地项目通过市政府正式上报省政府审核；机场三跑道项目，社会稳定风险评估等专题研究按计划推进，海域使用论证和海洋环境影响评价已通过专家评审，按专家意见修改后的环评报告开展公示工作；宝安综合港区二期、大小铲岛码头及配套仓储项目各专题研究正同步推进；前海合作区桂湾综合开发、前海合作区滨海休闲带一期两个项目海域使用论证、海洋环境影响等专题研究已通过专家评审，滩涂利用方案已获得珠委批复；广深沿江高速二期项目用海方案已明确，各专题研究工作正加快推进中。

海 岛 管 理

海岛保护执法工作稳步推进。执行 2016 年海岛巡查方案，实行"一岛一档"制度，对全市无居民海岛进行了全覆盖巡查，其中重点检查了内伶仃岛、小铲岛、赖氏洲岛等较大海岛。对小铲岛实行专人常年驻岛管护，防止海岛资源被非法开发利用。

海洋环境保护

组织开展《深圳市海洋环境保护规划》编制，以环境承载力为基础构建完善环境保护规划，建立了目标指标体系，提出了基于环境容量的入海污染总量控制和分区管理要求。组织开展《深圳市海洋生态保护红线划定与管理研究》，提出全市海洋生态保护红线划定方案，划定海洋生态保护红线区。结合各红线区不同本底条件和保护目标提出了明确的管理要求和管控措施。组织开展《深圳湾污染治理战略研究》。在全面调查和分析基础上，提出了水质、底质、水动力、生态和管理机制等方面工作目标，制定了综合治理具体实施计划，着重在陆源污染削减、水动力改善和底质提升、生态修复、深港协同治理等方面提出了相应策略和措施。

海洋生态文明

组织编制了《深圳市海洋生态文明建设实施方案（2016—2020 年）》，作为指导深圳市"十三五"期间海洋生态文明建设的总体纲领。方案明确提出了 11 项海洋生态文明建设指标值和 49 项重点生态建设工程，扎实推进全市海洋生态文明建设。组织编制了《深圳市大鹏新区国家级海洋生态文明建设示范区实施方案（2016—2018 年）》，着力推进海洋资源能源节约利用、海洋生态环境提升、海洋文化特色彰显、海洋生态文明机制建立等方面工作。组织开展深圳东部海域珊瑚全面调查，珊瑚分布海域总面积约 194 公顷，珊瑚覆盖率 33.4%，珊瑚种类超过 60 种。建立完善珊瑚礁资源分布空间数据库，开展东部海域珊瑚保护规划研究，启动创建大鹏新区国家级海洋公园，强化珊瑚资源有效保护。

海洋环境预报与防灾减灾

在近岸海域布放了 15 套环境浮标、8 套波浪浮标、5 套潮位仪、5 套地波雷达（含 1

套移动地波雷达监测系统）及多套海流、水温、盐度观测设备，实时关注海域海水水质和水文环境。根据观测资料和海域空间信息建立了深圳市海洋（海流、潮汐、海浪）数值模型、深圳市精细化风暴潮—近岸浪耦合数值模型等，为海洋防灾减灾决策提供科学依据。开展梅沙海水浴场环境预报、沿海区海浪和潮汐预报、杨梅坑滨海旅游区环境预报工作，完成深圳机场、盐田港、深圳至香港航线、蛇口渔港等重点保障目标的精细化预报。此外，组织开展"深圳市海洋灾害观测与预警报体系规划""深圳市海平面调查与评估""深圳市警戒潮位核定""风暴潮灾害风险评估与区划""深圳市海洋灾害承灾体调查"等多项专项调查和研究工作，编制并印发《深圳市海洋灾害应急预案》，初步建立了风暴潮和海浪灾害应急响应体制。

2016年共2个台风影响深圳，分别为"妮妲""海马"，其中"妮妲"在大鹏新区登陆。市海洋局认真贯彻落实台风防御工作的要求，迅速启动应急预案，落实领导带班和24小时值班机制。针对这两次台风，发布6份海洋灾害预警信息，积极提供风暴潮、海浪预警报及实时海洋观测资料等动态信息。

海洋执法监察

【海监执法监管】 对发生在深圳辖区海域的未批先填用海项目进行摸查，加强联动执法，现场核查22处疑点疑区；立案查处1宗未经批准占用海域案件。自2016年8月17日起，组织开展了为期1个月的打击非法倾倒垃圾及废弃物专项执法行动，并加大"海上查"夜间突击巡查密度，全年共查获8宗非法倾倒垃圾和废弃物案件，执行多次珠江口海砂开采轮值执法行动，分别于4月、8月和10月参加了三次由广东省海监总队组织的长达一个月珠江口海砂开采联合执法行动，全年共查获15宗违法采砂案件。2016年获得广东省海洋与渔业局颁发的"2016年打击非法采砂和清理整治海漂垃圾工作先进集体"和"2016年打击涉渔'三无'船舶和清理取缔'绝户网'工作先进集体"等荣誉。

【海监基地建设】 继续推进中国海监深圳蛇口海监维权执法基地维修改造项目水工工程，全力做好施工监管工作，保障海域使用金资金落实。2016年主要施工内容为护岸工程土石方开挖、水下基槽抛沙、护岸堤心石抛填；2000吨码头（防波堤）桩基沉桩施工、防波堤横梁纵梁浇筑；600吨码头桩基沉桩施工等。目前总体进度约70%，工程进度符合预期要求。

海 洋 科 技

深圳海洋领域创新能力强劲，依托清华大学、中南大学、广东海洋大学、中集集团、华为、郎诚等科研机构和龙头企业，在海洋无线通信领域、海洋监测系统领域、海底勘探领域、海洋生物领域、海洋高端装备领域取得了显著成果；已建成海洋领域各类创新载体20多个，承担项目90多项，聚集高级研究人员近千名，申请专利150多项，技术成果推广数量40多项，研发新产品120多个，为海洋科技创新和产业化提供了重要保障。

海 洋 教 育

抓好海洋重大节事宣传活动，结合环保日、清洁日、宣传日等海洋重大节日组织开展宣传活动。2016年1月，会同蓝色海洋环境保护协会组织开展了为期一周的"我爱美丽广东，我爱洁净沙滩"的大型海洋环保公益活动，600余名来自各行各业的政府企业代表、爱心家庭参与了20个海滩开展的海滩清洁活动。2016年6月8日，在深圳大梅沙成功举办了世界海洋日暨全国海洋宣传日广东省主会场活动，组织开展了海洋主题展、海洋意识教育基地授牌、珊瑚种植、渔业人工增殖放流、沙滩清洁和执法船开放日等多项内容，取得了很好的宣传教育效果。

注重自然教育，开展特色宣传活动。充分利用侨城湿地、潜爱大鹏等海洋教育基地，深入开展海洋知识进学校、进社区等活动，潜爱大鹏珊瑚保育站开办了海洋生态体验课程"潜爱课堂"，免费为全市 20 多所学校学生和家长进行授课。2016 年，大鹏新区"潜爱大鹏"珊瑚保育站被授予国家级珊瑚保育类海洋意识教育示范基地。　（深圳市海洋局）

广西壮族自治区

综　述

2016年，广西全面贯彻党的十八大和十八届三中、四中、五中、六中全会以及自治区第十一次党代会精神，深入贯彻习近平总书记系列重要讲话精神和治国理政新理念新思想新战略，牢固树立和贯彻落实新发展理念，主动适应把握引领经济发展新常态，以扎实推进海洋经济强区建设、积极推进法治海洋进程、加快海洋生态文明建设、深化海洋重点领域改革、提升综合保障支撑能力为抓手，推动党建与业务工作融合发展，奋力实现"十三五"广西海洋事业发展良好开局，进一步夯实了加快建设海洋经济强区的基础。

海洋立法与规划

【海洋立法规划体系】　2016年，广西海洋局制定《广西海洋系统依法行政规划（2016—2020年)》，并于2016年6月28日印发实施。制定《广西海洋系统法治宣传教育第七个五年规划（2016—2020年)》，并于2016年9月14日印发实施。

【广西无居民海岛保护条例】　根据国家海洋局全面推进依法行政加快建设法治海洋的系列要求，《广西壮族自治区无居民海岛保护条例》经广西壮族自治区第十二届人民代表大会常务委员会第二十五次会议批准，于2017年2月1日起正式施行。

【"六五"普法】　广西海洋局被评为全国海洋系统"六五"普法先进集体，在2016年全国海洋法制工作会上进行了表彰。

【海洋经济规划】　2016年，广西壮族自治区海洋局与自治区发展改革委共同推进《广西海洋主体功能区规划》编制工作。2016年底，

国家发展改革委和国家海洋局已审议并原则同意，待上报自治区人民政府审定后颁布实施。牵头组织和落实《广西海洋经济可持续发展"十三五"规划》编制工作，2016年11月4日自治区第十二届人民政府第83次常务会议审议通过，待修改完善后颁布实施。7月完成2016年度广西海洋生产总值核算工作。按照国家海洋局的部署要求，开展第一次全国海洋经济调查相关前期工作，初步完成《广西第一次全国海洋经济调查实施方案》（征求意见稿）；完成第一次全国海洋经济调查广西北海市铁山港区试点各项工作；指导市县海洋局开展相关工作。

【示范城市申报】　2016年，根据《财政部国家海洋局关于"十三五"期间中央财政支持开展海洋经济创新发展示范工作的通知》（财建〔2016〕659号）要求，广西海洋局联合自治区财政厅积极组织广西区有关沿海城市进行示范城市申报，9月18日，组织有关部门、专家对有关市的申报材料进行了审核，同意推荐北海市和钦州市作为"十三五"期间海洋经济创新发展示范城市。

【海洋公益性专项项目管理】　9月28日，广西海洋局作为广西壮族自治区的"国家海洋公益性专项"管理及推荐单位，组织完成2015年度国家海洋公益性项目《基于地埋管网技术的受损红树林生态保育研究及示范》中期总结工作。

【专项项目验收】　2016年，广西海洋局组织专家对《广西重要海洋资源综合评价及价值评估》《广西海洋科技支撑体系设计和管理制度研究》《广西海洋药物资源状况及其潜力评价》《钦州湾环境容量估测及总量控制制度构建》《广西沿海快速城市化和工业化视角下的

珍稀海洋生物物种保护策略研究》《广西涠洲岛珊瑚礁生态系统修复方案及技术示范》《中国—东盟特色海洋药用生物图志》等7个项目进行了验收。

海域海岛管理

【海域使用权管理】 广西壮族自治区结合实际制定出台了《广西壮族自治区海域使用管理条例》，为贯彻落实条例精神，进一步完善海域管理制度建设，2016年制定《海域使用权招拍挂管理办法》；6月出台了《广西壮族自治区海洋局围填海管理办法（暂行）》；8月底完成《广西自然岸线研究初步成果》，制定了广西自然岸线分布现状图；11月印发实施了《广西壮族自治区自然岸线管控实施办法（暂行）》。

2016年广西海洋局共下达用海预审批复项目31宗，涉海面积1091.77公顷（填海面积519.61公顷）。获得广西壮族自治区人民政府批准工程建设项目用海及挂牌出让海域使用权项目15宗，涉海面积585.93公顷（其中填海面积353.34公顷）；共向自治区人民政府申报工程建设项目用海9宗，依申请组织共对20批次共40宗工程建设项目海域使用论证，其中共评审通过3宗无居民海岛使用论证及开发利用具体方案。依申请组织召开1批次4宗项目填海竣工海域使用验收会议，下达填海竣工确认函4份。

2016年，广西海洋局编制完成政府规范性文件《广西海域使用权招标拍卖挂牌出让管理办法（送审稿）》。修编完成《广西壮族自治区养殖用海海域使用权收回补偿标准基数和等级系数（修订）》，经自治区人民政府批准，于2016年5月23日印发施行。

【海域动态监管】 全区海域动态监管系统2014—2015年度业务能力建设考核，4月份接受了国家检查组关于省、市节点运行情况的现场检查，在考评结果中，广西壮族自治区本级和防城港市、北海市三个节点获得

"优秀单位"称号，钦州市节点顺利通过考核，全区3人次获得"优秀个人"称号。

海洋环境保护

2016年广西区近岸海域海水环境状况总体较好，局部海域污染严重，主要污染要素为无机氮、活性磷酸盐和石油类，与往年相比变化不大，海水增养殖区环境质量状况稍好于上年，均在较好及以上。海洋保护区继续保持生境完整，群落结构稳定。北海银滩和防城港金滩海水浴场环境状况总体良好。

2016年广西核准海洋工程环境影响评价报告书（表）30宗，依法评审28次，并对其中围填海项目实行听证。在近岸海域组织实施包括海水、海洋生物多样性和近岸典型海洋生态系统、海洋自然/特别保护区、陆源入海排污口及邻近海域、入海江河、海洋垃圾、海水浴场、海水增养殖区等在内的各项海洋环境监测。开展常规海洋放射性监测，形成监测报告并组织专家进行评审。2016年广西海洋局与水产、海事部门签订陆海统筹工作合作协议，重点推进海水养殖污染治理和港口、船舶排污治理。继续实施入海河流流域综合整治，并联合住建、水产等多部门开展近岸海域环境保护检查，对广西沿海三市入海污染治理工作情况和存在问题进行督查。

海洋生态文明

2016年，已完成《广西海洋生态红线划定方案》及相关报批材料，并通过国家海洋局组织的专家评审。开展广西海洋生态环境监测网络建设，目前已编制完成《广西海洋生态环境监测网络建设实施方案》，将逐步按照方案要求推进全区海洋生态环境监测网络建设。北海市海洋生态文明示范区获国家海洋局批准通过，是广西第一个获得批准建设的国家级海洋生态文明示范区。北仑河口保护区、山口保护区保护工作成效显著，全区2个海洋自然保护区、2个海洋公园全部通过国

家海洋局的年度检查。

2016年山口国家级自然保护区生态修复工程基本完成，广西山口红树林保护区应对区域和全球胁迫的生态建设工程和北仑河口湿地恢复工程取得新进展，钦州茅尾海海洋生态整治工程进展顺利，三市的生态修复项目建设将极大推进海洋生态文明建设。

为保护好海洋环境，广西海监总队以严守海洋生态红线为主线，以海洋工程建设项目、海洋倾废、重点排污口巡查、海砂开采和海洋保护区执法为重点，全时段全方位保护海洋环境。为掌握近岸陆源排污情况，对沿海三市的重点排污口和入海江河水质进行了检测，及时掌握入海污染信息源，向沿海三市海洋管理部门下达了整改通知，并通报了三市政府和自治区环保厅。在打击非法采砂专项行动中，采取分片联合执法方式，分别组织三市支队和保护区支队在北海铁山港海域、茅尾海海域等开展海上打击非法采砂联合执法行动，派出执法船艇及人员，采取蹲点驻守、海上巡查方式，实施不间断打击。一年来，共立案查处非法采砂案件20宗，取缔违法采砂场28个（次），销毁抽砂设备28套，强制拆除保护区违法构筑物6处，驱赶、驱离非法采砂船只100多艘。

海洋防灾减灾

2016年广西壮族自治区沿海受到了2次风暴潮灾害的袭击，共发生1次赤潮灾害，无重大溢油事件发生。布设的17套海洋水质生态在线实时监测系统运行正常，能对近岸海域有效地实时监控。

海洋执法监察

【行政执法工作】　2016年，广西海监总队以联合执法巡查为抓手、以专项执法行动为重点、以案件查处为突破口，深入开展"海盾2016""碧海2016"和海岛保护专项执法行动，严厉打击辖区内非法占用海域资源、破坏海洋生态的违法行为，推进海洋生态文明建设和海洋经济协调发展。通过定期查与日常巡，采取专项联合执法和经常性打击相结合的方式，截至12月31日，全区各级海监共出动执法船艇563航次，航时1407小时，航程22000多海里；出动执法车辆840车次、行程52530千米；派出执法人员3608人次；开展海上巡查980次，陆地巡查1111次。有效制止违法行为22起，立案查处29起（其中违法占用海域6起，海环3起，非法开采海砂20起）。办结案件29起，决定罚款1637.93万元。

【专项执法行动】　广西海监总队制定印发了《中国海监广西区总队关于开展"海盾2016"专项执法行动实施方案》《广西"碧海2016"专项执法行动实施方案》。积极组织辖区各级海监机构开展"海盾""碧海"及"海岛保护"专项执法行动，采取陆巡、海巡、空巡三位一体全方位执法模式，重点以辖区海洋工程建设项目、海洋倾废、海洋生态保护区、已开发利用的无居民海岛及其周边海域生态系统保护为重心，依法查处各类违法用海、用岛行为。与广西海警总队、水产畜牧兽医局在南宁召开广西海上综合执法协作联席会议并签署《广西海上综合执法协作机制》。这个协作机制，是全国省一级首个纳入政府边海防联合管控工作的海上综合执法协作机制，打造了具有广西特色的海洋综合管控体系，是海上执法队伍改革的一次主动尝试，为服务保障广西沿海经济社会发展，引领广西海洋经济新常态提供了制度保证。

【严肃查处违法用海行为】　专项执法行动突出对区域用海规划监督检查，重点加强填海造地、非透水构筑物和区域建设用海规划用海项目监管，严厉打击未经批准或擅自改变用途和范围的行为，依法予以查处。2016年来，充分利用国家海洋卫星执法图片、中国海监南海总队航空执法支队执法图片和"海监通"执法设备，先后督促钦州市支队查处了某公司未批先建非法占用海域案、防城港市支队查处某单位非法占用海域案等 2 起海盾案件，收缴罚款 1512.42 万元；同时，对非主观因素造成的非法占用海域行为，辖区海监及时将存在的问题向业主单位发出《依法用海告知书》，督促用海业主加强整改，恢复海域原貌。通过案件立案和限期企业整改等措施，辖区内盲目围填、突击用海等无序违法用海行为得到有效制止；保护了合法用海单位和个人的正当权益，保障了重大建设项目实施和运行，维护了海域使用管理法律、法规的权威。

海洋权益维权

2016 年，根据中国海警局的紧急部署，广西海监总队三次参与了南海"5·17"任务（属临时重大任务），航程 5220 海里，执法人员 106 人次，执行任务期间先后监视外方船只 12 艘次。任务执行过程中，广西海监总队 1000 吨级执法船全体同志秉承坚定的政治意识、大局意识、服务意识，圆满完成了国家下达的任务。根据自身职责和广西海域特点，在沿海三市海监机构的配合下，在北部湾（广西）海域开展了 6 次定期维权巡航执法工作，出动执法人员 70 人次。

海洋文化

2016 世界海洋日暨全国海洋宣传日主会场活动在广西北海市举办，北海市围绕着"关注海洋健康，守护蔚蓝星球"主题，举办了一系列主题鲜明，内容丰富的活动庆祝海洋日。重点活动有广西壮族自治区人民政府与国家海洋局领导会见和政务签字仪式、2016 年世界海洋日暨全国海洋宣传日开幕式、2015 年度海洋人物颁奖仪式、2016 年世界海洋日暨全国海洋宣传日图片展、广西原创大型舞剧《碧海丝路》演出等。另外，配套活动有公众清洁海滩活动、海洋经济讲座、海洋纪录片展映活动等。在"6·8 世界海洋日"活动举办期间，广西壮族自治区领导高度重视，并予以大力支持。自治区党委书记彭清华在南宁会见国家海洋局王宏局长一行。此前一天，广西壮族自治区人民政府陈武主席与王宏局长进行会谈，并见证了自治区党委常委、副主席蓝天立和国家海洋局局长王宏共同签署《关于共建北部湾大学（筹）的协议》（以下简称《共建协议》）。此外，蓝天立和广西壮族自治区政协副主席李彬参加海洋日相关活动。广西海洋局积极传播了海洋文化，进一步营造了"与海为善，以海为伴，人海和谐"的良好氛围，推动了守护海洋，共享蓝色家园的行动，促进了北部湾经济区海洋生态文明的建设。

（广西壮族自治区海洋局）

海 南 省

综 述

海南省管辖海域面积约 200 万平方千米，海岸线总长 1822.8 千米（不含海岛岸线），其中，自然岸线长度约 1226.5 千米，占海南岛海岸线的 67.3%，人工岸线长度约 596.3 千米，占海南岛海岸线的 32.7%。2016 年是"十三五"开局之年，海南省紧紧抓住海洋强国、一带一路、国际旅游岛等战略机遇，突出发展重点，坚决贯彻"科学发展、绿色崛起、海洋强省"发展战略，充分发挥海南拥有的良好生态环境、中国最大的经济特区、唯一的国际旅游岛三大优势，坚持陆海统筹、依海兴琼，科学布局各类海洋区域和基地，支持六类园区建设；转变经济发展方式，构建特色海洋产业体系，融入海南省十二大重点产业发展；十大海洋产业稳步发展，海洋经济布局更加合理；创新服务保障，加快发展海洋经济；推进海洋生态文明，建设美丽海洋；加强海域海岛管理，促进海洋资源集约节约利用；抓好监测观测业务，增强灾害应对能力；抓好海洋执法维权，拓展海洋战略利益空间；扎实推进各项业务工作有序开展，海洋经济和事业取得了重大成就，为海南省经济社会发展做出积极贡献。

海洋立法与规划

2016 年，根据海南省人大立法计划，修订《海南省珊瑚礁保护规定》，将砗磲纳入立法保护范围，《海南省珊瑚礁和砗磲保护规定》经海南省第五届人大常委会第 24 次会议审议通过，自 2017 年 1 月 1 日起施行。制定《海南省人民政府关于促进现代海洋渔业发展的意见》，明确了海南省渔业发展应遵循"创

新、协调、绿色、开放、共享"的五大发展理念，确定了今后一个时期渔业发展的思路、目标、措施，海南省政府 2016 年 12 月 19 日出台实施。组织修订《海南省实施〈中华人民共和国海域管理法〉办法》，主要围绕海洋功能区划的名称、编制主体、海域使用权登记发证机关等内容对相关条款进行修订，修订草案已报送省法制办审核。配合省国土厅、环保厅开展了海岸带管理规定及其实施细则、生态保护红线管理规定等法律法规的修订和制定工作，这些法律法规已相继出台实施。组织起草了《海南省海砂管理规定》草案。与海南省发展与改革委员会共同组织编制完成《海南省海洋主体功能区规划》成果，并通过国家发改委和国家海洋局组织的评审。组织编制《海南省海洋经济发展"十三五"规划》，并已通过专家评审。组织和推进第一次全国海洋经济调查工作，成立专项调查办公室，组织编制省级方案、开展培训、项目招标等。

海域使用管理

2016 年，为全面贯彻海南省委省政府深化改革方针，建章立制，逐步建立以政府主导、市场化出让为核心的海域资源优化配置机制，强化规划对海洋资源利用的指导作用，服务保障国家战略和重点项目建设用海，做好"多规合一"和海岸带管理工作，策划论证和实施离岸人工岛项目，推进县级海域动态监管能力建设项目顺利实施。2016 年全省共批准用海 41 宗，面积约 810.01 公顷，全省海域使用金全年共征缴 24195.63 万元。主要工作：一是完善海南省海域资源市场化配置机制。制定《海南省海域使用权招拍挂出让

规程》，已通过省法制办备案（QSF-2016-400001）并印发各市县施行。二是根据全省"多规合一"工作部署，修改完善《海南省总体规划（空间类 2015—2030）》及海洋功能区划与海岛保护专篇，指导各市县开展市县总体规划编制工作，将涉海"多规合一"工作目标贯彻到各市县。各沿海市县结合"多规合一"工作开展了市县海洋功能区划的编制和报批工作。三是继续组织开展《海南省围填海规划》编制。已编制完成初步成果，并组织专家审查通过，待征求各市县人民政府和省直相关部门的意见后报国家海洋局和省政府审批。四是服务保障国家战略和重点项目建设用海。按照"政府主导、规划引导、集约节约、保障重点、支持发展"的原则，积极参与"海澄文一体化"和"大三亚旅游圈"的规划编制和用海机制建设工作，并指导重要用海项目的规划布局。积极推进三亚新机场项目用海的各项工作，配合国家海洋局推进三亚新机场本岛填海项目的用海论证和海洋环评等各项用海程序，已完成三亚临空旅游产业园一期项目的用海手续的办理。完成了乐东莺歌海渔业加工区及配套码头项目、文昌新埠海人工岛项目的海域使用权审核、出让和登记发证工作，完成文昌妈祖人工岛项目海域使用权招拍挂出让工作。五是大力推进海域动态监管能力建设。在全国率先完成县际海域动态监测和应急设备验收和交付工作，开展对全省依法使用海域的动态监视检查工作，为及时发现和查处违规用海活动提供坚实基础。六是抓好海岸带管理工作，组织开展海岸线修测工作。

海 岛 管 理

2016 年，海南省夯实海岛管理工作基础，构建海岛保护体系，严格依法治岛，努力形成以生态保护为基础的海岛管理新格局，全面提升海岛保护能力和管理水平。一是推动领海基点保护范围选划工作。全省 46 个领海基点已完成 11 个领海基点保护范围选划工作。二是开展海岛专项调查工作。100 个无居民海岛专项调查工作已经完成并提交了成果；70 个无居民海岛专项调查工作已完成验收工作。三是推进海岛保护项目顺利实施。对北港岛、过河园岛、大洲岛等海岛保护项目加强检查督导。四是开展海岛配套制度建设前期工作。确定项目承担单位，签订工作合同。五是实施《海南省已设置海岛名称标志海岛图册》编制项目。图册已编制完成并通过验收。六是依法办理无居民海岛使用有关问题。严格按照海岛开发利用有关政策制度，受理审查分界洲岛使用申请等海岛开发利用事宜。七是开展海岛开发利用情况摸底调查。对沿海市县无居民海岛开发利用核查情况进行督查和汇总分析。八是推进海岛监视监测系统建设。研究策划海岛巡查精确定位及综合管理系统项目和海岛监视监测系统建设方案。九是开展海岛巡查工作。6—11 月对全省沿海市县无居民海岛进行了巡查，及时掌握海岛动态，保护海岛安全。十是开展海岛统计调查工作。根据国家海洋局统一部署，落实海岛统计报表制度，组织沿海市县海洋与渔业局对所辖海岛进行全面调查统计，按时上报海岛统计报表。

海洋环境保护

2016 年，海南省海洋生态环境质量总体保持优良，管辖海域海水水质符合清洁海域水质标准，水质优良；重点海水增养殖区、亚龙湾滨海旅游度假区、海洋倾倒区等功能区环境状况保持良好，均符合功能区环境要求；近岸珊瑚礁生态系统和海草床生态系统基本保持其自然属性，生物多样性及生态系统结构相对稳定。一是开展海洋环境监测工作，发布海洋环境信息。在全省近岸海域、西沙群岛海域共布设监测站位 438 个，出海 1095 个航次，获取监测数据近 3 万余个。内容涵括全省近岸海水水质、海洋生物多样性及生态监控区监测、重点港湾控制性监测、陆源入海排污口邻近海域环境质量监测等内容，全年发布海洋环境通报、专报76期，发布《2015年海南省海洋环境质量状况公报》。二是加强海洋放射性监测能力建设。海洋放射性监测专项和辅助仪器设备已陆续采购完毕；海洋放射性监测实验室改装建设项目已完成公开招投标并已进入施工改造阶段；完成了由省核应急监测评价专业组组织的"海核监-2016"应急监测单项演习。三是积极应对突发性环境事件的应急监测。完成赤潮（绿潮）应急监测10个航次；对东方市八所港危化品码头船舶机舱爆炸开展应急跟踪监测20次，及时上报20篇海洋监测专报，为环境管理和事故船的后期处置提供准确有效的监测数据。四是完成海洋资源环境承载力试点研究与示范项目。《三亚市河西区（三亚湾）海洋资源环境承载能力试点研究与示范验证》项目于2016年6月24—25日顺利通过了由国家海洋环境监测中心组织的专家验收。

海洋生态文明

2016年，海南省继续推进海洋生态文明建设。一是加强海洋生态保护与建设。组织开展《海南省海洋环境保护规划》修编工作。组织编制《三沙市海洋生物多样性保护行动计划》并通过专家审查。划定海洋生态红线，根据省"多规合一"工作要求、国家海洋局红线指标、各部门与市县政府意见对海南省近岸海域生态保护红线成果进行多次修改完善，已作为重要组成部分纳入《海南省总体规划（空间类）》报国务院审查，并于9月18日由省政府发布。国家海洋局批准建立海南万宁老爷海和昌江棋子湾国家级海洋公园。组织开展2016年度国家级海洋特别保护区（海洋公园）选划申报工作，海口、三亚、三沙均开展了选划论证工作并将成果报所在市政府审查。二是继续开展海岛保护工作。2016年，海南省海岛保护工作以领海基点保护范围选划、申报实施海岛保护项目、海岛巡查检查等工作为抓手，切实保护海岛及其周边海域生态系统，推进海洋生态文明建设。推动领海基点保护范围选划工作；开展海岛专项调查工作；推进海岛保护项目顺利实施；开展海岛配套制度建设前期工作；实施《海南省已设置海岛名称标志海岛图册》编制项目；推进海岛监视监测系统建设；开展海岛巡查工作；开展海岛统计调查工作。三是加快推进生态修复项目建设。策划、组织申报和实施一批海域海岛海岸带整治修复与保护项目，海南岛北部海岸整治修复项目由海口岸段工程、文昌岸段工程两部分组成，海口岸段修复包括堤防修复工程与市政附属设施修复工程，实施范围从世纪公园段路北段起，至龙珠桥止，修复范围长度约为1.7千米，已基本完成。文昌岸段对翁田岸段在台风中受损的岸段和木兰头受损岸段进行整治修复，正在实施。琼海潭门河口海域参与式可持续发展性环境综合整治工程在琼海潭门河口进行红树林和海草床养护、建设交互式实验区，项目已开展前期工作。

海洋预报与防灾减灾

【海洋环境预报】 2016年，海南省认真分析各类海洋、气象资料图表，制作、发布海南省管辖海域海洋环境预报10余份，累计发布常规海洋环境预报3650余份，各项预报精度都达到要求。在海南省电视台综合频道、省新闻广播、省交通广播电台、海南省海洋与渔业厅网站、海南省海洋监测预报中心网站、海南省海洋防灾减灾网站、海口火车站LED屏上发布海洋环境预报各365份，在新闻频道发布海洋环境预报各730份，完成常规海洋环境预报任务。

【海洋灾害预警报】 2016年影响南海的灾害性天气主要是冷空气、强对流天气和热带气旋，在南海生成或进入南海的热带气旋主要有1603号"银河"、1604号"妮妲"、1608

号 "电母"、1614 "莫兰帝"、1619 号 "艾利"、1621 号 "莎莉嘉"、1622 号 "海马"。在冷空气和热带气旋等灾害性天气系统影响期间，海南省海洋预报台向省海洋与渔业厅、海南省 "三防办"、省应急办、省海上搜救中心、海口中心海洋站、海南省沿海市县人民政府、海南省沿海市县海洋与渔业局等相关单位共发布海浪消息 6 期，海浪蓝色警报 7 期，海浪黄色警报 9 期，海浪橙色警报 14 期，海浪红色警报 4 期，海浪解除通报 6 期，共计 46 期 2070 份；发布风暴潮消息 3 期，风暴潮蓝色警报 12 期，风暴潮黄色警报 1 期，风暴潮橙色警报 6 期，风暴潮解除通报 4 期，共计 24 期 1035 份；发布风暴潮实况速报 14 期，共计 714 份；海南省新闻频道和综合频道发送海浪、风暴潮各 3 条应急滚动消息，共计 6 条；短信发送约 18000 条。

【海洋防灾减灾】　编制完成《海南省 2015 年海洋灾害评估及 2016 年度海洋灾害预测报告》和《海南省海洋预报台关于海南省 2015 年度海洋灾害评估和 2016 年度海洋灾害趋势预测的通报》，为海南省海洋防灾减灾工作提供决策依据。继续推进海南省海洋预警报能力升级改造项目。该项目于 2014 年 9 月开始方案编写，于 2015 年正式全面启动。截至 2016 年 12 月，已完成 6 个子项目的初验收工作。

海洋执法督察

2016 年，海南省通过开展 "护蓝打非" "海盾 2016" "碧海 2016" 等联合专项执法行动，高压打击各种危害海洋生态环境行为。海洋行政执法共立案 103 件，已缴纳罚款 81 件，执收罚款 1101.17 万元。其中，海域案 14 件，已缴罚款 9 件，执收罚款 779.27 万元；非法采挖海砂案 63 件，已缴罚款 55 件，执收罚款 227.2 万元；非法倾废案 12 件，已缴罚款 12 件，执收罚款 73.1 万元；非法采挖珊瑚礁案 9 件，已执行 3 件，执收罚款 9.6 万元；未环评案 4 件，已缴罚款 1 件，执收罚款 10 万元；非法旅游案 1 件，执收罚款 2 万元。符合 "海盾 2016" 案 2 件，执收罚款 562.41 万元，符合 "碧海 2016" 案件 47 件，已缴罚款 36 件，执收罚款 186.9 万元。开展 "护蓝打非" 联合执法督导，成立专项行动工作领导小组，确定工作区域和主要内容，打击非法盗采海砂行为、打击电拖网捕捞作业渔船、整治涉渔 "三无" 渔船、渔政渔港监督问责。渔政渔港监督管理问责 "二十七个不放过"，探索构建执法协同化、规范化、标准化 "三位一体" 的近海综合执法体系。通过移交线索跟踪指导、联合执法办案、单独出海办案等方式推动省与市县专项行动的开展及专项整治与日常监督检查有机结合。

海洋行政审批

2016 年，海南省省级海洋行政许可事项共办理 47 件，其中受理 38 件，不予受理 2 件，上一年结转 7 件。审批办结 38 件，7 件结转下年度，审批结果 27 件审批通过，11 件审核不予通过。所涉及的行政许可事项主要涉及海南省海域使用申请审核；海洋工程建设项目影响报告书核准；海洋工程建设项目环境保护设施检查、验收；废弃物海洋倾倒普通许可证签发；因科学研究需要进入国家级海洋自然保护区核心区从事科学研究观测、调查活动审批。为最大限度减少企业或个人审批事项申报材料，全面清理行政许可事项申请材料，共对 14 个审批事项减少申请材料 20 项，其中清理 2 项证明材料。根据《国务院关于第二批取消 152 项中央指定地方实施行政审批事项的决定》（国发〔2016〕9 号），取消了渔业船员二级、三级培训机构资格认定；地方对内水、领海范围内的海底电缆管道铺设路由调查勘测、铺设施工审批；外国人进入地方级海洋自然保护区审批 3 项行政许可。

海 洋 科 技

2016年，海南省扶持发展海水淡化产业工作逐步进入轨道。省有关部门、科研机构和企业基本形成了共同推进海水淡化产业发展的共识，建立了工作联系。组织编制了《海南省海水淡化行动计划》和《海水利用保障木兰湾新区用水建议案》。举办了海南省海水淡化产业发展研讨会。一批海水淡化项目取得进展：三沙永兴岛太阳能1000吨/日海水淡化示范项目正在建设，三亚市日产3万吨安全应急海水淡化示范项目正在开展前期工作，赵述岛1200吨/日淡化工程已建设完成，羚羊礁1000吨/日淡化工程已完成招标，同时一批海岛海水淡化项目可行性研究报告在编制中。组织了全省一批海洋生物、海洋装备制造、海水淡化项目列入地级市集聚发展项目库，海口已成功申报第二批海洋经济创新发展示范城市。 （海南省海洋与渔业厅）

海 洋 公 益 服 务

海 洋 环 境 监 测

综 述

党中央、国务院高度重视海洋生态文明建设工作。"十二五"期间,《水污染防治行动计划》《中共中央国务院关于加快推进生态文明建设的意见》《生态文明体制改革总体方案》相继出台,均对海洋生态环境保护工作做出战略部署。2016 年,党和国家领导人多次对海洋工作做出重要指示批示。

为全面掌握中国管辖海域生态环境状况,2016 年,国家海洋局组织各级海洋部门,切实履行海洋环境监督管理职责,深入推进海洋生态环境监测、评价和近岸海域水质状况考核工作。重点开展了管辖海域海水质量、生物多样性状况监测,加强各类海洋保护区及典型生态系统生态监测,强化主要入海河流及陆源入海排污口监督监测,密切跟踪赤潮、绿潮等海洋环境灾害发生发展态势。共布设监测站位约 12000 个,获取监测数据 200 余万个。

监测结果表明,2016 年,中国海洋生态环境状况基本稳定,符合第一类海水水质标准的海域面积占管辖海域面积的 95%,比2015 年有所增加。浮游生物和底栖生物主要优势类群无明显变化,海洋保护区保护对象和水质基本保持稳定,海洋功能区环境状况基本满足使用要求。

近岸局部海域污染依然严重,冬季、春季、夏季、秋季劣于第四类海水水质标准的近岸海域面积分别为 5.12 万平方千米、4.21

万平方千米、3.71 万平方千米和 4.28 万平方千米,各占近岸海域面积的 17%、14%、12%和 14%。监测的 68 条河流入海断面水质,枯水期、丰水期和平水期劣于第 V 类地表水水质标准的比例分别为 35%、29%和 38%。陆源入海排污口达标排放次数比率为 55%。监测的河口、海湾、珊瑚礁等生态系统 76%处于亚健康和不健康状态。赤潮灾害次数和累计面积均较 2015 年明显增加,绿潮灾害分布面积为近 5 年最大。渤海滨海平原地区海水入侵和土壤盐渍化依然严重,砂质海岸局部地区海岸侵蚀加重。

海洋环境监测

【海水环境状况监测】 沿海各省、自治区、直辖市及计划单列市海洋厅(局)开展本行政区近岸海域海水监测,国家海洋局各分局负责所辖海区国控水质站位(包括海洋站高频监测国控站位)的水质监测和遥感监测。目的是掌握中国管辖海域海水水温变化情况,了解各海域主要污染物质分布、污染程度及变化状况。

2016 年中国近海及周边海域水温数据主要来源于国家海洋局各分局下属的海洋站、浮标、断面观测、志愿船资料等实测的海洋表层温度资料。海水环境状况评价分析采用的数据中,春季和夏季的站位基本覆盖了中国近岸及近岸以外海域,冬季和秋季只开展了近岸海域海水质量监测。其中,冬季(1—3 月)监测 1887 个站位;春季(4—6

月）监测2252个站位；夏季（7—9月）监测2118个站位；秋季（10—12月）监测1955个站位。

【海洋放射性监测】 沿海各省、自治区、直辖市及计划单列市海洋厅（局）承担本行政区内核电站和核地址邻近海域放射性状况监测任务，在当地核应急协调委的组织下，负责近岸海域核泄漏海洋环境影响监测与评价。目的是了解沿海核电站周边海域放射环境基本状况及潜在风险，掌握核电开发活动对周边海域海洋环境的影响。监测站位分布在辽宁红沿河、辽宁徐大堡、山东海阳、江苏田湾、浙江秦山、福建宁德、福建福清、广东大亚湾、广东台山、广东阳江、广西防城港、海南昌江核电站邻近海域，以及青岛沙子口核地址邻近海域。监测介质包括海水、海洋沉积物和海洋生物，其中海水监测项目包括总β、总铀、锶-90、铯-137和氚，海洋沉积物和海洋生物监测项目相同，包括总β、铀-238、镭-226、镭-228、钾-40和铯-137。

国家海洋局各分局、国家海洋局第三海洋研究所负责开展西太平洋海洋放射性监测预警工作，国家海洋局第三海洋研究所、国家海洋环境监测中心、国家海洋信息中心、国家海洋技术中心、国家海洋局第一海洋研究所负责相关技术支持工作。目的是掌握日本福岛核泄漏事故对西太平洋及中国管辖海域的影响。西太平洋海洋放射性水平监测区域为日本福岛以东和东南海域，吕宋海峡、粤东海域和台湾海峡及邻近海域，监测介质包括海洋大气、海水、海洋沉积物和海洋生物，其中海洋大气监测项目为γ辐射剂量率，海水监测项目包括铯-134、铯-137、锶-90、银-110m、钴-58、钴-60，海洋生物监测项目包括总β、锶-90、镭-226、铯-134、铯-137、银-110m、钴-58、钴-60，海洋沉积物监测项目包括总β、锶-90、铯-134、铯-137、银-110m、钴-58、钴-60。

【海洋生物多样性监测】 沿海各省、自治区、直辖市及计划单列市海洋厅（局）负责本行政区近岸海域海洋生物多样性监测，国家海洋局各分局负责所辖海区国控海洋生物多样性站位的监测。目的是通过全面开展中国管辖海域海洋生物多样性监测，掌握中国管辖海域海洋生物种类、分布、数量及变化状况。

2016年，在中国近岸海域、近岸以外海域及重点监测海域开展了海洋生物多样性监测。其中，近岸海域于春、夏季开展，近岸以外海域及重点监测海域于夏季开展，监测内容包括浮游生物、底栖生物、海草、红树植物、珊瑚等生物的种类组成和数量分布。重点监测海域涵盖了中国近岸典型生态系统，共15个区域，在渤海（长兴岛、锦州湾、滦河口—北戴河、渤海湾、黄河口、莱州湾、庙岛群岛）、黄海（胶州湾、苏北浅滩）、东海（长江口、杭州湾、乐清湾、闽东沿岸）、南海（大亚湾、珠江口）均有分布。

【海洋保护区监测】 由沿海各省、自治区、直辖市、计划单列市海洋厅（局）以及各国家级海洋保护区管理机构共同开展监测。目的是掌握海洋自然/特别保护区主要保护对象的现状、分布区域、变化及其主要影响因素。

2016年共有65个国家级海洋保护区开展监测，其中36个保护区对41个主要保护对象开展了监测，包括19个海洋生物物种类保护对象、5个海洋自然景观和遗迹类保护对象、17个海洋和海岸生态系统类保护对象。

【入海江河监测】 沿海各省、自治区、直辖市及计划单列市海洋厅（局）负责本行政区主要入海江河监测，国家海洋局北海分局、国家海洋局东海分局、国家海洋局南海分局分别负责黄河、长江、珠江监测。目的是掌握江河入海污染物的种类、入海量及变化趋势。

2016年于枯水期、丰水期和平水期对79条入海河流共252个站位开展了水质监测。监测要素包括盐度、石油类、化学需氧量（COD_{Cr}）、氨氮、总磷、硝酸盐氮、亚硝酸盐氮、砷、重金属等。

【陆源入海排污口及邻近海域监测】　沿海各省、自治区、直辖市及计划单列市海洋厅（局）负责本行政区入海排污口及邻近海域监测，国家海洋局各分局负责所辖海区入海排污口的监督性监测。目的是掌握中国陆源入海排污口入海排污状况以及对邻近海域海洋环境的变化和影响，为监督陆源污染物排海提供技术支撑。

2016 年 3 月、5 月、7 月、8 月、10 月、11 月对中国沿海 368 个入海排污口开展排污状况监测。另外，5 月、8 月监测了 81 个重点陆源入海排污口邻近海域的环境状况。主要评估排污口是否超标排放，减排指标变化情况，入海污染物对邻近海域的生态环境造成的影响和危害。

【海洋大气污染物沉降状况监测】　由国家海洋局各分局负责所辖海域大气监测站监测工作；国家海洋环境监测中心负责大连两个大气监测站点监测工作。目的是掌握中国重点海域大气污染物沉降状况，重点关注渤海大气污染物沉降通量的空间分布。

在中国 15 个大气监测站（其中渤海 9 个）开展 2（渤海为 3 月）、5 月、8 月和 10 月共 4 个月大气污染物沉降连续监测。监测内容除气象要素外，干沉降监测要素包括总悬浮颗粒物浓度、铜、铅、镉、锌、硝酸盐、亚硝酸盐、磷酸盐等；湿沉降监测要素包括铜、铅、镉、锌、硝酸盐、亚硝酸盐、铵盐、磷酸盐、降水电导率、降水量、pH 等。

【海洋垃圾监测】　沿海各省、自治区、直辖市及计划单列市海洋厅（局）负责本行政区近岸海域海洋垃圾监测。目的是掌握中国管辖海域海岸带垃圾的种类、数量和来源以及垃圾对海洋生态环境的影响。

2016 年，中国完成了 45 个站位海洋垃圾监测工作。其中，海滩垃圾监测站位 37 个，海面漂浮垃圾监测站位 32 个，海底垃圾监测站位 12 个。

【海洋倾倒区监测】　国家海洋局各分局负责管辖海域海洋倾倒区的调查与监测，并汇总所辖海域本年度倾倒相关的管理数据。目的是掌握倾倒物组成成分及其在倾倒海域的迁移扩散过程，了解倾倒区及其邻近海域生态环境变化情况，评估倾倒活动的生态环境影响及潜在风险。

2016 年对 57 个海洋倾倒区 440 个站位开展了水深、水质、沉积物质量、大型底栖生物、浮游植物、浮游动物和水文气象的监测，其中包括 45 个正在使用的和 12 个未使用的海洋倾倒区，实际使用倾倒区监测覆盖率达 76.3%。

【海洋石油勘探开发区监测】　国家海洋局各分局负责所辖海区油气开发区的监测与调查，并汇总管辖海域本年度油气区的相关管理数据。目的是掌握油气开发活动排海物质排放状况、油气区环境质量状况，评价油气开发活动的环境影响及其潜在风险影响。

2016 年对 21 个油气区（群）开展了水质、沉积物质量、生物质量、大型底栖生物和水文气象的监测，其中渤、黄海 15 个，东海 3 个，南海 3 个，监测站位总计 313 个，覆盖率为 100%。

【海水增养殖区监测】　沿海各省、自治区、直辖市及计划单列市海洋厅（局）负责本行政区近岸海域增养殖区环境监测。目的是全面分析中国海水增养殖区环境质量现状和发展趋势，旨在保障中国海水增养殖区的可持续利用和为各级海洋管理部门对相关问题决策的制定提供科学依据和技术支撑。

2016 年对 47 个海水增养殖区共 735 个站位开展水质、沉积物质量和生物质量监测。监测数据的时间段为 3—10 月；监测要素包括海水养殖状况，增养殖区海水、沉积物及底栖生物环境状况等。

【海水浴场和滨海旅游度假区监测】　沿海各省、自治区、直辖市及计划单列市海洋厅（局）负责本行政区近岸海域海水浴场和滨海旅游度假区海洋环境监测。目的是掌握海水浴场海洋环境状况，保障沿海社会公众娱乐休闲活动及人体安全健康。

在游泳季节对中国24个重点海水浴场和15个重点滨海旅游度假区开展每日监测，监测要素涉及水文、气象、水质、游泳人数和休闲人数等指标。

【赤潮（绿潮）监测】　沿海各省、自治区、直辖市及计划单列市海洋厅（局）负责本行政区近岸海域赤潮（绿潮）灾害监测、预警、应急应对工作，国家海洋局各分局负责所辖海区近岸海域外赤潮（绿潮）灾害监视监测、预警和应急应对工作。目的是掌握中国管辖海域赤潮（绿潮）灾害发生状况和赤潮监控区赤潮灾害发生风险，及时发现赤潮（绿潮）灾害，为赤潮（绿潮）应急监测和灾害防治提供基本信息。

国家海洋局各分局及沿海各级海洋行政主管部门利用航空遥感、卫星遥感、船舶、海洋站、志愿者等多种手段，对所辖海域实施赤潮（绿潮）立体全方位的监视监测，及时发现赤潮（绿潮）灾害，进行动态监视、预警和应急应对工作，共对中国13个赤潮监控区进行了监测。

【海水入侵和土壤盐渍化状况监测】　沿海各省、自治区、直辖市及计划单列市海洋厅（局）负责辖区内海水入侵和土壤盐渍化监测工作。目的是掌握滨海地区海水入侵和土壤盐渍化现状、成因和环境风险。

于2016年4月开展了滨海地区海水入侵和土壤盐渍化监测，其中监测海水入侵区域30个，主要监测水样中的水位、氯度和矿化度等；监测土壤盐渍化区域22个，监测断面48条，主要监测土壤中的 Cl^- 含量、SO_4^{2-} 含量、pH值和含盐量等。

【重点岸段海岸侵蚀状况监测】　国家海洋局各分局负责所辖海区重点岸段海岸侵蚀监测工作，国家海洋环境监测中心负责辽宁省营口市盖州岸段和辽宁省葫芦岛市绥中岸段监测。目的是掌握中国沿海重点岸段海岸侵蚀现状、变化状况、成因和环境风险。

2016年采用现场、航空遥感和卫星遥感等手段对中国具有代表性的12个岸段开展监测。监测要素主要包括监测岸线长度、海岸侵蚀长度、年平均侵蚀宽度、年最大侵蚀宽度、年侵蚀面积等。

【海洋二氧化碳源汇状况监测】　由国家海洋局各分局负责所辖海域海—气二氧化碳交换通量岸岛基站、走航、浮标监测工作，国家海洋环境监测中心负责大连园岛岸岛基站以及渤海走航监测工作。目的是掌握中国管辖海域海气界面二氧化碳交换通量，了解海洋环境主要调控因子对二氧化碳分压的影响。

2016年，在渤海、黄海、东海以及南海北部开展2月和8月2个航次的海—气二氧化碳交换通量的断面走航监测。监测要素包括海水二氧化碳分压、大气二氧化碳分压、水文气象要素以及总碱度、pH、溶解无机碳、溶解氧、浊度、叶绿素 a、亚硝酸盐、硝酸盐、磷酸盐、铵盐、硅酸盐等环境要素。

海洋环境状况

【海水质量】　2016年，中国近岸海域开展了冬季、春季、夏季和秋季的海水质量监测，近岸以外海域开展了春季和夏季的海水质量监测，海水中无机氮、活性磷酸盐、石油类和化学需氧量等要素的综合评价结果显示，近岸局部海域海水环境污染依然严重，近岸以外海域海水质量良好。

冬季、春季、夏季和秋季，近岸海域劣于第四类海水水质标准的海域面积分别为51200平方千米、42060平方千米、37080平方千米和42760平方千米，各占近岸海域的17%、14%、12%和14%。污染海域主要分布在辽东湾、渤海湾、莱州湾、江苏沿岸、长江口、杭州湾、浙江沿岸、珠江口等近岸区域。主要污染要素为无机氮、活性磷酸盐和石油类。

春季和夏季，中国管辖海域符合第一类海水水质标准的海域面积均占管辖海域面积的 95%，劣于第四类海水水质标准的海域面积分别为 42430 平方千米和 37420 平方千米，与 2015 年同期相比各减少了 9310 平方千米和 2600 平方千米。

春季和夏季无机氮含量超第一类海水水质标准的海域面积分别为 126240 平方千米和 115920 平方千米，其中劣于第四类海水水质标准的海域面积分别为 37950 平方千米和 36020 平方千米，主要分布在辽东湾、渤海湾、莱州湾、江苏沿岸、长江口、杭州湾、浙江沿岸、珠江口等近岸区域。春季和夏季活性磷酸盐含量超第一类海水水质标准的海域面积分别为 76080 平方千米和 69700 平方千米，其中劣于第四类海水水质标准的海域面积分别为 19400 平方千米和 10840 平方千米，主要分布在长江口、杭州湾、珠江口等近岸区域。春季和夏季石油类含量超第一、二类海水水质标准的海域面积分别为 13520 平方千米和 10840 平方千米，主要分布在雷州半岛等近岸区域。

【海水富营养化】　春季和夏季，呈富营养化状态[1]的海域面积分别为 72490 平方千米和 70970 平方千米，其中春季重度、中度和轻度富营养化海域面积分别为 16380 平方千米、18650 平方千米和 37460 平方千米，夏季重度、中度和轻度富营养化海域面积分别为 16580 平方千米、14500 平方千米和 39890 平方千米。重度富营养化海域主要集中在辽东湾、长江口、杭州湾、珠江口等近岸海域。

与 2015 年夏季同期相比，中国海水富营养化程度减轻，面积减少了 6780 平方千米。

【海洋表层水温】　渤海、黄海和东海月均海洋表层水温 2 月最低、8 月最高，南海月均海洋表层水温 2 月最低、6 月最高；渤海和黄海的海洋表层水温季节变化最为明显，年内月

温差最高可达 26℃以上，东海次之，南海变化最小。2016 年中国管辖海域平均海洋表层水温较 2015 年略有升高。

【海湾环境】　面积大于 100 平方千米的 44 个海湾中，17 个海湾四季均出现劣于第四类海水水质标准的海域，主要污染要素为无机氮、活性磷酸盐和石油类。

【海洋环境放射性水平】　中国管辖海域放射性水平和海洋大气 γ 辐射空气吸收剂量率未见异常。辽宁红沿河、江苏田湾、浙江秦山、福建宁德、福建福清、广东阳江、广西防城港、海南昌江核电站邻近海域海水、沉积物和海洋生物中放射性核素含量处于中国海洋环境放射性本底范围之内。广东大亚湾核电站邻近海域海水中氚含量略高于本底水平，但远低于国家规定的限值，其余放射性核素含量处于中国海洋环境放射性本底范围之内。在建的辽宁徐大堡、山东海阳、广东台山核电站邻近海域的放射性背景监测数据未见异常。

日本福岛以东及东南方向的西太平洋海域仍受到 2011 年日本福岛核泄漏事故的影响。该海域海水样品中仍可检出福岛核事故特征核素铯-134，铯-137 活度仍明显超出核事故前日本近岸海域背景水平。海洋生物体放射性水平与福岛核事故前水平相当。

海洋生态状况

【海洋生物多样性】　海洋生物多样性监测内容包括浮游生物、底栖生物、海草、红树植物、珊瑚等生物的种类组成和数量分布。春季和夏季共监测到浮游植物 720 种，浮游动物 889 种，大型底栖生物 1764 种，海草 6 种，红树植物 10 种，造礁珊瑚 81 种。

渤海浮游植物 234 种，主要类群为硅藻和甲藻；浮游动物 89 种，主要类群为桡足类和水母类；大型底栖生物 349 种，主要类群

---

[1]富营养化状态依据富营养化指数（E）计算结果确定。该指数计算公式为 $E = $[化学需氧量]×[无机氮]×[活性磷酸盐]×$10^6/4500$，其中 $E \geq 1$ 为富营养化，$1 \leq E \leq 3$ 为轻度富营养化，$3 < E \leq 9$ 为中度富营养化，$E > 9$ 为重度富营养化。

为环节动物、软体动物和节肢动物。

黄海浮游植物275种，主要类群为硅藻和甲藻；浮游动物131种，主要类群为桡足类和水母类；大型底栖生物482种，主要类群为节肢动物、软体动物和环节动物。

东海浮游植物368种，主要类群为硅藻和甲藻；浮游动物520种，主要类群为桡足类和水母类；大型底栖生物590种，主要类群为软体动物、环节动物和节肢动物。

南海浮游植物510种，主要类群为硅藻和甲藻；浮游动物631种，主要类群为桡足类和水母类；大型底栖生物1211种，主要类群为软体动物、节肢动物和脊索动物；海草6种；红树植物10种；造礁珊瑚81种。

【典型海洋生态系统】　开展监测的河口、海湾、滩涂湿地、珊瑚礁、红树林和海草床等海洋生态系统中，处于健康、亚健康和不健康状态的海洋生态系统分别占24%、66%和10%。

监测的河口生态系统均呈亚健康状态。河口生物体内镉残留水平均较高，部分河口生物体内铅、砷和石油烃残留水平较高。河口的浮游植物密度均偏高，鱼卵仔鱼密度总体偏低。双台子河口、长江口、珠江口河口生态系统海水呈富营养化状态。滦河口—北戴河浮游动物密度偏高、生物量偏低，大型底栖生物密度和生物量偏低；黄河口浮游动物生物量偏高；长江口大型底栖生物密度偏高，监测到面积为1572平方千米的低氧区。

监测的海湾生态系统多数呈亚健康状态，锦州湾和杭州湾生态系统呈不健康状态。除大亚湾外，所监测的海湾生态系统海水呈富营养化状态，无机氮含量劣于第四类海水水质标准。部分海湾生物体内镉、铅和砷残留水平较高。多数海湾生态系统浮游植物密度偏高。锦州湾浮游动物密度偏低、生物量偏高；渤海湾浮游动物、大型底栖生物密度偏高；杭州湾浮游植物密度偏低、大型底栖生物密度和生物量偏低；乐清湾浮游植物密度偏高、大型底栖生物密度偏高、生物量偏低；

闽东沿岸浮游动物密度和生物量偏高；大亚湾浮游动物密度、大型底栖生物密度和生物量偏低。监测海湾的鱼卵仔鱼密度偏低，但总体呈上升趋势。

苏北浅滩滩涂湿地生态系统呈亚健康状态。苏北浅滩生物体内铅和砷残留水平较高。浮游植物密度偏高；大型底栖生物密度和生物量偏高。现有滩涂植被223平方千米，主要植被类型为互花米草、碱蓬和芦苇，与2015年相比，滩涂湿地植被面积略有减少。

雷州半岛西南沿岸和广西北海珊瑚礁生态系统呈健康状态，海南东海岸和西沙珊瑚礁生态系统呈亚健康状态。雷州半岛西南沿岸和广西北海珊瑚礁生态系统活珊瑚盖度较2015年分别增加7.7%和7.0%，硬珊瑚补充量超过1个/平方米；海南东海岸和西沙珊瑚礁生态系统活珊瑚盖度和种类仍然处于近10年来的较低水平。

广西北海和北仑河口红树林生态系统均呈健康状态。红树林面积与群落类型基本稳定，林相保持良好，部分区域幼苗增多，大型底栖动物种类丰富，生物量较高。2016年春夏季，广西山口红树林区发生了较大面积的虫害，对红树植物的生长发育造成一定影响，受害面积达990亩，受害树种为白骨壤。

海南东海岸海草床生态系统呈健康状态，海草密度由1033株/平方米上升至1330株/平方米；广西北海海草床生态系统呈亚健康状态。

【海洋保护区】　在65个国家级海洋保护区开展了生态状况监测，其中36个保护区开展了保护对象监测，54个保护区开展了水质监测。结果表明，大部分保护区的保护对象和水质状况基本保持稳定。开展监测的保护对象中，珊瑚、红树、贝藻类等基本保持稳定；贝壳堤面积有所减少，而出露滩面的古树桩多被侵蚀。

主要入海污染源状况

【主要入海河流污染物排放】　枯水期、丰水期和平水期，68 条河流入海监测断面水质劣于第 V 类地表水水质标准的比例分别为 35%、29% 和 38%，与 2015 年相比，比例分别降低 23%、27%、7%。劣于第 V 类地表水水质标准的污染要素主要为化学需氧量（COD_{Cr}）、总磷、氨氮和石油类。

监测的 68 条河流入海的污染物量分别为：COD_{Cr} 1372×10⁴ 吨，氨氮（以氮计）19× 10⁴ 吨，硝酸盐氮（以氮计）227×10⁴ 吨，亚硝酸盐氮（以氮计）6.2×10⁴ 吨，总磷（以磷计）18×10⁴ 吨，石油类 4.6×10⁴ 吨，重金属 1.4×10⁴ 吨（其中锌 10535 吨、铜 2413 吨、铅 575 吨、镉 83 吨、汞 39 吨），砷 3156 吨。

【入海排污口排污】　监测的 368 个陆源入海排污口中，工业排污口占 28%，市政排污口占 43%，排污河占 23%，其他类排污口占 6%。3 月、5 月、7 月、8 月、10 月和 11 月监测的入海排污口达标排放比率分别为 48%、52%、59%、60%、57% 和 57%，全年入海排污口达标排放次数占监测总次数的 55%，较 2015 年有所升高。93 个入海排污口全年各次监测均达标，69 个入海排污口全年各次监测均超标。入海排污口排放的主要污染要素为总磷、COD_{Cr}、悬浮物和氨氮。

不同类型入海排污口中，工业类、市政类和其他类排污口达标排放次数比率分别为 68%、51% 和 65%，较 2015 年有所升高；排污河达标排放次数比率为 44%，较 2015 年有所下降。

入海排污口排污状况综合等级评价结果显示，全年被评为 A 级、B 级、C 级、D 级、E 级的排污口比例分别为 2%、10%、49%、34% 和 5%。其中，排污河类排污口被评为 A 级的比例最高；市政类排污口总体排污状况最差，A 级、B 级和 C 级排污口所占比例之和达 72%。

【入海排污口邻近海域环境质量】　入海排污口邻近海域环境质量状况总体较差，91% 以上无法满足所在海域海洋功能区的环境保护要求。

5 月和 8 月，各对 81 个入海排污口邻近海域水质进行监测。5 月，57 个排污口邻近海域水质劣于第四类海水水质标准，占监测总数的 70%；8 月，61 个排污口邻近海域水质劣于第四类海水水质标准，占监测总数的 75%。排污口邻近海域水体中的主要污染要素为无机氮、活性磷酸盐、石油类和化学需氧量（COD_{Mn}），个别排污口邻近海域水体中重金属、粪大肠菌群等含量超标。90% 的排污口邻近海域的水质不能满足所在海洋功能区水质要求。

8 月，对 81 个入海排污口邻近海域沉积物质量进行监测，25 个排污口邻近海域沉积物质量不能满足所在海洋功能区沉积物质量要求，主要污染要素为石油类、铜、汞和硫化物。

对入海排污口邻近海域贝类的监测结果表明，60% 的排污口邻近海域贝类生物质量不能满足所在海洋功能区生物质量要求，主要污染要素为砷、铅、镉和石油烃，个别排污口生物体中锌、铜和粪大肠菌群含量超标。

2011—2016 年监测结果显示，历年均有 78% 以上的排污口邻近海域水质等级为第四类和劣于第四类，邻近海域水质无明显改善，水体中的主要污染要素是无机氮和活性磷酸盐。排污口邻近海域沉积物质量等级为第三类和劣于第三类的比例较 2015 年有所增加，主要污染要素为石油类和重金属。

【海洋大气气溶胶污染物含量】　在大连老虎滩、大连大黑石、盘锦、秦皇岛、塘沽、东营、蓬莱、北隍城、青岛小麦岛、连云港、舟山嵊山和珠海大万山等监测站开展了海洋大气气溶胶污染物含量监测。气溶胶中硝酸盐含量最高值出现在东营监测站，最低值出现在珠海大万山监测站，分别为 21.8 微克/立方米和 0.6 微克/立方米；铵盐含量最高值出现在大连老虎滩监测站，最低值出现在珠海大万山监测站，分别为 15.4 微克/立方米和

1.2 微克/立方米；气溶胶中铜含量最高值出现在舟山嵊山监测站，最低值出现在北隍城监测站，分别为 132.8 纳克/立方米和 9.4 纳克/立方米；气溶胶中铅含量最高值出现在秦皇岛监测站，最低值出现在珠海大万山监测站，分别为 74.5 纳克/立方米和 16.4 纳克/立方米。

【渤海大气污染物湿沉降】 在大连大黑石、营口仙人岛、盘锦、秦皇岛、塘沽、东营、蓬莱、北隍城监测站开展了大气污染物湿沉降通量监测。硝酸盐和铵盐湿沉降通量最高值均出现在塘沽监测站，分别为 3.8 吨/（平方千米·年）和 2.7 吨/（平方千米·年），硝酸盐和铵盐湿沉降通量最低值均出现在蓬莱监测站，分别为 1.2 吨/（平方千米·年）和 0.5 吨/（平方千米·年）；铜和铅湿沉降通量最高值均出现在秦皇岛监测站，分别为 4.7 千克/（平方千米·年）和 1.8 千克/（平方千米·年），铜湿沉降通量最低值出现在塘沽监测站，为 0.5 千克/（平方千米·年），铅湿沉降通量最低值出现在大连大黑石监测站，为 0.2 千克/（平方千米·年）。

【海洋垃圾】 在 45 个区域开展了海洋垃圾监测，监测内容包括海面漂浮垃圾、海滩垃圾和海底垃圾的种类、数量和来源。海洋垃圾密度较高的区域主要分布在旅游休闲娱乐区、农渔业区、港口航运区及邻近海域。

【海面漂浮垃圾】 大块和特大块漂浮垃圾平均个数为 20 个/平方千米；中块和小块漂浮垃圾平均个数为 2234 个/平方千米，平均密度为 65 千克/平方千米。塑料类垃圾数量最多，占 84%，木制品类其次，占 9%，主要为聚苯乙烯泡沫、塑料袋和塑料瓶等。67%的海面漂浮垃圾来源于陆地，33%来源于海上活动。

【海滩垃圾】 海滩垃圾平均个数为 70348 个/平方千米，平均密度为 1971 千克/平方千米。塑料类垃圾数量最多，占 68%，木制品类和纸类分别占 9%和 6%，主要为塑料袋、聚苯乙烯泡沫和香烟过滤嘴等。91%的海滩垃圾来源于陆地，9%来源于海上活动。

【海底垃圾】 海底垃圾平均个数为 1180 个/平方千米，平均密度为 671 千克/平方千米。塑料类、木制品类和玻璃类垃圾数量最多，占 64%、15%和 6%，主要为塑料袋、木块和玻璃瓶等。

部分海洋功能区环境状况

【海洋倾倒区】 2016 年，中国海洋倾倒量 15922 万立方米，较 2015 年增加 16.9%，倾倒物质均为清洁疏浚物。2016 年所使用的倾倒区及其周边海域海水水质和沉积物质量均满足海洋功能区环境保护要求。与 2015 年相比，倾倒区水深、海水水质和沉积物质量基本保持稳定，倾倒活动未对周边海域生态环境及其他海上活动产生明显影响。

【海洋油气区】 2016 年，中国海洋油气平台生产水、生活污水、钻井泥浆和钻屑的排海量分别为 18615 万立方米、66 万立方米、29244 立方米和 47438 立方米，分别较 2015 年增加 4%、24%、36%和 5%。

油气区及邻近海域环境质量状况与 2015 年相比基本稳定，渤海个别油气区邻近海域海水中石油类含量有所增加；油气区及邻近海域水质和沉积物质量基本符合海洋功能区环境保护要求。

【海水增养殖区】 47 个开展监测的海水增养殖区环境质量状况满足增养殖活动要求。增养殖区综合环境质量等级为"优良"和"较好"的比例分别为 87%和 13%。影响海水增养殖区环境质量状况的主要因素是部分增养殖区水体呈富营养化状态以及沉积物中铜含量超标。

2011—2016 年，增养殖区环境综合质量等级为"优良"的比例呈增加趋势。

【旅游休闲娱乐区】 游泳季节和旅游时段，24 个海水浴场和 15 个滨海旅游度假区环境状况总体良好。

【海水浴场】 海水浴场水质为"优"和"良"的天数占 90%，水质为"差"的天数占

10%。大连棒棰岛等 9 个海水浴场每日水质等级均为"优"或"良",其中三亚海棠湾海水浴场每日水质等级均为"优"。受漂浮藻类影响,山东和江苏部分海水浴场水质受到影响。

海水浴场健康指数为"优"和"良"的天数分别占 79% 和 12%,健康指数为"差"的天数占 9%。个别海水浴场水体中粪大肠菌群含量偏高、出现漂浮藻类和垃圾等是影响海水浴场健康指数的主要因素;个别海水浴场水体出现少量水母,对游泳者健康存在潜在威胁。

海水浴场适宜和较适宜游泳的天数比例占 75%,不适宜游泳的天数比例占 25%。天气不佳、风浪较大是影响海水浴场游泳适宜度的主要原因。

【滨海旅游度假区】 滨海旅游度假区的平均水质指数为 4.3,水质为良好及以上的天数占 95%,水质为一般和较差的天数占 5%。舟山嵊泗列岛和三亚亚龙湾滨海旅游度假区水质极佳的天数比例达 95% 以上。

湛江东海岛和大连金石滩海域在旅游季节部分时段发生赤潮,赤潮发生期间对滨海旅游度假区水质产生影响;山东和江苏部分滨海旅游度假区出现漂浮藻类,影响海上观光、海滨观光和游泳活动等滨海旅游活动。

滨海旅游度假区的平均海面状况指数为 3.8,海面状况优良。降雨导致的天气不佳是影响滨海旅游度假区海面状况的主要原因。

滨海旅游度假区平均休闲(观光)活动指数为 3.8,很适宜开展休闲(观光)活动。三亚亚龙湾滨海旅游度假区平均休闲(观光)活动指数极佳,非常适宜开展海上观光、海滨观光和沙滩娱乐等多种休闲(观光)活动。

海洋环境灾害状况

【赤潮】 2016 年,中国管辖海域共发现赤潮 68 次,累计面积约 7484 平方千米,与近 5 年平均值相比,赤潮发现次数增加 12 次,累计面积增加 1559 平方千米。赤潮高发期主要集中在 4—8 月。东海发现赤潮次数最多,为 37 次;累计面积最大,为 5714 平方千米。

引发赤潮的优势藻种共计 28 种,其中渤海最多,为 21 种。甲藻和着色鞭毛藻类等引发赤潮共计 56 次,约占 82%。全海域夜光藻引发赤潮次数最多,为 20 次;红色赤潮藻次之,为 17 次;东海原甲藻 15 次,中肋骨条藻 8 次,多纹膝沟藻、赤潮异弯藻各 4 次,红色中缢虫、太平洋海链藻各 3 次,链状亚历山大藻、叉角藻、菱形藻属和锥状斯克里普藻各 2 次,塔马亚历山大藻、扁面角毛藻、旋链角毛藻、古老卡盾藻、浮动弯角藻、多环旋沟藻、链状裸甲藻、伊姆裸甲藻、米氏凯伦藻、丹麦细柱藻、球形棕囊藻、微小原甲藻、尖叶原甲藻、尖刺拟菱形藻、诺氏海链藻和圆海链藻各 1 次。其中,伊姆裸甲藻是中国新纪录赤潮种。

【绿潮】 2016 年 5—8 月,黄海沿岸海域发生浒苔绿潮。5 月 10 日,在盐城东侧海域发现漂浮浒苔,逐渐向北漂移,范围不断扩大,最大分布面积为 17285 平方千米,最大覆盖面积为 112 平方千米。6 月,漂浮浒苔继续向北漂移,范围迅速扩大,最大分布面积为 57500 平方千米,最大覆盖面积为 554 平方千米,6 月中旬,漂浮浒苔开始在连云港、日照、青岛、海阳、乳山、文登和荣成等近岸海域相继登陆。7 月,漂浮浒苔范围逐渐缩小,7 月下旬登陆的漂浮浒苔大幅减少。8 月上旬,浒苔绿潮基本消亡。

2016 年是近 5 年来黄海海域浒苔绿潮分布面积最大的一年,较 5 年平均值增加 37%;最大覆盖面积比 5 年平均值略大。

【海水入侵和土壤盐渍化】 中国沿岸大部分地区海水入侵和土壤盐渍化范围基本稳定,局部地区呈扩大趋势。渤海滨海平原地区海水入侵和土壤盐渍化依然严重,范围较大;黄海、东海和南海滨海地区程度较轻,除个别监测区外,大部分区域海水入侵和土壤盐渍化范围较小。

【海水入侵状况】　海水入侵严重地区主要分布于渤海滨海平原地区，河北和山东沿岸海水入侵距离一般距岸 13~25 千米，辽宁沿岸海水入侵距离相对较小；黄海和东海滨海地区海水入侵范围总体较小，除江苏盐城和浙江台州海水入侵距离超过 10 千米外，大部分监测区海水入侵距离距岸 5 千米以内；南海滨海地区海水入侵范围小、程度低，海水入侵距离一般距岸 1 千米以内。

与 2015 年相比，渤海滨海地区辽宁营口、盘锦，河北秦皇岛、唐山，山东潍坊部分监测区海水入侵范围有所扩大，河北秦皇岛、唐山和沧州，山东滨州和潍坊监测区个别站位氯离子含量明显升高；黄海滨海地区江苏连云港监测区海水入侵范围略有扩大；东海滨海地区浙江温州和南海滨海地区广东茂名、湛江部分监测区海水入侵距离有所增加。

【土壤盐渍化状况】　土壤盐渍化严重地区主要分布于渤海滨海平原地区的河北、天津、山东部分监测区，盐渍化距离一般距岸 10~25 千米，主要盐渍化类型为硫酸盐—氯化物型和硫酸盐型轻盐渍化土、盐土；黄海滨海地区土壤盐渍化相对较轻，盐渍化距离一般距岸 15 千米以内，主要盐渍化类型为硫酸盐型重盐渍化土；东海和南海滨海地区土壤盐渍化范围较小，一般距岸 4 千米以内，主要盐渍化类型为硫酸盐型重盐渍化土和盐土。

与 2015 年相比，渤海滨海地区辽宁锦州、葫芦岛，山东滨州、潍坊寒亭监测区土壤含盐量上升，盐渍化范围扩大；黄海滨海地区山东威海土壤含盐量明显上升，盐渍化程度均加重为盐土，江苏盐城部分监测区土壤盐渍化距离有所增加；东海滨海地区福建漳浦和南海滨海地区广东湛江、海南三亚监测区土壤含盐量上升明显，盐渍化程度加重，范围扩大，广西北海西海岸监测区土壤含盐量略有上升，盐渍化距离增加。

【重点岸段海岸侵蚀】　中国砂质海岸和粉砂淤泥质海岸侵蚀依然严重，砂质海岸侵蚀严重地区主要分布在辽宁绥中、山东招远宅上村、福建厦门太阳湾、广东汕头龙虎湾和海南琼海博鳌镇出海口北侧监测岸段，2016 年侵蚀速度均超过 3.0 米/年。近年来，由于开展了海岸整治修复和人工护岸修建，砂质海岸侵蚀长度有所减少，但局部海岸侵蚀加重，海南琼海博鳌镇出海口附近海岸最大侵蚀速度达 21.9 米/年，山东招远宅上村海岸最大侵蚀速度达 27.0 米/年。粉砂淤泥质海岸江苏振东河闸至射阳河口岸段，侵蚀海岸长度有所增加，局部海岸侵蚀速度加大，最大侵蚀速度达 190 米/年。海平面上升、风暴潮、河流输沙减少和不合理海岸工程影响是造成海岸侵蚀的主要原因。

海洋二氧化碳源汇状况

2016 年，在渤海、黄海、东海和南海北部海域开展了冬季和夏季海—气二氧化碳（CO_2）交换通量断面走航监测。监测结果显示，冬季，渤海、黄海、东海和南海北部海域均从大气吸收 CO_2，监测海域表现为大气 CO_2 的显著的汇。夏季，渤海、黄海和南海北部海域转变为向大气释放 CO_2，东海仍然从大气净吸收 CO_2，监测海域总体表现为大气 CO_2 的源。

综合 2012—2016 年的监测结果，监测海域表现为大气 CO_2 的弱汇。渤海冬季从大气吸收 CO_2，春、夏、秋季均向大气释放 CO_2；黄海冬、春季从大气吸收 CO_2，夏、秋季向大气释放 CO_2。东海，冬、春、秋季从大气吸收 CO_2，夏季向大气释放 CO_2，全年表现为大气 CO_2 的显著的汇；初级生产力高是该海域从大气净吸收 CO_2 的重要原因。南海北部海域冬、秋季从大气吸收 CO_2，春、夏季向大气释放 CO_2；受制于水温较高、初级生产力低等因素，南海北部在各个季节与大气交换 CO_2 的强度都不大。　　　　（国家海洋环境监测中心）

海区海洋环境监测

【北海区海洋环境监测】　组织北海区三省一

市及两个计划单列市开展海洋环境监测工作，开展北海区海水、沉积物和生物多样性监测，加强污染物入海排放管控监测，积极做好典型海洋功能区公益服务监测，完成了北戴河重点海域环境监视监测。继续推进近海 CO_2 海气交换通量的业务化监测工作，及时开展赤潮、绿潮、溢油等海洋突发环境事件应急监视监测，掌握了北海区海洋环境现状及变化趋势。全年完成海洋环境监测站点1200多个，获得数据量45万余组。

海域环境质量状况　渤海海水环境质量状况良好，近岸海域海水环境污染依然严重，劣四类水质海域各季平均面积为4235平方千米，占渤海总面积5.5%，主要分布在辽东湾、渤海湾和莱州湾近岸海域。黄海中北部海水环境质量状况总体良好，春、夏季超第二类海水水质标准的海域面积分别为2243平方千米、1305平方千米，第四类水质海域和劣四类水质海域主要集中在辽东半岛近岸海域和胶州湾底部。

近岸海域典型生态系统健康状况　近岸海域主要典型生态系统生物多样性和群落结构基本稳定，双台子河口、滦河口—北戴河、渤海湾、黄河口、莱州湾等典型生态系统处于亚健康状态，锦州湾典型生态系统处于不健康状态，陆源污染、过度捕捞等因素是影响渤海典型生态系统健康状态的主要原因。

主要江河携带入海的污染物状况　监测结果显示，渤海监测的90个入海排污口（河）达标排放比率约为47%，黄海中北部监测的57个入海排污口（河）达标排放比率约为53%，渤海和黄海中北部分别有94%和85%的重点排污口邻近海域环境质量不能满足周边海洋功能区环境质量要求，江河和陆源入海排污口仍是影响海洋环境的主要原因。

（国家海洋局北海分局）

【东海区海洋环境监测】　东海分局组织实施东海区海洋生态环境保护工作，共布设监测站位4000余个，获取监测数据42万余组，较全面地掌握了东海区管辖海域生态环境状况。结果显示：

东海区海水环境质量总体较好　近岸以外海水基本符合第一类海水水质标准，近岸局部海域污染较为严重。冬季、春季、夏季和秋季，东海区近岸海域劣于第四类海水水质标准的海域面积分别是38114平方千米、33658平方千米、24229平方千米和36119平方千米，分别占近岸海域的32%、28%、20%和30%。与2011—2015年夏季平均值相比，东海区劣于第四类海水水质标准的海域面积减少了31%。

东海区海洋生物群落结构基本稳定　国家级海洋保护区保护对象和海洋环境状况基本保持稳定。部分近岸典型生态系统健康受损，监测的近岸海域浅滩、河口、海湾生态系统处于亚健康或不健康状态。

海洋倾废、海上油气勘探开发、涉海工程未对周边海洋生态环境及其他海上活动产生明显影响，基本符合海洋功能区的环境保护要求。监测的重点海水浴场和滨海旅游度假区环境质量总体良好。海水增养殖区环境质量基本能满足海水增养殖活动的功能要求。

陆源污染物排放对近岸局部海域海洋生态环境带来较大压力，36条主要监测的入海河流中，全年不符合监测断面功能区水质标准要求的河流有22条，占61%，主要超标污染物为总磷。赤潮发现次数和累计影响面积有所增加，共发现赤潮37次，累计影响面积约5714平方千米。绿潮最大覆盖面积比去年减少24%。海岸侵蚀、海水入侵与土壤盐渍化等问题依然存在。　（国家海洋局东海分局）

【南海区海洋环境监测】　**开展新增近岸海域水质考核站位监测**　加强近岸水质考核站位监测工作，成立海区近岸海域水质考核领导小组，编制《南海分局海洋生态环境补充监测方案》和《南海区近岸水质考核监测质量保证工作方案》，组织开展128个新增近岸海域水质考核站位监测，为开展近岸海域水质状况考核工作打下坚实的基础。

开展海洋环境监视监测　根据国家局的工作部署，组织南海环境监测中心编制了《2016年南海分局海洋生态环境监测工作方案》，并高效有序地组织各相关单位开展了年度海洋生态环境监测任务。全年累计外业出海431个航次，派出监测人员约5815人次，各项监测任务进展顺利，按进度完成。继续加强南海区赤潮监视监测工作，全年派出赤潮巡视人员约5891人次，沿岸巡视里程约41602千米，海上巡视里程约5834海里。发现赤潮17起，绿潮3起，分布面积共968.31平方千米。积极开展突发事件应急工作，对广西北海涠洲岛附近海域油污事件以及海南东方八所港码头危化品船舶机舱爆炸事故开展应急监测，为地方部门处置决策提供技术支持。

加强监测机构的能力建设　按照"一站多能"的要求继续推进海洋站监测能力建设，已全面完成惠来、闸坡、硇洲、清澜、西沙5个海洋站升级改造，初步具备开展海洋监测的能力。

推进年度海洋环境实时在线监测系统建设　经多次现场踏勘和调研后，确定湛江南柳河入海口、深圳东宝河入海口、钦州国星油气有限公司旁污水排放口和海南海口火电股份有限公司温排水口作为海区2016年开展入海排污口实时在线监测系统建设地点，组织编制在线监测建设方案并上报国家局。

开展全国第三届海洋监测技术比测　按照《全国海洋生态环境监测质量管理三年行动计划（2015—2017年)》部署，组织全国19家省级海洋环境监测机构开展了海洋浮游植物现场比测，集中检验全国海洋环境监测机构海洋浮游植物监测技术能力。比测活动得到国家监测中心和各参比单位的高度好评，比测结果客观真实地反映了全国省级监测机构海洋浮游植物鉴定的水平，有力地推动监测机构监测质量管理。

强化信息公开和通报制度　在全面系统总结2015年海洋环境监测工作成果的基础上，精心组织编制完成了《2015年南海区海洋环境状况公报》并正式发布。

（国家海洋局南海分局）

海洋灾害与海洋环境预报服务

综 述

2016 年，我国各类海洋灾害共造成直接经济损失 50.00 亿元，死亡（含失踪）60 人。其中，风暴潮灾害造成直接经济损失 45.94 亿元；海浪灾害造成直接经济损失 0.37 亿元，死亡（含失踪）60 人；海冰灾害造成直接经济损失 0.20 亿元；海岸侵蚀灾害造成直接经济损失 3.49 亿元。

与近 10 年（2007—2016 年）海洋灾害平均状况相比，2016 年海洋灾害直接经济损失和死亡（含失踪）人数均低于平均值，年度灾情总体偏轻。

2016 年各类海洋灾害中，造成直接经济损失最严重的是风暴潮灾害，占总直接经济损失的 92%；人员死亡（含失踪）全部由海浪灾害造成。单次海洋灾害过程中，造成直接经济损失较严重的是 1614 "莫兰蒂" 和 1616 "马勒卡" 台风风暴潮灾害、1617 "鲇鱼" 台风风暴潮灾害、"160720" 温带风暴潮灾害，分别造成直接经济损失 9.19 亿元、8.92 亿元和 8.56 亿元。

2016 年，海洋灾害直接经济损失较严重的省份是福建省、广东省和河北省，因灾直接经济损失分别为 16.21 亿元、9.63 亿元和 9.35 亿元。

2016 年沿海各省（自治区、直辖市）主要海洋灾害损失统计和分布见表 1。

表 1　2016 年沿海各省（自治区、直辖市）主要海洋灾害损失统计

省（自治区、直辖市）	受灾人口		受灾面积		设施损毁			直接经济损失（亿元）
	受灾人口（万人）	死亡（含失踪）人口（人）	农田（千公顷）	水产养殖（千公顷）	海岸工程（千米）	房屋（间）	船只（艘）	
辽宁	—	0	0	0	6.00	0	1	0.09
河北	—	0	0	0	14.50	5	35	9.35
天津	—	0	0	0.40	17.53	0	2	0.80
山东	—	0	0	0.96	126.32	86	2	1.75
江苏	—	0	0	0	0	6	0	0.00
浙江	116.44	0	0	5.33	4.31	2	69	2.40
福建	3.59	0	0.94	19.54	41.36	571	712	16.06
广东	194.60	0	0.00	23.04	20.27	12	857	9.26
广西	24.76	0	0	0.08	23.87	14	0	2.69
海南	—	0	0	3.19	5.23	0	143	3.54
合计	339.39	0	0.94	52.54	259.39	696	1 821	45.94

风暴潮灾害与预报

【总体情况及特点】　2016 年，我国沿海共发生风暴潮过程 18 次，直接经济损失 45.94 亿元，为近 5 年（2012—2016 年，下同）平均值（106.92 亿元）的 43%。其中，台风风暴潮过程 10 次，8 次造成灾害，直接经济损失 33.95 亿元；温带风暴潮过程 8 次，3 次造成灾害，直接经济损失 11.99 亿元。

2016 年，风暴潮灾害较严重的省（自治区、直辖市）是福建省、河北省和广东省，因灾直接经济损失分别为 16.06 亿元、9.35 亿元和 9.26 亿元，占风暴潮灾害总直接经济损失的 75%。

2016 年沿海各省（自治区、直辖市）风暴潮灾害损失统计见表 2。

表2　2016年沿海各省（自治区、直辖市）风暴潮灾害损失统计

省(自治区、直辖市)	受灾人口		受灾面积		设施损毁			直接经济损失(亿元)
	受灾人口(万人)	死亡(含失踪)人口(人)	农田(千公顷)	水产养殖(千公顷)	海岸工程(千米)	房屋(间)	船只(艘)	
辽宁	—	0	0	0	6.00	0	1	0.09
河北	—	0	0	0	14.50	5	35	9.35
天津	—	0	0	0.40	17.53	0	2	0.80
山东	—	0	0	0.96	126.32	86	2	1.75
江苏	—	0	0	0	0	6	0	0.00
浙江	116.44	0	0	5.33	4.31	2	69	2.40
福建	3.59	0	0.94	19.54	41.36	571	712	16.06
广东	194.60	0	0.00	23.04	20.27	12	857	9.26
广西	24.76	0	0	0.08	23.87	14	0	2.69
海南	—	0	0	3.19	5.23	0	143	3.54
合计	339.39	0	0.94	52.54	259.39	696	1 821	45.94

注：表中符号"—"表示未统计；表中江苏省直接经济损失为8.90万元，广东省农田受灾面积为4公顷。

【主要风暴潮灾害过程】 1614"莫兰蒂"和1616"马勒卡"台风风暴潮　9月13—20日，强台风"莫兰蒂"和"马勒卡"先后影响我国沿海。其中，"莫兰蒂"于15日03时05分前后在福建省厦门市翔安区沿海一带登陆；"马勒卡"未在我国沿海登陆，与南下冷空气配合于16—20日影响福建省、浙江省、上海市和江苏省沿海地区。受风暴潮和近岸浪的共同影响，江苏、浙江和福建三地因灾直接经济损失合计9.19亿元。

"莫兰蒂"台风风暴潮影响期间，沿海监测到的最大风暴增水为288厘米，发生在福建省石井站。增水超过100厘米的还有福建省崇武站（119厘米）、厦门站（113厘米）、长门站（104厘米）和白岩潭站（102厘米）。

福建省琯头站出现了达到当地黄色警戒潮位的高潮位；福建省白岩潭站和长门站出现了达到当地蓝色警戒潮位的高潮位。

"马勒卡"台风风暴潮影响期间，沿海监测到的最大风暴增水为112厘米，发生在江苏省吕泗站。

上海市黄浦公园站、吴淞站、芦潮港站和高桥站，浙江省温州站出现了超过当地警戒潮位的高潮位，其中，上海市黄浦公园站和浙江省温州站最高潮位分别超过当地警戒潮位33厘米和54厘米。

浙江省洞头站和瑞安站，福建省琯头站和长门站出现了达到当地橙色警戒潮位的高潮位；浙江省镇海站、沈家门站、乌沙山站、石浦站、三门站、坎门站、龙湾站和鳌江站，福建省沙埕站、三沙站、北茭站、白岩潭站、平潭站和崇武站出现了达到当地黄色警戒潮位的高潮位；江苏省吕泗站，浙江省澉浦站、乍浦站、健跳站和海门站，福建省厦门站和东山站出现了达到当地蓝色警戒潮位的高潮位。

江苏省房屋损坏6间。直接经济损失8.90万元。

浙江省受灾人口42.60万人，紧急转移安置人口9.47万人。水产养殖受灾面积3.32千公顷，损失2 219吨，养殖设备、设施损失5373个。渔船损坏1艘。直接经济损失1.57亿元。

福建省受灾人口2.74万人，紧急转移安置人口0.94万人。房屋倒塌1间，损坏263间。水产养殖受灾面积4.98千公顷，损失78130吨，养殖设备、设施损失4 361个。渔

船毁坏 8 艘，损坏 145 艘，其他类型船只损坏 69 艘。港口、渔港受损 6 座，码头损毁 0.50 千米，防波堤损毁 1.13 千米，海堤、护岸损毁 3.81 千米，道路损毁 17.43 千米。直接经济损失 7.62 亿元。

1617"鲇鱼"台风风暴潮 9 月 28 日 04 时 40 分前后，台风"鲇鱼"在福建省泉州市惠安县沿海登陆。受风暴潮和近岸浪的共同影响，浙江和福建两地因灾直接经济损失合计 8.92 亿元。

沿海监测到的最大风暴增水为 222 厘米，发生在福建省琯头站。增水超过 100 厘米的还有福建省白岩潭站（205 厘米）、长门站（190 厘米）、北茭站（124 厘米）、平潭站（112 厘米）、厦门站（108 厘米）和崇武站（100 厘米）。

浙江省温州站出现了超过当地警戒潮位 28 厘米的高潮位。

福建省琯头站、长门站和白岩潭站出现了达到当地黄色警戒潮位的高潮位；上海市芦潮港站和浙江省镇海站出现了达到当地蓝色警戒潮位的高潮位。

浙江省受灾人口 73.84 万人，紧急转移安置人口 11.42 万人。房屋损坏 2 间。水产养殖受灾面积 2.01 千公顷，损失 275 吨，养殖设备、设施损失 504 个。渔船毁坏 6 艘，损坏 62 艘。码头损毁 0.20 千米，防波堤损毁 1.38 千米，海堤、护岸损毁 0.14 千米，道路损毁 2.60 千米。直接经济损失 0.83 亿元。

福建省受灾人口 0.85 万人，紧急转移安置人口 0.62 万人。房屋倒塌 53 间，损坏 249 间。水产养殖受灾面积 13.28 千公顷，损失 88 053 吨，养殖设备、设施损失 319 个。渔船毁坏 212 艘，损坏 267 艘。港口、渔港受损 15 座，码头损毁 1.23 千米，防波堤损毁 2.47 千米，海堤、护岸损毁 2.00 千米，道路损毁 0.82 千米。农田淹没面积 0.83 千公顷。直接经济损失 8.09 亿元。

"160720"温带风暴潮 7 月 19—21 日，受温带气旋影响，渤海沿海出现了一次较强的温带风暴潮过程，辽宁、河北和天津三地因灾直接经济损失 8.56 亿元。

沿海监测到的最大风暴增水为 115 厘米，发生在河北省黄骅站。

河北省秦皇岛站出现了达到当地黄色警戒潮位的高潮位；河北省黄骅站和曹妃甸站、天津市塘沽站出现了达到当地蓝色警戒潮位的高潮位。

辽宁省渔船毁坏 1 艘。码头损毁 1.00 千米，海堤、护岸损毁 5.00 千米。直接经济损失 0.09 亿元。

河北省房屋倒塌 2 间，损坏 3 间。渔船毁坏 7 艘，损坏 28 艘。防波堤损毁 14.50 千米。海水浴场护网损毁 2.00 千米。直接经济损失 7.67 亿元。

天津市水产养殖受灾面积 0.40 千公顷。渔船毁坏 2 艘。防波堤损毁 2.03 千米，海堤、护岸损毁 11.48 千米，道路损毁 4.02 千米。直接经济损失 0.80 亿元。

【风暴潮预警报】 按照国家海洋局《风暴潮、海浪、海啸、海冰灾害应急预案》的要求，2016 年预报中心通过中央电视台、中央人民广播电台和沿海省（自治区、直辖市）、计划单列市电视台和广播电台、手机短信平台、国家海洋环境预报中心网站、人民网、新华网、新浪网等新闻媒体，累计对 10 个影响我国沿海的热带气旋、10 次影响我国沿海的温带天气系统过程，向社会公众发布了 79 份风暴潮预警报。其中蓝色Ⅳ级警报 32 份，黄色Ⅲ级警报 34 份，橙色Ⅱ级警报 10 份和红色 3 级警报 12 份，风暴潮预警报期间共发布实况速报 76 份（见表 3，表 4）。向海洋局和国家防总报送台风风暴潮预判 10 份，并先后 7 次代表国家海洋局参加国家防总台风应急全国视频会商会议，在会上就风暴潮预警情况做了汇报，相关工作多次得到国家防总的肯定。风暴潮预警报以传真形式呈报国务院应急办公室、国家海洋局，并发往国家防汛抗旱总指挥部办公室、国家减灾委员会、交通部总值班室、中国海事局、农业部总值班室、总参作战部、海军司令部等部委，以及中国远洋运输总公司、中国海洋石油总公司、中国石油天然气股份有限公司等多家国家级涉海企事业单位，同时还发往受影响沿海省（自治区、直辖市）政府值班室、防汛指挥部和有关海洋部门。

表3　2016年风暴潮预警报发布统计表

过程名	影响省市（区）	红	橙	黄	蓝	速报
1601"尼伯特"	浙江、福建			3	3	5
1603"银河"	广东、海南、广西				3	5
1604"妮妲"	广东、福建、海南	3	1		1	5
1608"电母"	广东、广西、海南				3	4
1614"莫兰蒂"	福建、浙江			2	3	7
1616"马勒卡"	江苏、上海、浙江、福建			4	5	8
1617"鲇鱼"	上海、浙江、福建			4	2	7
1619"艾利"	广东				3	4
1621"莎莉嘉"	广东、海南、广西			4	1	8
1622"海马"	福建、广东			3	2	4
总计		3	9	18	23	57

表4　2016年风暴潮预警报发布统计表

温带过程	蓝色警报	黄色警报	橙色警报	实况速报
160122	2	0	0	3
160212	0	3	0	2
160613	3	0	0	2
160718	1	4	0	4
160824	0	2	0	1
160927	0	2	0	1
161019	1	0	0	1
161022	0	2	1	3
161030	2	0	0	1
161119	0	3	0	2
总计	9	16	1	20

【风暴潮预报技术研究进展】　2016年，国家海洋环境预报中心在原有的基础上，不断的改进预警报产品的质量和自动化程度，完成了中国海多源模型数值结果可视化操作平台，该操作平台可以通过获取中央气象台的台风实时报文数据生成风场驱动文件，并启动风暴潮数值模式模拟此次风暴潮过程，计算完成后可将计算结果上传到我中心网站。除此之外，该平台可以识别8套不同网格和不同区域的业务化风暴潮模式结果，绘制风暴潮预警报工作中所需图片和动画。

鉴于目前我国沿海风暴潮预警的发布面临着预警站位多、警戒潮位情况复杂、基面不统一等问题，开发了中国沿海风暴潮预警报发布辅助系统。该系统软件集成了沿海各潮位天文潮资料、警戒潮位情况和各基面换算关系，可以帮助预报员选择不同时次和站次的高潮及相应的预警级别，快速完成警报单中表格制作工作。

针对我国各级海洋预报机构的风暴潮预警报检验和数值预报检验工作量较大、基本依赖人工且易出错的现状，充分考虑我国沿海各海洋站基面不统一、警戒潮位情况复杂等情况，研究开发了风暴潮预报自动化检验平台，针对每次风暴潮预警报的级别、潮高和潮时以及不同时次发布的数值预报产品进行评价检验，自动生成预报检验评分报表，不仅减轻了预报员的工作量，而且检验结果更加准确。基于非结构网格和结构网格分别建立了全国沿海的风暴潮数值模型，目前已经开始试运行。

海浪灾害与预报

【海浪灾害】　2016年，我国近海共出现有效波高4米以上的灾害性海浪过程36次，其中台风浪13次，冷空气浪和气旋浪23次。因灾直接经济损失0.37亿元，死亡（含失踪）60人。2016年，海浪灾害总体灾情偏轻，直接经济损失为近5年平均值（2.76亿元）的13%；死亡（含失踪）人数为近5年平均值（57人）的1.05倍。沿海各省（自治区、直辖市）海浪灾害损失见表5。

表5 2016年沿海各省（自治区、直辖市）海浪灾害损失统计

省（自治区、直辖市）	死亡（含失踪）人数	水产养殖受灾面积（千公顷）	海岸工程损毁（千米）	船只损毁（艘）	直接经济损失（万元）
江苏	0	0.06	0.81	0	1 655.70
浙江	17	0	0	47	191.00
福建	23	0	0	7	1510.00
广东	4	0	0	4	34.00
海南	16	0	0	9	280.00
合计	60	0.06	0.81	67	3 670.70

【台风浪灾害】 2016年我国近海海域共发生有效波高4米以上台风浪过程13次，因灾直接经济损失0.18亿元，死亡（含失踪）7人，其余近岸海浪与风暴潮相互作用造成的灾害统计在风暴潮灾害中（见风暴潮灾害与预报部分）。

1601 "尼泊特" 台风浪 超强台风"尼泊特"于7月6—9日在台湾以东洋面形成了9~14米的台风浪，台湾海峡形成了4~6米的台风浪，台东外洋浮标实测最大有效波高14.2米，平潭、北礵、崇武海洋站分别测得最大有效波高3米、2.5米和2.5米。

1603 "银河" 台风浪 1603强热带风暴"银河"于7月26—28日在南海北部、北部湾海面形成3~5米的台风浪，国家海洋局QF304浮标实测最大有效波高3.8米，防城港海洋站测得最大有效波高2米。

1604 "妮妲" 台风浪 强台风"妮妲"于7月31日—8月2日在巴士海峡、南海北部海面形成7~11米的台风浪，台湾海峡南部形成了4~8米的台风浪，国家海洋局QF206、QF307浮标实测最大有效波高分别为7.9米和6.8米。

1608 "电母" 台风浪 强热带风暴"电母"于8月17—20日在南海中部、北部、北部湾海面形成4~6米的台风浪，国家海洋局SF301、QF304浮标实测最大有效波高分别为5.3米和4.9米，防城港海洋站测得最大有效波高4米。

1614 "莫兰蒂" 台风浪 超强台风"莫兰蒂"于9月14—15日在巴士海峡、南海东北部海面形成了9~17米的台风浪，台湾海峡海面形成了6~9米的台风浪，鹅銮鼻、七美浮标实测最大有效波高分别为17.4米和9米。

1616 "马勒卡" 台风浪 强台风"马勒卡"于9月16—19日在台湾以东洋面形成了8~12米的台风浪，在东海海面形成7~10米的台风浪，国家海洋局QF205浮标实测最大有效波高5.4米，北礵、大陈海洋站均测得最大有效波高3米。造成江苏省盐城市滨海县和射阳县水产养殖受灾面积0.03千公顷，码头损毁0.01千米，海堤、护岸损毁0.80千米，直接经济损失1234.40万元，无人员死亡（含失踪）。

1617 "鲇鱼" 台风浪 超强台风"鲇鱼"于8月27—28日在台湾以东洋面形成8~12米的台风浪，在东海南部、台湾海峡海面形成6~10米的台风浪，花莲、马祖浮标均测得最大有效波高10.6米，北礵、南麂海洋站分别测得最大有效波高6.3米和6.6米。

1618 "暹芭" 台风浪 超强台风"暹芭"于10月3—5日在东海东部海面形成6~10米的台风浪，在东海西部、钓鱼岛附近海面形成4~5.5米的台风浪，国家海洋局QF207浮标实测最大有效波高5.5米，大陈海洋站测得最大有效波高3.5米。

1619 "艾莉" 台风浪 强热带风暴"艾莉"于10月6—10日在南海东北部海面形成4~6米的台风浪，国家海洋局QF307、QF208浮标实测最大有效波高均为5.3米，平潭海洋站测得最大有效波高3米。

1621 "莎莉嘉" 台风浪 超强台风"莎莉嘉"于10月16—19日在南海中部、北部海面形成7~11米的台风浪，在北部湾海面形成4~6米的台风浪，国家海洋局SF301、QF306浮标均测得最大有效波高6米，博鳌、东方

海洋站分别测得最大有效波高 3.5 米和 4 米。

　　1622"海马"台风浪　超强台风"海马"于 10 月 19—22 日在南海北部、巴士海峡海面形成 7~10 米的台风浪，在台湾海峡海面形成 5~8 米的台风浪，国家海洋局 QF308、QF307 浮标实测最大有效波高分别为 8.1 米和 7.4 米，南澳、遮浪海洋站分别测得最大有效波高 4.5 米和 4 米。

　　1625"蝎虎"台风浪　强热带风暴"蝎虎"于 11 月 26—28 日在南海中部海面形成 4~6 米的台风浪。

　　1626"洛坦"台风浪　超强台风"洛坦"于 12 月 26—28 日在南海中部海面形成 5~7 米的台风浪。

【冷空气与气旋浪灾害】　2016 年，我国近海海域共发生波高 4 米以上冷空气浪和气旋浪过程 23 次，因灾直接经济损失 0.19 亿元，死亡（含失踪）53 人。

　　"160122"冷空气浪　1 月 22~25 日，受冷空气影响，东海部分海域出现了 4~6 米的巨浪到狂浪，国家海洋局 QF205 浮标实测东北和偏北风 7~8 级，最大有效波高 5.8 米，最大波高 8.9 米，造成浙江省台州市附近海域 45 艘渔船受损，直接经济损失 78 万元，无人员死亡（含失踪）。

　　"160131"冷空气浪　1 月 31 日，受冷空气影响，东海部分海域出现了 2.5~3.8 米的大浪，国家海洋局 QF208 浮标实测东北风 6~7 级，最大有效波高 3.7 米，最大波高 5.7 米，造成 1 艘福建籍渔船在本省漳州市附近海域沉没，死亡（含失踪）4 人，直接经济损失 200 万元。

　　"161203"冷空气浪　12 月 3 日，受冷空气影响，东海部分海域出现了 2.5~3.0 米的大浪，国家海洋局 QF307 浮标实测东北风 7 级，最大有效波高 3.0 米，最大波高 5.3 米，造成 1 艘福建籍渔船在本省漳州市附近海域沉没，死亡（含失踪）7 人，直接经济损失 135 万元。

表 6　2016 年海浪灾害过程及损失统计

受灾地区	灾害发生时间	引发海浪原因	死亡（含失踪）人口（人）	直接经济损失（万元）
福建	1 月 8 日	冷空气	5	300.00
广东	1 月 10 日	冷空气	0	10.00
浙江	1 月 12 日	冷空气	1	0
广东	1 月 18 日	冷空气	0	15.00
海南	1 月 21 日	冷空气	3	0
浙江	1 月 22~25 日	冷空气	0	78.00
福建	1 月 31 日	冷空气	4	200.00
海南	2 月 12 日	强对流天气	3	0
福建	2 月 29 日	冷空气	3	5.00
福建	3 月 14 日	冷空气	0	250.00
海南	3 月 17 日	强对流天气	0	90.00
浙江	3 月 23 日	冷空气	3	0
海南	4 月 11 日	强对流天气	8	0
海南	4 月 13 日	强对流天气	0	70.00
海南	4 月 23 日	强对流天气	0	30.00
浙江	5 月 15 日	冷空气和气旋共同作用	7	60.00
广东	7 月 10 日	强对流天气	0	5.00
海南	9 月 3 日	强对流天气	1	0
福建	9 月 11 日	强对流天气	3	120.00
江苏	9 月 18~20 日	1616"马勒卡"台风外围和冷空气共同作用	0	1 234.40
福建	9 月 28 日	1617"鲇鱼"台风	1	500.00
海南	10 月 13 日	冷空气	0	90.00
浙江	10 月 14 日	冷空气	1	3.00
浙江	10 月 21 日	1622"海马"台风外围和高压底部共同作用	5	50.00
海南	10 月 21 日	1622"海马"台风	1	0
江苏	10 月 22 日	冷空气和气旋共同作用	0	421.30
广东	10 月 30 日	冷空气	3	0
广东	11 月 26 日	冷空气	1	4.00
福建	12 月 3 日	冷空气	7	135.00
合计			60	3 670.70

【海浪预报】 2016 年，国家海洋环境预报中心继续制作并通过中央电视台新闻频道、中国教育频道、旅游卫视频道、凤凰卫视频道、中央人民广播电台、新浪网、新华网、国家海洋局和国家海洋环境预报中心网站等全国性媒体对外加发布西北太平洋及中国近海24~72 小时公益性海浪预报、中国沿海共 26 个主要滨海旅游城市、23 个海水浴场、16 个滨海旅游度假区、7 条海上航线及钱塘江观潮的24~72 小时近海海浪预报。通过凤凰卫视频道，新增加 10 个海岛海浪预报。

2016 年，与中央气象台开展海浪数值预报产品共享合作，为其 WMO 规定的 XI 海区及中国近海提供 120 小时海浪预报。

2016 年，国家海洋环境预报中心继续为处于渤海、东海及南海海域的海上石油平台、海上运输航线提供专项海浪服务，制作海浪预报单合计 12000 余份，为海上生产活动、人员安全等提供科学有力保障。继续为我国兴建的世界最大桥隧结合工程"港珠澳大桥"项目的岛隧工程提供海浪预报保障，海浪预报时效 144 个小时。

【海浪预警报】 2016 年，国家海洋环境预报中心、国家海洋局东海、北海和南海预报中心、沿海省（自治区、直辖市）、计划单列市海洋预报（中心）台，按照《风暴潮、海浪、海啸和海冰灾害应急预案》，通过中央电视台、中央人民广播电台和沿海省（自治区、直辖市）、计划单列市电视台和广播电台、手机短信平台、国家海洋局网站、国家海洋环境预报中心网站、新华网、新浪网等新闻媒体发布了 1601 "尼泊特"、1603 "银河"、1604 "妮妲"、1608 "电母"、1614 "莫兰蒂"、1616 "马勒卡"、1617 "鲇鱼"、1618 "暹芭"、1619 "艾莉"、1621 "莎莉嘉"、1622 "海马"、1625 "蝎虎"、1626 "洛坦"、冷空气浪和气旋浪等 26 次灾害性海浪过程，国家海洋环境预报中心发布海浪警报及紧急警报 157 份（其中红色海浪紧急警报 15 份）、

海浪实况速报 178 份；同时还向受灾害性海浪影响的沿海省（自治区、直辖市）、计划单列市人民政府、国家海洋局、国家安全生产应急救援指挥中心、国家减灾委员会办公室、国家防汛抗旱总指挥部办公室、交通部总值班室、中国海事局、中国海上搜救中心、交通部救助打捞局、农业部总值班室、农业部渔业局、中国海监总队、总参作战部、海军司令部、中国远洋运输总公司、中国海运（集团）公司、中国海洋石油总公司、中国石油天然气股份有限公司、中国石油化工集团公司、中国海洋石油天津、上海、广州分公司等几十家海洋生产指挥部门和海洋交通运输部门、海洋石油勘探与开采部门发布海浪预警报。

【海浪数值预报模式研究】 2016 年海浪数值预报系统改进。(1) 短风区海域源函数项参数化方案改进：对中国近海海浪数值预报模式产品进行分区域分析，发现中国近海各个海区模式精度差异较大，尤其是在短风区海域模式性能不能满足业务应用。针对模式性能缺陷优化率定海浪模式源函数参数化方案有效地改善了短风区海域模式的模拟精度。(2) 建立事件触发式海浪数值预报系统：基于 ecFlow 建立了事件触发式海浪数值模式管理系统，方便预报员管理数值预报系统。

海冰灾害与预报

【冰情与灾害】 冰情概况 2015/2016 年冬季，渤海及黄海北部冰情为常冰年（3.0 级），初冰日为 2015 年 11 月 23 日，终冰日为 2016 年 3 月 12 日，冰期 111 天。全海域浮冰最大覆盖面积 39284 平方千米，出现在 2016 年 2 月 2 日。辽东湾海冰最大覆盖面积 21594 平方千米，出现在 2 月 1 日，浮冰外缘线离岸最大距离 79 海里，出现在 2 月 1 日；渤海湾海冰最大覆盖面积 9436 平方千米，出现在 2 月 2 日，浮冰外缘线离岸最大距离 23 海里，出现在 2 月 3 日；莱州湾海冰最大覆盖面积

5086平方千米，出现在2月3日，浮冰外缘线离岸最大距离34海里，出现在2月2日；黄海北部海冰最大覆盖面积6216平方千米，出现在2月1日，浮冰外缘线离岸最大距离20海里，出现在2月1日。2015/2016年冬季渤海及黄海北部冰情统计见表7。

冰情灾害 2015/2016年冬季，海冰灾害影响我国渤海及黄海北部海域，造成直接经济损失0.20亿元，为近5年平均值（1.05亿元）的19%，为2014/2015年冬季的3.33倍。2015/2016年冬季海冰灾害损失统计见表8。

表7 2015/2016年冬季渤海及黄海北部冰情统计

影响海域	初冰日（年/月/日）	终冰日（年/月/日）	浮冰最大覆盖面积（平方千米）	浮冰离岸最大距离（海里）	一般冰厚（厘米）	最大冰厚（厘米）
辽东湾	2015/11/23	2016/3/12	21594	79	10~20	35
渤海湾	2016/1/8	2016/2/21	9436	23	5~15	25
莱州湾	2016/1/8	2016/2/20	5086	34	5~15	25
黄海北部	2015/11/26	2016/2/20	6216	20	5~15	25

表8 2015/2016年海冰灾害损失统计

省（自治区、直辖市）	受灾人口		损毁船只（艘）	水产养殖损失		海岸工程损毁（千米）	直接经济损失（万元）
	受灾人口（万人）	死亡（含失踪）人口（人）		受灾面积（千公顷）	数量（万吨）		
辽宁	—	0	2	0	0	0	4.00
江苏	—	0	0	1.67	0.37	0	2000.00
合计	—	0	2	1.67	0.37	0	2004.00

【海冰监测与预报研究】 冰情监测 2015/2016年冬季，国家海洋环境预报中心完善了立体化海冰监测，包括海冰卫星遥感、沿岸海洋站、破冰船、鲅鱼圈雷达站、白沙湾雷达站、辽东湾石油平台等。海冰组按照中心部署，组织了渤海及黄海北部沿岸海冰调查，参加了海军破冰船海冰调查，开展了辽东湾平台海冰雷达监测。

2016年冬季接收国家卫星海洋应用中心的卫星遥感海冰监测信息70期；MODIS卫星遥感图像210幅；HY-1B卫星遥感图像108幅；高分辨率雷达卫星RADARSAT-2图像8幅。接收辽东湾海上平台海冰监测报表共260份；接收鲅鱼圈雷达海冰监测图200余幅。

2016年1月13—19日，国家海洋环境预报中心组织开展了2015/2016年冬季沿岸海冰调查。国家海洋环境预报中心、国家卫星海洋应用中心、辽宁海洋环境监测预报总站、营口市海洋环境监测站组成海冰调查队，调查工作历经7天，途经10个城市和地区，行车路程达2200多千米，在辽东湾和黄海北部沿岸展开调查工作，为了更全面的掌握冬季我国冰情的分布，最远到达黄海北部沿岸。

调查结果显示2015/2016年冬季沿岸冰情为常年，较2014/2015年冬季偏重。

2016年1月25日海军新一代破冰船"海冰722"从葫芦岛港出发，执行该船的首次渤黄海海冰调查工作，31日安全返港。海军、海洋局等单位参加了本次调查。此次调查累计航行100小时，航程900余海里。获取渤海23个、黄海5个固定站点的冰情、水文及气象等资料。调查实测最大冰厚27.8厘米，平均10厘米左右，总体冰情接近常年。

在发布海冰警报期间，国家海洋环境预报中心组织北海预报中心、辽宁海洋环境预报总站等进行海冰灾害远程视频应急会商，将海冰的监测信息和海冰预报向国家各级政府部门汇报，并积极配合公共产品服务部宣传海冰预警报工作。

预报研究 2015/2016 年冬季共发布：海冰年展望 1 期，海冰月预报 4 期，海冰旬预报 10 期，海冰周预报 15 期；海冰蓝色警报 11 期，海冰黄色警报 1 期，海冰警报解除通报 2 期。数值预报自 2015 年 12 月 16 日—2016 年 2 月 28 日，发布业务化海冰数值预报 75 期，精细化海冰数值预报 75 期，高分辨率海冰数值预报 75 期。

在完成日常海冰预警报工作的前提下，圆满完成了为中海石油公司提供的各类专项海冰预报服务，包括海冰统计预报、海冰数值预报以及海上石油平台的冰激振动预报等。海冰预报较准确地预测了海冰演变过程，抓住其主要演变过程及特点，为保障冬季海上的安全生产发挥了重要作用。

承担了国家自然基金"基于离散元的海冰精细化数值模型研究"、科技部重点专项"海洋重大灾害预报技术研究与示范应用"、国家公益项目"面向预警的海冰监测技术研究与示范"、科技部重点专项"日本海及鄂霍次克海非结构网格的海冰数值模式研制与应用"和国家自然基金面上项目"海冰破碎尺寸分布的空间多尺度研究"等科研项目，均达到预期科研目标。

完成了年初制定的重点任务：

（1）石油平台冰激振动预报系统业务化试运行

利用数值模式预报的冰速、冰厚等结果，对 JZ20-2MUQ 锥形平台进行了预报试验及验证。根据 2016 年 1 月 13 日、28 日与 31 日的检验结果，模式结果与实测数据数值相近，绝大部分情况下变化趋势相同，预报准确度与去年相比有所提高。

（2）渤海冰—海洋耦合模式改进

进行渤海海冰厚度空间分布研究，以发展海冰厚度分布函数，然后将海冰厚度实况场同化到模式中。利用卫星遥感反演获取海冰厚度、密集度实况分布，分辨率 6 分，将其插值为 2 分，冰—海洋耦合模式计算过程中将海冰实况同化到模式中，开展了海冰预报试验。

（3）渤黄海海冰遥感软件的算法研究及改进

目前利用单一波段灰阶数值来计算海冰密集度，在泥沙浓度较大的情形容易发生误判，产生较大误差。利用原来软件提取的图像结果悬浮泥沙含量较高的海水，但是被海冰遥感软件误判为薄冰。在海冰业务化流程中，每天接收的 MODIS 影像中时效性最好的是真彩色影像，即只含有红绿蓝波段的影像，含有其他各波段的影像常常因为处理时间的问题缺乏实时性，影响日常数值预报的发布。因此我们这里对只利用红绿蓝三波段计算的反照率算法进行改进并反复试验，提出新的反演算法，提高了反演精度。

（国家海洋局预报减灾司　国家海洋环境预报中心）

赤潮灾害与预报

【赤潮灾害】　2016 年全海域共发现赤潮 68 次，累计面积约 7484 平方千米。东海发现赤潮次数最多，为 37 次；累计面积最大，为 5714 平方千米。2016 年，我国沿岸海域赤潮高发期主要集中在 3—8 月份，共发现赤潮 65 次，占总发现次数的 95.60%。

2016 年，我国沿岸海域引发赤潮的优势种共 28 种。夜光藻赤潮次数最多，为 20 次；红色赤潮藻次之，为 17 次；东海原甲藻 15 次。甲藻和着色鞭毛藻类等引发赤潮共计 56 次，约占 82%。4 月 30 日—5 月 4 日，在秦皇岛近岸海域发生塔马亚历山大藻赤潮，紫贻贝体内麻痹性贝类毒素超标严重。8 月 18 日—10 月 24 日，在渤海湾北部发生了多环旋沟藻等 9 种生物单相、双相和多相赤潮，最大面积为 630 平方千米，其中伊姆裸甲藻赤潮持续 38 天，是我国新纪录赤潮种。

2016年赤潮次数和累计面积均较上年度大幅增加，与近10年平均值相比，赤潮2016发现次数增加6次，累计面积减少1120平方千米。其中5月和8月两个月的累积面积超过全年的70%，9月份之后未再发现赤潮，这在近十年尚属首次。

【赤潮预报】　2016年共发布全国《赤潮生成条件预测》14期。其中，涉及渤、黄海赤潮预测8期，东海赤潮预测8期，南海赤潮预测3期。　　　　　　（国家海洋环境预报中心）

台风灾害与预报

【2016年西北太平洋和南海台风概况】　2016年，西北太平洋和南海共有26个编号台风（包括热带风暴级、强热带风暴级、台风级、强台风级和超强台风级）生成，比多年（1949—2016年，下同）平均值（27.0个）偏少1.0个。其中，有8个台风先后登陆我国沿海地区，比多年登陆平均值（7.0个）偏多1.0个。

2016年西北太平洋和南海台风活动具有以下特点：

（一）上半年无台风

2016年1—6月，西北太平洋和南海没有台风生成，比常年同期偏少4.6个。

（二）初台生成时间晚

2016年第1号台风"尼伯特"NEPARTAK是历史上起编时间第二晚的台风，起编时间为7月3日；初台生成时间最晚的是1998年的台风NICHOLE，起编时间为7月9日。

（三）7—9月台风群发

2016年7—9月共有18个台风生成，比历史同期（7—9月）偏多4.8个。

（四）生成源地偏北偏东

在西北太平洋和南海，台风生成源地一般集中在三个区域：①南海中北部海域；②菲律宾以东洋面；③马里亚纳群岛附近。2016年度台风并不生成于上述3个集中区域，生成源地略偏北；同时，菲律宾以东洋面的台风生成数偏少，大部分台风生成于马里亚纳群岛附近，生成位置略偏东。

2016年共有8个台风和1个热带低压在我国登陆，8个台风分别是：1601号台风"尼伯特"（NEPARTAK）、1603号台风"银河"（MIRINAE）、1604号台风"妮妲"（NIDA）、1608号台风"电母"（DIANMU）、1614号台风"莫兰蒂"（MERANTI）、1617号台风"鲇鱼"（MEGI）、1621号台风"莎莉嘉"（SARIKA）、1622号台风"海马"（HAIMA）。

【2016年台风对中国造成的灾害】　2016年，共有9个台风和1个热带低压影响我国，其中有8个台风和1个热带低压登陆我国。

【西北太平洋和南海台风综合预报】　中国气象局中央气象台建立了利用卫星、雷达、地面常规观测和自动站加密观测、海洋观测、高空观测等多种资料的台风定位、定强业务。在编号台风未进入中央气象台的警报发布区（即48小时警戒线内），开展每天逐6小时的4次定位、定强，并同时发布12—120小时预报；当台风进入中央气象台的警报发布区后，开展每天逐3小时的8次定位、定强，并同时发布12—120小时预报；当台风进入24小时警戒线内，开展每天逐小时的24次定位、定强，同时在00时、03时、06时、09时、12时、15时、18时和21时（世界时）发布6小时、12小时、18小时、24小时、36小时、48小时、60小时、72小时、96小时、120小时预报。

2016年，中央气象台改进《台风预警》，对重要内容予以加重显示，突出描述台风影响的极端性，如沿海最大风力影响的区域与时段，大风圈半径的预报信息等。2016年，中央气象台持续优化台风路径集合预报订正方法（TYTEC），改进台风生成预报业务，开展台风大风圈预报业务，同时加强南海台风监测预警能力建设。

表9 2016年登陆我国的台风概况表

序号	中央台编号	国际编号	中英文名称	强度极值	登陆情况				
					地点	时间	最大风力（级）	最大风速（米/秒）	中心气压（百帕）
1			南海低压	热带低压	广东阳江	5月27日16时15分	7	14	998
2	1601	1601	尼伯特（NEPARTAK）	超强台风级	台湾台东	7月8日5时50分	16	55	920
					福建泉州	7月9日13时45分	10	25	990
3	1603	1603	银河（MIRINAE）	强热带风暴级	海南万宁	7月26日22时20分	10	28	985
4	1604	1604	妮妲（NIDA）	强台风级	广东深圳	8月2日03时35分	14	42	960
5	1608	1608	电母（DIANMU）	强热带风暴级	广东湛江	8月18日15时40分	8	20	982
6	1614	1614	莫兰蒂（MERANTI）	超强台风级	福建厦门	9月15日03时05分	15	48	945
7	1617	1617	鲇鱼（MEGI）	超强台风级	台湾花莲	9月27日14时10分	14	45	950
					福建泉州	9月28日04时40分	12	33	975
8	1621	1621	莎莉嘉（SARIKA）	超强台风级	海南万宁	10月18日9时50分	14	45	960
					广西防城港	10月19日14时10分	10	25	988
9	1622	1622	海马（HAIMA）	超强台风级	广东汕尾	10月21日12时40分	14	42	960

表10 2016年台风影响及灾害情况

台风名称及编号	登陆地点	登陆时间（月.日）	登陆时中心附近最大风力（级）	影响地区	受灾人口（万人次）	死亡失踪人口（人）	直接经济损失（亿元）
南海低压	广东阳江	5月27日	7级（14米/秒）	广东	14.5	/	0.6
尼泊特（1601）	台湾台东	7月8日	16级（55米/秒）	台湾、福建、江西	87.4	105	124.6
	福建泉州	7月3日	10级（25米/秒）				
银河（1603）	海南万宁	7月26日	10级（28米/秒）	海南、广西、云南	25.0	/	3.8
妮妲（1604）	广东深圳	8月2日	14级（42米/秒）	湖南、广东、广西、贵州、云南	91.3	2	11.4
电母（1608）	广东湛江	8月18日	8级（20米/秒）	广东、广西、海南、云南	153.1	6	31.8
狮子山（1610）	/	/	/	辽宁、吉林、黑龙江	144.9	/	72.2
莫兰蒂（1614）	福建厦门	9月15日	15级（48米/秒）	上海、江苏、浙江、福建、江西	375.5	44	316.4
鲇鱼（1617）	台湾花莲	9月27日	14级（45米/秒）	江苏、浙江、福建、江西、台湾	264.7	40	103.6
	福建泉州	9月28日	12级（33米/秒）				
莎莉嘉（1621）	海南万宁	10月18日	14级（45米/秒）	广东、广西、海南	358.4	1	52.9
	广西防城港	10月19日	10级（25米/秒）				
海马（1622）	广东汕尾	10月21日	14级（42米/秒）	广东、福建	206.5	/	49.1
总 计					1721.3	198	766.4

【台风预报服务情况】 针对2016年26个台风的预报服务，中央气象台密切跟踪其变化趋势、及时发布台风定位定强信息和预警信息，共计发布《台风公报》260期；《台风预警》129期，其中蓝色预警65期，黄色预警30期，橙色预警21期，红色预警13期；提供台风服务材料30期，并及时通过各种媒体发布台风预警信息，极大地减少了台风灾害造成的损失。

2016年，针对8个登陆台风中央气象台及时组织18次台风专题会商，邀请沿海省、区、市气象台共同讨论台风的路径和强度变化及风雨影响，及时发布台风最新监测预警信息。

过去5年间（2012—2016年），中央气象台台风路径预报误差呈现逐年减少的趋势。针对2016年的26个台风，中央气象台24小时、48小时、72小时、96小时和120小时台风路径预报误差分别为66千米、127千米、213千米、292千米和364千米，均优于日本气象厅和美国联合台风警报中心的预报水平，其中 24 小时路径预报误差继续稳定在 70 千米以内。

另外，针对全球海域（除西北太平洋和南海海域外）活动的热带气旋，中央气象台每日发布《全球热带气旋监测公报》两次，发布时间为：02 时和 10 时（世界时）。2016年，中央气象台共发布《全球热带气旋监测公报》369 期。

海洋气象预报与服务

【海事天气公报】　2016 年，中央气象台共发布《海事天气公报》1464 期。

责任海区范围　按国际规定，中国承担的责任海区范围从 42°N，137°E 开始，沿印度洋海事卫星覆盖区的东部边界到 0°、141°E、10°S、127°E、12°S、95°E、5°N、95°E、10°S、97°E，再向东北方向沿海岸线回到 42°N，137°E。

报文内容　报文以英语的形式发布。

（1）必须发报的内容

大于等于 7 级大风区的范围或地理位置。说明造成大风的热带气旋或温带气旋中心强度（最低气压、风力）、位置、移向、移速；较强冷锋、暖锋和静止锋的位置；

能见度 <10 千米的区域；

浪高 ≥2 米的区域，在热带风暴、温带气旋活动区中加发最大浪高。

（2）选择发报的内容

当责任海区内无 ≥7 级大风出现，或者海区内已经出现有代表性的天气系统和天气现象，则需要从以下内容中选择部分内容发报：

较弱冷锋、暖锋和静止锋的位置以及海区内有影响的天气现象等。

广播方式及覆盖范围　为方便船舶及时收到海上安全有关的气象预报和警报，按规定广播须采用国际海事卫星安全网，通过印度洋海事卫星进行广播。该卫星的广播覆盖范围包括了我国承担的全部责任区，能满足用户的接收需要。

广播时次　通过海事卫星安全网定时发布的《海事天气公报》每日 4 次，发布时间分别为 03:30 时、10:15 时、15:30 时和 22:15 时。

另外，报文的内容以中英文双语的形式在中国气象局网站上发布。

【海洋气象要素格点化预报业务】　2016 年 4 月 18 日，海洋气象预报业务切换为海洋气象格点化预报业务。预报员通过编辑风场、天气现象、浪高和能见度四个要素的格点场，主观订正预报，生成海区预报、海事天气公报等预报产品。每日 3 次制作并发布 1—3 天责任海区海洋气象要素 25 千米分辨率格点化预报产品，时间间隔 12 小时。

【海洋气象公报】　以中文形式描述中国近海海区的天气实况和预报，具体包括《海洋天气公报》《海上大风预报》《海雾预报》和《海上大风预警》。预报/预警的预报范围为中国近海，发布时间为（世界时）每日 02 时、10 时和 22 时。《海洋天气公报》分发单位为中国气象局网站、中国海上搜救中心以及舟山海洋气象广播电台；《海上大风预报》《海雾预报》和《海上大风预警》分发单位为中国气象局网站、中国海上搜救中心、华风气象影视中心以及舟山海洋气象广播电台。

2016 年，中央气象台共发布《海洋天气公报》1098 期、《海上大风预报》414 期（5 月 18 日之前含在《海洋天气公报》中，192 期，之后单独发布《海上大风预报》产品，222 期）、《海上大风黄色预警》37 期。另外，2016 年 3 月新增海雾预报业务，针对海雾过程发布海雾预报 57 期，海雾预报含在《海洋天气公报》中。发布海上强对流预报 92 期，含在《海洋天气公报》中。2016 年除热带气旋影响外，中国近海出现 8 级以上大风共 132 天，其中冷空气过程 26 次，温带气旋过程 12 次，冷空气和气旋共同影响过程 9 次。

【海区预报】　对中国近海海域、远海海域分别就天气现象、风向、风力、浪高以及能见度分别做 0—12 小时、12—24 小时、24—36 小时、36—48 小时、48—60 小时、60—72 小时预报。2016 年中央气象台分别发布《近海海区预报》《远海海区预报》1098 期，分发单位为中国气象局网站、华风气象影视中心、中国海上搜救中心以及签约客户。

【北太平洋分析和预报】　分析 0°~60°N、100°E~120°W 范围内，0—48 小时海平面气压场图、500hPa 高度场图的实况和预报。发布时间为每天 03:30 世界时。分发单位为中国气象局网站、华风气象影视中心。2016 年重建海洋气象传真图业务，通过信息中心把传真图发至上海市气象局，上海市气象局汇总后发送给上海海岸广播电台，由其实现对海广播。

【专业海洋气象预报】　中国气象局台风与海洋气象预报中心开展全球海洋气象导航业务，并提供各大洋天气要素风场、涌、浪的 120 小时内的预报。具体产品包括：船舶海洋气象导航、船舶监视、航线分析、海区预报、事故分析。

2016 年，中国气象局台风与海洋气象预报中心承担了涉及船舶包括矿砂船、特型大件特种运输船、杂货船以及渔政执法船等船舶的导航业务，航行海域涵盖全球三大洋各海域。

【海洋气象保障服务】　海洋气象春运保障服务　2016 年 1 月 21 日—3 月 1 日春运保障期间，共发布 34 期春运海上服务专报，其中有 7 次冷空气过程造成我国近海出现 27 天 8 级以上大风天气，相关的海上大风专报被海上航运部门、海上搜救中心等引用到其部门的网站上。

南海岛礁保障服务　为做好南沙岛礁建设气象服务保障工作，制定了《南沙岛礁气象保障服务实施方案》，并适时启动预报服务工作，到 2016 年上半年共做 6 期专报，为决策服务提供了参考依据。

马航班机失联搜救气象保障服务　从 2 月 20 日起，每日 1 期为在南印度洋执行搜救任务的中国海上搜救中心船舶提供专项气象服务，至 6 月 30 日共制作了 132 期专报，为搜救行动提供了有力的支持，相关工作得到中国海上搜救中心的来函表扬。

五方礁气象服务　2016 年 2 月 19 日开始，每日为中国海上搜救中心制作一份岛礁专报，预报五方礁附近海域天气海况，到 2 月 23 日共制作了 9 期专报。

海警巡航服务　2016 年 7 月 4 日至 8 月 4 日，为中国海警 2302 舰提供巡航服务预报 31 期。7 月 26 日至 8 月 9 日为海警 2301 舰提供巡航服务预报 14 期。7 月 18 日至 8 月 6 日为海警 1303 舰提供巡航服务预报 21 期。

（中国气象局）

厄尔尼诺和拉尼娜灾害与预报

【海表温度演变特征】　在 2016 年上半年，开始于 2014 年 9 月的超强厄尔尼诺事件逐渐衰减并结束于 2016 年 5 月，因此在 2016 年 1—5 月，赤道中东太平洋海表温度距平（SSTa）呈厄尔尼诺状态（大于或等于 0.5℃）。随后的 6—7 月，赤道中东太平洋 SSTa 回归正常状态（介于 -0.5~0.5℃之间）。8 月开始，赤道中东太平洋海大部海域 SSTa 下降到拉尼娜状态（Nino3.4 区 SSTa 小于或等于 -0.5℃）并维持到 11 月。12 月，赤道中东太平洋海大部海域海表温度回升，呈正常偏冷状态。

【暖池演变特征】　2016 年，印度洋暖池在 1—8 月偏强，在 9—12 月接近正常；赤道西太平洋暖池强度全年偏强。

【次表层海温演变特征】　2016 年上半年超强厄尔尼诺衰减结束，下半年赤道中东太平洋转向拉尼娜状态，赤道太平洋次表层海温异常也经历了如此过程。1—2 月，赤道中东太平洋次表层由中心海温距平超过 5℃的暖水控制，此时西太平洋次表层已出现冷水，其冷中心海温距平低于 -4℃，并且冷水向东延伸已越过日界线位于上层暖水下部。3—5 月，赤道太平洋 50~250 米厚度都已由冷水控制，暖水仅存于 50 米以上厚度。6—10 月，次表层冷水逐渐向中东太平洋聚集，而西太平洋次表层逐渐转暖，形成西暖东冷的拉尼娜状态格局；11—12 月，次表层维持拉尼娜状态格局，并在 12 月，西太平洋暖水向东扩展，而中东太平洋冷水强度有所减弱。

【南方涛动演变特征】　2016 年，南方涛动指数（SOI）与 ENSO 位相变化一致。1—4 月，南方涛动指数为负值，呈现厄尔尼诺状态特征。5 月，伴随厄尔尼诺事件结束，南方涛动指数转为正值，6—12 月期间，南方涛动指数除 10 月略微低于常年平均外，其余月份保持正值，与 ENSO 在下半年由正常状态转为拉尼娜状态较为一致。

【850hPa 风场演变特征】　2016 年，在对流层低层 850hPa，在赤道印度洋到西太平洋（60°—140°E），1—4 月主要受东风距平控制，自 5 月中旬开始，主要受西风距平控制；赤道东太平洋地区（160°W—90°W）全年西风和东风距平交替出现；赤道中太平洋（160°E—160°W）在上半年多受西风距平影响，下半年主要受东风距平控制。

【对流演变特征】　2016 年，1—4 月，与超强厄尔尼诺事件相伴随，在 180°—120°W 一带的热带中东太平洋热带对流明显发展旺盛，全球其余热带大部对流活动不显著；自 5 月中旬以后，伴随厄尔尼诺事件结束、热带太平洋海温回归正常并向拉尼娜状态发展，全球热带对流在印度洋到西太平洋发展旺盛，尤其在 9—11 月拉尼娜状态偏强期间，全球热带对流在西太平洋地区发展旺盛。

【厄尔尼诺和拉尼娜对我国的气候影响】

2016 年处于超强厄尔尼诺事件的衰减年，受前期赤道中东太平洋暖海温异常和热带印度洋全区一致暖海温异常的持续影响，东亚夏季风总体偏弱，西太平洋副热带高压夏季较常年同期偏强，西伸脊点偏西，脊线位置总体接近常年，但阶段性南移。由此导致，

2016 年夏季我国长江中下游大部降水较常年同期偏多 20%~50%，其中湖北东部至安徽中部偏多 50% 以上。尤其 6 月 30 日至 7 月 6 日，江淮、江汉、江南北部、华南中西部等地出现 2016 年持续时间最长、强度最强、影响范围最广的暴雨过程，累计降水量 100 毫米以上的面积约 65 万平方千米，300 毫米以上面积约 14 万平方千米。长江中下游和太湖流域全线超警，其中长江流域发生 1998 年以来最大洪水，太湖发生流域性特大洪水。长江中下游梅雨入梅偏晚 5 天，出梅偏晚 8 天，梅雨期雨量偏多 108%。

2016 年 3 月 14 日，国家气候中心主持召开了 2016 年夏季 ENSO 预测全国会商会，会议邀请国家海洋局、中国科学院大气物理所和中国气象科学研究院的有关专家共同研讨，会议结论成功预测了此次超强厄尔尼诺事件的结束期以及随后发展的拉尼娜状态，具体预测意见为：预计此次极强厄尔尼诺事件将于 2016 年春季逐渐减弱，可能于 5 月结束，随后赤道中东太平洋进入短暂的正常状态，在夏末将转入拉尼娜状态。　　（中国气象局）

海平面和潮汐预报

【海平面业务化工作】　国家海洋信息中心按照《2016 年全国海洋预报减灾工作方案》的工作安排，开展我国沿海海平面变化监测、预测、影响调查与评估、适应策略研究等各项业务化工作，全面掌握我国沿海海平面变化和综合影响状况，为沿海经济社会发展、海洋防灾减灾和海洋领域应对气候变化提供信息支撑与决策依据。

沿海地区海平面变化影响调查　（1）2015 年度工作总结与验收。完成了 2015 年全国海平面变化影响调查评估工作的信息汇交、验收和评比。全国沿海 11 省（自治区、直辖市）和 5 个计划单列市提交了年度工作报告、实地调查技术报告、信息采集表和实地调查表，共 16 套，64 册，信息总量超过 15GB。

完成了《2015 年度全国海平面变化影响调查评估工作总结报告》。

（2）2016 年度方案编制。2015 年 2 月，编制完成《2016 年海平面变化影响调查评估工作方案》《2016 年海平面变化影响调查评估技术方案》《2016 年度海平面变化影响信息采集表》和《2016 年度海平面变化影响实地调查附表》，并由预报减灾司下发沿海各省（自治区、直辖市）和计划单列市海洋厅（局）。

工作方案明确了海平面变化影响调查评估工作的目的意义、工作目标与工作原则、任务分工、工作内容、工作成果和进度安排；技术方案规定了 2016 年海平面变化影响调查评估工作的具体目标、工作内容和技术路线，确定了信息采集与实地调查的技术要求，明确了成果汇交时间与具体内容。信息采集表规范了堤防状况、海洋工程影响、地面沉降基本状况、海岸侵蚀状况、海水入侵与土壤盐渍化状况、咸潮入侵状况和咸潮入侵过程、滨海湿地和红树林、风暴潮灾害和洪涝灾害等信息共 8 类 11 个表的填报格式与填报要求。实地调查分为重点区域实地调查和典型事件跟踪调查，重点区域实地调查包括海岸侵蚀、重点岸段堤防和围填海状况的实地调查，海平面变化影响典型事件包括风暴潮、咸潮入侵、海水入侵与土壤盐渍化等相关灾害，实地调查附表规范了实地调查工作获得的海岸蚀退状况、岸滩下蚀状况、海岸侵蚀灾害损失、围填海状况和围填海项目等信息的填报内容。

2016 年海平面变化影响调查评估工作将辽宁、山东、广东和海南作为试点省，重点开展海岸侵蚀监测和灾损评估工作，并将海岸侵蚀灾害概查、重点岸段调查与损失评估纳入全国海平面变化影响调查评估业务化工作范畴，把海岸侵蚀技术规程编入技术方案。为了全面掌握沿海地区围填海状况，重点区域实地调查增加了围填海状况等调查内容。

（3）技术交流与培训。组织编写了《2016 年海平面变化影响调查评估工作技术手册》。5 月 19—20 日在广州、6 月 16—17 日在烟台分两期开展了 2016 年全国海平面变化影响调查评估工作技术交流培训，分别针对方案说明、信息采集、实地调查、海岸侵蚀、围填海状况、报告编制等内容，对沿海地区省、市、县三级相关工作人员共 240 人进行了系统培训，广东、山东、河北和上海等先进省（市）介绍了工作经验。培训班的举办为做好 2016 年度海平面变化影响调查评估工作奠定了基础。

（4）实地调查。沿海 11 省（自治区、直辖市）和 5 个计划单列市海洋行政主管部门根据本地区的《2016 年海平面变化影响调查评估技术方案》要求，分别编制了工作实施方案，明确工作内容和时间进度表。5—12 月，沿海各省（市）按照技术方案要求，全面开展信息采集与实地调查工作，完成了全部工作内容，并于 12 底前完成信息汇交。

2016 年 9 月，国家海洋信息中心分别与广西和浙江共同开展海平面变化影响实地调查工作。9 月 5 日—9 月 9 日，与广西海洋局、海洋研究院和海洋监测预报中心等有关人员开展海平面变化影响调查评估工作技术交流，对涠洲岛的海岸侵蚀、滨海生态系统和北海市金海湾红树林自然保护区开展实地调查工作，并对海岸侵蚀调查方法和重点岸段选取进行具体指导。9 月 19 日—23 日，赴浙江舟山，与浙江省海洋与渔业局、浙江省海洋监测预报中心和浙江大学等有关人员实地调查舟山本岛和嵊泗岛的砂质海岸、砾石质海岸及基岩海岸的海岸侵蚀及防护情况，实地勘测普陀岛砂质岸线的海岸侵蚀状况，明确浙江海平面变化影响调查工作的重点内容，确定了海岸侵蚀监测的重点岸段。

（5）信息汇交。9 月底前各参加单位总结中期工作情况，报告工作进度，安排下一阶段工作。按照《2016 年海平面变化影响调查评估工作方案》安排，组织沿海各省（自治区、直辖市）及计划单列市海洋厅（局）进行信息成果汇交。11月底完成电子版汇交。12月底前完善相关信息，并将工作报告以及完整的信息采集表、实地调查报告和相关成果以书面形式（附光盘）提交国家海洋信息中心，国家海洋信息中心对沿海地区海平面变化影响信息进行分析、处理，形成我国沿海海平面变化影响信息数据集，对海平面变化影响和相关灾害损失进行评估，更新与维护海平面变化影响基础信息数据库，为海平面公报编制提供基础信息。

2016年《中国海平面公报》编制　在国家海洋局海平面监测、预测、影响调查、评估和适应策略研究等业务化工作基础上，国家海洋信息中心编制完成了《2016年中国海平面公报》，国家海洋局于2017年3月22日予以发布。

公报发布了2016年中国全海域、海区和沿海各省的海平面变化状况；预测了各海区和沿海省（自治区、直辖市）沿海未来30年海平面上升值；分析了海平面与气候变化状况和2016年典型月份海平面变化与气候状况；分析评估了海平面变化对我国沿海、沿海各省（自治区、直辖市）的影响；提出了低海拔沿海地区的海平面上升应对策略；以专栏形式介绍了全国海洋站水准联测取得重要成果、全国海平面变化影响调查评估业务化工作、西沙和南沙海域海平面变化、围填海区海平面相对上升风险评估等海平面相关知识和有关工作情况；对海平面与相关词汇进行了名词解释。

（1）海平面变化状况。海平面监测和分析结果表明，中国沿海海平面变化总体呈波动上升趋势。1980年至2016年，中国沿海海平面上升速率为3.2毫米/年，高于同期全球平均水平。

2016年，中国沿海海平面较常年高82毫米，较2015年高38毫米，为1980年以来的最高位。中国沿海近五年的海平面均处于30多年来的高位。

2016年，中国各海区沿海海平面上升明显。与常年相比，渤海、黄海、东海和南海沿海海平面分别高74毫米、66毫米、115毫米和72毫米。与2015年相比，渤海、黄海、东海和南海沿海海平面分别高24毫米、28毫米、52毫米和48毫米。其中，东海沿海海平面上升幅度最大，升幅高于其他海区。

2016年，中国沿海海平面变化时间特征明显，其中4月、9月、11月和12月海平面达到历史同期最高。与2015年同期相比，3—6月、9—11月海平面上升幅度均超过50毫米，其中10月上升最为明显，升幅超过120毫米。

2016年，中国沿海各省（自治区、直辖市）海平面均高于常年。其中，上海、浙江和福建沿海海平面升幅最大，较常年分别高102毫米、125毫米和100毫米；天津、江苏、广东和海南沿海海平面较常年高75—95毫米；广西沿海海平面升幅相对较小，较常年高34毫米。

（2）海平面变化影响。2016年，受气候变化和海平面上升累积效应等多种因素的影响，辽宁、河北和海南等省的海岸侵蚀范围加大，辽宁、河北和山东等省的海水入侵较重，高海平面加剧了浙江、福建和广东等地的风暴潮与洪涝灾害，给当地人民的生产生活和经济社会发展造成了一定影响。

高海平面抬升风暴增水的基础水位，增加行洪排涝难度，加大风暴潮致灾程度。2016年9月，浙江和福建沿海处于季节性高海平面期，海平面高于常年同期近140毫米，台风"莫兰蒂""马勒卡"和"鲇鱼"影响期间恰逢天文大潮，共同作用使得浙江和福建沿海直接经济损失超过18亿元。10月，广东、广西和海南沿海处于季节性高海平面期，台风"莎莉嘉"和"海马"影响期间恰逢天文大潮，广东、广西和海南沿海直接经济损失约 14 亿元。

海平面上升导致波浪和潮汐能量增加、风暴潮作用增强、海岸坡降加大、海岸沉积物组成改变，加剧海岸蚀退和岸滩下蚀，同时海平面上升使侵蚀海岸的修复难度加大。2015—2016 年，大连瓦房店李官镇部分岸段平均侵蚀距离 2.22 米，岸滩平均下蚀高度 28.88 厘米。2014—2016 年，河北秦皇岛北戴河新区岸段平均侵蚀距离 3.6 米，岸滩平均下蚀高度 2.8 厘米。2008—2016 年，海南三亚亚龙湾岸段最大侵蚀距离 32 米，平均侵蚀距离 8.04 米，侵蚀总面积 1.66 万平方米。

海平面上升加剧海水入侵程度，影响沿海地区生态系统和工农业生产。2016 年，辽宁锦州小凌河西侧重度海水入侵最大距离 4.91 千米，营口盖州海水入侵最大距离超过 3.86 千米；河北沧州黄骅海水入侵最大距离超过 42.5 千米，唐山重度海水入侵最大距离 16.48 千米；山东滨州重度海水入侵最大距离超过 22.48 千米，潍坊海水入侵最大距离 25.38 千米。

在入海河流冬季枯水期，海平面、潮汐和上游来水等因素决定咸潮入侵距离和影响程度。2016 年 10 月，珠江口海平面明显偏高，高于常年同期 105 毫米，9 日珠江口发生咸潮入侵，持续时间 45 天，最大上溯距离超过 33 千米，影响多个水厂供水，全禄水厂附近氯度最大值为 1703 毫克/升。

高海平面顶托排海通道的下泄洪水，加大沿海城市泄洪和排涝的难度，加重风暴洪水和强降雨带来的洪涝灾害。2016 年 7 月 19—21 日，温带气旋影响天津沿海，局部地区出现特大暴雨，季节性高海平面和天文大潮造成行洪排涝困难，内涝严重，直接经济损失超过 3 亿元。2016 年 9 月，厦门沿海处于季节性高海平面期，海平面比常年同期高 123 毫米，15 日台风"莫兰蒂"登陆，暴雨和洪涝给厦门带来严重灾害。

（3）适应策略。低海拔沿海地区是气候变化的脆弱区，其中滨海城市和滨海低地更易受到海平面上升的直接影响，应根据自然环境特点与经济社会属性制定海平面上升应对策略。

滨海城市经济发达、人口密集，应重点从防潮排涝、供水安全和控制地面沉降三个方面采取措施，应对海平面上升。①提升防潮排涝能力。充分考虑海平面上升的影响，重新校订沿海城市防潮排涝标准；采取抛石补沙、设离岸（潜）堤等方式减弱海堤的堤脚冲刷和堤前滩面下蚀强度；整治河流，提升河道的排涝能力，提高防护堤、下水管道、道路等基础设施的设计标高，以适应海平面上升。②保障城市供水安全。在咸潮影响严重地区，参照海平面上升幅度和季节变化情况，制定和调整供水对策，合理调配淡水资源，保障生产生活供水安全。③控制城市地面沉降。加强地面沉降监测，合理利用地下水资源，采取减少地下水开采、人工回灌等措施，有效控制地面沉降，减缓相对海平面上升。

滨海低地拥有多样的生态系统、丰富的滩涂资源和漫长的自然海岸，应从生态保护、滩涂利用和海岸防护三个方面采取措施，应对海平面上升。①强化滨海生态系统保护。加强滨海生态系统保护、修复技术研发和推广应用。为滨海湿地、红树林等滨海生态系统预留向陆的生存空间，提高其抵御和适应海平面上升的能力。②合理开发利用滩涂资源。充分考虑海平面上升带来的不利因素，合理确定围垦范围；对已围垦的滩涂，加高加固围堤，在围堤外侧种植红树林、米草等植被，构建生态系统与围堤相结合的立体保护网。③加强海岸防护。对重要的且具有开发意义的侵蚀岸段，可采取建造突堤、丁字坝、潜堤、护岸等海岸防护工程，以及采用人工补沙的办法来减轻海岸侵蚀。在自然沙丘发育的侵蚀岸段，应种植固沙植被，设置固沙栅栏等，保护海岸沙丘，必要时进行人工补沙，维护海岸沙丘—岸滩软防护系统的动态防护功能，科学应对海平面上升的影响。

《中国近海海平面月报》编制   2016年继续开展《中国近海海平面月报》的编制工作，分析各月海平面及相关要素的变化状况，及时跟踪海洋气候异常事件。分析了2016年度登陆我国沿海台风过程的增减水变化特征及其对海平面变化的贡献；对2015/2016年度厄尔尼诺事件对中国近海海平面影响的关键区进行了深入研究，为中国海平面公报的编制提供了翔实、准确、丰富的素材和研究结果，相关成果在中国海洋与气候变化信息网发布。2016年共完成了12期《中国近海海平面月报》的编写工作。月报为《2016年中国海平面公报》的编制提供了完整科学的基础信息支撑。

《海洋领域应对气候变化工作通讯》季刊编辑   宣传我国应对气候变化与海平面上升政策与措施，总结相关工作，追踪国内外气候变化与海平面上升事件、国内外研究动态和最新进展、应对策略研究与成功案例等，主要栏目包括工作计划和部署、国内动态、气候预测、研究进展、建言献策、国际大观、科普宣传等板块，为从事气候变化和海平面相关工作的领导、研究人员和从业者提供应对气候变化及海平面上升的资讯服务。2016年共编辑完成4期《海洋领域应对气候变化工作通讯》。

【潮汐潮流预报服务】   2016年，继续开展潮汐潮流精细化预报技术研究，更新维护全球和中国近海等区域潮汐潮流业务化预报系统，完成2017年《潮汐表》和潮流《T、D值表》编制、重点保障目标精细化潮汐潮流预报、海上丝绸之路重点港口与航道潮汐潮流预报与中国沿海验潮站点潮汐预报结果分发等业务工作，为我国海上航运、渔业生产、军事活动、海洋工程建设及防潮减灾等工作提供了可靠的信息保障服务。

《潮汐表》编制   2016年，基于中国与全球台站潮汐观测与预报检验情况，更新了72

个港口的调和常数，使《潮汐表》预报精度得到进一步保证；并根据中国沿海经济发展与港口建设情况，新增董家口潮汐预报，扩展了《潮汐表》服务范围。依据港口与航道潮汐潮流预报结果，编制完成"鸭绿江口至长江口""长江口至台湾海峡""台湾海峡至北部湾""太平洋及其邻近海域""印度洋沿岸（含地中海）及欧洲水域"与"大西洋沿岸及非洲东海岸"等2017年《潮汐表》6册，刊载全球483个主港潮汐预报和65个主要海上航线潮流预报结果；并编制完成2017年中国近海潮流《T、D值表》1册，包括渤海、渤海海峡、黄海、东海、舟山海区、对马海峡、南海北部、北部湾等8个海区。2016年，国家海洋信息中心发行2017年《潮汐表》近2万册，涉及行业部门200多家。

沿海重点保障目标潮汐潮流精细化预报   2016年，依据《面向沿海重点保障目标的精细化预报技术规范（试行）》要求，国家海洋信息中心继续针对天津港、福清核电站和辽东湾石油平台作业区等3个重点保障目标开展潮汐潮流精细化预报服务工作，制作发布综合预报和数值预报产品，并按季度对预报结果进行检验，编写检验季报。2016年，针对3个重点保障目标累计发布潮汐潮流预报数据109800条，预报图36356幅。

海上丝绸之路重点港口与航道潮汐潮流预报   2016年，继续开展海上丝绸之路重要港口和海峡通道潮汐潮流预报服务，完成本年度瓜达尔港、塞拉莱港、塞得港、吉达港、亚丁港、科伦坡港、汉班托塔港、吉大港、索纳迪亚港、皎漂港、西哈努克港、关丹港、比通港、雅加达港和新加坡港等15个主港的潮汐预报和主要海峡通道上16个站点潮流预报，并将预报产品上传至全国海洋预报产品数据库。

潮汐潮流预报保障服务   2016年，对已建立的全球、印度洋、西北太平洋、南海与中国近海等区域的潮汐潮流预报系统进行了完善更新和业务化运行，为海上搜救与渔业保障等工作提供了有力的信息支撑。开展亚丁湾、钓鱼岛、黄岩岛、永兴岛、永暑礁、美济礁与曾母暗沙等重点海域潮汐潮流预报服务工作，为我国海上护航、维权和航运等活动提供了可靠的信息保障。

潮汐潮流预报分发、网络发布与国际交换 2016 年，根据国家海洋局预报减灾司的要求，国家海洋信息中心向国家海洋局下辖的国家海洋环境预报中心、各海区预报中心、各海洋环境监测中心站和沿海部分省（直辖市、自治区）海洋环境预报中心提供了 2017 年中国沿岸验潮站点潮汐预报电子文档。国家海洋信息中心本年度共计向 26 家单位分发了 1181 个站点的 2017 年潮汐预报电子文档，并赠送了 2017 年纸质《潮汐表》200 余册。

2016 年，在中国海洋信息网、中国海事网上发布了本年度中国与全球 482 个主港的潮汐预报结果，为公众提供了便捷的预报服务。

2016 年，国家海洋信息中心与美国、英国、日本和印度等四国开展潮汐潮流预报国际交换工作，共计向四国提供了我国沿海 34 个潮汐站点与 2 个潮流站点 2017 年预报结果，为提高这些国家对我国主要港口与航道潮汐潮流预报精度提供了基础信息支持。

（国家海洋信息中心）

海洋信息管理与服务

海洋数据管理服务

【强化海洋数据管理制度建设】　2016年，不断强化海洋数据管理规章制度建设，系统收集与研究分析国务院、涉海部委、省（自治区、市）和国家海洋局业务司已发布的海洋数据管理与共享法律法规、规章制度和管理办法等政策性、指导性文件，编制形成海洋数据管理与共享机制调研报告。在此基础上，启动海洋局《海洋资料汇交管理暂行办法》和《海洋资料使用申请审批管理暂行办法》修订工作，深入研究明确全局海洋数据资料传输/汇交/报送机制，以及责任主体、分工和程序。完成《海洋观测预报管理条例》配套的《海洋观测资源管理办法》（送审稿）编制。启动与《中华人民共和国深海海底区域资源勘探开发法》相配套的资料管理办法编制研究，编制完成《深海海底区域资源勘探开发资料管理办法》（征求意见稿），并在有关部门、国家海洋局机关各业务司、局属有关单位、有关涉海企业等范围完成第一轮征求意见。启动《中国极地科考数据管理办法》修订工作。

【业务化汇集多来源海洋数据资源】　通过国内业务化观测系统、国内业务化监测系统、海岛海域监视监测系统、全球变化与海气相互作用等海洋重大专项调查任务、国际合作与交换、大洋科考、极地考察等渠道，全年共新增海洋环境、海洋基础地理与遥感以及海洋综合管理信息等各类海洋数据资料44TB，梳理整合历史海洋环境资料242TB，形成分类分级的海洋数据资源体系，学科包括海洋水文、海洋气象、海洋地质、海洋地球物理、海洋生物、海洋化学、海底地形地貌、海洋声学、海洋光学、基础地理和海洋遥感等学科，业务领域涵盖国内海洋环境业务化观（监）测、海洋专项调查、大洋科考、极地考察、海洋经济、海域管理、海岛管理、海洋环保、维权执法、防灾减灾、国际合作与交换等。

【海洋信息资源处理不断强化】　持续完善海洋资料处理标准规范体系，完成《海洋观测规范第6部分数据处理与质量控制》等2项国标，《海洋环境监测数据统计规范》《中国海洋观测站点代码》等6项海洋行标的送审稿和征求意见稿，《全国海洋经济调查质量控制技术规范》《海洋观测延时资料质控审核技术规范》《海洋观测数据格式》《中国浮标观测站代码》《国际海域航次调查资料整编技术规程》等多项数据资料处理相关行标获批立项。完善海洋观测、监测等资料处理流程，建立起《海洋观测资料管理流程》《国际水文气象资料管理流程》等多套业务工作流程，研发志愿船数据解码与国际共享系统、海洋重磁数据综合分析系统等海洋数据处理系统。完成累计3800万站次的国内外温盐、气象、海流、水位、浮标、生物、化学、底质沉积物、地形地貌、重磁、声光等海洋环境资料处理和评估工作，形成标准数据集127GB，整合形成温盐、气象、底质、重磁、生物和化学等多套综合数据集。更新了长江以北1:25万，全海域1:50万、1:100万基础地理数据，并开展典型区现场实测和比对验证。完成系列《中国近海海洋图集》全部11个学科集成分册（物理海洋与海洋气象、海洋生物与生态、海洋化学、海洋光学特性与遥感、海洋底质、海洋地球物理、海底地形地貌、海域使用、沿海社会经济和海洋可再生能换）的定稿以及所有印前工作，总图幅数为 2522 幅。

【海洋信息资源服务有效拓展】　进一步完善了由标准数据集、常规统计分析、系列比例尺基础地理与遥感、再分析和预报等信息产品组成的信息资源服务体系。升级改造了海洋环境与地理信息服务平台，搭建了虚拟终端服务环境，提供各类海洋数据、信息和产品的在线、离线服务。面向国家、军方、地方和社会公众应用需求，提供海洋科学数据、海洋经济统计、海域资源环境、涉海规划、海岛三维立体影像、基础地理工作底图等数据服务 160 余次，服务对象涉及局属单位、地方海洋行政管理机构、军方、涉海部委、科研院所和高校等 40 余家单位，数据服务量累计达 16TB。　　　　　（国家海洋信息中心）

海洋情报服务

【综述】　随着中国综合实力的提升，中国的周边安全战略和政策正在发生由以应对为主向以构建为主的转变，这一转变对与国际格局的影响巨大而深远。2016 年，中国周边海洋安全形势呈现出一些新动向。一方面，中国提出并努力实施的"一带一路"倡议，逐渐为沿线国家所接受，并取得一系列重大成果，为中国海洋事业发展拓展了重要机遇空间，赢得了相对稳定的战略环境。另一方面，中国与美国、日本在南海、钓鱼岛、朝鲜半岛等问题上展开了激烈博弈。美国借助南海仲裁案结果，在鼓噪中国南海岛礁建设、鼓动南海周边国家围攻中国的同时，也从幕后走向前台，派航母军舰频繁到南海活动，小心翼翼地给中国施压，破坏中国与东盟的关系。日本在钓鱼岛问题上不断提高对中国的拒阻能力。

面对中国周边日益复杂多变的海洋政治形势，海洋情报服务工作立足于中国发展需要，紧密围绕国家海洋局的各项管理职能，秉承"持续跟踪，及时报道，深度分析，为决策服务"宗旨，围绕 2016 年国际及地区的热点问题开展跟踪研究工作，特别是针对中国周边地区突发事件进行密切跟踪，提供国外即时信息，为上级主管部门进行战略决策和部署提供准确、及时的国外信息支撑和建议。

【加强机制建设，加大情报跟踪研究力度】　2016 年，为适应复杂多变的国家形势对情报工作的需要，国家海洋信息中心对情报工作机制进行了重新调整，确立了常态跟踪月报、突发事件、热点问题即时报的工作机制，调配人员安排，扩大跟踪的国家范围，不仅关注沿海发达国家，更关注沿海发展中国家及"一带一路"沿线国家，甚至是不发达国家，既关注中国可借鉴的领域，更关注中国可开展合作发展的领域。目前国家海洋信息中心跟踪国家近百个，国际组织及国际计划二十多个。在此基础上，信息跟踪、资料汇总、确立主题、分析研判、提出见解。

【国外对中国南海岛礁建设的态度研究】　搜集了解研究相关国家对中国南海岛礁建设活动的观点和看法，以及他们态度的变化。国家海洋信息中心重点开展了国外对中国南海岛礁建设的态度的研究工作。搜集的范围是包括：（1）中国周边国家：日本、韩国、越南、菲律宾、印度尼西亚、马来西亚；（2）域外大国：美国、俄罗斯、澳大利亚、英国、法国、欧盟。研究集中搜集这些国家对中国南海岛礁建设活动的反映的信息，在此基础上，对这些信息按照时间顺序加以梳理，搜集的信息内容主要包括三类：第一类，政府部门发布的文件中的表述、政府官员在各种场合发表的言论；第二类，重要研究机构以及学者在各种平台和场合发表的观点看法；第三类，主流媒体的报道。通过对这些言论表述的分析，重点是政府官员言论的分析，通过对具有不同身份背景的人员对中国南海岛礁建设活动表态的研究，对这些国家可能做出的反应进行研判。

【国外海洋动态跟踪研究】　2016 年，结合中国海洋强国战略和"一带一路"倡议的发展需要，国家海洋信息中心确定了国外海洋情报研究重点，一是国家海洋战略政策和规划计划，二是海上热点问题。

2016年，国家海洋信息中心先后就海洋供给侧结构性改革、中国海洋法治软实力建设问题、南海仲裁案判决结果出炉后我们如何应对、中俄海洋经济走廊建设以及海岸带保护与利用规划中海岸带空间范围界定等问题，在掌握国外第一手资料的基础上进行国外对比研究，并提出思考建议。

国家海洋信息中心关注到欧盟成立的边境与海岸警卫队、日本智库对中国海上民兵组织建设的关注、联合国气候变化框架公约第二十二次缔约方大会提出的《2016至2021年海洋与气候战略行动路线图》、日本推动海洋科学调查集中管理和统一规划、美议员抛出的南海及东海制裁法案、越南召开的第八届"东海"（中国称南海）问题国际学术研讨会、日本公布的《关于加强海上安保体制的方针》等情况，对事件产生的背景、演变经过、发展结果集未来可能对中国的影响及时整理出完整的相关信息。

国家海洋信息中心跟踪搜集到巴基斯坦2016年海上保险法——《关于制定海上保险业务规范的法案》、斯里兰卡海岸带和海洋资源管理计划、加拿大海洋保护计划、欧盟海洋声明——《国际海洋治理：我们海洋的未来议程》、英国南部海洋保护计划草案（2016）、越南海洋行动计划——《至2020年海岸带综合管理战略及2030年愿景》及美国东北部区域海洋规划，经过整理解读后第一时间提供给国内相关管理决策部门，为中国海洋管理战略政策制定提供信息支撑。

【国外海洋形势研究】　为全面了解2016年世界各沿海国家海洋领域发展形势，掌握其发展特点，预判发展趋势，国家海洋信息中心有针对性地开展对中国周边东黄海区域国家、南海区域国家、欧洲沿海国家、拉丁美洲沿海国家海洋发展态势研究，重点考察海洋战略政策、海洋立法规划、海洋资源环境、海洋权益维护、海洋执法等方面的调整与趋势变化情况，分析研究世界主要海洋国家的海洋发展形势及对中国的影响，在此基础上分别撰写完成《黄东海区域国家海洋形势研究》《南海区域国家海洋形势研究》《欧洲国家海洋形势研究》《拉丁美洲国家海洋形势研究报告》，为中国海洋管理决策提供借鉴参考。

（国家海洋信息中心）

海洋档案管理服务

【国家海洋局第二次历史档案进馆工作基本结束】　国家海洋局第二次历史档案进馆工作启动于2013年12月份，经过前期调研、工作指南编制、业务培训和交流、立档单位档案整理、进馆档案验收和移交等多个环节，局属13家单位2000年以前形成的永久保管的各类档案移交给中国海洋档案馆保管。

中国海洋档案馆2016年7月—11月完成了全部档案的接收工作。累计接收纸介质2.5万卷（15.5万件），照片档案117册（7287张），大幅图集20册，大幅图件2284张，软盘65张，光盘176张；硬盘2块，磁带34盘，实物8件。编研材料59册，历史资料491件，检索工具249册，电子目录172429条，进馆工作文件172件。

2016年12月19日，国家海洋局办公室在天津举办了第二次历史档案进馆交接签字仪式，并进行了工作总结。中国海洋档案馆和各进馆单位在档案交接文据上分别签字。本次进馆档案质量总体情况良好，主要表现在实体标识方面，信息较齐全，并且通过建设目录数据库，档案信息的提取得到进一步规范。

【第一次全国海洋经济调查档案工作推进"四同步"管理】　第一次全国海洋经济调查档案工作全面推进"四同步"管理，在总体标准规范制订、调查技术培训和下达任务中都提出了档案工作的要求。在第一次全国海洋经济调查办统一组织下，中国海洋档案馆起草完成了《第一次全国海洋经济调查档案管理技术规范》的编制和培训材料的准备工作，并在 9 月份完成了两次试讲之后，随第一次全国海洋经济调查技术培训整体需求，先后在北海区、东海区、南海区面向调查机构、调查指导员和师资提供了档案业务培训。

2016 年 12 月 2 日，按照国家海洋局档案主管部门和第一次全国海洋经济调查办的要求，国家海洋信息中心在天津组织开展了档案业务培训和交流活动，来自 11 个沿海省市（区）海洋局（厅）和 19 个局属单位的 60 余名档案管理负责人和专兼职档案人员参加了会议。交流内容主要包括调查档案管理总体要求、调查文件材料归档范围和档案保管期限、案卷构成和整理要求、特殊载体整理要求等。通过两个层面上的档案培训，有效地提高了经济调查档案工作意识，为实现档案工作前段控制提供了基本保障。

【全球变化与海气相互作用研究项目开展档案业务培训和交流】 按照国家海洋局办公室和科学技术司关于专项档案工作的年度安排，国家海洋信息中心于 2016 年 9 月 27 日在天津召开了全球变化与海气相互作用专项档案工作业务交流会，来自 30 多个专项任务承担单位的近 100 名专项业务人员和档案人员参加了会议。专项管理部门有关领导结合现阶段工作进展，对下一步档案工作提出了要求。中国海洋档案馆结合近年来专项档案工作实践经验和本专项的特点，分别从"专项档案管理的总体要求""纸质文件整理及编目""特殊载体文件材料的整理要求"等方面与参会人员进行了交流，并进行了现场解答。此次档案业务交流活动可促进提高专项档案质量，为下一步开展档案验收进馆工作提供了技术的保障。

【中国海监总队档案移交进馆】 根据《国家海洋局关于落实国务院机构改革有关事项的部门分工意见》（国海发 [2013] 14 号）和关于"认真做好档案的交接管理"、"完成好重组前档案的封口管理和保存工作"的要求，中国海监总队和档案资料于 2016 年 9 月 8 日移交给中国海洋档案馆保管，共移交档案约 1300 卷，资料 2000 多件。中国海洋档案馆将对接收的档案资料进行详细地梳理和整理，适时开展数字化工作，为档案利用提供方便快捷途径。

【中国海洋档案馆收集海洋珍贵档案史料进馆】 经多方沟通和协调，中国海洋档案馆从青岛市档案馆收集了德国占领青岛期间（1889 年至 1913 年）形成的气象观测资料报表 1040 页，从国家图书馆收集涉海古舆图 68 项（232 幅、34 册）。这批历史资料从不同的角度在不同程度上反映了我国海洋和海洋历史相应时期的状况，具有重要的研究价值。

（国家海洋局办公室　中国海洋档案馆）

海洋文献服务

【传统图书阅览服务】 为做好海洋文献服务保障工作，国家海洋信息中心加大投入，在做好文献资源需求调研的基础上，订购了 2017 原版外文期刊 32 种；中文报纸 12 种、中文期刊 103 种；利用 ASFA 文献标引渠道，接收国内赠阅期刊 50 余种。新增中文图书 2151 册，海洋类标准 34 册，接收各界赠阅图书 92 册。通过各种渠道，基本收集了较为齐全的海洋类期刊和图书，有效地满足了海洋文献需求。

【海洋数字文献服务】 2016 年，国家海洋信息中心扩充海洋数字文献资源，服务方式从单一的提供内网服务变成内、外网共同向国家海洋局机关及局属单位提供服务，馆藏外文期刊全文库由 86 种期刊增加至 133 种期刊，新增加的 47 种期刊及其 10 年回溯数据，基本形成了较为齐全的海洋类外文期刊数据库。新购置万方外文文献资源，以原文传递的方式获取国家工程技术图书馆外文资源，极大地提升了数字图书馆外文文献保障能力。

完成了万方中文数据库学术期刊、学位论文、会议论文、专利、标准、科技成果等资源的更新与维护，购置了全球贸易跟踪海关数据及国研中心数据库，有效提高了海洋数字文献服务保障能力。

【国际文献合作】 2016年，国家海洋信息中心履行ASFIS中国国家中心职责义务，完成了年度ASFA文献标引任务，参加了ASFA咨询委员会年会，提交了年度报告。与28个国家/地区的73个国际组织保持正常的交换关系，收到期刊157册，图书25册。

【海洋科技查新服务】 国家海洋信息中心于1997年被原国家科委正式批准为一级科技查新咨询单位。近几年，为了规范科技查新技术，注重加大对新生力量的培养，先后派3人参加了科技部举办的科技查新人员资格认证培训班和查新审核员培训班，取得查新员上岗资格证书和审核员资格证。2016年，共完成科技查新项目3项，及时提供了科技查新报告。 （国家海洋信息中心）

海洋卫星与海洋卫星应用服务

综 述

2016 年，中国海洋卫星和卫星海洋应用工作取得较大进展。根据《国家民用空间基础设施中长期发展规划（2015—2025 年）》总体安排，海洋一号 C/D 卫星、海洋二号 B/C 卫星获国家发改委和财政部批复。以国家海洋局为牵头主用户的高分三号卫星成功发射，开展了在轨测试工作，中法海洋卫星研制进展顺利。海洋二号 A 卫星在轨工作正常，海洋一号 B 卫星在轨运行 8 年 10 个月后停止工作。海洋卫星地面应用系统运行稳定，截至 2016 年底，北京、三亚、牡丹江和杭州海洋卫星地面站共接收海洋一号 B 卫星数据 199 轨，海洋二号 A 卫星数据 2 858 轨，在海洋环境保护、海洋防灾减灾、海洋资源开发与管理、海洋权益维护、海洋科学研究以及国民经济和国防建设中发挥了重要作用。

海洋卫星工程

【海洋卫星立项研制】   2016 年 12 月，国家海洋局与中国航天科技集团公司在北京签署了深化合作框架协议，并签订了"十二五"海洋观测业务卫星、运载火箭系统建设合同，进一步推动了海洋观测卫星研制工作。

2016 年，国家海洋局根据《国家民用空间基础设施中长期发展规（2015—2025 年）》，完成了海洋一号 C/D 卫星、海洋二号 B/C 卫星可行性研究报告和初步设计与概算编报，获国家发改委和财政部批复，并启动了"十三五" 2 颗 1 米 C-SAR 业务卫星的立项论证工作。海洋一号 C/D 卫星完成初样交付，海洋二号 B 卫星完成转正样评审，海洋二号 C 卫星完成技术状态确认。4 颗卫星计划于 2018 年至 2019 年陆续发射。

2016 年，高分三号卫星于 8 月 10 日成功发射，国家海洋局作为牵头主用户组织开展了卫星在轨测试工作。中法海洋卫星研制进展顺利，完成初样研制工作，计划于 2018 年 6 月发射。新一代海洋水色观测卫星和海洋盐度探测卫星完成了先期攻关和预研工作。

【海洋卫星地面应用系统建设】   2016 年，完成了海洋一号 C/D 卫星、海洋二号 B/C 卫星和中法海洋卫星地面系统可行性研究报告的编报，获国家发改委和财政部批复，并启动了初步设计与概算编制。完成了海洋二号 A 卫星地面应用系统一期工程设备招标采购，开展了海南卫星地面站接收天线安装及业务楼建设，牡丹江卫星地面站业务楼建设，海洋二号 A 卫星地面应用系统二期工程可行性研究报告编报。牡丹江卫星地面站完成了高分三号卫星数据接收系统适应性改造。"雪龙"号船载卫星遥感接收系统完成建设并通过验收，执行第 32 次、第 33 次南极考察航线保障运行任务。此外，国家海洋局会同国土资源部、国家测绘地理信息局编制完成了《陆海观测卫星业务应用系统工程可行性研究报告》，并报送国家发改委。

海洋卫星及地面应用系统

【海洋卫星在轨运行】   2016 年，海洋一号 B 卫星共完成探测计划 122 批次，其中境内探测 63 批次，境外探测 59 批次。2 月 13 日，海洋一号 B 卫星在轨运行 8 年 10 个月后结束任务并退役。海洋二号 A 卫星在轨工作正常。按照工程研制总要求，海洋二号 A 卫星完成变轨，进入 168 天重复周期轨道，雷达高度计开始了测地观测模式。

【海洋卫星数据接收】　2016 年，北京、三亚、牡丹江和杭州卫星地面站累计接收海洋一号 B 卫星数据 199 轨，接收海洋二号 A 卫星数据 2858 轨，接收 EOS / MODIS 数据 8700 轨，高分卫星（高分一号、二号、三号）数据 1759 轨。

【海洋卫星数据分发】　2016 年，向国内外 54 家用户单位（国内 40 家，国外 14 家）分发海洋一号 B 卫星、海洋二号 A 卫星和 EOS/MODIS 数据产品。

【海洋卫星数据定标检验】　2016 年，针对海洋水色、海洋动力和海洋雷达卫星开展了多次卫星定标现场试验，进行了海洋卫星定标检验及技术研究。完成了海洋二号 A 卫星雷达高度计青海湖水面高度定标试验，探索了高原内陆湖泊高度计定标方法。完成了黄东海水色卫星检验场预选场区水体、大气光学参数的现场测量。完成了高分三号卫星在轨测试海上试验。完成了"天宫二号"宽波段成像光谱仪星地同步观测，利用"向阳红 01"船在印度洋海域实施了叶绿素浓度等参数现场观测，在内蒙古开展了微波成像高度计辐射精度检验。通过与美国国家资料浮标中心（NDBC）浮标现场观测数据以及 WindSat、Jason-2 等国外卫星数据比对，结果表明，海洋二号 A 卫星雷达高度计有效波高精度指标（0.5 米或 20%）与国际在轨卫星相当，微波散射计风场精度指标（风速 2 米/秒或 10%，风向 ±20°）与国际主流卫星基本一致，微波辐射计海面温度指标（均方根误差为 1.8℃）略低于国际主流卫星精度指标（均方根误差海温 1℃）。

海洋卫星应用服务

2016 年，海洋卫星数据的应用深度和广度得到了进一步提升，利用我国海洋卫星结合国内外其他遥感卫星数据开展了海温、水色、海冰、绿潮、赤潮、溢油、台风、海洋渔业等业务化应用，在我国海洋环境保护、海洋防灾减灾、海洋资源开发、海洋科学研究和区域海洋应用等领域发挥了重要作用。

【海面温度监测】　2016 年，利用海洋二号 A 卫星和 EOS/MODIS 等卫星数据，生产并制作了中国近海及邻近海域和全球海域的逐日、周平均、月平均和年平均海表温度融合产品，为用户提供了高精度的全球准实时海表温度监测产品。

【海洋水色监测】　2016 年，利用海洋一号 B 卫星和 EOS/MODIS 卫星数据，定期制作中国近海及邻近海域的旬、月、季平均的叶绿素浓度分布等海洋水色产品，共计提供海洋环境监测、海洋渔业等有关部门使用，成为支撑其业务工作的重要数据源。

【海上溢油监测】　2016 年，利用中国环境一号 C 卫星和加拿大 Radarsat-21 等卫星数据，对我国的渤海、东海、南海重点海域开展溢油遥感监测。全年向海区海洋环境管理和执法单位发布监测报告 125 期，其中疑似溢油事件 22 起，为海上溢油事件快速响应、应急处置和巡航执法提供辅助决策支持。

【海洋环境预报应用】　海温预报　2016 年，海洋二号 A 卫星和 EOS/MODIS 等卫星的海温融合产品作为初始场应用到海温数值预报系统中，提高了海温数值预报的精度和时效性，全年制作了 52 期西北太平洋海域海温周预报产品，并通过中央电视台、网络等媒体向公众发布。

海冰预报　2016 年，海洋一号 B 卫星和 EOS/MODIS 海冰遥感产品应用到海冰常规预报和数值预报模式中，提高了海冰预报的准确度和时效性。制作的周、旬等不同周期海冰发展趋势预测产品和 1—5 天冰速、冰厚和冰密集度等预报产品通过中央电视台、网络等媒体向公众发布。

海浪预报　2016 年，海洋二号 A 卫星雷达高度计有效波高产品应用到西北太平洋海浪同化数值预报系统中，制作了西北太平洋 24 小时的海浪同化预报产品，提高了海浪数值预报的精度。

【海洋灾害监测】　海冰灾害监测　2016 年，

利用海洋一号 B 卫星、EOS/MODIS、环境一号 A/B 卫星、Radarsat-2 和高分卫星等多颗卫星资料，对渤海及黄海北部的冬季海冰冰情开展了业务化监测，海冰监测通报实现了每天一期，共发布 107 期。通过传真、电子邮件和网站等方式向国家、海区、省市三级部门和单位提供服务，并与辽宁省海洋渔业部门建立了卫星海冰冰清监测会商机制，开展了应用示范，为海冰冰情监测与灾害评估和应急响应提供了不可或缺的信息支撑。

绿潮灾害监测   2016 年，利用 EOS/MODIS、高分一号等卫星资料对我国近海的绿潮开展业务化监测。从 5 月 17 日第一次发布绿潮灾害通报起，共向国家、海区、省市三级部门和单位发布监测通报 81 期，实现绿潮灾害早期发现和全过程跟踪监测，为绿潮漂移路径预测和防灾减灾提供了准确及时的信息服务。

赤潮灾害监测   2016 年，利用海洋一号 B 卫星、EOS/MODIS 等多颗海洋水色卫星数据以及环境一号 A/B、高分一号等卫星资料开展了赤潮监测工作，制作和发布了多期赤潮卫星遥感监测报告，监测报告通过专线、电子邮件等方式提供国家遥感中心及沿海省市相关单位使用。

海上台风监测   2016 年，利用海洋二号 A 卫星、Metop-A/B 及 RapidScat2 等卫星资料开展了西北太平洋区域的台风监测，全年共捕捉到 16 次台风过程，制作台风遥感监测专题图 167 幅，提取台风中心点位置、大风半径和极大风速等定量化信息，实时发送给向国家、海区、省市三级海洋预报单位，为汛期保障台风预报会商提供了近实时的台风实况信息。

【渔场渔情信息服务】   2016 年，以海洋二号 A 卫星资料为主，结合国外海洋卫星资料，对全球三大洋 10 个海域的渔场进行每周一次的业务化渔情分析与预报，为全国远洋渔业企业生产提供近实时海况分析和渔情预报服务，为中国远洋渔船的生产作业安排和现场捕捞提供信息支撑，经济效益显著。

【海域使用动态监测】   2016 年，利用高分一号卫星影像数据和高分三号卫星数据，对全国区域用海规划实施情况、新增围填海动态变化情况、海域使用疑点疑区、养殖用海开展了业务化监测，累计制作全国区域用海规划实施情况监测报告 2 期、全国围填海遥感监测分析报告 2 期，形成专题图 210 幅，为区域用海规划等管理提供信息服务。

【大陆海岸线遥感监测】   使用卫星数据提取了 2016 年全国大陆海岸线信息，并比对2015年岸线信息，进行岸线类型变化统计，分析了全国大陆海岸线分布及变化特征。

【海洋权益维护】   利用国产卫星数据，开展了重要海岛和重要海区海上油气平台监测，形成大比例尺、高分辨率专题图件和报告，为海洋权益维护提供了信息支撑。

【区域海洋卫星应用】   河北省   2016 年，利用海洋一号 B、EOS/MODIS、环境一号 A/B、高分一号、高分二号、高分四号、北京二号等卫星数据结合无人机观测，开展了河北省近海海域水色、水温、海冰、赤潮、绿潮和溢油等遥感业务化监测工作，并对港口区、入海河口和养殖区等特定区域海洋环境状况进行了调查与评价，为海洋环境保护和防灾减灾等提供了辅助决策支持。全年共制作发布河北近海海域水色水温日监测产品 95 期，海冰监测产品 47 期，赤潮监测产品 22 期。监测产品通过专线、电子邮件、传真等方式向河北省沿海地市海洋管理部门相关单位提供服务。

福建省   利用海洋二号 A 卫星数据并结合浮标实时观测数据，开展了"海峡号"客滚船航线保障、福建省五大渔场及钓鱼岛海域海洋环境预报、日常海洋预报、省防台风会商以及公众服务等业务应用。2016 年累计提供海洋二号 A 卫星及浮标监测实况简报 950 余期，将海洋二号 A 卫星监测的风场和浪场数据应用于 2016 年 9 个影响台风的防御决策会商中，为决策支持提供了重要保障。

（国家卫星海洋应用中心）

海洋标准计量和质量监督工作

海洋标准化

【海洋标准制修订情况】　2016 年，全国海洋标准化技术委员会组织制修订国家标准75 项、行业标准 341 项，组织召开了 21 次标准送审稿专家技术审查会，共审查了 24 项标准，其中国家标准 10 项，行业标准 14 项；2 项海洋国家标准和25 项海洋行业标准获批准发布。

【全国海洋标准化技术委员会换届】　2016 年12 月 19 日，全国海洋标准化技术委员会在北京组织召开了年会暨第三届全国海洋标准化技术委员会换届大会。国家海洋局副局长林山青、国家标准化管理委员会工业一部主任肖寒出席会议并讲话，国家海洋标准计量中心副主任姚勇主持会议。第三届全国海洋标准化技术委员会委员及代表 36 人参加会议。会议宣读了《国家标准委办公室关于全国海洋标准化技术委员会换届及组成方案的复函》，公布了第三届全国海洋标准化技术委员会组成名单，并向 37 名委员颁发了聘书。会议审议了第三届全国海洋标准化技术委员会章程和秘书处工作细则，得到了参会 36 名委员及代表的全票通过。会议投票表决了 4 项国家标准立项建议和 28 项国家标准报批材料。

【中国海洋学会海洋标准化分会成立】　2016年 10 月 21 日，中国海洋学会海洋标准化分会成立大会暨第一次会员代表大会在厦门召开。会议举行了分会揭牌仪式，表决通过了《中国海洋学会海洋标准化分会工作细则》，选举产生了第一届分会领导班子。

　　中国海洋学会海洋标准化分会是由国内从事海洋事业、海洋标准化的企业、事业、科研机构和管理等单位、个人自愿组成的非营利性的社会组织。分会挂靠单位是国家海洋标准计量中心，常设机构是秘书处。分会现有 37 个单位会员，16 名个人会员，汇集了全国从事海洋生产、使用、科研和管理等主要优势力量。

【完善海洋标准化规章制度】　修订《海洋标准化管理办法》，加强海洋标准化行政管理和技术管理，2016 年 7 月 29 日，由国家海洋局发布实施。编制《海洋标准化管理办法工作细则》，细化《海洋标准化管理办法》，健全和完善海洋标准化工作程序，明确每个阶段的工作内容，强化了全国海洋标准化技术委员会、分技术委员会的职责分工和技术管理。

【海洋标准立项】　组织开展 2016 年度海洋标准 186 项标准立项申报和审查工作，征集标准立项申报材料，组织研制和学习 2016 年度海洋标准立项工作方案，开展海洋标准立项审查工作培训，召开技术审查会，开展形式审查和技术审查，完成 7 个分技术委员会负责审查的 140 项标准的审核工作，提出标准立项申报材料的审查意见和立项建议，完成 2016 年度海洋标准立项审查和上报工作。

【海洋标准化研究】　组织开展了健全海洋标准体系和编制“十三五”海洋标准制修订计划工作，制定了《海洋标准体系》，包括海洋标准体系框架、21 个子体系及其标准体系明细表，理顺海洋标准体系的分类分级，梳理已出版发布、正在研制和拟定制修订的标准，放入 21 个子体系的相应明细表中，为海洋标准化工作的行政管理和技术管理提供依据，《海洋标准体系》编制工作进入最后的修改完善阶段，即将出版发布实施。

【开展《极地科学考察标准体系》预研工作】组织完成《极地考察要素分类代码和图式图例》海洋行业标准的报批稿，并完成上报；

完成《极地科学考察术语》国家标准的送审稿编制。

组织并参加《极地考察物流规程》《极地考察服装配置要求》《南极考察站建筑设计导则》《南极考察站建筑材料选择技术导则》《极地考察队员岗前心理选拔规范》《极地考察队员岗前体格检查要求》等6项极地领域行业标准的编写。

【2011年海洋能专项资金项目通过验收】 由国家海洋标准计量中心联合国家海洋技术中心、哈尔滨工程大学等多家单位共同承担的海洋能专项资金项目"海洋能国际标准研究与基础标准制定"（项目编码：GHME2011ZC01）于2016年7月21日在天津顺利通过了国家海洋局组织的专家验收。通过该项目的实施，研究发布了海洋能开发利用标准体系，明确了海洋能产业标准化范围、领域和重点，构建了海洋能产业标准发展蓝图；完成了《海洋能术语 第1部分：通用》《海洋能术语 第2部分：调查和评价》和《海洋能术语 第3部分：电站》3项国家标准，编纂、出版了《海洋能词典》，建立了海洋能开发利用技术术语数据库，统一了海洋能开发利用领域中的概念和定义；研究和翻译了19项海洋能国际标准和发达国家海洋能标准，掌握了海洋能国际标准和发达国家标准制定情况与发展趋势，分析了中国与发达国家海洋能技术和产业发展的差距，为中国海洋能开发和利用提供了技术保障。

海洋计量检测

【承担2016NQI课题"海洋环境监测用标准物质研制"】 国家海洋标准计量中心承担首批"国家质量基础的共性技术研究与应用（NQI）"项目任务，作为课题承担单位，负责"海洋环境监测用标准物质研制"课题。该课题实施周期为2016年7月至2020年12月，主要完成以人工海水为介质的海水pH标准物质、海水基体磷酸盐—磷溶液标准物质、低盐度海水中重金属成分分析标准物质、海洋生物活性物质标准物质、海洋沉积物（生物体内）中典型POPs标准参考物质以及海洋生物毒素标准物质等69种海洋标准物质研制，并获得相应的国家标准物质证书。

【水静压力试验新装置专利申请通过】 2016年，国家海洋标准计量中心申请通过3项专利，分别为"计量式水静压力试验系统""水下耐压微变形测量装置""水静压力试验系统准线性排箭式卸压装置"。其中"计量式水静压力试验系统"为发明专利，"水下耐压微变形测量装置"和"水静压力试验系统准线性排箭式卸压装置"为实用新型专利。

【计量检测公益服务】 2016年度计量检测业务再创新高，样品收检1599台次，比2015年度增长27%，发放标准海水4975瓶，比2015年度增长20%。2016年国家海洋局局属单位送检894台次，占总送检量的56%，其中系统内单位送检551台次、系统外监测站、研究所等单位送检343台次。社会单位送检705台次，占总送检量的44%，其中地方科研院所、海监环保等单位送检510台次，地质调查勘察、部队、大学、企业等单位送检195台次。

【计量检测业务数据统计】 国家海洋标准计量中心累计完成2010—2016年计量检测业务连续7年的数据统计。数据和资料统计范围为送检样品、仪器、客户、检测数量、检测费用等。7年间计量检测业务量连年剧增，由2010年的729台次一路攀升至2016年的1599台次，检测量翻了一番。温盐深、波潮气象、生化仪器、环境试验样品等检测量、检测收费及检测时长均有大幅度增长。送检客户遍布沿海省市及内陆地区，呈逐年扩充态势，送检需求逐年增加。

【计量检测服务】 国家海洋标准计量中心深入实践调研，不断扩大服务格局。2016年国家海洋标准计量中心精心选取6家有代表性单位进行走访，分别就计量检测市场检测现状和市场发展方向、国内外检测技术需求、检测服务流程设置经验、客户服务管理经验、检测服务质量提升方法等方面进行了探讨。调研组根据获取的不同体制下计量检测机构的现状、计量检测市场信息和客户的实际需求撰写万余字调研报告，为提升计量检测服务能力和水平提供重要依据。

海洋计量管理

《全国海洋计量"十三五"发展规划》印发实施 根据《计量发展规划（2013—2020年)》《国民经济和社会发展第十三个五年规划纲要》《国家创新驱动发展战略纲要》和"十三五"时期海洋工作总体安排等要求，在国家海洋局的领导下，国家海洋标准计量中心作为技术支撑单位，牵头编制了《全国海洋计量"十三五"发展规划》，2016年10月28日由国家海洋局和国家质量监督检验检疫总局（以下简称"国家质检总局"）联合印发实施。

【计量技术规范制修订】 为确保海洋领域计量技术规范制修订质量，全国海洋专用计量器具计量技术委员会（以下简称"海洋计量委"）审定和报批了《海洋倾废记录仪检定规程》，下发文件对列入2015年、2016年制修订计划的其他技术规范进展情况进行了跟踪督促，及时下达2016年度4项计量技术规范制修订计划项目至起草单位，征集并上报了2017年制修订计划项目4项。

【海洋计量委2015年度年会暨第三次全体委员会议】 2016年4月15日，海洋计量委组织召开2015年度年会暨第三次全体委员会议，总结了2015年各项工作，部署了2016年工作计划，参会委员逐一审查了《表层水温表》修订等4项2017年度海洋领域计量技术规范制修订计划任务书，提出修改意见和建议，同时审定了《海洋倾废记录仪检定规程》。

【海洋计量委换届】 2016年11月，获得国家海洋局科学技术司批准后，海洋计量委拟定并下发《全国海洋专用计量器具计量技术委员会关于征集第二届委员的通知》，面向全国征集第二届委员并完成对委员申报材料的审核。

【计量比对】 根据国家质检总局计量司关于计量比对工作的通知要求，海洋计量委主动与气象湿度量值比对项目的组织单位和主导实验室联系咨询比对具体要求，获取海洋机构参加相应项目计量比对的可能性。经咨询，国家海洋计量站和青岛、上海、广州分站可以参加气象湿度量值比对项目，要求上述机构积极参加计量比对，以证明相应计量标准的技术能力。

【资质认定评审】 2016年，国家计量认证海洋评审组先后对16家海洋监/检测机构实施资质认定首次评审、复查评审和地址变更现场确认评审，受理、审查并向国家认监委上报21家次机构的人员变更备案材料、1家机构的名称变更申请材料、1家机构的标准变更申请材料、1家机构的检测类别名称变更申请材料，整理、审查、上报33家机构的评审材料。经评审，上述16家机构均符合《检验检测机构资质认定评审准则》的要求。国家认监委为首次和复查机构颁发《检验检测机构资质认定证书》，为地址变更机构颁发地址变更后的《检验检测机构资质认定证书附表》。

【海洋行业资质认定监督检查】 国家计量认证海洋评审组草拟2016年海洋行业检验检测机构资质认定专项监督检查方案，并根据此方案，组织海洋行业62家资质认定获证检验检测机构开展全面的自查自纠，完成自查材料的网上申报。12月20—24日，国家海洋局科学技术司组织、国家计量认证海洋评审组具体实施对未列入2016年资质认定评审计划的大连市海洋与渔业环境监测中心等9家获证机构开展了资质认定现场监督检查，其中7家机构获得第二档次的评审结论，1家获得第三档次评审结论，1家获得第三和第四两个档次的评审结论。

【海洋行业资质认定评审员研讨会议】 2016年11月10—11日，国家计量认证海洋评审组在天津组织召开海洋行业资质认定评审员研讨会议。

【2016版《检验检测机构资质认定评审准则》宣贯会议】 2016年11月12—13日，海洋评审组在天津组织召开了2016版《检验检测机构资质认定评审准则》宣贯会议。

【海洋行业检验检测统计】 2016年2月24日，国家计量认证海洋评审组下发了《关于开展2015年度海洋行业检验检测统计工作的通知》（海评组函 [2016] 2号），组织海洋行业64家检验检测机构完成了2015年度检验检测服务业统计数据填报、审核和提交工作。

【《海洋计量工作管理规定》修订】 2016年11月16日，组织召开了《海洋计量工作管理规定》修订研讨会，对由国家海洋标准计量中心组织完成的《海洋计量工作管理规定》修订稿的修订材料在调整对象和范围、章节结构和关键内容设置等方面进行了认真详细的讨论。

【"'一带一路'沿线经济体典型产品互认评价与风险控制关键技术研究"课题研究】 完成了国家海洋标准计量中心与国家认监委认证认可技术研究所关于国家重点研发计划项目"支撑'一带一路'贸易便利化的认证认可关键技术研究与应用"的联合申报协议上报工作，为项目申报书提供了海洋仪器设备产品国内外现状及趋势分析的内容。分别与项目牵头单位、课题牵头单位签署了合作协议。

海洋质量监督

【国家海洋计量站通过法定计量检定机构计量授权考核】 2016年3月17—18日，国家海洋计量站顺利通过国家质检总局计量司组织的法定计量检定机构计量授权考核。

【《关于加强海洋质量管理的指导意见》印发】 国家海洋标准计量中心负责编写的《关于加强海洋质量管理的指导意见》于2016年12月16日由国家海洋局印发。2016年12月19日，在北京组织召开的全国海洋质量管理工作会议上，国家海洋标准计量中心进行解读和宣贯。

【"全球变化与海气相互作用"专项技术规程补充培训】 国家海洋标准计量中心作为"全球变化与海气相互作用"专项质量保障工作机构，根据各单位技术规程补充培训报名反馈情况，2016年分别在上海、青岛、厦门、广州等地举办专项技术规程补充培训，对国家海洋局东海分局、国家海洋局第一海洋研究所、国家海洋环境预报中心、国家海洋技术中心、西北工业大学、中国海洋大学等单位的综合调查人员进行了规程培训，培训项目包括专项物理海洋与海洋气象、海洋声学、海洋化学、海洋生物、海洋光学、地球物理、地形地貌等调查技术规程。

【"全球变化与海气相互作用"专项任务质量评估】 国家海洋标准计量中心依据国家海洋局专项办要求，大力推进2016年验收专项任务质量评估工作。按照质量评估办法要求，在专项任务验收前，根据专项任务性质组建专家组，邀请相关专业学科技术专家进行质量评估，出具专项任务质量评估报告并提交专项任务验收会议。

【"全球变化与海气相互作用"专项任务承担单位资质档案】 2016年，国家海洋标准计量中心汇总收集任务历次检查考核、中期检查、质量评估、验收结果等信息，建立专项任务资质档案，集中反映了各任务执行过程中的质量管理及检查结果，为专项任务验收提供重要参考。

【"全球变化与海气相互作用"专项质量控制与监督管理第一阶段验收总结报告】 国家海洋标准计量中心依据专项第一阶段总结验收部署，编写完成专项质量控制与监督管理总结报告，提交专项工作会议。该报告在梳理归纳专项实施5年来质量控制与监督管理工作的基础上，总结了专项质量工作的经验和成果，提出了存在的问题和不足，并明确了下一阶段专项质量工作计划，为贯彻"全过程、全要素质量控制管理"目标打下坚实基础。

【"南北极环境综合考察与评估"专项质量控制与监督管理工作顺利开展】　2016 年，国家海洋标准计量中心作为"南北极环境综合考察与评估"专项质量保障工作机构，分别对 2016 年北极"黄河"站考察、第七次北极考察、第 33 次南极考察等极地科考活动开展了质量管理培训。培训内容涵盖极地专项技术规程总则、质量控制与监督管理实施方案、现场数据和样品汇交管理要求等，培训科考队员 118 名。

国家海洋标准计量中心组织备航检查组，分别对第七次北极考察和第 33 次南极考察备航情况开展质量监督检查；经与极地专项办商定，分别对 2016 年北极黄河站考察、第七次北极考察、第 33 次南极考察委派质量监督员和质量保障员，对现场科考执行情况进行质量监督，全面保障科考成果。

国　际　交　流

【中巴海洋标准计量合作深入拓展】　2016 年 12 月 14—7 日，国家海洋标准计量中心党委书记边鸣秋率团访问了巴基斯坦海洋研究所。访问期间，双方就开展海洋仪器校准服务、海洋盐度测量能力建设、人员交流培训、实验室管理、中国海洋标准使用、推荐巴方海洋标准计量领域科学家申请中国政府海洋奖学金等六个领域达成合作共识。

【积极推进全球海洋教师学院（OTGA）项目】　2016 年 3 月 8—11 日，国家海洋标准计量中心副主任姚勇率团参加了国际海洋数据和信息交换委员会（IODE）在比利时奥斯坦德召开的 OTGA 第二次指导组会议。会议达成两项共识，分别是：①中方作为候选 RTC 参与 OTGA 项目，待承建方案上报国家海洋局正式批准后，向 IODE 提交正式申请；②IODE 对中方承担的培训工作给予一定的经费支持，IODE/OTGA 项目组根据汇报情况拟定了 2016 年度对各 RTC 开展培训中的经费支持范围及预算数目。

【参加 JCOMM 第二届太平洋岛国海洋观测与数据应用培训研讨会】　2016 年 5 月 22—29 日，国家海洋标准计量中心副主任隋军率团参加了 JCOMM 浮标资料合作组（DBCP）在法属新喀里多尼亚召开的第二届太平洋岛国海洋观测与数据应用培训研讨会（PI-2）。

（国家海洋标准计量中心）

海　洋　咨　询　服　务

【重大用海项目评审】　用海项目评审　2016年承担并完成了 112 个报告书的技术审查工作，包括海域海岛使用论证报告书 44 个，海洋环境影响报告书（表）68 个，涉及围填海、港口码头、油气开发、滨海核电、海底电缆管道以及区域用海规划等国家重大用海项目。推动实施项目用海用岛审核委员会制度，严格项目评审程序，坚持严控产业准入、执行红线制度、保护自然岸线、管控填海面积的原则，全面贯彻落实海洋生态文明建设的各项要求，为国家重大项目用海审批提供了科学高效的技术支撑。

海域使用论证报告检查　制订了海域使用论证报告检查工作实施细则，对 86 家资质单位的 468 本论证报告的宗海图绘制质量、用海合理性和利益相关分析等重要指标开展检查和抽查，及时纠正宗海图编绘和海域使用论证报告编制中存在的问题，提出整改完善建议。

评审评估信息系统建设　启动评审评估信息系统建设，全面整理评审项目档案，开展档案数字化和信息录入，建立评审项目数据库，推动评审业务流程的信息化管理。

【海洋工程行业奖项奖励评选】　海洋工程科技奖表彰和评选　2016 年 5 月，在北京召开了 2015 年度海洋工程科学技术奖表彰大会，对 2015 年度获得海洋工程科学技术奖的单位和个人进行颁奖和表彰。通过形式审查、网上盲评、专业组初审，2016 年度海洋工程科学技术奖共评出 28 个获奖项目，其中特等奖 2 项，一等奖 8 项，二等奖 18 项。

国家科技奖推荐　截止到 2016 年，中国海洋工程咨询协会（简称协会，咨询中心是协会办事机构，下同）连续三年成为国家科技奖直接推荐单位，2016 年推荐的"深海高精度超短基线水声定位技术与应用"项目获得国家技术发明奖二等奖，进一步提升了海洋工程科学技术奖的影响力。2016 年协会对涉海领域的一些科技成果开展鉴定工作，促进了海洋科技成果转化和推广应用。

十佳海洋工程评选　2016 年协会设立了"十佳海洋工程"评选活动，建立了十佳海洋工程评选办法（试行）及评选指标体系等制度，共评选出了在海洋开发利用、海洋生态环境保护、海洋服务等领域十佳海洋工程，树立了行业优秀典范，引导了行业健康发展。

【海洋管理政策咨询评估】　生态用海配套政策前期咨询　受国家海洋局相关业务司委托，编制起草了《区域建设用海规划生态建设方案编写提纲》，从生态建设方案定位、岸线利用与保护、围填海平面布局、污染物排放与控制、生态保护与修复、生态跟踪监测等方面对区域用海规划提出了明确要求。编制起草了《关于规范和加强生态用海审查的意见》，明确了海域使用论证报告审查中重点关注七条原则，即产业准入、区域限制、岸线控制、面积管控、设计优化、生态建设、评估监测；针对渔业用海、工业用海（含电厂、石化、油气、风电、海砂等）、交通运输用海、区域建设用海规划等类型提出了明确要求。

重要海洋管理制度出台评估　根据国务院对有关政策文件发布出台管理的要求，受国家海洋局相关业务司委托，组织了《围填海管控办法》《海岸线保护与利用管理办法》《海洋督察方案》和《无居民海岛开发利用审查批准办法》等政策文件的出台前评估工作。从政策的可行性、完善性、规范性、风险点以及对相关法律法规的影响等方面进行了分析，对经济、社会、生态环境等方面的影响进行研究，出具了政策文件发布出台评估意见。

行业用海管理规范咨询　按照国家行政审批制度的改革要求，受国家海洋局相关业务司委托，研究"海域使用论证报告书可由申请人按要求自行编制海域使用论证报告，也可委托有关机构编制"的配套落实制度，形成了《关于海域使用论证管理改革相关配套措施建议》。

中央海岛和海域保护资金实施方案评审　2016 年 X 月 X 日-X 日，受国家海洋局相关业务司委托，开展了 2016 年度中央海岛和海域保护资金（第二批）实施方案专家评审，参评的 13 个城市中有 9 个城市通过评审。

海洋可再生能源专项招标　2016 年 X 月 X 日-X 日，受国家海洋局相关业务司委托，组织 2016 年海洋可再生能源资金项目招标工作。依据《中华人民共和国政府采购法》及招标文件的规定，组成评标委员会，完成对参与竞标 29 家单位的评标和公示。

海域使用权属核查　2016 年 6 月，在天津市开展了 2015 年重点区域海域使用权属核查成果验收工作，选取了河北沧州市渤海新区、山东日照市岚山区、浙江温州市平阳县和广东湛江市霞山区作为验收试点。成立了由 11 名专家组成的验收组，审查了核查成果，查阅了相关材料，进行了现场抽检和验证，形成了重点区域海域使用权属核查成果验收报告，四个重点区域的权属核查工作成果均通过验收。

【**资质管理和标准编修**】　**海域海岛评估师评定**　为贯彻落实《海域使用管理法》和《海岛保护法》，推进我国海域、海岛资源的市场化配置，开展海域、海岛的经济价值、环境价值和资源价值等进行综合的分析、估算和行政审批等工作提供技术支撑，2016 年制定了海域海岛评估师评定工作方案，成立了工作组，开展了海域海岛评估师资格条件认定研究工作。

海洋工程勘察设计资质审核　组织完成了天津水运工程勘察设计院、中海油安全技术服务有限公司、厦门海洋工程勘察设计研究院等 5 家单位的海洋工程勘察设计资质审核工作。组织专家对资质申请单位的档案资料、单位资历、办公场所、仪器设备、技术人员配备、质量管理等情况进行了现场查验和审核，并提交了资质审核报告。完成了《工程设计资质标准》等行业资质管理制度的修订工作，提出了海洋工程建设项目设计规模划分调整、投资额度、主要专业技术人员配备调整等建议。

海洋咨询行业标准编制修订　开展了《海洋环境在线水质监测系统》《海洋工程基本术语》《沿海产业园区、大型工程海洋灾害风险评估技术规程》《海洋工程环境影响报告书评审技术导则》和《海域使用论证报告书评审技术导则》等标准实地调研、专家咨询、标准起草、征求意见等工作。开展了《沿海大型工程海洋灾害风险排查技术规程》和《全国海洋经济调查海洋工程专题调查》标准的立项申报工作，并取得立项批准。

【**重大咨询项目研究**】　**沿海大型工程海洋灾害风险排查**　组织完成了沿海大型工程海洋灾害风险排查试点验收及总结工作。开展了海南洋浦经济开发区、三亚凤凰岛、浙江宁波大榭岛石化集中区、北海铁山港工业区/北海港石步岭港区试点、山东潍坊滨海生态旅游度假区试点、温州平阳县海岸防护工程等 6 个试点的海啸、海浪和风暴潮等海洋灾害风险排查工作，为沿海地区防范海洋灾害风险和减轻人民生命财产损失提出了对策建议，形成了《沿海大型工程海洋灾害风险技术报告》《沿海大型工程海洋灾害风险排查信息平台建设方案》《沿海大型工程风险排查初步名录》。开展了《沿海大型工程海洋灾害风险排查技术规程》的修订工作，依据试点排查结果完成了技术规程修订稿。

海洋工程建设领域监测评估与服务　开

展了 2016 年度全国海洋工程建设总体规模、类型、区域分布数据统计工作，初步统计了我国海洋工程年度建设状况，分析了海洋工程行业发展动态，积极开展重点海洋工程调查和专栏编制，完成了《2015 年中国海洋工程年报》，修订完善了《海洋工程编制指南》（试行稿）；编制完成了《中国海洋工程年报总体工作方案》。

第一次全国海洋经济调查海洋工程专项调查　依据第一次全国海洋经济调查工作要求，进一步修改完善了《海洋工程专项调查工作方案》《海洋工程专项调查技术规范》等制度，完成了调查时段调整、调查名录的核实工作，完成了海洋工程专项调查培训教材、讲稿的编制工作，对沿海 11 各省市培训师资力量进行专题指导。

河北省海域使用综合管理研究　开展了河北省海域使用综合管理研究项目工作。根据河北省海域开发利用特点，研究提出海域开发优化方案和针对后续开发潜力的评估，为河北省今后在承接京津冀一体化产业转移的行进中提供了一定的参考和依据。

澳门海洋开发项目咨询评估合作备忘录　与澳门海洋学会澳门地区开展海洋开发项目咨询评估合作备忘录，合作领域有澳门管理海域的用海规划和区划编制与评估、用海项目的海域使用和海洋环境保护评价与评估、生态补偿与修复工程的咨询评估等。备忘录提出，双方将在遵循"一国两制"方针及《澳门特别行政区基本法》基础上，加强沟通协调和相互配合，确保澳门特别行政区管理范围内水域开发利用符合国家整体利益，促进依法用海、生态用海、科学用海、集约用海，保护珠江口水域的海洋生态环境，支持澳门特别行政区长期繁荣稳定发展和粤澳两地合作共赢。

滨海湿地调查研究　为了加强我国滨海湿地的保护与管理，联合中国动物学会鸟类学分会和国家海洋局第三海洋研究所共同开展了我国滨海湿地保护与利用管理现状和我国滨海湿地鸟类及栖息地现状调研工作。调研组通过收集资料、实地调研、专家咨询等方式，对我国滨海湿地保护和管理现状进行了初步了解，形成了专题调研报告，并就下一步工作提出了建议和设想，为中国滨海湿地资源科学配置和环境保护，以及出台滨海湿地保护和管理的指导性意见提供了技术支持和管理建议。

【海洋咨询行业交流合作】　**海洋咨询行业交流**　2016 年 4 月在澳门举办了"首届澳门海洋发展论坛"，围绕促进澳门海洋发展，提出海洋开发利用建议；6 月组织召开了海洋工程风险排查暨防灾减灾论坛，邀请民政、交通、海洋、水利、气象等部门代表和专家 100 多人参会，发布了论坛倡议书，进一步扩大了沿海大型工程海洋灾害风险排查的影响；7 月组织承办了生态文明贵阳国际论坛——海洋生态文明建设主题论坛，国家领导人、国家海洋局领导、有关海洋国家部长级官员以及院士学者做主旨演讲并取得丰硕成果，共同签署并发布了论坛声明，倡议各国共同守护蓝色家园；11 月举办了海洋发展曹妃甸论坛，为推进京津冀协同发展国家战略、实现曹妃甸绿色发展、形成人海和谐的建设局面献计献策；11 月还组织召开了第五届世界海洋大会，以"聚焦全球海洋合作，共创蓝色经济繁荣"为主题，增进了海洋领域国际学术交流与合作，为推动珠江口地区海洋工程制造业转型升级建言献策，实现海洋高端装备产业链协同创新和产业孵化集成创新；11 月中旬召开了珠江口大湾区海洋高端装备发展专家论证会，30 余名与会专家从海洋资源开发、安全保障、环境保护等多方面提出了咨询建议。

海洋咨询行业宣传　密切跟踪协海洋咨询行业的重大工作，完成了中国海洋工程咨询协会二次会员代表大会、世界海洋大会、海洋发展曹妃甸论坛等重点宣传任务，向

《人民日报》（人民网）、新华社（新华网/中新社)、《科技日报》《经济日报》《国土资源报》《中国海洋报》国家海洋局网站及中国海洋工程咨询协会网站等媒体刊登了新闻稿件；制定了宣传工作管理办法，明确了宣传组织机构、宣传职责、宣传要点和宣传形式，在实践中不断探索完善宣传机制和制度；完成网站日常维护、信息更新、发布新闻和信息，开展了 3 期《工作简报》的发布和编制等工作。 　　（国家海洋局海洋咨询中心）

海事服务与救助打捞

【应急救助抢险打捞取得新业绩】　全年成功救助遇险人员 1996 名,成功救助遇险船舶 167 艘,获救财产价值约合人民币 55.22 亿元,打捞清障沉船 14 艘。重要任务有:一是成功执行了马航 MH370 失事客机后续搜寻任务。克服重重困难,共计航行 36257 海里,扫测面积 2529 平方千米,排查可疑点 39 个。搜救行动获得了部领导的充分肯定。二是高效完成了"川广元客 1008"沉没游船遇难者搜救打捞任务。精干力量赶赴现场,协助地方政府开展沉没客船失踪人员搜救打捞工作,累计潜水作业近 110 小时,搜寻打捞起全部 11 具遇难者遗体,高效完成了应急打捞任务。获得了部领导的肯定和表扬。三是圆满完成了 2016 年度渤海湾"碧海行动"计划 10 艘沉船的打捞任务。四是高效抽取"辽河一号"搁浅工程船重油 558 立方米、轻油 143 立方米,避免了溢油和海洋环境污染事件的发生。五是高效清除侧翻在京广铁路张滩武水桥桥墩的 1 艘清淤船,确保了大桥的安全。

【专业救捞能力提升取得新进展】　配合完成了《国家水上交通安全监管和救助系统布局规划》的调整修编,印发了《救捞系统发展战略 (2016~2030)》,《救捞系统"十三五"发展规划》等。推进了重大装备和基础设施建设。组织了 6000 米深海搜寻救助设备采购,进行了"南海救 102"轮改造和搜寻设备安装,进一步提升了深海应急救助能力。全力打造"三精两关键"的专业救捞队伍,重点加强了"三支队伍、四大员"建设。系统 35 名专业人才分别入选了部交通支持系统工程评标专家库、水运工程评标专家库、水运建设市场抽查专家库。创新训练模式、拓展训练内容,加强了实战演练,会同香港特区政府消防处举办了处置危化品突发事件培训班、开展了海上危化品突发事件应急处置演练等。举办了救捞系统 2016 年职工综合技能比武大赛,提升了职工技能水平和素质。加大了科技研发力度。国家重点研发计划项目"饱和潜水系统自航式高压逃生舱及外循式环控设备研制"成功立项。完成了"救生员教员培训与考核要求"等 5 个交通运输战略规划政策研究项目和标准制修订项目的研究大纲审核与任务书签订。

【救助飞行规范化水平显著提升】　救助飞行队全年共执行救助飞行 1250 小时、610 架次,共执行救助任务 380 起,成功救起各类遇险人员 293 名。充分发挥了救助航空器快速高效的优势,与救助船密切配合,成功执行多起救助任务。救助直升机还首次运用船载技术突破飞行距离限制执行了海上应急保障任务。完成了 8 架 S-76D 救助直升机交付使用和项目验收工作。加强制度建设,强化了规范化管理。修订完善了《直升机夜间海上搜救飞行训练大纲(试行)》《救生装备标准配置手册》《空勤人员登机证管理办法》,制定了 CCAR-145 部培训大纲目录,建立了技术交流视频会议和队际联席会议制度,强化了沟通协调和信息共享,有效提高了管理效能。

【对外交流合作取得新成果】　成功举办了第 9 届中国国际救捞论坛。加强与香港特区相关组织机构的交流合作。与香港民航处签订了《航空器事故搜救和打捞合作协议》,标志着香港特区政府在航空器事故搜救打捞方面从向国外求援到依靠本国专业救捞力量的转变。与香港特区政府飞行服务队举办了第 20 次技术交流合作协商会,还与香港特区政府消防处、民航处、海事处等部门就加强人员培训、深入开展技术交流、加强海上应急联动工作进行了洽谈和磋商,达成了多项合作共识。

(交通运输部)

海洋科技、教育与文化

海 洋 科 学 研 究

综　述

【概述】　2016 年是贯彻落实党的十八大、十八届三中、四中、五中、六中全会精神，深入实施建设海洋强国和创新驱动发展战略的重要一年。我国海洋科技工作紧紧围绕习近平总书记系列讲话精神和全国科技创新大会、全国海洋工作会议的部署要求，大力实施科技兴海战略，着力推动海洋科技向创新引领型转变，在提升海洋科技创新能力和综合实力，促进海洋经济和海洋事业发展等工作中都取得一定成效。

【海洋科技创新顶层设计】　一是根据习近平总书记"要搞好海洋科技创新总体规划"的重要指示精神，围绕创新驱动发展战略实施，会同科技部、教育部、工信部、国防科工局和基金委等部门，组织上百位院士专家，编制形成《海洋科技创新总体规划战略研究报告》，分析了我国海洋科技创新现状、需求与问题，提出了今后一个时期推动海洋科技创新的重点任务和政策建议，已得到国务院有关领导的批示。二是推动与科技部签署《科技部　国家海洋局关于建立"科海协同"工作机制的合作协议》，更充分发挥部门间协同合作机制作用。

【全国海洋科技创新大会】　为深入学习领会中央领导同志对海洋科技工作的一系列重要指示，进一步贯彻落实全国科技创新大会精神，2016 年 12 月 13 日，组织召开全国海洋科技创新大会，国家海洋局王宏局长、科技部徐南平副部长、国土资源部曹卫星副部长出席会议并发表重要讲话。会议总结了"十二五"以来海洋科技工作成绩，部署了今后一个时期海洋科技创新发展的指导方针、主攻方向和重点任务，进一步凝聚了共识，激发了干劲，为推动海洋科技创新工作大踏步前进打下良好基础。

【海洋领域重点专项实施和平台建设】　一是配合科技部做好国家重点研发计划重点专项和重大工程的立项工作。2016 年度在"海洋环境安全保障""深海关键技术与装备"和"高性能计算"等重点专项中共有 20 个项目立项，落实资金超过 4.8 亿元。共组织牵头申报了 2017 年度"海洋环境安全保障""深海关键技术与装备"和"水资源高效开发利用"等 6 个重点专项中共 28 个项目。另外，还积极参与了深海空间站等重大工程的论证工作。二是继续强化各类海洋科研专项过程管理，组织召开了 2016 年度海洋公益性行业科研专项管理工作会，开展了部分项目的验收和中期检查工作，大力推动成果转化应用。三组织修订了《国家海洋局重点实验室管理办法（试行）》，制定了《国家海洋局重点实验室考核评估细则（试行）》，并开展了首次国家海洋局重点实验室综合评估工作。

【科技兴海】　一是会同科技部等全国科技兴海工作领导小组成员单位编制了《全国科技兴海规划（2016—2020 年）》，并与科技部联合印发。二是联合财政部启动了"十三五"海洋经济创新发展示范工作（以下简称"示范工作"），以海洋生物、海洋高端装备、海水淡化等海洋战略性新兴产业为重点，大力推进产业链协同创新和孵化集聚创新，评审批复天津滨海新区、南通、舟山、福州、厦门、青岛、烟台、湛江八个市（区）为首批海洋经济创新发展示范城市（区），下拨资金14.4亿元，并组织开展了"十二五"示范省市的年度考核。三是开展了国家科技兴海产业示范基地检查评估，同时，新认定6个国家科技兴海产业示范基地，进一步推动海洋战略性新兴产业集聚发展。

【海洋调查管理】　一是加强海洋调查规范性文件编制工作，编制完成了《海洋调查预算定额标准》送审稿，修改完善了《海洋调查管理条例（草案）》、海洋调查立法专题研究报告和海洋调查系列专著。二是强化国家海洋调查船队运行管理，顺利完成了我国新一代4500吨级海洋综合科考船"向阳红01"和"向阳红03"船的建造工作，壮大了船队队伍，成员船数量已达46艘。三加强了海洋调查船队规范化和标准化体系建设，推动调查资源共享，为近30家涉海单位（部门）提供了海洋调查服务。

【海水利用】　一是加强海水利用顶层设计，与发改委联合编制印发了《全国海水利用"十三五"规划》。二是切实推进海水利用立法和管理工作，形成了海水利用立法研究报告，组织草拟了"关于加强海水利用管理的意见"。三是持续支持开展海水利用关键技术攻关，做好在研项目的督促检查和"水资源高效开发利用"重点专项项目的申报推荐工作，目前4项申报项目通过了首轮评审。四是加快科技成果的转化和示范，推动天津临港海水淡化与综合利用示范基地开工建设。五是参与民革中央、致公党中央海水利用调研，形成调研报告并得到国家领导人批示。六是编制印发2015年全国海水利用报告，组织开展海水利用标准的研究与制修订。

【海洋可再生能源】　一是编制印发了《海洋可再生能源发展"十三五"规划》，统筹谋划海洋能发展方向与布局。二是修订印发了《海洋可再生能源资金项目实施管理细则（暂行）》，加强项目实施与管理。三是完成了2016年度海洋能资金项目招标立项和2017年海洋能资金重点支持方向研究工作。四是加强海洋能资金项目管理，分三批监督检查项目50余个，完成验收项目28个。五是稳步推进海洋能电价政策研究工作，营造良好的产业发展环境。六是组织举办了第五届中国海洋可再生能源发展年会暨论坛。七是不断提升海洋能技术水平，首个百千瓦级潮流能示范电站稳定运行，100千瓦波浪能发电装置成功持续发电，兆瓦级模块化潮流能机组实现并网发电，总体达到国际先进水平。

【海洋卫星】　一是完成了海洋一号C/D卫星和海洋二号B/C卫星4颗海洋业务卫星立项工作，现已落实4颗卫星2016年度投资计划共23.4亿元。二是在研卫星工程及地面系统方面，高分三号卫星成功发射，现正在开展在轨测试工作，中法海洋卫星正按计划研制，海洋二号卫星地面应用系统建设工作也在按计划稳步推进。三是在卫星应用方面，开展卫星绿潮、海温、海上风浪、渔场信息、溢油等业务化监测工作，与国土资源部、国家测绘地理信息局共同完成了陆海观测卫星业务应用系统工程可行性研究报告的编报。四是加强卫星国际合作领域，与EUMETSAT就数据交换、地面系统等合作的可行性进行探讨。五是无线电管理方面，确定以技术中心作为技术支撑单位，积极开展国家专项海洋雷达网建设的频率申请和无线电协调。六是组织召开了首届海洋测绘工作交流会，配合完成了国家空间基准军民融合工程建设2016年的项目立项，落实投资3006.9万元。

【海洋标准化管理】　一是加强海洋标准化顶层布局，与国家标准委联合印发了《全国海洋标准化"十三五"发展规划》，提出了"海洋标准化+"和海洋标准"走出去"两大工程。二是完善海洋标准化制度机制，修订了《海洋标准化管理办法》，起草了《海洋标准化管理办法实施细则》，优化了海洋标准审批程序，大大缩短了标准项目周期，完成第三届全国海洋标准化技术委员会换届。三是落实国家标准化改革要求，提出了海洋强制性国家标准体系框架，完成了 55 项强制性标准整合精简和 617 项推荐性标准集中复审。发布了 2 个标准体系，下达了 8 项海洋国家标准项目和 84 项海洋行业标准立项项目，批准发布了 25 项海洋行业标准，向国家标准委报批 16 项国家标准。四是加快推进海洋国际标准化，探索海洋标准外文版翻译研究工作，提交了 2 项海洋国际标准项目新提案。

【海洋计量】　一是强化海洋计量顶层设计。与国家质检总局联合印发了《全国海洋计量"十三五"发展规划》，这是质检总局首次与其他部委联合印发专项规划。二是完善海洋计量管理制度机制。推进《海洋计量工作管理规定》修订工作，完成第二届海洋专用计量器具计量技术委员会换届，组织制定了 4 项海洋计量技术规范。三是加强海洋计量科研。推进海洋智能、远程、现场校准技术研究和标准物质研制，为海洋计量站与各涉海高校、科研院所搭建计量技术合作平台。四是提供海洋计量检测服务。组织国家海洋计量站为海洋系统提供海洋仪器检定校准服务达 5000 余台件，对海洋台站仪器设备进行现场巡检。

【海洋质量管理】　一是加快海洋质量管理建章立制。组织召开全国首次海洋质量管理工作会议，印发了《关于加强海洋质量管理的指导意见》，在北海分局等多个单位开展质量监督试点。二是加强海洋检验检测机构资质认定管理。组织海洋计量认证评审组在三个海区对 9 家单位进行监督抽查，组织培训计量认证评审员、质量和技术负责人、监检测人员等培训约 1100 人次。三是提升海洋产品质量。推进海洋淡化装备产品"一带一路"互认评价技术研究，组织提出海洋领域国家产品质量监督抽查计划建议。四是加强海洋质量基础能力建设。组织局属单位积极参与"国家质量基础共性技术的研究与应用"等国家科技项目，在海洋领域与质检总局等联合开展 2016 年"质量月"活动。　　（国家海洋局科学技术司）

涉海重大工程和专项

【"全球变化与海气相互作用"专项】　"全球变化与海气相互作用"专项在西太平洋和东印度洋等海域开展了水体综合、游泳动物和底质与底栖生物等 4 个调查航次，继续开展了大洋资料收集整编，样品库升级与扩充建设，以及 27 项研究与服务保障任务、15 项国际合作任务和 4 项成果集成任务。完成了 2015 年度约 28TB 调查整编资料汇交。开展了专项第一阶段总结和成果展览展示。

（国家海洋局科学技术司）

【全球气候变化与海气相互作用专项取得积极成效】　2016 年，完成 6 个项目的验收工作，其中 2 项优秀；全部任务通过年度考核，2 项优秀；首次获得专项军口调查项目 1 项。执行水体、底质、声学、游泳动物调查各 1 项。其中，声学调查任务由海洋三所"向阳红 03"船执行，系首航航次，依托船上先进的科考设备，全面超额完成调查任务。游泳动物调查成果显著，编著的《南海中南部和北部湾口海域游泳动物多样性》专著即将交付出版。作为生化专家工作组与声学专家工作组依托单位，召集汇总相关学科专项成果，积极参加专项成果展览展示工作。

【极地大洋专项稳步推进】　2016 年，组织 9 人次分别参加中国大洋 37 航次、39 航次及 40 航次。组织 10 人次参加第 32 次南极科学考察及中智联合第二航次工作。4 人次参加第 33 次南极科学考察，实施"一船四站"环南极航行计划。6 人次参与开展南大洋调查和中智联合第三航次工作。3 人次参加黄河站夏季考察。12 人次参加第七次北极考察，首次在北极海域开展海洋微塑料污染状况及其生物效应研究，填补了国际相关研究领域的空白。1 人次参加中俄东西伯利亚海联合调查。主持的大洋"十二五"深海生物勘探重大项目通过验收。编著出版《北极海域海洋生物和生态考察》《北极常见海洋生物图鉴和物种名录》。

【海洋公益性专项进展顺利】　海洋公益性专项 2 个项目通过验收，5 个项目完成自验收，1 项标准进入征求意见阶段，完成《海洋生态文明区建设的理论研究与定位分析》《指标体系构建之"海洋污染防治与防灾减灾指标体系"》《指标体系构建之"海洋管理指标体系"》等研究报告。

【西太平洋海洋环境监测预警体系建设专项进展顺利】　本年度完成两个监测航次任务工作，牵头编制《西太平洋海洋放射性监测预警工作评估报告》《西太平洋监测预警工作方案优化建议》等报告。开展浮游生物、虾类、鲍鱼、大黄鱼等海洋生物的放射生态实验，初步建立起具备海洋放射生态研究的专业实验室；开展海洋放射性风险评估技术研究，进一步开发海洋放射性监测技术支持平台，为海洋核安全监管提供关键技术支撑。

【海洋沉积物再悬浮的替代指标研究方面取得新进展】　海洋三所与清华大学联合培养的林武辉博士于 6 月 2 日在 Nature 子刊《Scientific Reports》发表题为《残余颗粒 234Th 的 β 活度———一种示踪海洋沉积物再悬浮的新替代指标》的文章。研究首次提出 Residual β activity of particulate234Th（残余 234Th），作为一个全新的参数示踪海洋沉积物再悬浮过程，而且相对于浊度、总悬浮物、铝等传统的物理/化学参数更具优势。本研究建立残余 234Th 概念模型，成功指示东亚季风影响下的不同季节南海沉积物再悬浮强度差异，可进一步应用于流域—河口—陆架—大洋体系中的陆源物质输运过程研究，台风影响下的大气—海水—沉积物相互作用研究。

【气候变化研究领域方面取得进展】　6 月 10 日，海洋三所汪建君副研究员在 Nature 子刊《Scientific Reports》发表题为《4400 年前考古遗址尉迟寺的古气候和古文明突变及其全球响应》的文章，在重建古洪水记录方面取得重要进展。尉迟寺考古遗址的古气候记录及考古记录的结合证明古气候变化与古文明更替是同步的，古气候变化是导致古文明更替的重要原因。

（国家海洋局第三海洋研究所）

国家自然科学基金重要项目

【概述】　2016 年度国家自然科学基金批准资助海洋科学项目 467 项，比 2015 年增加 6 项，总经费 30191.06 万元。其中，面上项目 192 项，经费 13349 万元；青年科学基金项目 223 项，经费 4409 万元；其他基金项目 52 项，经费 12433.06 万元（见下表）。

2016 年度国家自然科学基金海洋科学学科资助项目目录

1. 面上项目								
序号	项目批准号	申请者姓名	项目名称	学科代码	单位名称	批准金额（万元）	起始年月	结题年月
1	41676001	兰　健	南海浅层经向翻转环流的结构特征及其形成机制	D0601	中国海洋大学	¥72.00	2017/1/1	2020/12/31
2	41676002	罗义勇	海洋涡旋对太平洋副热带经向环流圈年代际变化的调整作用	D0601	中国海洋大学	¥72.00	2017/1/1	2020/12/31
3	41676003	江文胜	湍流非线性对拉格朗日余流的影响研究	D0601	中国海洋大学	¥70.00	2017/1/1	2020/12/31
4	41676004	马　超	黑潮多时空尺度变化规律及其与近海交换过程研究	D0601	中国海洋大学	¥70.00	2017/1/1	2020/12/31

序号	项目批准号	申请者姓名	项目名称	学科代码	单位名称	批准金额（万元）	起始年月	结题年月
5	41676005	南峰	西北太平洋次表层中尺度涡三维结构及其形成机制	D0601	中国科学院海洋研究所	¥69.00	2017/1/1	2020/12/31
6	41676006	徐振华	吕宋海峡内潮在西太平洋的长距离传播和演化过程	D0601	中国科学院海洋研究所	¥69.00	2017/1/1	2020/12/31
7	41676007	杨宇星	20世纪90年代以来西太平洋暖池扩张与ENSO型态变异关系的研究	D0601	中国科学院海洋研究所	¥68.00	2017/1/1	2020/12/31
8	41676008	张书文	南海上层海洋对台风的响应研究	D0601	广东海洋大学	¥75.00	2017/1/1	2020/12/31
9	41676009	高山	太平洋暖池东边界盐度结构的形成和变异机制及其与ENSO的关系	D0601	中国科学院海洋研究所	¥66.00	2017/1/1	2020/12/31
10	41676010	储小青	南海西部季节性涡旋对大尺度气候变化的响应	D0601	中国科学院南海海洋研究所	¥69.00	2017/1/1	2020/12/31
11	41676011	赵玮	南海北部深层环流时空结构及其变异机理	D0601	中国海洋大学	¥72.00	2017/1/1	2020/12/31
12	41676012	周伟东	数值计算方法在海洋模型中的开发和运用	D0601	中国科学院南海海洋研究所	¥72.00	2017/1/1	2020/12/31
13	41676013	王卫强	印度洋跨赤道浅层经向翻转环流及其热输运的年际变异	D0601	中国科学院南海海洋研究所	¥66.00	2017/1/1	2020/12/31
14	41676014	史剑	飞沫水滴产生的动量通量及反馈过程参数化中波浪状态的作用研究	D0601	中国人民解放军理工大学	¥70.00	2017/1/1	2020/12/31
15	41676015	谢强	菲律宾海深层和底层环流的诊断与机制分析	D0601	三亚深海科学与工程研究所	¥75.00	2017/1/1	2020/12/31
16	41676016	彭世球	南海和吕宋海峡的潮致混合参数化及其对南海深层环流的影响机理研究	D0601	中国科学院南海海洋研究所	¥70.00	2017/1/1	2020/12/31
17	41676017	杨磊	季节内振荡对南海热带气旋迅速加强的影响	D0601	中国科学院南海海洋研究所	¥65.00	2017/1/1	2020/12/31
18	41676018	石睿	南海北部陆架冬季锋面三维精细结构及其季节内演变机制	D0601	中国科学院南海海洋研究所	¥69.00	2017/1/1	2020/12/31
19	41676019	白学志	北极海冰快速减退对太平洋扇区海洋环流和温盐结构的影响	D0601	河海大学	¥69.00	2017/1/1	2020/12/31
20	41676020	孙双文	印度夏季风爆发时间的年代际变异对春季型IOD的影响	D0601	国家海洋局第一海洋研究所	¥69.00	2017/1/1	2020/12/31
21	41676021	管玉平	全球海洋带状流的能量输送	D0601	中国科学院南海海洋研究所	¥70.00	2017/1/1	2020/12/31
22	41676022	陈桂英	南海北部内孤立波的能量通量和热通量的研究	D0601	中国科学院南海海洋研究所	¥74.00	2017/1/1	2020/12/31
23	41676023	张宇	海豚目标探测的动态声指向特性及机理研究	D0602	厦门大学	¥75.00	2017/1/1	2020/12/31
24	41676024	许肖梅	极端海况下的稳健水声通信关键技术研究	D0602	厦门大学	¥75.00	2017/1/1	2020/12/31
25	41676025	薛梅	中国海陆水平地震背景噪音的观测和机理研究	D0602	同济大学	¥71.00	2017/1/1	2020/12/31
26	41676026	于际民	北太平洋深海碳库对末次冰盛期以来大气CO_2的影响机制研究	D0603	同济大学	¥74.00	2017/1/1	2020/12/31

序号	项目批准号	申请者姓名	项目名称	学科代码	单位名称	批准金额（万元）	起始年月	结题年月
27	41676027	丁巍伟	南海东部次海盆的轴外构造与岩浆过程	D0603	国家海洋局第二海洋研究所	¥67.00	2017/1/1	2020/12/31
28	41676028	李云海	现代台风风暴沉积层序的探测与高分辨率研究	D0603	国家海洋局第三海洋研究所	¥68.00	2017/1/1	2020/12/31
29	41676029	钟广法	南海深海平原浊流沉积及其构造意义	D0603	同济大学	¥72.00	2017/1/1	2020/12/31
30	41676030	贾国东	运用叶蜡脂肪酸 C—14 研究粤西近岸沉积物的来源与运移过程	D0603	同济大学	¥73.00	2017/1/1	2020/12/31
31	41676031	黎刚	基于单矿物思路的南海西北大陆架细粒碎屑沉积物物源研究	D0603	中国科学院南海海洋研究所	¥74.00	2017/1/1	2020/12/31
32	41676032	何涛	与天然气水合物有关的加拿大温哥华岛外海 Slipstream 海底滑塌构造的力学机制研究	D0603	北京大学	¥73.00	2017/1/1	2020/12/31
33	41676033	杨挺	南海残留洋脊的俯冲：基于海底地震观测的层析成像和各向异性约束	D0603	同济大学	¥72.00	2017/1/1	2020/12/31
34	41676034	郭志刚	黄东海泥质区痕量污染物记录及其对 5 千年以来中国文明进程的响应	D0603	复旦大学	¥74.00	2017/1/1	2020/12/31
35	41676035	李超	我国东部典型河流及边缘海沉积物的"从源到汇"时间尺度探究	D0603	同济大学	¥64.00	2017/1/1	2020/12/31
36	41676036	范德江	河口混合过程中典型自生矿物形成机制研究—以长江河口为例	D0603	中国海洋大学	¥74.00	2017/1/1	2020/12/31
37	41676037	吴招才	南海西南海盆磁性层结构及初始扩张研究	D0603	国家海洋局第二海洋研究所	¥59.00	2017/1/1	2020/12/31
38	41676038	徐兆凯	上新世以来轨道—亚轨道时间尺度上喜马拉雅山西部地区的风化剥蚀作用及其对印度夏季风的响应	D0603	中国科学院海洋研究所	¥70.00	2017/1/1	2020/12/31
39	41676039	赵俐红	北冰洋美亚海盆岩石圈的挠曲形变特征	D0603	山东科技大学	¥66.00	2017/1/1	2020/12/31
40	41676040	钱进	裂隙充填型天然气水合物层的地震各向异性研究	D0603	中国科学院海洋研究所	¥69.00	2017/1/1	2020/12/31
41	41676041	王秀娟	珠江口盆地高饱和度砂质天然气水合物储层的地震识别和钻前预测	D0603	中国科学院海洋研究所	¥70.00	2017/1/1	2020/12/31
42	41676042	徐辉龙	南海东北部东沙隆起带下地壳高速体的成因及其构造意义	D0603	中国科学院南海海洋研究所	¥72.00	2017/1/1	2020/12/31
43	41676043	曹令敏	弧后逆冲断裂带深部结构与各向异性对比研究	D0603	中国科学院南海海洋研究所	¥71.00	2017/1/1	2020/12/31
44	41676044	徐敏	超快速扩张洋中脊岩浆活动与热液系统的三维结构及相互作用研究	D0603	中国科学院南海海洋研究所	¥74.00	2017/1/1	2020/12/31
45	41676045	黄海波	南海西北部陆缘构造伸展作用下的深部地壳结构响应	D0603	中国科学院南海海洋研究所	¥70.00	2017/1/1	2020/12/31
46	41676046	邸鹏飞	南海北部莺歌海岭头岬近岸烃类渗漏甲烷的归宿	D0603	中国科学院南海海洋研究所	¥70.00	2017/1/1	2020/12/31
47	41676047	罗传秀	印度洋东部与南海南部沉积孢粉记录的季风信息及相互关联	D0603	中国科学院南海海洋研究所	¥71.00	2017/1/1	2020/12/31

序号	项目批准号	申请者姓名	项目名称	学科代码	单位名称	批准金额（万元）	起始年月	结题年月
48	41676048	闫义	花东海盆年龄及性质：锆石 U—Pb 定年及 Hf—O 同位素制约	D0603	中国科学院广州地球化学研究所	¥71.00	2017/1/1	2020/12/31
49	41676049	陈天然	近 200 年南海热带珊瑚礁生物侵蚀及其与气候变化和人类活动加剧的联系	D0603	中国科学院南海海洋研究所	¥66.00	2017/1/1	2020/12/31
50	41676050	刘豪	琼东南盆地晚中新世以来源汇系统定量研究：陆架、陆坡地貌差异变化与沉积响应	D0603	中国地质大学（北京）	¥66.00	2017/1/1	2020/12/31
51	41676051	孙启良	中建南盆地泥火山和麻坑群的形成机理及差异性地貌的成因	D0603	中国地质大学（武汉）	¥74.00	2017/1/1	2020/12/31
52	41676052	胡刚	全新世以来长江远端三角洲的物质混合及其环境指示	D0603	青岛海洋地质研究所	¥68.00	2017/1/1	2020/12/31
53	41676053	胡宁静	末次间冰期以来北欧海南部洋流变动对大西洋经向翻转流及气候的影响：陆源与自生组分钕同位素证据	D0603	国家海洋局第一海洋研究所	¥71.00	2017/1/1	2020/12/31
54	41676054	刘升发	末次冰消期以来东北印度洋大气 CO_2 浓度重建及其气候效应	D0603	国家海洋局第一海洋研究所	¥71.00	2017/1/1	2020/12/31
55	41676055	阚光明	海底沉积物中低频（500 Hz—25 kHz）地声模型及频散特性研究	D0603	国家海洋局第一海洋研究所	¥70.00	2017/1/1	2020/12/31
56	41676056	陈忠	南海东北部末次盛冰期以来底流演变及其与西太平洋深水洋流变化的响应机制	D0603	中国科学院南海海洋研究所	¥74.00	2017/1/1	2020/12/31
57	41676057	叶秀薇	珠江口区域海陆过渡带三维精细地壳结构及潜在震源区研究	D0603	广东省地震局	¥75.00	2017/1/1	2020/12/31
58	41676058	许云平	河口近海环境中陆源有机质的激发效应研究	D0604	上海海洋大学	¥70.00	2017/1/1	2020/12/31
59	41676059	李骁麟	黑潮溶解有机碳入侵南海北部的交换过程及降解机制研究	D0604	厦门大学	¥70.00	2017/1/1	2020/12/31
60	41676060	高树基	温度胁迫对珊瑚生态系统固氮的影响——现生环境与历史记录反演	D0604	厦门大学	¥76.00	2017/1/1	2020/12/31
61	41676061	吴自军	南海北部湾沉积物有机质成岩矿化过程及其对孔隙水溶解无机碳（DIC）的贡献	D0604	同济大学	¥69.00	2017/1/1	2020/12/31
62	41676062	李克强	陆源 DON 的生物可利用性及其对近海富营养化的贡献	D0604	中国海洋大学	¥71.00	2017/1/1	2020/12/31
63	41676063	姚鹏	长江口—东海内陆架沉积有机碳的再矿化作用研究	D0604	中国海洋大学	¥68.00	2017/1/1	2020/12/31
64	41676064	曹晓燕	环境压力胁迫下我国典型海区沉积物上磷的迁移转化行为	D0604	中国海洋大学	¥70.00	2017/1/1	2020/12/31
65	41676065	刘春颖	海水中一氧化氮的产生过程研究	D0604	中国海洋大学	¥70.00	2017/1/1	2020/12/31
66	41676066	高磊	长江口海域胶体中有机碳、氮、磷生物地球化学的初步研究	D0604	华东师范大学	¥68.00	2017/1/1	2020/12/31
67	41676067	丁海兵	低分子量有机酸对近岸海水碳循环影响综合研究	D0604	中国海洋大学	¥70.00	2017/1/1	2020/12/31

续表

序号	项目批准号	申请者姓名	项目名称	学科代码	单位名称	批准金额（万元）	起始年月	结题年月
68	41676068	段丽琴	长江口邻近海域痕量元素沉积物—水界面迁移及对缺氧环境的响应	D0604	中国科学院海洋研究所	¥68.00	2017/1/1	2020/12/31
69	41676069	孙萌萌	石墨烯杂化/量子点敏化有序结构光电极的优化对光电化学阴极保护的影响机制研究	D0604	中国科学院海洋研究所	¥68.00	2017/1/1	2020/12/31
70	41676070	王德利	河口与热液区痕量金属与海洋细菌互作机制研究	D0604	厦门大学	¥74.00	2017/1/1	2020/12/31
71	41676071	李 焰	海底管线焊接接头电偶腐蚀过程的精确建模及跨尺度表征	D0604	中国石油大学（华东）	¥67.00	2017/1/1	2020/12/31
72	41676072	任景玲	南海北部溶解态铝的分布、影响因素及其对陆源物质输送的示踪	D0604	中国海洋大学	¥71.00	2017/1/1	2020/12/31
73	41676073	李序文	基于海洋来源的活性吲哚生物碱的发现，功能导向合成以及对糖尿病靶点 PTP1B 的选择性抑制活性研究	D0604	中国科学院上海药物研究所	¥64.00	2017/1/1	2020/12/31
74	41676074	厉丞烜	白令海和西北冰洋海水 DMSP 时空变化格局和生产周转研究	D0604	国家海洋局第一海洋研究所	¥66.00	2017/1/1	2020/12/31
75	41676075	徐 杰	南海北部微生物生态过程对珠江冲淡水和增温的响应机制	D0604	中国科学院南海海洋研究所	¥68.00	2017/1/1	2020/12/31
76	41676076	陈蕴真	海岸盐沼动力地貌演化的数值模拟研究	D0605	中山大学	¥65.00	2017/1/1	2020/12/31
77	41676077	王韫玮	潮滩地貌的多态稳定与系统转换	D0605	河海大学	¥68.00	2017/1/1	2020/12/31
78	41676078	张蔚	周期性潮波运动对复杂河网分流过程的影响机制	D0605	河海大学	¥68.00	2017/1/1	2020/12/31
79	41676079	李志强	琼州海峡沿岸海滩地貌动力过程及其风暴响应研究	D0605	广东海洋大学	¥71.00	2017/1/1	2020/12/31
80	41676080	廖宝文	无瓣海桑人工林林下乡土红树植物定居机制	D0605	中国林业科学研究院热带林业研究所	¥71.00	2017/1/1	2020/12/31
81	41676081	于 谦	海岸与内陆架细颗粒沉积物重力流输运过程	D0605	南京大学	¥70.00	2017/1/1	2020/12/31
82	41676082	刘 欢	珠江河口潮汐应变环流动力结构与形成机制	D0605	中山大学	¥75.00	2017/1/1	2020/12/31
83	41676083	朱建荣	冬季长时间持续强北风产生沿岸凯尔文波和河口艾克曼输运对长江河口盐水入侵的影响	D0605	华东师范大学	¥75.00	2017/1/1	2020/12/31
84	41676084	刘权兴	滨海湿地空间自组织格局形成机理及其生态功能研究	D0605	华东师范大学	¥68.00	2017/1/1	2020/12/31
85	41676085	谢东风	多时间尺度下的杭州湾沉积、地貌动力系统转换过程与机制	D0605	浙江省水利河口研究院	¥55.00	2017/1/1	2020/12/31
86	41676086	程 皓	渗氧在红树林适应潮间带环境中的作用及其生理分子机制	D0605	中国科学院南海海洋研究所	¥67.00	2017/1/1	2020/12/31
87	41676087	许 宁	核电取水通道前端海冰动力聚集及堵塞机制研究	D0606	国家海洋环境监测中心	¥60.00	2017/1/1	2020/12/31
88	41676088	赵玉新	复杂海域有限观测资源条件下自适应最优海洋观测设计方法研究	D0607	哈尔滨工程大学	¥74.00	2017/1/1	2020/12/31

续表

序号	项目批准号	申请者姓名	项目名称	学科代码	单位名称	批准金额（万元）	起始年月	结题年月
89	41676089	李德骏	海缆寄生电参量对广域海底观测网络供电稳定性的影响机理研究	D0607	浙江大学	¥62.00	2017/1/1	2020/12/31
90	41676090	田加胜	基于粗糙表面模型的中国近海高度计波形重构与参数反演算法研究	D0607	华中科技大学	¥71.00	2017/1/1	2020/12/31
91	41676091	隋正红	组蛋白及其表观修饰在链状亚历山大藻爆发性生长过程中的功能解析	D0608	中国海洋大学	¥69.00	2017/1/1	2020/12/31
92	41676092	石 拓	铁限制下非编码RNA对束毛藻基因表达调控的分子机制研究	D0608	厦门大学	¥67.00	2017/1/1	2020/12/31
93	41676093	李爱峰	海洋环境中神经毒素BMAA的溯源及其生态健康风险研究	D0608	中国海洋大学	¥70.00	2017/1/1	2020/12/31
94	41676094	洪海征	有机磷酸酯阻燃剂在海洋青鳉鱼中的毒理机制和代谢研究	D0608	厦门大学	¥75.00	2017/1/1	2020/12/31
95	41676095	潘 科	非稳态条件下河口牡蛎累积铜的生物动力学模型	D0608	深圳大学	¥62.00	2017/1/1	2020/12/31
96	41676096	杜建国	红树林—海草床—珊瑚礁连续生境的生态连通性研究	D0608	国家海洋局第三海洋研究所	¥64.00	2017/1/1	2020/12/31
97	41676097	王 震	我国近海环境中当前使用农药(CUPs)气固分配与海气交互作用研究	D0608	国家海洋环境监测中心	¥66.00	2017/1/1	2020/12/31
98	41676098	陈能汪	亚热带河流—河口界面氨氮污染转运的主控过程	D0608	厦门大学	¥71.00	2017/1/1	2020/12/31
99	41676099	段舜山	典型亚热带海岸湿地植物对赤潮藻的抑制作用与机制研究	D0608	暨南大学	¥71.00	2017/1/1	2020/12/31
100	41676100	汝少国	新型海洋污染物氨基脲对褐牙鲆的抗雌激素效应机制研究	D0608	中国海洋大学	¥71.00	2017/1/1	2020/12/31
101	41676101	徐 虹	副球菌Y42引发东海原甲藻类自噬性死亡的分子特征、调控机制及其在赤潮消亡中的作用	D0608	厦门大学	¥75.00	2017/1/1	2020/12/31
102	41676102	李才文	我国海水甲壳类寄生性甲藻的完整生活史研究	D0608	中国科学院海洋研究所	¥70.00	2017/1/1	2020/12/31
103	41676103	江 涛	沿海电厂温排水对鳍藻种群动态及毒性的影响研究	D0608	中国水产科学研究院黄海水产研究所	¥20.00	2017/1/1	2017/12/31
104	41676104	于旭彪	微塑料对近海有机污染物的携带机制研究	D0608	宁波大学	¥72.00	2017/1/1	2020/12/31
105	41676105	田 蕴	红树林湿地微生物驱动的氮循环新环节的发现与分子机制的研究	D0608	厦门大学	¥75.00	2017/1/1	2020/12/31
106	41676106	于仁成	黄海绿潮消退后漂浮绿藻归宿及其生态效应研究	D0608	中国科学院海洋研究所	¥72.00	2017/1/1	2020/12/31
107	41676107	张燕英	珊瑚礁生态系统厌氧氨氧化菌的生态分布及对氮循环的贡献	D0608	中国科学院南海海洋研究所	¥72.00	2017/1/1	2020/12/31
108	41676108	李 芊	南海北部粒径分级浮游生态系统动力学模拟	D0608	中国科学院南海海洋研究所	¥70.00	2017/1/1	2020/12/31

序号	项目批准号	申请者姓名	项目名称	学科代码	单位名称	批准金额（万元）	起始年月	结题年月
109	41676109	李道季	长江口和邻近东海微塑料的时空分布、附着生物群落结构及生态学效应	D0608	华东师范大学	¥65.00	2017/1/1	2020/12/31
110	41676110	赵　玲	高效溶藻菌 B1 分泌的含氮化合物对有毒赤潮异湾藻杀藻机制和产毒影响	D0608	暨南大学	¥71.00	2017/1/1	2020/12/31
111	41676111	陆斗定	我国东南沿海典型生境冈比亚藻种类组成及地理分布特征研究	D0608	国家海洋局第二海洋研究所	¥73.00	2017/1/1	2020/12/31
112	41676112	孙　军	黄海中部春季浮游植物水华进程及其对生物碳汇贡献研究	D0608	天津科技大学	¥72.00	2017/1/1	2020/12/31
113	41676113	苏　强	浮游植物物种丰度格局的分形理论模型研究	D0608	中国科学院大学	¥74.00	2017/1/1	2020/12/31
114	41676114	吴惠丰	渤海典型污染物镉、砷影响菲律宾蛤仔能量代谢的机制研究	D0608	中国科学院烟台海岸带研究所	¥69.00	2017/1/1	2020/12/31
115	41676115	樊景凤	辽河口氮循环关键过程的微生物驱动机制研究	D0608	国家海洋环境监测中心	¥69.00	2017/1/1	2020/12/31
116	41676116	王　慧	海洋细菌 Hahella sp. KA22 对赤潮异弯藻的杀藻机制研究	D0608	汕头大学	¥70.00	2017/1/1	2020/12/31
117	41676117	顾海峰	裸甲藻科(甲藻门)的分类和系统发育研究	D0609	国家海洋局第三海洋研究所	¥69.00	2017/1/1	2020/12/31
118	41676118	蹇华哗	深海嗜冷细菌中原噬菌体的诱导机理及其功能研究	D0609	上海交通大学	¥71.00	2017/1/1	2020/12/31
119	41676119	施威扬	海鞘早期胚胎发育的单细胞转录组研究	D0609	同济大学	¥74.00	2017/1/1	2020/12/31
120	41676120	朱江峰	基于拓扑学的体长结构食物网及其对捕捞的响应—以热带太平洋为例	D0609	上海海洋大学	¥58.00	2017/1/1	2020/12/31
121	41676121	徐　俊	超嗜热嗜压古菌 Pyrococcus yayanosii 中多模块基因组岛 PYG1 的功能和相关适应性研究	D0609	上海交通大学	¥71.00	2017/1/1	2020/12/31
122	41676122	党宏月	九龙江口及厦门近岸水体颗粒物附着微生物生态研究	D0609	厦门大学	¥77.00	2017/1/1	2020/12/31
123	41676123	方文珍	海岛鸟类繁殖地忠诚度及其遗传效应研究	D0609	厦门大学	¥71.00	2017/1/1	2020/12/31
124	41676124	陈慕雁	刺参夏眠相关神经肽发掘及其功能验证	D0609	中国海洋大学	¥67.00	2017/1/1	2020/12/31
125	41676125	张　瑶	南海氨氧化与亚硝酸盐氧化功能群的耦联关系及其所介导的碳氮耦合过程研究	D0609	厦门大学	¥70.00	2017/1/1	2020/12/31
126	41676126	温海深	营体内受精的许氏平鲉精子成熟诱导及其获能的生理机制	D0609	中国海洋大学	¥69.00	2017/1/1	2020/12/31
127	41676127	刘　明	海洋来源新骨架生物碱 HDN636 靶向 Hsp90 抗肿瘤作用机制的研究	D0609	中国海洋大学	¥69.00	2017/1/1	2020/12/31
128	41676128	单体锋	裙带菜永久 F2 群体的构建及多环境下主要数量性状的 QTL 定位研究	D0609	中国科学院海洋研究所	¥68.00	2017/1/1	2020/12/31
129	41676129	陈俊德	基于热诱导的鱼鳞胶原去折叠及热聚集调控机制研究	D0609	国家海洋局第三海洋研究所	¥66.00	2017/1/1	2020/12/31

序号	项目批准号	申请者姓名	项目名称	学科代码	单位名称	批准金额(万元)	起始年月	结题年月
130	41676130	杨献文	基于"shock and kill"策略研究两株深海链霉菌中HIV潜伏激活的活性成分	D0609	国家海洋局第三海洋研究所	¥72.00	2017/1/1	2020/12/31
131	41676131	黄凌风	我国近海几种生境微型鞭毛虫多样性及群落结构的比较研究	D0609	厦门大学	¥71.00	2017/1/1	2020/12/31
132	41676132	黄晓婷	精氨酸激酶在虾夷扇贝应对海洋酸化的分子调控机制研究	D0609	中国海洋大学	¥69.00	2017/1/1	2020/12/31
133	41676133	郑连明	全球变化下台湾海峡小型水母种群数量增加的原因及机制	D0609	厦门大学	¥68.00	2017/1/1	2020/12/31
134	41676134	王孟强	外泌体对长牡蛎抗灿烂弧菌免疫应答的调控机制	D0609	中国科学院海洋研究所	¥71.00	2017/1/1	2020/12/31
135	41676135	刘海鹏	基于Dscam选择性适应免疫的分子机制	D0609	厦门大学	¥77.00	2017/1/1	2020/12/31
136	41676136	张立斌	刺参生活史关键阶段的摄食行为生理特征及其适应策略	D0609	中国科学院海洋研究所	¥70.00	2017/1/1	2020/12/31
137	41676137	刘进贤	基于简化基因组测序的日本鳗鲡种群遗传结构及本地适应性进化研究	D0609	中国科学院海洋研究所	¥69.00	2017/1/1	2020/12/31
138	41676138	施志仪	牙鲆变态中甲状腺激素受体介导甲状腺激素调控基因表达的分子基础	D0609	上海海洋大学	¥66.00	2017/1/1	2020/12/31
139	41676139	韩庆喜	大型底栖动物群落结构和功能对季节性低氧胁迫的响应研究：以长江口和象山港为例	D0609	宁波大学	¥71.00	2017/1/1	2020/12/31
140	41676140	母昌考	Wnt信号通路在三疣梭子蟹卵巢发育中的作用	D0609	宁波大学	¥74.00	2017/1/1	2020/12/31
141	41676141	张卫卫	溶血素4—羟苯丙酮酸二加氧酶介导灿烂弧菌致病的分子机制及调控研究	D0609	宁波大学	¥69.00	2017/1/1	2020/12/31
142	41676142	李　凌	海水小球藻缺氮光合产氢的分子基础及调控机制	D0609	中国科学院海洋研究所	¥66.00	2017/1/1	2020/12/31
143	41676143	韩　涛	长链多不饱和脂肪酸对三疣梭子蟹卵巢成熟过程中脂肪蓄积影响及其机理的研究	D0609	浙江海洋大学	¥71.00	2017/1/1	2020/12/31
144	41676144	王　艳	异养甲藻的营养优化功能研究	D0609	暨南大学	¥70.00	2017/1/1	2020/12/31
145	41676145	徐　东	海带碘代谢对海洋酸化的应答与调控机制	D0609	中国水产科学研究院黄海水产研究所	¥72.00	2017/1/1	2020/12/31
146	41676146	黄　勇	南海北部自由生活线虫分类和多样性研究	D0609	聊城大学	¥68.00	2017/1/1	2020/12/31
147	41676147	蒋增杰	滤食性贝类养殖生态系统微食物环的结构与功能	D0609	中国水产科学研究院黄海水产研究所	¥64.00	2017/1/1	2020/12/31
148	41676148	孟宪红	中国对虾"黄海2号"人工选择下的分子变异	D0609	中国水产科学研究院黄海水产研究所	¥72.00	2017/1/1	2020/12/31
149	41676149	邵宗泽	鲍肠道核心微生物组与共生关系研究	D0609	国家海洋局第三海洋研究所	¥75.00	2017/1/1	2020/12/31

序号	项目批准号	申请者姓名	项目名称	学科代码	单位名称	批准金额（万元）	起始年月	结题年月
150	41676150	张浴阳	底质生态位竞争对西沙群岛造礁珊瑚恢复的影响机理	D0609	中国科学院南海海洋研究所	¥71.00	2017/1/1	2020/12/31
151	41676151	宋永相	以基因组信息为指导的深海放线菌 SCSIO—5802 次级代谢产物挖掘及其活性研究	D0609	中国科学院南海海洋研究所	¥65.00	2017/1/1	2020/12/31
152	41676152	刘 晓	耐高温/低盐皱纹盘鲍选系的温盐适应性调控机制研究	D0609	中国科学院海洋研究所	¥70.00	2017/1/1	2020/12/31
153	41676153	张秀梅	金乌贼婚配机制及其增殖保护研究	D0609	中国海洋大学	¥70.00	2017/1/1	2020/12/31
154	41676154	张晓黎	海草床系统底栖氮循环微生物多样性及活性的研究	D0609	中国科学院烟台海岸带研究所	¥69.00	2017/1/1	2020/12/31
155	41676155	李 洁	热胁迫下珊瑚组织中细菌群落的变化及其对珊瑚热耐受的作用	D0609	中国科学院南海海洋研究所	¥69.00	2017/1/1	2020/12/31
156	41676156	李 刚	珠江口最大浑浊带区浮游植物对光环境变化的响应及其适应机制	D0609	中国科学院南海海洋研究所	¥70.00	2017/1/1	2020/12/31
157	41676157	王广策	潮间带海藻登陆进化过程中环式电子传递与磷酸戊糖途径的协同关系研究	D0609	中国科学院海洋研究所	¥71.00	2017/1/1	2020/12/31
158	41676158	王克坚	拟穴青蟹生殖免疫相关的抗菌肽互作蛋白 ScyIP 的特性及其互作机制研究	D0609	厦门大学	¥74.00	2017/1/1	2020/12/31
159	41676159	苏秀榕	6 种海洋无脊椎动物铁蛋白与重金属相互作用的机制解析与表征	D0609	宁波大学	¥70.00	2017/1/1	2020/12/31
160	41676160	冯媛媛	全球变化下海洋颗石藻的生理响应机制研究	D0609	天津科技大学	¥60.00	2017/1/1	2020/12/31
161	41676161	王艺磊	microRNA 调控拟穴青蟹卵巢发育的分子机制	D0609	集美大学	¥68.00	2017/1/1	2020/12/31
162	41676162	于宗赫	大亚湾黑海参资源分布及生态作用研究	D0609	中国科学院南海海洋研究所	¥68.00	2017/1/1	2020/12/31
163	41676163	凌 娟	海草及其根际微生物协同适应西沙岛礁寡营养环境的生态策略研究	D0609	中国科学院南海海洋研究所	¥71.00	2017/1/1	2020/12/31
164	41676164	袁秀堂	刺参早期发育对海洋酸化及变暖的生态响应和基因调控	D0609	国家海洋环境监测中心	¥65.00	2017/1/1	2020/12/31
165	41676165	张文军	基于生物合成的海洋来源小单孢菌 N160 次级代谢产物挖掘	D0609	中国科学院南海海洋研究所	¥60.00	2017/1/1	2020/12/31
166	41676166	刘文华	粤东中华白海豚种群历史变迁与驱动力研究	D0609	汕头大学	¥72.00	2017/1/1	2020/12/31
167	41676167	郑 罡	无雨和有雨情况下海面小入射角电磁散射特性的仿真研究	D0610	国家海洋局第二海洋研究所	¥70.00	2017/1/1	2020/12/31
168	41676168	徐永生	世界典型半封闭海域卫星测高数据非潮汐高频信号去混淆研究	D0610	中国科学院海洋研究所	¥68.00	2017/1/1	2020/12/31
169	41676169	魏恩泊	白冠覆盖海面 L 和 C 双波段海表盐度、温度和风速耦合反演模式研究	D0610	中国科学院海洋研究所	¥71.00	2017/1/1	2020/12/31

序号	项目批准号	申请者姓名	项目名称	学科代码	单位名称	批准金额（万元）	起始年月	结题年月
170	41676170	何贤强	全球边缘海浮游植物趋势变化异同性研究	D0610	国家海洋局第二海洋研究所	¥74.00	2017/1/1	2020/12/31
171	41676171	邢前国	面向冬季漂浮大型绿藻高分遥感的海表耀光消减与利用研究	D0610	中国科学院烟台海岸带研究所	¥69.00	2017/1/1	2020/12/31
172	41676172	白雁	近20年南海及墨西哥湾海—气 CO_2 通量变化异同性遥感研究	D0610	国家海洋局第二海洋研究所	¥75.00	2017/1/1	2020/12/31
173	41676173	谢周清	南大洋大气有机气溶胶的化学和物理特征及其气候意义	D0611	中国科学技术大学	¥73.00	2017/1/1	2020/12/31
174	41676174	张润	夏季南极普里兹湾结合态氮同位素组成及其与硝酸盐生物利用的关系	D0611	厦门大学	¥71.00	2017/1/1	2020/12/31
175	41676175	张瑞峰	北极斯瓦尔巴地区冰川融水中的铁及其同位素向邻近高纬度海水输送的研究	D0611	上海交通大学	¥73.00	2017/1/1	2020/12/31
176	41676176	惠凤鸣	基于ASAR数据与冰物理模型的东南极普里兹湾海域固定冰时空特征研究	D0611	北京师范大学	¥70.00	2017/1/1	2020/12/31
177	41676177	张宇	南极冰下微生物种群水平的高压适应性机制研究	D0611	上海交通大学	¥75.00	2017/1/1	2020/12/31
178	41676178	姜勇	南极沿岸流浮游纤毛虫原生动物群落的空间分布格局和异质性	D0611	中国海洋大学	¥70.00	2017/1/1	2020/12/31
179	41676179	刘婷婷	基于多源遥感数据的南极冰雪表面温度变化及其与物质平衡关系研究	D0611	武汉大学	¥67.00	2017/1/1	2020/12/31
180	41676180	李平一	含OsmC结构域的新型双结构域酯酶的催化机制及其生理功能研究	D0611	山东大学	¥65.00	2017/1/1	2020/12/31
181	41676181	王帮兵	基于等时层和冰组构联合约束的三维冰盖模式研究	D0611	浙江大学	¥60.00	2017/1/1	2020/12/31
182	41676182	程晓	南极冰山运动监测及其与海洋相互作用机制研究	D0611	北京师范大学	¥72.00	2017/1/1	2020/12/31
183	41676183	王璞	手性特征指示南极地区持久性有机污染物来源与环境行为研究	D0611	中国科学院生态环境研究中心	¥70.00	2017/1/1	2020/12/31
184	41676184	罗宇涵	极地海洋边界层活性卤氧自由基时空分布遥测和源汇机制研究	D0611	中国科学院合肥物质科学研究院	¥72.00	2017/1/1	2020/12/31
185	41676185	刘骥平	改进气候系统预测模式的北极海冰季节预测	D0611	中国科学院大气物理研究所	¥74.00	2017/1/1	2020/12/31
186	41676186	詹力扬	北极快速融冰对西北冰洋N2O源汇格局的影响	D0611	国家海洋局第三海洋研究所	¥72.00	2017/1/1	2020/12/31
187	41676187	卢鹏	融池辐射特性及其对北极夏季海冰快速融化影响机制的研究	D0611	大连理工大学	¥70.00	2017/1/1	2020/12/31
188	41676188	朱卓毅	冰川融水对北极近海峡湾中惰性溶解有机碳积累的影响	D0611	华东师范大学	¥67.00	2017/1/1	2020/12/31
189	41676189	刘煜	海冰破碎尺寸分布的空间多尺度研究	D0611	国家海洋环境预报中心	¥68.00	2017/1/1	2020/12/31

序号	项目批准号	申请者姓名	项目名称	学科代码	单位名称	批准金额（万元）	起始年月	结题年月
190	41676190	李熙晨	南极海冰变率及南极大气环流演变的观测分析、数值模拟和机制解析	D0611	中国科学院大气物理研究所	¥72.00	2017/1/1	2020/12/31
191	41676191	陈志华	第四纪冰期—间冰期普里兹湾北部冰—海相互作用记录	D0611	国家海洋局第一海洋研究所	¥68.00	2017/1/1	2020/12/31
192	41676192	闫 明	极地冰芯中记录的火山作用及其对气候的影响	D0611	中国极地研究中心	¥67.00	2017/1/1	2020/12/31
2. 青年科学基金项目								
1	41606001	于 驰	海冰粘弹塑性统一本构模型及在渤海海冰数值模式中的应用	D0601	大连大学	¥19.00	2017/1/1	2019/12/31
2	41606002	张宇铭	基于海浪谱的随机表面波影响下 Ekman 层风能输入研究	D0601	国家海洋环境监测中心	¥19.00	2017/1/1	2019/12/31
3	41606003	曹敏杰	基于"深度学习"的台风海域上层海洋热含量准实时估算方法研究	D0601	国家海洋局第二海洋研究所	¥18.00	2017/1/1	2019/12/31
4	41606004	王 佳	浙闽沿岸流在台湾海峡的营养盐输运及生态效应研究	D0601	厦门大学	¥21.00	2017/1/1	2019/12/31
5	41606005	丁 扬	琼州海峡东部气旋涡的季节和年际变化特征与机制研究	D0601	中国海洋大学	¥20.00	2017/1/1	2019/12/31
6	41606006	徐俊丽	风暴潮与天文潮耦合的数值模拟和同化研究	D0601	中国海洋大学	¥20.00	2017/1/1	2019/12/31
7	41606007	李少钿	基于多松弛时间格子 Boltzmann 方法的浅水大涡模拟方法研究	D0601	中国科学院南海海洋研究所	¥20.00	2017/1/1	2019/12/31
8	41606008	杨 韵	印度洋偶极子年代际变率: ENSO 强迫和内部变率	D0601	北京师范大学	¥21.00	2017/1/1	2019/12/31
9	41606009	林宏阳	中国沿岸平均海平面的倾斜特征及动力机制	D0601	厦门大学	¥20.00	2017/1/1	2019/12/31
10	41606010	屈 玲	海洋温盐台阶动力过程的实验室模拟	D0601	中国科学院南海海洋研究所	¥20.00	2017/1/1	2019/12/31
11	41606011	华莉娟	ENSO 与气候平均态的相互作用———基于海气耦合模式的数值模拟研究	D0601	中国气象科学研究院	¥20.00	2017/1/1	2019/12/31
12	41606012	沈浙奇	粒子滤波器局地化算法研究	D0601	国家海洋局第二海洋研究所	¥18.00	2017/1/1	2019/12/31
13	41606013	马 晓	基于卫星高度计的北太平洋热带水年际变异研究	D0601	国家海洋局第二海洋研究所	¥19.00	2017/1/1	2019/12/31
14	41606014	周 春	菲律宾海深层西边界流时空特征及其对吕宋海峡深层流的调控作用	D0601	中国海洋大学	¥20.00	2017/1/1	2019/12/31
15	41606015	边昌伟	高浊度海洋环境下悬浮泥沙对湍混合过程调制作用的研究	D0601	中国海洋大学	¥20.00	2017/1/1	2019/12/31
16	41606016	闫晓梅	台湾以东中尺度涡的时空特征及其对黑潮流量与分支结构的影响	D0601	中国科学院海洋研究所	¥20.00	2017/1/1	2019/12/31
17	41606017	闫运伟	南海次表层高盐水季节和季节内变化特征及其机理研究	D0601	国家海洋局第二海洋研究所	¥19.00	2017/1/1	2019/12/31

序号	项目批准号	申请者姓名	项目名称	学科代码	单位名称	批准金额(万元)	起始年月	结题年月
18	41606018	郑建	南太平洋副热带海温偶极子模态的形成机制及其对ENSO的影响	D0601	中国科学院海洋研究所	¥20.00	2017/1/1	2019/12/31
19	41606019	田奔	最易导致两类El Niño事件"春季预报障碍"的初始误差及其在ENSO目标观测中的应用研究	D0601	国家气候中心	¥20.00	2017/1/1	2019/12/31
20	41606020	徐芳华	南海北部罗斯贝波特性分析及形成机制研究	D0601	清华大学	¥19.00	2017/1/1	2019/12/31
21	41606021	禹凯	北太平洋副热带西部模态水对南海次表层温盐流结构的影响研究	D0601	南京信息工程大学	¥19.00	2017/1/1	2019/12/31
22	41606022	刘宇	东海黑潮两侧涡旋不对称性分析	D0601	南京信息工程大学	¥19.00	2017/1/1	2019/12/31
23	41606023	单海霞	大气对海洋中尺度涡旋响应的数值模拟研究	D0601	南京信息工程大学	¥19.00	2017/1/1	2019/12/31
24	41606024	李水清	涌浪调制下的风浪平衡域特征对海气动量通量的影响研究	D0601	中国科学院海洋研究所	¥20.00	2017/1/1	2019/12/31
25	41606025	许一	影响浮游植物水华物理因子的研究	D0601	华东师范大学	¥20.00	2017/1/1	2019/12/31
26	41606026	刘传玉	全球大洋中尺度涡致侧向混合系数各向异性分布规律及大尺度效应研究	D0601	中国科学院海洋研究所	¥20.00	2017/1/1	2019/12/31
27	41606027	林壬萍	耦合模式中的海洋资料同化在东亚夏季风年代际变化机理研究中的应用	D0601	中国科学院大气物理研究所	¥20.00	2017/1/1	2019/12/31
28	41606028	袁承仪	黄海冷水团空间范围年际变化及其对气候变化的响应研究	D0601	天津科技大学	¥20.00	2017/1/1	2019/12/31
29	41606029	莫慧尔	中尺度涡旋对海洋热输送影响的数值模拟及机理研究	D0601	国家海洋环境预报中心	¥20.00	2017/1/1	2019/12/31
30	41606030	邢涛	南海北部中尺度涡三维细结构的反射地震学研究	D0601	广州海洋地质调查局	¥20.00	2017/1/1	2019/12/31
31	41606031	周倩	印度洋海温初始误差对拉尼娜可预报性的影响	D0601	国家海洋环境预报中心	¥20.00	2017/1/1	2019/12/31
32	41606032	郝赛	海洋中尺度涡对南海热带气旋活动的影响及其数值模拟	D0601	国家海洋环境预报中心	¥20.00	2017/1/1	2019/12/31
33	41606033	宋毅	极端El Niño事件对全球表面气温年代际变率的可能影响	D0601	国家海洋环境预报中心	¥19.00	2017/1/1	2019/12/31
34	41606034	杨洋	为什么耦合气候模式中孟加拉湾夏季季风爆发总是不准确	D0601	国家海洋局第一海洋研究所	¥21.00	2017/1/1	2019/12/31
35	41606035	张志欣	次表层涡旋在第一岛链以东附近海域的区域特征及成因研究	D0601	国家海洋局第一海洋研究所	¥21.00	2017/1/1	2019/12/31
36	41606036	高秀敏	吕宋海峡及其周边海域潮波和内潮耗散的数值研究	D0601	国家海洋局第一海洋研究所	¥21.00	2017/1/1	2019/12/31
37	41606037	王辉武	南爪哇流和爪哇上升流的季节内变化过程观测研究	D0601	国家海洋局第一海洋研究所	¥19.00	2017/1/1	2019/12/31
38	41606038	孙科	黄海绿潮生物量年际变化及其影响机制的数值模拟研究	D0601	国家海洋局第一海洋研究所	¥20.00	2017/1/1	2019/12/31

序号	项目批准号	申请者姓名	项目名称	学科代码	单位名称	批准金额（万元）	起始年月	结题年月
39	41606039	张连新	全风速条件下海洋飞沫参数化方案的集合参数估计研究	D0601	国家海洋信息中心	¥20.00	2017/1/1	2019/12/31
40	41606040	孙俊川	黄海暖流双核结构的数值模拟研究	D0601	国家海洋局第一海洋研究所	¥20.00	2017/1/1	2019/12/31
41	41606041	李 洁	西南印度洋超慢速扩张洋脊岩浆演化过程的斜长石示踪研究	D0603	国家海洋局第二海洋研究所	¥20.00	2017/1/1	2019/12/31
42	41606042	周春艳	极端天气事件下南黄海西部海域泥沙输运机制研究	D0603	河海大学	¥19.00	2017/1/1	2019/12/31
43	41606043	于有强	基于南海海盆被动源海底地震数据（OBS）的接收函数方法研究	D0603	同济大学	¥20.00	2017/1/1	2019/12/31
44	41606044	邢军辉	黑海索罗金海槽 Dvurechenskii 泥火山演化重建	D0603	中国海洋大学	¥20.00	2017/1/1	2019/12/31
45	41606045	王 跃	岁差驱动的热带太平洋类 ENSO 型古气候响应	D0603	同济大学	¥20.00	2017/1/1	2019/12/31
46	41606046	张 强	南海典型区域放射虫群落的季节与年际特征及其古环境意义	D0603	中国科学院南海海洋研究所	¥20.00	2017/1/1	2019/12/31
47	41606047	董 良	运用氘同位素标定技术验证沉积物中古菌对 GDGTs 的再利用	D0603	同济大学	¥20.00	2017/1/1	2019/12/31
48	41606048	胡 钰	冷泉环境是海洋中元素钼重要的汇吗？—以南海琼东南海域活动冷泉研究为例	D0603	上海海洋大学	¥21.00	2017/1/1	2019/12/31
49	41606049	党皓文	上新世以来热带西太平洋碳循环的长时间尺度演化	D0603	同济大学	¥20.00	2017/1/1	2019/12/31
50	41606050	尚鲁宁	鱼山—久米断裂带构造特征及其对中新世以来东海东部构造演化的分隔控制	D0603	中国海洋大学	¥20.00	2017/1/1	2019/12/31
51	41606051	王春阳	海脊俯冲过程对俯冲带构造变形影响的物理模拟研究：以加瓜海脊为例	D0603	国家海洋局第二海洋研究所	¥20.00	2017/1/1	2019/12/31
52	41606052	任 健	基于硅藻转换函数的北极海域古海冰定量重建——以白令海和楚科奇海为例	D0603	国家海洋局第二海洋研究所	¥19.00	2017/1/1	2019/12/31
53	41606053	陈碧珊	近百年来雷州半岛红树林演化的孢粉和有机碳同位素示踪及其影响因素	D0603	岭南师范学院	¥20.00	2017/1/1	2019/12/31
54	41606054	刘明	"人造洪峰"期间黄河入海重金属变异及影响因素研究	D0603	中国海洋大学	¥20.00	2017/1/1	2019/12/31
55	41606055	陈传绪	寻找前本哈姆洋底高原存在的地震学证据	D0603	三亚深海科学与工程研究所	¥20.00	2017/1/1	2019/12/31
56	41606056	王方旗	基于高分辨率声学剖面与钻孔岩心对比的金州湾海底地层声速研究	D0603	国家海洋局第一海洋研究所	¥20.00	2017/1/1	2019/12/31
57	41606057	梁裕扬	西南印度洋脊 Indomed—Gallieni 段岩浆与构造过程：高分辨率多波束与 OBS 速度结构联合解释	D0603	国家海洋局第二海洋研究所	¥18.00	2017/1/1	2019/12/31

序号	项目批准号	申请者姓名	项目名称	学科代码	单位名称	批准金额（万元）	起始年月	结题年月
58	41606058	万 随	晚第四纪太平洋深层水对南海深部碳循环的影响	D0603	中国科学院广州地球化学研究所	¥20.00	2017/1/1	2019/12/31
59	41606059	张军强	淮河流域沉积物碎屑矿物组成和单颗粒矿物地球化学的物源指示：以石榴石、角闪石和锆石为例	D0603	临沂大学	¥20.00	2017/1/1	2019/12/31
60	41606060	杨 军	冰雪地球融化后海洋混合时间尺度的估算	D0603	北京大学	¥20.00	2017/1/1	2019/12/31
61	41606061	范维佳	海山结壳高分辨率地球化学记录：上新世以来中北太平洋经向环流演化	D0603	国家海洋局第二海洋研究所	¥20.00	2017/1/1	2019/12/31
62	41606062	刘喜停	全新世浙闽泥质沉积体物源示踪及其古气候意义	D0603	中国科学院海洋研究所	¥20.00	2017/1/1	2019/12/31
63	41606063	芦 阳	南海北部自生碳酸盐岩的纳米矿物学和沉积结构特征对冷泉渗漏活动的示踪	D0603	中山大学	¥20.00	2017/1/1	2019/12/31
64	41606064	张佳政	西南印度洋中脊龙旂热液区（49°39′E）地震波各向异性研究	D0603	中国科学院南海海洋研究所	¥20.00	2017/1/1	2019/12/31
65	41606065	谢 辉	珠江口盆地深水区幕式沉降事件特征及其与板块运动事件的关系	D0603	广东海洋大学	¥19.00	2017/1/1	2019/12/31
66	41606066	丁 咚	基于多波束水体点云信息的海底气体羽状流快速识别方法研究	D0603	中国海洋大学	¥20.00	2017/1/1	2019/12/31
67	41606067	田陟贤	华南地貌—水系演化与南海构造—沉积事件的台湾第三纪地层记录	D0603	中国科学院广州地球化学研究所	¥19.00	2017/1/1	2019/12/31
68	41606068	陈文煌	巴拉望中南部始新世-中新世地层沉积记录及其对南海东南缘构造演化的意义	D0603	中国科学院广州地球化学研究所	¥20.00	2017/1/1	2019/12/31
69	41606069	张锦昌	西太平洋"地球上最大火山"形成机制的三维地球动力学数值模拟	D0603	中国科学院南海海洋研究所	¥20.00	2017/1/1	2019/12/31
70	41606070	孔德明	琼东和粤西上升流区沉积物长链烯酮和GDGTs的分布及对海表温度的重建	D0603	广东海洋大学	¥20.00	2017/1/1	2019/12/31
71	41606071	杨 永	海底多金属结核和富钴结壳与多波束回波强度的定量关系模型研究	D0603	广州海洋地质调查局	¥20.00	2017/1/1	2019/12/31
72	41606072	王吉亮	基于频域多尺度全波形反演的海洋水合物地层速度结构与衰减特征研究—以WR313地区为例	D0603	三亚深海科学与工程研究所	¥21.00	2017/1/1	2019/12/31
73	41606073	李付成	地幔剥露型被动陆缘在碰撞造山过程中对岩石圈变形影响的数值模拟	D0603	中国科学院南海海洋研究所	¥20.00	2017/1/1	2019/12/31
74	41606074	陈 慧	西北次海盆—西沙海槽区深水重力流及等深流沉积样式及其控制因素分析	D0603	中国地质大学（武汉）	¥20.00	2017/1/1	2019/12/31
75	41606075	刘建兴	东海外陆架磁性地层年代框架的建立及其古环境意义	D0603	国家海洋局第一海洋研究所	¥21.00	2017/1/1	2019/12/31

序号	项目批准号	申请者姓名	项目名称	学科代码	单位名称	批准金额（万元）	起始年月	结题年月
76	41606076	傅飘儿	南海北部沉积物孔隙水碘及碘同位素研究及其对南海水合物成因的启示	D0603	广州海洋地质调查局	¥21.00	2017/1/1	2019/12/31
77	41606077	陈江欣	冷泉流体活动地貌产生机制及其活动性——以中建南盆地为例	D0603	青岛海洋地质研究所	¥20.00	2017/1/1	2019/12/31
78	41606078	李彦龙	降压法开采水合物过程中储层动态出砂临界压差预测研究	D0603	青岛海洋地质研究所	¥20.00	2017/1/1	2019/12/31
79	41606079	王明健	南黄海盆地中部隆起形成演化的低温热年代学制约	D0603	青岛海洋地质研究所	¥20.00	2017/1/1	2019/12/31
80	41606080	徐子英	中南—礼乐断裂发育特征及其发育机制	D0603	广州海洋地质调查局	¥20.00	2017/1/1	2019/12/31
81	41606081	于盛齐	南黄海海域海底中频（1—10kHz）反向散射特性与底质类型的关系研究	D0603	国家深海基地管理中心	¥19.00	2017/1/1	2019/12/31
82	41606082	王　燕	渤海湾季节性悬浮体输运过程与机制	D0603	青岛海洋地质研究所	¥20.00	2017/1/1	2019/12/31
83	41606083	祁江豪	东海陆架东缘至冲绳海槽南部地壳结构及拉张减薄机制研究	D0603	青岛海洋地质研究所	¥20.00	2017/1/1	2019/12/31
84	41606084	解秋红	基于柔性边界模型的南海北部陆坡峡谷区海底滑坡运动定量研究	D0603	国家海洋局第一海洋研究所	¥20.00	2017/1/1	2019/12/31
85	41606085	胡卫剑	基于三维重震联合反演的南海东北部洋陆过渡带与俯冲带深部结构研究	D0603	中国科学院地质与地球物理研究所	¥20.00	2017/1/1	2019/12/31
86	41606086	曹　红	西南印度洋龙旂热液区硫化物风化蚀变中的矿相转变和元素迁移、富集	D0603	青岛海洋地质研究所	¥21.00	2017/1/1	2019/12/31
87	41606087	张现荣	冲绳海槽冷泉泄漏区自生黄铁矿形成机制及其指示意义	D0603	青岛海洋地质研究所	¥20.00	2017/1/1	2019/12/31
88	41606088	孔凡栋	三株海洋动物内生真菌中革兰氏阴性菌群体感应抑制剂研究	D0604	中国热带农业科学院热带生物技术研究所	¥20.00	2017/1/1	2019/12/31
89	41606089	曹知勉	海洋钡稳定同位素组成、分馏效应及其古生产力替代指标可能性研究	D0604	厦门大学	¥20.00	2017/1/1	2019/12/31
90	41606090	李　栋	利用生物标志化合物研究西太平洋雅浦海沟沉积有机碳的来源、分布和保存	D0604	国家海洋局第二海洋研究所	¥20.00	2017/1/1	2019/12/31
91	41606091	葛黄敏	马里亚纳海沟沉积有机质的来源、分布及降解——基于生物标志物的研究	D0604	上海海洋大学	¥20.00	2017/1/1	2019/12/31
92	41606092	李鸿妹	利用 15N 同位素探究浒苔对不同形态氮的吸收利用策略	D0604	中国科学院青岛生物能源与过程研究所	¥19.00	2017/1/1	2019/12/31
93	41606093	宋国栋	黄海沉积物氮气移除速率的时空变异与调控机制—基于改进的 15N 同位素对技术的研究	D0604	中国海洋大学	¥20.00	2017/1/1	2019/12/31

序号	项目批准号	申请者姓名	项目名称	学科代码	单位名称	批准金额(万元)	起始年月	结题年月
94	41606094	杨丽阳	河—海界面多源混合下 DOM 生物可利用性的激发效应	D0604	福州大学	¥19.00	2017/1/1	2019/12/31
95	41606095	张　杰	细菌霍多醇记录长江口外低氧演变历史的潜力初探	D0604	中国海洋大学	¥20.00	2017/1/1	2019/12/31
96	41606096	郭玉娣	多孔/层状阶层结构铝超疏水表面润湿转换机制及抗腐蚀行为研究	D0604	中国科学院海洋研究所	¥20.00	2017/1/1	2019/12/31
97	41606097	胡清静	贝类养殖对海洋环境中有机胺的影响	D0604	中国水产科学研究院黄海水产研究所	¥20.00	2017/1/1	2019/12/31
98	41606098	宋贵生	海洋酸化与光照耦合效应对海洋光合有机物光学与化学特性的影响	D0604	天津科技大学	¥20.00	2017/1/1	2019/12/31
99	41606099	杨　剑	莱州湾二硫化碳和羰基硫的光化学生成机制的研究	D0604	中国科学院烟台海岸带研究所	¥19.00	2017/1/1	2019/12/31
100	41606100	农旭华	基于共培养策略挖掘一株海洋放线菌的聚酮类化合物及其防污活性研究	D0604	中国科学院南海海洋研究所	¥20.00	2017/1/1	2019/12/31
101	41606101	朱　勇	海水中高分辨率高灵敏度铵氮走航观测系统的研制	D0604	国家海洋局第二海洋研究所	¥19.00	2017/1/1	2019/12/31
102	41606102	高咏卉	碳通量通过生物作用的传递:利用氧同位素和示踪气体测定总生产力和系统群落生产力	D0604	上海交通大学	¥22.00	2017/1/1	2019/12/31
103	41606103	李　莉	杭州湾潮滩变化对其局地和远程潮汐特征的影响机理研究	D0605	浙江大学	¥21.00	2017/1/1	2019/12/31
104	41606104	周　曾	盐沼影响下潮沟系统形态特征及演变机理研究	D0605	河海大学	¥20.00	2017/1/1	2019/12/31
105	41606105	陈顺洋	海岸红树林生态系统碳收支动态及其影响因素研究	D0605	国家海洋局第三海洋研究所	¥18.00	2017/1/1	2019/12/31
106	41606106	康　婧	辽河口湿地盐沼植被演替过渡带动态对人类活动的响应研究	D0605	国家海洋环境监测中心	¥20.00	2017/1/1	2019/12/31
107	41606107	顾艳镇	珠江口凸起区的稳定机制及其对珠江冲淡水扩展的影响研究	D0605	中国海洋大学	¥20.00	2017/1/1	2019/12/31
108	41606108	谢文静	互花米草盐沼生物地貌状态转换的机理研究	D0605	南京大学	¥20.00	2017/1/1	2019/12/31
109	41606109	尹道卫	长江河口潮流界底形演变机理及其对三峡建坝的响应	D0605	华东师范大学	¥20.00	2017/1/1	2019/12/31
110	41606110	刘莉莉	网囊与渔获物对串行多组网囊拖网水动力学特性的影响机制研究	D0606	浙江海洋大学	¥19.00	2017/1/1	2019/12/31
111	41606111	张颖颖	基于 NaI (Tl) 谱仪的海水放射性现场测量效率刻度、高分辨率解析和优化方法研究	D0607	山东省科学院	¥19.00	2017/1/1	2019/12/31
112	41606112	胡　桐	志愿船钝体绕流气流场对海面风观测的影响及数据偏差校正方法研究	D0607	山东省科学院	¥19.00	2017/1/1	2019/12/31
113	41606113	张传正	沿海三维声层析研究	D0607	国家海洋局第二海洋研究所	¥20.00	2017/1/1	2019/12/31

序号	项目批准号	申请者姓名	项目名称	学科代码	单位名称	批准金额(万元)	起始年月	结题年月
114	41606114	王爱学	顾及局部畸变的侧扫声呐图像多特征保形镶嵌研究	D0607	武汉大学	¥20.00	2017/1/1	2019/12/31
115	41606115	杜伟东	水体中油气目标声学特征提取与识别方法研究	D0607	哈尔滨工程大学	¥20.00	2017/1/1	2019/12/31
116	41606116	文洪涛	台风背景下的南海海洋环境噪声特性及应用研究	D0607	国家海洋局第三海洋研究所	¥19.00	2017/1/1	2019/12/31
117	41606117	田文飚	阵发蒸发波导的非均匀压缩感知及重构方法研究	D0607	中国人民解放军海军航空工程学院	¥20.00	2017/1/1	2019/12/31
118	41606118	王祎	多源不确定性下基于海洋观测序列的定点观测设备故障预测研究	D0607	国家海洋技术中心	¥20.00	2017/1/1	2019/12/31
119	41606119	周细平	海水酸化对小型底栖生物群落结构和生物多样性的驱动性	D0608	厦门大学	¥20.00	2017/1/1	2019/12/31
120	41606120	孙颖颖	大型海藻中棕囊藻群体感应天然抑制剂、破坏剂和抑藻剂的筛选及其活性评价	D0608	淮海工学院	¥21.00	2017/1/1	2019/12/31
121	41606121	石新国	新型光能捕获蛋白视紫红质在赤潮甲藻中的功能及表达调控研究	D0608	厦门大学	¥19.00	2017/1/1	2019/12/31
122	41606122	郑家浪	基于肝分叶氧化应激指标差异筛选大黄鱼饥饿和锌应激标记物及作用机理研究	D0608	浙江海洋大学	¥20.00	2017/1/1	2019/12/31
123	41606123	臧昆鹏	渤海西部季节性耗氧酸化过程对溶解态甲烷源汇过程和海—气交换通量时空演变新特征的影响机制	D0608	国家海洋环境监测中心	¥19.00	2017/1/1	2019/12/31
124	41606124	叶观琼	基于能值的海洋自然资本空间化评估方法研究	D0608	浙江大学	¥19.00	2017/1/1	2019/12/31
125	41606125	张英	基于多溴联苯醚环境样品数据异常表达的模糊源示踪体系构建	D0608	山东师范大学	¥21.00	2017/1/1	2019/12/31
126	41606126	邓蕴彦	脱落酸在藻华甲藻锥状斯氏藻休眠孢囊形成和萌发过程中的调控作用研究	D0608	中国科学院海洋研究所	¥20.00	2017/1/1	2019/12/31
127	41606127	王楠	温度变化模式对胶州湾海月水母种群数量变动的调控机制	D0608	中国科学院海洋研究所	¥20.00	2017/1/1	2019/12/31
128	41606128	宋书群	山东近海浮游植物群落对核电站温排水热效应的响应机制研究	D0608	中国科学院海洋研究所	¥20.00	2017/1/1	2019/12/31
129	41606129	李亚鹤	盐度变化条件下紫外辐射对浒苔光合特性的影响及机制研究	D0608	宁波大学	¥19.00	2017/1/1	2019/12/31
130	41606130	杨庶	应用沉积记录重建渤海浮游植物群落结构演变及其对富营养化的响应	D0608	中国水产科学研究院黄海水产研究所	¥20.00	2017/1/1	2019/12/31
131	41606131	易先亮	大田软海绵酸对日本虎斑猛水蚤(Tigriopus japonicus)的毒性效应及其机制研究	D0608	大连理工大学	¥20.00	2017/1/1	2019/12/31
132	41606132	张浩	海洋甲藻碳同化机制及其在藻华形成过程中的作用	D0608	厦门大学	¥19.00	2017/1/1	2019/12/31

序号	项目批准号	申请者姓名	项目名称	学科代码	单位名称	批准金额(万元)	起始年月	结题年月
133	41606133	方蕾	根际细菌增强翅碱蓬抗逆能力的分子机制研究	D0608	大连海洋大学	¥19.00	2017/1/1	2019/12/31
134	41606134	刘纪化	营养盐和碳源对海洋激发效应影响和微生物响应机制探索研究	D0608	山东大学	¥20.00	2017/1/1	2019/12/31
135	41606135	王国善	海月水母螅状体耐受低氧的分子机制	D0608	国家海洋局海洋减灾中心	¥20.00	2017/1/1	2019/12/31
136	41606136	吕意华	西沙群岛海域纲比亚藻种群结构及产毒特征研究	D0608	国家海洋局南海环境监测中心	¥19.00	2017/1/1	2019/12/31
137	41606137	李俊伟	方格星虫生物扰动在滩涂沉积物有机碳迁移过程中的作用分析	D0608	中国水产科学研究院南海水产研究所	¥20.00	2017/1/1	2019/12/31
138	41606138	杨胜龙	中西太平洋黄鳍金枪鱼垂直分布对水温垂直结构的响应分析	D0608	中国水产科学研究院东海水产研究所	¥21.00	2017/1/1	2019/12/31
139	41606139	纪炜炜	大黄鱼养殖衍生有机物沉降特征及其底栖生态效应研究	D0608	中国水产科学研究院东海水产研究所	¥21.00	2017/1/1	2019/12/31
140	41606140	庞敏	海洋酸化对塔玛亚历山大藻产毒的影响及分子机理研究	D0608	国家海洋局第一海洋研究所	¥20.00	2017/1/1	2019/12/31
141	41606141	顾炎斌	基于MINE算法的大型底栖生物对溢油污染响应机制研究	D0608	国家海洋环境监测中心	¥20.00	2017/1/1	2019/12/31
142	41606142	路璐	化学溢油分散剂对石油降解微生物的生理生态过程影响	D0608	西华师范大学	¥20.00	2017/1/1	2019/12/31
143	41606143	覃静	甲壳动物转录因子及其功能的进化研究	D0609	香港中文大学深圳研究院	¥19.00	2017/1/1	2019/12/31
144	41606144	金敏	代谢物质在深海噬菌体与宿主菌相互作用过程中的作用机理研究	D0609	国家海洋局第三海洋研究所	¥19.00	2017/1/1	2019/12/31
145	41606145	徐炜	西南印度洋中脊热液区真菌群落生态分布及其反硝化作用能力研究	D0609	国家海洋局第三海洋研究所	¥20.00	2017/1/1	2019/12/31
146	41606146	赵静	基于多生境海域鱼类群落特征的鱼类群落采样设计	D0609	上海海洋大学	¥19.00	2017/1/1	2019/12/31
147	41606147	梁箫	厚壳贻贝肾上腺素能受体和5—羟色胺受体调控幼虫变态的分子机理研究	D0609	上海海洋大学	¥21.00	2017/1/1	2019/12/31
148	41606148	刘慧慧	大黄鱼清道夫受体MARCO抗哈维氏弧菌感染的分子机制	D0609	浙江海洋大学	¥19.00	2017/1/1	2019/12/31
149	41606149	宣富君	三疣梭子蟹精子塞形成的关键蛋白鉴定及其功能初探	D0609	上海海洋大学	¥19.00	2017/1/1	2019/12/31
150	41606150	杨静文	大黄鱼神经肽Y2亚族受体的信号转导机制及其生理功能研究	D0609	浙江海洋大学	¥21.00	2017/1/1	2019/12/31
151	41606151	石禹	马氏珠母贝SMAD1/5转导BMP2信号的鉴定及在贝壳生物矿化中的功能	D0609	中国科学院南海海洋研究所	¥19.00	2017/1/1	2019/12/31
152	41606152	刘合露	深海热液/冷泉区无脊椎动物不饱和脂肪酸合成新途径与深海高压环境适应关系研究	D0609	三亚深海科学与工程研究所	¥20.00	2017/1/1	2019/12/31

续表

序号	项目批准号	申请者姓名	项目名称	学科代码	单位名称	批准金额（万元）	起始年月	结题年月
153	41606153	梁彦韬	南海海盆区典型站位浮游病毒与主要宿主类群关系的研究	D0609	中国科学院青岛生物能源与过程研究所	¥20.00	2017/1/1	2019/12/31
154	41606154	林 璐	海洋假单胞菌将木质素转化为生物塑料的遗传解析	D0609	浙江大学	¥21.00	2017/1/1	2019/12/31
155	41606155	许 鹏	深海钩虾的分类与系统发育研究——以雅浦海沟为例	D0609	国家海洋局第二海洋研究所	¥19.00	2017/1/1	2019/12/31
156	41606156	周亚东	西南印度洋中脊热液区多毛类的多样性和系统发育研究	D0609	国家海洋局第二海洋研究所	¥19.00	2017/1/1	2019/12/31
157	41606157	刘洪艳	耐酸型高效产氢细菌成团泛菌BH18产氢关键基因及代谢途径研究	D0609	天津科技大学	¥19.00	2017/1/1	2019/12/31
158	41606158	隗健凯	激活T细胞核因子5在海鞘脊索管腔形成中的渗透调控机制	D0609	中国海洋大学	¥20.00	2017/1/1	2019/12/31
159	41606159	郇 丽	浒苔磷酸戊糖途径对高盐胁迫的响应及其关键产物的代谢流向分析	D0609	中国科学院海洋研究所	¥20.00	2017/1/1	2019/12/31
160	41606160	李增鹏	条纹斑竹鲨来源纳米抗体的筛选及作为药物载体应用的研究	D0609	国家海洋局第三海洋研究所	¥20.00	2017/1/1	2019/12/31
161	41606161	高 山	浒苔叶绿体 NAD (P) H 脱氢酶的组成、分布及其介导的环式电子传递对失水胁迫的响应	D0609	中国科学院海洋研究所	¥20.00	2017/1/1	2019/12/31
162	41606162	张树乾	中国海笠贝总科系统分类学与动物地理学研究：从近海到深海	D0609	中国科学院海洋研究所	¥20.00	2017/1/1	2019/12/31
163	41606163	张 琳	水杨酸对微拟球藻大洋种温度抗逆性的影响及其机理研究	D0609	宁波大学	¥18.00	2017/1/1	2019/12/31
164	41606164	王秀娟	坛紫菜孢子囊枝形成过程高磷需求引发的脂类重构及激素调控的研究	D0609	台州学院	¥19.00	2017/1/1	2019/12/31
165	41606165	刘 皓	海洋浮游病毒在水域富营养化中的作用	D0609	中山大学	¥20.00	2017/1/1	2019/12/31
166	41606166	彭吉星	ITS—HPLC—HRMS—Bioassay 多级筛选策略指导下海洋真菌中新型抗菌活性产物的发现	D0609	中国水产科学研究院黄海水产研究所	¥20.00	2017/1/1	2019/12/31
166	41606166	彭吉星	ITS—HPLC—HRMS—Bioassay 多级筛选策略指导下海洋真菌中新型抗菌活性产物的发现	D0609	中国水产科学研究院黄海水产研究所	¥20.00	2017/1/1	2019/12/31
167	41606167	李 静	源于海洋微生物的临床"超级病菌"新型抑制剂的发现	D0609	中山大学	¥20.00	2017/1/1	2019/12/31
168	41606168	杨金鹏	环境条件对混养原生生物组成和分布及生长和摄食的影响	D0609	中山大学	¥20.00	2017/1/1	2019/12/31
169	41606169	巩 杰	雌激素相关受体及其信号通路在三疣梭子蟹卵巢发育过程中的功能探究	D0609	南通大学	¥19.00	2017/1/1	2019/12/31
170	41606170	张辉贤	海马催产素在雄性育儿与性角色逆转中的功能及其调控机理	D0609	中国科学院南海海洋研究所	¥20.00	2017/1/1	2019/12/31

序号	项目批准号	申请者姓名	项目名称	学科代码	单位名称	批准金额(万元)	起始年月	结题年月
171	41606171	林承刚	刺参光和水流感受器结构、功能及响应过程	D0609	中国科学院海洋研究所	¥20.00	2017/1/1	2019/12/31
172	41606172	魏美燕	一株中国南海柳珊瑚来源真菌次级代谢产物多样性及其抗菌活性研究	D0609	广东医科大学	¥20.00	2017/1/1	2019/12/31
173	41606173	于豪冰	极地海洋微生物抗肿瘤活性次级代谢产物研究	D0609	中国人民解放军第二军医大学	¥19.00	2017/1/1	2019/12/31
174	41606174	曹　飞	一株渤海来源真菌 Pleosporales sp. cH azaphilones 类化合物的发掘及其抗弧菌活性	D0609	河北大学	¥20.00	2017/1/1	2019/12/31
175	41606175	岑竞仪	中国近海凯伦藻科（甲藻门）的分类学和分子系统学研究	D0609	暨南大学	¥20.00	2017/1/1	2019/12/31
176	41606176	张　华	我国南部海区底栖原甲藻属(Prorocentrum) 的生物多样性、系统发育及产毒特性研究	D0609	暨南大学	¥20.00	2017/1/1	2019/12/31
177	41606177	王宝贝	以雨生红球藻为模式的产虾青素微藻在高光下的碳分配机制	D0609	泉州师范学院	¥20.00	2017/1/1	2019/12/31
178	41606178	周　贺	DNA 甲基化介导的低温诱导红鳍东方鲀雄性化分子机制研究	D0609	大连海洋大学	¥19.00	2017/1/1	2019/12/31
179	41606179	曾振顺	三株假交替单胞菌胞外多糖的生理功能及其合成调控研究	D0609	中国科学院南海海洋研究所	¥19.00	2017/1/1	2019/12/31
180	41606180	左然涛	ARA/EPA 对中间球海胆性腺主要卵黄蛋白基因表达调控机制的研究	D0609	大连海洋大学	¥18.00	2017/1/1	2019/12/31
181	41606181	章　翔	基于环境 DNA 宏条形码测序的季节性热带珊瑚礁区鱼类多样性及其相对丰度变动研究	D0609	海南大学	¥21.00	2017/1/1	2019/12/31
182	41606182	于　硕	热带海草海菖蒲的花粉扩散和空间遗传结构研究	D0609	中国科学院南海海洋研究所	¥20.00	2017/1/1	2019/12/31
183	41606183	王劭雯	石斑鱼网格蛋白（clathrin）介导虹彩病毒 SGIV 侵染宿主细胞的分子机制	D0609	中国科学院南海海洋研究所	¥20.00	2017/1/1	2019/12/31
184	41606184	张立楠	海带褐藻胶合成关键酶基因识别及功能鉴定	D0609	青岛农业大学	¥20.00	2017/1/1	2019/12/31
185	41606185	牛四文	三株大西洋深海真菌抗流感活性成分研究	D0609	国家海洋局第三海洋研究所	¥20.00	2017/1/1	2019/12/31
186	41606186	徐新亚	深海来源真菌中群感效应抑制剂的发现及其影响铜绿假单胞菌的分子机制研究	D0609	中国科学院南海海洋研究所	¥20.00	2017/1/1	2019/12/31
187	41606187	杜海舰	海洋趋磁细菌培养、纯化方法研究	D0609	中国科学院海洋研究所	¥20.00	2017/1/1	2019/12/31
188	41606188	王明玲	菠萝型多细胞趋磁原核生物的适应性进化研究	D0609	中国科学院海洋研究所	¥20.00	2017/1/1	2019/12/31
188	41606188	王明玲	菠萝型多细胞趋磁原核生物的适应性进化研究	D0609	中国科学院海洋研究所	¥20.00	2017/1/1	2019/12/31

序号	项目批准号	申请者姓名	项目名称	学科代码	单位名称	批准金额（万元）	起始年月	结题年月
189	41606189	林听听	基于免疫力的灰海马亲代育幼策略研究	D0609	中国水产科学研究院东海水产研究所	￥21.00	2017/1/1	2019/12/31
190	41606190	宋伟	植物激素对黄海大规模绿潮形成的作用及其机理研究	D0609	国家海洋局第一海洋研究所	￥20.00	2017/1/1	2019/12/31
191	41606191	李海涛	中国海笔帽螺科（Creseidae）的分类学和动物地理学研究	D0609	国家海洋局南海环境监测中心	￥20.00	2017/1/1	2019/12/31
192	41606192	赵鹏	硬毛藻爆发对大叶藻海草床分布格局的影响和机制	D0609	国家海洋信息中心	￥19.00	2017/1/1	2019/12/31
193	41606193	张丽萍	深海放线菌PTM类化合物生物合成中双功能环化酶PacC的结构生物学研究	D0609	中国科学院南海海洋研究所	￥20.00	2017/1/1	2019/12/31
194	41606194	李加琦	海洋酸化对皱纹盘鲍胚壳生成的影响及其机制	D0609	中国水产科学研究院黄海水产研究所	￥20.00	2017/1/1	2019/12/31
195	41606195	王玉堃	耳石中黄海小黄鱼生活史及其长期演变的高分辨率记录	D0609	中国水产科学研究院黄海水产研究所	￥19.00	2017/1/1	2019/12/31
196	41606196	魏永亮	合成孔径雷达图像中白冠覆盖率的特征及参数化	D0610	上海海洋大学	￥19.00	2017/1/1	2019/12/31
197	41606197	牟冰	气溶胶垂直分布对黄渤海水色遥感大气校正的影响及其剔除	D0610	中国海洋大学	￥20.00	2017/1/1	2019/12/31
198	41606198	高峰	基于夜光遥感的黄东海渔业监测及其时空动态研究	D0610	中国海洋大学	￥20.00	2017/1/1	2019/12/31
199	41606199	胡水波	浮游植物碳的光学反演机理研究	D0610	深圳大学	￥20.00	2017/1/1	2019/12/31
200	41606200	高乐	基于干涉测高模式的波形模拟、重跟踪与相位刈幅处理的水位精提取	D0610	中国科学院海洋研究所	￥20.00	2017/1/1	2019/12/31
201	41606201	刘保昌	基于MIMO—SAR的宽幅大覆盖海流反演方法研究	D0610	南京信息工程大学	￥19.00	2017/1/1	2019/12/31
202	41606202	鲍青柳	星载多普勒雷达散射计海流反演技术研究	D0610	国家卫星海洋应用中心	￥14.00	2017/1/1	2018/12/31
203	41606203	罗伟	高海况条件下非线性海面与破碎波复合电磁散射特性研究	D0610	重庆邮电大学	￥19.00	2017/1/1	2019/12/31
204	41606204	王久珂	基于海洋二号微波散射计—雷达高度计的南中国海—北印度洋宽刈幅混合浪、涌浪融合反演方法的研究	D0610	国家海洋环境预报中心	￥20.00	2017/1/1	2019/12/31
205	41606205	黄骁麒	基于双差分模型的星载微波辐射计亮温校正方法研究	D0610	国家海洋技术中心	￥19.00	2017/1/1	2019/12/31
206	41606206	夏俊明	基于GNSS右旋圆极化反射信号反演海面风场的研究	D0610	中国科学院国家空间科学中心	￥19.00	2017/1/1	2019/12/31
207	41606207	王建佳	应用综合分类学方法研究南极普里兹湾海蜘蛛的多样性及其地理分布特征	D0611	国家海洋局第三海洋研究所	￥20.00	2017/1/1	2019/12/31
208	41606208	张扬	北极地区夏季"海冰减退—海浪增强"反馈机制及其影响的模型研究	D0611	上海海洋大学	￥20.00	2017/1/1	2019/12/31

续表

序号	项目批准号	申请者姓名	项目名称	学科代码	单位名称	批准金额(万元)	起始年月	结题年月
209	41606209	王星东	SSM/I 数据和 QuickSCAT 数据协同的南极冰盖表面冻融探测方法研究	D0611	河南工业大学	¥19.00	2017/1/1	2019/12/31
210	41606210	童剑锋	南极磷虾宽频超声波散射特征及资源量估算	D0611	上海海洋大学	¥20.00	2017/1/1	2019/12/31
211	41606211	李中乔	西北冰洋陆架木质素记录的冰川冻土消融和植被演变信号	D0611	国家海洋局第二海洋研究所	¥19.00	2017/1/1	2019/12/31
212	41606212	王晓宇	格陵兰海冷暖水系交汇变性以及输出水体性质形成过程的研究	D0611	中国海洋大学	¥20.00	2017/1/1	2019/12/31
213	41606213	狄少丞	冰区锚系浮式平台与海冰作用机理及动力耦合过程的离散元模型研究	D0611	哈尔滨工程大学	¥20.00	2017/1/1	2019/12/31
214	41606214	王杭州	基于海冰介质光谱衰减特性的极地冰藻生物量长期原位测量机理研究	D0611	浙江大学	¥20.00	2017/1/1	2019/12/31
215	41606215	季 青	联合多源数据的南极海冰体积反演及其变化研究	D0611	武汉大学	¥19.00	2017/1/1	2019/12/31
216	41606216	王琳森	MIS 6 期以来罗斯海深层水流通性的变化及其对大气 CO_2 冰期旋回的影响	D0611	中国科学院海洋研究所	¥20.00	2017/1/1	2019/12/31
217	41606217	夏瑞彬	模式分辨率和地形对普里兹湾南极陆坡流的影响研究	D0611	南京信息工程大学	¥20.00	2017/1/1	2019/12/31
218	41606218	孙永明	普里兹湾陆架—海盆水交换及其对大气强迫的响应	D0611	中国海洋大学	¥20.00	2017/1/1	2019/12/31
219	41606219	稂时楠	极地浅层高分辨率冰雷达成像与数据处理方法研究	D0611	北京工业大学	¥19.00	2017/1/1	2019/12/31
220	41606220	常晓敏	基于超声波的海冰剖面孔隙率原位监测的机理与方法研究	D0611	太原理工大学	¥19.00	2017/1/1	2019/12/31
221	41606221	何 琰	2012 年北冰洋大气旋对楚科奇海水团和环流的影响	D0611	国家海洋局第一海洋研究所	¥20.00	2017/1/1	2019/12/31
222	41606222	李 娜	南极普里兹湾固定冰的分布及生消过程研究	D0611	中国极地研究中心	¥20.00	2017/1/1	2019/12/31
223	41606223	石丰登	末次冰期以来堪察加半岛南部植被演化及其对气候变化、火山爆发的响应：来自鄂霍次克海深海沉积物记录	D0611	国家海洋局第一海洋研究所	¥21.00	2017/1/1	2019/12/31

3. 地区基金项目

序号	项目批准号	申请者姓名	项目名称	学科代码	单位名称	批准金额(万元)	起始年月	结题年月
1	41666001	徐洪周	海南岛近岸风暴潮空间分布及形成机制研究	D0601	三亚深海科学与工程研究所	¥40.00	2017/1/1	2020/12/31
2	41666002	王大伟	南海珠江口外海底峡谷内底形沉积结构与形成机理	D0603	三亚深海科学与工程研究所	¥41.00	2017/1/1	2020/12/31

续表

序号	项目批准号	申请者姓名	项目名称	学科代码	单位名称	批准金额（万元）	起始年月	结题年月
3	41666003	黄鸽	广西沿岸人工海滩养护效应及动力地貌变化机制	D0605	钦州学院	¥38.00	2017/1/1	2020/12/31
4	41666004	史久林	水深及水体特征参数对受激布里渊散射激光雷达探测性能影响的研究	D0607	南昌航空大学	¥41.00	2017/1/1	2020/12/31
5	41666005	梁甲元	基于内源性海藻糖及其合成途径多样性探索珊瑚抵御环境温度变化的潜在机制	D0609	广西大学	¥39.00	2017/1/1	2020/12/31
6	41666006	孙云	卵形鲳鲹 TLR3 和 TLR7 亚家族鉴定及其信号通路在抗细菌感染中的作用机制	D0609	海南大学	¥40.00	2017/1/1	2020/12/31
7	41666007	季祥	稀土胁迫斜生栅藻油脂积累机制研究	D0609	内蒙古科技大学	¥40.00	2017/1/1	2020/12/31
8	41666008	陈骁	基于环境 DNA 和宏分子条码技术的涠洲岛珊瑚礁鱼类多样性研究	D0609	广西红树林研究中心	¥40.00	2017/1/1	2020/12/31

4. 重点项目

序号	项目批准号	申请者姓名	项目名称	学科代码	单位名称	批准金额（万元）	起始年月	结题年月
1	41630963	严晓海	深海遥感及其在近二十年来中深层海洋增暖研究中的应用	D0610	厦门大学	¥290.00	2017/1/1	2021/12/31
2	41630964	耿建华	南黄海中、古生界复杂地质构造地震成像理论与方法	D040901	同济大学	¥276.00	2017/1/1	2021/12/31
3	41630965	翦知湣	晚第四纪冰期旋回中热带海气 CO_2 交换格局的变化及其控制因素	D0603	同济大学	¥290.00	2017/1/1	2021/12/31
4	41630966	赵美训	人类活动和自然变化对长江口—闽浙近海生态结构驱动机制的古—今对比研究	D0604	中国海洋大学	¥310.00	2017/1/1	2021/12/31
5	41630967	侯一筠	东海黑潮多时空尺度变化规律及其在陆架水交换过程中的作用研究	D0601	中国科学院海洋研究所	¥310.00	2017/1/1	2021/12/31
6	41630968	牛耀龄	用非传统稳定同位素探索全球大洋玄武岩、深海橄榄岩成因和地球动力学的几个重要问题	D0603	中国科学院海洋研究所	¥295.00	2017/1/1	2021/12/31
7	41630969	魏皓	楚科奇海及其邻近海域碳循环年际变化和机制研究	D0611	天津大学	¥290.00	2017/1/1	2021/12/31
8	41630970	尚晓东	南海内潮演变特征及湍流混合机制研究	D0601	中国科学院南海海洋研究所	¥300.00	2017/1/1	2021/12/31

5. 重大项目

序号	项目批准号	申请者姓名	项目名称	学科代码	单位名称	批准金额（万元）	起始年月	结题年月
1	41690120	陈大可	ENSO 的变异机理和可预测性研究	D0601	国家海洋局第二海洋研究所	¥1,661.70	2017/1/1	2021/12/31

6.（南海深海过程演变）重大研究计划项目

序号	项目批准号	申请者姓名	项目名称	学科代码	单位名称	批准金额（万元）	起始年月	结题年月
1	91628301	林间	南海海盆的深部结构和扩张过程的集成研究	D0603	中国科学院南海海洋研究所	¥253.00	2017/1/1	2019/12/31
2	91628302	田纪伟	南海深层环流的结构与变异	D0601	中国海洋大学	¥87.00	2017/1/1	2019/12/31

7.国家杰出青年科学基金

序号	项目批准号	申请者姓名	项目名称	学科代码	单位名称	批准金额（万元）	起始年月	结题年月
1	41625021	汪亚平	河口海岸学：潮控河口海岸沉积体系与地貌演化的现代过程研究	D0605	南京大学	¥350.00	2017/1/1	2021/12/31

8.优秀青年科学基金项目

序号	项目批准号	申请者姓名	项目名称	学科代码	单位名称	批准金额（万元）	起始年月	结题年月
1	41622601	刘志宇	海洋混合	D0601	厦门大学	¥130.00	2017/1/1	2019/12/31
2	41622602	陈朝晖	低纬度西边界流变异机理	D0601	中国海洋大学	¥130.00	2017/1/1	2019/12/31
3	41622603	万世明	海洋沉积与古气候学	D0603	中国科学院海洋研究所	¥130.00	2017/1/1	2019/12/31
4	41622604	张彪	海洋微波遥感	D0610	南京信息工程大学	¥130.00	2017/1/1	2019/12/31
5	41622605	庞洪喜	雪冰稳定同位素气候学	D0611	南京大学	¥130.00	2017/1/1	2019/12/31

9.国际（地区）合作与交流项目

序号	项目批准号	申请者姓名	项目名称	学科代码	单位名称	批准金额（万元）	起始年月	结题年月
1	41761134050	陈良标	鱼类免疫在极端环境下的进化	D06	上海海洋大学	¥251.00	2017/1/1	2019/12/31
2	41761134051	李春峰	南海与西伊比利亚洋陆转换带张裂—破裂过程与岩石圈结构的对比研究	D0603	浙江大学	¥256.00	2017/1/1	2019/12/31
3	41761134052	蒋增杰	菲律宾蛤仔食用安全性评价及资源可持续利用管理	D0608	中国水产科学研究院黄海水产研究所	¥250.51	2017/1/1	2019/12/31
4	41711530149	张武昌	依托单细胞分析技术进行海洋浮游微食物网动态研究	D0609	中国科学院海洋研究所	¥14.85	2017/1/1	2019/12/31
5	41628601	冯明	南海贯穿流年际变异特征及机理研究	D0601	中国科学院南海海洋研究所	¥18.00	2017/1/1	2018/12/31
6	41620104001	于志刚	长江口及邻近海域沉积有机碳的保存机制研究	D0604	中国海洋大学	¥260.00	2017/1/1	2021/12/31
7	41620104003	何宜军	新概念雷达海洋动力参数遥感基础理论及应用研究	D0610	南京信息工程大学	¥250.00	2017/1/1	2021/12/31

10.专项基金项目

序号	项目批准号	申请者姓名	项目名称	学科代码	单位名称	批准金额（万元）	起始年月	结题年月
1	41641048	袁子能	气候变化对澳大利亚西北近岸浮游植物百年演变规律的影响研究	D0604	中国科学院烟台海岸带研究所	¥20.00	2017/1/1	2017/12/31
2	41641049	张同伟	大深度载人潜水器高精度组合导航关键技术研究	D0607	国家深海基地管理中心	¥20.00	2017/1/1	2017/12/31
3	41641050	谢友坪	海洋衣藻自养积累叶黄素的调控机制研究	D0609	福州大学	¥20.00	2017/1/1	2017/12/31

续表

序号	项目批准号	申请者姓名	项目名称	学科代码	单位名称	批准金额（万元）	起始年月	结题年月
4	41641051	陈荔	海洋底栖冈比甲藻的西加毒素生物合成机制探究	D0609	香港城市大学深圳研究院	¥20.00	2017/1/1	2017/12/31
5	41641052	曾小群	尿苷二磷酸葡萄糖焦磷酸化酶在海洋源嗜酸乳杆菌抗冻干胁迫中的功能及调控机制	D0609	宁波大学	¥20.00	2017/1/1	2017/12/31
6	41641053	李升康	拟穴青蟹肠道菌群抗病毒感染及其分子机理研究	D0609	汕头大学	¥20.00	2017/1/1	2017/12/31

11. 海洋科学考察船共享航次项目

序号	项目批准号	申请者姓名	项目名称	航次编号	单位名称	批准金额（万元）	起始年月	结题年月
1	41649901	李岩	渤黄海科学考察实验研究	NORC2017—01	中国海洋大学	¥530.00	2017/1/1	2017/12/31
2	41649902	魏泽勋	东海科学考察实验研究	NORC2017—02	国家海洋局第一海洋研究所	¥320.00	2017/1/1	2017/12/31
3	41649903	高抒	长江口科学考察实验研究	NORC2017—03	华东师范大学	¥390.00	2017/1/1	2017/12/31
4	41649904	刘四光	台湾海峡科学考察实验研究（2017 年）	NORC2017—04	福建海洋研究所	¥240.00	2017/1/1	2017/12/31
5	41649905	李岩	南海东北部—吕宋海峡科学考察实验研究	NORC2017—05	中国海洋大学	¥540.00	2017/1/1	2017/12/31
6	41649906	王东晓	南海中部海盆科学考察实验研究	NORC2017—06	中国科学院南海海洋研究所	¥440.00	2017/1/1	2017/12/31
7	41649907	王东晓	2017 年南海西部科学考察实验研究	NORC2017—07	中国科学院南海海洋研究所	¥540.00	2017/1/1	2017/12/31
8	41649908	詹文欢	南海北部地球物理科学考察实验研究	NORC2017—08	中国科学院南海海洋研究所	¥420.00	2017/1/1	2017/12/31
9	41649909	李超伦	西太平洋科学考察实验研究	NORC2017—09	中国科学院海洋研究所	¥540.00	2017/1/1	2017/12/31
10	41649910	王东晓	2017 年东印度洋科学考察实验研究	NORC2017—10	中国科学院南海海洋研究所	¥540.00	2017/1/1	2017/12/31

12. 联合基金项目

序号	项目批准号	申请者姓名	项目名称	学科代码	单位名称	批准金额（万元）	起始年月	结题年月
1	U1609201	黄大吉	跨跃层和跨锋面的物质交换及其对东海缺氧演变的影响	D0601	国家海洋局第二海洋研究所	¥209.00	2017/1/1	2020/12/31
2	U1609202	陈建裕	近海海洋渔业的卫星遥感应用方法与关键技术	D0610	国家海洋局第二海洋研究所	¥182.00	2017/1/1	2020/12/31
3	U1609203	李加林	基于多源/多时相异质影像集成的滨海湿地演化遥感监测技术与应用研究	D0610	宁波大学	¥210.00	2017/1/1	2020/12/31
4	U1609204	刘妹琴	基于 UWSNs 的近海环境安全实时探测新机理及关键技术	D0607	浙江大学	¥230.00	2017/1/1	2020/12/31

注：批准金额为直接经费

（国家自然科学基金委）

国家重点研发计划

【概述】 全面启动"十三五"国家重点研发计划"深海关键技术与装备""海洋环境安全保障"重点专项（以下简称深海专项和海洋环境专项）工作。按照全创新链布局、一体化组织实施的思路，深海专项分解为"全海深潜水器研制及深海前沿关键技术研究""深海通用配套技术及1000~7000米级潜水器作业及应用能力示范""深远海核动力平台关键技术研发"和"深海能源、矿产资源勘探开发共性关键技术研发及应用"4项重点任务；海洋环境专项分解为"海洋环境立体观测/监测的新技术研究与系统集成及核心装备国产化""海洋环境变化预测预报技术""海洋环境灾害及突发环境事件预警和应急处置技术""国家海洋环境安全保障平台研发

与应用示范"4项重点任务。

【深海关键技术与装备重点专项】 深海专项共立项54个项目，其中基础研究类13个，重大共性关键技术类34个，应用示范类7个，中央财政经费总数为15.69亿元。其中，公开指南项目41个，企业承担8个，大专院校承担11个，事业单位承担18个，其他单位承担4个，参与人员总数达到3014人。

中国21世纪议程管理中心成立了专项总体专家组，协助专业管理机构做好项目过程管理，发现问题及时反馈，为解决在专项实施过程中出现的重大问题提供技术咨询。引入第三方评价、质量监理制度，结合中国21世纪议程管理中心2017年发布实施的《海洋仪器设备研制质量管理规范》及《规范化海上试验管理办法》对项目研发及海上试验过程进行严格规范的质量管理。

国家重点研发计划"深海关键技术与装备"重点专项

序号	项目(课题)编号	项目(课题)名称	项目(课题)承担单位	项目负责人	中央财政经费(万元)	项目实施周期(年)
1	2016YFC0300100	全海深高能量密度高安全性锌银电池研究	河南新太行电源股份有限公司	田伟龙	1000	4.5
2	2016YFC0300200	全海深高能量密度锂电池	中国船舶重工集团公司第七一二研究所	朱 刚	1000	4.5
3	2016YFC0300300	全海深潜水器声学技术研究与装备研制	中国科学院声学研究所	朱 敏	3357	4.5
4	2016YFC0300400	全海深机械手研制	中国科学院沈阳自动化研究所	张奇峰	995	4.5
5	2016YFC0300500	全海深海底水体和沉积物气密取样装置研制	浙江大学	吴世军	1000	4.5
6	2016YFC0300600	全海深载人潜水器总体设计、集成与海试	中国船舶重工集团公司第七○二研究所	叶 聪	36322	4.5
7	2016YFC0300700	全海深无人潜水器（ARV）研制	上海交通大学	葛 彤	8443	4.5
8	2016YFC0300800	全海深自主遥控潜水器（ARV）研制与海试	中国科学院沈阳自动化研究所	徐会希	9407	4.5
9	2016YFC0300900	大型深海超高压模拟试验装置	四川航空工业川西机器有限责任公司	蒋 磊	3724	4.5
10	2016YFC0301000	一万一千米载人潜水器水面支持保障系统研制	中国船舶工业集团公司第七○八研究所	张福民	3317	4.5
11	2016YFC0301100	长航程水下滑翔机研制与海试应用	天津大学	王延辉	2300	4.5
12	2016YFC0301200	可组网模块化长航程水下滑翔机研制	中国科学院沈阳自动化研究所	俞建成	2200	4.5
13	2016YFC0301300	自主变形仿生柔体潜水器研制	西北工业大学	潘 光	801	4
14	2016YFC0301400	基于数据驱动技术和智慧型复合材料的自主式水下航行器研发	中国海洋大学	何 波	1000	4
15	2016YFC0301500	圆碟形水下滑翔机关键技术与装备研发	大连海事大学	王天霖	310	4

序号	项目(课题)编号	项目(课题)名称	项目(课题)承担单位	项目负责人	中央财政经费(万元)	项目实施周期(年)
16	2016YFC0301600	基于升力原理的深海高速潜水器研发与试验	中国科学院沈阳自动化研究所	刘开周	1000	4
17	2016YFC0301700	深海爬游混合型无人潜水器研制	武汉第二船舶设计研究所	陈　虹	1000	4
18	2016YFC0301800	面向深海地球物理科学研究的新型磁震传感器（三种传感器组成系统）	中国科学院半导体研究所	李　芳	1000	4
19	2016YFC0301900	激光多普勒深海热液流速测量系统研制及应用（系统）	安徽大学	俞本立	681	4
20	2016YFC0302000	基于深海潜器平台的海底底质精细结构原位探测器的研究（单个传感器）	中国科学院声学研究所东海研究站	冯海泓	332	4
21	2016YFC0302100	深海热液化学场多光谱联合原位综合探测系统（系统）	中国海洋大学	郑荣儿	1000	4
22	2016YFC0302200	基于载人潜水器的深海原位多参数化学传感器研制（系统）	国家深海基地管理中心	赵月霞	497	4
23	2016YFC0302300	深海高精度痕量金属与溶解气体分析系统研制（系统）	三亚深海科学与工程研究所	杜梦然	1000	4
24	2016YFC0302400	深海生物数字化原位观测记录系统（系统）	上海大学	屠大维	595	4
25	2016YFC0302500	深海生物功能基因原位检测与传感系统研制（系统）	三亚深海科学与工程研究所	王　勇	1000	4
26	2016YFC0302600	基于载人潜水器的深海通用配套技术规范化海上试验	国家深海基地管理中心	周玉斌	807	4.5
27	2016YFC0302700	饱和潜水系统自航式高压逃生艇和外循环式环控设备研制	交通运输部上海打捞局	洪力云	3546	4.5
28	2016YFC0302800	大直径随钻测井系统装备研制与示范作业	中石化胜利石油工程有限公司	杨锦舟	2500	4.5
29	2016YFC0302900	海洋浮式平台工程设计一体化集成系统软件	上海利策科技股份有限公司	李华祥	1526	4.5
30	2016YFC0303000	深水油气近海底重磁高精度探测关键技术	广州海洋地质调查局	陈　洁	1000	4.5
31	2016YFC0303100	深水双船拖曳式海洋电磁勘探系统研发	广州海洋地质调查局	余　平	1000	4.5
32	2016YFC0303200	适用于深海深地层地震拖缆高速率高可靠数据传输关键技术及通用平台研究	中国科学技术大学	宋克柱	472	4.5
33	2016YFC0303300	极地冷海钻井关键技术研究	中国石油化工股份有限公司石油工程技术研究院	侯绪田	1000	4.5
34	2016YFC0303400	新型极地冰区半潜式钻井平台关键技术研究	中集海洋工程研究院有限公司	滕　瑶	1000	4.5
35	2016YFC0303500	随钻电磁波高速率传输技术研究	中海油田服务股份有限公司	刘西恩	1000	4.5
36	2016YFC0303600	新型深水多功能干树半潜平台关键技术研究	中海油研究总院	栗　京	1000	4.5
37	2016YFC0303700	基于深水功能舱的全智能新一代水下生产系统关键技术研究	中国石油大学（北京）	段梦兰	686	4.5
38	2016YFC0303800	超深水多用途柔性管的研制与示范	威海纳川管材有限公司	沈义俊	1000	4.5
39	2016YFC0303900	近海底高精度水合物探测技术	广州海洋地质调查局	温明明	3000	4.5
40	2016YFC0304000	海洋天然气水合物试采技术和工艺	中海油研究总院	陈　伟	5000	4.5
41	2016YFC0304100	深海多金属结核采矿试验工程	中国大洋矿产资源研究开发协会办公室	李向阳	14300	4.5

【海洋环境安全保障重点专项】 海洋环境专项共立项 31 个项目,其中基础研究类 4 个,重大共性关键技术类 16 个,应用示范类 11 个,中央财政经费总数约 6.48 亿元。其中,公开指南项目 25 个,大专院校承担 6 个,事业单位承担 19 个,参与人员总数达到 2608 人。

围绕任务目标,按照项目类型,组建了海洋监测仪器、海洋观测系统、海洋环境灾害三个项目群。同时按照海洋环境观测数据获取、海洋环境数据处理、海洋环境数据分析、海洋环境监测应用等层面,通过分析每个项目的输入数据/产品和输出数据/产品,梳理了项目间的相互关系,构建了专项内部的关联体系,作为专项整体推进的依据之一。

成立专项总体专家组,协助专业管理机构做好项目过程管理,发现问题及时反馈,为解决在专项实施过程中出现的重大问题提供技术咨询。面向涉及海试内容的 13 家项目承担单位(占专项下设项目总数的 50%),通过构建统一的海试船时网络共享平台,征集海试需求提交并提供船时信息服务,实现与深海专项海试任务的统筹安排,充分利用平台资源,提高海试效率。

国家重点研发计划"海洋环境安全保障"重点专项

序号	项目编号	项目名称	项目牵头承担单位	项目负责人	中央财政经费(万元)	项目实施周期(年)
1	2016YFC1400100	海洋声学层析成像理论、技术与应用示范	浙江大学	赵航芳	4000	4.5
2	2016YFC1400200	海洋声学探测技术研究	西北工业大学	杨益新	1900	4.5
3	2016YFC1400300	极地环境观测/探测技术与装备研发	中国极地研究中心	杨惠根	5458	4.5
4	2016YFC1400400	基于水下平台的系列化温盐深流浪潮测量仪产品化	国家海洋技术中心	李红志	830	4
5	2016YFC1400500	船载海洋动力环境要素传感器产业化	国家海洋技术中心	刘 宁	830	4
6	2016YFC1400600	海洋生物化学常规要素在线监测仪器研制及产业化	中国科学院合肥物质科学研究院	赵南京	830	4
7	2016YFC1400700	海洋生物化学常规要素在线监测仪器研制	中国科学院烟台海岸带研究所	秦 伟	830	4
8	2016YFC1400800	海洋生态常规要素在线监测仪器研制及产业化	山东省科学院海洋仪器仪表研究所	刘 岩	830	4
9	2016YFC1400900	海洋光学遥感探测机理与模型研究	国家海洋局第二海洋研究所	毛志华	2500	4.5
10	2016YFC1401000	新型海洋微波遥感探测机理模型与应用研究	国家卫星海洋应用中心	林明森	2500	4.5
11	2016YFC1401200	基于固定平台的海洋仪器设备规范化海上测试技术研究及试运行	国家海洋技术中心	王项南	1700	4.5
12	2016YFC1401300	海洋仪器设备规范化海上试验	中国海洋大学	陈学恩	3500	4.5
13	2016YFC1401400	全球高分辨率海洋动力环境数值预报系统研制	国家海洋环境预报中心	凌铁军	2600	4.5
14	2016YFC1401500	海洋重大灾害预报技术研究与示范应用	国家海洋环境预报中心	李宝辉	1000	4.5
15	2016YFC1401600	中国近海与太平洋高分辨率生态环境数值预报系统	国家海洋局第二海洋研究所	柴 扉	1000	4.5
16	2016YFC1401700	全球高分辨率海洋资料同化技术研究与业务应用示范	中国科学院大气物理研究所	朱 江	1430	4.5
17	2016YFC1401800	全球高分辨率海洋再分析系统研制与产品研发	国家海洋信息中心	李 威	1430	4.5
18	2016YFC1401900	海洋大数据分析预报技术研发	国家海洋信息中心	石绥祥	1430	4.5
19	2016YFC1402000	重大海洋动力灾害致灾机理、风险评估、应对技术研究及示范应用	中国科学院海洋研究所	侯一筠	3658	4.5

续表

序号	项目编号	项目名称	项目牵头承担单位	项目负责人	中央财政经费(万元)	项目实施周期(年)
20	2016YFC1402100	浒苔绿潮形成机理与综合防控技术研究及应用	国家海洋局第一海洋研究所	张学雷	2100	4.5
21	2016YFC1402200	海洋微塑料监测和生态环境效应评估技术研究	华东师范大学	李道季	1600	4.5
22	2016YFC1402300	海上交通溢油监测预警与防控技术研究及应用	国家海洋局北海环境监测中心	宋文鹏	1845	4.5
23	2016YFC1402400	海上危险化学品突发事故应急技术研发及示范	国家海洋局东海环境监测中心	徐　韧	1969	4.5
24	2016YFC1402500	海上放射性事件跟踪监测与应急处置技术和装备研究	清华大学	王建龙	2000	4.5
25	2016YFC1402600	两洋一海重要海域海洋动力环境立体观测示范系统研发与试运行	中国海洋大学	赵　玮	3900	4.5

（科技部）

【全球变暖"停滞"现象辨识与机理研究】　国家重点研发计划项目"全球变暖'停滞'现象辨识与机理研究"依托单位为中国海洋大学，项目执行期限为 2016 年至 2021 年。

观测表明全球温室气体浓度持续快速增加，但 21 世纪以来全球表面平均温度升高有减缓趋势，呈现所谓变暖"停滞"现象，这对已有全球变暖认识带来挑战。变暖停滞现象的辨识及其机理研究已成为国际前沿热点，对国家应对气候变化有重要科学和现实意义。

变暖停滞现象体现了气候系统中能量—热量再分配的复杂过程和显著时空差异，而海洋—大气动力热力过程如何影响能量—热量的输运与分配尚不清楚。初步研究表明气候系统外部强迫和内部自然变率导致的年代际—多年代际变化可在一定时期加强或减弱全球升温趋势，但二者如何相互作用及其相对贡献亟待深入研究，同时理解与上述年代际—多年代际变化有关的区域海气模态形成机制是预测变暖停滞未来发展的关键。

项目旨在分辨变暖停滞的时—空特征，阐明年代际—多年代际变化模态的作用，定量估计外部强迫和自然变率的相对贡献；揭示变暖停滞期间热带—热带外、跨海盆—大陆的遥相关过程及多尺度海气相互作用对大气系统能量、热量输运的影响，定量估计海洋绝热、半绝热及非绝热过程对海洋中垂向能量热量再分配的贡献，阐明变暖停滞的物理机制；开展变暖停滞的可预测性研究及区域气候响应预估。

【中国东部陆架海域生源活性气体的生物地球化学过程及气候效应】　国家重点研发计划项目"中国东部陆架海域生源活性气体的生物地球化学过程及气候效应"依托单位为中国海洋大学，项目执行期限为 2016 年至 2021 年。

项目以中国东部陆架海域为研究对象，全面探究其中的生源活性气体的生物地球化学过程及气候效应。中国东部陆架海域是世界上最宽的陆架浅海之一，陆源输入（黄河和长江等）影响显著，富营养化、沙尘沉降和大气污染影响突出，生源活性气体生物地球化学作用和气候、生态效应明显；另一方面，由于受中国东部沿海经济高速发展的影响，大气污染物大量增加，大气氧化性增强，该海域成为开展海洋和大气中活性气体研究的代表性区域。该项目涉及海洋化学、生物、物理等多个海洋科学分支学科以及大气科学和环境科学学科，运用现场观测、围隔实验、实验室模拟和模型化研究等多种手段，对相互影响的 CH_4、N_2O、DMS、H_2S 等生源活性气体的生物地球化学过程开展集成研究，深入探讨影响生源活性气体产生和转化的碳氮硫耦合机制，评价其生态响应和气候效应，具有基础理论、技术方法和研究思路的创新性。

【大型水库对河流—河口系统生物地球化学过程和物质输运的影响机制】 国家重点研发计划项目"大型水库对河流—河口系统生物地球化学过程和物质输运的影响机制"依托单位为中国海洋大学，项目执行期限为2016年至2021年。

河流是连接陆地和海洋的关键通道，河流入海物质（水、沙和生源要素等）在不同时间尺度上的变化及在海洋中的分布、输运和循环对海洋环境演变具有重要的影响。20世纪以来，流域大型水库的建设和调控在全球尺度上改变了河流物质向海输送的格局。我国长江和黄河都建有世界级的大型水库（如三峡水库和小浪底水库），在其调控作用下，河流入海物质的来源、组成、通量以及时空分配均发生显著变化，引起河流—河口—海洋系统的生物地球化学过程和物质输运发生重大改变，并最终影响河口近海生态系统的可持续性，成为我国大河流域—海洋协调发展和应对全球变化所面临的重大挑战。

针对国家重大战略需求，该项目拟选择受大型水库调控影响最为显著的长江、黄河及其河口为研究对象，开展大型水库对河流—河口系统生物地球化学过程和物质输运影响机制的系统研究。项目拟解决的关键科学问题包括：①大型水库对河流关键界面之间的生物地球化学过程及生源要素组成和输运通量的影响机制；②大型水库对河口关键沉积动力过程的控制作用及生物地球化学效应；③河口生态系统对大型水库调控的响应机制。

项目的主要研究内容有：①大型水库影响下河流关键界面之间的生物地球化学过程和生源要素输运通量变化；②大型水库对河口物质输运和生物地球化学过程的控制机理；③河口生态系统对大型水库调控的响应机制及应对策略。

项目的研究目标是：将大河流域—河口作为系统的整体，以大型水库作用下关键界面生物地球化学过程和物质输运为主线，强化多学科交叉与融合，综合运用现场观测、沉积记录分析和数值模拟等多种研究手段，形成历史过程重建—现代过程观测—演变趋势预测的系统研究链条，揭示大型水库上、下游及陆—海等关键界面之间的生物地球化学过程，阐明关键生源要素的组成、形态和输运通量变化及其对水库调控的响应模式；揭示水库调控对河口沉积动力过程和生物地球化学过程的控制机理；建立耦合物理—化学—生物过程的系统数值模式，揭示大型水库调控及气候变化等因素共同作用下流域物质输运与碳氮等主要生源要素的迁移转化过程，辨析大型水库对河口生物地球化学过程与生态系统的影响及机制，为改进和优化大型水库运行模式、实现流域—海洋协调发展提供重要科学支撑，同时凝聚和培养一支学术思想活跃、具有多学科交叉研究能力的中青年研究队伍，使我国在此领域的研究进入国际先进行列。 （中国海洋大学）

"973"计划

【南海关键岛屿周边多尺度海洋动力过程研究】 国家重点基础研究发展计划（"973"计划）项目"南海关键岛屿周边多尺度海洋动力过程研究"依托单位为中国海洋大学，项目执行期限为2014年至2018年。

2016年按既定计划完成了年度任务，在现场观测方面，课题进一步开展了吕宋海峡—南海东北部内波生成、传播、演变及混合等全过程的长期连续观测，回收了2015年布放的潜标观测网数据，并进行再次构建，获取了第一手宝贵的现场观测资料，为项目全面开展研究工作奠定了坚实的数据基础，并完成了中尺度涡、亚中尺度涡、内波及混合等动力过程观测。在研究工作方面，获取了中尺度涡生成与传播的季节与年际变化量化规律、影响内孤立波的实测验证及中尺度涡边缘强混合的现象及触发机制；发展了海洋次表层涡旋的理论框架；完成了南海一组不同分辨率模式的建立；刻画了混合层的不稳定性特征以及其对再分层过程的影响；开展了垂向涡动混合对温盐结构与流场分布的调控作用研究；基于及发展的南海超高分辨率海洋模式，开展南海中尺度涡模拟研究、南海深层强混合系列敏感性实验，并与现场资料比测检验。

【养殖鱼类蛋白质高效利用的调控机制】　国家重点基础研究发展计划（"973"计划）项目"养殖鱼类蛋白质高效利用的调控机制"的依托单位为中国海洋大学，项目执行期限是 2014 年至 2018 年。

2016 年完成的主要工作有基于草鱼食性分化转录组学数据，分析筛选出参与草鱼食性分化过程调控以及摄食节律调控的关键因子及信号通路；比较分析了花鲈对植物蛋白源不同阶段摄食调控机制的差异；研究了 11S 大豆球蛋白对草鱼肠道结构完整性和屏障功能的影响；应用转录组学技术分析了草鱼 SBMIE 模型过程的免疫调控机制；应用宏基因组技术研究了 β-大豆球蛋白对大菱鲆肠道微生物的影响；以大菱鲆为研究对象，测定了摄食鱼粉、豆粕、肉骨粉等不同蛋白源后鱼类氨基酸感知系统（TOR、GCN2 等信号通路）的活性；以大菱鲆肌肉细胞系为模型，研究了植物蛋白源第一限制性氨基酸—蛋氨酸缺乏对大菱鲆氨基酸感知系统活性的影响；采用摄食生长实验与体外细胞模型相结合的方式，研究了饲料中主要抗营养因子大豆皂甙、棉酚等对鱼类氨基酸营养感知系统及代谢的影响；应用代谢组学技术，测定了不同品系、个体异育银鲫利用不同蛋白源的差异，探讨了不同品系异育银鲫对不同能量比的低脂饲料利用的差异；开展提高对替代蛋白源利用的关键位点的鉴别以及鱼类蛋白质代谢的主要信号调节机制的研究；克隆并比较分析了不同食性鱼类葡萄糖转运蛋白 GLUTs；研究了牙鲆脑肠轴糖代谢激素基因的表达谱；分析了斑马鱼肝脏细胞对棕榈酸 PA 毒性反应及应答通路；获得草鱼肉碱脂酰转移酶 CPT 基因序列，分析了其对能量胁迫的应答模式；研究了草鱼 ATGL 转录及翻译后调控机制；阐明了尼罗罗非鱼腹腔和皮下脂肪组织的代谢特征差异；研究了肉碱对斑马鱼脂代谢的系统性调控机制。

（中国海洋大学）

【上层海洋对台风的响应和调制机理研究】　国家"973"计划项目，项目编号2013CB430300，首席科学家单位国家海洋局第二海洋研究所。该项目以台风活动最为频繁的西北太平洋和南海为重点研究海区，利用新型的海洋与大气观测手段，结合理论分析和海气耦合模式，重点解决上层海洋的多尺度环流系统对台风的响应机制以及上层海洋的动力和热力结构对台风强度的调制作用这两个关键性的问题。2016 年度的主要进展包括：1）完成了在南海的第二次浮标阵列的布放和回收工作，此次浮标阵的一个潜标捕获到了台风莎嘉经过时的流场数据，可以为第一次浮标阵列的数据提供良好的验证资料；2）在海洋对台风的局地响应和反馈、台风与海洋的大尺度相互作用、海洋对台风响应的物理机制、针对台风的资料同化和参数估计、海气耦合台风模式的发展和应用等方面，在前三年工作的基础上取得了进一步的成果；3）在 AOGS 等国际会议上组织了与台风相关的专题研讨会；在国内外会议上作大会和邀请报告 20 余人次；并召开了各课题及项目的科学研讨会，2016年度发表和已被接收文章 35 篇，其中 SCI 32篇。

（国家海洋局第二海洋研究所）

【超深渊生物群落及其与关键环境要素的相互作用机制研究】　"蛟龙"号在雅浦海沟北段完成了试验性应用以来首次超深渊环境连续下潜作业任务，10 天内共下潜 5 次，其中 3 次超过 6000 米，最大下潜深度 6796 米，接近设计的极限深度，共获得了巨型底栖生物样品 28 个，大型底栖生物样品 2 个；200 米浮游动、植物拖网样品各 4 份；1000 米浮游生物分层拖网样品 10 份；岩石 12 块，总计 74.3 公斤；pushcore 沉积物样品 22 管；多管沉积物样品 14 管；近底层海水样品 80 升；CTD 水样 1536 升；微生物保压水样 2 站，约 400 毫升；分离微生物样品约 460 份；采集照片 403 张，总计 695.6MB；海底高清视频 103.2GB；收集了大量同步的背景环境数据资料；现场分析测试了营养盐和溶解氧等海水化学分析数据 4 站，叶绿素 a 分析数据 4 站；获得 Lander 系统海流计数据 2 站，CTD 数据 2 站。以上数据和样品为项目研究工作的开展提供了宝贵的样品。

(国家深海基地管理中心)

"863" 计划

【概述】　严格按照《国家高技术研究发展计划（"863"计划）管理办法》《国家高技术研究发展计划（"863"计划）管理实施细则》以及"863"计划海洋技术领域《海洋仪器设备研制质量管理规范》《规范化海上试验管理办法》有关要求，共完成了"十二五""863"计划 11 个课题的中期检查、77 个课题的验收工作，涉及重大项目 5 项，主题项目 18 项。形成了"潜龙二号"、深水高精度地震勘探、声场—动力环境同步观测系统等一批重大技术成果，多项成果实现产业化。具体如下：

【"潜龙二号"无人潜水器完成西南印度洋验收试验和试验性应用】　2016 年 1 月，"潜龙二号"在西南印度洋热液区完成了 8 个潜次的现场验收试验，作为我国的自主研发的 4500 级深海无人潜水器，首次获得了洋中脊复杂地形近海底精细地形地貌三维图，首次发现多处热液异常点，首次利用 AUV 获得了数百张近海底高清晰照片（包括硫化物、玄武岩、贝壳及鱼虾生物等）。

2016 年 2 月 4 日至 3 月 10 日，"潜龙二号"在西南印度洋热液区完成了首个试验性应用，在共 8 个潜次的任务中，完成了 7 个长航程探测任务，累计航程近七百千米，探测面积达到 218 平方千米，探测数据均完整有效，其中单次下潜海底地形起伏最大达到 1700 米，下潜最大工作时间达到 32 小时 13 分钟。"潜龙二号"试验性应用中探测的面积超过我国以往任何深海装备的探测面积，连续 4 个长航程成功探测成绩也创下了我国深海 AUV 之最。

2016 年 6 月 4 日，"潜龙二号"正式获得 CCS 入级证书，成为我国首台经船级社入级认证的无人潜水器。2016 年 6 月 30 日，"潜龙二号"顺利通过国家"863"计划验收专家组技术验收。

【深水高精度地震勘探装备系统服务于油气勘探开发】　深水高精度地震勘探装备系统作为"十二五""863"计划标志性成果之一，具有完全自主知识产权，主要技术指标达到国际先进水平。该系统由采集、拖缆定位与控制、综合导航、震源控制等设备，也可分别与其他勘探装备组合，满足深缆、斜缆、高密度高精度地震勘探需求。自 2016 年投入应用以来，分别装备滨海 511 船、海洋石油 760、海洋石油 707 等船队，在渤海、南黄海、东海和南海等海域实施，累计采集二维地震资料 6500 多千米，三维地震资料近 500 平方千米，实现产值超过 1 亿元。该系统的研制成功及应用，填补了国内该领域的空白，改变我国海洋地震勘探装备长期依赖进口的局面，在作业深度、道间距等方面突破国外技术限制，提升了我国海洋尤其深水油气油气勘探技术水平，对增强我国深水作业能力，保障国家能源安全，维护我国海洋权益等具有重要战略意义。

【声场—动力环境同步观测在南海实现系统集成和应用示范】　声场—动力环境同步观测系统通过声压、声矢量场和水体温度、盐度等动力环境数据耦合同化，提高海洋温度场、盐度场及声压场的预报精度。该系统涉及 7 套声场/动力潜标、2 套移动观测平台，通过射频/水声通信组网，在岸基中心完成数据集成、声场与动力环境耦合预报以及观测策略反馈。项目在 2016 年 6 月开展了为期一个月的海上应用性示范，实现了南海 3600 平方千米海域温度、盐度、流速及声压场准实时预报。项目填补了国内声场—动力实时同步观测、固定及移动平台混合组网、基于海洋信息流的环境监测与预报等技术的空白，走航式声学温度剖面测量为国际上首创，其成果对于面向水下目标探测/监测的海上战场环境保障以及紧急突发事件水域监测具有重要意义。

【南海深海海底观测网试验系统开始第二次试运行】　"南海深海海底观测网试验系统"的研究和建设，突破了总体设计与集成、系统网络技术规范、深海远程供电与接驳盒、深海高压光电复合缆、水下定位与接入等关键技术，使我国成为继加拿大、美国、日本后第四个建成深海海底观测网的国家。2016 年 9 月完成故障排除并重新布放和第二次试运行，在南海深海区域开展了实时海洋观测，获得了大量海洋科学观测数据和视频资料。南海深海海底观测网试验系统的成功研制，标志着我国初步掌握了深海海底观测技术，有效推动了相关深海和信息技术的发展，对维护国家海洋权益具有重要战略意义。

【"船载无人机海洋观测系统"海试通过第三方现场验收】　"十二五"863 计划"深远海海洋动力环境观测系统关键技术与集成示范"重大项目课题"船载无人机海洋观测系统"是目前国内首套执行海上飞行作业的无人机海洋观测系统。该系统于 2016 年 11 月 1 日至 12 月 20 日，在我国南海海陵岛海域完成了海上飞行试验，并通过了"863"计划海洋技术领域办公室组织的第三方专家现场验收。该系统由船载无人直升机飞行平台，搭载微小型全极化合成孔径雷达（SAR）、小型相干多普勒激光雷达、温湿度检测仪等任务载荷

组成。海上飞行试验 34 架次，最长飞行时间 2 小时 30 分钟，单次最大航程 140 千米，验证了无人机海上船载自主起降和小型化低功耗多传感器协同海洋观测的作业模式，探索了海—陆—气一体化实时动态监测的新途径，获取了高清晰的海上目标等观测图像，标志着国内首台套船载无人直升机海洋观测装备的成功研制。为提升我国海洋环境监测水平、维护国家海洋权益、建设海洋强国奠定了坚实的技术基础。

【"大菱鲆迟钝爱德华氏菌活疫苗"成功开发并投入应用】　"大菱鲆迟钝爱德华氏菌活疫苗"作为该项目的标志性成果是我国首个具有自主知识产权的海水养殖动物活菌疫苗产品，于 2015 年获批国家一类新兽药证书，并于 2016 年获批兽药产品批准文号并正式投产。该疫苗产品已在辽宁、山东、河北等我国大菱鲆养殖主产区开展了规模应用，累计免疫接种超过 200 万尾，实现直接和间接经济效益超过 5000 万元。上述疫苗产品的成功研制填补了我国在海水养殖病害免疫防控领域的技术空白，也标志着我国海洋动物疫苗综合开发能力已经跻身国际前列，对于促进我国鱼类养殖产业的健康可持续发展，全面提升我国水产食品的安全等级等具有重要战略意义。

【"波浪滑翔器"完成最大单次航行距离 1300 千米】　"十二五""863"计划"深远海海洋动力环境观测系统关键技术与集成示范"重大项目课题"混合驱动自主航行监测波浪能滑翔器观测系统"已完成海上试验 10 余次，最大单次航行距离 1300 千米，经历最大浪高 4 米，平均航行速度在 0.5 米/秒，此外，平台已经完成了气温、气压、风速、风向、湿度等气象参数、温度、盐都、波浪和剖面流速等水文参数的实时测量。　　　（科技部）

国家科技支撑计划

【概述】　时值"十二五"国家科技支撑成果

收获之年，以海水淡化、海洋资源综合利用、海洋环境监测等方向为重点，通过关键技术攻关形成一批具有广泛应用价值的科技成果，着力加强技术集成、成果推广和产业化示范，培育和提升海洋科技产业核心竞争力，推进海水淡化规模化发展，改善和提高海洋生态环境，提升海洋资源高效开发，为海洋强国建设提供强有力的科技支撑。

2016 年海洋领域在研项目 15 个，总体上都能按任务合同计划开展研发工作和试点示范建设，工作进展基本顺利。根据部署和安排，"海岛礁地理信息监测与生态保护关键技术研究与示范""海岸带生态修复与资源利用技术及示范""重点海域海洋环境精细化监测集成应用示范""反渗透海水淡化关键设备研制"共 4 个项目完成验收；"DP3 动力定位系统研制""全海深多波束测深系统工程化研究""深海遇险目标搜寻定位与应急处置关键技术开发与应用""海水淡化分离膜检测技术及标准研究"等 14 个项目开展了中期检查工作。

相关项目实施成效显著，在产业技术、共性技术和公益性技术方面取得重大关键突破，形成技术集成应用和产业化示范成果，战略性、综合性、跨行业、跨地区的重大科技问题得到解决，同时培养了一支高水平科技创新人才队伍。具体进展及成果如下：

【2 万吨/日反渗透海水淡化成套装备研发及工程示范】　研制出适用于反渗透海水淡化工业化规模应用的能量回收装置在福建省平潭县 500 吨/天膜法淡化示范工程中进行应用，装置额定容量为 20 立方米/小时，操作弹性为 40%~120%，装置效率达到 96% 以上，压力波动在 ±0.1 兆帕以内。该示范工程采用先进的"双膜"法海水淡化工艺，装置整体采用集装箱式构造，具有安装灵活、便于运输等特点，应用地点位于平潭县澳前镇。系统产水能耗低于 3.5 千瓦时/立方米，节省设备投资约 5%。

【300 立方米/天浓海水陶瓷膜、提钙、纳滤膜

中试试验成果】　浓海水陶瓷膜、提钙、纳滤膜中试试验成果成功应用于汉沽盐场卤水治理上，采用公司自主研发的核心技术陶瓷膜过滤技术、海水提钙技术及纳滤膜分离技术。陶瓷膜直接过滤浓海水，产水浊度 ≤2NTU，无需添加絮凝剂、杀菌剂、阻垢剂、消泡剂等药剂，膜通量达 1000 升/（平方米·小时）（常规膜通量 600 升/（平方米·小时）），膜易清洗、耐高温、耐腐蚀、使用寿命长、成本低；对电厂排放浓海水首先进行提钙处理，采用三级沉降法制取超细、纳米碳酸钙，反应时间短，收率高，保证淡化、制盐及盐化工产品生产过程中设备无结垢及盐化工产品质量；首次采用纳滤膜对 RO 产浓盐水进行分离洗涤，对浓海水中一价离子和二价离子进行分离，保证后续生产高纯度盐化工产品；减少污染排放量及环境威胁。

【5 万 t/d 水电联产与热膜耦合研发及示范】　进行大型热法低温多效机组纯 E 模式的热质平衡研究；进行机组接收低温低压蒸汽的压力及温度优化研究；进行热法低温多效机组自浓缩研究；进行机组关键设备（热压缩器、泵、阀、换热器等）及关键材料（结构材料、不锈钢板、换热管等）的国产化研究；进行研究大型方型热法低温多效机组加工制造及现场组装技术；并进行相关实施工作，通过阶段研究及实施，低温多效与发电汽轮机直接连接，可利用汽轮机末端压力约 35 千帕·年的负压排汽进行海水淡化，系统热效率从 25% 提高至 82%，实现水电联产模式。

【正渗透海水淡化关键技术研究与示范】　开发了平板式和中空纤维式正渗透膜。采用非溶剂与热致相分离耦合方法制备的醋酸纤维素平板式正渗透膜通过不断调整和优化配方，其性能达到并优于目前国际同类型商业化的膜产品；同时提出并制备了新型中间皮层结构中空纤维膜的制备，形成了一种新型结构正渗透膜，与传统中空纤维膜相比膜内大部分为开孔结构，提高膜的孔隙率，显著降低内浓差极化效应。随着性能的进一步优化后，本项目研发的正渗透膜将具有良好的工业生产价值和广阔的应用前景。500 立方米/天正渗透海水淡化工程的建设将是国内首套、国际最大的示范工程。

【2.5 万吨/日低温多效蒸馏海水淡化项目】　上海电气承制了河北黄骅 2.5 万吨/日 MED 海淡项目主设备装置，自主开发了低温多效蒸馏工艺流程热力计算软件完成 2.5 万吨/日海水淡化系统工艺设计计算，采用水平管降膜低温多效蒸发器配备凝汽器的设计，蒸发器共 10 效，其中再循环效 7 效，直流效 3 效，首效加热蒸汽最高温度小于 70℃，物料水系统采用带效间回热器的一级平行进料形式，分别在第四、七、九效设置回热器以预热物料海水。根据原海水温度及工况要求，控制凝汽器及外围系统换热设备的启停，以达到整个海水淡化系统连续稳定运行。完成技术文件包括工艺流程系统说明书、热力计算书、热平衡图、系统 PID 图。同时还完成 2.5 万吨/日低温多效蒸馏蒸发器、回热器和凝汽器设计、制造、现场安装和配合调试服务。

上海电气 2014 年牵头负责承接了宝钢湛江海水淡化 3 万吨/日低温多效蒸馏海水淡化的 EPC 总承包项目，开创了国内首个低温多效海水淡化项目 EPC 总包运作模式。采用水平管降膜低温多效蒸发器配备凝汽器的设计，蒸发器共 7 效，TVC 末效抽汽，首效加热蒸汽最高温度小于 70℃，物料水系统采用带效间回热器的一级平行进料形式，在第四效设置回热器以预热物料海水，装置性能指标：造水比大于 10、产品水 TDS≤5 毫升/升、电耗<1.0 千瓦时/吨。该项目于 2015 年 11 月两套系统顺利完成调试工作，各项性能指标优于设计值。现已移交业主，处于保运服务阶段，预计 2017 年完成性能考核试验。

【深海遇险目标搜寻定位与应急处置关键技术开发与应用】　研发了一种姿态可调的海上人形搜救漂流浮标具有完全自主知识产权，相关专利已经获得授权，该技术填补了海上人形搜救漂流浮标姿态可调功能的一项空白。该项成果参加了国家"十二五"科技创新成就展。

研制了我国第一个自主知识产权的深海声信标搜寻定位系统，系统由水下拖体单元、拖曳缆单元和甲板显控单元等部分组成。水下拖体单元内搭载创新性的高耐压小尺度直线阵以及高速 DSP 处理装置、成套化的状态传感器，系统通过海上试验验证与优化后，预期将应用于多种水下目标声信号的探测定位，在深海水下目标搜寻、海洋环境观测等领域都能够发挥作用。

（科技部）

海洋公益专项

国家海洋局科学技术司认真做好海洋公益专项的收尾和成果转化工作，组织召开了 2016 年度专项管理工作会，对后期任务再次进行细化部署，并发布了 2015 年度专项报告。委托国家海洋局三个分局开展了 2014 年 24 个项目的中期检查，组织项目承担单位开展整改工作。会同财务司开展了 2011—2012 年项目财务审计工作，组织完成了部分项目验收。专项大批成果得到应用，"刺参健康养殖综合技术研究及产业化应用"获得了 2015 年国家科技进步二等奖；"核电邻近海域放射性风险评估和管理技术的研究及应用"为"神盾 2015"国家核应急联合演习提供技术保障；"近海海水质量基准/标准的研究与制定"为天津港"812"重大爆炸事故后续海洋生态环境评估提供重要科技支撑。启动了《海洋生态文明建设理论技术与实践》的编制工作，系统梳理海洋生态文明的系列成果，形成专著，支撑业务工作。

（国家海洋局科学技术司）

海洋地质调查

中国地质调查局继续开展我国管辖海域 1:100 万海洋区域地质调查成果集成、重点海域 1:25 万海洋区域地质调查、重点海域油气资源调查、天然气水合物资源勘查与试采、南极科学考察及大洋科学考察等工作，服务海洋强国建设、生态文明建设和海洋经济发展等国家重大需求。

【海洋基础地质调查】　继续开展我国管辖海域 1:100 万海洋区域地质调查成果集成，完成地理底图编制，确定了主要盆地关键构造界面的区域对比关系，初步建立统一的地震地层划分方案。首次对南海海底地理实体进行系统命名，245 个大中型海底地理实体命名获得国务院批准。开展 1:25 万锦西幅、营口幅、日照幅、连云港幅、霞浦县幅、厦门幅、泉州幅、乐东幅等 13 个图幅的海洋区域地质调查，完成了日照幅、连云港幅、厦门幅、乐东幅 4 个图幅的野外调查工作，系统获取了图幅内地形、地貌、底质、沉积层结构、地质构造、重力、磁力等基础地质信息，及时服务三亚新机场建设、海峡油气管道工程选址、锦州港、日照石臼港工程建设等。完成南黄海大陆架科学钻探（CSDP-2 井）2800 米的钻探任务，建立了南黄海新生代地层层序，初步确立了南黄海中部隆起自奥陶纪晚期至三叠纪的沉积地层岩性和沉积相序列，首次在南黄海中部隆起区发现海相中—古生界油气显示，证实了南黄海中部隆起区是油气资源有利远景区。

【海域油气资源调查】　继续在黄海、南海北部陆坡深水区和台湾海峡西部等重点海域，开展新区域、新层位油气资源调查。自主研发"高富强"（高覆盖次数、富低频、强震源）深部复杂地层油气地震探测技术，获取了南黄海高品质的深部复杂地层地震反射资料，通过地震资料攻关处理、地震资料联片解释和海陆对比，评价了南黄海崂山隆起区 2 个重点目标，开展调查参数井的井位论证，提出高石 3 构造北高点作为首选井位，即高参 1 井。集成单源单缆准三维地震勘查技术，显著改善了南海北部目的地层的成像品质，

在西沙海槽盆地中西部优选出 5 个重点勘探目标，提出了 1 口初步建议井位；圈定南海北部东沙潮汕坳陷为中生界油气远景区，确定了 3 个重点目标，提出了 2 口初步建议井位。圈定东海西部闽江斜坡带为中生界的油气远景区。

【数字海洋地质】　海洋地质信息网在 2016 中国国际矿业大会上正式上线运行，公开发布了一批海洋地质调查成果资料和原始数据，包括海洋区域地质、海岸带环境地质、海洋矿产资源等专业领域数据目录 224 条、元数据 460 条、在线成果图件 133 幅、成果报告 64 份、海洋地质调查技术标准 68 项等内容，实现了海洋地质调查成果信息化、智能化服务的"破冰之旅"，标志着海洋地质调查成果社会化服务进入了"高速轨道"。编制了《中国地质调查局海洋地质数据资源共享工作细则（试行）》《海洋地质信息资源分类规范》和《海洋地质信息资源服务接口规范》，规范资料共享流程，畅通资料共享渠道，初步构建海洋地质大数据服务平台，为实现海洋地质数据资源共享奠定基础。编制海洋地质调查综合信息图册，为海洋地质调查管理与工作部署提供服务。开发海岸带和海洋油气调查三维展示系统，丰富了成果表达形式，提升了成果服务水平。

【天然气水合物资源勘查】　在南海北部神狐海域实施 27 口探井钻探，圈定矿体面积 12 平方千米，获取了天然气水合物试采目标井位的储层地质参数。使用国产自主研发的"海牛"号海底浅钻取芯系统，在新海域首次实施 4 口浅钻，钻获埋藏浅、厚度大、纯度高的天然气水合物实物样品，圈定出 5 个资源远景区，资源潜力超过 7 万亿立方米。形成并完善南海地球物理、地质微生物、地球化学和自生矿物综合异常找矿理论，优化天然气水合物目标评价理论和方法，提出南海北部陆坡渗漏型、扩散型和复合型天然气水合物成藏模式。形成天然气水合物海底

可控源电磁探测、三维地震与海底高频地震联合探测和海底浅地层地球物理综合探测等技术。

【海域天然气水合物资源试采】　按照井位优选、技术研发、平台装备和安全环保"四轮驱动"的原则，开展海域天然气水合物试采准备。完成南海北部天然气水合物试采目标区和井位优选，实施井场地球物理调查、工程地质调查和环境调查，综合分析选定试采井位。针对南海泥质粉砂天然气水合物储层特点，创新提出并完善"地层流体抽取"试采新方法，选定我国自主设计建造的第七代钻井平台"蓝鲸 I 号"作为试采施工平台，初步建立适合南海北部粉砂质天然气水合物储层的试采技术和装备体系，编制完成试采实施方案。建立了完善的安全保障和环境监测体系，制定了试采全过程的环境保护预案。

【深海与极地科学考察】　"海洋六号"船于 2016 年 7 月 8 日至 2017 年 4 月 14 日，执行中国地质调查局 2016 年深海地质调查航次、中国大洋 41 航次和中国第 33 航次南极科学考察三项任务。航次历时 232 天，航程近 7 万千米，最南抵达南纬 63°09′海域，是"海洋六号"船入列以来，调查时间最长，参航和轮换人员最多，作业区域跨度最广，航行条件最复杂的一个航次。一是获得了南极海域宝贵的地质地球物理实测资料。首次对南极海域进行了大面积、高精度、高分辨率的地球物理调查，为研究南极地质演化与全球气候变化关系奠定了基础。首次开展了大范围、立体式的多波束海底地形探测，获取了南极海底近 2 万平方千米三维地形地貌高精度资料，可为我国后续科学考察和船舶航行提供水深数据。应用我国自主研发的地热探针，采获到南极海底地热流实测数据，填补了我国在高纬度寒冷海域相关探测空白。二是首次在南太平洋开展地质调查，发现新的富集稀土的深海沉积物。三是继续在太平洋我国

富钴结壳合同区开展调查，进一步摸清了我国勘探合同区的资源环境状况，履行了中国大洋协会与国际海底管理局签订的勘探合同义务。　　　　　　　　（中国地质调查局）

海洋调查

【"向阳红 01"船执行国家专项科考项目完成首航】　"向阳红 01"科考船于 2016 年 10 月 19 日从青岛出发开启首航，执行国家专项科考项目——"全球变化与海气相互作用"东印度洋南部水体综合调查秋季航次科考任务。航次历经 73 天，航行 13000 余海里，在东印度洋南部海区通过大面观测、走航观测、锚系定点观测和漂流浮标观测等方式，进行了物理海洋与海洋气象、海洋化学与水体生物、海洋光学等多学科现场调查。

此次首航是"向阳红 01"船的动力定位系统、减摇水舱、自动 CTD 绞车系统等新技术在大洋深海综合科考调查中的首次配合使用。在船舶先进的动力定位系统支持下，科考作业面临恶劣的海况时，采样设备入水点和出水点之间水平距离偏差不超过 1 米，实现了真正意义上的精准定点作业，获取了高精度数据资料和定点样品。

通过本航次的调查研究，获得了东印度洋南部宝贵的多要素第一手资料。本航次首次系统调查并掌握了印度洋偶极子事件盛期关键海域的多学科数据资料，为该事件演变、发展和消亡机制及其对气候变化的影响研究提供了丰富的数据支撑。这次调查恰逢印度洋偶极子负位相盛期，调查区域处于其核心区，具有重要的科学价值。

本航次成功布放两套白龙浮标系统，是我国首次在热带印度洋区域"一船两标"布放作业。"白龙"浮标是国家海洋局第一海洋研究所在引进消化吸收国际先进技术基础上，自主研发的国内首套 7000 米级深海气候观测系统，是深海海气气候观测支撑平台，能够搭载多要素传感器，实现对海表气象、

海洋要素以及海洋内部要素的高频率采样，同时使用铱星通信，实时将观测数据传输到位于青岛的岸站数据中心。白龙浮标是我国唯一参与热带印度洋浮标阵列（RAMA）的深海浮标系统，目前该浮标阵列由我国、美国和日本的浮标组成。本航次布放的白龙浮标还首次实现我国深海浮标实时数据上传至全球电信系统（GTS）并进行全球共享。共享后的观测数据将应用到世界各大业务预报中心的资料同化系统中，为改进全球天气和气候尺度的预报、预测发挥作用。

"向阳红01"船在圆满完成科考任务的同时分别于2016年11月26日和12月14日在马尔代夫和柬埔寨举办了科考船公众开放日活动，积极推动国家"海上丝绸之路"建设，展示我国海洋科技成果，提升了我国在海洋科考领域的国际影响力。

2016年12月30日，"向阳红01"搭载75名船员及调查队员和东印度洋南部调查资料、获取样品顺利返航青岛，该船执行首次科考任务取得圆满成功。

【东印度洋南部水体综合调查夏季航次】 根据"全球变化和海气相互作用"专项工作部署，2016年我所组织开展东印度洋南部水体综合调查夏季航次调查任务。航次首席科学家为我所熊学军研究员。国家海洋局南海分局、国家海洋局第二海洋研究所、国家海洋预报中心、国家海洋技术中心、国家海洋计量中心、中国科学院南海海洋研究所、南京信息工程大学等单位参加。航次主要进行了物理海洋与海洋气象、大气波导与海气边界层、海洋化学、海洋生物和海洋光学等专业的调查工作，各专业均按专项相关规范、规定开展相关工作，超额完成调查任务工作量，获得了大量可靠准确的第一手现场调查资料。

本次调查航次选用南海分局的"海测3301"调查船进行调查作业，吨位为3300吨。调查船于2016年7月13日从广州出航，7月21日到达作业海区开始现场调查工作，至8月

14日完成大面站调查工作，8月18日到达马尔代夫进行补给，8月29日到达海床基布放位置，于9月5日返回广州。历时55天，航程10700余海里。外业调查期间，调查海区长时间处于有效波高5米以上的恶劣海况，调查船侧摇单摆角度最大近40°。在此恶劣海况下，调查队克服重重困难，圆满完成了航次外业调查任务。 （国家海洋局第一海洋研究所）

【"长征五号"火箭首发助推器残骸落区监测】 根据国家海洋局工作部署，国家海洋局南海分局组织开展了"长征五号"运载火箭首次飞行助推器残骸落区监测任务。"长征五号"火箭于11月3日20时43分成功发射，监测队伍克服恶劣海况，成功记录了残骸坠落过程，圆满完成了监测任务。2017年4月，人力资源和社会保障部、工业和信息化部、国家国防科技工业局、国务院国有资产监督管理委员会、中央军委政治工作部等五部门联合表彰"长征五号"运载火箭首次飞行任务首出突出贡献单位和突出贡献者，中国海警"3306"船和"3402"船编队获评突出贡献单位，国家海洋局南海分局海洋科学技术处张丞杰、中国海监南海维权支队李春亮获评突出贡献者。

【无人艇调查试验与应用】 2016年1月22日，国家海洋局南海调查技术中心与珠海云洲智能科技有限公司联合成立"南海无人艇调查技术联合实验室"，开展了多种无人艇调查平台的联合研发、近岸测试和远洋测试，圆满完成了国家海洋局科学技术司下达的无人艇试点调查任务，双方共同申报的"海洋智能无人艇平台技术"获得2016年海洋科学技术奖特等奖。

【海洋调查服装】 完成国家海洋调查船队海洋调查服装设计工作，并在此基础上完成了样衣制作和宣传片拍摄工作。海洋调查服装分礼服、常服和作业服三个系列，每个系列都对鞋帽、配饰、标志等作了统一规范。

（国家海洋局南海分局）

【海洋综合科考船"向阳红 03"正式入列国家海洋调查船队】　3 月 26 日，海洋三所 4500 吨级海洋综合科考船——"向阳红 03"船在厦门顺利交付使用并正式入列国家海洋调查船队。9 月 23 日—10 月 31 日期间，"向阳红 03"船顺利完成首航任务，为今后执行深远海和极地大洋科研调查任务奠定坚实基础。

【开展海洋海漂垃圾监测工作】　3 月，协助厦门市政府编制厦门市海洋垃圾防治工作方案。5 月和 9 月，分别派员参加 APEC 海洋与渔业工作组会议和 APEC 克服融资壁垒减少海洋垃圾高级别会议，形成政策建议。6 月，协助厦门市进行蓝色海湾整治项目"海洋垃圾监测、评估与防治技术业务化研究及示范应用"的申报并获得资助。开展厦门市海洋微塑料垃圾调查和微塑料生态效应研究。

（国家海洋局第三海洋研究所）

海洋重点实验室

【青岛海洋科学与技术国家实验室—区域海洋动力学与数值模拟功能实验室】　区域海洋动力学与数值模拟功能实验室依托于国家海洋局第一海洋研究所，由中国海洋大学共建而成。实验室整合了海洋环境科学和数值模拟国家海洋局重点实验室、国家海洋局第一海洋研究所海洋与气候研究中心、海洋信息技术教育部工程研究中心、数据分析与应用国家海洋局重点实验室，同时吸纳了相关领域国内外优势研究力量。实验室主任是乔方利研究员，学术委员会主任是丁一汇院士。实验室有固定研究人员 50 人，均具有高级技术职称。其中，院士 3 人、博士生导师 22 人、"千人计划" 2 人、"百人计划" 3 人、长江学者 1 人、杰出青年基金获得者 1 人、优秀青年基金获得者 3 人、教育部"新世纪优秀人才支持计划" 3 人，中科院"引进国外杰出人才计划" 3 人。流动人员 68 人，以 35 周岁以下青年学者为主，绝大多数具有博士学位。实验室在读博士研究生 9 人，在读硕士研究生 9 人，在站博士后 12 人。

实验室以解决国家可持续发展对海洋环境与防灾减灾的重大需求为宗旨；以提高海洋环境观测和监测能力，加深对中国近海及全球大洋若干关键区域的海洋现象、过程及其规律的认识，发展新型海洋与气候数值模式，提升海洋环境预报和气候变化预测能力为核心工作目标。主要研究方向包括：区域海洋动力学、海洋多运动形态相互作用、海洋与气候数值模式体系、海洋观测与数字海洋技术和自适应数据分析方法及应用。

2016 年，实验室新增国家自然科学基金、科技部和海洋局专项课题等共计 32 项，在研项目 90 项。主要在研项目包括：国家基金委—山东省政府联合基金项目——"海洋环境动力学和数值模拟"；国家重点研发计划高性能计算专项项目——"海洋环境高性能数值模拟应用软件研制"，以及另外 5 个国家重点研发计划专项项目课题；政府间国际科技创新合作重点专项项目——"中澳海洋工程中心"；国家海洋局全球变化与海气相互作用专项及国际合作项目等。

2016 年，实验室在海洋数值模式大规模高效并行计算技术取得重大突破。与清华大学和国家超算无锡中心等单位合作，突破了负载近绝对均衡、主从核协同计算框架设计和循环折叠优化等若干关键技术，基于我国自主知识产权的 MASNUM 海浪模式，在国际上首次开展了全球空间分辨率约为 1 千米的海浪模式研究。在国家超算无锡中心进行的全机测试中，共使用了一千多万（10495680）个 CPU 核，计算效率高达 36.22%，峰值速度达 45.43PFLOPS。该成果被国际计算机协会列为 2016 年计算机应用领域最高奖"戈登贝尔奖"的六个候选应用之一。研发出高可扩展的海洋环流模式正压求解器 P-CSI，突破了长期困扰海洋环流模式 POP 受限于全局通信的可扩展瓶颈，使 POP 在万核规模有了近 6 倍的性能加速，极大提高了海洋模式的计算模拟能力。该成果得到了美国国家大气研究中心（NCAR）的高度认可，并被著名地球系统模式 CESM 正式采用，将作为下一版本海洋分量模式 POP 的默认求解器，为更高分辨率和更长时间尺度的模拟提供基础支撑，使应用 CESM 的科研人员受益。除了上述重大突破之外，还成功研制了全球涡旋分辨率(0.1 度×0.1 度) 海浪—潮流—环流耦合的海洋环境数值预报系统，建立了新型三维海洋生态动力学模式；在赤道印度洋 Wyrtki 急流年际变异、南极底层水形成、基于大数据的中尺度涡旋分布与结构特征研究、波湍相互作用研究等方面取得了重要成果；拥有自主知识产权的"白龙"浮标在东南印度洋获得世界气象组织（WMO）分配的永久站位，其获取的观测数据自动上传到全球电信系统（GTS），向全世界用户提供数据共享服务，这在我国海洋领域尚属首次。

2016 年，以实验室的名义举办或参与举办的国内、国际学术会议和活动共计 11 次，有 54 人次参加了重要国内外学术会议并在会上作了报告。本年度正式发表和已接收的论文分别是 83 和 15 篇，其中 SCI 收录 66 篇；出版专著 4 项，授权专利 5 项。

【青岛海洋科学与技术国家实验室—海洋地质过程与环境功能实验室】　该功能实验室依托于国家海洋局第一海洋研究所，由国家海洋局第一海洋研究所、中国科学院海洋研究所、中国海洋大学、青岛海洋地质研究所和国家海洋局深海基地管理中心共建而成。实验室主体是在现有的海洋沉积与环境地质国家海洋局重点实验室、中国科学院海洋所海洋地质与环境重点实验室、中国海洋大学海底科学与探测技术重点实验室、青岛海洋地质所海洋地质和油气资源重点实验室及深海基地管理中心的基础之上整合而成，同时吸纳了该领域国内外优势研究力量参与。

该实验室针对海洋地质过程与环境演化领域所面临的重大问题，组织开展深入、系统的科学研究，搭建我国海洋地质学的重要科研平台，解决我国建设与发展面临的重大海洋地质问题，满足我国在维护海洋可持续发展和 21 世纪海上丝绸之路的战略需求。创建具有国际水平的海洋地质优秀科技创新团队，努力产生一批原创性的重大科技成果，推动海洋地质学科发展，成为在国际海洋地质领域有重要影响的研究基地和交流中心。以先进的仪器装备、良好的学术气氛和高水平的学术地位，促进学科交叉，成为汇聚国内外海洋地质学科优秀人才、培养海洋地质高层次人才的基地。

2016 年，实验室在研及新获批包括重点研发专项、"973"计划项目/课题、"863"计划项目/课题、国家科技支撑计划、国家自然科学基金项目、鳌山科技创新计划项目、中科院战略性先导科技专项、行业性重大专项、国际合作项目等 110 项，合同经费总额约 5.5 亿元。

在亚洲大陆边缘海洋地质调查研究方面取得了突破，首次全面获得了这些海域的沉积物样品、CTD 和悬浮体资料，使我国成为目前国际上唯一系统拥有这一广阔海区样品和资料的国家。研制了国内第一套自升式综合观测系统（FAT）并在马里亚纳海沟布放成功，实现了我国在深海沉积动力学观测仪器研发方面的突破。首次揭示了黄海地区的第四纪底界，奠定了黄海第四纪地层对比的基础。阐明了海平面变化是控制渤海沉积环境变化的主要因素；研究成果刊登在著名地学杂志 QSR 与 EPSL 上。提出黄海基底成因的新假说，认为黄海基底不是所谓的"黄海大陆架"，而是由大陆裂解、裂谷演化而成的，颠覆传统理论，在学术界引起了很大反响。功能实验室组织实施了多个国际合作项目，取得了宝贵的资料，产生了较大的国际影响。

实验室 2016 年度举办 8 次国际、国内学术交流会，共有 100 多人次参加各类学术交流会，共邀请来自美国、日本、俄罗斯、印度尼西亚、马来西亚、泰国、韩国、和中国台湾等国家和地区的专家 80 多人次来实验室进行合作研究和学术交流。

在主要研究方向取得了 30 多项研究成果。发表论文 196 篇（其中 SCI 论文 151 篇，Scientific Reports 4 篇），国内核心 45 篇，专著 4 部，获得专利 10 项（其中发明专利 5 项）。

（国家海洋局第一海洋研究所）

【卫星海洋环境动力学国家重点实验室】 卫星海洋环境动力学国家重点实验室（SOED）的前身是国家海洋局海洋动力过程与卫星海洋学重点实验室，集中了国家海洋局第二海洋研究所在物理海洋、海洋遥感和海洋生态等方面的传统优势和人才力量，于 2006 年 7 月由科技部批准建设，2009 年通过验收。现任学术委员会主任为中国科学院院士吴国雄研究员，实验室主任为柴扉教授。

卫星海洋环境动力学国家重点实验室是国家海洋局系统第一个也是目前唯一的国家重点实验室。作为国家部门公益性研究机构的组成部分，实验室承担着大量的国家专项任务，在注重科学研究的同时强调实际贡献。因此，实验室定位的基本原则是：国家重大需求与科学前沿并重，应用基础研究与基础研究并重，高新技术开发与科学创新并重，打造特色鲜明的、代表国家水平的、具有国际影响力的一流海洋科研基地。实验室设立三个主要研究方向：海洋卫星遥感技术与应用、近海动力过程与生态环境、大洋环流与短期气候变化。实验室的特色主要表现在三个方面：一是有机结合物理海洋学与卫星海洋学，形成了一个国际海洋界非常罕见的学科交叉研究平台；二是开发和集成海洋观测高新技术，在卫星遥感和 Argo 应用等方面处于国内领先和国际先进水平；三是自主研发军民兼用海洋环境监测和预报系统，满足国防建设和防灾减灾的国家需求。

截至 2016 年，实验室有固定人员 49 人，其中研究人员 43 人，技术支撑及管理人员 6

人。研究人员中有中国科学院院士 2 人，中国工程院院士 1 人，国家"千人计划"特聘专家 3 人，国家优秀青年科学基金获得者 2 人，基本形成了一支以高水平学术带头人为核心，中青年科学家为中坚力量、团结向上、充满活力的科研团队。

2016 年是卫星海洋环境动力学国家重点实验室（SOED）继往开来的一年，在新一届领导班子带领下，这一年里 SOED 基础科学研究能力明显提升，在团队建设、人才培养、成果凝练、开放交流、平台建设和运行管理等方面都取得了新的进展，进一步增强了实验室的整体实力和影响力。

在争取和完成科研项目方面，SOED 依然保持了良好的势头。2016 年实验室承担各类项目课题任务共计 150 余项（2016 年新上项目 40 余项），其中"973 计划"6 项（首席 1 项，课题 5 项），"863 计划"2 项（首席 1 项，参加 1 项），国家重点研发计划 8 项（首席 2 项，课题 6 项），国家自然科学基金 37 项（重大 2 项，创新群体 1 项，优青 1 项），国家支撑项目课题 1 项，科技基础专项 1 项，海洋公益性专项 3 项（主持 1 项，参加 2 项），浙江省自然科学基金 3 项（杰青 2 项）；到位经费 5987 万元（不含外协费以及国重室经费），其中国家级基础科研项目经费 2761 万元（占总经费的 46.2%，比例与上年基本持平），国家海洋专项经费 1625 万元，局计划经费 667 万元，其他经费 934 万元。

在产生和凝练科研成果方面，SOED 成果质量进一步提升。2016 年共发表论文 125 篇，其中 SCI 论文 88 篇（平均影响因子 2.55，IF＞3 共 39 篇），EI 论文 24 篇，主持编写专著 6 部，参与编写专著 5 部；获得国家发明专利 4 项，实用新型专利 1 项；获得海洋科学技术进步奖特等奖 1 项（排名第一），浙江省科学技术重大贡献奖 1 项以及第十一届光华科技工程奖 1 项。

在团队建设与人才培养方面，2016 年

SOED 硕果累累。何贤强入选"万人计划"领军人才；柴扉入选"浙江省千人计划"；周锋获得 2016 年度浙江省杰出青年基金；周锋、张华国入选浙江省 151 人才第二层次和重点实验室全职海星学者；陶邦一、宣基亮入选所青年"英才计划"。此外，在国家人才计划的支持下，选派何海伦、周锋、徐鸣泉、王俊、张翰、吴巧燕、沈浙奇、李晓静、席婧媛等青年研究人员分别赴美国、德国、加拿大的相关大学和研究机构开展合作研究。

在开放、交流与合作方面，SOED 也开展了大量工作。2016 年实验室主办了海洋碳循环遥感国际研讨会暨海洋生态环境遥感应用高级培训班，还协办了区域海洋数值模拟与观测国际学术研讨会、CLIVAR2016 年开放科学大会、第三届厦门海洋环境开放科学大会等多个国际会议，进一步提升了实验室国内外影响力。另外，实验室进一步扩大了实验室访问海星学者系列，设立了资深、高级以及青年三个系列，特别是今年新聘 14 位青年海星学者，为增进实验室国内外合作交流注入了新的血液。

在运行管理方面，SOED 成果显著。今年了设立实验室室务委员会，修订和制定了面向实验室职工、流动人员以及研究生的一系列规章制度，进一步完善了实验室的运行。通过实验室网站改版、微信公众号上线、实验室宣传册等多种手段，实验室对外宣传大步向前。　　　　（国家海洋局第二海洋研究所）

【海底科学与探测技术教育部重点实验室（中国海洋大学）】　实验室获准成立于 2002 年，2007 年通过教育部建设验收，2009 年、2015 年连续获得优良的教育部评估结果。主要从事海底科学与探测技术的基础与开发研究。2016 年实验室顺利换届，现实验室主任为李三忠教授，副主任为乔璐璐教授，主任助理为邹志辉博士。

实验室现有科研人员 52 人，其中，杰出人才有院士 3 人，千人学者 2 位，国家杰出青年基金获得者 3 位，"973"首席科学家 1 人，泰山学者 3 位；教授 27 人（其中博士生导师 17 人），副教授 15 人，讲师 6 人，实验室技术管理人员 3 人；88% 具有博士学位。队伍结构以中青年业务骨干为主，40~50 岁研究骨干是实验室科研的中坚力量，30~40 岁研究骨干 13 人，30 岁以下博士后流动人员 12 人。

实验室平台建设不断实现跨越式发展，海洋装备研发技术取得重大突破，包括建成 2600 吨级海大号地球物理调查船、具有自主知识产权的深海海底边界层长期原位观测系统样机、填补中国空白的 1000A 级海洋可控源电磁发射机样机、具有自主知识产权的海底能源地球物理立体探测系统及相关配套技术等。实验室在用 50 万元以上大型仪器 24 件，使用率在 80% 以上，所有仪器设备均对校内外开放共享。

实验室以国家发展战略需求和研究领域前沿为导向，以地球系统科学理念为指导，主要研究领域涉及：①海洋沉积与工程环境；②洋底动力过程与资源灾害效应；③海底能源探测与信息技术等。2010—2015 年间，平台建设再次实现跨越式发展，海洋装备研发技术取得重大突破，填补了两项国内技术空白，围绕西太平洋、印度洋和中国边缘海的基础科学问题取得了有国际影响的研究成果，为国际同行大量引用和应用，不仅提高我国海洋地质领域的研究水平，而且也为国家的海底科学与探测提供技术和理论支持。部分成果和专利不仅已成功应用于解决生产实际难题，成果转化效益超过 1244 亿元，推动了社会经济发展，在国家能源安全、海洋国土安全维护中起到重要作用。

实验室承担在研纵向项目 42 项、横向项目 121 项，合同总额 10666 万元，包括"973 项目"1 项、"863 项目"2 项、国家自然科学基金 17 项、其他国家级项目 5 项。其中，2016 年度新上纵向项目 20 项、横向项目 83 项，合同总额 9162 万元，包括科技部国家重点研发计划项目 1 项，参与国家重点研发计划 3 项、国家自然科学基金 9 项、其他国家级项目 2 项。

2016 年度，发表标注实验室的文章 132 篇，其中 SCI 源期刊论文 72 篇、EI 7 篇，包括 1 篇 JGR 期刊 AGU 年度亮点文章、1 篇 JGR 期刊封面成果文章；在有 50 多年历史的国际知名刊物 *Geological Journal*（影响因子 2.34）出版"两洋一海"专辑一部，做出了大量创新成果，部分研究领域取得重要突破和进展。发明专利授权 2 项，获得软件著作版权 2 项。

实验室人才队伍建设和人才培养成绩显著。1 人入选 2016 年度 ESI 全球高引科学家名录和 ESI 全球 TOP1% 科学家名录，在国际地学领域有重要学术影响；邀请国际知名学者讲学、引进绿卡工程教授 1 人，青年英才一层次教授 2 人。5 名研究生前往山东省研究生联合培养基地青岛海洋地质研究所进行联合培养；3 名博士生前往德国不莱梅大学联合培养；获得第二届"创新杯"全国大学生地球物理知识竞赛一等奖、第四届"东方杯"全国大学生勘探地球物理大赛一等奖、二等奖、优秀作品奖、成功参赛奖等；1 篇本科生毕业论文获得山东省优秀毕业论文奖。

"十二五"期间，继续与国内海洋地质调查研究院开展人才培养合作关系，并与美、德、日、澳、英、法等发达国家相关的海洋研究机构和大学建立了广泛的国际合作、人才联合培养关系国际学术交流活动频繁。成功举办"第二届地下储层和流体的地球物理成像"国际研讨会、组织 2016 年中国地球科学联合会"洋陆过渡结构与构造"等 3 个专题、参与承办第三届海底观测科学大会等。

【海洋化学理论与工程技术教育部重点实验室（中国海洋大学）】　海洋化学理论与工程技术教育部重点实验室于 2005 年被批准立项建设，于 2009 年 5 月通过验收正式成立，实验室主要在海洋化学基础研究、工程技术开发与应用两个方面开展工作，共有六个研究重点：活性气体的生物地球化学过程及气候效应、海洋生源要素地球化学、海洋有机地球化学、痕量金属及海洋生物地球化学过程示踪、海水综合利用技术、环境友好型海洋功能材料与防护技术。

经过几年的人才队伍建设，实验室目前已成为一支结构合理、层次均衡、优势突出的学术团队。在基础研究方面，拥有"海洋有机生物地球化学"国家自然科学基金委创新研究群体和"海洋化学"高等学校学科创新引智基地；在工程技术开发与应用方面，拥有"环境友好型海洋功能材料与防护技术"科技部重点领域创新团队和教育部创新团队；拥有年生产能力 1000 吨、建筑面积 1400 平方米的"海洋功能材料中试实验基地"；成立了大型仪器技术服务中心，大型仪器进行开放共享。实验室现有固定人员 69 人，其中中国工程院院士 1 人、国家杰出青年基金获得者 2 人、国家"万人计划"科技创新领军人才 1 人、教育部"长江学者"特聘教授 2 人、山东省"泰山学者"2 人、山东省泰山学者攀登计划 1 人、山东省"泰山学者青年专家"1 名、中国海洋大学"筑峰人才工程"特聘教授 2 人、中国海洋大学"绿卡人才工程"特聘教授 1 人、教育部新世纪优秀人才 9 人。

2016 年实验室新获批项目 20 项，总合同经费 5941.78 万元，主要包括国家重点研发计划 1 项、国家重点研发计划—课题 4 项，国家自然科学基金重点/重大项目 2 项，面上项目 6 项，青年基金 3 项。目前实验室共承担在研项目近百项，总合同经费 12700 余万元。

2016 年度实验室成员共发表学术论文 SCI/EI 论文 146 篇。其中发表在 *Top Journal*、SCI 一区的文章数量呈现稳定、明显的增长。实验室成员已授权发明专利、实用新型专利 15 项。

2016 年度，实验室于良民教授获批国家

"万人计划"科技创新领军人才，高学理教授获批山东省"泰山学者青年专家"，"海洋有机生物地球化学"国家自然科学基金委创新研究群体顺利滚动，新引进青年教师 1 名，实验技术人员 3 名，人才队伍建设取得较大进展。实验室研究方向以院士、"长江学者"、国家杰青、"泰山学者""筑峰"和"绿卡"教授等为首席科学家，形成具有较高学术水平和凝聚力的团队。

为促进学术交流，提高重点实验室的学术研究水平，2016 年实验室共设立 4 项访问学者及开放课题基金，用于资助优秀的国内外学者来实验室开展合作研究。实验室依托"海洋化学创新引智基地"建设，举办 20 余场学术报告会，作学术报告 40 余人次，其中国外和港澳台专家学者 20 余人共作报告或讲座 30 余人次。并邀请来访海外专家开设面向研究生的《科技英文写作》《海洋化学进展》《同位素示踪技术》课程，指导研究生提高撰写英文论文的水平，开阔学术视野。

【海洋环境与生态教育部重点实验室（中国海洋大学）】

海洋环境与生态教育部重点实验室围绕国家海洋环境保护和生态安全的重大需求，兼顾科学理论与工程技术，定位于应用基础研究。依托国内首个环境海洋学博士点、我国第一批环境科学与工程博士授予权一级学科和环境科学、海洋科学国家重点学科，以近海环境动力过程及其对海洋生态系统的影响、近海污染物的环境行为与控制和海岸带工程环境与水资源保护为主要方向，重点关注人为活动影响下海洋生态系统的响应。实验室已成为我国海洋环境与生态领域多学科协同创新研究的一流平台及海洋环境保护高层次人才培养的核心基地。

实验室是国内最早成立的从事海洋环境科学与技术研究的省部级重点实验室之一，目前已成为我国首个获批的国家实验室"青岛海洋科学与技术国家实验室"的重要组成部分。实验室在海洋大气物理与化学过程及其对海洋生态系统的影响、人工纳米颗粒的水环境过程和生物响应机制、黄河水下三角洲地质环境监测与成灾机理等方面，已产出了一系列有国际影响力的研究成果，在国内具有引领作用。面向国家海洋环境保护需求，建立了滨海地下水污染控制技术和滨海湿地生态修复技术体系，开发了海岸带环境动态变化监测系统，在海洋环境安全、生态健康、灾害防治等方面提供了重要的技术支撑，为相关行业带来了显著的经济效益。

实验室秉承鼓励个人发展融入团队水平提升的发展理念，逐渐强化了研究队伍建设，已形成了由一支院士领衔，以 973 首席科学家和杰出青年基金获得者为学术带头人，以青年研究人员为主体的优秀集体。实验室现有面积 3200 平方米，仪器设备总价值 4300 余万元，搭建完善了分析测试、现场监测、模拟与工程试验、环境数值模拟与分析 4 个实验功能平台，有效支撑了主要研究方向的发展，取得了一批科研成果。

2016 年实验室主持或参与在研的国家和省部级等科研项目 87 项，包括国家重大科学研究计划 1 项，国家重点研发计划 5 项，"973 计划"课题 2 项，国家重大科研仪器研制项目 1 项，国家自然科学基金项目 22 项，科技基础性工作及社会公益研究专项 1 项，公益性项目 7 项。围绕山东省、青岛市等海洋经济发展和半岛蓝色经济区发展，实验室积极服务地方经济建设，能力不断加强，2016 年度新增科技服务与咨询等横向项目 50 项。

2016 年实验室发表学术论文 160 余篇，其中 SCI/EI 收录论文 109 篇，62 篇论文在影响因子大于 2 的 SCI 期刊发表，其中在 I、II 区 SCI 期刊发表的论文 48 篇，三、四区 SCI 论文 50 篇。出版专著/编著 2 部。本年度获授权专利 12 项，其中，获授权国家发明专利 6 项，实用新型专利 3 项，计算机软件著作权 3 项。另外新申请国家发明专利 5 项。本年度"黄河水下三角洲地质灾害生成机制及防治关键技术"获教育部科学技术进步二等奖。进一步提升了学院的科技水平和竞争能力。

实验室通过引进国内外高端人才，接受国内外著名高校及科研院所优秀博士生等渠道，为实验室壮大科研队伍，打造合理的学术梯队。2016年实验室"山东省万人计划"讲座教授在岗2人，"学校绿卡计划"讲座教授在岗2人。引进"筑峰"计划二层次1人，"青年英才"计划一层次1人。

通过实验室人才队伍的建设，目前研究人员规模保持稳定，访问学者和博士后等流动人员40余人，实验室技术人员5人。研究人员中有博士学位者达90%。实验室现已形成院士领衔，973首席科学家、杰出青年基金获得者等优秀学者为学术带头人、中青年教师为骨干的学术团队。2016年在实验室学习和工作的博士研究生110人，硕士研究生322人。其中2016年入学博士生35人，硕士生133人。

2016年，国内外学术交流继续加强。本年度36人次在国际会议上进行广泛的学术交流，邀请国内外学者来访交流20余人次；派出青年访问学者3人、高级访问学者2人在欧美知名高校进行合作研究。营造了良好的学术氛围，进一步扩大了重点实验室的影响，促进了学术交流。

实验室注重开展以会议、学术论坛、学术报告和讲学为主要形式的各类学术活动，各个研究方向不定期邀请国内外知名学者来实验室进行交流。本年度实验室与中国海洋大学近海环境污染控制研究所、青岛海洋科学与技术国家实验室和国家自然科学基金委员会共同主办了"纳米颗粒的环境效应"国际研讨会，大会特邀中国科学院院士、中国科学院生态环境研究中心的江桂斌院士，ES&T（《环境科学与技术》期刊）副主编、美国 Texas 大学的 Jorge Gardea—Torresdey 教授，美国 Connecticut 农业试验站的 Jason White 教授，美国 Kentucky 大学的 Jason Unrine 教授，

美国 Massachusetts 大学的邢宝山教授，国家杰出青年基金获得者、国家纳米科学中心的陈春英研究员，长江学者特聘教授、山东大学的闫兵教授，国家杰出青年基金获得者、浙江大学的林道辉教授，国家杰出青年基金获得者、南开大学的陈威教授等参会并进行专题报告，会议吸引了国内40余所高校和科研院所的100余位学者参会。另外，本年度共邀请9位国外知名学者来实验室进行访问交流，为广大师生提供了面向环境学科前沿研究的重要窗口，取得了积极、良好的效果。

【海洋生物遗传学与育种教育部重点实验室（中国海洋大学）】 中国海洋大学海洋生物遗传学与育种教育部重点实验室建于上世纪50年代，创建者为著名遗传学家方宗熙先生，是我国海洋生物遗传学与育种技术研究的发祥地，五十多年来为我国海洋生物遗传学理论与育种技术的创立做出了开创性的贡献。1983年教育部设立海洋生物遗传研究室，2008年12月获批建设教育部重点实验室，2011年6月通过验收正式运行，在2016年教育部组织的重点实验室评估中获得优秀。

实验室所在遗传学科为山东省重点学科，拥有遗传学博士点和硕士点，所依托的海洋生命学院拥有生物学、生态学博士学位授予权一级学科和海洋生物学国家重点学科，有生物学、生态学和海洋生物学3个博士后流动站。

实验室面向海洋生物遗传学重大科学问题和蓝色种业发展的重大需求，从分子、细胞、个体和群体等多层次开展海洋生物遗传学与种质资源开发研究。主要研究方向：海洋生物分子遗传学与分子育种、海洋生物细胞遗传学与细胞工程育种、海洋生物基因组学与进化生物学。

目前学术队伍中有教授19人、副教授12人，形成了以"泰山学者"、国家优秀青年科学基金获得者、教育部"新世纪优秀人才"

为学术带头人的高素质研究团队，各方向的人才配置进一步优化，创新能力不断提高。

在学校的大力支持下，实验室条件得到进一步改善，仪器设备体系和公用平台结构得到进一步优化。目前本实验室仪器设备和研究手段已达到国际一流、国内领先水平。

2016年度实验室新申请及在研的各类科研项目共计80余项，国家"十二五""863"计划课题1项，国家支撑计划项目1项，国家自然科学基金项目38项（其中新增11项），公益性科研专项3项，国际科技合作重点项目计划1项，年到校经费2120.17万元。

海洋生物遗传学与育种实验室基本形成了科研能力出色、年龄职称结构合理、学历层次高的高水平研究团队。团队现有固定科研人员40人，其中教授19人、副教授12人，具有博士学位者占95%，90%以上有国外留学或工作经历，90%主持或主持完成过国家级课题。2016年，本实验室有1人入选青年"长江学者"，1人获得山东省"泰山学者"青年专家称号。

实验室现有在读博士生72人，硕士生143人。2016年度，实验室招收博士研究生29人、硕士研究生67人；实验室共毕业博士生26人、硕士生43人，2名博士研究生获得国家奖学金，1名硕士研究生获中国海洋大学优秀硕士学位论文奖，8名研究生参加国内会议，作会议报告5次，并有4人获得大会奖励。

2016年实验室发表论文90余篇，其中SCI收录论文74篇，授权国家发明专利8项，软件著作权1项，获得国审海水良种1个，获教育部技术发明一等奖1项。

实验室坚持"开放、流动、联合、竞争"的方针，十分注重学术交流和科研合作，始终同国内外著名科研机构保持良好的合作关系。实验室高度重视国际联合实验室的建设，与挪威SARS（EMBL）实验室已达成初步合作意向，结合国家需求和科研长项，未来将重点开展海洋生物无脊椎动物发育与进化的合作研究。实验室积极参加国内外会议，2016年，先后共有30余人次参加国内学术会议，11人次参加国际会议，并多次在会议上做主题报告。实验室设立专项基金，先后邀请13位国外专家和4位国内专家来实验室进行学术交流，营造了良好的科研氛围。

【海洋药物教育部重点实验室（中国海洋大学）】 海洋药物教育部重点实验室（中国海洋大学）以海洋生物资源为基础，以危害人类生命与健康的重大疾病防治药物研究为目标，定位为海洋药物的应用基础研究。主要研究方向：海洋糖化学与糖生物学、海洋天然产物化学、药理学、海洋药用生物资源学。

实验室现有固定人员71人，其中教授31名，副教授17名。队伍中有中国工程院院士1名，国家"千人计划"特聘教授1人，国家"青年千人计划"专家1人，国家自然科学基金"优秀青年基金"获得者2人，山东省"泰山学者"海外特聘专家1名，山东省"泰山学者"特聘教授2人，山东省"泰山学者"青年专家2人，教育部"新世纪优秀人才"7名；国务院学位委员会第七届学科评议组成员1人，山东省有突出贡献中青年专家1名，享受国务院政府特殊津贴专家3人，青岛市拔尖人才2人，青岛市创新领军人才4人。为教育部"长江学者和创新团队"、山东省优秀创新团队。有设施优良的研究实验楼7800平方米，基本建成以核磁共振波谱仪（JNM-ECP 600）、线性离子阱静电场轨道阱组合质谱仪（LTQ-Orbitrap XL）、共聚焦显微镜（LSM510）、流式细胞仪（FACS.VAN.TAGE）为代表的海洋药物研究开发公共服务平台，仪器设备总值7600余万元。建有国家海洋药物工程技术研究中心，是国家综合性新药研究开发技术大平台——山东省重大新药创制中心的主要承担单位之一，是中国药学会海洋药物专业委员会的挂靠单位，是我国海洋药物高端人才培养基地。

2016年度，实验室在研各级各类项目共

计 89 项，新立项项目 19 项，到位科研经费 3000 余万元；共发表 SCI/EI 收录论文 127 篇，其中在 Org. Lett、Oncotarget、J. Org. Chem.、J. Nat. Prod.等国际知名学术期刊上发表影响因子 3.0 以上的论文 71 篇，影响因子 5.0 以上的论文 26 篇。获授权国家发明专利 17 项。获山东省研究生优秀科技成果创新奖二等奖 1 项。编纂出版《海洋天然产物与药物研究开发》《中华海洋本草图鉴》和《2014—2015 海洋科学学科发展报告》专著 3 部。队伍建设方面，引进学校"英才"工程第三层次岗位人才 1 人，师资博士后 1 人；2 人入选山东省"泰山学者"青年专家，1 人获批"山东省杰出青年基金"。在 2016 年初公布的专业技术职务评审中，3 人晋升教授，2 人晋升副教授，1 人晋升高级实验师。2016 年，培养博士 28 人、硕士 55 人。实验室保持积极开展国内外合作交流的传统，成功主办第二届海洋药物青年学术论坛；邀请了美国克利夫兰临床医学中心 Lerner 研究所 George Stark 院士、澳大利亚格里菲斯大学 Ronald Quinn 院士、美国内布拉斯加大学林肯分校杜良成教授、澳大利亚南澳健康与医药研究院 Chris Proud 教授、美国密西根大学药学院的 David Sherman 教授、德国拜罗伊特大学 Harold L. Drake 教授、澳门大学中华医药研究院的叶德全教授等国内外知名学者 20 人次举办学术讲座，促进学术交流与项目合作。不断扩大我校医药学科的国内外学术影响力，一年间，学院有 100 余人次参加第十四届中国国际多肽学术会议暨第五届亚太国际多肽学术会议以及第八届亚洲糖科学与糖技术会议等国内外学术会议，有近 40 人次做大会报告或特邀报告。

【物理海洋教育部重点实验室（中国海洋大学）】 物理海洋教育部重点实验室前身为中国海洋大学物理海洋实验室，成立于 1987 年，1999 年被首批确认为教育部重点实验室。实验室现有成员 72 人，其中中国科学院院士 3 人，国家杰出青年基金获得者 2 人，"千人计划学者" 3 人，"长江学者" 2 人，"泰山学者" 3 人，拥有国家自然科学基金委创新群体 1 个，科技部重点领域创新团队 1 个。依托一级学科国家重点学科"海洋科学"，实验室设有海洋科学、大气科学博士点及博士后流动站。

实验室瞄准国家重大战略需求，开展海洋动力过程的演变机理及其气候效应的基础研究，主要研究方向为：海洋环流动力学、海洋波动与混合、海洋—大气相互作用与气候，下设近海环流与物质运输、大洋环流动力学、极区海洋动力过程、海浪与小尺度海气、海洋内波与混合、大洋环流动力学、海—气相互作用与气候、海洋与气候系统模式 8 个研究单元。

实验室现有仪器设备总价值近 9000 万元，拥有大型风—浪—流水槽、内波水槽、旋转水槽、SGI 超级计算机和大型计算机集群等大型设备以及一大批先进的外海和室内观测仪器，分别服务于实验室海上观测平台、室内实验平台，数值模拟平台以及数据共享平台的建设运行，同时实验室也是中国海洋大学 3500 吨"东方红 2 号"综合科学考察船的主要用户。围绕实验室的学科发展目标和研究方向，实验室依托各大平台建设努力构建实验室的共享资源主体，为教学和科研工作提供资源平台和技术支持。实验室通过开放课题基金和对外承接室内实验工作等形式对外开放。

2016 年实验室新上项目 27 项（主持），合同额 9100 余万元。其中获得国家重点研发计划项目全球变化及应对专项项目 1 项，国家重点研发计划项目海洋环境安全保障专项项目 1 项。实验室承担国家重大科研计划项目能力稳步提升，本年度实验室在研主持国家"973"计划项目 1 项，国家重大科学研究计划项目 5 项，国家"863"计划项目 2 项，国家重大仪器研制项目 1 项，科技基础性工作及社会公益研究专项 1 项，国家自然科学基金委——山东省人民政府联合资助海洋科学研究中心项目 1 项，山东省重大专项 1 项。实验室不断发挥科研创新实力，开拓进取，本年度有效推动海洋动力过程及其气候效应研究的大步迈进，成绩斐然，透明海洋观测"系统得到进一步完善，实现了对南海深水海盆的全覆盖观测，组建完成全球观测密度最大的区域海洋观测网；将西太平洋的观测系统向中太平洋推进，建成了横跨马里亚纳海沟的子午向潜标阵列；首次在黑潮延伸体区域实现我国深海潜标的回收，打响了进军西北太平洋的第一枪；"透明海洋"机理研究进一步拓展，在中纬度中尺度海气相互作用理论及西边界流理论取得创新性突破，相关成果发表在 *Nature* 杂志，是我国物理海洋界第一篇发表在 *Nature* 的研究性论文；基于"透明海洋"观测系统解释了西太至南海的一系列海洋多尺度现象，发现了全世界最强的内孤立波。本年度实验室共发表各类高水平学术论文 113 篇，其中 SCI 期刊论文 80 余篇，包括 *Nature* 及其子刊系列论文 8 篇；研究成果获得专利授权及软件著作权登记 21 项，其中美国专利 2 项，国家发明专利 7 项；两项成果入选 2016 年度"中国十大海洋科技进展"。实验室高度重视人才梯队的建设与优化，依托国家、学校各类人才引进计划及政策，通过灵活多样的人才引进及管理方式，不断吸收优势人才，促进高层次人才的汇聚。本年度实验室分别以学校高层次人才岗位引进原美国国家海洋大气管理局地球流体动力实验室高级研究员张绍晴博士和美国德州农工大学马晓慧博士，极大提升了实验室海洋数值模式团队的综合实力，另有 3 名优秀应届博士毕业生入职实验室，作为年轻科研骨干进一步加强了相关研究单元的科研力量；实验室"千人计划"谢尚平教授获得美国气象学会 2017 年度斯维尔德鲁普金质奖章，成为该奖项自设立以来第 40 位获得者，也是首位获得该奖的华人科学家。截至目前，实验室共有固定人员 72 人，其中专职科研人员 58 人、专任工程技术人员 7 人，分别在机理研究、技术支持、平台建设中发挥重要作用。实验室以培养高层次海洋科学人才为己任，高度重视，全力投入，2016 年度共招收硕士、博士生 125 人，博士后入站 4 人；为社会输送合格博士、硕士毕业生 85 人。实验室通过设置访问学者计划、开放课题、召开研讨会、专题讲座等形式，努力营造学术交流的常态化。2016 年度实验室邀请全球知名海洋领域专家学者来访 30 余人次，实验室成员出访及参加国际高水平学术会议 70 余次，其中 8 人次在国际会议上做特邀报告；以开展合作交流研究为目的，面向国内外高等院校及科研机构的优秀科研人员设立开放课题基金，围绕全球海洋动力过程及数值模拟等前沿课题，2016 年度接受开放课题申报 3 项，支持经费 12 万元，为促进课题申请人与实验室成员之间的密切合作提供支持，有效推动了相关合作研究工作的交流进展。致力于推动海洋科技的全球合作，2016 年度实验室作为共同主办方，成功举办了 CLIVAR 第二届开放科学大会（the 2nd CLIVAR Open Science Conference），2016 年全球海洋院所领导人论坛（Global Ocean Summit 2016），和第三届海底观测科学大会（国内会议），有效促进了海洋学科专业领域的对话交流及学科的交叉融合。此外，作为驻青知名涉海研究机构，实验室积极承担海洋科普教育的社会职责，响应全国科普日，青岛科普节，市民开放日活动等科普活动，定期免费向公众开放参观，并通过一系列精彩纷呈的系列讲座，增强了公众对海洋科学研究的认知和兴趣，起到了良好的宣讲与科普效果。

【海洋能源利用与节能教育部重点实验室（大连理工大学）】　海洋能源利用与节能教育部重点实验室于 2008 年 10 月由教育部批准立项，2008 年 12 月提交建设计划任务书，目前该实验室已经形成专业结构合理、科研工作与教学工作紧密结合的良好格局，各项工作蓬勃发展，并已实现对外开放，同美、日、英、德、奥地利等国家广泛发展了高层次的学术交流合作。

2016年，新增经费累计为4383.84万元，其中纵向经费3353.67万元，为实验室科研水平的快速提升提供了保障。共承担各类科研项目208项（20万元以上96项），其中纵向课题142项：国家重大专项课题1项（含参与）；科技支撑计划项目2项（含参与）；国家重点研发计划课题5项（含参与），国家重大项目1项，"973"计划3项（含参与）；"863"计划1项；国家自然科学基金重点项目2项；公益性行业专项9项（含参与）；国家自然科学基金项目仪器专项1项；国家自然科学基金杰出青年基金1项；国家自然科学基金优秀青年基金1项；教育部新世纪优秀人才支持计划项目1项；国际合作1项；大连市青年科技之星项目1项；其他国家自然基金66项；其他省部委科研课题37项。

2016年发表论文457篇，SCI收录122篇，EI收录95篇，包括"Applied Energy""Scientific Reports""International Journal of Heat and Mass Transfer""Energy & Fuels""Renewable & Sustainable Energy Reviews"等国内外知名期刊。授权国家发明专利29项，软件著作权1项，申请发明专利53项。

实验室具有一支学术水平高、知识结构和年龄结构合理的研究队伍。目前固定人员46人，流动人员18人。在岗教师有4人晋升教授（其中破格提升2人），5人晋升副教授（其中破格提升1人），引进青年教师2人。

2016年，共派出3名科研人员分别到爱尔兰都柏林大学、莱斯大学及密西根大学进修；3人分别申请慕尼黑工业大学、挪威科技大学、千叶大学攻读博士研究生；与科廷大学、圣路易斯华盛顿大学、西澳大学、哥廷根大学、亚利桑那州立大学、科罗拉多矿业大学、普渡大学等国外大学导师联合培养博士生10人，实验室利用科研项目、平台和硬件资源，共培养16名博士后，出站1名，进站5名。培养1名优秀青年基金人才，引进了2名青年教师。推动了海洋能源科学的发展。通过这些行之有效的措施，人才的培养质量得到了提升。

按照学校的招生计划和要求，实验室2016年招生博士研究生39名，硕士研究生139名。研究生培养规模扩大的同时，培养质量不断提高。教师科研水平的提高，使研究生在学位论文的研究工作中能接触到本学术领域的前沿，提高了他们分析问题、解决问题和独立从事科研工作的能力，论文水平逐年提高。

实验室注重国内外合作研究与学术交流，通过与国外同行建立合作，邀请国内外专家讲学，积极参加国内/际学术会议和进修讲学等形式，活跃了学术思想和气氛，对于把握国际相关领域的研究动态、提高学术水平、扩大本学科影响起到了重要的作用。

实验室与美国威斯康星大学、美国亚利桑那州立大学、美国科罗拉多矿业大学、美国加利福尼亚大学、澳大利亚墨尔本大学、德国哥廷根大学、日本东京大学、东京工业大学、日本产业技术综合研究所、比利时冯卡门研究院等国外著名大学或研究所建立并保持着紧密的学术交流与合作关系。期间，宋永臣教授、张岩教授、唐大伟教授应邀访问日本弘前大学。会见了弘前大学校长佐藤敬、副校长吉泽笃、理工学部长加藤博雄等，就双方的科研合作交流、研究生联合培养等开展了深入探讨；访问了北日本新能源研究所，就新能源开发利用进行了学术研讨，并就双方合作研究达成了共识。

实验室人员参加国际学术会议达30人次：包括赴韩国、新加坡、美国、日本、英国、瑞士、日本、奥地利、匈牙利、西班牙等国参加核能海水淡化工作组第五次技术会议、国际燃料与能源利用会议、燃烧/焚烧热解、排放和气候变化国际会议、欧洲脱盐国际会议、国际透平机械学术交流会、磨粒技术进展国际研讨会等国际会议。资助了66名研究生以口头报告或者会议论文形式参加国际/内会议。通过与国内外学者进行交流，了解国内外先进制造领域学术动态及发展趋势，以及各种学术思想、概念的具体深入交流。实验室积极创造条件使科研人员及时掌握本学术领域最新成果。

实验室聘请了德国哥廷根大学 kuhs 院士为学术大师，加拿大新不伦瑞克大学物理系 Bruce Balcom 为海天名师。每年邀请学术大师/海天名师来实验室进行讲座，并联合指导研究生。聘请了美国科罗拉多矿业大学的 A-MADEU K. SUM 副教授，德国宇航中心工程热力学研究所 André Thess 教授，美国通用电气公司的姜孝谟教授等为海天学者。这些海天学者参与实验室学科建设，为学术队伍建设提供了宝贵的意见。开设了多个相关讲座，联合培养了多名博士研究生。

同时实验室积极邀请国内外学者来进行讲学活动及学术讲座。邀请来自比利时冯卡门研究院 RENE A. VAN DEN BRAEMBUSS-CHE、比利时 CMI 公司 Borguet Sebastien、东京大学庄司正弘教授、加拿大新不伦瑞克大学物理系 Bruce Balcom、日本产业技术综合研究所薛自求教授、德国亚琛工业大学胡明教授、工程热物理研究所的青年千人姜玉雁教授等数人进行20余场讲学活动及学术讲座，扩大了实验室师生的视野，提高了实验室学术水平，保证了研究水平与国际同步。

【应用海洋生物技术教育部重点实验室（宁波大学）】　实验室于2005年被批准立项建设，于2008年2月正式通过教育部的验收，并向社会开放运行。实验室现有固定人员129人，其中正高43人，副高45人，博士89人；实验室面积7700平方米，实验条件优良、设施完备，现有仪器设备3720台/套，仪器总值达12225万元。实验室主要研究方向有：海洋生物活性物质和水产品高值化、海洋生物基因资源的研究与开发、海水养殖生物优良种苗的繁育和种质保存、海洋环境保护与生物修复。

2016年，实验室获新增各类科研项目108项，其中国家级项目21项，省级以上项目24项，项目到账总经费2753.5万元，其中纵向经费2383.9万元。实验室人员公开发表论文289篇，其中 SCI/EI 收录论文127篇；申请发明专利85项，授权发明专利28项，获得农业新品种1项。获浙江省科学技术奖1项，宁波市科技进步奖1项。

2016年实验室博士后出站人员3人，进站1人，培养博士9人，硕士生150人，留学生7人，授予学位196人；招收博士生26人，硕士生225人。实验室举办各类继续教育培训班10多次，为地方培养海洋经济发展所需人才达457人次。2016年实验室承办"2016年生物芯片国家工程研究中心年会暨生物芯片与精准农业研讨会"、协办"宁波市第九届学术大会'推进生态健康养殖、助力海洋经济发展'"分会、"国家大黄鱼产业科技创新联盟成立大会暨第四届中国大黄鱼产业发展论坛与第二届大黄鱼文化节"等多场学术交流会，邀请了近30位专家学者做学术报告，实验室研究人员参加了各类国内外学术会议40多人次，营造了浓厚的学术氛围。2016年实验室还组织参加了"第十九届北京科博会第三届国际海洋科技与海洋经济展览"等成果展示，为深层次产学研合作及成果转化打开了更多的渠道。实验室加强与地方政府和企业的合作，与地方和企业已签署共建技术合作中心13家，为加快实验室的科技成果转化与应用提供了良好的合作平台。

【滨海湿地生态系统教育部重点实验室（厦门大学）】　本实验室建立在厦门大学著名生物学家金德祥、唐仲璋、林鹏等多位先驱几十年工作的基础上，以国家重点学科（水生生物学、动物学、环境科学）、福建省重点学科（生态学）为依托的部级重点实验室。实验室于 2007 年底获得批准建设、2008 年 7 月通过建设论证、2011 年 11 月通过教育部验收正式运行。

实验室的功能实验室总面积约 6500 平方米，拥有仪器设备超过 8000 万元。实验室下设红树林湿地生态学、微生物生态学、微藻生态学、动物生态学、水域生态学、植物分子生态学、环境与生态组学、环境水化学与生物地球化学、污染生态学、环境毒理学、水污染修复与治理等 11 个功能实验室。功能实验室与其他公共平台共同构成了良好的室内科研与教学服务平台，为实验室高水平的科研与教学提供硬件支撑和保障。

实验室拥有一支以中科院院士、"长江学者"和杰出青年基金获得者等为学术带头人、以中青年科学家为中坚力量的科研队伍，固定人员 48 人。固定人员中，博士生导师 26 人，教授 29 人，副教授、助理教授 19 人。科研队伍中 95% 以上具有博士学位，其中中国科学院院士 1 人，"长江学者" 1 人，杰出青年基金获得者 3 人，国家 "万人计划" 入选者 1 人，科技部中青年科技创新领军人才 2 人，国家级教学名师 1 人，青年千人计划获得者 3 人，国家优秀青年科学基金获得者 1 人，教育部新（跨）世纪人才 7 人；"闽江学者" 特聘教授 2 人。

实验室立足国家对沿海区域生态安全与保护的重大需求，以多学科交叉为基础，以全球变化为背景，主攻亚热带滨海湿地生态系统的结构、生态功能及环境修复研究，从平台建设、人才培养到科学研究和技术应用等多个层面，全面提升我国滨海湿地生态学研究和资源保护与应用的总体水平，提高我国在国际湿地生态学研究中的地位，为我国解决亚热带、热带地区滨海湿地环境污染和生态退化问题提供科学依据。

2016 年，实验室共承担各类科技项目 158 项，新增各级纵向科研项目 31 项，合同经费超 7559 万元。实验室 2016 年牵头国家重点研发计划 2 项，主持国家重点研发计划政府间国际科技创新合作重点专项 1 项，获批国家自然科学基金重大科研仪器研制项目 1 项。此外，还主持国家重点研发计划专项项目课题 3 项、作为主要合作单位参与 2 项。2016 年，实验室还新增国家自然科学基金面上、青年基金项目 17 项。

实验室共发表 SCI 收录论文 92 篇，其中以实验室人员为第一/通讯作者的 73 篇（占 79.3%）；JCR 顶级期刊（Top journals）论文 25 篇，影响因子大于 2 的 67 篇，大于 3 的 58 篇（其中 42 篇为第一或通讯作者论文）；出版专著 2 部，获得授权国家发明专利 14 项；"基于羟基自由基高级氧化快速杀灭海洋有害生物的新技术及应用"项目，被授予国家技术发明二等奖。

2016 年，实验室引进 "青年千人计划" 1 人，及其他优秀人才 3 人加盟实验室；王大志教授入选第二批国家 "万人计划" 领军人才，张祖麟教授入选 "闽江学者" 特聘教授；林坤德教授入选第一批福建省引进高层次人才。

实验室依托于厦门大学环境与生态学院、生命科学学院等开展人才培养工作，是我国滨海湿地和海洋环境科学领域人才培养的重要基地之一。2016 年，实验室共有 62 名硕士生毕业，16 名博士生毕业；目前在读博士生 109 人，硕士生 231 人。

2016 年，实验室新设立 "高级访问学者与开放课题基金" 4 项、"青年访问学者与开放课题基金" 2 项。2016 年，实验室出国/境访学、交流及开展合作研究近 150 人次，其中参加国际学术会议 80 余人次，短期访学、合作研究 70 余人次；在国际会议上做特邀报告/大会报告 3 人次。实验室举办 "环境与生态香山论坛" 5 场、"生态与环境讲坛" 22 期；主办 1 场区域性学术论坛，承办 1 场国际性会议，并协办了 1 场全国性学术会议。

【水声通信与海洋信息技术教育部重点实验室（厦门大学）】　实验室于 2005 年底获教育部批准筹建，2009 年 7 月通过教育部组织的验收，并正式向社会开放运行。实验室瞄准水声通信与海洋信息技术领域重大科学、技术问题，面向国家海洋安全与防灾减灾重大需求，在海洋声场声信道、水声通信与网络、多媒介立体通信、海洋遥感、海洋数值模拟与分析和声信息与声探测等 6 个研究重点取得了一批有显示度的成果，充分展示实验室成员强劲的竞争力，已形成一支以高水平学术带头人为核心、中青年科学家为中坚力量、年龄结构合理、团结向上、充满活力的研究队伍，成为对外开放、具有重要影响力的水声通信及海洋信息技术应用基础研究基地。

实验室现有固定研究人员 37 名，其中教授 21 名（博士生导师 17 名）、副教授 7 名、助理教授 9 名；另有技术人员 28 名，行政人员 3 名，流动人员 6 名。实验室固定研究人员中，有"千人计划"1 名，"青年千人计划"1 名，国家教委跨世纪优秀人才 1 名，福建省"闽江学者"特聘教授 2 名，福建省新世纪优秀人才 3 名，厦门大学特聘教授 1 名，高校百名领军人才 1 名，福建省科技创新领军人才 1 名，福建省"双百计划"特支人才 2 名，福建省"百人计划"1 名，厦门市"双百计划"2 名。研究人员的平均年龄 43 岁，45 岁以下占 70%；已形成了一支以高水平学术带头人为核心、中青年科学家为中坚力量、年龄结构合理、团结向上、充满活力的科学研究队伍。许多年轻骨干已经挑起重担，成为各自领域的学术带头人。

2016 年实验室共承担各类科研课题 110 项，合同经费 6851.1 万元。其中，年度新增课题 48 项，合同经费 3530.9 万元，包括国家重点研发计划项目课题及子任务 7 项，国家自然科学基金重大研究计划子课题 1 项、国家自然科学基金海峡联合基金重点项目 1 项、国家自然科学基金面上项目 11 项、国家自然科学基金青年项目 2 项、国家海洋局其他项目 1 项。同时，实验室积极发挥社会服务功能，承担各企事业单位委托的横向课题 49 项，合同经费 2364.1 万元，其中，新增横向课题 22 项，合同经费 980.9 万元。

2016 年实验室还取得了一系列的研究成果：①共发表论文 85 篇，其中 SCI 论文 26 篇、EI 论文 36 篇，出版编著 1 本；②共获得专利授权 27 项，申请专利 31 项，获得软件著作权 2 项。

2016 年度实验室成员共承担各类研究生教学工作 1129 课时，本科生教学工作 2493 课时，其中，许肖梅教授的《声学基础》课程入选教育部第一批"国家级精品资源共享课"；解永军高级工程师荣获"2016 年厦门大学第十一届青年教师教学技能比赛暨第五届英语教学比赛"实验组最佳教案奖；童峰教授课题组被评为厦门大学学报编辑部"优秀课题组"。

实验室以水声通信与海洋信息技术相关学科为依托，在完善本科、硕士、博士、博士后培养体系的基础上，以科学研究为平台，通过国内外合作与交流以及直接参与国家高层次科研项目培养高质量的研究生。培养在读博士生 71 名，硕士生 203 名（其中，毕业博士生 17 名，硕士生 56 名）；博士后 9 名，进修教师 1 名。在师生共同努力下，2016 年实验室学生科创竞赛成果颇丰，成绩斐然，共获得国家（国际）级奖项 15 项，省级及以下奖项 3 项。

开放合作方面，为促进国内学者在本学科领域的技术交流，除了举办学术会议外，实验室全年举办学术讲座达 11 场，接待学术来访超过 54 人次，学术出访达 25 人次，参加学术会议多达 78 人次。

【海相储层演化与油气富集机理教育部重点实验室（中国地质大学（北京））】　本实验室由 2008 年 7 月通过教育部科技司组织的立项建设方案论证，历经五年建设，2012 年 12 月通过验收。实验室位于中国地质大学（北京）科研楼，由盆地构造、储层地质、储层预测、油气成藏机理、资源评价预测等五个实验室分室组成，占地面积 2200 平方米，设备总价值约 3500 万元。实验室目前有固定人员 52 人，其中教授 16 人，副教授 20 人，讲师 10 人，管理及实验员 6 人。

主要研究方向为：①海相盆地形成演化特征及其动力学过程：建立并完善海相原型盆地恢复方法，探讨原型盆地形成与演化特点，刻画海相原型盆地的后期改造过程。②海相盆地储层形成—保持机理与预测评价：塔里木盆地、鄂尔多斯盆地海相碳酸盐岩储层形成条件与机理，揭示岩溶、礁滩和白云岩储层的发育规律，建立优质碳酸盐岩储层的预测方法。③海相盆地油气成藏机理与富集规律：研究油气生成与运移特征，探讨油气多期成藏机制与调整过程；建立多旋回盆地油气资源预测的方法体系。

实验室运用层序地层学、沉积学、储层地质学、油藏地球化学等理论，从多旋回叠合盆地和改造盆地动力学过程与富生烃凹陷形成条件、海相烃源岩和储层的沉积—成岩模式及成藏物质基础、以及复杂和高演化烃类的成烃和成藏机制、输导体系与运聚机理等入手，开展了盆地形成与演化、储层发育机理与评价、油气成藏机理等科学研究，取得了明显的进展，形成了一批高水平的研究成果。

在不断强化原有学科方向的同时，近年来，依托实验室的科研项目支撑与引领，在非常规能源领域开展了一系列的研究工作，并取得了很好的研究成果，推动了新的学科方向"页岩气地质学"，以及新的人才培养方向"资源勘探工程（新能源）"专业的建设与发展。

2016 年度，实验室承担各类科研项目百余项，项目来源主要有国家自然基金委、科学技术部、教育部、中国地质调查局以及各种公司或者企业等，总到账经费为 5687 万元人民币，其中纵向科研经费 2050 万元人民币，横向科研经费为 3637 万元：

（1）国家自然科学基金项目 20 项；

（2）省部级（包括教育部、科技部、中国地质调查局等）科研项目 60 余项；

（3）企业合作项目 30 余项。

在以上工作基础上，2016 年度共发表科研论文 131 篇，其中 SCI 论文 41 篇；专著 5 部；获批国家专利 26 项（其中发明专利 16 项，新型实用专利 10 项）。1 人被聘为青年"长江学者"；1 人获得国家科技进步奖二等奖；1 人获得省部级一等奖；2 人获得省部级二等奖。

【海岸与海岛开发教育部重点实验室（南京大学）】   以地球系统科学的理论为指导，以海岸海洋为主要研究对象。研究海陆交互作用、地貌与沉积过程，人类活动影响及海岸、海岛与陆架开发应用，以及地球表层系统的科学问题。现有固定人员 54 人，教授 20 人，副教授 15 人，讲师和工程技术人员 19 人。现有中国科学院院士 2 人，长江学者特聘教授 4 人，国家杰出青年基金获得者 4 人。

实验室位于南京大学仙林校区，面积 3163 平方米，拥有野外勘测装备：海岸动力调查、地球物理、海洋化学；室内分析测试仪器设备：激光粒度分析仪、CNS 元素分析仪、磁化率仪器、光释年代分析设备、210Pb 和 137Cs 放射性同位素定年分析、锆石测年实验室、Picarro 稳定同位素光谱分析仪、MAT–253 稳定同位素质谱分析仪以及海洋地理信息系统实验室等。形成了从海陆环境资源调查和样品采集、到室内实验测试分析、再到 GIS 计算分析、规划与决策模拟的完整体系。

2016 年实验室承担研究课题 64 项，国家级项目 38 项，省部级项目 19 项，国际合作 3 项。其中：①国家重大科学研究计划"扬子大三角洲演化与陆海交互作用过程及效应研究（2013CB956500），承担单位为南京大学，项目负责人高抒教授；②2011 计划"中国南海研究协同创新中心"，承担单位为南京大学，项目负责人：王颖院士。出版专著 3 部、发表论文 100 余篇，其中含 58 篇 SCI 收录论文，26 篇 EI 收录论文，申请专利 13 项，获专利授权 1 项。获得：海洋科学技术二等奖（汪亚平等）、教育部自然科学一等奖（鹿化煜等）、"终身奉献海洋"奖（王颖）和江苏省青年科技奖（王先彦）。李满春受聘长江学者特聘教授。

实验室拥有国家重点学科（自然地理学）和江苏省重点学科（海洋地质学、地图学与地理信息系统），以及江苏省优势学科（地理学）。实验室实行多种创新型 教学改革 、与国外著名大学开展短期交流学习、实行"三三制"教学改革方案。指导学生申请各级科研创新基金项目，鼓励自由探索。

【海岸灾害及防护教育部重点实验室（河海大学）】 于 2005 年 12 月经教育部批准建设，2008 年 11 月通过建设期验收。现任实验室主任为长江学者特聘教授、国家杰出青年科学基金获得者郑金海教授，学术委员会主任为中国工程院院士谢世楞教授级高级工程师。

实验室有固定人员 36 人，其中研究人员 32 人，技术支撑人员 4 人。教育部"长江学者奖励计划"特聘教授 1 人，国家杰出青年科学基金获得者 1 人，中组部青年千人计划入选者 1 人，享受国务院政府特殊津贴专家 2 人，教育部新世纪优秀人才支持计划获得者 4 人，江苏省"333 高层次人才培养工程"中青年科技领军人才 2 人、中青年科学技术带头人 1 人，江苏省"六大人才高峰"第六批高层次人才 1 人，江苏省高校"青蓝工程"中青年学术带头人 2 人、优秀青年骨干教师 3 人，江苏省高校"青蓝工程"科技创新团队 1 支。

实验室建成江苏沿海野外观测站、波浪与建筑物相互作用实验、河口海岸泥沙特性实验和海岸风暴潮灾害数值预报等 4 个研究平台。拥有风浪流实验水槽、综合性实验港池及测控设备、环境泥沙实验设备、开边界多泵控制潮流模拟系统、教学实验系统、海工结构防腐实验系统、海洋调查设备、高性能计算集群等设备。实验室组成包括：航道实验室、环境泥沙实验室、海洋环境实验室、海工实验室、河口海岸实验室、港航动力实验室、港航结构实验室、海洋调查实验室、仪器管理和研发中心、计算中心、数据中心，总占地面积约为 12000 平方米。

实验室总体定位为：服务"海洋强国"国家战略，对接国家中长期规划中关于建立我国海岸带海洋监测、预报、预警系统的发展目标，围绕我国沿海经济快速发展对海岸防灾减灾的迫切需求，加强海岸灾害领域科学技术应用基础研究，提高我国对海岸灾害的预测及防护能力，发展成为海岸灾害及防护国际学术研究中心与人才培养基地。

经学术委员会审定，研究方向确定为：①海岸灾害形成及发展机制；②海岸灾害预测与预报；③海岸灾害工程防护；④海岸灾害评估与应对管理。

实验室 2016 年度新增各类科研项目 56 项，其中重点国际（地区）合作研究项目 1 项，负责国家重点研发计划子课题 1 项，国家自然科学基金面上项目 1 项，交通部重点科技项目 2 项。

发表 SCI 检索论文 49 篇，EI 检索论文 37 篇，申请发明专利 72 项，获高等学校科学研究优秀成果奖（科学技术）二等奖 1 项，水力发电科学技术奖一等奖 1 项，中国水运建设行业科学技术奖二等奖 1 项。

2016 年，实验室共有固定人员 36 人，其中研究人员 32 人，技术支撑人员 4 人；流动人员 24 人。新增江苏省特聘教授 1 人、江苏省"六大人才高峰"创新团队一支，入选江苏省六大人才高峰高层次人次培养对象 1 人，2016 年度"青蓝工程"中青年学术带头人获得者 1 人，2016 年度"青蓝工程"优秀青年骨干教师获得者 1 人，入选江苏省第五期"333 工程"第三层次培养对象 1 人。毕业博士 3 人，毕业硕士 49 人，学生以第一作者身份发表 SCI 检索论文 16 篇，EI 检索论文 17 篇。共支持 3 名博士研究生赴 2 个国家和地区开展为期一年以上学术交流。

2016 年度，实验室总投入 21 万元，设立了开放课题 6 项。2016 年度召开学术会议 3 次，分别为第八届中德水利及海洋工程学术研讨会、水灾害模拟及其预测方法国际学术研讨会和海洋环境与气候变化学术研讨会。邀请 22 人次境外学者来进行交流讲学；组织实验室人员 45 人次参加学术会议，其中 9 人次出国（出境）参加学术会议。先后与美国、日本、澳大利亚、新西兰等多所大学建立了交流关系，形成了良好的合作研究与开放共享格局。

（教育部）

【国家海洋局海洋环境科学和数值模拟重点实验室】　国家海洋局海洋环境科学和数值模拟重点实验室以国家海洋局第一海洋研究所为依托单位。现任实验室主任为乔方利研究员，学术委员会主任为王斌研究员。实验室现有科研人员 77 名，其中中国工程院院士 2 名，美国工程院院士、中国工程院外籍院士 1 名，正高级职称 12 人，副高级职称 18 人。具有博士学位的 52 人，45 岁以下科研人员占 90%以上。享受政府特殊津贴 6 人，百千万人才 2 人；在读博士研究生 13 人，在读硕士研究生 20 人，在站博士后 8 人。

实验室面向国家经济可持续建设、海洋减灾防灾等重大需求，以增进对中国近海及全球大洋重要海洋动力过程及其规律的认识、提高海洋学研究对国家可持续发展能力等为主要工作目标，以物理海洋学为主要研究范畴，涉及海洋环境科学相关的交叉性前沿领域。实验室综合应用数学、物理学方法，发展海洋调查技术、数据分析技术、数值模拟技术和信息技术，以现场调查、实验、海洋遥感和数值模拟为主要研究手段，研究海洋

环境及其演变机理。自实验室成立以来，提出海洋动力系统研究思路，自主发展了海浪、风浪流耦合等先进的数值模拟体系并实现业务化运行。在波浪动力学、近海及大洋环流、潮汐潮流、全球气候变化等学科领域取得了多项高水平研究成果。在推动海洋科学与技术进步的同时，为近海工程、海上油气田开发和海洋安全等领域提供了高水平科技支撑。目前设立"区域海洋动力学""海洋与气候数值模式发展""海洋调查与实验技术"和"数据分析与信息技术"等 4 个学科方向。

2016 年，实验室共获批国家自然科学基金、科技部和海洋局专项课题等 28 项，在研项目 94 项。主要在研项目包括：国家重点研发计划高性能专项："海洋环境高性能数值模拟应用软件研制"，国家重点研发计划海洋环境安全保障重点专项："两洋一海"重要海域海洋动力环境立体观测示范系统研发与试运行项目"热带印太交汇区观测示范分系统"课题，国家重点研发计划海洋环境安全保障重点专项：重大海洋动力灾害致灾机理、风险评估、应对技术研究及示范应用项目"海洋动力灾害风险评估模型和指标体系研究"课题，国家海洋局全球变化与海气相互作用专项及国际合作项目等。

【国家海洋局海洋沉积与环境地质重点实验室】　国家海洋局海洋沉积与环境地质重点实验室以国家海洋局第一海洋研究所为依托单位，于 2002 年经国家海洋局批准成立。实验室实行主任负责制，注重发挥学术委员会的学术指导作用。现任实验室主任为石学法研究员。重点实验室是青岛国家海洋科学技术实验室海洋地质过程与环境功能实验室的牵头组建单位。

重点实验室下设粒度与悬浮体、碎屑矿物、微体古生物、元素地球化学、同位素地球化学、土工、岩心无损测试、重磁和地震探测等专业实验室，还设有地球物理数据处理中心和海洋地质样品库。重点实验室现有

重力仪、磁力仪、海底地震仪、多接收同位素质谱仪、环境扫描电子显微镜、X射线衍射仪、电感耦合等离子质谱仪、多参数岩心扫描测试系统、电子探针、温室气体分析仪等调查与测试分析仪器设备120余台/套。

经过十余年的建设，重点实验室在上级主管部门和依托单位的大力支持下，形成了一支以中青年科学家为主体、学科发展齐全的海洋地质地球物理调查与研究队伍。现有固定科研人员71人，其中包括研究员14人（博导4人），副研究员25人。目前拥有山东省"泰山学者"1人，国家"百千万人才工程"计划人选1人，国家自然科学基金委优秀青年基金项目获得者2人。

重点实验室设立5个研究方向：①海岸带陆海相互作用过程；②海洋沉积与全球变化；③海洋地球物理场与岩石圈动力学；④深海成矿作用与矿产资源评价；⑤海底探测和信息技术。近年来，重点实验室的调查研究区遍及河口海岸带、陆架、边缘海、大洋和南北极地区，在我国大河三角洲脆弱性评价、亚洲大陆边缘"源汇"过程、印度洋富稀土沉积体、海陆联合深部地球物理探测关键技术研究等方面形成了一些特色研究成果。并与俄罗斯、德国、法国、泰国、马来西亚、印度尼西亚、韩国等十几个国家和地区的海洋研究机构建立了良好的合作关系，开展了多次联合调查，取得了良好的合作成果。

组织实施了第32次南极科考海洋地质考察，参加了中智第二次联合南极半岛综合科学考察，填补了我所在此区域陆基地质综合考察的空白。主持实施了大洋39航次中印度洋海盆稀土调查，在中印度洋海盆的南部圈划了面积约22.8万平方千米的富稀土沉积区域，其中加密区域面积为8.9万平方千米，向西南部新扩展了约13.9万平方千米的富集区域，并初步圈划了约30万平方千米稀土超常富集区。组织实施了首次中俄北极联合科考航次，并完成超过720小时的走航温室气体

观测和气溶胶采样。李铁刚研究员参加了IODP363航次，该航次主要科学目标是重建中中新世（1500万年）以来的西太平洋暖池与气候变化的关系及其演化历史，钻探站位选择西赤道太平洋和东印度洋的暖池核心区域，钻取岩心总长度近7000米，创下1968年以来单个航次最长的取芯记录。也是迄今印太暖池区获得的质量最高，年代跨度最大的沉积物岩心资料。

2016年实验室以第一作者或通讯作者发表各类论文共45篇，其中SCI论文30篇。在国际本领域TOP期刊发表论文取得突破，共在EPSL和QSR上发表第一作者单位文章各1篇。获得实用新型专利授权1项。出版《北极海域海洋地质考察》和《南极周边海域海洋地质考察》专著两部。

【国家海洋局海洋生态环境科学与工程重点实验室】 国家海洋局海洋生态环境科学与工程重点实验室以国家海洋局第一海洋研究所为依托单位。现任实验室主任为丁德文院士，实验室现有科研人员35名，其中中国工程院院士1名，博士生导师2名，研究员8名，副研究员10名。在读博士研究生4人，在读硕士研究生10人，在站博士后8人。

2016年重点实验室承担科研项目40余个，购置仪器设备10台套，发表学术论文35篇、其中SCI收录20篇，资助本重点实验室开放基金研究6项，博士后进站1人、出站1人，硕、博士研究生毕业6人。承担的重点研发计划浒苔绿潮项目启动，对河北近岸绿潮的种源研究取得进展，揭示了黄海冷水团和黄海暖流生消过程中边界锋区的生物地球化学过程，研发的海洋放射性铯现场快速测定技术得到推广应用，对泰国毒性水母的系统分类研究有新发现、举办了区域性培训班，牵头实施的中国—东盟海上合作基金项目暨联合国教科文组织/政府间海委会西太分会项目"海洋濒危物种合作研究"取得阶段性进展。

【国家海洋局海洋生物活性物质与现代分析技术重点实验室】 　　国家海洋局海洋生物活性物质与现代分析技术重点实验室以国家海洋局第一海洋研究所为依托单位，现任实验室主任为王保栋研究员。实验室目前有固定研究人员 34 人，其中 20 人具有高级职称，24 人具有博士学位。本实验室拥有前沿的分析仪器及专业的研究队伍，以高效精密的现代分析科技为手段，集中进行生物活性物质与现代分析技术研究，主要以极端海洋环境（包括南北极、深海底部、河口咸淡水交混处和滨海盐碱荒滩）中生物活性物质为主要研究对象，瞄准国际发展前沿，以现代生物技术和现代分析技术为手段，进行与生物活性物质研发有关的基础理论和应用基础研究，推动海洋经济的发展，积极研发海洋食品、保健食品、天然药物、农业增产剂和杀菌剂、生物功能材料等，并积极推进研究成果的产业化，重点发展以现代分析技术表征的海洋和天然活性物质标准化生产及可持续应用技术平台。

　　目前实验室占地 2200 多平方米，拥有比较完备的生物活性物质研发所需的各类现代分析及生物仪器设备，实验室环境监测类大型分析仪器主要包括：电感耦合等离体体质谱仪（ICP/MS）、气相色谱—质谱仪（GC/MS）、液相色谱—质谱仪（LC/MS）、气相色谱仪（GC）、高效液相色谱仪（HPLC）、近红外光谱仪（NIR）、傅立叶红外光谱仪（FTIR）、离子色谱仪（IC）、UV 分光光度计、荧光光谱仪、碳分析仪，海洋生态环境多参数监测系统及多种化学样品制备系统等；分子生物学仪器主要包括：激光共聚焦显微镜、PCR 仪、凝胶电泳成像系统、倒置荧光显微镜、大容量冷冻离心机，200L 微生物发酵罐等。青岛市海洋经济创新发展区域示范项目"青岛海洋生物医药分析测试与中试研发公共服务平台"进展良好，新增建设经费 300 万元。2016 年度在研及新申请国家级和省市研究课题 30 余项，研究经费约 1300 余万元。2016 年度，重点实验室开放基金资助项目 6 项。

　　2016 年度重点实验室在核心以上刊物发表论文 45 篇，其中 SCI 论文 23 篇；获国家发明专利授权 5 项，申请国家发明专利 4 项；硕士生王兵获研究生国家奖学金。

【国家海洋局数据分析与应用重点实验室】 　　以国家海洋局第一海洋研究所为依托单位。现任实验室主任为黄锷研究员，学术委员会主任为丁仲礼研究员。实验室现有科研人员 12 名，其中美国工程院院士、中国工程院外籍院士 1 名，研究员 3 人，副研究员 2 人。具有博士学位的 11 人。目前，实验室已整体纳入青岛海洋科学与技术国家实验室的区域海洋学与数值模拟功能实验室。

　　实验室以自适应数据分析方法及其应用为主要研究方向，其中包括：自适应数据分析方法的发展与完善；海洋与气候变化数据分析；基于数据的海洋与气候系统预测技术，围绕自适应数据分析方法及其在海洋与气候变化数据分析和海洋与气候系统预测技术等领域开展研究工作，研究海洋对气候变化的影响及其在整理地球系统的关键调控作用，揭示地球系统中海洋与气候变化的机理，了解海洋与气候变化对人类活动的影响和响应，从而为应对气候变化、防灾减灾与国民经济可持续发展提供科技支撑，为社会公益事业提供服务。实验室与台湾"国立中央大学"数据分析方法研究中心、哈佛医学院 Rey Institute for Nonlinear Dynamics in Medicine 等国内外非线性数据分析应用的主要研究机构有密切合作和交流。

　　2016 年实验室在数据分析方法研究领域取得开创性成果，在 HHT 与 EMD 分析方法的基础上，创立了全息谱分析方法，可以揭示低频信号对高频信号的非线性调制作用；基于该方法，首次从实测资料中发现海浪对湍流的精细调制过程及海浪锁相特征，清晰揭示了海浪—湍流相互作用是产生浪致混合的本质，该系列成果发表于英国皇家学会期刊。2016年实验室共发表代表性科学论文 5 篇，在研项目 7 项，包括国家自然科学基金项目 4 项，新获国家重点研发计划项目课题资助 1 项。

【海洋遥测工程技术研究中心】　海洋遥测工程技术研究中心（以下简称工程中心）是由国家海洋局与中国航天科技集团公司协商共建的，以国家海洋局第一海洋研究所、中国航天科技集团公司第九研究院第 704 研究所和中国海监总队为依托单位。工程中心主任：张杰，副主任：李凉海、张汉德。工程中心管理委员会主任：马德毅，副主任：李艳华、吴强。

工程中心的主要任务是开展航天技术海洋应用的总体论证、技术研发、成果转化、装备研制与产业化等工作，包括海洋监视监测、海洋动力过程科学、通信导航、海上电子对抗等方面的技术研究和装备研制等。

工程中心的主要研究方向有：海洋目标微波探测技术、海洋动力过程微波探测技术、天/地波雷达技术、电磁侦察与干扰技术、北斗二代海洋应用、数据传输与通信装备、无人船技术和中尺度声层析技术。

2016 年，工程中心资助创新青年基金 7项；承担各类课题 10 余项，包括国家重点研发项目、海洋行业公益项目、国家自然科学基金等；工程中心自主研制的机载雷达系统已装备到新研制的海监飞机上，交付用户；工程中心开展了船载预警系统的论证，积极推动小卫星 SAR 的研发。

（国家海洋局第一海洋研究所）

【国家海洋局海底科学重点实验室】　国家海洋局海底科学重点实验室成立于 1997 年，是国家海洋局首批设立的重点实验室之一。实验室以应用基础研究为重点开展创新性研究，以海底构造与事件地质、海底资源与成矿系统和海底探测与信息系统为主要研究方向，揭示海底的基本特征、变化规律与动力过程，

重点突破海底演变机制及其对资源环境控制的关键科学问题，发展海底科学的学科理论体系及深海高新技术，为国家宏观决策提供科学依据，成为海底科学合作研究与交流的窗口和载体。实验室依托单位国家海洋局第二海洋研究所，现任实验室学术委员会主任刘光鼎院士，实验室名誉主任金翔龙院士，实验室主任方银霞研究员。

截至 2016 年，实验室有固定人员 86 人，其中院士 2 名，研究员 19 名，副研究员 32名；博士生导师 12 名，硕士生导师 30 名；浙江省特级专家 2 名，万人计划 1 名，创新领军人才 1 名，6 人入选浙江省"151 人才工程"和国家海洋局"双百人才"。6 人在国际学术组织任职，11 人在国内学术组织担任职务。

实验室通过部门投入和自筹资金不断加大能力建设的投入。拥有的勘测分析设备总值达 1 亿余元，其中室内数据处理、解译和样品分析测试设备 4000 余万元。实验室现拥有国际先进的海底勘测与测试研究设备，具备海底地形地貌、综合地球物理、海底地震、综合地质、底质环境和海底资源的自主调查能力，建有岩矿分析、沉积分析、同位素分析、技术研发、底质声学和综合地球物理解译等 6 个专业实验室，形成岩矿分析、同位素分析、原位沉积学分析和综合地球物理解译等内业分析特色。2016 年实验室大型仪器设备多数运行正常，运行效率较去年稍有提升，开放、共享范围稳步扩大；受使用年限、缺少维护保养等因素的影响，大型仪器故障率较往年明显提高，维修费用支出给实验室运行带来了不小压力；部分设备因人员离职、缺少实验人员或其他因素影响，运行率较低甚至全年未开机运行（如古地磁测试系列设备、超低本底液体闪烁仪、多道 α 谱仪、高纯锗 γ 谱仪、活塞圆筒装置等）。

2016 年主持完成的航次包括大洋 39 航次、大洋 40 航次、中—莫和中—塞国际合作航次，参与第 32 次南极考察航次、第七次北

极考察航次、IODP 363 航次、德国调查航次、所"长江口—浙江近海—邻近东海多学科长期观测计划"（LORCE 计划）试验航次和 3 次中科院组织的开放航次。

2016 年，实验室承担项目共计 9 类 116 余项，包括参加 973 计划课题 4 项，863 项目 2 项，国家自然科学基金 33 项，海洋公益性行业科研专项 5 项，国家专项 38 项，大洋项目 16 项等。围绕实验室主要研究方向，对外资助开放基金课题 4 项。2016 年度总计发表论文 68 篇（其中一作 SCI/EI 论文 48 篇，国际 SCI 34 篇），出版专著 4 部，获发明专利 10 项（其中国际专利 3 项），软件登记证书 5 项。

【国家海洋局海洋生态系统与生物地球化学重点实验室】　国家海洋局海洋生态系统与生物地球化学重点实验室成立于 2005 年 8 月。实验室以国家海洋局第二海洋研究所为依托单位，在该所原海洋化学研究室、海洋生物学研究室基础上，整合其他相关优势学科组建而成。首任实验室主任为张海生研究员，学术委员会主任为唐启升院士。实验室已在深海和极地生物地球化学过程，大洋生物多样性，近海环境变化与生态效应等方面形成了观测技术研发与科学研究相结合的研究特色。未来将围绕我国近海的生态与环境问题，解决海洋环境保护、海洋生物资源可持续利用和海洋管理中的科学和技术问题；瞄准国际前沿，在我国邻近边缘海、极地、大洋的全球变化与生态响应研究中取得创新成果。

截至 2016 年，实验室有固定研究人员 66 名，其中博士生导师 5 名，硕士生导师 16 名。博士后 7 名，在读博士、硕士研究生 20 余名，联合培养博士、硕士生和临时聘用人员 10 余名。拥有价值上亿元的内、外业调查和分析测试设备，初步形成了包括海洋实时原位观测，锚系观测，走航观测，拖曳式观测取样，剖面观测在内的生态环境外业观测体系。建成了包括海水化学分析，有机地球化学分析，微量元素分析，污染物分析，海洋生物鉴定，分子生物学，初级生产力，流式细胞，激光共聚焦电镜等室内功能实验室。

2016 年实验室共承担各类课题近百项，共发表论文 60 篇，其中 SCI 收录 32 篇。出版专著 8 部，授权专利 5 项，登记软件著作权 3 项，制定海洋行业标准 1 项。此外，新获批浙江省杰出青年基金项目 1 项，国家基金面上项目 1 项，青年项目 6 项。实验室多人次参加了大洋 40 航次、37 航次、41 航次和西太平洋科学考察 2015—2016 冬季航次，5 人参加了中国第 33 次南极科考。王春生研究员当选"中国海洋与湖沼学会海洋底栖生物学分会"副理事长；许学伟研究员入选国际盐单胞菌科分类分委会委员。

2016 年实验室继续推进中德、中法、中巴、中非、中美等国际合作。2016 年 5 月初，中德海洋科学合作联委会批准项目"南方涛动（ENSO）和季风系统对南海北部生物地球化学通量的影响（SINOFLUX）"第 8 次海上作业成功回收了南海 SCS-N 沉积物捕获器锚系，获得了 2015—2016 年南海北部不同水深时间序列沉降颗粒物样品 40 余个，并维护和重新布放了该套沉积物锚系；2016 年 5 月 9—13 日，受斯里兰卡国家水资源研究与发展署（NARA）主席 Anil Premaratne 博士邀请，海洋二所科技处副处长曾江宁研究员与实验室主任陈建芳研究员率团对位于科伦坡的 NARA 进行了学术交流访问，与斯方科学家就海洋科学合作展开研讨；12 月 26 日，第二届中国—斯里兰卡海洋科技合作研讨会召开，斯里兰卡国家水资源研究与发展署（NARA）代表团一行访问海洋二所，实验室科研人员在研讨会上与斯方就今后合作重点进行了详细讨论；2016 年 5 月，海洋金属联合组织（IOM）代表团来访，双方就开展国际海底区域资源调查和生物多样性等方面的合作研究进行了探讨，并期待能在数据交换和资源共享等方面促成实质性合作；同月，由实验室主任陈建芳研究员及其团队主导，海洋二所与美国伍兹霍尔海洋研究所（WHOI）签署了所际合作谅解备忘录，明确了与WHOI未来的合作方向和形式，进一步推动了海洋二所海洋科学研究工作走向国际舞台；2016年8月，张东声副研究员赴美国Scripps海洋研究所开展深海生物分类和系统发育合作研究，完成太平洋和印度洋不同热液口多毛类样品的形态学和分子生物学实验工作，开展2篇合作研究论文的撰写工作；周鹏高级工程师作为国际标准化组织代表团成员，参加"国家管辖范围以外区域海洋生物多样性（BBNJ）养护和可持续利用问题"国际协定谈判预备委员会第二次会议，了解BBNJ谈判过程中对海洋环境方面技术标准的需求，以及各国在此方面的现状和进展，并积极配合中国代表团工作。2016年10月，黄伟副研究员赴美国马里兰大学开展光学、声学成像系统在海洋生物入侵种生态效应评价中应用的合作研究与交流；11—12月，陈建芳研究团队派出一名博士研究生赴德国汉堡大学访问，并参与捕获器样品分样以及颗粒物通量及成分的测定；12月，林施泉助理研究员赴波兰IOM开展小型底栖生物的多样性和分类学合作研究。

2016年实验室30余人次参加了国际重要学术会议。3月，许学伟研究员赴美参加国际嗜盐生物2016会议，并被推选为国际盐单胞菌分类分委会委员，这是我国科研工作者首次入选该分委会。其他国际学术会议主要包括在旧金山召开的美国地球科学学会2016年年会，在香港举办的高登研究会议，在美国圣地亚哥举办的PICES年会，在德国不莱梅召开的ECSA2016年国际学术大会，在新加坡召开的2016年亚太深海采矿峰会，在葡萄牙召开的中葡合作交流研讨会，在青岛召开的The Pacific Arctic Group秋季会议，在厦门举行的中韩第九次深海资源勘探开发合作会议，在中国青岛召开的中日韩海洋科学合作研讨会，在厦门举办的2016年APEC海洋生态养殖培训研讨班等。

承办会议方面，实验室人员作为主要召集人和组织力量承办了2次全国性学术会议。2016年5月12—13日，受国家海洋局极地考察办公室委托，海洋二所与浙江大学海洋学院共同承办的"极地海洋：变化与观测"研讨会在舟山召开，来自中国极地研究中心、一所、三所、上海交通大学、南京大学等20家单位的专家参加，围绕"极地海洋过程及其气候效应""南大洋生态系统动力学""北极海洋碳汇与海洋酸化"和"极地海洋观测技术"等议题展开了热烈的交流和讨论。6月23—26日，2016年"海洋微生物科学技术"培训班在杭州举行，共有来自国家海洋局系统各单位、地方海洋厅局、中科院涉海研究所和共建高校等43家单位的133位海洋生态学和海洋微生物学领域的青年专业技术人才参加培训。此次培训班邀请了中国科学院邓子新院士、杰出青年基金获得者肖湘教授等7位海洋生态和微生物领域的资深专家为学员授课。授课专家围绕海洋微生物样品采集、多样性调查、生物资源勘探、药物开发、有机物降解及实验室建设等方面，介绍海洋生态学和海洋微生物学领域内的研究工作进展。　　（国家海洋局第二海洋研究所）

【国家海洋局海洋生物遗传资源重点实验室】
2016年，国家海洋局海洋生物遗传资源重点实验室（厦门市海洋生物遗传资源国家重点实验室培育基地、福建省海洋生物遗传资源重点实验室）继续围绕国家海洋发展战略，坚持长远发展目标，以深海（微）生物及基因资源调查研究、深海（微）生物资源潜力评估与应用开发、以及重要海水养殖生物遗传资源的应用基础研究为本实验室的三个主要研究方向，基础研究与资源开发并重，加强协同创新，充分发挥本单位在海洋生物资源的海上调查优势，在深海生物资源调查和海洋基因资源研究开发方面取得了显著进展。

2016年，新增科研项目28项，新增课题合同经费近3000万元，包括国家自然科学基金项目、海洋区域示范项目、科技部重点研究计划、科技部平台项目等。顺利完成了中国大洋专项、海洋公益类科研专项、国家自然科学基金、"973""863"等省部级以上科研项目结题22项。

2016年，实验室继续发挥大洋生物基因研发基地的带动作用。在2007年实验室承担着中国大洋生物样品馆建设，负责大洋航次生物样品从海上调查到实验室入库管理与后期共享，为我国大洋生物基因资源调查提供了支撑。此外，邵宗泽主任等8人次参加了大洋第37、39、40航次多个航段的海上调查。

在科技部"863项目"的支持下，研制了两套设备用于深海原位培养，两套设备大洋分别于第40航次以及南海深部，成功实现了3000~5000米深海海底的布放、长时间原位培养与甲板回收。通过两套设备的海试，已经获得了多种原位培养的微生物样品。该类设备的成功研制将为深海微生物多样性与功能研究提供一个独特的海底实验平台。

在海洋微生物资源库建设与管理方面，作为国家微生物资源平台的参加单位，负责海洋微生物平台（中国海洋微生物菌种保藏管理中心）建设与服务运行。菌种库自建设15年来，库藏菌种量逐年稳步提升，目前库藏菌种达2万余株，库藏资源量已经达到国际领先水平。作为国家平台的子平台，本年度运行服务良好，新增保藏入库1625株，并为国内外近百家单位提供资源共享、委托保藏、菌株鉴定等服务，实现了海洋微生物菌种资源的共享与有效管理。

2016年，实验室继续加强国际、国内合作交流。与中科院上海生物信息技术研究中心联合承办"第十四届中日韩生物信息学研讨会"（厦门）；中法深海微生物合作研究继续在双边合作项目推进、研究生联合培养、人员交流与中法联合实验室建设等方面开展；多人次参加国际学术研讨会并作学术报告，并积极派专家参与公海生物基因资源的国际谈判。

在公共设备平台建设、实验室装修改造等方面，在海洋区域示范项目的支持下，加强了发酵后处理能力的建设，2016年已经签订微胶囊包衣等800多万下游设备。为微生物活菌制剂及酶制剂产品开发提供了支撑；在修缮项目支持下，购置了中央纯水系统，更新了全室的实验台面，并对2000平方实验室进行了全面改造。

本年度实验室共发表研究论文88篇，其中SCI收录72篇，新申请专利10项，获授权13项。邵宗泽课题组的"海洋烷烃降解菌与代谢机制研究"获得国家海洋局海洋科学技术奖一等奖，陈新华课题组的"深海浸矿微生物代谢的分子基础及硫化矿浸出机理研究"获得海洋工程科学技术奖二等奖。

2016年下半年，实验室参加了海洋局统一组织的重点实验室五年评估。经过书面材料评审、专家答辩及现场评估，本实验室在海洋局全局研究类实验室中排名第二。

2016年在实验室运行管理、海上调查、平台建设、基金申请、合作交流、重大项目结题验收、海洋微生物资源开发利用等各个方面都有了长足进展，为我国海洋生物基因资源的研究与开发利用做出了应有贡献。

【国家海洋局海洋—大气化学与全球变化重点实验室】 2016年度，重点实验室在极地、大洋科考和气候变化研究等领域承担的国内外相关的研究与评估工作均取得较好的进展。在执行大洋科考方面，实验室派出人员参与完成了中国第7次北极科考、第32次南极科考、北极黄河站科考、南极长城站科考和西太平洋海洋环境监测春季和秋季航次。

实验室在研的项目共有25项，合同项目经费总额约1415万元。本年度，新增科研项目23项，新增科研合同经费总额约690.5万元（其中，自然科学基金项目193.5万元、国家国际合作专项95万）。承担的科研任务有"十三五"极地专项2016年度计划、海洋国际合作及履约专项、国家自然科学基金、公益性行业科研专项、国际合作重点专项、国家海洋局青年基金、厦门海洋研究开发院共建项目和所科研基本业务费等项目，涵盖有中美极区碳循环和海洋酸化、中韩极区海洋大气化学、北极理事会（AC）下属组织北冰洋酸化（AOA）、北极污染行动计划（ACAP）工作组等合作项目。在上述科研项目的资助下，实验室承担的任务涵盖了极区碳循环、海洋酸化及 N2O、CH4、DMS、MDS 等温室气体和大气气溶胶化学、气候变化、全球变化科学等研究领域。

实验室高众勇研究员被评为"福建省科技领军人才"，并入选福建省"双百人才"。

本年度，实验室在国内外学术期刊上发表论文 43 篇，SCI（EI）收录论文 28 篇（14 篇 2 区以上，其中 6 篇一区，4 篇第一作者和 3 篇第一单位）。"西北冰洋酸化水体快速扩张"文章于 2017 年 3 月期的英国 *Nature Climate Change* 发表）；获得国家发明专利 5 项，分别是一种用于连续在线观测水中挥发性有机物的吹扫捕集仪、船载走航海水溶解无机碳观测装置及方法、一种表层水体中溶解甲烷连续观测系统、一种表层水体中溶解氧化亚氮连续观测系统、声波与相变耦合作用脱除细颗粒的装置和方法。在海洋和极区的气候变化与生态、大气环境等方面的研究中取得重要的进展。在 N2O 和 CH4 的研究、海洋大气污染源解析和中国近海年代际气候变化的影响与适应等的研究方面取得了进一步的突破。在 JGR-Ocean 发表论文 2 篇，在英国皇家气象学会期刊 *International Journal of climatology* 发表论文 1 篇。

获得外交部亚洲区域合作专项和国家海洋局国际合作的资助，实验室于 2016 年 9 月 1—3 日，在厦门主办中国—东盟海洋酸化观测网研讨会，来自东盟的泰国、马来西亚、菲律宾以及印度等 10 位专家参加。实验室提议的"中国—非盟海洋酸化观测网研讨会"

获得了国家海洋局合作基金资助并被纳入商务部 2017 年推荐实施的援外培训项目。2016 年度实验室分别接待 10 位国外来访的教授，分别是美国特拉华大学蔡卫君教授、新加坡大学 Poh Poh Wong 教授、马来西亚丁加奴大学付成志博士、威斯康辛大学郭劳动教授、挪威 Richard Bellerby 教授、美国 NOAA 全球海洋酸化观测网首席科学家理查德 A. 菲力教授等，来访学者做了学术报告并就双方的研究重点和研究优势达成合作意向。共派出 12 人出国参加各类国际学术会议，开展访问考察和各类合作研究和科学考察。

（国家海洋局第三海洋研究所）

【国家海洋局海洋溢油鉴别与损害评估技术重点实验室】　该实验室于 2007 年 7 月挂牌成立，主要通过溢油监测与鉴别技术、溢油的生态环境影响、溢油应急处置及生态修复等研究方向与多学科的交叉研究，深入了解海洋溢油的特征和规律，准确查明各种溢油来源，并对其造成的海洋生态环境损害做出客观评估，为修复受损的海洋生态环境、发展海洋突发事件研究的理论体系、发展相应的高新技术提供技术平台，为我国海洋防灾减灾和维护国家海洋权益提供科学依据。2016 年实验室学术委员会成员及相关领域专家对所有开放基金申请项目进行了函审，确定了 2017 年度实验室开放基金资助项目，决定对 2 项专题申请项目、5 项自由申请项目给予资助，资助总金额 49 万元。

【山东省海洋生态环境与防灾减灾重点实验室】　该实验室于 2009 年 10 月经山东省科学技术厅与山东省财政厅联合批准建设，主要在海洋生态坏境保护与海洋防灾减灾方面开展研究工作，主要研究方向包括：海洋生态环境监测与评价技术研发与应用、海洋灾害预测预警技术研究与应用、海洋管理与信息技术。依托国家海洋局北海分局的海洋科技力量，面向山东省海洋生态环境的发展与保护，为山东省海洋经济发展提供技术支撑，解决山东省海洋生态环境发展与保护的关键问题，促进山东省在海洋生态环境发展与保护方面的技术进步与产业发展。2016 年实验室学术委员会成员及相关领域专家对所有开放基金申请项目进行了函审，确定了 2016 年度实验室开放基金资助项目，决定对 11 个项目给予资助，资助总金额 44 万元。

（国家海洋局北海分局）

【赤潮重点实验室】 2016 年，赤潮重点实验室开放研究基金课题共资助 7 项，其中重点课题 2 项，一般课题 5 项，总经费 50 万元。10—11 月，分局联合赤潮重点实验室组织召开了 2 个专题学术交流会，分别为东海监测中心承办的"东海分局 2016 年度海洋立体监测与生态评价技术学术交流会"及东海预报中心承办和厦门中心站协办的"东海分局 2016 年度海洋观测预报技术学术交流会"。两次学术交流共征集、筛选和收录 9 家单位的 140 篇论文，内容涉及海洋生态立体监测技术与评价、海洋环境观测与遥感技术、海洋灾害风险评估与信息技术、海洋灾害预警报技术等方面。分局所属四个业务中心、中心站的 79 篇论文进行了汇报交流，从中评选出了 22 篇获奖优秀论文。 （国家海洋局东海分局）

【国家海洋局南海维权技术与应用重点实验室】 南海分局印发了《国家海洋局南海维权技术与应用重点实验室研究基地管理办法》；实施了国家社会科学基金项目《基于国际法与行政法跨学科视角的我国海洋维权执法领域法律法规体系建设研究》，形成 5 万字初步研究报告；完成中国海洋发展研究会重大项目《中国海警执法体制与体系建构研究》主要成果报告并顺利结项；组织实施了 2016 年重点实验室开放基金项目申报和立项评审工作，共收到 24 份申请书，立项 19 项，总资助经费 130 余万元。 （国家海洋局南海分局）

【国家海洋局空间海洋遥感与应用研究重点实验室】 国家海洋局空间海洋遥感与应用研究重点实验室为国家海洋局开放重点实验室，于 2014 年 1 月获批，2014 年 4 月 29 日挂牌成立。重点实验室开展海洋遥感与应用研究，整合国家卫星海洋应用中心以及国内外其他科研力量，为我国空间海洋遥感与卫星工程建设、国家海洋局主体业务提供直接、高效的服务和技术保障。

实验室重点开展空间海洋新遥感器的探测机理、空间海洋遥感工程总体和共性关键技术研究，以及空间海洋遥感产品的制作和推广应用新技术三个方向的研究工作。实验室设主任 1 名，副主任 2 名。学术委员会是实验室的学术领导机构，由 18 位国内外知名专家学者组成，设主任委员 1 名，副主任委员 3 名。实验室设立 50 个研究人员岗位，聘任 9 名学科带头人。实验室成员由固定研究人员和流动（客座）研究人员组成。其中固定研究人员主要由实验室的学术带头人、骨干科技人员、行政管理人员和后勤保障人员组成，共 50 人；流动（客座）人员主要由外单位高技术人才和实验室开放课题的承担人员组成，约 20 人。

2016 年，实验室遵循国家海洋局重点实验室建设方针和要求，围绕我国海洋系列卫星工程建设、国家海洋局主体业务提供海洋遥感相关的服务和技术支撑，共承担科研项目 18 项，其中国家自然科学基金 10 项，海洋公益项目 3 项，国家国防科技工业局预研项目 2 项，科技部科技支撑项目 1 项，高分辨率对地观测系统重大专项 1 项，国家发改委项目 1 项。2016 年，重点实验室面向全国各家科研单位、高校院所等发布重点实验室开放基金课题，选取与重点实验室研究方向相关的优秀课题 7 项，其中重点课题 2 项，一般课题 5 项，共资助经费 20 万元。2015—2016 年，重点实验室共发表论文 26 篇，其中中文期刊 20 篇，英文期刊 6 篇，获得软件著作权 3 项，发明专利 3 项。2016 年，重点实验室共组织了 4 次国外专家来华访问并做报告，组织了 10 余人次出国访问。重点实验室充分利用依托单位的科研项目和各种业务平台，与高校和科研院所联合培养硕士、博士研究生，依托联合实验基地和博士后科研工作站，推动人才队伍建设。2016 年培养硕士 2 名；博士后科研流动站，1 名博士后在研工作。

（国家卫星海洋应用中心）

海 洋 技 术

海洋观测和监测技术

【海洋仪器设备规范化海上试验】 国家重点研发计划项目"海洋仪器设备规范化海上试验"依托单位为中国海洋大学，项目执行期限为 2016—2021 年。

"维护国家海洋权益和安全、开发海洋资源、拓展海洋生存空间"是 21 世纪我国的重要发展战略。海洋仪器设备则是研究、开发、利用海洋的必要手段，因此，发展海洋高技术，自主研发和制造海洋仪器设备是实现海洋强国战略的最重要的支持条件。然而，现阶段，海洋仪器设备海上试验平台及其关键技术的发展，仍然制约着国产海洋仪器设备的产业化。

展望"十三五"，随着深远海技术的发展，深海海洋监测仪器设备技术性能、产品技术指标及其长期可靠性稳定性的海上试验与检验任务更为紧迫和尤为重要；因此，为打破国际海洋仪器研制技术垄断、突破海洋仪器研制核心技术，持续而有效地开展规范化海上试验与质量控制工作对加快我国海洋技术成果的转化进程具有重大意义。

在项目团队前四个五年计划工作基础上，开展海洋仪器设备作业与比测平台技术、海上试验比测检验方法和试验海域动力环境仿真技术研究，创建海上试验标准体系，通过加强过程管理或采取监理等方式，使海上试验全过程的质量控制达到《规范化海上试验管理办法》的要求，从规范化走向标准化。以任务定航次，分平台、分海区、分时段，实现"十三五"在研和将立项海洋仪器设备海上试验航次实施的业务化。

【"两洋一海"重要海域海洋动力环境立体观测示范系统研发与试运行】 国家重点研发计划项目"'两洋一海'重要海域海洋动力环境立体观测示范系统研发与试运行"依托单位为中国海洋大学，项目执行期限为 2016 年至 2021 年。

西太平洋—南海—印度洋（"两洋一海"）是海洋与大气多尺度运动最显著、气候变化最剧烈的海区，富含油气、渔业等各种资源，还是重要的海上输运线，科学和政治意义重大，同时该海域也涵盖我国"21 世纪海上丝绸之路"，是支撑中华民族伟大复兴的核心战略海区。但是对于该海域海洋动力环境存在着观测碎片化、观测手段单一、数据综合服务缺失等问题，亟需集成多种观测技术与装备，构建覆盖"两洋一海"重要海域的海洋动力环境实时/准实时立体观测系统，支撑国家海洋环境安全保障平台建设。

该项目拟基于"两洋一海"动力环境研究基础，整合已有观测及技术成果，开展顶层优化设计，集成完善卫星、浮标、潜标、ARGO 浮标、水下滑翔机和智能浮标等实时/准实时观测技术与装备，制定科学合理的总体观测方案，构建覆盖热带西太平洋、热带印度洋、热带印太交汇区、南海、黑潮延伸体、第一岛链重点海域等"两洋一海"重要海域的海洋动力环境实时/准实时立体观测示范系统，观测数据具备实时/准实时传输至项目数据中心的功能，经统一质控处理，形成标准化的观测数据产品，为关键海洋动力环境要素预报提供数据支撑，并与国家海洋环境安全保障平台对接，实现数据产品在相关业务部门的分发与应用，为我国建设海洋强国提供科学与技术保障。

该项目拟通过"两洋一海"重要海域的

海洋动力环境立体观测示范系统的构建及试运行，全方位提升我国海洋环境安全保障能力，进一步加强我国在"两洋一海"海域的海洋观测的主导地位，推动我国高端自主海洋观测设备的市场化进程，为我国应对气候变化以及为防灾减灾提供技术支持，具有重要科学价值和社会效益。　（中国海洋大学）

【西太平洋 Argo 实时海洋调查】　该项目由国家海洋局第二海洋研究所牵头，针对实现对西太平洋大面、实时、立体观测的问题，在西太平洋海域分批布放 35 个 Argo 浮标，补充和维持我国 Argo 大洋观测网，具备大范围、实时监测深海大洋环境的能力；通过与国际和各国 Argo 资料中心的网络连接，实现业务化浮标资料采集能力；利用建立的 Argo 资料海上定标和实验室校正处理系统，以及 Argo 资料实时/延时处理模式，提高 Argo 资料的观测精度和可靠性，并有能力自动、快速检验和处理来自全球海洋上 3000 多个浮标的观测资料；研制 Argo 网格化数据产品和其他衍生产品，为国内 Argo 用户提供种类更多、信息更丰富的基础资料；建成 Argo 资料管理及其共享服务系统，发布 Argo 实时/延时数据资料，形成业务化运行能力，为国家相关项目提供高质量、高分辨率和高可信度的现场调查资料，更加快速、方便地为国内外用户（包括海洋、气象业务预报部门和科研单位，以及海洋渔业和海洋运输等从事海洋活动的单位、部门和团体等）提供 Argo 信息和资料服务。2016 年 1—11 月期间，该项目共接收和处理了来自我国布放的 180 个 Argo 浮标的 5200 条 0~2000 米水深范围内的温、盐度剖面以及部分溶解氧剖面。这些资料均经过实时质量控制，并在 24 小时内提交至位于法国和美国的全球 Argo 资料中心即时共享，同时通过国家气象局的 GTS 接口将所有剖面资料上传至 GTS 与 WMO 成员国共享。筹建的"中国北斗剖面浮标数据服务中心"至今运行正常，已具备业务化接收、处理和分发 HM2000 型剖面浮标观测资料的能力。每月还定期收集其他 Argo 成员国布放的 Argo 浮标观测资料，1—5 月期间共收集了全球海洋中 5 万余条 Argo 剖面数据，进行质量再控制后通过互联网与国内外用户免费共享。本项目还对 Argo 数据格式进行了升级，新版格式可以容纳溶解氧、叶绿素及多深度轴剖面。由本项目研发的 Argo 资料共享服务平台，实现了 Argo 资料查询、浏览、可视化显示、统计分析等功能，可快捷地为国内外用户提供高精度的全球海洋 Argo 资料及其相关数据产品服务；初步完成西太平洋海域 Argo 资料同化分析产品开发。本项目在研制完成 Argo 资料共享服务平台的基础上，为及时推广应用，还与上海海洋大学海洋科学学院合作，探索远程安装 Argo 深远海海洋环境资料共享平台的实践，以方便该校师生利用 Argo 资料，促进其在深远海海洋环境基础研究及远洋渔业生产中的应用。与此同时，还与上海市气象局合作，通过远程安装方式为上海海洋气象预报台建成"西北太平洋台风海域 Argo 资料实时智能服务平台"，并投入业务运行。

【深海底原位观测及取样测量系统】　海洋公益性行业科研专项项目，由国家海洋局第二海洋研究所牵头。项目已于 2016 年 5 月完成了正式验收。按照任务书设定的目标，项目构建了一套深海立体实时观测系统，在我国首次实现了深远海海洋环境实时观测和遥控观测，对我国深海探测和研究有着重要的价值；完成了 3 大类共 24 台/套海洋设备样机和 1 套管理软件的研制和定型。项目研制的"深海立体实时观测系统"为中海油在南海的钻井平台进行预警保障并实现 68 次成功预警；深海电源系列、数据通讯传输系列产品大部分都已应用于海洋调查中的主力装备；重力活塞取样器和"电视多管取样器"等大型底质取样装备已经形成产品并销售多套。项目立项 2 项行业标准并完成报批稿；授权国家发明专利 8 项，授权实用新型专利 10 项，登记软件著作权 8 项；发表论文 25 篇，其中 SCI/EI 收录 8 篇。

【沿海危险化学品泄漏事故预案与应急响应技术】 海洋公益性行业科研专项项目，由国家海洋局第二海洋研究所牵头。项目已于2016年 5 月完成了正式验收。项目建立了基于 GIS 的泄漏事故情景模拟可视化预警系统和事故损失评估系统，集成了一套针对苯系物的船载应急监测集成设备，建立了中国沿海常见危化品数据库和成分准确鉴别技术方法库，编写完成泄漏事故生态损害评估和赔偿标准，以及海水中常见苯系物检测方法的标准草稿。项目组联合平湖市海洋与渔业局对上述两系统、两数据库、两标准和一套集成设备进行了测试，并在嘉兴乍浦港区开展了联合演练工作。项目的主要创新点有：①通过建立中国沿海危险化学品数据库，创建了基于 WEB 的 GIS 海洋化学品泄漏事故快速预警预报系统；②以不同来源有毒有害化学品所含微量特征组分作为溯源依据，采用多元现代分析技术结合化学计量学模式识别方法，建立海面泄漏有害化学品的来源判别模型；③以海区功能、化学品危害程度和损害范围为主要因子，建立分级的定量赔偿计算方法及模型；④系统性的创建了沿海危险化学品泄漏生态损害评估技术及赔偿标准体系。

（国家海洋局第二海洋研究所）

【参数时变细长线缆信道水下数据传输技术研究】 本研究在项目执行周期内，围绕着细长线缆水下长距离传输，这一影响投弃式技术国产化发展的关键技术和瓶颈问题开展了理论分析、试验室测试、数据传输电路优化和海上试验。通过理论分析，对平行双导线结构传输线缆分布参数的求取方法进行了细致的分析和研究，充分考虑了海水介入后的影响，并合理忽略次要因素的影响，针对分布电容、分布电感、线圈电容和线圈电感的特点，分别采取了不同的求解思路，均得到了理论计算公式，尤其对于平行双线绕制线圈，本研究所提出的方法为这类线圈的特征参数求取做出了理论补充。对以上特征参数，进行了实测以验证理论计算有效性。

根据投弃式仪器的使用特点，建立了传输信道模型，对信道特征参数变化对传输性能的影响进行了分析。模型分析选取了相位和传输阻抗这两个数字传输的主要影响因素。对探头运动引起的信道电容和电感变化对相位和传输阻抗的影响进行了定性分析，研究了频域特性变化特点，对目前常用的数字通讯方式在投弃式仪器上的应用进行了分析。通过分析和比较，为数字传输电路设计奠定了基础。

基于 FSK 编码方式，并根据水下传输的特点和问题，优化设计了水下通讯电路。对通讯电路进行海上试验两次，海上试验结果表明，试验电路在项目要求的传输条件下数据传输稳定、可靠。通过本项目的科研工作，已基本解决了长期以来制约该类仪器发展的关键问题，为后续其他类型投弃式仪器的发展奠定了良好的基础。

【海洋 pH 长期连续监测时漂特性与测量精度分析】 本项目开展研究内容包括以下四个方面：pH 玻璃电极时漂特性分析研究、pH 传感器准确度标定分析、pH 传感器测量误差分析与补偿和面向使用环境的传感器设计方法研究。在项目研究过程中，对 pH 传感器测量误差进行了分析，除传感器自身敏感电极的测量误差和时间漂移特性外，其校准定标所采用的标准缓冲溶液与被测溶液的离子成分存在较大差异也是影响传感器测量的重要因素之一。我国使用 pH 缓冲溶液标准是美国国家标准（NBS）制定的标准，此类 pH 缓冲溶液是使用去离子水进行配置，大都适用于工业用水和河流测量。由于去离子水所含离子成分与海水多离子成分比较存在较大差异，采用此类 pH 缓冲溶液定标、校准的 pH 传感器在开展海水测量时将带来测量误差。依据国际碳循环监测中使用的分光光度法测量 pH 方法，建立高精度测量海水 pH 测量方法。按照研究计划，项目组按计划完成了传感器特性的研究，掌握了连续 2 个月 pH 锂玻璃复合电极时间漂移特性，研制了适用于海水的 pH 标准缓冲溶液和建立了分光光度法测量海水 pH 方法，在项目研制过程中申请了海水的 pH 标准缓冲溶液专利和分光光度法测量海水 pH 方法行业标准。该项目中高精度测量海水 pH 的方法在天津市科技兴海项目"渤海湾海洋酸化评估与监测示范工程"得到应用，获得了渤海湾海洋酸化特征参数 pH 值 2015 年监测数据。

（国家海洋技术中心）

卫星海洋应用技术

【海洋遥感数据快速分发与服务技术系统】

该项目为海洋公益性科研专项。一直以来海洋遥感数据产品获取手段的不足，制约了海洋遥感后期业务应用的发展，传统的地面网络发布方式，受制于网络带宽的限制，近实时同步业务化保障力度不够，对于边缘地区和海岛等没有地面网络支持的区域，分发网络扩容复杂且成本高。该项目在开展异构环境下多源海洋遥感数据管理服务技术、海量遥感数据快速分发技术研究的基础上，研发基于宽带卫星通信与北斗短报文的数据发布系统，通过广播通信手段，直接向沿海应用示范单位快速分发海洋遥感数据及产品，并提供专题制图与海洋遥感综合分析平台，支撑业务应用单位开展台风、赤潮、渔业、海浪等海洋遥感典型应用示范。解决海洋遥感数据分发的"最后一千米"问题，提高海洋遥感数据的分发和共享服务能力，为海洋经济建设提供强有力的信息服务。

【多源卫星雷达高度计海表地转流产品反演技术研究】

海流对海洋中多种物理过程、化学过程、生物过程和地质过程，以及海洋上空的气候和天气的形成及变化都有影响和制约的作用。地转流是相对海洋密度分布的海流，利用 HY-2A、JASON-2 等多源卫星雷达高度计海面高度融合产品开展了海洋表层地转流反演研究。利用多源卫星雷达高度计海面高度观测数据进行基准统一和融合，构建网格化海面绝对动力地形。在中纬度地区，采用地转平衡公式计算海洋表层地转流，反演得到的地转流主轴位置和日本航道协会海洋情报研究中心提供的黑潮主轴位置基本相同。该研究成果对于海气相互作用研究、渔业、航运、排污和军事应用等领域都有重要意义。

【HY-2A 雷达高度计在全球海浪数值预报中的同化应用技术】

利用海洋二号卫星数据专线网数据资料，基于现有的海浪数值预报系统，建立了集合最优插值海浪同化分析系统，该系统基于 WAVEWATCHIII 模式，计算区域位于 78°S~78°N，0°~360°，分辨率 1/3°×1/3°，以 NCEP 的 GFS 风场作为驱动场，同化 HY-2 卫星高度计沿轨有效波高数据，可提供全球高分辨率、高精度的海浪再分析数据，有效提高台风中心和台风外围浪场模拟精度，同化效果可维持 12~18 小时，与浮标比对相对误差降低 18%~40%。

（国家卫星海洋应用中心）

【海上船只目标星—机—岛立体监视监测技术系统】

2016 年开展海上船只目标星—机—岛立体监视监测技术系统项目工作。

（1）完成了机载搜索成像一体化雷达各分系统电路、整机结构的仿真、设计、出图，并开始加工；在定标技术方面，开展了星载 SAR 定标实验，走通了 SAR 定标实验流程；在机载 SAR 实时成像算法方面，发展了基于高效时窗选取的 ISAR 目标重聚焦算法，可实现快速的目标重聚焦；在舰船检测算法方面，针对多极化数据，发展了基于极化功率比异常检测的 SAR 船只目标检测、基于极化 SAR 时频分析的船只检测方法；针对紧缩极化 SAR 数据，发展了基于紧缩极化 SAR 的船只目标检测方法；在舰船类型识别算法方面，开展了基于船只几何特征优胜团队的 SAR 船只目标类型识别方法研究；在系统构建方面，完成了机载广域搜索一体化雷达探测软件系统，实现了机上成像、检测、关联、跟踪一体化操作集成；开展了 SAR 海上小船只探测实验，探索了小船只可见性与雷达参数、海况条件之间的关系，为完成小船只探测性能指标奠定了数据实验基础。

（2）完成了岛基小型化地波雷达发射分系统、接收分系统方案论证，开始设备研制；完成波形设计与仿真；完善了雷达信号处理机的 CPU+GPU 架构，开始相关核心算法的编写与测试；开展了单基地、双基地地波雷达目标探测、双站探测结果关联与融合方法研究。

（3）开展了船只目标身份识别雷达关键技术增强与调制天线的天线单元设计仿真；增强与调制天线的天线阵列设计仿真及加工；增强与调制天线的馈线网络仿真设计；增强与调制天线 RCS 仿真设计。

（4）开展了船只目标多手段融合探测的相关算法研究。其中，完成地波雷达与 AIS 点迹关联与融合算法 2 个，航迹关联算法 2 个，地波雷达、SAR 和 AIS 关联与融合探测算法 2 个。

（5）开展了船载导航雷达、光电平台等手段的船只目标观测系统软硬件集成，完成了总体技术方案论证、开展了关键技术研究。实现"基于视频流分析的舰船目标动态监测"。

2016 年项目发表论文 23 篇，其中 SCI/EI 论文 13 篇，其中一篇小阵列地波雷达目标探测的学术论文在"2016 国际雷达会议"上被评为大会优秀论文三等奖。申请发明专利 2 项。

【核辐射无人船观测系统研制】　2016 年度根据双体船平台设计方案，完成了流线型浮体和连接框架加工，构成平台主体。无人船主控系统以嵌入式单板机为中心，完成了 GPS 罗经、电子罗盘、数传电台和 γ 探测仪等传感器集成与联调。岸基控制单元是无人船回传数据显示、存储和无人船控制的终端，围绕全坚固笔记本电脑，完成了无线数传电台、无线网桥、显示器（显示视频）以及电池等集成，构建了无人船岸基控制箱。利用图形化编程语言 LabVIEW 开发了核监测无人船岸基软件，主要用于无人船回传的相关传感器参数的显示、遥控与自动控制指令发射等。在实验室和外场环境下，完成了数据传输和视频回传调试，完成了遥控与自动控制命令响应测试，开展了多次全系统联调与拷机。

【无人船平台动态接入海床基观测网及数据回收研究】　2016 年度在无人船水声通信链路强度建模和无人船数据回收接入协议方面开展了相关研究，具体进展如下：

（1）在无人船水声通信链路强度建模方面，在 2015 年提出的链路强度模型的基础上，针对无人船水声通信特性，考虑了水声通信多途影响和多普勒效应，采用射线波束方法，得到信道传输函数和信道增益，构建了无人船的移动水声通信质量评价模型；设计了环境自适应水声通信方案，自适应参数包括保护间隔、通信功率、编码方式、环境参数、通信速率，并进行了相应的仿真实验及水池试验。

（2）在无人船数据回收接入协议方面，针对水声稀疏网络数据回收，以延长水声网络寿命为目标，设计了无人船节点能量优化协议。通过仿真实验，分析了不同无人船速度、数据序列长度和占空比等因素对协议性能和能量消耗的影响，优化了节点能量参数设计，为水下传感器网络结构优化及无人船数据回收提供支持。

【主被动光学遥感探测水下悬浮绿潮】　2016 年度的主要工作进展包括以下方面：

（1）开展了秦皇岛海域悬浮绿潮光学观测实验。采用水下机器人、地物光谱仪和太阳光度计等仪器设备，开展了水下视频观测、水上光谱测量等工作，共获取视频文件 4 个、光谱数据 22 组、照片 169 张。

（2）开展了水下悬浮绿潮海面光谱响应的辐射传输模拟，取得了与现场观测相一致的结果，即海面光谱的红光波段反射峰位置会随着浒苔绿潮悬浮深度的增加蓝移。

（3）构建了弹性散射—荧光双偏振激光

雷达实验系统。系统的激发光源采用一台 Nd:YAG 脉冲激光器（二倍频），输出脉冲频率 1~10Hz 可调，单脉冲宽度约 7ns，最高单脉冲能量—5mJ。该系统为发射—接收同轴光路结构，采用口径为 100 毫米，焦比为 F/4.1 的透射式望远镜收集返回的信号，利用沃拉斯顿偏振棱镜或偏振分光棱镜分离正交偏振分量，并针对返回信号的差异，采用了不同的探测方式，其中，针对弹性散射信号，采用单波长窄带滤光片结合 PMT 的信号探测模式，通过高速数据采集卡实现回波信号的采集和存储；针对诱导荧光信号，采用光栅光谱仪结合 ICCD 的探测模式。为了实现不同偏振分量的同时探测，定制了多通道探测耦合光纤，结合光栅光谱仪的多通道探测模式，可实现对弹性散射和诱导荧光信号平行偏振和垂直偏振组分的时间分辨同时探测。

（4）设计了水池绿潮主被动光学观测实验方案

（5）举办了以绿潮为主要议题的黄海生态环境国际学术研讨会，来自国家海洋局第一海洋研究所、中国科学院海洋研究所、中国海洋大学、中国科学院烟台海岸带研究所、国家卫星海洋应用中心、环境保护部华南环境科学研究所、国家海洋技术中心、国家海洋局北海预报中心、中南民族大学，以及韩国海洋科学技术研究所（KIOST）和全南大学的 25 位专家与会，围绕黄海绿潮发生发展过程及其环境条件的精细化遥感监测与数值预报方法开展了深入研讨。

2016 年度发表论文 3 篇（SCI/EI 收录 2 篇），录用待刊 2 篇（均为 SCI/EI 源期刊）。

（国家海洋局第一海洋研究所）

【静止轨道海洋水色卫星遥感关键技术】 国家"863"计划课题，由国家海洋局第二海洋研究所牵头承担。课题旨在发展我国自主的静止轨道海洋水色卫星遥感技术。主要研究内容包括：针对静止轨道海洋水色卫星面临的大太阳天顶角和低水色信号等观测技术难题，研制考虑地球曲面、粗糙海面和偏振的精确海洋—大气耦合矢量辐射传输模型；开展地球曲率影响下的大气分子瑞利散射、气溶胶散射、大气漫射透过率精确计算等关键技术研究，开发静止轨道海洋水色卫星遥感信息处理技术；开展静止轨道海洋水色卫星遥感产品真实性检验技术研究；以静止轨道海洋水色卫星 GOCI 数据为样本，开展静止轨道海洋水色卫星遥感技术应用验证示范；开展自主静止轨道海洋水色卫星遥感器总体设计及关键技术研究，研制静止轨道海洋水色卫星遥感器关键技术原理验证演示样机。研究目标是突破考虑地球曲面、粗糙海面和偏振的海洋—大气耦合矢量辐射传输模型，以及地球曲率影响下的大气分子瑞利散射、气溶胶散射、大气漫射透过率精确计算等关键技术，以及静止轨道海洋水色卫星遥感产品真实性检验技术；实现静止轨道海洋水色卫星遥感技术应用验证示范，静止轨道海洋水色卫星遥感器系统总体设计及系统研制原理性突破，并形成原理演示装置，推动我国自主静止轨道海洋水色卫星技术和应用的发展。项目在总体专家组指导下，对项目/课题任务进行了分解，组织协调了各参研单位任务的有序开展。项目研制考虑地球曲率的海洋—大气耦合矢量辐射传输模型，生成了地球曲率影响下的大气分子瑞利散射、气溶胶散射、大气漫射透过率三类核心查找表，建立了考虑地球曲率的精确大气校正模型；构建了一套集静止水色卫星资料接收、处理、产品生产、可视化和网络共享服务为一体的遥感应用示范系统；研制了我国首台静止卫星水色遥感器原理样机；构建了海上塔台、走航水体光谱连续观测系统，完成了长江口、渤海覆盖四个季节的真实性检验航次，并初步开展了卫星产品检验。项目已发表文章 12 篇（其中 SCI 文章 10 篇），申请专利 2 项。为确保项目的研究目标完成奠定了良好基础。

【基于遥感与现场比对的陆源碳入海动态监测

关键技术及应用示范研究】　海洋公益性行业科研专项项目，由国家海洋局第二海洋研究所牵头，国家海洋局东海环境监测中心、厦门大学、国家海洋环境监测中心、南京信息工程大学、浙江大学、浙江海洋学院参加。主要研究内容为：以受陆源入海物质影响的长江口和东海近海为重点应用示范区域，建立基于卫星遥感，并结合定点时间序列观测（浮标、监测站）、航次断面观测和数值模型模拟的陆源入海碳通量与扩散的动态监测示范系统。重点突破近海复杂水体的碳循环关键参数遥感反演、陆源入海碳通量长时间序列监测、陆源入海碳扩散评估、多元信息三维可视化服务系统构建等关键技术，并与已建成的"中国近海海—气二氧化碳通量遥感监测评估系统"集成，完善中国近海碳通量的立体监测体系。面向不同用户需求，构建专业版、标准版和网络版三套碳信息服务系统，进行业务化示范应用推广。

2016年度主要开展了以下工作：①6月23日—25日在舟山召开了项目年度会议。②航次任务进展顺利，完成了连续17个月的采样和实验室样品分析测试，完成了长江口冬季多学科航次（2016年2月25日—3月6日），以及润江一号长江冲淡水夏季综合航次观测（2016年8月2日—13日）。③基本完成流量（碳通量）声层析测量4套系统的设计和加工制作，基本建立了流量的计算方法。按照长时间序列的要求，完成舟山海洋三位一体观测系统每月及每季度的多参数采样和测试分析。④在东海区二氧化碳海—气交换通量走航断面连续监测业务化工作基础上，结合东海监测中心业务化监测工作，对长江口及其邻近海域、东海近岸海域开展二氧化碳海—气交换通量走航断面连续监测。⑤在长江口和黄渤海开展航次监测3次，完成4份数据报告。初步完成基于现场调查的长江口陆源无机碳入海通量评估方法研究报告。⑥在东海布放了两个CO_2监测浮标。完成了

关联潜标的设计和论证。⑦完成了长江大通站和长江口徐六泾站POC通量的遥感估算；反演得到2000至2016年长江大通POC浓度和月通量时间序列变化，以及2015年5月至2016年7月的月平均表层POC浓度和POC月通量。⑧海洋动力模式的淡水输入已成功加入；生态模式的调试已经完成；并利用更多大气观测资料验证大气模式，优化大气模式的参数。⑨在海洋二所搭建部署了陆源入海碳通量监测分布式数据库管理子系统和海量数据批量传输与自动入库子系统。研发了具有自主知识产权的海洋碳通量遥感评估信息服务系统（SatCO$_2$）专业版。⑩于2016年12月12—16日1举办了遥感碳循环国际研讨会暨海洋生态环境遥感应用高级培训班，共15个国家和地区的130多名科研人员参加，受到了国内外科研人员的一致好评。

【海洋光学遥感探测机理与模型研究】　国家重点研发计划项目，由国家海洋局第二海洋研究所牵头，2016年正式启动，主要针对静止水色卫星载荷和星载海洋激光雷达等国家需求，基于光谱辐射传输模型和新型海洋光学测量系统，突破海洋水色遥感和海洋激光遥感的国际前沿技术，解决制约我国卫星海洋学发展的关键遥感机理和反演算法，研发海洋光学卫星载荷仿真与资料处理系统，摆脱照搬国外卫星指标的困境，形成"卫星载荷—资料处理—应用示范"的全链路协调发展模式，支撑我国未来5~20年的海洋水色卫星和海洋激光卫星的遥感技术发展，提升我国海洋遥感国际地位。

（国家海洋局第二海洋研究所）

【海洋环境噪声分析取得进展】　将HY-2A卫星微波散射计业务化海面风场产品应用于海洋环境噪声分析中，为海洋环境安全保障中海洋环境噪声监测及建模研究提供重要的数据支持，拓展了我国海洋卫星数据的应用领域；同时，根据风关噪声的相关理论，验证了卫星海面风场数据的精度，研究结果表明HY-2A和ASCAT数

据的精度相当。 (国家海洋局第三海洋研究所)

【HY-2卫星地面应用系统辐射校正与真实性检验软件研制】

HY-2卫星辐射校正与真实性检验软件研制项目来源于国家卫星海洋应用中心HY-2卫星地面应用系统建设项目。HY-2卫星辐射校正与真实性检验软件（以下简称CVSS）是HY-2卫星地面应用系统的重要组成部分，通过面向流程化、集成多种检验方法、多源遥感与现场观测数据，实现自主星载微波遥感器数据产品检验和载荷定标。根据研制任务，HY-2卫星地面应用系统辐射校正与真实性检验软件按照核心业务与业务支撑两个平台开展设计研制。核心业务平台具体包括多源数据自动化获取与处理功能、数据质量检验功能、遥感器性能跟踪功能、定标质量检验功能、产品真实性检验功能和在轨定标功能；业务支撑平台包括工程任务及业务管理功能、数据存储和管理功能、结果分析与展现功能、系统监测分析功能和系统管理功能。标准化、规范化的定标检验软件系统研制开发探索了我国自主海洋动力环境卫星定标检验业务化的新模式，初步形成业务化定标检验能力，为提高我国海洋动力环境卫星产品定量化应用水平和数据利用率奠定基础，提高卫星资料的利用率。随着遥感技术在我国的资源调查、灾害评估、工程建设、环境监测等方面得到广泛应用，作为遥感定量化应用的关节环节—产品真实性检验能显出其良好的社会效益。基于定标检验关键技术研究可以推动完善海洋动力环境卫星定标检验业务体系的完善，依托该业务体系的定标检验结果可以提高或保证卫星数据产品的准确性，提高卫星数据业务化应用的效果，其产生的经济效益难以估量。

(国家海洋技术中心)

海洋生物技术

【海带渣高值化利用及其膳食纤维制品产业化】

本项目聚焦海带提取褐藻胶后产生的大宗废弃生物资源—海带渣，目前海带渣主要作为废弃物或用于低值养殖饲料和海藻肥生产，宝贵海带膳食纤维资源未获得药用和食用高值化应用而造成巨大资源浪费，本项目以实现海带渣中重要营养及功能成分—海带纤维素的高值化综合利用为目标，开展海带渣中纤维素资源高值化利用的科学原理、应用方法及其精深加工产品的研究，研发出高端食用和药用新产品并进行应用示范。本项目针对我国海带资源高效利用程度低、高附加值海带产品少，特别是海带渣中纤维素这一海带中含量最高的活性成分当做废物处理等制约海带产业健康和可持续发展的关键问题，在海带纤维素系列新产品研发、产品高值化、产品标准化、产品高质化等加工关键技术及相应理论研究方面取得重要突破，构建了具有自主知识产权的海带渣现代工业化加工技术及其高值化产品产业化体系；系统阐明了海带纤维素功效成分的化学结构及营养特性，发明了海带渣中纤维素功效成分高效分离提取技术，研制出系列高附加值海带纤维素产品；构建了海带纤维素加工产品的质量控制体系。本项目实现了我国海带渣大宗废弃生物资源的高值化利用，不论在技术层面还是在新产品创制方面都获得重要突破，为促进我国海带资源综合利用和提高经济效益提供了重要技术支撑。

通过产学研联合开发、技术成果转让、技术培训与推广等多种方式，项目完成的海带渣综合利用技术及其新产品创制成果，已在多家企业进行了产业化示范及推广应用，项目实施延长了海带加工产业链，极大提高了海带资源的综合利用水平，提升了海带养殖和加工行业经济效益。在2014年至2016年项目实施期间，本项目研发了高效利用海带渣生产海带膳食纤维的新工艺技术，利用生物酶解技术等获得海带膳食纤维原料；开发了海带膳食纤维素系列新产品，建成1条海带膳食纤维原料生产线，具备年产海带膳食纤维 100 吨的能力；建成海带微晶纤维素的中试规模生产线 1 条。项目实现了海带膳食纤维水的产业化。建成 1 条海带膳食纤维水生产线，具备年产海带膳食纤维水 3000 万瓶的生产能力。项目实施期内，申请国家发明专利 4 项，授权 3 项，制定备案企业标准 3 项，发表论文 4 篇。本项目获得山东省自主创新及成果转化专项"海带渣高值化利用及其膳食纤维制品产业化"项目（项目编号：2014ZZCX06202）支持，并通过了项目验收。

【牡蛎资源综合利用关键技术及高值化产品创制与应用】 牡蛎是暖水性双壳类软件动物，其肉质鲜美，营养丰富，素有"海底牛奶"之称。我国牡蛎资源丰富，但对其深加工技术及其新产品开发应用的研究较少，一些重要活性成分未得到有效开发利用，且大量牡蛎壳被当作废物扔掉，造成资源的浪费和一定程度的环境污染。本项目立足于大宗海洋生物资源—牡蛎资源的综合利用和高值化关键技术研发，开展新产品创制与应用示范，创新性成果已获得 8 项国家发明专利授权，实现牡蛎肉和牡蛎壳资源的全利用及产业化应用，为我国牡蛎产业的可持续发展提供重要技术支撑和应用示范。

在牡蛎肉深加工利用方面，本项目首次联合采用超声波提取和生物酶解等技术，建立了一套从牡蛎肉中制备生物锌、牛磺酸和多肽提取物的制备工艺技术流程，获得具有生物活性多肽、天然牛磺酸和生物锌等营养成分的牡蛎提取物，该提取物不含目前贝类产品中普遍存在的致敏性水溶性蛋白和引起痛风的嘌呤衍生物。本项目关键技术包括：应用超声波高效提取技术制备氨基酸锌天然小分子物质；采用复合酶解技术获得小分子肽和氨基酸；应用离子交换树脂制备高纯度天然牛磺酸；对制备的多肽、生物锌和牛磺酸等活性成分进行重组，得到一种富含生物锌、牛磺酸和多肽等天然活性成分新产品，新产品中不含水溶性蛋白质和嘌呤衍生物等过敏源。

在牡蛎壳资源开发利用方面，本项目首次采用中药炮制技术中的"水飞法"等创新加工工艺技术处理牡蛎壳，显著降低重金属含量，且钙质在低温下转化，并与牡蛎肉酶解物中游离氨基酸和小分子肽螯合成为复合氨基酸螯合钙，或与有机酸结合成其他形式的系列有机钙产品。复合氨基酸螯合钙产品兼具调味、补钙双重功能，且人体对氨基酸螯合钙等有机钙吸收好，具有提高免疫力和抗疲劳功效，实现了大宗贝壳资源高效和高值化利用。

以本项目研发的牡蛎提取物为原料，研制出适合啤酒酿造的小分子牡蛎多肽新氮源。采用牡蛎新氮源替代部分麦芽（麦芽用量从目前的 50%~60% 降低至 30% 以下），开发出世界上首款运动啤酒新产品。经啤酒评审专家品评和鉴定，该啤酒风味独特、口感醇厚、营养丰富，质量指标完全达到啤酒国家标准要求。该啤酒新产品 2014—2016 年度实现生产 4.07 万千升、销售收入达 3.256 亿元，经济效益和社会效益显著。

（国家海洋局第一海洋研究所）

【海洋生态红线区划管理技术集成研究与应用】 海洋公益性行业科研专项项目，由国家海洋局第二海洋研究所牵头承担。2016 年度在开展各示范区和案例区调研、资料收集和补充调查等工作的基础上，掌握了示范区和案例区现状；开展了海洋生态敏感性/脆弱性、海洋生态适宜性、海洋生态红线区划等理论框架的研究，在此基础上构建评价框架和指标体系，并分别在案例区和示范区开展了实证研究；完成了海洋生态红线区管控评估制度和绩效考核体系，提出了具体的落地机制。通过项目研究建立了一批新方法、新技术，共发表学术论文 39 篇（含接收），其中 SCI 论文 7 篇；申报专利 2 项，申请软件著作权 1 项；培养研究生 19 人。

【我国近海常见底栖动物分类鉴定与信息提取

及应用研究】　海洋公益性行业科研专项项目，由国家海洋局第二海洋研究所牵头，国家海洋局第三海洋研究所、国家海洋局第一海洋研究所、中国科学院海洋研究所、中国海洋大学、厦门大学、国家海洋局东海环境监测中心、国家海洋局北海环境监测中心共同参加。主要研究内容为：以传统的底栖动物形态学分类为主，辅以分子生物学分类技术，规范与完善我国近海底栖动物重要门类的分类体系，统一海洋底栖动物常见种种名；编制渤海、黄海、东海和南海的海洋底栖动物形态图谱；通过对底栖动物分类信息的整理、分类、检验，构建海洋底栖动物分类数据库和网络信息服务平台；开展重点海区典型生态系统监测和海洋生物多样性监测的应用研究；培养一支从事我国近海海洋底栖动物分类的专业人才队伍。2016年度该项目基本完成了中国近海甲壳动物亚门和海绵动物的分类体系；完成了黄渤海的海洋线虫种类名录的整理和小门类底栖动物图像的采集；系统梳理了我国近海多毛类种名录，分析了各种类分布区域，该种名录已发送至各参与单位，为后续图像采集提供了基础；完成东海软体动物种类名录整理，并完成部分软体动物原色图片的拍摄工作；完成收集、整理南海底栖动物重要门类常见种的图件、分类资料和南海多毛类图录，制作部分贝类、海胆、海星和海蛇尾的图版；完成中国近海底栖动物网站注册，初步完成底栖动物数据库和网络平台框架设计。整个项目总体进度与计划基本一致。项目子任务"东海海洋底栖动物图谱编制"对软体动物门的物种编目工作已接近完成，通过整理以往历史调查数据，目前已完成900余种软体动物的编目，按项目要求以门、纲、目、科、属、种排序编排，包括每种所属分类阶元的中文名、学名。课题组承担的海洋底栖动物图像信息提取工作已进入实质性工作阶段，对目前已有的底栖生物标本进行了拍摄，目前已拍摄得到5800

余张照片，完成了软体动物、甲壳动物共计50余个物种的图像信息的提取。

【超深渊底栖动物群落空间分异机制研究】
国家"973"计划课题，由国家海洋局第二海洋研究所牵头承担。2016年，课题依托中国大洋37航次第一航段（2016年4月12日—6月1日）现场调查，获得各水深段有代表性的巨型底栖生物样品和近底高清视像资料。通过对巨型底栖生物视像资料的分析，初步查明了雅浦海沟北段西侧沟壁的巨型底栖生物种类多样性较低，但具有较明显的成带分布特点，海绵、珊瑚和海葵等固着生物在4500~6000米水深区间有零星分布，而虾、鱼类、多毛类、海参、海星、端足类和水母等具有游动能力的动物分布深度范围较广，从4500~6800米区间均有出现。初步完成巨型底栖生物样品的分类鉴定和系统发育研究，初步完成钩虾线粒体基因组拼接和注释。获得了首个来自海沟钩虾 *Eurythenes* 属的完整线粒体基因组，分析表明，深海钩虾与浅海钩虾的线粒体基因排列存在明显差别，有助于深入研究超深渊生物起源和进化过程；发现一株海绵动物的营养级甚至高于钩虾和海参，这对进一步开展海沟生物捕食关系和食物链研究具有十分重要的意义。发表研究论文5篇，申请发明专利3项。

【诱捕式大型生物采样器研制】　国家"863"计划子课题，由国家海洋局第二海洋研究所承担。课题通过对深海大型动物生活习性的研究，研发光引诱、食物引诱装置，以吸引生物靠近和进入捕获容器，生物捕捉舱分为被动诱捕式和主动诱捕式两种类型，被动诱捕式生物捕捉舱主要针对虾、蟹及活动性较弱鱼类，主动诱捕式生物捕捉舱针对游动能力较强的捕食性的或腐食性游泳生物。诱捕式大型生物采样器可以搭载ROV、载人潜器、拖体等多种水下作业平台，也可以通过工作母船直接布放，使用水声应答释放器遥控回收。

该课题于2016年4月完成了正式验收。

课题按计划完成了任务书规定的工作内容，完成了海试样机的加工和海试。被动式诱捕采样器和主动式诱捕采样器均完成了产品样机的研制，该项技术与杭州先驱海洋科技有限公司达成产业化合作协议，由该公司进行生产并形成了销售。产品样机工作水深指标经过达到 9000 米，完成浅海海试后，搭载深海长期观测系统参加了大洋 37 航次海沟应用。课题申请发明专利 3 项，其中授权 1 项；发表 EI 收录论文 1 篇；登记软件著作权 1 项。

【环境保全参照区和影响参照区建设】 大洋专项课题，编号：DY125-14-E-02，课题负责人：国家海洋局第二海洋研究所许学伟。课题已于 2016 年上半年完成验收，评价为优秀。课题主要依据国际海底管理局制定的勘探规章和环境项目指南，对我国多金属结核区及其邻近海域进行补充调查，充实中国多金属结核区环境影响参照区的选区关键参数，确定多金属结核合同区的影响参照区，并提出保全参照区的选区方案。通过对我国多金属结核区及其邻近海域进行补充调查，充实了中国多金属结核区环境影响参照区的关键选区参数，为最终建立多金属结核区的影响参照区提供科学依据，并提出 CC 区保全参照区的选区方案。发表 SCI 论文 9 篇，国内核心期刊论文 1 篇。项目服务于多金属结核区环境评价工作，确定的潜在影响参照区和保全参照区将直接为我国在多金属结核合同区内采矿活动服务。

【西南印度洋多金属硫化物资源合同区生物学基线及其变化】 大洋专项课题，编号：DY125-11-E-03，课题负责人：国家海洋局第二海洋研究所刘镇盛。课题已于 2016 年上半年完成验收，评价为优秀。通过开展西南印度洋多金属硫化物资源合同区生物基线调查，尤其对载人深潜器获得的视像资料及采集底栖生物样品等综合研究，了解合同区及邻域叶绿素 a、初级生产力、浮游生物群落结构和多样性时空变化；研究合同区小型、大型和巨型底栖生物群落组成和多样性特征；开展调查海域代表性热液生物分子生物学研究，构建热液生物 DNA 条形码文库，探讨生物群落结构与环境的关系。课题以经典形态分类学和分子生物技术相结合的方法，研究西南印度洋中脊热液区浮游生物、底栖动物群落结构和多样性，构建西南印度洋多金属硫化物合同区热液生物 DNA 条形码文库。分析鉴定出西南印度洋浮游植物 236 种、浮游动物 654 种、线虫 31 种、大型底栖生物 16 种，发现热液区巨型底栖生物 30 种，为构建西南印度洋多金属硫化物资源合同区生物基线奠定良好基础。

【深海结核、结壳区微生物多样性与资源潜力评价】 大洋专项课题，编号：DY125-14-E-02，课题负责人：国家海洋局第二海洋研究所杨俊毅/许学伟。课题已于 2016 年上半年完成验收。课题总体目标为，查明深海多金属结核区与富钴结壳区代表生境微生物群落组成与多样性，确定环境优势类群，获取深海结核结壳区微生物资源及基因资源，通过深海微生物及基因资源用的应用潜力评价获得自主知识产权，提升我国深海生物资源与知识产权拥有量。该课题针对性开展了区域内典型生态环境微生物多样性调查，解析其生态功能，阐述结核与结壳区微生物多样性及其生物地理学分布特征。围绕结壳区深海沉积物样品，构建宏基因组文库，探讨结壳区微生物群落结构和生态功能。利用高通量测序方法测定其全基因组并开展生物信息学分析，针对宏基因组、基因组和特色菌株资源，筛选产酶菌和功能基因，完成酶资源应用潜力评价。申请发明专利 7 项，发表 SCI 论文 63 篇，国内核心期刊论文 1 篇，保藏菌株 1088 株。项目的主要创新点是：①通过海洋微生物群落结构多样性分析，结合样品离子组成与环境特点等数据，可做到有的放矢地分离纯化微生物。针对一些难纯化培养的海洋微生物，分析公共数据库中类似菌株的全基因组，可降低研究难度，达到纯培养目的。②项目针对大量样品的细菌非培养与可培养，可为今后类似深海环境细菌的分离纯化工作提供指导。分离培养鉴定上千株海洋细菌，能够发现大量拥有自主知识产权的新型微生物物种和生物活性物质。

（国家海洋局第二海洋研究所）

海水淡化与综合利用技术

【30 吨/日二效板式蒸馏海水淡化项目】 在天津市科技兴海项目的支持下，国家海洋局天津海水淡化与综合利用研究所成功研制出 30 吨/日二效板式蒸馏海水淡化装置，并于 2016 年 6 月在天津长芦汉沽盐场有限责任公司精制盐厂开展示范应用。项目组完成了高效廉价板式传热元件、模块化蒸发器快装、污垢控制及清洗等关键技术研究，掌握了板式海水降膜蒸发的关键工艺与结构参数，完成了中试装置的设计加工与安装调试，打通了多效板式蒸馏的工艺流程，确定了装置稳定运行的最优参数，项目所取得成果得到了天津市海洋局有关领导和项目评审专家的充分肯定。经现场性能测试证明，该装置在工作蒸汽压力 0.885 兆帕·年、流量 0.31 吨/小时、蒸发温度 68℃时，装置产水能力可达36.2 吨/天，造水比达 4.9，产品水电导率小于1.37 微秒/厘米，各项性能指标达到了国际先进水平。该装置研制成功标志着中国已具有自主知识产权的多效板式蒸馏海水淡化成套技术及装备能力，打破了国外公司长期在该领域的市场垄断，为该技术的大型化、规模化工程应用奠定了重要基础。

【机械压缩蒸馏含油污海水淡化装置】 在国家海洋局海洋公益性行业科研专项经费项目的支持下，国家海洋局天津海水淡化与综合利用研究所开展了机械压缩蒸馏含油污水处理关键技术研究，于 2016 年 3 月成功研制出60 吨/日二效机械压缩蒸馏处理含油污水示范样机，并在滨海新区中海油渤西油气处理厂开展了示范应用。项目组针对含油污水高含油、高盐量、易结垢的特点，对蒸发器结构形式、防腐技术以及含油污水条件下蒸发器的传热性能做了针对性研究，完成该工艺过程的理论建模，开发出了机械压缩蒸馏含油污水处理成套工艺及装备，分析了该工艺处理含油污水的技术经济性能。项目所取得的成果得到了国家海洋局科学技术司、财务装备司有关领导和项目评审专家的充分肯定。

该项目针对我国海上平台含油污水处理现状，开发完成具有自主知识产权的机械压缩蒸馏含油污水处理装备成套技术，对于提高我国相关处理设备的开发能力和技术水平，实现含油污水资源化利用、打破国外公司在该领域的垄断地位、保护海洋环境具有重要意义。

【无增压泵海水淡化能量回收装置研制与应用】 由国家海洋局天津海水淡化与综合利用研究所承担的天津市科技兴海项目"无增压泵海水淡化能量回收装置研制与应用"（KJXH2013-01）于 2016 年 10 月 31 日顺利通过验收。本项目紧密围绕国家经济社会发展重大战略需求和天津海水利用产业发展需要，针对反渗透海水淡化三大关键技术之一的能量回收技术进行攻关研究，在已完成的无增压泵能量回收技术实验室研究基础上进一步优化，研制出适用于反渗透海水淡化工业化规模应用的无增压泵能量回收系统及装置，实现在膜法海水淡化领域的自主知识产权关键技术新的突破。目前已开发出运行稳定、高效的无增压泵海水淡化能量回收装置：额定流量为 20 立方米/小时的样机有效能量回收效率为 96.3%；具备增压功能，增压比为1.08；连续运行 30 天短时压力波动幅度可控制在±0.09 兆帕以内；高压浓盐水与原水混合度为0；运行平稳，噪声水平低，符合劳动环境保护要求；性能指标符合国家海洋行业标准《反渗透用能量回收装置》HY/T 108-2008 的要求。研制的产品已在福建省平潭综合实验区

500 立方米/天海水淡化项目中获得实际应用。

【三沙永兴岛 1000 吨/日海水淡化工程】 反渗透海水淡化技术在边远海岛的大规模应用，保障海岛居民用水安全。2016 年 10 月 1 日，由国家海洋局天津海水淡化与综合利用研究所（以下简称淡化所）承建的"三沙永兴岛 1000 吨/日海水淡化工程"落成产水。永兴岛是三沙市政府所在地，其地处热带，远离大陆，全年高温少雨，淡水资源极为匮乏，岛上居民用水难以得到满足。

淡化所利用多年研发积累的海水处理高新技术，针对海岛高温、高湿、高盐雾等特点设计出新型岛用海水淡化系统。该系统采用"超滤+反渗透"的双膜法工艺，自动化程度高，最大程度保证产水品质并降低造水成本。原海水经"斜管沉淀→管道过滤→超滤→精密过滤→一级反渗透→二级反渗透"处理后送入海岛用水管网，其中一级反渗透系统分为三组，采用"两用一备"的运行方式，充分保证设备的产水量，同时每组均配置了 PX 能量回收装置，能量回收效率高达 94%以上，可大幅降低系统运行能耗和制水成本；高压管路选用"钛"材料，提高了管路的耐腐蚀性，有效延长了使用寿命；整套系统自动化程度高，设置实时监控、安全预警及自动处理程序，操作简便，具有很高的运行安全性。

目前设备运行状态稳定，各项运行指标均达到预期效果，产水水质满足设计要求。工程的成功产水为三沙永兴岛居民用水提供了有力的保障。

【自增压式泵与能量回收一体机】 传统小型反渗透海水淡化系统无匹配的能量回收装置，导致系统能耗和制水成本高。2016 年 11 月，国家海洋局天津海水淡化与综合利用研究所研制的自增压式泵与能量回收一体机在 0.3 吨/天的海水淡化机上成功试运行。

该一体机采用双液压缸正位移式能量回收工艺，通过活塞两边的面积差形成压力差，从而将高压浓盐水中的压力能直接传递给低压原料海水，增压比可达 11；同时创造性地使用高性能工程塑料替代传统不锈钢材料，在满足使用要求的同时大幅降低了制造成本以及产品重量。通过一段时间的稳定运行，该装置的能量回收效率高达 90%以上，降低系统能耗 60%以上，有效降低了海水淡化系统的运行成本，具有广阔的应用前景。

【进一步推进海水淡化水处理药剂国产化进程】 国家海洋局天津海水淡化与综合利用研究所依托 2015 年海洋公益性行业科研专项"海水淡化水处理药剂国产化技术研究与工程示范"项目的顺利开展，进一步推进了海水淡化水处理药剂的国产化进程。2016 年 3 月完成低温多效海水淡化阻垢 2~5 吨/釜的放大生产。产品物性指标稳定，在 80℃和浓缩 2.0 倍的条件下阻垢率达到 95%以上，性能达到国外同类产品先进水平。该低温多效海水淡化阻垢剂在某万吨级/日低温多效海水淡化装置上进行工程试用，据试用用户反馈药剂阻垢效果优于国外同类产品。2016 年 12 月完成低磷聚羧酸类反渗透膜用阻垢剂 2.5 吨试生产。批量试制产品物性指标均与中试试验产品相一致。样品在有效浓度达到 2 毫克/升时，阻垢率基本在 90%以上，具有良好抑制碳酸钙和硫酸钙的作用，与国外同类产品相接近。2016 年底编制完成了低温多效海水淡化阻垢缓蚀剂动态性能评价方法（初稿），初步形成低温多效海水淡化阻垢缓蚀剂动态性能评价方法，为国内海水淡化用户选择药剂提供参考依据，同时也将有力促进国内新型海水淡化药剂研发和工程应用。

【淡水/海水循环水系统在线切换技术实现国内首例工程应用】 国家海洋局天津海水淡化与综合利用研究所针对淡水循环体系具有高碱度、海水体系中含有大量易成垢离子等问题，成功解决两种循环水在线切换过程中水质变化极易导致大量水垢沉积和长距离输水管线生物附着等技术难点，形成海水切淡水和淡水切海水的循环水处理技术，并在华润渤海热电 2×350 兆瓦超临界燃煤发电机组实现工程应用。

该工程由于海水取水管线建设滞后前期采用淡水循环冷却，2016 年 10 月和 12 月两台机组分别从淡水切换为海水循环冷却，采取"区域引水——排放水制盐"的零排放运行模式。采用淡水/海水切换水处理技术，在充分分析淡水和海水的补水水质和淡水/海水阻垢缓蚀剂阻垢兼容性的基础上，通过实验模拟切换过程水质变化，制定了国内首例淡水循环水系统不停机切换为海水循环冷却的控制方案。整个在线切换过程安全平稳，保障了发电机组连续稳定运行。据估算每年节约淡水 1000 余万吨，节约水资源成本 2000 万元。

【连续结晶纯化光卤石产业化示范工程】 国家海洋局天津海水淡化与综合利用研究所依托 2014 年海洋公益性行业科研专项实施，攻克了连续结晶纯化制备光卤石产业化技术，2016 年 6 月建成了 1.5 万吨/年氯化钾配套连续结晶纯化光卤石制备产业化示范工程。工程运行实践表明：光卤石晶体粒度 60 目以上≥70%、d50≥80 目、杂质 NaCl 含量≤2%；与原工艺相比，60 目以上晶体数量增加一倍，杂质 NaCl 含量降低 67.9%，产品质量显著提高。以此为基础，开发了高品质大颗粒光卤石热分解食品级氯化钾—食品级氯化镁联产工艺，与传统工艺相比，在实现食品氯化钾、食品氯化镁对传统工业氯化钾、工业氯化镁产品替代的同时，氯化钾分解单线收率提高 15% 以上，吨钾产品减少蒸发量 4 吨水以上，生产能耗降低 30% 以上，企业经济效益显著提高。

研发的连续结晶纯化装备采用计算机模拟，优化了结晶器构型及尺寸参数，改善了内部流场；采用两段热溶灭晶装置，实现了细晶消除；通过清液、晶浆分排，提高晶体的停留时间，为晶体生长提供条件。实践证明，该连续结晶纯化装置在有效提高结晶产品质量同时，可有效降低生产过程能耗，广泛适用于各类化工结晶过程，具有良好的推广应用前景。

【浓海水太阳池制盐】 由国家海洋局天津海水淡化与综合利用研究所承担的天津市科技计划项目"浓海水综合利用新技术"子课题"浓海水太阳池制盐技术研究"，于 2016 年 7 月通过天津市科委组织的结题验收。依托本课题，形成了节能、高效太阳池制盐成套技术装备，较现有蒸发制盐技术可节能 1/3 左右。

项目实施过程中，课题组先后攻克了太阳池蓄热装置盐梯度层的分层灌注、热液汲取与补充过程中盐梯度层保持等关键技术，将太阳池蓄热技术和真空制盐技术相结合，形成了太阳池制盐成套技术装备；并以淡化后浓海水为工质，建立了 150 平方米卤水太阳池蓄热装置，将太阳池蓄热技术和真空制盐技术相结合用于浓海水制盐研究。工程运行实践表明，研发的相关技术保证了太阳池集蓄热装置的稳定运行，通过太阳池的特殊结构，实现了制盐过程中太阳能资源的高效利用，与传统制盐工艺相比可降低 1/3 的能耗；下对流层近饱和热液闪蒸制备的盐产品质量达到 GB/T 5462-2003《工业盐》标准要求。相关技术在为中国传统制盐行业在节能降耗方面提供有益借鉴的同时，在中国内陆盐湖资源开发利用领域亦有着良好的产业化前景。

【高效填料塔提溴】 由国家海洋局天津海水淡化与综合利用研究所承担的天津市科技兴海项目"浓海水高效填料塔提溴与粗溴提纯技术研究"，于 2016 年 9 月通过天津市海洋局组织的结题验收。依托本课题，攻克了高效填料塔提溴技术，研发了成套装备，2016 年 5 月建成了"500 立方米/天高效填料塔提溴示范工程"。工程运行实践表明，较传统提溴装置，提溴过程收率提高 5% 以上、能耗降低 10% 以上，填料层高度降低 20% 以上。

该新型高效节能提溴成套技术装备，以高效填料替代传统阶梯环，减少了填料装填数量，并有效降低了全塔压降；通过进一步的塔芯结构优化，有效改善了气液两相流体在塔内的流动分布状况，提高了传质系数，从而有效解决了传统空气吹出法浓海水提溴过程收率低、能耗高的问题。该成果的推广应用，在有效提升现有提溴企业经济效益的同时，还可进一步应用于海水、浓海水提溴领域，有效拓宽我国溴资源来源，保障我国溴素供给安全，具有良好的市场应用前景。

【海洋微生物提取表面活性剂关键工程化技术研发】   国家海洋局天津海水淡化与综合利用研究所承担的 2013 年海洋公益性行业科研专项项目子任务。该项目围绕海洋石油污染处理的迫切需求，以开发来源于海洋微生物的表面活性剂为最终目的，研发海洋微生物提取表面活性剂关键工程化技术。重点攻克海洋微生物离子束诱变育种技术；表面活性剂规模化发酵关键技术；目标产物规模化分离纯化技术；质量控制与检测技术；去油污乳化功能验证技术，形成成套工艺与技术体系。

2016 年度，开发了菌种突变—中试发酵—成品制备系列工艺体系，重点突破了表面活性剂菌种常压室温等离子体诱变技术，微生物表面活性剂 50 升规模中试发酵技术，微生物表面活性剂规模化制备技术与微生物表面活性剂功能验证技术。获得高产表面活性剂菌种 1 株，微生物表面活性剂年制备能力达到 14.4 千克，初步精制微生物表面活性剂 1 千克，其去油污乳化能力达到 85% 以上。发表核心期刊文章 6 篇，申请专利 1 项。

【海水微生物絮凝剂规模化生产关键技术研究】   国家海洋局天津海水淡化与综合利用研究所承担的 2014 年海洋公益性行业科研专项项目子任务。项目着重突破海水微生物絮凝剂规模化生产的关键技术，开发新型专用于海水处理的微生物絮凝剂，形成活性产物从海洋生物资源中高效提取、分离纯化、性质功能检测分析等关键技术，解决规模化生产的关键技术难题。

2016 年度，在前期中试发酵基础上，形成海水微生物絮凝剂规模化分离纯化方案，海水微生物絮凝剂的年制备能力达到 9600g，并进行了海水微生物絮凝剂精制方法的探索，得到一种纯度为 92.4% 并具有絮凝活性的蛋白质组分。经检验，海水微生物絮凝剂投加剂量低至 0.05 毫克/毫升时，对海水的絮凝率仍 ≥ 85%。发表核心期刊文章 1 篇，申请专利 1 项。

【海水淡化浓海水排海生态监测和效应评估关键技术研究】   国家海洋局天津海水淡化与综合利用研究所承担的 2015 年海洋公益性行业科研专项项目子任务。项目通过开展海水淡化工程浓海水排海对周边海域海洋环境影响调查监测，优化浓海水排放的数值模拟技术，提出海水淡化工程浓海水排海影响海洋生态系统的评价指标体系及评价方法，形成中国海水淡化浓海水排放管理支撑技术与政策建议。

2016 年度，项目组选取天津大港电厂和舟山六横岛两个海水淡化项目，对浓海水排放口影响范围内海域的海水水质、海洋水动力和浮游生物状况进行了持续监测，获得了海水淡化浓海水排放周边海域 4 个季度调查数据。在浓海水排海数值模拟研究方面，采用 MIKE3 数值模拟软件建立了海水淡化浓海水排放海域水动力模型及温盐模块的基本方程，并采用 ADI 差分法进行了水动力模型的模拟及其边界条件和设定参数的确定。同时开展了海洋环境特征对浓海水中盐度、温度等的扩散输移规律的影响研究。在核心期刊发表文章 2 篇。

【鼠李糖脂生物表面活性剂的模块化设计合成与优化调控】   国家海洋局天津海水淡化与综合利用研究所承担的 2015 年国家自然科学基金青年项目。项目通过从海洋环境中抽提微生物合成鼠李糖脂生物表面活性剂的功能信息，设计、构建并优化产生物表面活性剂功能模块，探索微生物合成鼠李糖脂的合成生物学策略，为构建更高效的产表面活性剂人工细胞奠定基础。

项目对多株分离自不同海洋环境的铜绿假单胞菌进行了研究，发现其基因组中均含有rhlAB和rhlC，且序列高度同源。2016年度以铜绿假单胞菌和伯克氏菌为模板、依据大肠杆菌的密码子偏好性，设计并合成了4种不同组合形式的rhlAB—rhlC模块；相应的大肠杆菌工程菌株经IPTG诱导发酵，可同时合成单、双鼠李糖脂，但产量和产物组分均有差异。其中，E. coli DJ208包含来源于铜绿假单胞菌的rhlAB和rhlC，鼠李糖脂产量达到0.446 g/L，其产物组分主要为Rha—Rha—C10—C10，与铜绿假单胞菌的鼠李糖脂产物组成一致。在核心期刊发表论文1篇，申请专利1项。

【海水源热泵传热过程强化技术装备研究及系统优化】　国家海洋局天津海水淡化与综合利用研究所承担的2013年所基本科研业务费团队项目，于2016年11月通过项目验收。项目针对海水源热泵系统冬季制热效率低、中间换热器换热效率低等问题，进行海水直接换热过程中换热器的强化传热研究，提高换热器的换热效率、减少传热边界层厚度、延缓污垢热阻的形成，实现海水源热泵的高效换热，提高能效比，降低海水源热泵的运行费用。

项目重点研发了适用于海水源热泵系统冬季供暖中海水直接进入蒸发器的高效海水换热器。完成了热泵蒸发器光滑管的传热系数研究，在此基础上对光滑传热管的管内、管外强化传热手段进行研究，通过实验，确定了最佳的管内外强化传热方案，蒸发器的传热系数较光滑管提高1倍以上；完成了海水源热泵换热器的初步设计；探讨了不同海水进水温度和热泵供水温度下，热泵效率的变化规律，通过海水源热泵供热与传统能源供热的比较，确定海水源热泵系统节能运行的能效比限值。在国内外期刊发表论文4篇。

【微生物固定化—循环式活性污泥法处理海水养殖废水技术】　国家海洋局天津海水淡化与综合利用研究所承担的2014年所基本科研

业务费团队项目，于2016年11月通过项目验收。项目针对当前海水养殖废水所带来的环境污染问题，通过筛选分离高效脱氮耐盐净污菌，并将微生物固定化技术与循环式活性污泥法工艺相结合，形成高效、稳定的生物强化海水养殖废水处理工艺。

项目从海水养殖底泥中分离到3株能够在贫营养条件下高效脱氮的耐盐好氧反硝化菌MCW148、MCW151、MCW154，12 h内能够将合成培养基（FM）中的总氮从150 mg/L降至0.05毫克/升以下。在此基础上，项目研发了微生物固定化—循环式活性污泥法（CAST）海水养殖生物处理废水工艺及装置。该装置12 h运行周期条件下对TN平均去除率大于95%，出水TN平均浓度为0.15毫克/升左右；对CODMn平均去除率大于95%，出水CODMn维持在1.5~3.5毫克/升的较低水平；TP去除率在70%~95%之间，每次排泥后，出水TP的平均浓度为0.04毫克/升；出水悬浮物浓度小于40毫克/升。在核心期刊发表论文4篇，申请发明专利1项。

【预涂动态膜在海水净化中的应用研究】　国家海洋局天津海水淡化与综合利用研究所承担的2015年所基本科研业务费团队项目。通过对预涂动态膜的制备方法及其成膜条件进行优化，考察预涂动态膜对海水中有机污染物的净化效果及其作用机制；分析动态膜净化海水过程中的污染特性，揭示动态膜的抗污染机理，并探讨其清洗方法；形成预涂动态膜海水净化工艺，实现其对海水的稳定高效净化。

2016年，项目重点以粉末活性碳和硅藻土为涂膜材料在超滤膜上形成预涂动态膜，对比分析了直接超滤和预涂动态膜对海水中典型有机物的去除效果和作用机理，并从膜阻力分布、膜表面亲疏水性和粗糙度等方面考察了预涂动态膜的污染特性。研究发现，活性碳预涂动态膜能够强化超滤膜对海水中蛋白类和腐殖酸类有机物的去除，活性碳预涂动态膜的过滤总阻力较直接超滤降低了

50.3%。利用涂膜材料在超滤膜表面形成的滤饼层将超滤膜与有机物进行了"隔离"，避免了污染物与超滤膜直接接触，降低了小分子有机物在膜孔内的吸附堵塞几率，在一定程度上缓解了超滤膜的不可逆污染。在核心期刊发表论文 1 篇。

（国家海洋局天津海水淡化与综合利用研究所）

海底探测与油气勘探开发技术

【多波多分量地震资料矢量处理关键技术】　研发了 RT 分量旋转、波场分离、CIG 道集分选、转换波速度分析以及转换波叠前时间偏移等 12 项三维多波多分量地震资料矢量处理关键技术，形成软件模块 47 个。研发了基于时间域多尺度叠前共成像点道集的三维多波多分量偏移速度建模技术，能适应多种地质情况。建立了海上三维多波多分量地震资料处理流程，完成了国内海域两个靶区 200 多平方千米的三维多波多分量地震资料处理，纵波剖面和转换波剖面具有可对比性，与合成记录吻合较好。解决了渤海某区块气云模糊带成像这个多年未攻克的难题以及复杂构造的转换波成像。集成了公司首套具有自主知识产权的海上三维多波多分量处理软件平台 EWI，在三个靶区成功应用，显著提升了三维多波多分量地震资料处理能力。

【时移地震差异解释技术】　海上时移地震技术是寻找剩余油，优化钻井井位，大幅提高采收率的重要手段。公司自主研发了潮汐校正、船速校正、面元一致性抽取、针对相位吸收补偿等时移地震处理关键技术。建立起海上时移地震一致性处理流程和质量控制体系，极大地提高了时移地震资料的一致性和差异的可解释性。研发了 ±90 度相移、时差属性分析、饱和度和压力分离、基于油藏数模的综合解释等时移地震关键解释技术，有效地降低了时移地震差异的多解性。海上时移地震技术在国内某油区进行成功应用，时移地震标志层段的一致性达到了 96%，时移地

震解释成果通过钻井验证，具有很好的吻合度。项目形成技术发明专利 5 件。

【模块式地层动态测试系统】　研制形成具有自主知识产权的随钻地层测试、聚焦式地层测试、低孔渗复杂储层地层测试、集成式快速地层测试等技术装备及其配套资料处理软件，同时建成了高精度压力传感器刻度系统等 4 套科研及产业化基础设施，其中具有代表性的创新技术成果如异向推靠解卡装置、探针系列等，有效解决了困扰业界多年的仪器吸附卡、复杂储层取样等技术难题。研发过程中申报国际发明专利 5 项、国内发明专利 18 项，编制行业标准 1 项，在美国合作出版地层测试技术专著 2 本，扩大了中海油的国际影响力。所形成的新技术装备全面拓展了地层测试作业地层适应性，多项技术成果实现产业化并在国内外作业市场应用推广，海上作业应用累计超过 50 井次，产生了巨大的经济效益与社会效益。

【南海西部海域水淹层动态评价技术】　针对天然水驱及注水开发的油田，创新性地研发了基于动态混合导电模型的水淹层测井综合解释评价技术。建立了基于 X–CT 扫描技术的水驱油实验中时空饱和度测量新方法，形成了一套水驱油藏混合水矿化度分布场的定量表征技术，为准确评价水淹层开发潜力提供了技术支撑。研究结果应用于国内海域两个油田水淹储层评价中，实现了投产初期含水率低于 15% 的目标，并成功指导了国内海域 3 个油田的调整挖潜，目前已实施措施 7 井次，预测累增油 97.64 万立方米。

【分级组合深部调剖技术】　创新性提出了通过段塞分级与工艺组合实现深部调剖的新思路和方法，形成了二次交联凝胶体系合成技术、水分散聚合物微球合成方法及尺寸调控技术、调剖体系与油藏窜流强度匹配技术等一系列成果，在渤海某油田两口井先导性矿场试验取得显著降水增油效果，见效率高达 92%，矿场试验平均有效期 14 个月，井组累

计增油 1.83 万立方米，含水平均降低 8.4 个百分点。该技术与海上常规调剖技术相比，实现了调剖半径由 30 米提高到 70 米、平均有效期由 6 个月提高到 14 个月、单井平均增油量由 4500 立方米提高到 9000 立方米，为低油价下海上油田稳油控水提供了技术保障。

【海上油田注水井智能测调技术】　优化设计水嘴结构，解决了单层大排量注入。研发一体式电缆保护器、过电缆插入（定位）密封，解决电缆永置自动测调工艺井下电缆在防砂段的保护。编制、优化脉冲编码系统，实现无缆智能测调井下双向通讯。集成创新了海上平台注水井远程测、调一体化控制技术，通过终端即可控制各层配注量，获取完整地层压力、温度、流量数据，便于多井的规模化管理。研究成果在渤海油田应用 4 口井，与常规分注工艺比较，完成单井调配无需占用平台，无需电缆、钢丝设备，测调效率提高 5 倍以上。

【低孔低渗气藏钻完井测试关键技术】　开发了低自由水钻井液体系，减少滤液的侵入量及深度，有效解决了储层保护、地层垮塌、钻井液抗高温等问题，提高了钻井时效。通过建立井壁稳定性分析模型分析已钻井井壁失稳机理，对预钻井的泥浆密度窗口进行了分析，并分析了坍塌破裂压力随井斜方位的变化规律，将地层孔隙压力和地应力的预测精度提高至 90% 以上，以此对目标油气田井身结构进行了优化，减少了复杂情况和事故时间。优选出一种密度能达到 1.80 克/立方厘米以上，抗温能力达到 200℃ 以上，低腐蚀性的和低损害的高密度无固相测试液，储层保护效果良好，满足了东海高温高压井裸眼测试作业要求，并首次将水力喷砂射孔工具与 APR 测试工具联合，形成一套射孔测试联作管柱。优选出一套适合海上水平井压裂的耐温速溶海水基压裂液体系，形成了一套海上水平井分支井压裂方式和施工管柱。

（中国海洋石油总公司）

【海底探测试验】　中国石化胜利油田建立了海底管道内腐蚀规律模型，成功实施高精度非接触海管路由探测试验，低频三维声呐成像技术首次应用于海底管道检测，填补了海管监测检测技术空白。

【勘探开发技术】　中国石化胜利油田始终把低成本开发技术作为提升海上盈利能力的核心工作来抓，推广应用适应油藏开发需要和全生命周期效益最大化的低成本勘探开发技术，持续提升海上创效保效能力。配套低液井治理工艺，通过优化氮气泡沫吞吐返排解堵工艺、稠油增产配套工艺，低液井治理平均单井日增油 14.2 吨，治理成功率 100%。完善长效细分注水工艺，实现了单井 6 段细分注水、一次管柱分 7 段改造增注，细分率提高 8.8%。长寿命举升工艺取得突破，通过完善管柱防腐防垢、电缆整体穿越连接等 4 项配套技术，破解了电泵长寿命短板，电泵井平均检泵周期突破 5 年。应用射孔留枪防砂一体化等 6 项低成本作业技术，平均单井作业费用实现 5 年连降。

（中国石油化工集团公司）

海洋测绘技术

【舟山港主通道（鱼山石化疏港公路）海域地形图测量】　宁波舟山港主通道（鱼山石化疏港公路）位于浙江省东北部的舟山群岛中部，连接舟山和岱山两岛，由舟山至岱山的主线和岱山至鱼山的鱼山支线两部分组成。本工程是浙江省、舟山市规划建设的高速公路主骨架公路网的重要组成部分，是舟山本岛至上海北向大通道的重要组成部分，是服务鱼山石化的陆上通道。国家海洋局第一海洋研究所受北京中交工程勘察有限公司委托承担了宁波舟山港主通道（鱼山石化疏港公路）项目海域地形图测量工作。该项目的主要任务为通过对该主通道海域进行水深测量，为鱼山石化疏港公路主通道工程可行性研究及后期建设提供基础数据。根据项目工作安排，2016 年 6 月—7 月国家海洋局第一海洋研究所对项目区域利用多波束系统进行了水深地形测量，并绘制海底地形图，对主通道区域的海底地形进行了分析，标注出主通道区域内的深水区和礁石区，为项目后期设计和建设提供基础数据和参考依据。

（国家海洋局第一海洋研究所）

海洋能技术

【浙江舟山潮流能示范工程总体设计】　通过专项资金支持，紧紧围绕推进海洋能规模化应用，促进产业化发展的总体目标，依托示范工程，完成对浙江舟山具有试验测试功能的潮流能示范工程进行选址和总体设计，包括示范泊位的结构、基础处理、施工方案、配电、变压、变流、电气测试及电力传输系统初步设计等，进行电站建设的海洋工程环境影响评价，完成电站建设立项及用海用地预审批，基本具备开工条件。国家海洋技术中心主要研究内容包括：负责潮流能测试区总体设计方案编制，可具体分为 7 项任务。其中对测试区泊位监控系统设计、电力检测系统设计、数据集成系统设计和运行管理制度与技术体系设计等 4 项任务提交相关设计方案；对测试区泊位设计与布局、输配电系统设计和岸基保障系统设计等 3 项任务提出相关设计需求；在测试区内开展潮流能定点连续观测站建设，协助完成舟山潮流能发展规划编制工作。

【波浪能、潮流能海上试验与测试场建设论证及工程设计】　项目首先对国内外波浪能、潮流能海上试验场的现状进行了广泛的调研与分析，然后根据调研结果与国内的需求，提出了海上试验场的选址条件，确定了两个备选场区，分别为山东省荣成市成山头海域及山东省威海市褚岛海域，并对两个备选场区的水文、气象、地形及人文环境等进行了精细的勘察与详细的分析，并进行了初步的规划设计，在此基础上针对海上试验场的监测系统、电力系统与试验平台等进行了初步的工程设计，整个项目的完成为海上试验场的建设奠定了基础。从具体的完成情况来看，本项目开展海上试验与测试场需求分析与总体功能设计；对海上试验与测试场区进行遴选；对备选场区精细调查；构建海上试验与测试场基础数据库；开展波浪能与潮流能装置检测与评价方法研究；开展场区建设用海的环境影响和海域使用等工程预可研工作。完成波浪能、潮流能海上试验与测试场建设论证报告；根据需求分析与总体功能设计的要求，开展海上试验与测试场的总体建设方案设计。

（国家海洋技术中心）

海 洋 教 育

综 述

随着国内外对海洋的重视程度加大，围绕海洋强国建设的战略需求和创新驱动发展战略的部署，高校在海洋领域的学科建设进一步完善，海洋相关专业人才的培养质量进一步提高。

一是增设相关专业。2016年，中国地质大学（北京）、华南农业大学、福州大学等高校增设海洋科学、海洋资源开发技术、海洋资源与环境、港口航道与海岸工程等海洋相关专业点12个，加大相关领域人才培养力度。截至目前，全国高校设有海洋科学类、海洋工程类等海洋相关本科专业126个。

二是完善协同育人机制。2016年，教育部继续推动上海交通大学、大连理工大学等9所高校的船舶与海洋工程专业开展"卓越工程师教育培养计划"试点工作，在培养目标设定、教学资源共建共享、师资队伍建设、教学管理等方面完善校企全流程协同育人机制，加强学生工程实践能力的培养。

三是加强在线开放课程建设。积极建设海洋相关领域的在线开放课程。目前，已在"爱课程"等课程平台上线《海洋科学专业导论》《海洋权益与中国》《海洋学——认识海洋的科学》《海洋与人类文明的生产》等相关在线开放课程30余门。

四是开展大学生创新创业训练。实施国家级大学生创新创业训练计划，2016年共支持80余项海洋相关的项目开展研究和实践，涉及海洋能源、海洋生物、海洋文化等内容，着力提升学生的创新精神、创业意识和创新创业能力。

在现行《学位授予和人才培养学科目录》中，与海洋相关的一级学科有"海洋科学""船舶与海洋工程"和"水产"，分别属于"理学""工学"和"农学"门类，全国共有相关一级学科博士学位授权点29个，一级学科硕士学位授权点35个。在工程硕士专业学位类别中，与海洋相关的领域有"船舶与海洋工程"，全国共有相关学位授权点23个。根据有关政策，学位授予单位可根据自身发展需要和学科条件，在相关一级学科学位授权权限内，自主设置与海洋学科相关的二级学科。截至2016年8月，中国海洋大学等32个学位授予单位自主设置了"海洋资源与环境""海洋油气工程""海洋生物技术"等60余个二级学科。

2015—2016学年度，我国海洋相关学科共授予博士学位520多人，授予硕士学位2900多人。

（教育部）

中国海洋大学

【概述】 中国海洋大学是一所海洋和水产学科特色显著、学科门类齐全的教育部直属重点综合性大学，是国家"985工程"和"211工程"重点建设的高校。学校创建于1924年，历经私立青岛大学、国立青岛大学、国立山东大学、山东大学等办学时期，1988年更名为青岛海洋大学，2002年更名为中国海洋大学。

学校有崂山校区、鱼山校区和浮山校区3个校区，占地1.6平方千米。设有18个学院和1个基础教学中心。现有全日制在校生25700余人，其中本科生15300余人、硕士研究生7500余人、博士研究生1800余人。教职工3300余人，其中专任教师1700余人，博士生导师360余人、正高级专业技术人员570余人、副高级专业技术人员650余人，中国科学院院士 5 人、中国工程院院士 5 人。

学校拥有教学和科学考察船舶 3 艘，包括 3500 吨级的"东方红 2"号海洋综合科学考察实习船、300 吨级的"天使 1"号科考交通补给船、2600 吨级的"海大"号海洋地质地球物理调查船（与企业合作共建共管），另有一艘在建的 5000 吨级新型深远海综合科考实习船"东方红 3"号，形成了自近岸、近海至深远海并辐射到极地的海上综合流动实验室系统，具备了一流的海上现场观测能力。学校是青岛海洋科学与技术国家实验室的主要依托单位，主持其中"海洋动力过程与气候""海洋药物与生物制品" 2 个功能实验室的工作，作为骨干力量参与其他 6 个功能实验室的建设。

学校地球科学、植物学与动物学、工程技术、化学、材料科学、农学、生物学与生物化学、环境学与生态学、药理学与毒理学 9 个学科（领域）名列美国 ESI 全球科研机构排名前 1%。获国家技术发明一等奖 1 项、二等奖 2 项，自然科学二等奖 1 项，科技进步二等奖 9 项；"十二五"以来，主持国家级各类项目 900 余项，获省部级科技奖励 29 项，被 SCI、EI、ISTP 等三大收录系统收录论文 13000 余篇，申请发明专利 1404 项，授权发明专利 736 项，其中国际发明专利 20 项。

【科研项目与经费】　2016 年度学校科技经费实现高位平稳发展，实到科研经费 7.3 亿元，首次突破 7 亿元，在科技体制深化改革，竞争愈发激烈的背景下，实现了连续三年科研经费持续稳定增长的良好局面，为"十三五"学校总体科技工作的发展奠定了坚实的基础。作为"十三五"中央财政科技计划改革推出的核心计划之一，国家重点研发计划申报首年立项工作取得佳绩。7 个国家重点研发计划项目获立项资助，合同经费 1.73 亿元，获批项目数在全省所有申报单位中列首位，在全国所有申报单位中并列第 18 位、所有申报高校中并列第 12 位。国家自然科学基金共有

123 项项目获得资助，直接经费 1.2 亿元，项目平均资助率 29.8%，青年基金资助率达到 38.1%，高出全国 16 个百分点。新增部委调查专项经费总计 1.28 亿元，中标项目数、经费数均创历史新高。积极服务地方经济建设，促进成果转化工作。2016 年实到横向经费 1.4 亿元，100 万元以上的项目 25 项，其中海底有缆在线观测系统在海洋牧场领域的应用、相干多普勒激光雷达在航空气象领域的应用等得到了党和国家领导人的肯定。

【科研成果】　李华军教授获评何梁何利基金科学与技术创新奖，成为继文圣常院士、管华诗院士、高从堦院士之后，学校第 4 位获得何梁何利基金奖的科技工作者，也是 2016 年度山东省唯一获奖者。由李华军教授领衔完成的成果"滩浅海新型构筑物及安全环保关键技术"和包振民教授领衔完成的成果"扇贝分子育种技术体系的建立与应用"分别获评教育部技术发明一等奖，由材料学与工程研究院陈守刚教授完成的成果"海洋工程材料表面功能调控及防护研究"获评教育部自然科学二等奖，由食品科学与工程学院毛相朝教授完成的成果"基于海洋生物资源高效综合利用的生物发酵与催化转化关键技术"获评教育部技术发明二等奖。

2016 年度，学校教师作为通讯作者和共同第一/通讯作者分别在 *Nature* 及其子刊《*Nature Communications*》*Nature Protocols* 等国际顶级学术期刊发表高水平研究论文。2016 年学校发表 SCI 收录论文 1500 余篇，较去年同期增长了 22%，EI 收录论文 1000 余篇，较去年同期增长了 40%，CPCI-S（原 ISTP 国际会议收录）收录论文 90 余篇，较去年同期增长了 210%。

【一流大学建设】　积极作为，主动布局，为"双一流"建设奠定坚实基础。2016 年是"双一流"建设的开局之年。在国家"双一流"建设具体实施方案尚未出台的情况下，学校积极作为，组织召开学科建设校内咨询会、学

科建设研讨会、平台（学科群）建设研讨会、兄弟高校"双一流"建设交流研讨会等系列会议等10余场，对"十三五"期间学校"双一流"建设的思路、框架及亟待突破的重大问题进行深入讨论。经近半年的研讨，各平台（学科群）基本确定了未来五年的主要建设方向和建设方式，为进一步落实"双一流"建设奠定了坚实基础。

【科研成果转化】　2016年已经签订和正在开展的专利（技术）成果转让项目达7项，已实现和拟转让合同额超千万元。同时，注重技术转移平台建设，积极提升科技处作为国家级技术转移机构和青岛市技术转移服务机构的平台作用，顺利完成了机构的年审和省内备案等工作，依托机构的良好平台基础，组织参加了"2016中国（珠海）国际海洋高新科技展览会""中国青岛蓝洽会""2016中国（青岛）国际海洋科技展览会"等一系列大型科技成果展示交易会，在青岛技术交易市场主办了"2016年海洋农业技术主题周"活动等，邀请省农业厅及相关行业、企业来校洽谈合作；积极组织学校与地市、企业技术对接会，涉及福建、江苏、山东等沿海省份城市企业；走访了一批本地企业、金融以及中介机构，为进一步推进科技成果向行业、企业转化拓宽了渠道，有效利用各级地方政府的政策性支持，依托科技处作为国家级技术转移示范机构和青岛市技术转移服务机构的优势，极大支持了学校科技成果转化相关工作的向前发展。

【科技创新平台建设】　学校作为主要发起单位和主要依托单位，坚持"顾全大局、积极作为"，一如既往地全力支持和推进海洋国家实验室的建设和发展，深度参与海洋国家实验室8个功能实验室科研任务和"两洋一海""蓝色生物资源"和"地质过程与资源环境效应"三项重大科研计划，16名科研人员分别入选了鳌山人才计划卓越科学家专项和优秀青年学者专项，占已获批的鳌山人才总数的近一半，获得海洋国家实验室科研计划任务合同额累计达1.5亿元，实现了学校与海洋国家实验室科研力量的深度融合、协同发展的良好局面。

各类重点实验室、工程技术研究中心评估工作取得良好成绩。在2015年度地学领域教育部重点实验室评估中，物理海洋教育部重点实验室获得"优秀"成绩，是学校首个获得评估优秀的教育部重点实验室。2016年度生命领域教育部重点实验室评估工作中，海水养殖、海洋生物遗传学与育种2个教育部重点实验室再次获评优秀成绩。两次评估总体优秀率约是全国平均优秀率的2.6倍多。国家海洋药物工程技术研究中心、农业部水产动物营养与饲料重点实验室也在5年的周期性评估工作中全面展示了建设水平与实力。同时，科研基地布局更为完善。成功获批1个青岛市重点实验室（青岛市混合现实与虚拟海洋重点实验室），使市级重点实验室数量增至5个，有力支撑了相应学科的建设与发展，并成为服务青岛经济社会发展的重要载体。新组建1个校级研究所（近海环境污染控制研究所），并以此作为学校创新试点单位之一。重点实验室运行管理工作扎实有效开展，顺利完成了有关重点实验室班子及学术委员会换届工作，为持续高效开展工作提供组织和学术指导保障。同时，会同财务处出台了重点实验室运行费管理办法，以更好地优化和配置资源，提供经费使用效益。

【科技人才培养与队伍建设】　新入选科技部人才推进计划中青年科技创新领军人才1人，新入选国家"万人计划"3人；1人获杰出青年资助，1人获优秀青年资助，实现学校连续5年均获优秀青年资助；新增"省杰出"青年1名；新增青岛市创新创业领军人才2名；8人入选海洋国家实验室鳌山人才计划卓越科学家，8人入选海洋国家实验室优秀青年学者。

【国际科技合作与交流】　在与全球顶尖海洋研究所——伍兹霍尔海洋研究所的合作中，

根据《中国海洋大学—伍兹霍尔海洋研究所国际联合实验室管理办法》，双方共同资助开展合作研究项目，学校 2016 年出资 500 余万元，已立项 4 项联合实验室合作研究项目，这使得双方科研人员合作研究进一步深化。按照这种成功的合作模式，2016 年学校又与美国奥本大学成立水产养殖与环境科学联合研究中心，并进展迅速，双方共同发布了项目指南，供双方的科研人员申请，在双方的共同评审后将确定多项合作研究项目。另外，学校与美国德州农工大学签订了合作项目合同，有望以合作项目的形式为双方的科研人员提供良好的合作空间。学校与全球著名海洋科研机构的科研合作，逐步迈入到了你中有我、我中有你、互惠互利、平等共赢的深层次合作的新局面。新获批 1 个科技部国际科技合作基地（海洋藻类国际科技合作基地），使学校认定获批的示范型国际科技合作基地数量增至 2 个。

新增东盟海上合作基金项目、与韩国合作等国际科技合作项目，合同额 900 余万元，在与印尼合作基础上获科技部批准立项建设海洋藻类国家级国际科技合作示范基地，助力国家"一带一路"发展战略。

（中国海洋大学）

海洋意识教育

【组织编写《青少年海洋意识教育指导纲要》】作为落实中宣部《关于提高海洋意识加强海权教育的工作方案》的一项重要举措，该纲要编写完成后将由教育部、国家海洋局联合印发。根据纲要编写工作研讨会的讨论意见，2016 年经过多次修改完善，形成了《青少年海洋意识教育指导纲要》审定稿。《纲要》着力解决中小学生海洋意识教育方面的问题，此举对于今后指导全国各地加强青少年海洋意识教育将起到重要的促进作用。

【全国海洋意识教育基地进一步壮大】2016 年设立 50 多个全国海洋意识教育基地，总数达到 160 多个，分布在 11 个沿海省份及 5 个内陆省份，进一步扩大了海洋意识教育的覆盖面。与山东省海洋与渔业厅、广西自治区海洋与渔业局、江苏省海洋与渔业局等单位进行了共建，进一步完善了海洋意识教育基地合作机制。海洋意识教育基地工作受到局领导重视，2016 年 4 月全国首家设在社区的"全国海洋意识教育基地"在南京成立，国家海洋局党组书记、局长王宏及江苏省领导出席并揭牌；6 月份组织教育基地的北京市中学生代表参加了中美"蓝色海洋"公共宣传活动；7 月份配合国家海洋局办公室开展了"海洋意识进内陆——走进贵州赫章"活动；8 月份举办两期海洋意识教育培训班，共培训海洋教育师资 140 人。

【成功举办第九届全国大中学生海洋知识竞赛】全国大学生海洋知识竞赛由国家海洋局、共青团中央、海军政治工作部共同主办，由国家海洋局宣传教育中心承办。第九届全国大中学生海洋知识竞赛于 2016 年 6 月 8 日启动，11 月 4 日完成大学生组电视总决赛，11 月 27 日完成中学生组网络总决赛。通过开展竞赛系列活动，向大中学生普及了海洋知识、传播了海洋文化、弘扬了海洋精神。其中，第九届全国大学生海洋知识竞赛电视总决赛在厦门广播电视集团成功举办。大赛决出了 10 名一等奖、30 名二等奖，来自海军大连舰艇学院的刘正楷、厦门大学的胡俊彤、海军大连舰艇学院的骆海波三名同学，最终勇夺"南极""北极"和"大洋"三个大奖。国家海洋局党组成员、副局长林山青为获得"南极"奖的选手颁奖。通过开展竞赛活动，向大中学生普及了海洋知识、传播了海洋文化、弘扬了海洋精神，收到了良好效果。

【全国大中学生海洋文化创意设计大赛精品涌现】2016 年 9 月 21 日，由国家海洋局宣传教育中心、中国海洋大学、国家海洋局北海分局共同主办的第五届全国大中学生海洋文化创意设计大赛在浙江海洋大学隆重举行，本届大赛共有 504 所高校、76 所中学参赛，征集作品 14227 件，涵盖全国 35 个省、市、区（含港、澳、台），作为海洋文化方面的重要品牌，五年来大赛的影响力逐步提升，影响范围日益扩大。

【"走向海洋"博士团考察活动成功举办】　2016 年 7 月 4 日至 8 日，在国家海洋局人事司的指导下，国家海洋局宣传教育成功举办了 2016 年"高校博士团走向海洋"考察活动，来自北京大学、清华大学、中国地质大学（北京）、浙江大学、南京大学和上海交通大学的 120 名在读博士研究生、硕士研究生，参观考察了国家海洋局驻北京、天津、青岛、上海、杭州和厦门的有关单位。通过考察活动，学生们对海洋工作展现出浓厚兴趣，加深了对海洋的认识，进一步提升了高校学子们的海洋意识。

【配合开展"5·12"防灾减灾宣传活动】　2016 年 5 月，国家海洋局宣传教育中心在"5·12"防灾减灾宣传活动主场将《我们的海洋》教材赠送给学生代表，组织各海洋意识教育基地集中开展海洋防灾减灾宣传活动，联合中国海洋报社制作"海洋灾害科普知识展板"发至各教育基地等，受到教育基地的欢迎。活动结束后，以总结的形式呈报国家海洋局预报减灾司并获得肯定。

【《魅力大洋图片展》成功举办】　2016 年 6 月，国家海洋局宣传教育中心在 2016 世界海洋日暨全国海洋宣传日主场举办了《魅力大洋图片展》，向各级领导及社会公众集中宣传展示大洋工作成果；在中国人民大学举办了"大洋知识进校园"主题讲座及魅力大洋图片展，向大学生普及大洋知识；在海洋教育培训中，邀请中国大洋矿产资源研究开发协会办公室的专家进行授课，宣传大洋知识，分享大洋故事。

【开展 2016 年北京市学生海洋意识教育主题年系列活动】　国家海洋局宣传教育中心联合北京市教委开展了 2016 年北京市学生海洋意识教育主题年系列活动，期间举办了"2016 北京学生海洋文化节"，活动包括海洋知识竞赛决赛、创意船模比赛及无人潜航机器人邀请赛、贝壳创意画展示、海洋主题话剧汇演、海洋主题摄影绘画优秀作品巡展、海洋知识展览、海洋寻宝游戏、海洋大讲堂等内容，营造了良好的海洋教育氛围，为北京市中小学生带来一场海洋文化盛宴。

【指导举办第五届全国少年儿童海洋教育论坛】　2016 年 11 月 24 日，全国少年儿童海洋教育北京论坛在全国海洋意识教育基地——中国农业科学院附属小学举行，此次活动吸引了 100 多名海洋教育中小学校代表参加交流，除了沿海地区小学，还有远在新疆的内陆地区学校，推动了海洋知识在全国各地的传播。　　（国家海洋局宣传教育中心）

海 洋 文 化

海 洋 新 闻

【综述】 2016 年中国海洋报社（以下简称报社）认真贯彻落实习近平总书记系列重要讲话精神、全国海洋工作会议精神以及国家海洋局领导指示要求，凝心聚力、努力拼搏，以服务求生存，以创新谋发展，打造"一报一网""两微一端"的多元化、矩阵式宣传体系，全年共出版《中国海洋报》245 期，发表 160 余万字文稿，荣获 9 项中国产经新闻奖，在海洋新闻宣传领域不断取得新突破，收获新成绩。

【海洋新闻报道】 **重大新闻报道** 一是涉海重要法律报道。2 月 26 日，《深海法》公布。《中国海洋报》围绕《深海法》开展一系列宣传报道。及时刊发相关消息，让读者、公众广泛了解《深海法》的内容。开辟"深海立法专家谈"专栏，邀请多名专家对该法进行全方位解读，刊发本报评论员文章，对《深海法》实施的意义和作用进行解读和阐释。刊登国外深海勘探和开发的法律法规，让公众对国际深海的相关法律法规有所了解。

二是国家五年规划报道。2016 年 3 月，报社在头版开辟"回顾十二五，展望十三五"专栏，策划组织多篇报道，从海洋管理、海洋经济、海岛保护、生态环境保护、海洋科技等多方面反映"十二五"时期海洋工业发展的成就和沿海各地海洋工作的成就以及"十三五"时期海洋事业发展的构想。

三是国家海洋局重要活动报道。在全国海洋工作会议、世界海洋日暨全国海洋宣传日、建党 95 周年的重大活动中，报社编辑记者承担采访、写作、编辑等重要报道任务，出色完成了稿件写作、报纸编辑等任务。尤其是在海洋日前夕，报社策划了"迎接世界海洋日暨全国海洋宣传日特别报道"，完成了以生态养海、产业富海、科技兴海、依法治海、文化育海为主要内容的稿件，营造了良好的舆论环境。

四是社会热点焦点报道。南海问题是社会热点，也是海洋新闻报道的重点。在 5 月 22 日国际生物多样性日刊发反映我国在南海工作的成绩的稿件，报社派出多路记者克服困难采访多位专家，完成新闻通讯《为了南海更加美丽富饶》，受到有关部门的关注和读者好评。针对南海仲裁案，报社邀请专家学者集中发表应对评述文章，发出主流媒体强有力的声音。2016 年初，北方海域遭遇大面积海冰，记者跟随海监飞机进行海冰调查采访，完成了《为了精准的海冰预报》稿件，得到国家海洋局北海分局等相关部门的认可。围绕蓝色碳汇这一前沿课题，报社开辟专栏进行全方面的解读，为国家海洋局下一步工作打下舆论基础。

特派远洋航次报道 2016 年全年，报社共派出 8 人次参与远洋科考报道工作，出海时间最长 180 天，最短 40 天。

一是极地科考报道。2016 年 1 月至 4 月份，南极特派记者吴琼作为中国第 32 次南极考察队队员，在中国南极中山站和"雪龙"船上开展采访工作。采写了大量反映南极工作、生活的消息和通讯，刊发在报纸上的文字和图片约 8 万字。11 月份，记者兰圣伟，随中国第 33 次南极考察队远赴南极，全程随"雪龙"船采访报道。7 月至 9 月份，记者高悦，参加中国第七次北极科考，对科考活动进行全程报道。

二是大洋科考报道。2 月份，记者陈君怡

参加中国大洋第 39 航次第二航段科考工作。5 月份，记者方正飞承担了中国—莫桑比克和中国—塞舌尔国际合作航次任务的随船报道工作，完成了报道任务。

三是蛟龙探海报道。4 月份，记者卢晨、徐小龙，参加了中国"蛟龙号"试验性应用航次报道。卢晨撰写新闻稿件近 30 篇，约 3 万字。徐小龙拍摄视频资料 1000 多分钟，制作了航次汇报片，得到局领导和相关单位的一致认可。

四是维权执法报道。2 月份春节期间，记者卢晨参加中国海警船编队钓鱼岛定期巡航任务，在海上和海警战士们共度春节，采写"新春走基层"等多篇新闻稿件。

深入一线基层报道　一是深入沿海基层。继续开设"走基层·沿海行""走基层·台站行"等多个专栏，深入沿海基层一线，开展宣传报道工作。通过"2016 海疆生态行"专栏，报道展示山东、江苏、天津等地的海洋生态环境保护的成就。通过"船长故事"专栏，做好海洋人自己的传记，受到读者好评。在海洋防灾减灾试点工作中，记者走进温州 5 个乡镇，走访当地政府和海洋部门，采写了《打通海洋减灾最后一千米》等稿件。7 月份，记者赵宁冒着酷暑，深入交通不便、条件艰苦的海口中心站及其所属基层台站进行采访，发表了《在三沙的守岛往事》《面朝南海的"小屋"》等多篇文章。

二是深入内陆基层。海水淡化进入内陆是海洋工作的一项突破。记者刘川赶赴新疆和田，深入采访多名维吾尔族同胞，写作出新闻通讯《一位维族同胞亲历的饮水变迁》，受到了局相关单位和读者的一致好评。

三是关注民生。两会期间，中国海监北海市支队队员张世杰的儿子张英浩患了脑膜炎，高额的药费成为这个家庭的沉重负担。记者迅速赶往医院探望，刊发报道《孩子你别怕》，引起很大反响，更多的人伸出了援助之手。这让张世杰家庭充满了温暖和战胜病魔

的信心和勇气。6 月 7 日，东海航空支队两名海监队员因公殉职。记者赵建东、汪涛紧急赴上海采写两名海监队员的长篇人物通讯。两名记者在上海采访三天，完成了《蓝天巡海 英名永存——追忆中国海监东海航空支队支队长助理、执法队队长孙利平》《海云之间 青春常在——追忆中国海监东海航空支队队员柳于思》的长篇通讯。这两篇通讯受到广大读者一致好评。

【海洋文化产品】　**全媒体宣传服务**　一是全方位集成优质服务。作为宣传合作共建单位，报社全程参与了海洋二所系列庆祝活动的整体策划和宣传工作。该工作起始于 2015 年 7 月份，报社影视中心着手制作宣传片，设计中心精心制作宣传画册及副册，策划部征集并策划海洋二所 50 年发展成就展览，采编部门先后派出三批记者，采访有关领导和科学家 20 余人，完成稿件 10 篇，共约 3 万余字。2 月份，报纸、网站、微信三个平台同时启动了"庆祝国家海洋局第二海洋研究所成立 50 周年"专栏、专题报道，报道选取了海洋二所成立 50 年来最重要的 9 件大事，展示了其令人振奋的发展历程，同时以生动的笔触描述了一代代二所人艰苦创业的故事，体现了其勇于奋斗、拼搏创新的精神。

二是电视采访引入报纸专栏。2016 年两会期间，报纸开辟了"对话海洋人"专栏，采用电视采访的形式，报纸文字报道，网站、微信、微博同步图文播报，并留下了宝贵的视频资料。

三是视频汇报助力文字宣传。在 4 月份的蛟龙号实验性应用航次中，报社首次同时派出两位工作人员参加航次宣传工作，包括一名文字记者，一名视频工作者，为航次提供文字和视频制作服务。文字宣传方面，充分满足了报纸专栏宣传的需求，及时发布科考进度。视频工作方面，实时记录科考工作成绩，并在船上完成了航次工作汇报片，在航次结束时为登船国家海洋局领导及相关领

导播放。

海洋内参　按照国家海洋局领导的有关部署，2016年报社共出版印刷《海洋内参》7期。包括《日本钓鱼岛警备专属部队日前部署完成》《突破海洋能示范工程发展瓶颈出台扶持政策刻不容缓》《舟山军民融合创新示范区经验值得推广》等，得到了局领导的认可，很好地起到了耳目喉舌的作用。

《亲海》特刊　《亲海》特刊是中国第一份面向中小学生的海洋科普类报纸，于6月8日开始试刊，已出版5期，共近50个版面，发放20万份，辐射14个省（市、自治区），全力打造青少年海洋科普平台。

新媒体宣传矩阵平台　报社主办的中国海洋在线、新浪官方微博、微信2016年在全国行业传播力排行榜一直保持在前38名内，最佳名次位列第18名。2016年8月，中国海洋在线网站及报社主办《中国海洋报》成为国家网信办公布的"互联网新闻信息稿源单位"。

2016年，报社在"观沧海"微信公众号的基础上，进一步扩大微信平台的建设。一是"海洋生态文明"微信公众号。二是"亲海"微信公众号。三是"主流媒体看海洋"微信公众号。此外，按照国家海洋局新闻办的要求，从2016年7月，还承担了人民日报政务中心客户端、中国政府网的部长之声栏目的内容编发工作。

海洋展览和海洋网络博物馆　一是承担了2016东亚海洋合作平台中国馆的展览工作。二是承担了中国海域管理与使用科普展，联合中国海洋学会开展中国海域管理与使用科普展进中国海洋科普基地活动，分别在广东海洋大学、上海海洋水族馆等进行展示。三是承担完成海洋防灾减灾科普展，联合局宣传教育中心开展了海洋防灾减灾科普展进全国海洋意识教育示范基地活动，分别在北京海洋馆、广东海洋大学、河北工业大学、河北隆饶一中、北京市铁二中、大连西岗区滨海小学、南开区实验小学和中国农科院附小等进行展览。

海洋网络博物馆不断完善，新增了蛟龙探海成果、海域海岛、海域使用与海洋气候、大洋科考、极地考察、海洋权益、海洋灾害、海洋意识、海洋生态文明等9个展厅内容。

影视图书　为各涉海单位提供影视图书服务。制作了国家深海基地中心专题片、《中国海洋科技》专题片、《圆岛》等10余部宣传片。设计制作了《中国及北太平洋海洋科学组织成立25周年》《国际司中国政府海洋奖学金第一次游学活动》《海洋防灾减灾科普手册》等10余套，共20余本图书画册。

服务地方建设　2016年，报社中标了唐山市、沧州市海洋环境保护公益宣传项目，承接了南通市海洋与渔业局通州湾滩涂博物馆的资料收集整理任务，河北省海洋局"北戴河海洋生态修复"专项宣传合作项目，推进了北部湾海洋文化博物馆展品征集制作等工作。

评选活动　一是承担了"2015年度海洋人物"评选工作。二是与国家海洋局生态环境保护司合作，充分调动海洋报和"观沧海"微信公众号平台资源，策划组织执行"全国最美海洋保护区"评选活动。微信访问量超3400万人次，粉丝达45万。

海洋文化分会　2016年，报社申请发起成立中国海洋工程咨询协会海洋文化分会，目前已获得中国海洋工程咨询协会批准，将于近期启动分会组建工作。

【新闻队伍建设】　**优化采编部门设置**　2016年初，报社成立特稿部，负责各有关涉海单位的针对性宣传服务工作。该部门的设置，进一步深化报社与各有关单位之间的联系，使新闻信息更及时地到达采编部门，灵活掌握报道时机，为各单位量身定做进行宣传。有利于报社提供更加个性化的宣传服务，包括政策咨询、宣传推广、信息沟通、项目策划、活动组织、文化建设等方面，提供针对性强的定制产品。

全媒体平台验收　11月初，报社全媒体采编平台建设项目顺利通过验收。可将新闻采访资源和发布渠道进行有效整合，同时增加了舆情监控和分析功能，为做深做强海洋新闻宣传工作打下了坚实基础。

逐步提高调研能力　围绕海洋内参编撰工作，报社不断提高编辑记者深入基层调研能力。利用业务学习时间，从采编基本功开始抓起，开展了十余次采编部门专题培训，内容包括新闻消息写作、会议写作、人物写作等，不断提高编辑记者的业务水平。

不断强化队伍建设　2016年，中国海洋报社分别举办了北海、东海、南海片区新闻写作和摄影培训班。合计培训近500人，有效提升了通讯员的新闻敏感性和新闻写作、摄影水平。培训增加了更多的互动交流环节，充分激发沿海省市的记者站、通讯员队伍的积极性，用科学的方法努力培养和打造一支忠于党、忠于海洋事业、高素质、高效率、有影响的海洋新闻人才队伍。

（中国海洋报社）

海 洋 出 版

【海洋出版社】基本情况　2016年是"十三五"规划的开局之年。海洋出版社主动适应出版业发展的新常态，紧紧围绕国家海洋局的重点工作，服务海洋事业，树立创新、协调、绿色、开放、共享、发展的理念，做好海洋出版社"十三五"规划，在海洋强国建设、"一带一路"建设、提升全民海洋意识的战略目标下，按照"树立五大发展理念、夯实五大业务体系、实施六项重点工程"的海洋事业"十三五"工作思路，拓展选题方向，不断增强策划能力，找准定位，主动作为，出版了一些海洋类图书的精品力作，选题品种和出书质量均有明显提高。2016年，共出版新书370种，重印图书61种，重印率为16.5%。全社经济实力稳步增长，全年盈利比上年增长10%。

图书出版　《低纬度西太平洋硅藻席与碳循环》荣获第六届中华优秀出版物图书提名奖，责任编辑方菁、江波。

荣获2016年度国家海洋局优秀海洋科技图书奖：《大陆边缘地质特征与200海里以外大陆架界限确定》，责任编辑王溪、任玲；《中国极地考察三十年》，责任编辑白燕、王溪《海洋与健康：海洋环境中的病原体》，责任编辑苏勤；《海底光缆工程》，责任编辑李宝华；《低纬度西太平洋硅藻席沉积与碳循环》，责任编辑方菁、江波；《中国海滩养护技术手册》，责任编辑苏勤、杨传霞；《中国风暴潮灾害史料集（1949—2009）（上、下册）》，责任编辑任玲。

《中国海域海岛地名图集》《中国海域海岛地名志》《海洋生态文明建设丛书》《世界海洋文化与历史研究译丛》《海洋生态科学与资源管理译丛》五个项目入选"十三五"国家重点图书、音像、电子出版物出版规划。

《南海古代航海史》入选新闻出版广电总局"经典中国国际出版工程"。

《钓鱼岛历史与法理研究》入选中华学术外译项目。

"海洋改变世界跨媒体出版项目"入选中央文化企业国有资本经营预算项目。

《海底光缆工程》一书英文版版权成功输出到爱思唯尔科技出版社。

国家出版基金项目《中国海洋文化丛书》正式出版。

《水声数字通信》一书英文版由爱思唯尔科技出版社顺利出版。

"乐比悠悠大洋环游记"动画片拍摄项目已完成制作，并获得了新闻出版广电总局的审批。

期刊出版　《海洋学报》中文版2016年出版12期，发表论文156篇；英文版出版12期，发表论文182篇，影响因子居国内SCI海洋期刊第 1 位，论文电子版全球下载量为 23070 次，比上一年增加 18.5%。国家自然科学基金论文中文版 64.7%，增长 6%，英文版为 68.7%，增长 9.9%。完成了编委会换届。陈大可院士担任主编，81 位知名学者组成新的编委会。英文版获得"2016 年中国最具国际影响力科技期刊"；中文版被国际知名数据库荷兰的 Scopus 收录，2016 年首次获得"百种中国杰出科技期刊""2016 中国国际影响力优秀期刊"，2 篇中文论文获得 2016 年"中国精品科技期刊顶尖学术论文"暨"F5000"顶级优秀论文奖。

《太平洋学报》作为社会科学综合性学术期刊，2016 年继续被社科院、南大、北大、人大、武大等国内各大学术评价机构评为核心期刊。学报 2016 年的刊文全面突出海洋主题，及时抓住国际、太平洋区域热点问题，前瞻海洋发展，在海权、海洋争端、海洋权益保护、"一带一路"倡议、陆海统筹战略、战略新疆域研究和海洋强国建设等方面发文。该年度发文国家社科基金项目、教育部基金项目等文章占比达 60%~70%，多篇文章被《新华文摘》、人大报刊复印资料等全文转载。编辑部承担和顺利组织了学报第五届编委会换届会议。学报编辑部在"南海仲裁案"结果出来的第三天，即积极组织一次研讨会，由国内知名资深学者对仲裁结果进行研讨批驳，形成上报材料，同时出版该研究专辑；年内还出版了南北极研究专辑。

《海洋开发与管理》策划"经略 21 世纪海上丝路""海岛综合管理""海洋战略性新兴产业""海洋生态环保"等重点选题并约稿。在"中国学术期刊影响因子年报（2016 年版）"中的复合影响因子为 0.670，在海洋学科 27 种期刊中排名第 8；文章下载量 10.15 万次。

《海洋世界》全年出版杂志 12 期，制作了"大洋科考"和"妈祖精神"两期专刊。继续做好"5·12 防灾减灾""6·8 世界海洋日暨全国海洋宣传日"以及"2016 海疆生态行"的重点报道工作。

新媒体领域　数字出版和版权贸易工作取得重要进展。"面向知识服务的海洋知识资源聚合和大数据分析一体化平台"入选中央文化企业资本金预算项目。数字出版产品海洋数字图书馆和海洋大数据知识服务平台初见成效，实现数字出版产品收入零的突破。

提升全民海洋意识宣教活动　认真落实中宣部提升国民海洋意识和海权意识的要求，发挥文化出版单位的优势作用，组织完成了试点活动地区新疆生产建设兵团所属中小学的中学生海洋知识竞赛活动，共计 59 所中学，20 余所小学有组织地参加了此次竞赛。借力妈祖文化写入国家"十三五规划"的有利机遇，拓展延伸海洋文化工作。

组织开展纪念我国"收复南海诸岛 70 周年"展览活动。展览基础文字资料 18 万余，图片资料 5000 余张。　　　（海洋出版社）

【中国海洋大学出版社】　2016 年度，中国海洋大学出版社共出版各类图书 332 种，其中新书 179 种，占出版总数的 53.9%，重印书 253 种，占出版总数的 46.1%。在 179 种新书中，海洋类 33 种，占 18.4%；高校教材、专著类 94 种，占 53%；一般图书 46 种，占 25.6%；教辅书 6 种，占 3%。图书产品结构基本合理。

2016 年度实现业务收入 2205 万元，比上年增长 9.6%；实现销售码洋 6600 万元，比上年增长 8.37%；实现利润 180 万元，与上年增长 5.9%，超额完成企业年度计划目标，取得了明显的经济效益。

国家出版基金资助项目《中国海洋鱼类》出版发行　《中国海洋鱼类》的作者为中国著名的渔业资源学专家、博士生导师陈大刚教授和水产学院张美昭教授。该书获得学校科技项目支持 30 万元、2015 年度国家出版基金项目支持 90 万元。全书共 182 万字，收录中国海洋鱼类照片 3090 余幅，分为上、中、下三卷。该书于6月份出版，并举行了《中国海洋鱼类》出版及学术交流会。

"教育部海洋科学类专业教学指导委员会规划教材"项目稳步推进　在海大出版社的积极争取下，教指委委托海大出版社组织编撰和出版"高等学校海洋科学类专业基础课程规划教材"。这是出版社历史上第一次接受教育部教指委的委托组织编创和出版高校规划教材，对于出版社突出海洋特色、强化大学出版社的学术出版功能具有重要意义。出版社为该套教材提出了首批共3个层次20门涉海基础课程的编创与出版规划，得到了教指委的认可。截至目前，有17本教材提交了编写大纲；已出版的教材有侍茂崇教授主编的《海洋调查方法》、赵进平教授主编的《海洋科学概论》，已交稿的教材有翟世奎教授主编的《海洋地质学》和崔旺来教授主编的《海洋资源管理》。

出版社重大出版项目《中国海洋符号》丛书即将出版　《中国海洋符号》丛书由海大出版社自主策划并组织编撰，分《海洋部落》《古港春秋》《海盐传奇》《人文印记》《勇者乐海》《海上丝路》《古船扬帆》7册，旨在汇集我国海洋人文经典、弘扬中华海洋文化。该丛书由国家海洋局宣传教育中心盖广生担任总主编、中国海洋大学曲金良教授担任总顾问。

出版社重大出版项目《舌尖上的海洋》科普丛书即将出版　《舌尖上的海洋》科普丛书包括《海洋的馈赠》《海产品食用宝典》《中华海洋美食》《环球海味之旅》4册。该丛书由中国水产品质量检测中心主任、黄海水产研究所周德庆研究员担任总主编，以项目负责人和编创团队为主推动项目运行。项目于2016年年初启动，进展顺利。该丛书文稿编撰工作全部完成，已进入编辑出版流程。

出版社为海南教育厅培训海洋意识教育课程教师　在海南省教育厅的支持下，2016年10月24日，出版社《我们的海洋》教材教师培训及交流活动在海南省琼海市举行，海南省全省360名海洋教育骨干教师参加了此次培训。此次培训旨在让教师理解教材、准确把握教材设计思路以及内容、扎实上好海洋意识教育课。国家海洋局宣传教育中心公众教育处副处长邵文台、海南省教育厅基教处副处长龙官吾、巡视员苏文出席会议。

李庆忠院士《寻找油气的物探理论与方法》举行学术交流会　《寻找油气的物探理论与方法》（3卷）汇集了李庆忠院士从事石油勘探工作以来的主要研究成果，是其60多年来工作经验与体会的总结，从地震基础理论、各种地震信息的利用及物探方法的改进等方面进行了深入的探讨和详细的阐述。7月3日下午，李庆忠文集《寻找油气的物探理论与方法》出版及学术交流会在中国海洋大学崂山校区图书馆第一会议室举行。

中国科普作家协会海洋科普专业委员会首届年会成功举行　2016年10月18日，中国科普作家协会海洋科普专业委员会首届年会在中国海洋大学学术交流中心隆重举行。国家海洋局宣传教育中心、中国太平洋学会领导以及第一届海洋科普专业委员会理事会成员、特邀海洋科普作家代表参加了此次年会。年会以"立足海洋原创，放飞蓝色梦想"为主题。在年会上，中国太平洋学会副会长盖广生就"揭秘海洋蓝洞"作了精彩介绍；中国海洋大学赵进平教授以"北极，让人依恋的神秘梦境"为主题跟大家分享了北极考察见闻；青岛贝壳博物馆李宗剑老师围绕"神奇的贝壳"做了精彩演说，与会的嘉宾畅所欲言，取得了良好的交流效果。中国海洋大学出版社在年会上宣布了海洋科普创作资助计划。

出版社为新疆维吾尔自治区教育系统捐赠海洋科普图书30万元码洋　为发挥学校的海洋学科综合优势，增强学校文化辐射与社会服务功能，加强对青少年的海洋意识教育，出版社代表学校向世界上离海岸线最远的内陆地区——新疆维吾尔自治区的部分中小学捐赠了一批由海大出版社出版的海洋科普、海洋文化普及类图书。此次捐赠的海洋图书共 70 个品种，10000 余册，图书总码洋 30 余万元，是海大出版社建社以来最大批量的一次图书捐赠公益活动。2016 年 11 月 25 日上午，图书捐赠仪式在乌鲁木齐市第三中学隆重举行。新疆自治区教育系统关工委主任、自治区教育厅原厅长沙塔尔·沙吾提、乌鲁木齐市沙依巴克区副区长杨丰琳、自治区教育厅基础教育处副处长张欣，以及沙依巴克区教育局、自治区教育系统关工委办公室等有关部门和乌鲁木齐市第三中学等有关受捐学校的师生代表 100 多人参加了图书捐赠仪式。

出版社为云南贫困地区中小学和内蒙古自治区捐赠图书 2016 年 6 月，海大出版社向云南巍山彝族回族自治县教育局捐赠 76 种 228 册书，码洋 9644.4 元，此批书已捐赠至南诏镇自由小学。在第 26 届全国图书交易博览会期间，向内蒙古自治区捐赠图书 104 种，392 册，总码洋 15570 元。

青岛市海洋文化研究会成立暨第一届第一次会员代表大会举行 青岛市海洋文化研究会成立暨第一届第一次会员代表大会于 2016 年 12 月 8 日在学校召开。著名作家、山东省作协副主席、青岛市政协委员许晨当选为首任会长，马运山、王照青、杨立敏、曲金良等 8 人当选为副会长。秘书处设在海大出版社。研究会成立后，将立足于青岛，面向全国和世界，广泛开展以海洋文学为基础，围绕海洋经济、海洋科技、海洋管理、海洋影视等文化内容进行研究创作、普及推广和服务。

出版社图书及教材获奖情况 《海洋启智丛书》（共 5 册）获第四届山东省社会科学普及与应用优秀作品评选一等奖；《海藻学》和《魅力中国海》系列丛书获国家海洋局"海洋科技优秀图书"奖。

出版社 3 种图书分别入选 2016 年新闻出版广电总局向全国青少年推荐百种优秀图书和全国农家书屋重点推荐书目 海大出版社出版的《神奇的海贝》科普丛书入选 2016 年新闻出版广电总局向全国青少年推荐百种优秀图书。出版社出版的《神奇的海贝》科普丛书、《海洋启智丛书》成功入选国家新闻出版广电总局组织评审的《2016 年度全国农家书屋重点推荐书目》。

出版社 2016 年度海洋、水产类图书出版情况

《海洋文化遗产资源产业开发策略研究》，刘家沂，2016 年 4 月版。

《海洋文化产业分类及相关指标研究》，刘家沂，2016 年 4 月版。

《中国海洋鱼类（上、中、下）》，陈大刚、张美昭，2016 年 5 月版。

《海上门户舟山》，刘家沂，2016 年 5 月版。

《海洋生态文明视域下的海洋综合管理研究》，高艳、李彬，2016 年 6 月版。

《中国对虾和三疣梭子蟹遗传育种》，李健、刘萍、王清印、赵法箴，2016 年 6 月版。

《我们的海洋（小学版·中）》，国家海洋局宣传教育中心，2016 年 7 月版。

《青岛蓝色经济区发展战略研究》，刘璟，2016 年 7 月版。

《中国渔港经济区发展研究》，衣艳荣，2016 年 7 月版。

《海上求生技能》，李若鹏，2016 年 7 月版。

《中国"海上文化线路"遗产的环境法保护》，薛晓明，2016 年 8 月版。

《全国大中学生第五届海洋文化创意设计大赛优秀作品集》，吴春晖、周荣森，2015 年 8 月版。

《海洋微生物工程》，牟海津，2016 年 9 月版。

《中国海洋城市旅游品牌价值与竞争力研究》，董志文，2016 年 9 月版。

《海盐文化研究（第二辑）》，于云汉，2016 年 10 月版。

《海洋调查方法》，侍茂崇、高郭平、鲍献文，2016年10月版。

《三亚红树林鸟类》，谢乔、林贵生，2016年10月版。

《国家鲆鲽类产业技术体系年度报告：2015》，国家鲆鲽类产业技术研发中心，2016年11月版。

《魔法涂涂看世界：航海历险记》，罗桂富，2016年11月版。

《海洋科学概论》，赵进平等，2016年12月版。

《中国海洋文化史长编（典藏版，上、中、下）》，曲金良，2016年12月版。

《大学帆船运动基础教程》，吴有凯、吴素琴，2016年12月版。

《我国海产经济贝类苗种生产技术》，于瑞海、李琪，2016年12月版。

《山东沿海习见鱼类耳石图鉴》，王英俊，2016年12月版。　　（中国海洋大学出版社）

海 洋 宣 传

综 述

2016 年是"十三五"规划的开局之年，国家海洋局宣传教育中心根据海洋工作的新形势、意识形态领域的新情况和中央的新要求，进一步聚焦主业，紧密围绕国家海洋局主体业务工作，通过做好面向公众的海洋意识和海洋精神的宣传工作，发挥好思想导向作用，对内凝心聚力，对外普及海洋知识，提高公众海洋意识。

宣 传 活 动

【2016 世界海洋日暨全国海洋宣传日主场活动顺利举办】　2016 年 6 月 8 日，第九届世界海洋日暨全国海洋宣传日主场活动在广西壮族自治区北海市举行，主题为"关注海洋健康，守护蔚蓝星球"，主场系列活动包括开幕式、2015 年度海洋人物颁奖仪式、海洋日图片展、《碧海丝路》大型舞剧演出活动、班夫海洋电影首映活动、清洁海滩公益活动等。媒体报道在海洋日前后也呈现了井喷的趋势，据统计，2016 年 6 月 4 日至 6 月 14 日期间，各类媒体对海洋日的报道约 4100 余篇。

【"十二五"海洋科技创新成果展亮点纷呈】2016 年 12 月 13 日，全国海洋科技创新大会在京召开，国家海洋局党组书记、局长王宏，国土资源部副部长曹卫星，科学技术部党组成员、副部长徐南平等领导出席大会。作为大会重要组成部分，国家海洋局宣传教育中心同期举行"十二五"海洋科技创新成果展，这是国家海洋局首次对"十二五"海洋科技成果进行综合展示。

【"十大美丽海岛"评选结果正式公布】　2016年 6 月 25 日，2015 年"十大美丽海岛"评选结果正式公布，东山岛、南三岛、南麂列岛、涠洲岛、刘公岛、菩提岛、觉华岛、连岛、海陵岛、三都岛 10 个海岛获得荣誉称号，永兴岛、洞头岛、特呈岛、大长山岛、蚂蚁岛、上下川岛、哈仙岛、一江山岛、海驴岛、葫芦岛等海岛获 2015"十大美丽海岛"特别提名。该活动进一步唤起社会各界对美丽海岛评选的热切关注，切实提升全民海洋意识。

【公开征集第一次全国海洋经济普查徽标及标语】　为推进第一次全国海洋经济普查工作、建立标识系统，国家海洋局宣传教育中心面向全社会公开征集第一次全国海洋经济普查徽标及标语。2017 年 6 月 7 日上午，在广西北海发布了第一次全国海洋经济调查标语和徽标评选活动结果，进一步提升了社会公众对全国第一次全国海洋经济普查工作的认知和了解。

【北京科博会海洋展顺利举办】　2016 年 5月，由北京科博会组委会和国家海洋局共同主办、国家海洋局宣传教育中心承办的第三届国际海洋科技与海洋经济展览在京顺利举办，该次展览围绕海洋强国和 21 世纪海上丝绸之路建设，重点展示了中国重大海洋科技成果，科技兴海和海洋经济创新发展区域示范等工作成效，以及国内外海洋油气与船舶工程、海洋生物技术、海洋探测、海洋经济区等领域的新技术、新产品、新成果。

【中国（珠海）国际海洋高新科技展览会成果丰硕】　2016 年 4 月 28 日至 30 日，2016 中国（珠海）国际海洋高新科技展览会在珠海国际会展中心举行，本届展会展出面积达20000 平方米，来自中国、德国、美国、韩国、意大利、新加坡、芬兰等多个国家的 131

家参展商携海洋高新科技领域的最新研究成果、尖端科技产品参加展会，吸引了逾21000人次的专业观众参观。截至4月30日14点，参展企业共签订了7个项目价值约22.35亿人民币的合同协议及合作意向。

【2016中国海洋经济博览会顺利举办】　2016年11月24日至27日，2016中国海洋经济博览会在广东湛江举行，国家海洋局宣传教育中心积极做好国家馆的主题设计及内容策划工作，从海洋经济"十二五"发展情况、"十三五"展望、海洋科技创新成就、极地大洋科考成果等各个方面进行了展示，不仅面向全国展示海洋经济发展成就，也进一步提升全民海洋意识，巩固海洋博览知名品牌。

重大海洋文化活动

【第三批全国海洋文化产业示范基地获批】
2016年4月25日，国家海洋局宣传教育中心正式命名舟山彼岸文化传播有限公司、厦门蓝海行文化传播有限公司、山东无棣海丰集团有限责任公司、厦门小白鹭民间舞艺术中心等9家海洋文化特色单位为第三批全国海洋文化产业示范基地，进一步扩大基地规模。同时，积极发挥示范基地优势支撑中心工作，2016年6月8日，厦门蓝海行文化传播有限公司在海洋日主场举办鱼骨艺术作品展。

【推进《中国海洋生态文化》书稿撰写】　2016年7月，国家海洋局宣传教育中心对接中国生态文化协会，组织专家撰写完成了《中国海洋生态文化》初稿，并完成相关部分的汇交和保密审查等工作；11月底，陪同国家海洋局领导参加由中国生态文化协会牵头召开的《中国海洋生态文化》专著成果研讨会和工作总结会，做好对接联络、材料编写、专家邀请等工作。

【开展钓鱼岛历史与主权海权宣教工作】　2016年9月，在国家海洋局国际合作司和宣传教育中心的指导下，中国航海博物馆、上海市临港管委会、上海海洋大学、浦东新区图书馆等单位先后承办了5场"钓鱼岛历史与主权"图片展示及讲座等宣教活动，进一步深入宣传了钓鱼岛主权宣教知识，切实提升了广大群众的海权意识。"钓鱼岛历史与主权"图片展自2014年启动，2015年获得中央海权办和外交部批准，已成宣示钓鱼岛主权、传播历史真相的重要活动。

【参与举办"妈祖文化与海洋精神"国际研讨会】　2016年11月1日，为落实国家"十三五"规划纲要关于发挥妈祖文化作用的重要部署、弘扬中华民族传统海洋文化，在国家海洋局办公室的指导下，国家海洋局宣传教育中心积极参与举办首届"妈祖文化与海洋精神"国际研讨会活动，协助邀请国内外嘉宾出席活动，并主办了其中的"妈祖文化与海洋民俗文化"分论坛活动。

【积极推进海洋文化精品创作推广】　2016年，国家海洋局宣传教育中心积极创作推广海洋文化精品：一是积极推进大型纪录片《中国近海探秘》摄制工作，拍摄工作顺利推进，目前已经完成60%左右的拍摄任务；二是联合拍摄电视连续剧《南海兄弟》，与海南广播电视台、海南风帆时代文化传播有限公司联合拍摄32集电视连续剧《南海兄弟》，该片是宣示中国南海主权、弘扬中国人海洋精神、宣扬中国人追求和平理想的艺术精品；三是支持海洋精品图书创作推广，支持中译出版社出版《走进海洋世界》系列丛书，支持中译出版社出版《图说海洋强国梦》，该图书被纳入中宣部、广电总局"2016年主题出版重点出版物"。

海洋宣传平台建设

【做好国家海洋局政府网站内容管理工作】　在国家海洋局办公室领导下，积极做好国家海洋局政府网站内容审核校对、严格执行审批制度；在信息发布时效性方面合理安排值班，晚间和假期均安排网站编辑值班，做到重要稿件第一时间首发；积极主动组织报道、联系稿件，努力提高政府网站政策解读、回应关切、舆论引导与宣传海洋事业能力。国家海洋局政府网站全年发稿 5938 篇，策划制作学习贯彻党的十八届六中全会精神、北极科考、党建在线、海洋日、海疆万里行等专题 14 个，发稿 1863 篇，图片 928 篇，视频 53 篇。承担了全国海洋系统新闻宣传通讯员队伍日常新闻稿件接收、统计工作。2016 年，共处理国家海洋局办公室海洋信息通讯员投稿 1017 篇，采用 658 篇。

【海洋舆情监测工作成果显著】 2016 年，海洋工作受到社会舆论的广泛关注，全国两会期间的涉海议题、世界海洋日暨全国海洋宣传日主场活动的成功举行、世界妈祖文化论坛和"妈祖文化与海洋精神"国际研讨会的举办、《2016 年国民海洋意识发展指数（MAI）研究报告》的发布、全国大中学生海洋知识竞赛的成功举办以及中国海监 B-7115

飞机失事等重大海洋事件均成为社会关注的焦点问题。上述重大海洋事件发生后，舆情监测工作立即启动，对相关舆情信息开展全面、及时、准确的舆情监测，为领导及时了解舆情状况提供了有效参考，工作成果显著。2016 年全年共编制《每日舆情报告》250 期，舆情跟踪报告 7 期，舆情专项报告 6 期。

【舆情报告全面改版　专业性和可读性进一步提升】 2016 年下半年，在国家海洋局宣传教育中心领导的亲自带领下，《每日舆情报告》于 12 月 1 日全新改版上线。改版后的报告对版式、内容等进行全面升级，报告质量得到大幅度提升，得到国家海洋局领导的肯定。同时，为提高重大海洋事件的舆情应对能力，海洋舆情专项报告也进行了全新升级，进一步提高了报告的专业性和可读性。

（国家海洋局宣传教育中心）

海 洋 体 育

【帆船帆板】 2016 年 3 月 13 日至 20 日 "阿罗哈杯"2016 年第 7 届环海南岛国际大帆船赛举行。比赛以海口、万宁为赛事经停港口，总里程达 820 海里。参赛船队分为 IRC1-6 组和 J80 统一设计组，共 7 个组别，来自中国、俄罗斯、美国、澳大利亚、英国、荷兰、新加坡和中国香港等 10 个国家和地区的 33 支船队、350 名船员参加。IRC1-3 组总冠军分别为陵水号、北京万茗堂帆船队、广州彤然队，而 IRC4-6 组冠军则由水果岛号、飞鱼电商队以及启航队获得。全环"最快冲线奖"获奖船队为北京万茗堂帆船队，半环"最快冲线奖"为海航帆船队全体船员，赛事特别奖"博纳多船队"则由飞鱼电商获得。

2016 年 4 月 29 日至 5 月 2 日 国际极限帆船系列赛青岛站比赛举行，瑞士阿灵基队获得冠军，阿曼航空队获得亚军。来自中国的一号船队获得第 7 名。

2016 年 5 月 19 日至 24 日 全国 OP 帆船锦标赛在广东阳江举行，比赛设男、女个人场地赛（甲、乙、丙组）和团体赛。来自 18 支队伍的 138 名选手参赛。

2016 年 6 月 2 日至 9 日 全国帆船帆板冠军赛在辽宁瓦房店举行，分场地赛和长距离赛两个竞赛项目进行。17 支代表队 364 名运动员参加男女 470 级、男女 T293 级、男女 RS：X 级、男子激光级、芬兰人级、女子激光雷迪尔级 9 个项目比赛。

2016 年 6 月 18 日至 22 日 威海—仁川帆船拉力赛举行。比赛分为离岸赛和场地赛两部分，来自 5 个国家和地区的 15 支船队、120 名运动员参加。19 日至 20 日，参赛船只陆续到达韩国仁川旺山玛丽娜港口，21 日举行场地赛。三亚烧虾师帆船队、宁波东钱湖逸帆航海俱乐部、上海白浪航海中心帆船队分获比赛前 3 名。

2016 年 6 月 19 日 中国帆船帆板运动协会在北京奥林匹克水上公园举行帆船零距离接触体验活动，就此拉开万人千帆计划。"万人千帆计划"由中国帆船帆板运动协会联合各省市体育行政部门或体育行业协会共同组织规划，并委托各地帆船帆板俱乐部具体实施。

2016 年 7 月 6 日至 10 日 全国青年帆船锦标赛在浙江宁波举行。比赛项目包括男女 470 级、男女雷迪尔级、男子激光级和芬兰人级等，共有 17 支队伍 150 余名运动员参加。

2016 年 7 月 12 日 广州图书馆携手中国帆船帆板运动协会、广东省青少年体育联合会、中欧之桥暨文化经济交流协会于馆内报告厅举办"万人千帆"计划之广州图书馆航海分享会。

2016 年 8 月 8 日至 18 日 里约奥运会帆船帆板比赛举行。中国队获得 10 个级别中 6 个级别的参赛资格，陈佩娜获得女子 RS：X 级帆板项目银牌，其他选手未能进入所参加项目的奖牌轮争夺。

2016 年 8 月 17 日至 21 日 首届"亚帆联杯"帆船赛·上海站比赛举行。赛事以"上海动起来！"为主题，来自日本、阿曼、摩纳哥等国家和地区百余名选手近百艘帆船参加。该届赛事是亚帆联赛史上高水平的综合性职业赛事，也是上海承办的最高级别帆船赛事。中国队包揽其中六个组别的冠军。

2016 年 8 月 24 日至 28 日 全国青少年帆板锦标赛在河北秦皇岛举行，比赛设男女 RS：X 级、男女 T293 级，选手分 7 个组别进行场地赛、长距离、障碍赛，共有 11 支代表队 69 名运动员参加。

2016 年 9 月 7 日至 12 日　全国帆板锦标赛在山东烟台举行。共有 15 个省市代表队近 200 名运动员参加。

2016 年 9 月 21 日至 25 日　世界杯帆船赛青岛站比赛举行，设男子 RS：X 级、女子 RS：X 级、男子激光级、女子激光雷迪尔级、男子 470 级、女子 470 级、男子芬兰人级 7 个项目，来自 30 个国家和地区的 316 名运动员、裁判员、随队官员、国际国内技术官员参加。中国队获得男女 RS：X 级、女子激光雷迪尔级、男女 470 级、男子芬兰人级 6 个项目的冠军。

2016 年 9 月 21 日至 27 日　全国 OP 帆船冠军赛在浙江湖州举行，共有 16 支代表队 105 人参加。

2016 年 10 月 10 日至 17 日　21 世纪海上丝绸之路——2016 "远东杯" 国际帆船拉力赛举行。该届赛事第一赛段（中国青岛至韩国木浦）比赛于 10 月 10 日从中国青岛起航，船队于 10 月 13 日凌晨陆续抵达韩国木浦。第二赛段比赛于 10 月 15 日从韩国木浦出发，10 月 17 日陆续抵达中国青岛。17 日 8 时 11 分 28 秒，俄罗斯七尺队率先冲线，成为第一个完成拉力赛第二赛段（韩国木浦至中国青岛）比赛的船队。随后，澳大利亚道友队、法国伯纳多队、韩国世翰大学队、清华大学队、青岛帆协队陆续于 17 日下午和傍晚冲线，抵达青岛。

2016 年 10 月 12 日　由中国著名航海人翟墨发起的 "太平洋杯国际帆船赛" 在北京宣布启动，该赛事首届比赛预计将于 2018 年冬季举行。首届比赛起点和终点将分别设在中国上海和美国洛杉矶，全程为不间断航行，总航程约 6000 海里。比赛将采用中国帆船作为赛船，由世界职业帆船运动员组队参赛。同时，比赛将禁止选手使用电子设备，而采用牵星术等传统方法和工具进行导航。赛事选择在太平洋海域一年中风力最强的季节举办，平均风力将达到 40~50 节，将对参赛船队构成极限挑战。

2016 年 10 月 18 日至 23 日　全国帆船锦标赛在广东珠海举行，设男子 470 级、女子 470 级、男子激光级、女子激光雷迪尔级、男子芬兰人级等 5 个奥运级别项目，分场地赛和长距离赛。来自各省、自治区、直辖市、解放军等 16 个代表队近 300 名选手参加。

2016 年 10 月 26 日　郭川航行岸上团队传来消息：正在单人驾驶帆船穿越太平洋的中国职业帆船选手郭川在航行至夏威夷附近海域时，于北京时间 25 日下午 3 点之后与岸上团队失去联系。郭川驾驶帆船于北京时间 10 月 19 日 5 时 24 分 11 秒从旧金山金门大桥出发，以上海金山为目的地，进行单人不间断跨太平洋创纪录航行。

2016 年 10 月 27 日至 30 日　第 10 届中国杯帆船赛在深圳举行，来自 38 个国家和地区的 138 支船队 1500 余名水手参加。中国杯帆船赛是中国历史上第一个国际性大帆船赛事。该届比赛不但首次将赛期提前在 10 月的最后一个周四（往年均是周五）举行，首次将赛场由一个增加至两个。

2016 年 11 月 2 日　青岛市与全球规模最大的业余远洋航海赛事——克利伯环球帆船赛签订 2017—2018、2019—2020 两个赛季的合作协议，青岛也将成为克利伯历史上唯一连续八次停靠的城市。

2016 年 11 月 6 日至 10 日　全国青少年帆船帆板训练教学大纲培训班在海南文昌举行。

2016 年 11 月 7 日　2017—2018 赛季沃尔沃环球帆船赛项目在武汉启动，启动仪式上，来自法国的水手夏尔·戈德赫里埃再次被委任为 "东风队" 船长，由东风汽车公司组建的 "东风队" 参赛。

2016 年 11 月 8 日　国家体育总局在北京召开新闻发布会，发布《水上运动产业发展规划》《航空运动产业发展规划》和《山地户外运动产业发展规划》。

2016 年 11 月 11 日至 13 日　国际旅游岛帆板大奖赛三亚精英挑战赛在三亚湾海上运动中心展开男女组帆板项目比赛。

2016 年 11 月 14 日　世界帆船联合会各成员国全体大会及新一届主席大选在西班牙巴塞罗那举行。来自丹麦帆协的安德森当选世界帆联新任主席，中国帆船帆板运动协会李全海连任世界帆联副主席。

2016 年 11 月 15 日至 21 日　全国翻波板锦标赛在广东深圳举行，竞赛项目有场地赛、长距离赛、障碍滑 3 个项目，13 个代表队 150 余名专业选手、教练员、裁判参加。

2016 年 11 月 16 日至 20 日　第 3 届国际旅游岛帆板大奖赛暨 2016 年海南帆板公开赛在海口举行，比赛分为青少年社会公开级、国内社会公开级以及国际社会公开级等组级，来自全国各地以及德国、英国、日本的 128 名选手参加。

【航海模型】　2016 年 7 月 16 日至 23 日　全国航海模型锦标赛在宁夏举行。21 支代表队 325 名运动员参加团体、个人共 26 个大项比赛。

2016 年 9 月 4 日至 12 日　世界航海模型仿真项目锦标赛在俄罗斯加里宁格勒举行，来自 15 个国家和地区的 250 余名选手参加。中国派出 14 人组成的代表队计 9 艘模型参加机械动力模型（C2）、袖珍模型（C4）、瓶装模型（C5）、塑料拼装模型（C6）4 个级别比赛，钱锋获得 C5 级别冠军、肖剑忠获得 C2 级别季军。

【沙滩排球】　2016 年 2 月 15 日至 19 日　世界沙滩排球公开赛伊朗站比赛在伊朗 kish 岛举行。中国选手陈诚/张立增、哈力克江/包健、李焯新/李健获得男子组第 25 名（并列）。

2016 年 2 月 22 日至 28 日　世界沙滩排球公开赛马塞约站比赛在巴西马塞约举行。在女子组比赛中，中国选手薛晨/夏欣怡获得第 17 名，王凡/岳园获得第 25 名，陈春霞/唐宁雅获得第 41 名。

2016 年 3 月 8 日至 13 日　世界沙滩排球大满贯赛里约站比赛在巴西里约举行。在女子组比赛中，中国选手薛晨/夏欣怡获得第 9 名，王凡/岳园获得第 17 名，陈春霞/唐宁雅获得第 33 名。

2016 年 3 月 15 日至 20 日　世界沙滩排球公开赛维多利亚站比赛在巴西维多利亚举行。在女子组比赛中，中国选手王凡/岳园获得第 17 名，薛晨/夏欣怡获得第 25 名，陈春霞/唐宁雅获得第 33 名。

2016 年 3 月 25 日至 28 日　亚洲女子沙滩排球锦标赛在澳大利亚悉尼举行。中国选手薛晨/夏欣怡获得冠军。

2016 年 3 月 28 日至 30 日　全国青年 U19 沙滩排球锦标赛在海南文昌举行。共有 18 个单位的 64（男 30、女 34）名运动员参加比赛。郑杨俊/王善翡（海口体校）、翁先武/陈秀峰（海南）、陶骋安/韩旭（上海）、魏俊强/陈庆林（福建）获得男子组第 1~4 名。杨雅兰/阿黑旦（新疆）、王如意/马丽娜（海南）、金芯蝶/闫洪荣（成都军区）、查强琪/颜婉红（浙江）获得女子组第 1~4 名。

2016 年 4 月 12 日至 17 日　世界沙滩排球公开赛厦门站比赛在福建厦门举行。男子组比赛中，中国选手陈诚/张立增、戴凌飞/陈祖航、林武钦/陆则全获得第 25 名（并列），蒋晨鑫/陶骋安、周志杰/何晓峰获得第 41 名（并列）。女子组比赛中，中国选手王凡/岳园获得第 17 名，陈春霞/唐宁雅获得第 25 名，陈佳莉/李娇妹、王鑫鑫/丁晶晶、朱玲娣/王嘉希获得第 41 名（并列）。

2016 年 4 月 14 日至 16 日　第 17 届Samila亚洲沙滩排球公开赛在泰国宋卡举行。中国选手李焯新/李健获得男子组季军。

2016 年 4 月 19 日至 24 日　世界沙滩排球公开赛福州站比赛在福建福州举行。男子组比赛中，中国选手哈力克江/包健获得第 17 名，陈诚/张立增、李焯新/李健获得第 25 名（并列）。女子组比赛中，中国选手薛晨/夏欣怡获得第 9 名，陈春霞/唐宁雅、王凡/岳园获得第 25 名（并列）。

2016 年 4 月 27 日至 30 日　全国沙滩排球巡回赛厦门站比赛在福建厦门举行。共有 12 个单位的 73（男 37、女 36）名运动员参加比赛。高鹏/李阳（上海）、洪佳俊/李杰（上海）、赵昀龙/杨聪（西部陆军）、林武钦/陆则全（福建）获得男子组第 1~4 名。蒋丽/白冰（八一）、王靖雯/王婧哲（新疆）、陈晨/吕媛媛（山西）、魏兆晨/张娜（山西）获得女子组第 1~4 名。

2016 年 4 月 28 日至 5 月 1 日　世界沙滩排球公开赛福塔雷萨站比赛在巴西福塔雷萨举行。中国选手薛晨/夏欣怡获得女子组第 17 名。

2016 年 4 月 28 日至 5 月 1 日　越南 Tuan Chau—Halong 亚洲女子沙滩排球巡回赛在越南下龙湾举行。中国选手王鑫鑫/丁晶晶、陈春霞/唐宁雅分获第 3 名、第 4 名。

2016 年 5 月 3 日至 8 日　世界沙滩排球公开赛索契站比赛在俄罗斯索契举行。在女子组比赛中，中国选手王凡/岳园获得第 9 名，薛晨/夏欣怡获得第 17 名，陈春霞/唐宁雅获得第 33 名。

2016 年 5 月 11 日至 16 日 世界 U21 沙滩排球锦标赛在瑞士举行。中国选手周朝威/颜廷洋获得男子组第 17 名，陈佳莉/李娇妹获得女子组第 17 名。

2016 年 5 月 17 日至 21 日　世界沙滩排球公开赛辛辛那提站比赛在美国辛辛那提举行。在女子组比赛中，中国选手薛晨/夏欣怡获得亚军，王凡/岳园获得第 5 名。

2016 年 6 月 2 日至 5 日　全国沙滩排球冠军赛在云南曲靖举行。共有 14 个单位的 96（男 48、女 48）名运动员参加比赛。周浩/李磊（山东）、高鹏/李阳（上海）、姚伟杰/赵苗（湖北）、周顺/姜芝峰（八一）获得男子组第 1~4 名。侯熙君/马园园（山西）、陈晨/吕媛媛（山西）、赵慧敏/邵婧妍（八一）、林玲玲/李娇妹（福建）获得女子组第 1~4 名。

2016 年 6 月 2 日至 6 日　世界沙滩排球主系列赛波雷奇站比赛在克罗地亚波雷奇举行。中国选手王凡/岳园获得女子组第 17 名。

2016 年 6 月 7 日至 11 日　世界沙滩排球主系列赛汉堡站比赛在德国汉堡举行。中国选手王凡/岳园获得女子组第 17 名。

2016 年 6 月 9 日至 12 日　全国沙滩排球大满贯赛在福建晋江举行。共有 10 个单位的 64（男 32、女 32）名运动员参加比赛。洪佳俊/李杰（上海）、林武钦/陆则全（福建）、高鹏/李阳（上海）、周浩/李磊（山东）获得男子组第 1~4 名。蒋丽/白冰（八一）、林玲玲/李娇妹（福建）、张娜/魏兆晨（山西）、刘京/林美彤（辽宁）获得女子组第 1~4 名。

2016 年 6 月 14 日至 18 日　世界沙滩排球大满贯赛奥尔什定站比赛在波兰奥尔什丁举行。中国选手王凡/岳园获得女子组第 9 名。

2016 年 6 月 16 日至 19 日　全国沙滩排球巡回赛吴忠站比赛在宁夏吴忠举行。共有 15 个单位的 122（男 66、女 56）名运动员参加比赛。高鹏/李阳（上海）、林武钦/陆则全（福建）、周浩/李磊（山东）、洪佳俊/李杰（上海）获得男子组第 1~4 名。魏兆晨/张娜（山西）、陈晨/吕媛媛（山西）、林玲玲/李娇妹（福建）、蒋丽/白冰（八一）获得女子组第 1~4 名。

2016 年 6 月 23 日至 26 日　全国沙滩排球巡回赛敦煌站比赛在甘肃敦煌举行，共有 16 个单位的 134（男 70、女 64）名运动员参加比赛。高鹏/李阳（上海）、周浩/李磊（山东）、洪佳俊/李杰（上海）、林武钦/陆则全（福建）获得男子组第 1~4 名。侯熙君/马园园（山东）、陈晨/吕媛媛（山西）、魏兆晨/张娜（山西）、赵慧敏/邵婧妍（八一）获得女子组第 1~4 名。

2016 年 6 月 30 日至 7 月 1 日　全国沙滩排球锦标赛在新疆乌鲁木齐举行。共有 14 个单位的 119（男 57、女 62）名运动员参加比赛。高鹏/李阳（上海）、林武钦/陆则全（福建）、周浩/李磊（山东）、赵昀龙/杨聪（西部陆军）获得男子组第1~4名。侯熙君/马园园（山西）、李娇妹/林玲玲（福建）、王婧哲/温舒惠（新疆）、王媛媛/王梦彤（辽宁）获得女子组第1~4名。

2016年7月5日至9日 世界沙滩排球主系列赛格施塔德站比赛在瑞士格施塔德举行。中国选手王凡/岳园获得女子组第17名。

2016年8月6日至17日 第31届奥运会沙滩排球赛在巴西里约热内卢举行。中国选手王凡/岳园获得女子组第9名。

2016年8月18日至20日 全国青年U21沙滩排球锦标赛在辽宁盖州举行。共有14个单位的74（男38、女36）名运动员参加比赛。刘传勇/周渭栋（山东）、吴金松/薛涛（辽宁）、何晓峰/周志杰（浙江）、蒋晨鑫/陶骋安（上海）获得男子组第1~4名。符宇/王滢（辽宁）、杨雅兰/阿黑旦（新疆）、张新晨/王鑫鑫（山东）、万欣怡/陈佳莉（福建）获得女子组第1~4名。

2016年8月23日至28日 世界沙滩排球大满贯赛长滩站比赛在美国洛杉矶长滩市举行。中国选手薛晨/唐宁雅获得女子组第17名。

2016年8月25日至28日 全国沙滩排球巡回赛天津站比赛在天津举行。共有16个单位的146（男76、女70）名运动员参加比赛。高鹏/李阳（上海）、李焯新/张立增（辽宁）、赵昀龙/杨聪（西部陆军）、周顺/姜芝峰（八一）获得男子组第1~4名。温舒惠/夏欣怡（新疆）、陈春霞/魏兆晨（山西）、王婧哲/王靖雯（新疆）、侯熙君/马园园（山东）获得女子组第1~4名。

2016年9月1日至4日 全国沙滩排球巡回赛威海南海站比赛在山东威海举行。共有16个单位的148（男76、女72）名运动员参加比赛。李磊/周浩（山东）、高鹏/李阳（上海）、胡天伦/窦甲夙（浙江）、赵昀龙/杨聪（西部陆军）获得男子组第1~4名。陈春霞/魏兆晨（山西）、王婧哲/王靖雯（新疆）、温舒惠/夏欣怡（新疆）、赵慧敏/邵婧妍（八一）获得女子组第1~4名。

2016年9月24日至10月3日 第5届亚洲沙滩运动会沙滩排球赛在越南岘港举行。中国选手唐宁雅/王鑫鑫、王凡/夏欣怡分获女子组亚军和季军。

2016年10月24日至27日 全国沙滩排球巡回赛嵊泗站比赛在浙江嵊泗举行。共有16个单位的152（男78、女74）名运动员参加比赛。洪佳俊/李杰（上海）、高鹏/李阳（上海）、李焯新/张立增（辽宁）、李磊/周浩（山东）获得男子组第1~4名。魏兆晨/陈春霞（山西）、陈佳璐/徐鞞（上海）、温舒惠/夏欣怡（新疆）、蒋丽/白冰（八一）获得女子组第1~4名。　（《中国体育年鉴》编辑部）

海 洋 军 事

综 述

【亚丁湾护航 8 年，彰显了大国责任与担当】
亚丁湾护航是中国海军走出国门维护国家战略利益、履行大国责任义务，在海外常态部署时间最长、动用兵力最多、活动范围最广的重大军事实践活动。自 2008 年以来，海军已连续不间断地派出了 25 批护航编队、78 艘次舰艇、54 架直升机、21000 余名官兵，远赴亚丁湾、索马里海域执行护航任务 1001 批次，护送中外船舶 6281 艘，成功解救、接护和救助遇险船舶 60 余艘，确保了被护船舶和护航编队自身"两个百分之百安全"，有效履行了神圣使命。8 年来，从首批护航只有 4 艘中国商船到后来平均每批 8 艘，最多 35 艘船舶，外国船舶所占比例超过 51%，中国海军护航编队用确保被护船舶和人员百分之百安全的实际行动，有效维护了战略通道安全，赢得了世界各国的信赖和认可。从军舰伴随护航、前出接应、延伸护航，到特战队员随船护卫、直升机空中巡逻、空海协同解救遭袭船舶，海军护航编队在拓展护航方式、应对各种突发情况、实施人道主义救援中为中国彰显了一个大国的责任与担当。

【广泛开展军事交流访问，向世界展示了中国海军开放、合作的良好形象】   2016 年，海军始终坚持"务实、开放、合作"的态度，与世界各国海军开展多层次的务实交流、合作，海军第 21 批护航编队访问了巴基斯坦、斯里兰卡、孟加拉、印度、泰国、柬埔寨等亚洲 6 国。海军第 22 批护航编队访问了南非开普敦港、坦桑尼亚达累斯萨拉姆港和韩国釜山港。海军郑和舰访问了印度尼西亚、澳大利亚、新西兰。海军第 23 批护航编队访问

了缅甸、马来西亚、柬埔寨、越南。通过交流互访活动，与外国海军增强了互信，凝聚了友谊，促进了与到访国之间的互信合作，为共同维护世界和平与稳定，提升全面友好合作做出了积极贡献。同时也向世界展示了中国海军开放、合作的良好形象，以及海军现代化建设成就和官兵过硬的军政素质，达到了宣扬和谐海洋理念、深化理解互信、巩固发展友谊的目的。

2016 年，中美两国积极构建新型大国关系和新型军事关系的背景下，保持高层交流互访，两国海军互访交流日益频繁，务实合作不断深化，进一步丰富了中美新型海军关系的实质和内涵，继续推动舰队级领导互访机制化；开展医院船互动合作，联合组织人道主义医疗服务；深入落实《海空相遇安全行为准则》，防止误解误判和危险接近的发生。

【多方位开展联合军事演习，促进了中外海军的务实交流与合作】   中外海军联合演练，是中外海军进行海上合作、海军文化交流最直接、最重要的一种形式与举措，对进一步加深中国与外国海军之间的互信与理解，深化双方的交流与合作，提高共同应对海上威胁和维护地区和平，有积极促进作用。

中俄海上联合军事演习，是发展两国全面战略协作伙伴关系，加深两国两军特别是两国海军交流与合作的战略举措和实际行动。既稳步提升了应对共同安全威胁的实际能力，也充分展示了携手维护世界与地区和平稳定的坚定决心。进一步突出实战化、信息化、规范化，有力推动两国海军的务实合作水平和联合行动能力再上新台阶。此次演习旨在巩固发展中俄全面战略协作伙伴关系，深化两军友好务实合作；增强中俄两国海军共同

应对海上安全威胁能力；进一步提高中俄两国海军海上联合防卫行动组织指挥水平；研究探索进一步提高联演实战化的方法路子；优化规范中俄海上联演的组织实施方法。

"蓝色突击 2016"中泰海军陆战队联合训练，是中国军队首次使用两栖船坞登陆舰远海投送兵力参加中泰联训，也是海军陆战队首次在境外组织主战装备实弹射击，首次组织陆战女兵、教员学员出国参训。联合训练提高共同应对非传统安全威胁与挑战的能力，进一步增进了彼此间的信任与了解，提升了联合训练效益。促进了两国海军的务实交流与合作，使中泰两国海军的友好关系提升到了新的高度。

中国首次与外国进行联合撤侨室内推演。有利于加深双方在海外撤侨、人道主义救援等非传统安全领域的合作与交流具有积极意义。同时为开展多国多边联合撤侨行动奠定了基础。

【海军装备建设呈现出迅猛发展态势】 2016年，中国海军呈现出迅猛发展态势，全年共入列导弹驱逐舰 1 艘、导弹护卫舰 9 艘、坦克登陆舰 5 艘、综合补给舰 3 艘，其中 2 万吨级舰艇达到 4 艘，入列舰艇总吨位近 15 万吨。随着新舰入列，海军部队体系作战能力将进一步提高，海军也将更加有效维护国家海洋权益。

重大海洋军事活动

【海军编队护航】 **第二十二批护航编队接替执行护航任务** 1 月 1 日至 3 日，第二十二批护航编队和第二十一批护航编队共同为巴哈马籍"伊万爱丽儿"号杂货船护航，护航航程约 590 海里。第二十二批护航编队正式接替执行护航任务。

第二十二批护航编队首次独立护航 1 月 10 日，海军第二十二批护航编队大庆舰护送中国籍嘉宁山号散货船，这是第二十二批护航编队首次独立执行护航任务。

第二十一批护航编队凯旋 3 月 8 日，由导弹护卫舰柳州舰、三亚舰和综合补给舰青海湖舰组成的海军第二十一批护航编队返回三亚某军港。编队 2015 年 8 月 4 日启航，历经 218 个昼夜，航程近 9 万海里，安全护送 36 批 65 艘中外船舶，果断处置 12 批 56 艘次可疑海盗船艇。护航期间，编队先后与欧盟 465 编队、北约 508 编队、韩国护航编队等外军护航编队指挥官进行了会面交流，与韩国、丹麦等国海军开展了联合反海盗演练。护航任务结束后，完成了巴基斯坦、斯里兰卡、孟加拉、印度、泰国、柬埔寨等亚洲 6 国访问任务，并参加了印度国际海上阅舰式。

第二十三批护航编队启航 4 月 7 日，第二十三批护航编队从浙江舟山起航，奔赴亚丁湾、执行护航任务。编队由导弹护卫舰"湘潭"舰、"舟山"舰以及综合补给舰巢湖舰组成，携带舰载直升机 2 架。"湘潭"舰是首次执行护航任务；"舟山"舰和"巢湖"舰均已先后执行了 2 批次护航任务。

海军两批护航编队在亚丁湾开展联合护航演练 4 月 27 日，由"湘潭"舰、"舟山"舰和"巢湖"舰组成的中国海军第二十三批护航编队，经过 20 昼夜 6000 余海里的连续航行顺利抵达亚丁湾、索马里海域，与第二十二批护航编队会合，开始联合护航演练。

第二十二、二十三批护航编队举行任务交接 4 月 29 日，海军第二十二批、第二十三批护航编队在位于亚丁湾西部海域的太湖舰上举行护航任务交接仪式，第二十三批护航编队正式接替第二十二批护航编队担负亚丁湾、索马里海域护航任务。第二十二批护航编队自 12 月 6 日从山东青岛起航以来，截至 4 月 29 日，执行护航 122 天，共承担 25 批 56 艘中外船舶的护航任务。

第二十三批护航编队开始首批护航任务 5 月 3 日，中国海军第二十三批护航编队开始第929 批船舶护航任务，被护商船是巴拿马籍油船"鹤崎"号和利比里亚籍油船"玛丽娜"号，这是该编队独立指挥实施的首批护航任务。

第二十三批护航编队为世界粮食计划署船舶护航 5月23日，中国海军第23批护航编队湘潭舰，护卫联合国粮食计划署"伊万吉丽娅L"号商船，抵达索马里柏培亚港外海域。

邯郸舰为世界粮食计划署船舶护航 10月6日，经过近20个小时连续护卫航行，第二十四批护航编队"邯郸"舰圆满完成了对世界粮食计划署巴拿马籍货船"ELENIK"的护送任务，抵达索马里柏培拉港海域。

邯郸舰成功驱离疑似海盗船 10月30日，第二十四批护航编队邯郸舰在亚丁湾东部海域成功驱离疑似海盗船。2艘被护商船安全通过。此次"邯郸"舰执行的第985批护航任务，护航对象为1艘马绍尔籍散货船和1艘巴拿马籍油轮。

第二十三批护航编队凯旋 11月1日，圆满完成护航和出访任务的第二十三批护航编队顺利返回舟山某军港。编队4月7日起航后，圆满完成了39批79艘中外船舶护航任务，发现并驱逐疑似海盗活动小艇7批41艘，并访问了缅甸、马来西亚、柬埔寨和越南，编队湘潭舰还赴德国参加了"基尔周"活动。

第二十五批护航编队起航赴亚丁湾 12月17日，第二十五批护航编队从湛江某军港起航，奔赴亚丁湾接替第二十四批护航编队执行护航任务。第二十五批护航编队由导弹护卫舰"衡阳"舰、"玉林"舰和远洋综合补给舰"洪湖"舰组成，携带舰载直升机2架。

我护航编队执行第1000批护航任务 12月20日，第二十四批护航编队从亚丁湾西部海域起航，开始执行第1000批护航任务，护送来自新加坡的"海洋奥德赛"号商船。

海军召开亚丁湾护航8周年研讨会 12月28日，海军召开亚丁湾护航8周年电视电话研讨会，总结实践，分析形势，研究思路对策。亚丁湾护航是海军走出国门维护国家战略利益、履行大国责任义务，在海外常态

部署时间最长、动用兵力最多、活动范围最广的重大军事实践活动。8年来，海军先后派出25批护航编队、78艘次舰艇、54架直升机、21000余名官兵，执行护航任务1001批次，护送中外船舶6281艘，成功解救、接护和救助遇险船舶60余艘，确保了被护船舶和护航编队自身"两个百分之百安全"。

【海上联合演习】 **中巴海军举行海上联合军事演练** 1月11日，中国海军第二十一批护航编队与巴基斯坦海军在卡拉奇外海举行了联合海上军事演练。参演双方开展了联合防空、远海护航、登临检查等深层次、紧贴海上实际科目的演练。

中孟海军举行海上联合军事演练 1月31日，中国海军第二十一批护航编队与孟加拉海军在吉大港外海举行了以编队运动、补给占位、旗语通信等为主要内容的海上联合军事演练。海军舰艇编队柳州舰、三亚舰与孟加拉国海军"班加班德胡"号（舷号F25）、"奥斯曼"号（舷号F18）护卫舰，以及"杜乔伊"号（舷号P811）海上巡逻艇，按计划进行了编队运动、补给占位、旗语通信等课目的演练。

中英两国举行首次联合撤侨室内推演 3月23日，代号为"联合撤侨2016"的中英联合撤侨室内推演在南京举行。中英双方26名代表就撤侨政策、实践经验等9个专题开展研讨交流，并以第三国政局动荡，政府军与反对派武装冲突造成大量人员伤亡，针对外国侨民恐袭事件不断发生为背景，进行联合撤侨室内推演。推演中双方代表分享了以往撤侨行动的实践经验，探索了未来联合撤侨行动的方式方法。这是中国首次与外国进行该类演练。

海军舰艇编队参加印尼"科摩多"联合演习 4月11日，由北海舰队导弹护卫舰潍坊舰和远洋救生船长兴岛船组成的舰艇编队抵达印度尼西亚巴东港海域，与美国、俄罗斯、法国、澳大利亚等其他15个国家的46

艘舰艇集结后，参加 12~15 日由印尼海军举办的"科摩多—2016"联合演习。演习主题为"为和平而合作、为和平而准备"，以维和及灾后联合救援为背景，分港岸训练、海上演练、岸上工程及医疗民事救援 3 个阶段 13 个科目进行。

"兰州"舰参加东盟防长扩大会议海上安全与反恐联演　4 月 28 日，海军"兰州"舰从三亚某军港起航，赴文莱、新加坡参加东盟防长扩大会议海上安全和反恐联合演习。东盟 10 国和中国、俄罗斯、美国、日本、韩国、澳大利亚、新西兰、印度 8 国的参演舰艇与兵力在文莱穆阿拉港完成集结后，立即开始了演习第一阶段港岸阶段的课目演练。演习的第二阶段海上阶段在文莱至新加坡附近海空域举行，主要进行编队航渡、海上搜救、临检拿捕、扫海警戒、跟踪监视、直升机互降等课目演练。参演兵力分编为 3 个特遣大队，共有 18 艘舰艇、17 架直升机及特战队员参加演习。

"蓝色突击—2016"中泰海军陆战队联合训练　5 月 15 日，南海舰队某登陆舰支队两栖船坞登陆舰"长白山"舰搭载 266 名陆战队员、部分陆战装备及 2 架舰载直升机，从湛江某军港起航，赴泰国参加"蓝色突击—2016"中泰海军陆战队联合训练。该次联训是中泰两国海军举行的第三次联合训练，以"海军陆战队人道主义救援"为主要课题，分为海上输送及进驻、海上联合训练、陆上联合训练和总结回撤四个阶段，包括 15 个课目混编同训、4 个课题交流研讨等内容。训练于 5 月 15 日至 6 月 14 日，分别在泰国湾、春武里府梭桃邑等地组织实施。中泰双方参训总兵力超过 1000 人。中方除组织 500 多名官兵参训外，还首次派舰艇和飞机参加。

南海舰队远海训练编队赴印度洋进行反海盗演练　5 月 15 日，中国南海舰队远海训练编队在印度洋某海域组织舰艇编队进行实战条件下的反海盗演练，演练的背景是，由远洋综合补给舰"洪湖"舰模拟的运输船队遭遇多艘疑似海盗船只袭扰，由导弹驱逐舰"合肥"舰、"兰州"舰，导弹护卫舰"三亚"舰组成的护航编队驱离海盗船只，并伴随护航运输船队。

中国海军舰艇编队参加环太平洋—2016演习　6 月 15 日，由导弹驱逐舰"西安"舰、导弹护卫舰"衡水"舰、综合补给舰"高邮湖"舰、和平方舟医院船、综合援潜救生船长岛船组成的中国舰艇编队从浙江舟山某军港起航，奔赴美国夏威夷参加"环太平洋—2016"演习。这是中国海军第二次参加"环太平洋"系列军事演习。该次行动兵力规模大、时间跨度长、参演科目多，中国海军参演兵力由 5 艘军舰、3 架舰载直升机、1 个陆战分队、1 个潜水分队组成，共 1200 余名官兵。中国海军参加火炮射击、海上补给、损管救援、反海盗、舰机协同突击、搜索救援、潜水、援潜救生等科目演练。

长白山舰参加东盟防长扩大会联合演习　9 月 5 日，第二次东盟防长扩大会人道主义救助救灾与军事医学联合演练在泰国拉开帷幕。中国、俄罗斯、美国、东盟国家等东盟防长扩大会 18 个成员国军队 1200 余人及多艘舰船和飞机参演。此次演练以东盟某国遭地震和海啸等自然灾害侵袭、各国协商一致提供人道主义救助为背景，分指挥所演练和实兵演练两部分。各成员国官兵将围绕工程救援、医疗援助、空中输送和海上搜救等科目进行为期 5 天的演练。我海军船坞登陆舰"长白山"舰携 1 架直—8 直升机全程参演。"长白山"舰与泰国"红统"号登陆舰、日本"国东"号登陆舰、俄罗斯"额尔齐斯河"号医院船在泰国湾锡江岛以西海域，组织联合搜救演练和直升机转运伤员演练。

中俄海军举行"海上联合—2016"军事演习　9 月 12—19 日，中俄两国海军在广东湛江以东海空域举行代号为"海上联合—2016"的军事演习。此次演习，中俄双方参演兵力包括水面舰艇、潜艇、固定翼飞机、舰载直升机、海军陆战队以及两栖装甲装备，双方将主要围绕联合防空、联合反潜、联合海空寻歼、联合立体夺控岛礁、联合搜救、联合登临检查等科目展开演练。"海上联合"系列演习是中俄双边框架内规模最大的海上演习，自2012年举行首次演习以来，每年举行一次。该次演习在组织模式、演练内容、导调指挥等方面都进行了深化和拓展，特别是突出了实战化、信息化、规范化。

盐城舰参加东盟防长扩大会海上安全演习 11月11日，参加东盟防长扩大会海上安全演习的中国海军盐城舰，抵达奥克兰豪拉基湾演习兵力集结海域。海上安全演习是东盟防长扩大会10个成员国和8个对话伙伴国共同参与的多边演习。此次演习由新西兰承办，参演兵力由中国、澳大利亚、新西兰、日本、印尼、新加坡等6国派出的8艘舰艇和部分特战队员组成。

"邯郸"舰抵达巴基斯坦参加中巴海军双边军演 11月15日，第二十四批护航编队"邯郸"舰抵达卡拉奇港，参加由巴基斯坦海军主办的中巴海军双边军演。演习于11月15日至21日在卡拉奇及附近海域进行，分港岸和海上两个阶段。港岸活动期间，编队官兵将与巴海军官兵互相参观军舰、组织反海盗行动研讨交流等活动。海上活动期间，中巴海军参演兵力将进行有威胁情况下离港、主炮对海射击、副炮对空射击、对海作战红蓝对抗、夜间巡逻警戒、海上封锁、对空防御演练、直升机交叉着舰等10多个科目的演习。

【军事交流访问】 海军第二十一批护航编队访问巴基斯坦、斯里兰卡和孟加拉国 1月7日，由导弹护卫舰"柳州"舰、"三亚"舰和综合补给舰"青海湖"舰组成的海军第二十一批护航编队，抵达巴基斯坦卡拉奇市，开始进行为期5天的友好访问。卡拉奇是海军第二十一批护航编队访问的第一站。访问期间，编队官兵与巴海军官兵共同组织相互

参观军舰、特战队员联训、青年军官交流、足球友谊赛等活动。编队还与巴基斯坦海军进行联合演习。1月17日，编队抵达斯里兰卡首都科伦坡，开始进行为期5天的友好访问。访问结束后，编队与斯海军在科伦坡外港举行了联合演练。1月27日，编队抵达孟加拉国吉大港市，开始进行为期5天的友好访问。这是中国海军护航编队首次访问孟加拉国。

第二十批护航编队访问东帝汶 1月16日，第二十批护航编队抵达帝力港，开始对东帝汶民主共和国进行为期5天的友好访问。这是中国海军舰艇首次访问东帝汶，也是该编队环球访问的第13站。访问期间，编队将举行舰艇开放日、甲板招待会，双方海军开展了互相参观舰艇、反海盗经验交流等活动。

第二十一批护航编队参加印度国际海上阅舰式 2月2日，中国海军第21批护航编队"柳州"舰、"三亚"舰抵达印度维沙卡帕特南外港，代表中国海军同来自美国、巴西、英国、俄罗斯等40多个国家的海军一起，参加印度海军2月4—9日举行的国际海上阅舰式。此次在维沙卡帕特南举行的海上阅舰式是印度海军第二次举行国际海上阅舰式。

第二十一批护航编队访问泰国和柬埔寨 2月17日，海军第二十一批护航编队抵达泰国林查班港，开始对泰国进行为期5天的友好访问。中泰双方举行了反海盗交流会。

2月22日，编队抵达柬埔寨西哈努克，开始对柬埔寨进行为期5天的友好访问。这是中国海军舰船第三次访问柬埔寨。访问结束后，中柬海军舰艇举行了以编队运动、补给占位、通信操演为主要内容的联合演练。

和平方舟医院船圆满完成任务返回浙江舟山某军港 1月26日，圆满完成中马"和平友谊—2015"实兵联演和"和谐使命—2015"任务的海军和平方舟医院船返回浙江舟山某军港，历时142天，总航程32500海里。在转入"和谐使命—2015"任务后，和

平方舟医院船先后访问了澳大利亚、法属波利尼西亚、美国、墨西哥、巴巴多斯、格林纳达、秘鲁，并在中南美洲开展免费医疗和人道主义服务，诊疗 17441 人次，成功实施手术 59 例。此外，还与 516 名外方医护人员，进行了 24 个专题学术交流；组织 58 批 1963 人次的任务官兵赴到访国军事基地、医疗机构参观学习。

第二十三批护航编队湘潭舰赴德参加基尔周活动　5 月 27 日，正在执行护航任务的中国海军第 23 批护航编队"湘潭"舰，从亚丁湾某海域启航赴德国基尔参加"基尔周"活动。湘潭舰将参加国际海事综合技能竞赛、青年军官交流会等多个项目，并组织舰艇开放日活动，与多国海军交流互动，向世界展示中国开放、合作的大国海军形象。

海军第二十二批护航编队访问南非和坦桑尼亚　5 月 16—20 日，由中国海军第二十二批护航编队导弹护卫舰"大庆"舰、导弹驱逐舰"青岛"舰和综合补给舰"太湖"舰组成的舰艇出访编队，完成对南非为期 4 天的友好访问。这是编队转入出访任务后访问的第一站。编队举行了舰艇开放日活动，并与南非海军开展会晤交流、相互参观和举办甲板招待会、足球友谊赛等一系列友好交流活动。访问结束后，编队在南非近海与南非海军进行了海上联合演习。

5 月 30 日，编队抵达坦桑尼亚达累斯萨拉姆港，开始对坦桑尼亚进行为期 4 天的友好访问。这是中国海军舰艇第 5 次访问坦桑尼亚。

美国海军第七舰队旗舰兰岭号抵达上海访问　美国海军"兰岭"号两栖指挥舰 6 号抵达上海，展开为期 5 天的友好访问。美国海军第七舰队司令奥库安中将也随舰一同抵达。这是"兰岭"号时隔 10 年再次访问上海，也是"兰岭"号对上海的第五次访问。

法国海军"葡月"号护卫舰访问青岛　5 月 7 日，法国海军"葡月"号护卫舰（舷号 F734）抵达北海舰队青岛某军港，开始对青岛为期 4 天的友好访问。这是"葡月"号第 13 次访华，第 4 次访问青岛。访问期间，双方官兵开展军事参观、专业和文化交流等活动。中法官兵举行相互参观军舰、专业交流等活动。随后，两舰还进行直升机互降、火炮射击等科目联合演练。

美盟指挥官访问我第 23 批护航编队　5 月 17 日，美盟 151 编队指挥官一行登上正在吉布提港补给休整的我第二十三批护航编队湘潭舰，与编队指挥员进行了会面交流，双方就今后两支护航编队在亚丁湾、索马里海域开展深入交流与合作进行了友好交谈。

新加坡海军坚定号护卫舰访问上海　9 月 8 日，新加坡海军"坚定"号护卫舰（舷号 70）抵达上海扬子江码头，开始对上海进行为期 4 天的友好访问。这是坚定号第二次访问上海。访问期间，中新海军官兵将相互参观军舰并举行甲板招待会，进一步促进两国海军官兵交流。访问结束后，两国海军舰艇还将在长江口某海域举行以通信校验、编队运动等科目为主要内容的联合演练。

驻华武官团访问指挥学院　9 月 20 日，来自 50 个国家的 66 名驻华武官，在中央军委国际军事合作办公室有关领导的陪同下，对指挥学院进行了友好访问。访问期间，武官们实地参观了图书馆、国际系等教学场所，并围绕联合作战指挥人才培养、国防和军队改革情况、外训课程标准和内容设计等相关问题，与该院官兵进行了广泛深入的探讨交流。

第二十三批护航编队访问缅甸、马来西亚、柬埔寨、越南　9 月 30 日，第二十三批护航编队"湘潭"舰、"舟山"舰和"巢湖"舰编队抵达仰光港，对缅甸进行为期 5 天的友好访问。

10 月 7 日，编队靠上巴生港码头，开始对马来西亚进行为期 5 天的友好访问。访问期间，编队还举行了甲板招待会，双方海军官兵将举行足球友谊赛等文体交流活动。

10月16日，编队抵达西哈努克港，开始对柬埔寨进行为期5天的友好访问。访问期间，双方海军官兵将举行足球友谊赛等活动。

10月22日，编队抵达金兰港开始对越南进行为期5天的友好访问。访问期间，编队举行甲板招待会，双方海军官兵还互相参观舰艇，开展足球、拔河友谊赛等活动。

海军舰艇编队访问新、美、加 10月18日，由北海舰队导弹护卫舰"盐城"舰、"大庆"舰和综合补给舰太湖舰组成的海军舰艇编队，从青岛某军港起航，前往新西兰参加东盟防长扩大会"海上安全"演习和新西兰海军成立75周年国际舰队检阅活动，并赴美国、加拿大进行友好访问。

其间，编队舰艇在新西兰奥克兰近海参加了由18个国家舰艇参演的东盟防长扩大会"海上安全"演习。11月19日，"盐城"舰参加了新西兰海军成立75周年国际舰队检阅活动。11月20日，"盐城"舰组织舰艇开放日。

12月6日，编队抵达圣迭戈，开始对美国进行为期4天的访问。期间，中美海军还组织了官兵相互参观舰艇，开展专业交流、球类比赛等活动，在圣迭戈附近海域举行编队通信、编队运动等科目的海上演练。

12月15日，编队抵达维多利亚港，开始对加拿大进行为期5天的访问。期间，编队3艘舰艇对公众开放，并与加拿大华人华侨举行了联谊会。

郑和舰出访印尼、澳、新3国 10月24日，"郑和"舰从旅顺某军港起航，执行远航实习任务并对印度尼西亚、澳大利亚、新西兰进行友好访问。随舰实习的有工程大学、航空工程学院、大连舰艇学院和蚌埠士官学校的学员，以及巴基斯坦、印度尼西亚、澳大利亚等国数名外军学员也随舰实习。此次远航实习采取"共同科目合训，专业科目分训，按层次、分航段实施融合训练"的教学训练思路，分流学员以值更官基本技能训练为主，合训学员以航海基本技能综合训练为主。

【海洋军事成果】   **导弹护卫舰荆州舰入列** 1月5日，导弹护卫舰"荆州"舰入列命名授旗仪式在东海舰队某军港举行。"荆州"舰是我国自行设计、建造的新一代导弹护卫舰，综合攻防能力强，配有多型对海、对空、反潜武备及完善的预警探测系统。

新型坦克登陆舰天目山舰入列 1月12日，新型坦克登陆舰"天目山"舰入列命名授旗仪式在东海舰队某军港举行。"天目山"舰最大排水量5000吨，主要用于输送登陆部队实施滩头登陆等任务及其他非战争军事行动。

猎扫雷舰"荣成"舰入列 1月25日，由中国自行研制设计生产的新一代猎扫雷舰"荣成"舰正式加入人民海军战斗序列。该舰配一条母舰和3条百吨遥控扫雷艇，配备先进猎雷系统及灭雷设备，主要进行侦查雷阵等使命任务，也可巡逻警戒、护渔护航等。

综合补给舰高邮湖舰入列 1月29日，综合补给舰高邮湖舰入列仪式在浙江舟山某海军码头举行。高邮湖舰满载排水量超过2万吨，是中国第三艘903A型补给舰。具备同时为两艘战舰进行油料、弹药和物资补给能力。

新型护卫舰"荆门"舰入列 1月，"荆门"舰入列命名授旗仪式在南海舰队某基地举行。荆门舰是中国自行研制生产的新一代轻型护卫舰，满载排水量1300余吨，舰上装备了多套中国自主研发的新型武器装备，信息化程度高，隐身性能好，具有较强的防空、反潜和对海作战能力。

海冰"722"船入列 1月，中国新一代破冰船海冰"722"船入列命名及授旗仪式在辽宁葫芦岛某军港举行。海冰"722"船由中国自行设计建造，满载排水量4860吨，续航达7000海里，设有直升机平台，可起降一架直—8直升机。入列后，该船将承担冰情调查、破冰和海上冰区搜救任务。

新型船坞登陆舰"沂蒙山"舰入列 2月1日，新型船坞登陆舰"沂蒙山"舰入列命名授旗仪式在东海舰队某军港举行。"沂蒙山"舰是中国自行研制的071A新型两栖船坞登陆舰，最大排水量近2万吨，是我国目前吨位最大、装备最先进的登陆舰，具备超视距和垂直登陆作战能力，具有良好的整体隐身能力。

新型海洋综合调查船"邓稼先"船入列　2月2日，新型海洋综合调查船"邓稼先"船入列命名授旗仪式在舟山某军港码头举行。该船满载排水量6000余吨，具有自动化程度较高的海洋综合调查测绘能力，是海军实现远洋常态化调查测量的开路先锋。

新型导弹护卫舰"铜仁"舰入列　2月20日，新型导弹护卫舰"铜仁"舰入列命名授旗仪式在广东某军港举行。"铜仁"舰隶属南海舰队汕头水警区某护卫舰大队，满载排水量1300余吨，信息化程度高，隐身性能好，配备直升机平台，具有很强的防空、反潜和对海作战能力。入列后主要担负巡逻警戒，护渔护航等任务。

新一代导弹护卫舰"湘潭"舰入列　2月24日，新型导弹护卫舰湘潭舰入列命名授旗仪式在浙江舟山某军港举行。"湘潭"舰满载排水量4000余吨，可单独或者协同海军其他兵力攻击敌水面舰艇、潜艇，具有较强的远程警戒和防空作战能力，是中国海军新一代主力作战舰型。

3艘新型坦克登陆舰同时入列　3月7日，新型坦克登陆舰"武夷山"舰、"徂徕山"舰、"五台山"舰入列命名授旗仪式在东海舰队某登陆舰支队军港举行，三舰均为同一型号，最大排水量5000余吨，主要担负登陆作战中输送登陆兵渡海登岛任务，平时也可执行战备运输、海上救护、国防教育等多样化军事任务。

海冰"723"船入列　3月17日，海冰"723"船入列。该船是中国自主研发的第二艘新型破冰船，满载排水量4860吨，具有TC6级破冰能力，可连续破除1米以下当年冰。该船将与海冰"722"船共同承担以黄渤海海域为主的冰情调查和破冰，对冰区被困船舶、人员进行搜救，以及电子试验保障、巡逻、警戒、护航等任务。

新型护卫舰"曲靖"舰入列　6月8日，新型护卫舰"曲靖"舰入列命名授旗仪式在海南三亚某军港举行。"曲靖"舰是中国自行研制建造的新一代轻型导弹护卫舰，满载排水量1300余吨。该舰装备了多套中国自主研发的新型武器装备，信息化程度高，隐身性能好，可单独或者协同海军其他兵力攻击敌水面舰艇、潜艇，具有较强的防空、反潜和对海作战能力。

新型导弹驱逐舰"银川"舰入列　7月12日，新型导弹驱逐舰"银川"舰入列命名仪式在海南三亚某军港码头举行。"银川"舰是中国自行设计生产的现役最先进导弹驱逐舰，装备了多型中国自主研发的新型武器装备，信息化程度高，隐身性能好，具有较强的区域防空、反潜和对海作战能力。

新型远洋综合补给舰"洪湖"舰和"骆马湖"舰入列　7月15日，新型远洋综合补给舰"洪湖"舰、"骆马"湖舰入列命名仪式在广东湛江某军港举行。"洪湖"舰和"骆马湖"舰均属同一型舰，满载排水量20000余吨，采用了较为先进的海上补给技术，具备横向、纵向、立体补给功能，可同时对多艘不同类型舰艇进行补给，有较强的远洋综合补给能力和一定的对海、对空防御作战能力。平时主要伴随驱护舰执行编队远航及出访任务，战时加入海上机动编队，对伴随舰船实施燃油、淡水、食品、弹药等综合补给。该型舰现代化程度高、任务拓展空间大，除了担负综合补给任务外，还可执行护航、撤侨、搜救、海上医疗救护等多样化非战争军事行动。

新型导弹护卫舰"淮安"舰入列　8月11日，新型导弹护卫舰"淮安"舰入列命名授旗仪式在浙江舟山某军港举行。该舰具有较强的综合作战能力，被誉为"海上轻骑"。

中国海军拥有首艘风帆训练舰 9月26日，海军首艘风帆训练舰破浪号接舰部队组建仪式在广州举行，标志着人民海军舰艇序列中将增加风帆训练舰这一舰种。破浪号风帆训练舰隶属大连舰艇学院某训练舰支队，主要用于海军院校学员进行攀高桅、操帆缆、打绳结、天文航海等基本船艺技能和传统航海技能训练，设计为三桅全装备快速帆船，标准排水量1200余吨，最大帆面积2630平方米，最大使帆航速约18节，可供50名海军学员实习。

海军博物馆迎来退役核潜艇 10月15日，已经退出现役的中国首艘核潜艇在拖船的拖带下，靠泊在位于青岛的海军博物馆码头。该潜艇退出现役，并完成核废料、核反应装置及相关设备的安全、彻底、稳妥处理，标志着我国核潜艇从研制生产、使用管理到退役处置形成全寿命保障能力。

北油"567"船入列 10月25日，海军北油"567"船入列命名授旗仪式在北海舰队青岛某军港举行。该船将承担舰用燃料油的运输任务，并可对大型水面舰船进行纵向航行补给。

海军举行收复西南沙群岛70周年纪念活动 12月8日，海军在北京举行中国接收西南沙群岛70周年纪念活动。中央军委有关部门、国家部委、南部战区、军事科学院、海军以及广东省、海南省相关领导，外国驻华武官、外籍专家代表、特邀专家和媒体记者120余人参加了活动。时任"永兴"舰副舰长、95岁高龄的李景森，时任接收行动指挥官林遵海军上校的长女林华卿，中国台湾学者傅成等人分别围绕中国接收西南沙群岛的具体经过、中国拥有南海岛礁主权与海洋权益的关键证据等发言。

新型导弹护卫舰"保定"舰、"菏泽"舰入列 12月12日，中国自行设计制造的某新型导弹护卫舰"保定"舰、"菏泽"舰入列命名授旗仪式在江苏连云港某军港举行，标志着两舰正式加入人民海军战斗序列。"保定"舰、"菏泽"舰属同一型舰，满载排水量1300余吨。两舰装备了多套中国自主研发的新型武器装备，信息化程度高，隐身性能好，可单独或者协同其他兵力攻击敌水面舰艇、潜艇，具有较强的防空、反潜和对海作战能力。

新型导弹护卫舰"滨州"舰入列 12月29日，国产新型导弹护卫舰"滨州"舰入列命名授旗仪式在浙江舟山某军港举行。滨州舰满载排水量4000余吨，配备多套中国自主研发具有世界先进水平的武器系统，可单独或者协同海军其他兵力攻击敌水面舰艇、潜艇，具有较强的警戒探测和综合作战能力。

新一代猎扫雷舰"东港"舰入列 12月29日，中国海军新一代猎扫雷舰"东港"舰正式加入海军战斗序列。"东港"舰配一条母舰和3条百吨遥控扫雷艇，母舰满载排水量近600吨。该舰设计理念先进，信息化集成度高，母舰配备先进的猎雷系统及灭雷设备，遥控扫雷艇配备多型扫雷具，可以猎灭和扫除各型水雷。该舰入列后将主要进行侦查雷阵、清扫雷障、开辟海上通道等使命任务，同时也可担负勘察海底、航道检测、巡逻警戒、护渔护航等辅助任务，是优化装备结构，提升基地反水雷作战能力的又一重要力量。

（海军建设发展研究所）

极地与国际海域

极 地 工 作

综 述

2016年，在党中央、国务院的亲切关怀和国家海洋局党组的正确领导下，全体极地工作者牢记使命、勇于担当、锐意改革、砥砺奋进，顺利完成各项年度目标任务，为"十三五"极地事业持续健康发展开好局。

极地综合管理持续强化 南极立法工作取得新进展，南极立法代表议案办理工作会议顺利召开，南极立法考察项目组顺利完成南极现场考察任务，南极立法相关问题研究稳步推进；《国家极地考察"十三五"发展规划（草案）》编制工作初步完成；南、北极考察行政审批制度体系进一步完善，组织起草《南极长城站及临近地区鸟类保护指南（征求意见稿）》等并开展意见征求工作；极地人才队伍建设研究取得阶段性成果。

极地业务化建设稳步推进 编制完成"雪龙探极"工程项目实施方案总体大纲（草案）、编写工作方案（草案）和实施方案提纲（草案）等；组织召开"雪龙探极"重大工程编制工作会议，正式启动编制工作。

年度极地考察顺利实施 全面完成中国第32次南极考察及后勤保障工作，共执行科考项目45项和后勤保障与建设项目30项，成功试航固定翼飞机；组织实施中国第33次南极考察；组织完成中国第7次北极考察，并首次在北冰洋门捷列夫海岭开展考察活动；完成2016年度北极"黄河"站考察任务；成功实施中俄北极联合航次调查，并取得突破性进展。

极地科学研究成果丰硕 2016年，中国科学家在极地科研领域发表的《科学引文索引》（SCI）论文数量为195篇，目前位居全球前10位。圆满完成了极地专项一级、二级成果集成工作，完成8册一级成果集成报告和图集出版印制工作；确定极地专项三级成果集成的编写要求及后续工作等安排；继续开展极地战略和政策研究。

极地国际治理与合作不断深化 组织参加南极条约协商会议、南极海洋生物资源养护委员会会议、南极研究科学委员会会议、国家南极局局长理事会年会、北极理事会科学合作特别工作组会议、北极科学高峰周会议等十多个重要国际会议，围绕当前南北极核心国际议题持续发力，深度参与并影响以南极罗斯海海洋保护区为代表的极地国际治理规则制定，不断提升影响力和显示度，为推动形成公正合理的极地国际秩序，维护中国海洋权益作出了不懈努力。与美国、澳大利亚、新西兰、智利、韩国等国极地主管部门开展务实双边和多边合作，签署双边协议，促进交流与互信。

极地文化建设成效显著 结合中国第32次、33次南极考察和第7次北极考察任务，组织新华社、中央电视台、《中国海洋报》等媒体做了大量新闻宣传报道，扩大极地考察社会影响。2016年度全国极地科普教育基地工作会议如期召开，取得良好效果。出版《南极之南》、"中国第32次南极考察纪念封""中国第 7 次北极考察纪念封"等系列极地文化产品，不断提升全民极地意识。

极地综合管理

【南极立法】2016 年 5 月 6 日，全国人民代表大会环境与资源保护委员会南极立法代表议案办理工作会在北京召开，会议就十二届人大四次会议收到的 2 个议案提出的南极立法问题进行了充分探讨。

2016 年 7 月 7 日，国家海洋局极地考察办公室领导及有关工作人员前往全国人民代表大会环境与资源保护委员会就下一步推进南极立法所涉及的部门协调、课题研究和实地调研等问题进行汇报和交流。

2016 年 11 月 20 日至 12 月 10 日，由全国人民代表大会环境与资源保护委员会立法有关负责人和国家海洋局人员共同组成的南极立法考察项目组，随中国第 33 次南极考察队赴南极现场开展立法调研。

2016 年，国家海洋局极地考察办公室还组织开展"南极立法国别研究""《关于环境保护的南极条约议定书》附件六对南极活动影响研究""主要国家南极活动行政许可相关问题研究"等南极立法相关问题研究，逐步推进有关方面研究的开展。

【国家极地考察"十三五"规划编制】 2016 年，国家海洋局极地考察办公室和中国极地研究中心共同对极地考察"十三五"发展规划初稿进行完善，在各编制工作组工作的基础上，完成规划草案，并征求极地工作咨询委员会成员单位及其他部门的意见。6 月 20 日至 21 日，第 17 次极地工作咨询委员会会议在上海召开，听取、审议并通过了关于规划草案的报告。

【南、北极考察活动行政审批】 国家海洋局极地考察办公室在前期开展的考察和研究的基础上起草《南极长城站及临近地区鸟类保护指南（征求意见稿）》，用于指导活动者在南极长城站及附近地区的有关活动。2016 年

3 月，该指南发有关单位征求意见。截至 2016 年底，已对有关意见进行汇总、整理，并根据意见对文本进行了修改。编制完成《国家海洋局规范性文件汇编（极地部分）》，并印发有关单位和部门，用于指导极地考察活动和行政审批等管理工作规范开展。

【国家南极考察训练基地建设】 2016 年初国家海洋局正式批准了训练基地"三定"方案，发布了《国家海洋局关于印发国家南极考察训练基地主要职责内设机构和人员编制规定的通知》，明确训练基地的主要职责、内设机构和干部配备，并全面推进各项机构设置建设工作。

【极地人才队伍建设管理】 2016 年国家海洋局极地考察办公室与人社部有关部门合作开展关于"极地考察人才队伍建设与管理框架体系建设研究"课题项目，取得阶段性成果，形成 1 个主报告和 5 个分报告。

极地业务化建设

【"雪龙探极"重大工程】 根据国家海洋局党组的部署，2016 年 1 月起，国家海洋局极地考察办公室组织有关专家和单位，按照《国民经济和社会发展第十三个五年规划纲要》中"雪龙探极"重大工程要求，开展研究论证及方案编制工作，形成《"雪龙探极"工程总体建设方案》。

【业务化体系建设】 拟订"十三五"极地观测计划，初步形成南北极现场业务化工作方案，为建立极地业务化工作体系奠定扎实的规划基础。通过实施极地专项和海洋公益项目，开发完成"极地视线""空间应用"等多个应用服务系统，在线观测南北极站基海洋环境与大气成分，为极地考察船冰区航行提供海冰现报服务。

【极地科学数据共享平台】 2016 年平台在线收集、整理并共享历史数据中英文版 839 条元数据及 2144 个数据集，共86.9GB，并提供下载。元数据新增 33 个，共约 1.6GB，元数

据访问 293.28 万次，下载量 118 次，共 11GB。提交各类服务 118 条；推送 48 条元数据资源发布在全球变化主目录系统（GCMD）和南大洋观测系统（SOOS），完成平台英文网站的改版与运行服务功能升级工作。9 月，中国南北极数据中心（CN-NADC）向国际科学联合会（ICSU）的数据组织——世界数据系统（WDS）提交成员申请书，申请正式加入世界数据系统。

【极地标本资源共享平台】　2016 年平台新增入库极地生物、雪冰、岩矿、陨石和沉积物 5 类标本资源信息 566 个（号），其中图片增量 902 张，3D 标本展示 300 份；完善和补充包括新建平台 5 库标本信息与中国极地数据平台数据集的关联、极地文献数据的整理和整合，以及手机类轻应用产品开发等；完成第 32 次南极考察获取的 10 根南极海域沉积物样品的申请及样品出库工作；完成 64 块陨石的申请及出库、8 项陨石相关管理规定的修订，37 块南极陨石样品的分类及国际陨石命名等工作。截至 2016 年，中国已有 2929 块南极陨石获得了国际陨石"身份证"。

【"极地之门"网站】　优化与完善网站各项功能，持续更新中国极地考察信息知识库内容，2016 年新增和修订包括考察队次、人员、机构、论文、项目等频道的 488 个条目内容。

【数据的管理与共享服务】　数据管理与共享方面，南北极数据中心派员参加第 32 次南极考察及第 7 次北极考察现场数据协调、管理和共享工作，收集、整理两个航次包括极地专项在内的多个项目的多个学科的现场考察数据、部分样品和信息，原始数据量约 3.2TB。

年度极地考察活动

【南极考察】　全面完成中国第 32 次南极考察及后勤保障工作。中国第 32 次南极考察队以确保各项现场作业安全为前提，加强现场组织协调和管理，重视安全管理和环境保护工作，重点做好中国固定翼飞机首航南极的各项工作，继续组织实施国家极地专项，统筹组织实施国家计划资助的科学考察项目/课题，继续推进罗斯海区域新建考察站前期工作，合理安排实施考察站运行维护以及其他相应的后勤保障任务。

考察队于 2015 年 11 月 7 日乘"雪龙"号船从上海出发，经由澳大利亚弗里曼特尔到达中国南极中山站后，向西逆时针环南极大陆航行，经长城站—智利蓬塔—美国麦克默多站—澳大利亚凯西站后，再次返回中山站，圆满完成南极考察预定任务后，经澳大利亚赫德岛和弗里曼特尔并于 2016 年 4 月 12 日返回上海，历时 158 天，总航程 3.3 万海里。考察队由 252 人组成，共执行 45 项科考项目和 30 项后勤保障与工程建设项目。

承担长城站区域科学考察任务的队员共计 51 人（含越冬 14 人），执行 16 项度夏科考调研项目、1 项常年科考观测项目、2 项科普宣传和文化建设项目、4 项站务工程建设项目。

承担中山站区域科学考察任务的队员共 44 人（含越冬 19 人），执行 6 项度夏科研项目、8 项度夏工程项目、6 项后勤保障管理任务。

承担固定翼飞机首航任务的员队共 15 人，固定翼飞机"雪鹰 601"成功试航南极标志着中国迈入南极考察"航空时代"。

承担内陆考察任务的队员共 37 人（含昆仑站 27 人，格罗夫山 10 人），在野外工作 55 天，执行了昆仑站深冰芯钻探、格罗夫山陨石收集等 11 项科学考察任务以及建筑设备维护等 2 项后勤保障任务。

承担南大洋考察任务的员队共 40 人。大洋考察初次采用逆时针航线进行环绕南极大陆的航行作业，以威德尔海—南极半岛海域测区为重点开展物理海洋、海洋地质、海洋地球物理、海洋化学、海洋生物等多学科综合考察。

承担维多利亚地新建站选址考察任务的队员 1 人，完成新建站的优化选址基础测绘等工作。

组织实施 2016/2017 年度中国第 33 次南极考察。根据国家海洋局批准的"中国第 33 次南极考察总体任务方案",中国第 33 次南极考察队由 256 人组成(含 6 名管理人员),执行自然科学类现场考察等 9 大类 72 项考察任务。考察队于 2016 年 11 月 2 日乘"雪龙"号船从上海出发,执行"一船四站"(长城站、中山站、昆仑站、泰山站)环南极航行计划。截至 2016 年 12 月 31 日,"雪龙"号船历时 59 天,累计航程 8000 余海里,圆满完成第 33 次南极考察的航行任务以及中山站卸货任务。

考察期间,长城站考察队员 52 人(含越冬 14 人),在度夏期间,完成全国政协副主席、科技部万钢部长率领的科技部领导团参访长城站接待任务;进行南极活动行政管理、南极动植物保护、长城站运行状况评估、极地考察安全体系建设等 6 个战略政策与评估项目调研,及烟感报警系统与视频监控等 2 个后勤保障项目;加强站区环境治理力度,彻底清理并回运废弃物等 740 吨。中山站考察队员 51 人(含越冬 19 人),开展中山站区的环境整治、冰盖机场选址以及机械工程维护等 7 个后勤保障项目,完成中国首个南极冰盖机场预选址区域约 3 平方千米测绘。昆仑站队 25 人开展"雪鹰 601"固定翼飞机首降昆仑站的地面保障、昆仑站环境治理和设备维护运行等工作。

【北极考察】 中国第 7 次北极考察。"雪龙"号船于 2016 年 7 月 11 日离开上海执行中国第 7 次北极考察任务,2016 年 9 月 26 日返回上海港,历时 78 天,航行 13000 海里,其中冰区航行 2800 海里,最北航行到北纬 82°53′,作业时间 54 天,共执行 77 项科学考察任务,涉及物理海洋、地球物理、海洋地质、海洋化学、海洋生物等方面。128 名中外队员参加了科考任务。

2016 年北极黄河站考察。参加 2016 年北极黄河站考察任务共 37 人次,执行冰川监测、生态环境本底考察、大气空间环境监测等 14 个各类考察项目。

极地基础科学与政策研究

中国极地科研已覆盖太空、大气、海洋、冰川、地体所有的南极垂直圈层。中国科学家在极地科研领域发表的《科学引文索引》(SCI)论文数量上升到 195 篇,居全球位前 10 位。

【极地基础科学研究—地球科学】 气候模式和地面观测中南极冰盖表面质量平衡的对比 利用 3265 个多年平均的站点观测结果和 29 个逐年观测的观测数据对近些年出现的再分析资料和区域气候模式产品在南极地区物质平衡的空间分布和年际变率进行检验,并使用三个观测站点和模式结果进行对照,开展了降水季节性模拟。结果表明,所有产品能够定性捕捉到观测到的物质平衡的大尺度空间变化,但由于沿岸地区观测站点稀少,且海拔高度从 200 米到 1000 米不等,因此很难罗列各产品的相对特征。该研究得到"国家自然科学基金"资助,研究结果发表在 *Journal of Climate*。

普里兹湾沉降颗粒物中微量元素通量来源及其季节性变化 利用沉积物捕获器研究了普里兹湾季节性冰间湖区颗粒物中微量元素(Al、Fe、Mn、Cu、Pb、Zn、Cd 和 Co)的通量及其季节性变化特征、微量元素来源及其与有机质的关系。普里兹湾冰间湖区微量元素 Cu、Zn、Cd 的通量以生源性来源为主,其通量与生源物质的输出具有相似的季节性特征,受到海冰和生物生产力的影响。Al、Fe、Mn、Pb、Co 的输出通量主要取决于南极大陆的岩源性碎屑物质的输入,主要受到海冰形成和融化的影响。该研究得到"极地专项"和"国家自然科学基金"支持,成果发表在 *Chemosphere*。

基于全约束最小二乘的南极海冰密集度

估算方法　针对被动微波遥感数据发展了一种基于全约束最小二乘的南极海冰密集度估算方法。该方法首次将误差项引入海冰密集度估算方程中，并利用全约束最小二乘这一数值优化方法实现了海冰密集度估算方程的求解。通过利用南极船测海冰密集度数据对该方法精度进行验证，相比 NT 和 Bootstrap 方法，该方法获得了更小的海冰密集度估算偏差（−3.2~2.8）和 RMSE（7.7~18.4）。该研究得到"国家自然科学基金"和"863"计划的支持，成果发表在 *IEEE Geoscience and Remote Sensing Letters*。

北极地区陆源有机碳向海输送通量变异研究　以黄河站为依托开展了斯瓦尔巴德群岛典型冰川融水河流的向海有机碳输送通量研究，结果表明，黄河站驻地附近的冰川融水确实具有更高的溶解有机碳浓度，在向海有机碳输送效率上，是格陵兰岛冰盖冰川融水的 2.7 倍，在入海有机碳输送通量上具有不容忽视的地位。该研究得到"国家自然科学基金"资助，成果发表在 *Biogeosciences*。

西北冰洋和白令海黑碳的沉降及其对碳循环的意义　首次获得了西北冰洋和白令海海水中颗粒态黑碳的空间特征及其沉降通量，初步评估了西北冰洋黑碳的收支平衡，阐明了西北冰洋颗粒态黑碳的源汇途径。研究发现了海冰融化调控着西北冰洋碎冰区黑碳的总量，揭示了环北冰洋海岸带的侵蚀及冰碛颗粒物的输运是西北冰洋黑碳的重要输入源之一，结果对进一步研究北冰洋黑碳的地球化学循环具有指导意义。该研究得到"极地专项"和"国家自然科学基金"资助，成果发表在 *Scientific Reports*。

楚科奇海有色溶解有机物的粒径谱　研究报道了楚科奇海有色溶解有机物的粒径分布特征，发现无论是有色溶解有机物整体，还是不同粒径的有色溶解有机物，其 254 纳米吸光系数均与基于海水 ^{18}O 得到的河水组分呈显著正相关，证明有色溶解有机物 254 纳米吸光系数是楚科奇陆源溶解有机物的良好指标。研究同时表明，基于遥感模型估算的陆源有色溶解有机物入海通量被低估了，反映出变暖背景下北冰洋陆源输入的更强烈变化。该研究得到"极地专项"和"国家自然科学基金"资助，成果发表在 *Journal of Geophysical Research*。

冰中羟基 PAHs 的光化学降解及其极地环境意义　羟基多环芳烃（OH−PAHs）是 PAHs 羟基化的一类新型污染物，存在于极地冰雪中。以 9—羟基芴等 4 种 OH−PAHs 为模型化合物，阐明了模拟日光作用下冰中光降解动力学、影响因素、转化产物及光修饰毒性。其表观光解量子产率为 $7.48×10^{-3}~4.16×10^{-2}$，外推至实际环境，南极长城站和北极黄河站附近夏天中午冰雪表面 OH−PAHs 的光降解半减期为 0.08~54 h。首次揭示了极地冰雪环境中 OH−PAHs 类污染物的归趋和风险。该研究得到"国家自然科学基金"和"极地科学战略基金"支持，成果发表在《Chemosphere》。

北冰洋 N_2O 分布特征及其调控机理　中国第四次北极科学考察揭示了加拿大海盆次表层以深水体中 N_2O 的浓度分布特征，通过对生物地球化学过程的分析以及模型的模拟，对水团可能源地——格陵兰海盆水柱中 N_2O 的调控机理进行假设和论证，并用以分析加拿大海盆次表层以下水体 N_2O 分布特征的成因。研究表明，在加拿大海盆次表层以下的 300~1000 米和 1500 米以深的水团年龄分别为 30 年和 300~500 年，观察到的两个深度范围的浓度差与水团年龄相关，证实加拿大海盆底层水体中 N_2O 为工业革命前的"历史遗迹"。该成果在 *Journal of Geophysical Research* 发表。

中国第五次北极考察分析了加拿大海盆次表层以上水体的 N_2O 不饱和现象和过饱和现象形成的机制。研究表明，表层海水中的不饱和现象和融冰过程有关；陆架区存在 N_2O 的过饱和现象可能与反硝化存在可能的关系，而海盆区的过饱和现象可能更多的受硝化过程影响。尽管该研究有待进一步完善，相关研究仍然揭示了加拿大海盆次表层以浅水体和陆架区可能是北冰洋 N_2O 形成的热点区域。该成果在 *Journal of Geophysical Research* 发表。

上述研究不仅是北极 N_2O 研究工作的重要进展，也显示了北冰洋蕴藏了小于 10~30 年的短期变化历史变化，以及 300~500 年的历史记录，是一个研究全球变化的重要窗口。

北冰洋到南极海域海洋上空大气碘甲烷观测研究 大气碘甲烷是重要的温室气体，它的光解会释放出碘自由基，进而消耗大气中的臭氧，以及影响到大气汞氧化等系列的大气化学过程，同时，经过大气转化将形成新的气溶胶颗粒，对气候变化有间接的影响。本项目获取在中国第 28 次南极科学考察和第 5 次北极科学考察航线上采集的挥发性有机物（VOCs）样品，分析了从北冰洋到南极大陆沿岸海域超过 150 个纬度范围的海洋边界层碘甲烷的空间分布特征、来源和影响因素，揭示了海表温度（SST）、盐度（SSS）、溶胶有机物（DOC）、浮游生物排放及陆地源输入对大气碘甲烷的影响。该研究得到"南北极环境综合考察与评估专项"等项目支持，成果发表在 *Scientific Reports*。

印度—东南极陆块之间>2000 千米中元古代长寿命大陆岛弧的确立 结合北查尔斯王子山—普里兹湾地区可利用研究资料，研究提出印度与东南极陆块之间在中元古代存在一个>2000 千米的大陆岛弧，其演化长达~600 百万年，包括~1500~1000 百万年的大洋俯冲和增生以及~1000~900 百万年弧—陆和陆—陆碰撞。本项研究深化了对东南极格林维尔期构造热事件的认识。该研究得到"国家极地专项"和"国家自然科学基金"的资助，成果发表在 *Precambrian Research*。

格罗夫山冰下高地的性质及泛非期单相变质构造旋回的确定 格罗夫山地区变质沉积岩冰碛石中岩浆成因的碎屑锆石核部具有 6 组年龄谱峰，反映其物源主要来自于查尔斯王子山—普里兹湾—印度东高止区域，最大沉积年龄为 1090~940 百万年。所有变质沉积岩和变质火成岩中的碎屑锆石均未记录格林维尔期变质事件，其变质边部的年龄集中在~560~540 百万年。由此推断，整个格罗夫山冰下高地与地表出露的基岩一致，只经历了泛非期的单相变质构造旋回。这为普里兹造山带的结构和延展方向的确定提供了新的制约。该研究得到"国家极地专项"和"国家自然科学基金"的资助，成果发表在 *Precambrian Research* 和 *Gondwana Research*。

【极地基础科学研究—生命科学】 北极王湾浮游细菌 DMSP 代谢基因的多样性 二甲基巯基丙酸（DMSP）可被海洋细菌通过裂解或脱甲基两条代谢途径进行降解。通过对这两条 DMSP 代谢途径上相关基因的多样性的研究，发现在北极王湾的表层水体中，涉及脱甲基途径的 dmdA 基因及涉及裂解途径的 dddL 基因从海湾湾口到湾底均有分布，而涉及裂解途径的另一个 dddP 基因在湾底未能被检出。该研究结果表明，玫瑰杆菌支系可能在王湾夏季表层水体的 DMSP 代谢过程中、同时通过脱甲基与裂解途径，发挥着重要的作用。该研究得到"国家自然科学基金"和"极地专项"支持，成果发表在 *Scientific Reports*。

西南极地区环境样品中有机氯化合物（OCs）的手性特征 揭示了南极地区环境样品（大气，土壤，沉积物，地衣，苔藓）中有机氯化合物（OCs）的手性特征。手性 PCBs 的浓度处于全球背景水平，与其他二噁英类 PCBs 浓度水平一致，而 α-HCH 浓度则相对较高。大气中手性 POPs 的对映体分数（EFs）值与土壤样品中 EFs 的分布特征比较一致，且均接近于外消旋体残留特征。而生物样品中 EFs 的特征则体现出明显的非外消旋体残留特征。土壤和大气中 α-HCH 和 PCB-183 的 EFs 偏离于外消旋体残留特征，表明它们在极地环境中发生了对映异构体的选择性消耗。海水—大气交换可能是影响西南极手性 α–HCH 分布的重要因素。该研究得到"国家自然科学基金"资助,成果发表在 *Scientific Reports*。

北极陆生环境样品中 PCBs 和 PBDEs 的浓度水平与污染特征 研究北极新奥尔松和伦敦岛区域土壤、植物和鹿粪中 25PCBs 的浓度和单体分布,发现壤和六类植物样品表现出非外消旋特征;低氯代 PCBs 更容易在环境样品中表现出对映体选择性迁移的特征。研究 13PBDEs 在土壤、植物和鹿粪中的浓度和主要贡献单体,发现植物的生物累积因子(BAFs)随 POPs 和植物种类的不同有所差异。该研究得到"国家自然科学基金""中科院先导科技专项(B)类"资助,成果发表在 *Chemosphere*。

北极细菌裂解酶催化二甲基巯基丙酸内盐(DMSP)裂解产生二甲基硫(DMS)的分子机制及其进化 解析了北极细菌 *Ruegeria lacuscaerulensis* DMSP 裂解酶(RlDddP)与抑制剂及其突变体与产物复合物的晶体结构,结合突变验证以及生物化学分析,阐明了一种全新的 DMSP 酶促裂解机制,并揭示了 DddP 由 M24 家族肽酶类祖先蛋白丧失肽酶活性产生裂解酶活性的分子机制。该研究结果揭示了 DddP 催化及其趋异进化机制,对于全面认识海洋微生物 DMSP 代谢和全球 DMS 产生机制具有重要意义。该研究得到"国家自然科学基金"和"863 计划"支持,成果发表在 *Molecular Microbiology*。

北极海洋细菌产生的胞外多糖的结构特征和生物技术应用潜力分析 自北极褐藻样品中筛选得到胞外多糖产量高的菌株 *Polaribacter sp.* SM1127。研究发现该菌产生的胞外多糖主要由 N–乙酰葡糖胺、甘露糖和葡萄糖醛酸残基以多种连接方式连接而成;该胞外多糖具有良好的流变学性质,优良的温度、盐浓度和 pH 稳定性,抗氧化特性和保湿性,并对人皮肤成纤维细胞具有低温保护作用;同时,动物实验表明该多糖口服及皮肤外用的安全性都非常高。这些研究结果表明北极细菌 *Polaribacter sp.* SM1127 产生的胞外多糖在食品、化妆品、制药和生物医学等领域具有很好的应用潜力,这为北极细菌的开发及应用奠定了基础。该研究得到"国家自然科学基金"和"863 计划"支持,成果发表在 *Scientific Reports*。

中国长城站和中山站越冬队员生理心理适应模式不同 对第 20 次南极考察长城站和中山站越冬队员进行了从国内出发、越冬期间、越冬结束和返回国内四个标志性时间点的生理心理综合动态监测,研究发现,两站越冬队员对极端、隔绝环境的生理心理适应模式有所不同。与长城站相比,中山站自然环境更极端、社会环境更隔绝;与长城站越冬队员相比,中山站越冬队员表现出更明显的"越冬综合征"和南极"T3 综合征",负性情绪升高更明显,这与已报道的西方考察队员"环境越差适应越强"的表现不同。该研究得到"国家自然科学基金"和"极地专项"支持,成果发表在 *International Journal of Biometeorology*。

【极地基础科学研究——物理科学】 喉区极光沉降粒子特性研究 利用黄河站极光数据,发现并定义了新型极光形态——"喉区极光"。该类型极光的发现是极光研究的一项新突破。卫星与极光协同观测确认喉区极光沉降粒子具有磁鞘特征。基于喉区极光二维形态和伴随条带状弥散极光的观测事实,对其产生过程提出四个全新预测。①条带状弥散极光对应磁层中楔形冷等离子体,楔形冷等离子体最可能来自上行电离层粒子;②楔形冷等离子体随对流流入磁层顶重联区导致重联率重新分布,重联率增加区域使磁层顶产生局部向磁层内凹陷;③磁鞘粒子进入磁层与热电子相遇产生新型弥散极光;④喉区极光对应正午附近开闭磁力线边界的局部变化,表明该边界有向低纬突起的小结构。上述主张在近期研究中逐步得到验证。相关成果发表在 *Geophysical Research Letters*。

平流层爆发性增温事件对北极地区对流层顶高度和对流层顶逆温层的影响 研究表明，2009 年的强平流层突然增温事件是由波数为 2 的行星波引起的，该行星波产生于对流层上层，上传到平流层后饱和破碎引起平流层温度突然增加，并导致绕极环流消失，纬向风方向翻转，气旋型系统变为反气旋性系统，极涡分裂。此过程中，剩余环流的下降流起确定性作用，且此次下降流主要是波数为 2 的行星波引起的。成果发表在 *Journal of Geophysical Research*。

北冰洋大气臭氧研究。通过中国第五次北极科考沿途巡航（巡航范围 31.1°~87.7°N，9.3°E~90°E~168.4°W）观测到的表面臭氧数据，混合比最高值出现在中国东海、日本海，而最低值出现在楚科奇海。而中国东海和日本海的相对高值是由于臭氧从附近大陆的运输造成的。臭氧混合比随着纬度的增加减少约 2ppbv。在整个北极海洋，臭氧水平相对较低，这与在巴罗天文台观察到的数据没有统计学差异。在同一时期。与臭氧在污染地区不同，臭氧在 69~87°N 有轻微增加的趋势。这种现象可归因于由太阳辐射造成的垂直传输和化学过程的作用。该研究得到 "极地专项" 资助，研究结果发表在 *Atmospheric Research*。

北极秋季海冰减少与亚洲大陆冬季温度异常的关系 探讨了北极秋季海冰密集度与亚洲冬季温度异常之间的关系，并阐明了相应的影响机制。结果表明，近 30 余年来，北极秋季海冰减少伴随着亚洲大陆冬季温度降低，但青藏高原地区、北冰洋和北太平洋沿岸除外。北极秋季海冰密集度减小激发欧亚大陆和北冰洋北部两个区域位势高度的改变，这种异常的变化模态从秋季持续到冬季。与重力位势高度异常伴随的风场异常为亚洲冬季温度降低提供自北向南的冷气流。随着北极海冰的不断减少，其与亚洲大陆冬季温度降低之间的关系将为气候长期预测提供参考。该研究得到 "极地专项" "中央级公益性科研院所基本科研业务费专项资金项目" 和 "海洋公益性行业科研专项" 支持，成果发表在 *Acta Oceanologica Sinica*。

夏季北极海冰密集度资料同化的挑战和益处 为了评估观测误差估算信息对海冰资料同化的影响，使用国际上最新研发的 SICCI 海冰密集度卫星遥感数据开展了 3 组后报试验。结果表明，相比使用常数误差的传统方法，使用数据集提供的观测误差能够改进海冰密集度的集合平均状态，但不能改进冰厚。这是由于夏季卫星遥感密集度和模拟的物理密集度之间存在差别，微波遥感海冰密集度无法分辨开阔水（水道）和融池。通过给定最低观测误差可修正低估的模式误差和样本离散度，进而改进冰厚预报结果。该研究得到国家自然科学基金和中德海洋合作项目支持，成果发表在 *The Cryosphere*。

【极地政策研究】 **新形势下中国极地战略相关问题研究** 项目由同济大学承担，主要运用新国家安全观理论，从新的形势和背景下研究我国极地战略布局的相关问题，侧重研究新的形势和背景下中国在极地的国家利益，面临的极地战略问题，以及中国在极地战略定位和布局的构想、路径与方略等。2016 年主要完成了中国南北极国际形势、活动现状和综合实力等重要问题的研究。

极地地图分析系统研究与开发 项目由武汉大学承担。目标是以南北极系列中小比例尺地图为基础，基于 ftp 服务模式开发极地态势地图分析系统。该系统搭载各类极地战略研究成果和数据，并具备地图量算和统计分析功能，以及极地态势地图分析功能等。2016 年度主要对极地战略研究成果与相关专题地图数据进行整理与分析，针对极地态势分析需求，完成相关专题地图的编制。目前已经完成北极地缘政治格局图、自然环境示意图、领土争端示意图，南极保护区（包括陆地和海洋）、专属经济区、200 海里外大陆架划界等相关图件。

《中国的南极事业》报告编制工作的相关问题研究 项目由上海国际问题研究院承担。2016 年搜集、整理了国内同类白皮书和国外主要国家南极政策和战略文件，并对中国南极科考、后勤保障、保护利用、全球治理、国际合作等领域的发展现状进行梳理总结，编制《中国的南极事业》报告相关研究中期报告。

极地专项"极地国家利益战略评估"专题 "极地国家利益评估"专题围绕极地地缘政治和国际治理状况与发展趋势以及极地政治在中国国际战略中的作用与发展趋势，极地资源现状以及中国参与开发利用极地资源的路线图，主要极地国家科研体制、前沿领域、发展动向，涉极地相关法律事务发展动态及我国参与国际极地法律制度构建的路径选择，主要国家极地战略/政策以及中国参与国际极地事务的战略选择等问题开展研究。2016 年，共有 30 多家高校和科研院所，150 多位专家参与研究，涉及战略、政策、法律、国际政治、经济、文化、社会、航运、信息管理等多个学科，完成三级成果集成报告的编制工作，公开发表论文 26 篇，出版专著 6 部，内部咨询报告 16 份。

极地国际治理

中国和澳大利亚南极与南大洋合作联委会第 1 次会议。 2016 年 2 月 29 日，中澳南极与南大洋合作联委会第 1 次会议在澳大利亚霍巴特召开，以落实中澳两国政府《关于南极和南大洋合作的谅解备忘录》。中国国家海洋局副局长陈连增和澳大利亚环境部副部长蓉达·迪克森主持会议，双方讨论了联委会的工作重点和目标，南极后勤支撑、科学研究等领域未来合作计划，以及在南极条约体系下的交流合作等议题，达成诸多共识。陈连

增一行还应邀访问了澳大利亚南极局。

中国和新西兰南极合作联委会第 1 次会议 2016 年 3 月 3 日下午至 4 日上午，中国和新西兰南极合作联委会第 1 次会议在新西兰首都惠灵顿召开，以落实两国政府签署的《关于南极合作的声明》和《关于南极合作的安排》。中国国家海洋局副局长陈连增与新西兰外交贸易部副部长露西·邓肯共同主持会议，双方讨论了南极科学、后勤支撑和环境保护等方面的议题，并达成诸多共识。

2016 年北极科学高峰周（ASSW）会议及第 3 届北极观测峰会（AOS） 2016 年 3 月 12 日至 18 日，2016 年度北极科学高峰周会议及第 3 届北极观测峰会（AOS）在美国阿拉斯加州立大学费尔班克斯分校举行。

高峰周会议期间，举办了国际北极科学委员会理事会及其工作组会议、北极研究组织者论坛（FARO）、北极太平洋扇区工作组（PAG）、欧洲极地委员会（EPB）、极地科学亚洲论坛（AFOPS）等分组会议，组织了国际北极大会日（International Arctic Assembly Day）活动，听取了《整合北极研究——未来路线图》报告。北极观测峰会提出了建立泛北极综合观测系统及其组织原则的声明。中国代表介绍了 2016 年北冰洋考察和浅冰基浮标等信息。

第 7 轮中美海洋法和极地事务对话 2016 年 4 月 21 日至 22 日，第 7 轮中美海洋法和极地事务对话在中国厦门举行。来自中美两国外交及海洋机构的专家就有关海洋、海洋法和极地事务的广泛议题交换了意见。

第 44 届新奥尔松科学管理者委员会（NySMAC）会议 2016 年 4 月 26 日至 27 日，新奥尔松科学管理者委员会第 44 次会议在瑞典斯德哥尔摩大学召开。与新奥尔松区域科研活动相关的各国科研管理和研究机构的 26 名代表出席了会议。会议修改了《新奥尔松章程》，讨论了项目信息论坛（PID）系统运作和海洋实验室未来的运行事宜，报告并讨

论了各旗舰项目的进展、斯瓦尔巴联合观测系统（SIOS）建设、以及各国考察站的科研活动情况。国家海洋局极地考察办公室派员出席会议，向会议报告黄河站科学考察的情况，讨论了中国拟在黄河站安装感应式磁力计事宜，并深入参与了项目信息论坛等问题的讨论。

首轮中日韩三国北极事务高级别对话　2016年4月28日，首轮中日韩三国北极事务高级别对话在韩国首尔举行，并发布了《首轮中日韩三国北极事务高级别对话联合新闻稿》。三国期待对话成为探讨加强三国北极事务合作的平台，愿在包括北极科学研究在内的诸多领域加强合作，落实三国领导人于2015年11月1日发表的《关于东北亚和平与合作的联合宣言》所赋予的使命。

第3轮中俄北极事务对话　2016年5月11日，第3轮中俄北极事务对话在俄罗斯首都莫斯科举行。双方就北极事务一般性立场、东北航道、科研合作等问题交换了意见。我外交部和国家海洋局派员出席了对话。

南极海洋生物资源养护科学委员会—南极环境保护委员会"气候变化与监测"联合研讨会　2016年5月19日至20日，南极海洋生物资源养护科学委员会—南极环境保护委员会"气候变化与监测"联合研讨会在智利蓬塔召开。会议盘点了2009年第一次研讨会的成果以及两个机构近年来的围绕气候变化开展的工作，并就未来两个机构围绕气候变化及其监测问题进行协调与合作提出了一系列意见，其建议被纳入南极条约协商会议和南极海洋生物资源养护委员会工作机制。国家海洋局极地考察办公室派员与会，并就监测数据的标准化和分享等问题提出了意见和建议。

第39届南极条约协商会议（ATCM）和第19届南极环境保护委员会会议　2016年5月23日至6月1日，第39届南极条约协商会议（ATCM）和第19届南极环境保护委员会（CEP）会议在智利首都圣地亚哥召开。

南极条约协商会议原下设法律、运行和旅游三个工作组，合并改组为政策、法律与制度和科学、运行与旅游两个工作组。会议讨论了气候变化及其影响和应对、未来工作战略规划、环境影响评价、区域保护和管理、动植物保护、视察等重要议题，审议并通过了9项措施、6项决定和6项决议。期间，会议专门组织召开了为期两天的《南极条约环保议定书》签署25周年研讨会，发表了《圣地亚哥宣言》。

中国代表团深入参与了气候变化、海洋环境下的突出价值、区域保护和管理等重要议题的讨论，向会议报告了中国第二次南极视察的情况并参与讨论，继续推动在冰穹A区域建立南极特别管理区的工作，利用会间时间参加现有南极特别管理区工作组会议，并与美国、澳大利亚、新西兰、韩国、乌克兰、乌拉圭、秘鲁、法国等多个国家和组织进行交流，不断拓展国际合作的范围。

第8轮中美战略与经济对话　2016年6月6日至7日，第8轮中美战略与经济对话在北京举行。中国国家主席习近平的特别代表国务委员杨洁篪与美国总统贝拉克·奥巴马的特别代表国务卿约翰·克里共同主持了战略对话，两国政府有关部门负责人参加。双方就重大双边、地区和全球性问题深入交换意见。对话期间，还专门举行了"保护海洋"对口磋商活动，国家海洋局党组书记、局长王宏、美国副国务卿凯瑟琳·诺维莉出席活动。南极海洋保护区、北冰洋中央区域公海禁止无管制商业捕捞协议、南大洋监测与分析等列入中美战略与经济对话成果清单。

北极理事会北极科学合作特别工作组第9次会议　2016年7月6日至8日，北极理事会北极科学合作特别工作组第9次会议在加拿大首都渥太华召开，会议继续对《关于促进北极国际合作的协定（草案)》进行讨论和修改

第 30 届国家南极局局长理事会（COM-NAP）年会　2016 年 8 月 16 日至 20 日，第 30 届国家南极局局长理事会年会在印度果阿召开。会议分为三大部分：全体代表大会讨论了"南极路线图挑战"项目和 COMNAP 五年工作计划等全局性问题；分组和专题会议分组讨论了东南极区域、罗斯海区域、南极半岛区域毛德皇后地航空网等区域性后勤运行合作，以及搜救和安全、航运等问题；会议还专门召集了南极越冬研讨会。中国代表转会前积极准备，会议期间参与多项分组和专题讨论，此外还与美国、澳大利亚、新西兰、俄罗斯等国就后勤合作事务进行了商谈，并取得了一系列实质性成果。

第 34 届南极研究科学委员会（SCAR）会议　2016 年 8 月 20 日至 30 日，第 34 届南极研究科学委员会会议在马来西亚首都吉隆坡召开。会议分为开放科学大会、常设科学组会议、专题研究组研讨会、国家代表会议四个部分，围绕南极研究领域最前沿和最重要的领域，以及相应的研究计划和进展，进行了深入而广泛的交流。国家海洋局以及其他科研单位代表共 40 余人参会，在开放科学大会上做口头报告 14 个、墙报报告 24 个，参加各种专题研讨会 67 场次，并参加了常设科学工作组会议和国家代表会议的讨论。此外，代表团还组织了《极地研究》英文版约稿会，并与新西兰和澳大利亚就中新罗斯冰架研究项目和中澳联合研讨会等事宜进行了商谈。

G20 峰会中美元首杭州会晤　2016 年 9 月 3 日，国家主席习近平与来华出席二十国集团（G20）领导人杭州峰会的美国总统贝拉克·奥巴马举行会晤。双方围绕中美关系以及共同关心的重大国际地区和全球性问题进行了深入、坦诚和建设性交流，达成了一系列重要共识。双方承诺与其他有关各方一道，朝着于 2016 年年底前出台一项旨在防止在北冰洋公海海域进行不受监管的商业捕捞活动的文书而努力。为进一步推进中美在极地与海洋事务上的合作，双方决定签署谅解备忘录，推进两国在南北极开展科技等相关领域的互利合作。双方计划于 2017 年在美国举行第八轮海洋法和极地事务对话。

国家海洋局局长王宏与美国副国务卿凯瑟琳·诺维莉举行会谈　2016 年 9 月 14 日至 18 日，应美国国务卿约翰·克里和副国务卿凯瑟琳·诺维莉的邀请，中国国家海洋局、局长王宏率领由国家海洋局和外交部条法司、美大司的领导等相关人员组成的中国代表团于赴美国华盛顿出席"我们的海洋"第 3 次大会。王宏局长与美副国务卿诺维莉就罗斯海保护区以及中方提议的南极昆仑站特别管理区建设等双方共同关心的海洋保护问题进行了会谈。

第 35 届南极海洋生物资源养护委员会及科委会会议　2016 年 10 月 17 日至 28 日，第 35 届南极海洋生物资源养护委员会及科委会会议在澳大利亚霍巴特召开，除巴西外的 24 个成员国家和组织（欧盟），以及南极环境保护委员会、南极与南大洋联盟等观察员组织派员出席会议。正式会议前，科委会召开特别会议，讨论未来战略工作规划问题。会议通过了关于在罗斯海约 155 万平方千米的海域内建立海洋保护区的养护措施，生效后该保护区将成为世界最大的公海保护区。此外，会议还对南极海洋保护区、《南极海洋生物资源养护公约》核心条款的解释和执行、气候变化及其影响，南极海洋生物资源养护委员会第二次表现评估以及未来工作方向、磷虾的反馈式管理等具有全局性影响的议题进行了讨论。中国外交部、农业部、国家海洋局、香港渔农自然护理署、上海海洋大学等单位组团与会，并围绕上述重要问题深度参与了相关国际规则的制定。

第 45 届新奥尔松科学管理者委员会（NySMAC）会议　2016 年 10 月 19 日至 20 日，第 45 届新奥尔松科学管理者委员会会议在中国厦门召开。本次会议由国家海洋局极地考察办公室和国家海洋局第三海洋研究所联合承办，共有来自挪威极地研究所、德国海洋与极地研究所、斯瓦尔巴科学论坛多国代表与王湾公司作为观察员参加了会议。本次会议介绍了 2017 年部分考察站计划、通报讨论了挪威拟发布的斯瓦尔巴白皮书、新奥尔松科研发展规划等情况，汇报了斯瓦尔巴科学旗舰项目、联合观测系统等项目进展，并通报了新奥尔松地区无线电静默工作组、交换行动等工作进展。

极地国际合作

巴西海军人员访问中国极地研究中心　2016 年 1 月 12 日，巴西海军海洋资源部委间委员会办公室秘书长坤亚中将到访中国极地研究中心。

美国国际访问人员交流项目　2016 年 1 月 16 日至 2 月 6 日，应美方邀约，国家海洋局派员参加美国国际访问人员交流项目中的"海洋保护与管理"子项目。相关人员访问了华盛顿、纽约、波特兰、新奥尔良、西雅图五个城市 20 多个涉海洋极地部门，包括国务院、国家海洋大气局、国家科学基金会、国防部、自然资源保护委员会、哥伦比亚大学等部门，就海洋极地环境保护、北极理事会、北极航道、极地科研与后勤、海洋和平与安全、双边海洋合作、海域管理以及海上执法等议题，通过会谈、圆桌会议、现场参观等方式进行了交流。

北极原住民可持续发展与亚洲国家的贡献研讨会　2016 年 1 月 28 日，北极原住民可持续发展与亚洲国家贡献研讨会在挪威特罗姆瑟召开。研讨会由国家海洋局极地考察办公室主办，同济大学、特罗姆瑟大学以及挪威国际关系研究院相关人员负责召集，萨米委员会主席 Gunn Britt Retter、国际北极科学委员会主席 Elle Merete Omma、北极理事会原住民秘书处行政秘书 Elle Merete Omma、挪威极地研究所所长 Jan Gunnar Winther、韩国海洋研究所所长 Justin Kim 等近 20 名中外学者参加了研讨会。会议旨在探讨北极原住民与亚洲观察员国合作的路径与想法，并邀请了原住民代表以及来自亚洲和北极地区的专家，以试图促进对原住民面临挑战的理解以及，促进亚洲国家与原住民的合作。

中国极地研究中心和泰国科技发展局《极地科学研究谅解备忘录》　2016 年 4 月 6 日，在泰国诗琳通公主见证下，中国极地研究中心与泰国国家科技发展局、朱拉隆功大学、泰国东方大学、国立发展管理学院、泰国国家天文研究所等在北京签署了《极地科研合作谅解备忘录》。备忘录旨在极地知识信息交换，样品交流，人员交流，联合行动等方面推进中泰两国的实质性合作。

中国极地研究中心杨惠根主任与泰国国家科技发展局执行副局长查得玛斯（Chadamas Thuvasethakul）女士代表中泰双方签署了合作谅解备忘录。国家海洋局极地考察办公室副主任夏立民和泰国国家科技发展局高级顾问兼诗琳通公主信息技术发展计划基金会秘书长派乐 塔查雅蓬（Pairash Tha-jchayapong）教授见证了备忘录的签署。

中国—北欧北极研究中心研讨会　2016 年 4 月 14 日，中国—北欧北极研究中心研讨会在中国极地研究中心召开。研讨会邀请了各北极国家驻沪使节，介绍了中国的北极实践、中心访问学者计划成果以及第 4 届中国—北欧北极合作研讨会筹备情况。

澳大利亚塔斯马尼亚州州长威尔·霍奇曼来访　2016 年 4 月 15 日，国家海洋局局长王宏在京会见澳大利亚塔斯马尼亚州州长威尔·霍奇曼一行。国家海洋局副局长陈连增出席会见。双方回顾了刚刚举行的中澳南极和南大洋合作联委会首届会议及其《联合声明》，以及《中国国家海洋局与澳大利亚塔斯马尼亚州政府南极门户合作执行计划》的内容，并就进一步加强在南极考察相关领域的合作进行了深入交流。

国家海洋局与格陵兰教育、文化、研究和宗教部签署《科学合作谅解备忘录》 2016年5月9日至14日，国家海洋局副局长陈连增率团访问丹麦格陵兰教育、文化、研究和宗教部，与妮薇·奥尔森部长就推进中国和丹麦格陵兰北极合作事宜进行了务实交流，签署了《中华人民共和国国家海洋局与格陵兰教育、文化、研究和宗教部北极科学合作谅解备忘录》。双方确认在谅解备忘录的有效期内，优先推动包括大气、冰川、高空物理、海洋、海冰、环境、生态、生物、地质等多学科的北极科研合作及后勤保障合作。

第4届中加北极学术研讨会 2016年5月12日至13日，第4届中加北极学术研讨会在加拿大魁北克召开，来自中加两国10余个大学和研究机构的人员出席了会议。研讨会就北极政策和治理、主权和外交政策、环境保护、大陆架划界、资源开发、发展和社会正义，以及国家安全等议题进行了深入交流与讨论。高之国法官受会议主办方和魁北克省国际关系和法语部邀请，做主旨演讲。

丹麦高等教育和科技部常任秘书访问中国极地研究中心 2016年5月13日，丹麦高等教育和科技部常任秘书 Agnete Gersing 女士到访中国极地研究中心，商讨北极科学合作谅解备忘录签署以及北极科研合作事宜。

极地办组团访问美国极地事务相关机构 2016年5月16日至21日，国家海洋局极地考察办公室组团赴美访问极地事务相关机构。代表团访问美国国家科学基金委极地项目办公室、美国国务院海洋与极地事务办公室、美国战略与国际研究中心、俄亥俄博德极地与气候研究中心、俄亥俄州立大学地球科学院、哥伦比亚大学拉蒙特实验室、纽约大学大气海洋研究中心等。代表团在立法执法、智库建设、环境管理、区域管理、科研合作等方面与美方进行了交流，并与美极地项目办公室就拟签署的谅解备忘录文本进行了讨论。

第2届中美北极社科论坛 2016年5月16日至18日，第2届中美北极社会科学研讨会在美国华盛顿特区召开，主题为"增强中美在北极地区的合作"。本次研讨会由美国战略与国际问题研究中心（CSIS）北极项目研究部和同济大学极地与海洋国际问题研究中心联合主办，中国国家海洋局极地考察办公室资助。来自中美两国20余位学者和政府官员分别就中美在北极地区如何合作，在哪些领域合作以及合作是否存在障碍等问题进行为期两天的交流。

国家南极局局长理事会第3次搜救研讨会 2016年6月1日至2日，国家南极局局长理事会第3次搜救研讨会在智利瓦尔帕莱索召开。研讨会由智利极地研究所和智利海洋领土与商船总局联合具体承办，包括南非、新西兰、澳大利亚、智利以及阿根廷五个区域搜救协调中心在内的13个国家南极局局长理事会成员国以及相关国际组织的57名代表出席会议。研讨会围绕"增进南极区域搜救协调与应对"的主题，盘点近年来南极地区搜救工作的进展，并就搜救协调与合作、信息与经验、技术与创新等主题进行探讨与交流。国家海洋局极地考察办公室组团与会。

北欧海联合调查航次 2016年6月5日至22日，中国海洋大学，上海海洋大学和冰岛科学委员会共同组织实施北欧海联合调查航次。本次考察从冰岛格林达维克港出发，途径冰岛海进入挪威海和格陵兰海并布放潜标。这是继2012年中国第五次北极科学考察在该海域投放海气耦合浮标之后，中国海洋大学第二次在北极大西洋扇区布放海洋锚系长期观测系统。除布放潜标之外，还对周边区域展开物理海洋（CTD）和表层浮游生物调查，完成跨越北极锋区的海洋断面一条。中国海洋大学9人，上海海洋大学2人参加本次联合航次。

第4届中国—北欧北极合作研讨会 2016年6月6日至9日，芬兰拉普兰大学北极中心和中国—北欧北极研究中心在芬兰罗瓦涅米联合举办以"北极可持续发展：机遇与全球化挑战"为主题的第 4 届中国—北欧北极合作研讨会。来自北欧五国以及中国、俄罗斯、新加坡等国近 20 所主要北极社科研究机构的近 30 位学者进行了主题发言。会议期间，由拉普兰商会和中国极地研究中心共同组织"北极可持续发展与旅游"圆桌会议。

新西兰克赖斯特彻奇市长莉安·达泽来访　2016 年 6 月 29 日，国家海洋局副局长陈连增在北京会见来华访问的新西兰克赖斯特彻奇市长莉安·达泽一行。双方回顾两国在南极科研和人员培训等方面的良好合作历史，一致同意巩固和增进南极后勤保障和环境保护等方面的交流合作，并表达了对未来合作前景的信心和期待。

智利南极研究所所长何塞来访　2016 年 7 月 12 日，智利南极研究所所长 Jose Retamales 访问国家海洋局极地考察办公室。双方就互相通报南极事务相关重要信息，加强中智南极合作达成了协议。此前，Jose Retamales 还访问了中国极地研究中心，并就组织共同学术研讨会、科考船资源共享、邀请拉美科学家为《极地研究（英文版）》编委等具体事宜达成初步合作意向。

极地破冰船推进水池试验和多波束讨论会　2016 年 8 月 7 日至 14 日，新建破冰船建造工程部一行五人赴芬兰参加了极地科学考察破冰船项目设计桨推进水池试验，并赴德国参加多朴树设备安装技术讨论会。

韩国海洋水产部来访　2016 年 8 月 9 日，为落实第六次中日韩领导人会议发表的《关于东北亚和平与合作的联合宣言》和中日韩三国北极事务高层对话的成果，韩国海洋水产部 Go Song—jun 女士与韩国极地研究所相关人员一行访问了国家海洋局极地考察办公室。双方就深化北极科研事务合作，探索有效合作机制等事宜进行了深入交流。

澳大利亚南极局局长尼克·盖尔斯访华　2016 年 8 月 9 日，澳大利亚南极局局长尼克·盖尔斯一行访问了我外交部，就南极海洋保护区问题进行沟通。盖尔斯局长一行于 10 日访问了国家海洋局极地考察办公室，并向中方介绍了澳大利亚新通过的南极战略和 10 年行动计划；双方还就澳大利亚开展南极视察、中澳南极科研合作等问题进行了深入交流。

俄罗斯西伯利亚联邦大学副校长访问中国极地研究中心　2016 年 8 月 16 日，俄罗斯西伯利亚联邦大学研究和国际合作副校长 Alexey Romanov 一行访问中国极地研究中心。Alexey Romanov 向中方介绍了俄罗斯西伯利亚联邦大学的情况，双方探讨了在地质和冻土、生态系统和生物多样性、海洋学、大气科学以及社会科学等学科开展联合考察和合作研究的可能性。

首次中俄北极联合调查航次　2016 年 8 月 19 日至 9 月 20 日，中俄双方联合开展首次北极联合调查航次。中俄双方共 31 名科研人员登上俄罗斯科学院远东分院所属的"拉夫任捷耶夫院士号"远洋调查船缓，从堪察加半岛的彼得罗巴甫洛夫斯克港出发，经白令海、北太平洋到达俄罗斯所属的楚科奇海区和东西伯利亚海海区开展作业。本航次重点在东西伯利亚海和楚科奇海西部海域开展了海洋沉积物取样、海洋水文剖面观测、海洋光学观测、海洋化学采样及过滤、海洋底栖生物调查、海洋微型浮游生物调查等多任务多学科综合调查。这是中俄两国首次开展北极联合科考，也是我国科学家首次进入俄罗斯所属的北冰洋海域进行考察，标志着中俄在极地海洋领域的合作进入了一个新阶段。来自国家海洋局第一、二、三海洋研究所、中国极地研究中心、中国海洋大学、厦门大学等单位的 11 名中方科研人员参加了此次联合调查。

俄罗斯"北方海航道：北极战略稳定与平等合作研讨会"　2016 年 8 月 29 日至 9 月 2 日，由俄罗斯联邦安全委员会主办的"北方海航道：北极战略稳定与平等合作研讨会"

在俄罗斯"50 年胜利号"核动力破冰船上召开。会议由俄罗斯安全委员会秘书巴特鲁舍夫主持，俄总统普京发来贺电。八个北极沿岸国家以及中国、印度、韩国和新加坡四个北极观察员国共月 60 名代表参会。国家海洋局副局长林山青应邀率团参会，并作"北极环境变化及其影响"主旨发言。我外交部和驻俄使馆人员也参加了会议，并做了相应发言。

中韩罗斯海海洋大气化学与气候变化研讨会　2016 年 9 月 19 日至 21 日，中韩罗斯海海洋大气化学与气候变化研讨会在国家海洋局第三海洋研究所举行。该研讨会由韩国极地研究所和我所海洋大气化学与全球变化重点实验室每年定期轮流举行。

双方回顾上年度合作进展和成果，并一致同意在 2016—2017 年度加强合作研究，利用在线走航仪器在普里兹湾、阿蒙森海及罗斯海等海区的大气化学要求观测研究，实现 PCO2 数据共享及数据模型预测，双方共享极区 DMS 观测数据并联合发表文章；加强极区气溶胶观测研究，计划 2017 年在韩国极地科考破冰船 ARAON 上安装单颗粒气溶胶质谱仪用于南极气溶胶走航观测研究；双方加强青年科学家的交流，并增加人员互访等。

中芬北冰洋研究合作工作研讨会　2016 年 9 月 27 日，为推进中芬北极和海洋合作，中国极地研究中心与芬兰相关机构在上海组织召开了中芬北冰洋科学研究合作工作研讨会，组织两国北极科学家就中芬北极合作科学目标、研究需求、研究区域、调查内容、调查装备、后勤保障和组织工作等内容进行了工作研讨。

中俄就 2016/2017 年度冰盖机场共享事宜进行协商　2016 年 9 月 27 日至 30 日，中国极地研究中心和国家海洋局极地考察办公室组团访问了位于圣彼得堡的俄罗斯南北极研究所，就 2016/2017 年度共享位于中山站附近冰盖上的俄方机场及航空设施事宜进行协商，以保障中国第 33 次南极考察队对"雪鹰 601"固定翼飞机的使用。除冰盖机场外，双方还就南极海洋保护区问题、俄罗斯大坡平整项目、未来中方自建机场及区域航空活动协调等事宜进行了沟通和交流。

第四届北极圈论坛会议　第四届北极圈论坛（Arctic Circle）大会于 2016 年 10 月 7 日至 10 月 9 日在冰岛首都雷克雅未克召开，来自 50 个国家，2000 余位与会代表就气候变化背景下北极的跨区域与全球性问题展开深入讨论。中国极地研究中心组团参会，并与冰岛研究中心共同召开"中冰极光联合观测台和科学合作"分会。

中冰海洋与极地科技合作联委会会议论　2016 年 10 月 8 日至 12 日，国家海洋局副局长孙书贤应冰岛教育、科学和文化部邀请率团访问冰岛，出席根据中冰《海洋与极地科技合作备忘录》召开的首届中冰海洋与极地科技合作联委会会议，以及中冰联合极光观测台奠基仪式，并与冰岛总统约翰内松先生及前总统格里姆松先生分别进行会谈。

"北极国际合作：新的挑战和发展方向"国际会议　2016 年 10 月 12 日至 13 日，由俄罗斯国际事务委员会主办的"北极国际合作：新的挑战和发展方向"国际会议在莫斯科举行。会议主要纪念北极理事会成立 20 周年，探讨确定北极理事会制度发展的主要原则，北极活动法律制度的前景，以及北极域外国家参与北极经济开发的前景。来自北极八国和中、日、韩、印、新加坡等五个北极理事会观察员国的 100 多位政府官员、学者和企业人士参会。国家海洋局极地考察办公室组团与会。

第 5 届中俄北极论坛　2016 年 10 月 31 日，由中国海洋大学主办的第 5 届中俄北极论坛"中俄北极合作：障碍与前景"在青岛举行。国家海洋局极地考察办公室、中国极地研究中心、上海国际问题研究院、北京大学、厦门大学、山东大学、武汉大学等机构和高等院校的专家学者代表与来自俄罗斯国际事务理事会、圣彼得堡国立大学、俄罗斯北极联邦大学和新加坡南洋理工大学的同行共40余人就中俄两国在北极的合作等问题进行了深入的探讨。俄罗斯驻华大使馆外交官代表、北极大学副校长 Marina KALININA 等也出席了论坛。

中冰联合极光观测台主体建筑结构封顶 2016 年 10 月，中国极地研究中心团赴冰岛极光观测台与冰方共同举办了观测台主体建筑结构封顶、落成奠基仪式，国家海洋局副局长孙书贤参加仪式，与冰岛教育科技文化部贡纳尔松(Illugi Gunnarsson) 部长为主体建筑安放奠基石。观测台主体建筑结构封顶标志着观测台将在短期内大幅提升科学观测能力，为开展极光物理研究和空间天气观测做好了准备。

俄罗斯西伯利亚联邦大学校长访问极地中心 2016 年 11 月 21 日，俄罗斯西伯利亚联邦大学校长 Eugene Vaganov 一行访问中国极地研究中心，双方探讨了在地质和冻土、生态系统和生物多样性、海洋学、大气科学以及社会科学等学科开展联合考察和合作研究的可能性，达成了在俄罗斯北极地区建立联合考察站的合作意向。

中国—北欧北极研究中心研讨会 2016 年 12 月 2 日中国—北欧北极研究中心召开"中国—北欧合作研讨会"，冰岛前总统格里姆松及各北极国家驻沪使节参会。

极地文化建设

【极地科普教育平台】 2016 年 10 月 24 日，国家海洋局极地考察办公室在南京召开 2016 年度全国极地科普教育基地工作会议。会议通报了全国海洋宣传工作的形势、海洋意识宣传的目标和要求等，听取了各极地科普教育基地开展极地科普宣传教育工作情况的汇报，要求各科普教育基地互通有无、共同发展，积极做好海洋意识宣传和极地科普教育活动。

2016 年，极地中心极地科普馆保证全年免费开放 280 天，接待参观团体 100 余个，接待参观人员近 2.2 万人。2016 年，极地科普馆内配置了 2 台触摸查询机，为广大参观者提供自主查询服务，进一步完善了南极洲多媒体数字沙盘，新增青少年版本影片。成都海昌极地海洋公园、合肥汉海极地海洋世界有限公司、南京海底世界有限公司、天津海昌极地海洋公园、武汉海昌极地海洋公园、珠海长隆海洋王国、北京工体富国海底世界娱乐有限公司、大连老虎滩海洋公园有限公司、黑龙江极地科普教育基地、青岛极地海洋世界有限公司等全国十家极地科普教育基地密切结合世界海洋日暨全国海洋宣传日、国际海豹日等重要节日，创新宣传方式方法，开展了一系列主题各异、形式多样、内容丰富的宣传科普活动，全年共约 82 万人次参与，共约发放科普宣传册 4 万余册，达到了良好宣传效果，提高了公众极地意识。

【极地新闻宣传活动】 中国第 32 次南极科学考察队通过电视、报刊、网络的各种渠道，开展多层面、多视角的宣传报道工作。新华社记者采写播发文字通稿 48 条，图片通稿 151 张，被《人民日报》等中央媒体采用。春节期间，策划万里连线活动，在"新华全媒头条"推出 3 篇春节特别报道。开设《直到世界尽头》新媒体专栏，更新文章近 30 篇，10 万字，平均阅读量超过 50 万次。中央电视台针对"雪鹰601"固定翼飞机成功飞跃昆仑站这一历史时刻，提前拍摄、重点投放，在中央电视台一套、新闻频道等新闻中报道。整组报道首播近 30 分钟超 13 条。真实记录了新站选址过程，获得大量影音资料，并在多频道多档新闻中播出。中国海洋报记者刊发稿件 80 余篇，8 万余字，内容涉及专业考察站（队）的阶段性工作进展和队员代表，为十几名队员在《中国海洋报》"两地书"栏目刊发亲友信件。

中国第 7 次北极科学考察队合理利用航

渡时间，组织北极大学授课14讲，听课人数达到700多人次；积极开展宣传报道，拍摄了大量反映考察队工作生活的报道素材，及时向全国人民介绍了考察工作进展和取得的成绩；《北极之光》报（电子版）作为重要的考察队员工作文化生活交流平台和风采展示阵地，考察期间共出版8期。

【极地相关文化产品】　海洋出版社出版了《南方之南 中国第32次南极考察摄影纪实》，真实记录第32次南极考察队和"雪龙"号船科学考察的奋斗历程，生动再现了南极自然环境和考察队工作、生活画面，全面客观地记录了考察所取得的成绩以及全体考察队员所付出的艰辛。

中国第7次北极科学考察队组织梳理考察各项工作，整理考察过程工作图片，策划出版发行《七彩——中国第七次北极科学考察纪实》，全面记录中国第7次北极考察不平凡的历程，激励更多人特别是年轻人认识极地考察、关注极地考察、投身极地考察、为极地考察工作谱写新篇章，为建设海洋强国贡献力量。

中国集邮总公司发行了一套6枚的中国第32次南极考察纪念封，包括中国南极考察首架固定翼飞机"雪鹰601"入列暨首航南极、长城站、中山站、昆仑站、格罗夫山考察、"雪龙"号船纪念封；发行了中国第7次北极考察纪念封一枚。丰富了我国极地考察集邮文化，扩大了极地考察事业的社会影响，对提升公众极地意识起到了积极的促进作用。

（国家海洋局极地考察办公室）

国　际　海　域

综　述

2016年，在建设"海洋强国"和"21世纪海上丝绸之路"战略构想的指引下，中国大洋矿产资源研究开发协会办公室（以下简称"中国大洋协会"）大洋工作取得了丰硕成果：《中华人民共和国深海海底区域资源勘探开发法》顺利出台，"蛟龙探海"工程正式启动论证工作，多金属结核勘探合同延期申请获得核准，战略规划全面开展，资源调查工作不断拓展，深海装备技术走向应用，大洋综合能力建设迈入新阶段。

中国国际海域事务

【《中华人民共和国深海海底区域资源勘探开发法》颁布实施】　《中华人民共和国深海海底区域资源勘探开发法》（简称《深海法》）于2016年2月26日经第十二届全国人大常委会第十九次会议表决通过，由国家主席习近平签署第42号主席令对外公布，并于5月1日正式实施。《深海法》是第一部规范中国公民、法人或者其他组织从事深海海底区域资源勘探开发活动的法律，是推动中国大洋事业跨越发展的新的里程碑。《深海法》的出台将为中国深海事业的发展提供根本性指导，进一步规范和促进中国在深海海底区域的活动。《深海法》明确了国家海洋局对深海海底区域资源勘探开发和资源调查活动的监督管理职能。

《深海法》出台后，国家海洋局及时制定《深海法》宣贯工作方案，积极配合全国人大组织召开《深海法》出台新闻发布会、《深海法》实施座谈会以及贯彻落实《深海法》的调研活动；组织召开国家海洋局驻京局属单位和局机关《深海法》宣贯大会；同时根据国家《立法法》规定要求，为推进《深海法》的贯彻落实，抓紧开展了包括深海海底区域资源勘探开发申请行政许可、深海海底区域资源勘探开发环境保护、深海海底区域资源调查研究的资料样品汇交及使用等各项配套法规、规章和办法的制订工作，积极推动形成以《深海法》为基石的深海法律制度体系。

【"蛟龙探海"工程正式启动论证工作】　根据《国民经济和社会发展第十三个五年规划纲要》中提出"蛟龙探海"工程内容要求，中国大洋协会于2016年3月开始组织国内大洋业务支撑单位：国家海洋局第一海洋研究所、第二海洋研究所、第三海洋研究所、国家深海基地管理中心、国家海洋信息中心、广州海洋地质调查局、香港科技大学、上海交通大学、中国科学院沈阳自动化研究所、海洋研究所、声学研究所和微生物研究所等十余家单位开展"蛟龙探海"工程的论证工作。

"蛟龙探海"工程在论证主要按照"深海装备""深海资源（含深海生物资源）""深海环境"和"支撑保障平台"四个领域分别开展论证工作，并且针对"十三五"期间的重点任务开展较为详细的设计。截止到2016年年底，"蛟龙探海"工程完成论证。

国际海底区域资源调查与研究

【多金属结核资源勘探】　根据《中国大洋矿产资源研究开发协会请求核准"区域"内多金属结核勘探合同延期的申请书》中有关要求在西太平洋多金属结核勘探合同区开展了以下工作。①资源勘探与评价：2016年对合同区的资源评价工作进行了总结，采用克里格法估算合同区西区资源量。中国大洋协会多金属结核勘探合同区包括合同区西区和合同区东区两个区块。根据合同区的多金属结核丰度、品位 [(Cu+Co+Ni) %] 分布特征和合同区海底地形地貌特征，采用普通克里格法，对合同区西区进行了矿体圈定和资源量评价。②环境基线研究：分析和解读了 2014 年布放在合同区东太平洋 CC 区的锚系所获数据。采用 SEDEX 方法分析了合同区及其邻近海域表层沉积物中不同形态磷的分布特征，分析结果表明，研究海区表层沉积物中的磷以碎屑态和自生磷灰石磷为主，并主要受来自亚洲干旱地区的风尘颗粒影响；沉积物的 OC/Org-P 比值显示，研究海区表层沉积物中的有机质以难降解的组分为主。生物基线方面开展了历年调查数据及文献数据的整理和统计工作，统计了 130 个小型底栖生物站、182 个大型底栖生物以及 12 个线虫站位，通过 18S rRNA 基因测序分析了沉积物样品 WBC1406 线虫种类多样性，分子多样性分析与形态学鉴定结果相比，二者的分析结果在纲和目的分类大类上基本一致，在科的水平上则存在差异。③采矿技术：2016 年采矿试验系统的工作主要对采集、行走、水声定位等系统的关键装备进行了研发：进行了采集机构实验室试验系统的设计，完成了采集机构液压水泵的研制和压力试验；优化完善了新型自行式履带概念车，完成了水池行走试验；购置了一套试验水池的水声定位系统；扬矿方面，完成了扬矿泵管输送系统的配套组装，于 2016 年 6 月进行了多级离心式扬矿泵输送系统的海上试验，验证了扬矿泵的可靠性。④选冶技术及金属经济评价：2016 年在回收多金属结核中镍、铜、钴的同时，针对自催化还原氨浸渣进行了选矿回收锰的研究。主要开展了氨浸渣的矿物特征分析，并分别进行了磁选和浮选回收锰的试验。同时继续对多金属结核相关金属的市场进行了跟踪分析，铜、镍、钴、锰等金属的产量和消费量增速放缓甚至下降。⑤国际合作和其他工作：继续积极参与国际海底管理局组织的各项活动；与其他承包者保持沟通和合作。2016 年度多金属结核数据资料，对数据库系统进行了更新和维护，并开展了相关的科普活动。

【富钴结壳合同区资源勘探】　依据与国际海底管理局签订的《富钴结壳勘探合同》有关内容，在西太平洋中国富钴结壳勘探合同区主要开展了以下工作。①海上航次：利用"海洋六号"船完成多波束测深测量 1431.5 千米，浅地层剖面测量 1431.5 千米、海底摄像 41.9 千米、回收和布放锚系 6 套，进行了采矿头海上试验；利用"向阳红 09"船，开展了 4 个潜次的"蛟龙号"载人潜器(HOV) 近海底观察和取样，观察距离约 18.2 千米，CTD 测量 8 个测站。②资源勘探与评价：基于 2016 年航次调查资料和前期研究基础，阐述了合同区地形特征和富钴结壳的空间分布特征；综合载人潜水器视像观察结果及回波强度结果，初步探讨了富钴结壳空间分布与回波强度之间的对应关系。③环境基线研究：通过对 2015 年和 2016 年采集的环境资料与样品的分析，初步了解合同区物理、化学、生物和地质环境基线；对 2014 年"蛟龙号"载人潜水器采自采薇平顶海山的巨型底栖生物视频和样品进行了深入分析，更新了采薇平顶海山区生物种类名录，发现了 3 个海绵动物的新种和 1 个甲壳动物新种；对 2016 年"蛟龙号"载人潜水器采集的海底高清视频和巨型底栖生物样品进行分析与鉴定，初步查明了维嘉平顶海山区巨型底栖生物种类组成和多样性。④采矿技术研发：针对富钴结壳矿区的复杂地形特征和薄脆矿体特性，研制了一套基于螺旋滚筒的采矿头试验装置，并搭载在 1.5 米岩芯取样钻机上初步开展海上可行性试验。⑤选冶技术和技术经济评价研究：在实验室，开展了富钴结壳的强磁选试验，评估了矿石粒度、磁场强度对铜、钴、镍及锰回收率的影响；同时将本年度磁选试验结果前期浮选试验结果进行对比研究，表明同等规模的情况下磁选需要设备少，工艺流程短，成本低，有利于经济效益最大化。继续对富钴结壳相关金属的市场跟踪分析。⑥国际合作和其他：参与了多项与富钴结壳资源相关的国际合作与交流活动。实施了合同区大洋调查航次数据信息、资源和样品及数据库的管理与运行；组织及参与了多项公共教育活动。

【西南印度洋多金属硫化物合同区资源勘探】
中国大洋协会依据《多金属硫化物勘探合同》有关内容，2016年在西南印度洋多金属硫化物合同区开展如下各项工作。①海上工作：利用"大洋一号"船和"向阳红10号"船共实施了338天的海上调查，完成综合拖曳探测测线37条（约800千米）；完成电视抓斗采样104站；完成CTD集成采水调查32站；完成浮游生物分层拖网1站、浮游生物小网2站；完成中深孔岩心钻机试验。②勘探工作结果：通过对大洋39航次综合拖曳探测获得的水体浊度异常资料的综合处理，开展了水体异常分布研究，初步获得了合同区I区块组群的浊度异常点位分布图；开展了表层沉积物元素地球化学分析，获得了其元素的组分和元素的组合特征，绘制了沉积物地球化学数据点位图，探讨了Cu、Zn、Fe、Mn等矿质元素异常的指示意义；研究了龙旂1号矿化区的地形和构造特征，开展了矿化区内分布岩石、硫化物样品的结构、组份和地球化学特征分析，并在综合往年资料研究的基础上初步圈定了进一步开展勘探工作的目标区。③环境基线研究：基于海上调查资料，在物理基线方面利用大洋39航次和大洋40航次在合同区实施的CTD站位和船载ADCP的调查资料，进行了温盐结构和海流要素研究；在化学基线方面对大洋39航次和大洋40航次在合同区CTD站位采集水样进行了环境海水水化学研究；利用大洋35航次采集的热液流体进行了热液流体化学成份分析研究；在生物基线方面依托大洋34、35和39航次调查资料，对合同区及邻近海域的叶绿素a和初级生产力、浮游植物、巨型底栖动物等进行调查研究；在生态系统方面基于在大洋39和大洋40航次中采集了多个站位表层沉积物样品，冷冻保存将用于进一步实验室分析研究，同时利用往年采集的沉积样品开展了烷烃、醇、脂肪酸等类脂组成的研究。④采矿选冶技术和技术经济评价研究：采矿技术方面为了验证深海多金属硫化物的原位破碎性能，研制了多金属硫化物原位截割测试装置样机，在模拟硫化物场地进行了截割测试；选冶研究方面针对多金属硫化物的矿物种类特点主要开展了部分矿样的可选冶性试验研究，分析了有价金属及伴生稀散稀贵金属在选冶过程中走向。继续对多金属硫化物相关金属市场跟踪分析，2016年铜、锌、铅、金、银等金属价格仍处于五年内的低位。实施了合同区大洋调查航次数据信息、资源和样品及数据库的管理与运行；⑤国际合作和其他：参与了多项与多金属硫化物资源相关的国际合作与交流活动。参与了多项公共教育活动。

【深海基因资源】　　"十二五"期间深海生物基因资源项目取得的成果如下："十二五"期间结合大洋航次调查获取了大量深海生物样品。通过分离、鉴定，并规范入库包括深海细菌、放线菌、真菌、古菌等6037株深海微生物菌种，分属431个属、1423个种，发现并完成了43个深海微生物新物种鉴定；库存量由2012年的12400多株增加到2016年底的21300多株，增幅达到72%。项目借助"蛟龙号"载人深潜器等新型采样手段开展深海热液口生物的观测和调查，研发了深海微生物原位培养、单细胞分选、测序平台等关键装备。在深海微生物代谢、系统进化、微生物互作机制、深海污染物降解机制等领域开展了大量前沿科学研究，发现了西南印度洋中脊热液区羽流及烟囱中以硫氧化菌为主的微生物群落，并对不同深海生境的微生物多样性特征以及特殊微生物类群的分子系统发育进行了初步的分析研究。项目通过对新获取的深海微生物资源及库藏菌种的发酵与活性物质筛选，构建了国内第一个基于色谱和波谱为导向的深海微生物代谢物库与信息库，通过优化发酵条件与快速萃取技术，库藏馏分达 10000 份，并分离鉴定了 281 个新颖结构的深海天然产物，获得了抗超级耐药性细菌 MRSA 与流感病毒 H1N1 的新结构化合物，具有较为广阔的应用前景。

在前期资源获取、活性物质筛选的基础上，系统开展了深海菌种、深海微生物酶、功能基因及化合物在工业、农业、环保、医药等领域的应用潜力评估，共完成了 4000 多株微生物资源应用潜力评估。在深海来源的酶资源、化合物资源在深海药物、海洋抗污损涂料、深海生物农药与石油污染生物治理等方面展现了良好的开发与运用前景。还获得了深海微生物多糖、深海微生物农药制剂、深海微生物抗附着剂、深海生物活菌制剂、深海微生物酶制剂、深海产电微生物燃料电池与废水处理等中试生产技术。

该项目"十二五"期间共发表论文 350 篇，其中 90% 以上为 SCI 论文；申请了 90 项专利，包括国际专利 3 项，已获得授权专利达 20 项，部分研究成果已经同国内企业实现了产业化对接。

【海底命名】 中国大洋协会编制完成 16 个海底地名提案，经国际地名分委会审议通过 14 个。截至 2016 年底，由大洋协会编制的共有 63 个大洋海底地名提案收录于国际海底地名名录中。组织编制和出版《中国大洋海底地理实体名录 2016（中英文版）》。共收录 230 个海底标准名称，同时建立了国家海域地理实体命名数据库和查询网站（http://cufis.comra.org），方便查询和使用。

【国际合作】 2016 年 1 月 17—22 日，应"国际海洋联合组织"邀请（简称"海金联"），中国大洋协会组团赴波兰什切青参加由"海金联"、KGHM 公司、什切青市及西波美拉尼亚省等四家单位共同主办的 2016 年西波美拉尼亚深海采矿会议。会议主要就深海采矿的国际进展、规则制订、装备技术、冶金技术及环境保护等主题进行了会议报告和讨论，共有来自国际海底管理局、德国、中国、俄罗斯、捷克、保加利亚、古巴、IOM 及波兰国内的官员、专家和学者参加了会议，中国大洋协会代表团刘峰团长就中国在国际海底区域的活动进行了介绍。

大 洋 考 察

2016 年中国大洋协会重点保障了"蛟龙"号载人潜水器试验性应用工作和合同矿区的外业调查工作，共协调组织安排了五艘船执行大洋 37 航次、39 航次、40 航次、41 航次、42 航次、43 航次任务，完成海上调查时间 607 天。

【大洋 37 航次】 由"向阳红 09"船搭载蛟龙号执行本航次。2016 年 4 月 12 日至 7 月 13 日，圆满完成 2016 年蛟龙号试验性应用航次（中国 37 航次）任务，共计 93 天。37 航次蛟龙号共开展 22 次下潜作业，其中维嘉海山作业区 8 次，雅浦海沟作业区 5 次，马里亚纳海沟 9 次，最大下潜深度 6796 米，完成了航次潜水器科学调查任务，充分验证了蛟龙号在复杂海底地形下和超深渊环境中各系统功能性能。

【大洋 39 航次】 由"大洋一号"船执行本航次，2015 年 12 月 12 日至 2016 年 7 月 14 号，共计 216 天（2016 年共 196 天）。航次总体执行顺利，共完成 5 个航段调查任务。航次主要成果如下：顺利完成 26 个区块 4 千米间距的综合异常拖曳探测；初步确定了 5 个区块内的矿化异常；中深孔钻机试验性应用取得较大突破，钻取约 5 米厚度的硫化物矿体；电法取得 131 千米有效数据，设备稳定性得到提高；稀土资源调查在前期工作基础上，扩大了资源潜力区范围，再次验证中印度洋海盆具有较大的资源潜力。

【大洋 40 航次】　由"向阳红 10"船执行，分为 A、B 段执行。其中 A 段自 2015 年 12 月 16 日至 2016 年 6 月 2 日，共计 170 天（2016 年共计 154 天）；B 段自 8 月 4 日至 10 月 19 日，共计 77 天。A 段取得的主要成果有：潜龙二号试验性应用取得重要成果，获取了 218 平方千米近底精细三维地形图，为深入研究矿化异常区分布规律提供了支撑；完成了 21 个区块 4 千米间距综合拖曳异常探测，并在上述 6 个区块内探测到多处热液异常；新发现一处硫化物矿化区，估计范围为 100 米×100 米。B 段在西北太平洋多金属结核调查区开展了资源和环境调查。

【大洋 41 航次】　由"海洋六号"船执行，于 2016 年 7 月 8 日起航，顺利完成第一航段后，任务船舶"海洋六号"于 8 月 9 日突发动力故障，因外港不具备维修条件，已返回广州开展维修工作，剩余任务已调整到 2017 年执行。取得的主要成果是对西北太平洋多金属结核资源进行了前期调查，对 M2 盆地进行了控制性测量，初步划定了远景区；开展了富钴结壳规模取样装置采集试验，回收了 2015 年布放的 3 套锚系。

【大洋 42 航次】　由"钱三强"号船执行，由于船舶关键装备准备迟缓，对原定计划进行了修改，将任务调整为印度洋执行两个航段的稀土航段，航次于 2016 年 12 月 20 日起航。

【大洋 43 航次】　由"向阳红 10"号船执行，本航次计划时间为 220 天，分 5 个航段执行，本航次于 2016 年 11 月 22 日从舟山出发。前 4 个航段计划 170 天，主要工作区域在西南印度洋多金属硫化物合同区，主要任务是履行"西南印度洋多金属硫化物勘探合同"，在西南印度洋合同区开展矿化异常区调查；第 5 航段计划 50 天，主要在西北印度洋卡尔斯伯格脊开展以多金属硫化物资源调查为主的科学考察。

深海技术发展

【深海多金属结核采矿试验项目】　2016 年 7 月，为贯彻落实党中央建设海洋强国战略部署，大力推进大洋海底矿产资源勘探及试开采过程，中国大洋协会组织中科院、中国五矿、中国中车、中船重工和中船工业等 19 家单位，启动深海多金属结核采矿试验项目，该项目被科技部批准纳入"十三五"国家重点研发计划，项目名称为"深海多金属结核采矿试验工程"。

项目于 2016 年 9 月 25 日在北京召开领导小组成立暨第一次工作会议，国家海洋局党组成员、副局长孙书贤任领导小组组长，中国五矿集团公司李连华副总经理、中国中车股份有限公司王军副总裁、中国大洋协会办公室主任刘峰任领导小组副组长。2016 年 11 月 26 日，项目在长沙召开总体组及各总师组成立大会，项目负责人李向阳任总体组组长，总体组成员还包括工程总师、环境首席科学家及各系统总师。项目组织架构基本明确，项目各项组织工作和技术工作全面启动。

【大洋两型新船建造项目】　推动完成国家发展改革委对大洋综合资源调查船和载人潜水器支持母船（以下简称两型新船）项目初步设计及概算的批复工作；完成两型新船建造船厂和施工监理的招标和合同签订工作；完成两型新船第一批调查系统装备的招标工作；为控制项目实施工程的相关风险，签订了项目法务、财务和项目管理等方面的第三方合作协议；推进新船详细设计和相关的审图工作、推进船厂生产设计和开工准备等工作。具体如下：①初步设计上报、评审和批复：在可研基础上，按照设计任务书要求，完成两型新船初步设计及概算的编制、评审和上报，2016 年 8 月 15 日发展改革委批复同意两型新船初步设计及概算，核定项目总投资 114702 万元，其中大洋综合资源调查船 64369 万元，载人潜水器支持母船 50333 万元。②第二次领导小组会议在京召开：2016年9月13日，中国大洋协会在北京组织召开了两型新船建设项目领导小组第二次会议，国家海洋局副局长、项目领导小组组长孙书贤主持了会议，会议审议通过了船舶建造、监理和进口设备的招标文件及采购方案，确定了进口设备工作组织方案及项目管理办法。③确定两型新船建造、监理单位：a.通过严谨的招标程序，大洋综合资源调查船和载人潜水器支持母船船舶建造中标单位分别是黄埔文冲船舶有限公司和武昌船舶有限公司，2016年11月18日中国大洋协会在北京与上述两家单位签订了建造合同。b.两型新船监理中标单位为上海佳船工程监理发展有限公司。④完成第一批进口设备招标采购：按政府采购要求上报新船项目第一批进口设备采购计划及经费申请并获财政部批准，本次进口设备招标共完成13个包，其中声学设备6个包，机械设备7个包，共计38台套设备。

（中国大洋矿产资源研究开发协会）

海洋国际交流与合作

海洋国际交流与合作

综　述

2016 年是"十三五"规划的开局之年，国家海洋局深入贯彻落实建设"一带一路"倡议和党的十八大提出的"坚决维护国家海洋权益，建设海洋强国"的目标，从党和国家战略高度，深度参与全球海洋治理，大力推动维护海洋权益和国际合作工作。主要成果包括：

【及时研判形势，为海洋维权工作决策提供政策和技术支撑】　一是配合国家维权工作需要，深入开展研究工作，为海洋维权工作决策提供法理、历史、政策和技术支撑。二是开通了南海专题网站，对外宣传了中国对南海问题的立场和主张依据。三是开展了援助莫桑比克和塞舌尔大陆边缘海洋地球科学联合调查航次，密切了中国与非洲国家的海洋合作关系。四是举办第五届国际海底区域和大陆架法律与科学问题国际研讨会、中国—欧洲国家海洋法专家研讨会，打造了各方专家在海洋法热点问题上相互交流、增进了解的机制性平台。

【深入参与国际规则制定进程，加强与有关国际组织的合作】　一是积极组织专家，参与相关国际谈判。参与联合国国家管辖外海域生物多样性可持续利用问题（BBNJ）国际协定谈判、联合国海洋和海洋法决议磋商、联合国全球海洋评估经常性程序报告进程、《生物多样性公约》和国际海底管理局等机制框架下的谈判和磋商。二是在联合国教科文组织政府间海洋学委员会（IOC）等框架下稳妥推进 IOC 南中国海海啸预警中心建设等国际合作进程。三是以蓝色经济、亚太经合组织（APEC）海洋可持续发展报告等为重点，在国际组织中继续落实有关设想和方案。四是加强国内协调工作，以筹备 2017 年 IOC 西太分委会第十次国际科学大会、第十一次政府间会议和参与北太平洋海洋科学组织（PICES）25 周年系列活动为契机，加强对 IOC 国内工作的统筹协调和国内 PICES 工作协调力度。五是向国际海底地名分委会第 29 次会议提交了中国海底地名提案，16 个海底地名获得审议通过。六是深入做好国际人才培养和交流工作。继续开展中国政府海洋奖学金对外招生工作，向 IOC 秘书处派遣新的援助专家，与马耳他大学、国际海洋学院（IOI）启动海洋管理硕士项目，选拔人员参与 IOI 加拿大和马耳他中心培训，推选两名涉海国际组织负责人当选 2015 年中国海洋人物。七是全力推动国际合作项目实施。完成全球环境基金大黄海海洋生态系项目重启工作，推动"中华白海豚关键生境保护项目"获得批准，稳妥推进"中国典型河口生物多样性保护修复和保护区网络化建设示范项目"进程，积极做好滨海湿地项目申报准备。八是以能力建设为重点，完善国际组织在华中心发展。

【推动"21 世纪海上丝绸之路建设"，进一步发展与周边国家务实海洋合作】　一是制定和发布了《南海及其周边海洋国际合作框架计划（2016—2020)》，成为中国与南海及周边地区国家开展海洋合作的指导性文件。二是在习近平主席访问柬埔寨期间，在两国领导人见证下，签署了《中国国家海洋局与柬埔寨环境部海洋领域合作谅解备忘录》。三是邀请印度、斯里兰卡、泰国、柬埔寨和马来西亚等"海丝"沿线国家海洋部门部级领导访华，开展海上事务高级别对话，巩固海上合作机制。四是履行中国与"海丝"沿线国家签署的海洋合作协议，召开了中印、中斯、中泰、中柬、中马海洋领域合作联委会/管委会/研讨会等机制性会议，密切了友好往来，促进了海上务实合作。五是通过"内地贵宾访港计划"项目促成海洋局领导访问香港，接待澳门特首来访，进一步加强内地与香港和澳门的海洋事务合作与交流。六是扎实推进区域国际合作，召开"首届中日韩海洋科学合作研讨会"和"第四届中国—东南亚国家海洋合作论坛"，发挥地区引领和牵头作用。七是加强与地方政府的协调与合作，共同推动"东亚海洋合作平台"和"中国—东盟海洋合作中心"建设，成功举办"2016黄岛论坛"和"2016厦门国际海洋周"活动，并与山东省政府和福建省政府分别签署了共建"平台"和"中心"的框架协议。

【深化与世界海洋大国合作，亮点纷呈】　一是在第八轮中美战略与经济对话框架下，国家海洋局王宏局长和美国副国务卿诺维莉共同主持了"保护海洋"对口磋商，就与气候相关的海洋议题、海洋垃圾污染、海洋保护区、海上执法合作和可持续渔业管理等5大议题达成多项共识，确定了中美防治海洋垃圾伙伴城市项目和海洋保护区项目，8项海洋合作成果列入对话成果清单。共同举办"蓝色海洋"公共宣传活动，国务委员杨洁篪和美国国务卿克里出席并发言。出席了第三届"我们的海洋"大会，召开了第19次中美海洋与渔业科技合作联合工作组会议，签署了《2016—2020年海洋与渔业科技合作框架计划》，并就海洋酸化、海漂垃圾等开展了系列务实合作。二是中欧合作层级得到提升。国家海洋局王宏局长出席2016年葡萄牙"蓝色周"主场活动——世界海洋部长会议并发表了主旨演讲，在国际高层平台阐明中国"与海为善、以海为伴"的海洋发展模式，与葡萄牙海洋部签署了《关于海洋领域合作的谅解备忘录》，推动中葡海洋合作进入机制化和长期化发展轨道。访问国际海洋学院，启动联合培养海洋管理硕士项目。组团出席了第四届中国—北欧国家北极合作研讨会，与芬兰方面就推动签署中芬海洋与极地领域的合作文件达成了重要共识。与欧盟方面就"执行《关于在海洋综合管理方面建立高层对话机制谅解备忘录》的行动计划"进行磋商，并就2017年"中国—欧盟蓝色年"具体安排进行讨论。召开中德第19届海洋科技合作联委会会议和研讨会，对中德海洋与极地重大合作项目第二轮项目进行遴选。三是北极合作获得重要进展。开展了首轮中俄北极联合调查航次。积极派员参与中俄北极事务磋商及俄罗斯北极高级别会议，促进了双方在北极合作方面的理解和交流。派代表团赴丹麦（格陵兰）签署了《中华人民共和国国家海洋局与格陵兰教育、文化、研究和宗教部科学合作的谅解备忘录》，并与丹麦北极大使会谈，有望在格陵兰建立北极科考站，开展连续的以气候变化为主线的多学科长期观测与研究。四是与大洋洲合作得到积极落实，与南美国家合作得以稳步拓宽。举行了中澳南极和南大洋合作联委会首届会议和中新南极合作联委会首届会议，双方就南极后勤支持、科学研究以及《南极条约》体系下的合作等议题达成诸多共识。中国—瓦努阿图联合海洋观测站建设稳步推进。国家海洋局王宏局长与乌拉圭外长签署了《中华人民共和国和乌拉圭东岸共和国关于南极领域合作的谅解备忘录》。

维护国家海洋权益

【中国南海网中文版开通上线】　2016 年 8 月 3 日，国家海洋局在京召开新闻发布会，宣布中国南海网中文版开通上线。该网站由国家海洋局支持，国家海洋信息中心主办，旨在通过介绍南海问题的方方面面，宣传中国的南海政策、南海主张、历史证据、法理依据和国际合作等，为国内外政府部门、研究机构和民间人士了解南海问题提供一个可靠的平台。

【"向阳红 10"船完成援助莫桑比克、塞舌尔国际合作航次】　中国—莫桑比克、中国—塞舌尔大路边缘海洋地球科学联合调查航次于 2016 年 6 月 1 日至 7 月 25 日圆满完成。该国际合作调查航次深化了对东非典型被动大陆边缘构造演化的认识，密切了中国同非洲国家海洋研究机构和专家间的合作关系，增进了相互了解，提升了中国海洋科研调查工作在非洲国家中的影响力，是继 2012 年中国—尼日利亚国际合作航次后又一次中非海洋科技合作的成功实践。同时，该航次也是中国首次同东非沿海国家开展国际合作调查航次，是实施"南南合作"的重要体现，为推动"一带一路"建设创造了有利条件。

【国际海底地名分委会第 29 次会议】　国际海底地名分委会第 29 次会议于 2016 年 9 月 19 日至 23 日在美国科罗拉多召开。来自中国、德国、日本、美国、巴西、阿根廷、智利、韩国、加拿大、法国和新西兰共 11 个国家的 20 名委员和观察员参加了会议。国家海洋局组织国内各方专家参会。会议审议通过了中国提交的 16 个海底地名命名提案，并研究了分委会委员的补选、2018 年会议承办、技术标准修订等问题。

【第五届"大陆架和国际海底区域制度国际研讨会"】　在国家海洋局和外交部等部门共同支持下，国家海洋局海洋发展战略研究所、国家海洋局第二海洋研究所和南京大学中国南海研究协同创新中心于 2016 年 5 月 30 日至 31 日在南京举办了"第五届大陆架和国际海底区域制度科学与法律问题国际研讨会"。本次研讨会邀请了来自 29 个国家和地区的正式代表共 108 人，其中包括大陆架界限委员会主席和副主席、国际海底管理局秘书长和副秘书长、国际海洋法法庭庭长和书记官长、联合国海洋事务和海洋法司副主任等重要涉海机构的主要负责人和代表，来自冰岛、丹麦、韩国、尼日利亚和巴基斯坦等政府机构的代表，以及国际知名的科学家和法律专家等。会议共完成了 23 个报告，围绕着"区域"和大陆架法律制度的新进展和新挑战、国家管辖外海域的前沿问题、外大陆架科学和技术理论和实践等议题进行了广泛而深入的讨论和交流。

【中国—欧洲国际海洋法研讨会】　2016 年 6 月 29 日—30 日，"中国—欧洲国际海洋法研讨会"在厦门大学召开。本次会议由厦门大学南海研究院主办，支持单位为外交部欧洲司和国家海洋局国际合作司。参会人员包括来自 9 个欧洲国家的十几位海洋法专家、学者和法官，以及来自中国研究机构的学者专家。本次会议围绕《联合国海洋法公约》与和平解决国际争端、联合国海洋法法庭全庭之咨询管辖权、《联合国海洋法公约》第七部分强制争端解决程序、历史性权利问题的实践和法理基础、群岛制度、闭海和半闭海的区域合作 6 个议题展开。本届研讨会的举办，有助于进一步促进中国与欧洲学者在国际法和海洋法领域的沟通交流。

双多边交流与合作

【中日韩海洋科学合作研讨会】　2 月 29 日至 3 月 1 日，中日韩海洋科学合作研讨会在青岛成功召开。来自日本北海道大学、东京大学、日本海洋和地球科学技术机构（JAMESTEC）、韩国海洋科学技术院（KIOST）、韩国釜山大学、中韩海洋共同研究中心的 10 位日韩专家，以及来自局属有关单位、地方省厅和其他涉海研究机构和院校的近 70 名国内专家出席会议。三国与会代表对未来共同开展太平洋与东印度洋海洋观测及长期监测、应对海洋酸化问题、开展区域海洋生态系统研究等优先合作领域达成共识，并对今后继续组织召开三国专家研讨会表示欢迎。

【王宏局长应邀访问香港】　3 月 21 日至 25 日，国家海洋局局长王宏接受香港特区政府"内地贵宾访港计划"邀请，对香港进行为期一周的访问。访港期间，王宏局长与香港特别行政区行政长官梁振英进行会谈，并先后与香港立法会主席曾钰成、政府新闻处处长聂德权、政制及内地事务局常任秘书长张琼瑶、环境局局长黄锦星、发展局局长陈茂波、廉政公署廉政专员白韫六、运输及房屋局局长张炳良、渔农自然护理署署长梁肇辉、律政司国际法律专员陆少冰等官员以及香港天文台台长岑智明开展工作交流，听取港方在相关领域的工作思路、方式方法和实际成效的介绍，并就进一步加强内地与香港合作，促进两地海洋经济发展、强化海洋生态文明建设、提升海洋防灾减灾能力进行广泛沟通，达成多项共识。

【张宏声副局长率团访问斯里兰卡和孟加拉】4 月 20 至 26 日，国家海洋局副局长张宏声率团访问斯里兰卡和孟加拉。访斯期间，张宏声副局长出席首届中国—斯里兰卡海洋经济合作与管理论坛，在开幕致辞中提出构建中斯"海洋合作伙伴关系"、加强双方海洋科技与环保合作、大力推进两国海洋经济合作等建议。张宏声副局长与马卡拉维拉部长共同出席中斯联合潮汐观测站奠基仪式。访孟期间，张宏声副局长与孟加拉外交部常秘阿拉姆进行工作会谈，并访问孟加拉科技部和达卡大学。双方就签署中孟海洋领域合作文件达成共识。

【中—印度海洋科技合作联委会第一次会议召开】　5 月 17 日，中—印度海洋科技合作联合委员会第一次会议在京召开。会前，国家海洋局局长王宏会见印度地球科学部常务秘书马德哈维·尼尔·拉杰文一行。王宏局长就中印海洋科技合作提出以下建议：在《中印海洋科技合作谅解备忘录》框架下，打造全方位、深层次的海洋合作关系，促进双方海洋科技进步和共同发展；加强双方在联合国教科文组织政府间海洋学委员会、国际海底管理局和《南极条约》缔约国会议等国际多边机制下的磋商，共同推进在印度洋海洋观测系统、第二次国际印度洋考察、南北极科学考察、深海矿产资源评估与开发技术等方面的合作。

【中—泰海洋领域合作联委会第五次会议在华成功举办】　5 月 27 日，中泰海洋领域合作联委会第五次会议在杭州举行。国家海洋局副局长陈连增与泰国自然资源与环境部常秘卡萨姆桑共同出席并主持会议。会议审议通过中泰气候与生态系统联合实验室 2015—2016 年度工作报告和 2016—2017 年度工作计划，听取 8 个在研项目的进展情况报告，批准 4 个新的合作项目。双方商定，将分别在两国举办研讨会，制定合作项目的实施方案，对《中泰海洋领域合作规划（2014—2018）》进行中期评估。

【王宏局长会见斯里兰卡、柬埔寨代表团】7 月 9 日，国家海洋局局长王宏在贵阳分别会见了来华出席生态文明贵阳国际论坛 2016 年年会海洋生态文明建设主题论坛的斯里兰卡环境部副部长阿努拉德哈·贾亚拉特纳和柬埔寨环境部顾问索佩，就深化中斯、中柬海洋领域合作达成重要共识，包括中斯将尽快签署《海洋领域合作谅解备忘录》，召开中斯海洋领域合作联委会会议，开展务实合作项目；中柬将尽快签署《海洋领域合作谅解备忘录》，探讨共建联合海洋观测站，实施联合海洋调查，共同举办中国—东盟国家海洋合作论坛等。

【孙书贤副局长会见韩国海洋水产部海洋环境

政策局局长宋相根】　7月9日，国家海洋局副局长孙书贤在贵阳会见前来参加生态文明贵阳国际论坛 2016 年年会海洋生态文明主题论坛的韩国海洋水产部海洋环境政策局局长宋相根一行。孙书贤副局长就两国海洋领域合作提出 4 点建议：一是系统开展海洋保护区网络建设、社区共管等方面的经验和技术交流；二是开展滨海湿地、珊瑚礁、海草床、河口、溢油损害生态系统等典型受损退化生态系统修复的技术交流与沟通；三是开展海洋生态环境长期监测方面的技术交流；四是围绕黄海生物多样性优先保护区域、海洋外来物种入侵等问题开展技术交流。

【2016 东亚海洋合作平台黄岛论坛】　7月26日，主题为"互联互通、共享共赢"的 2016 东亚海洋合作平台黄岛论坛在青岛西海岸新区开幕。国家海洋局与山东省政府在论坛开幕式上签订东亚海洋合作平台共建协议，标志着东盟与中日韩（10+3）在海洋领域的合作平台正式启动建设。国家海洋局副局长陈连增，山东省副省长赵润田出席开幕式。

【中柬两国签署海洋领域合作文件】　10月13日，在习近平主席和柬埔寨首相洪森的见证下，国家海洋局局长王宏与柬埔寨环境部部长赛萨莫在金边共同签署了《中华人民共和国国家海洋局与柬埔寨王国环境部关于海洋领域合作的谅解备忘录》。根据《谅解备忘录》，双方将建立长期、稳定的合作机制，进一步拓展在海洋观测与监测、海洋环境预报、海洋环境保护、海洋灾害风险评估、海岸带综合管理以及海洋政策与法律等领域的合作，提升应对气候变化和海洋灾害的能力，促进海洋科学研究和海洋经济的发展。

【林山青副局长在京会见印尼代表团】　10月28日，国家海洋局副局长林山青在京会见了由印度尼西亚共和国海洋与渔业部部长顾问阿瑞夫·赛垂亚率领的印尼代表团一行，双方就深化海洋领域合作进行了交流。中方愿邀请印尼专家学者和技术官员出席 2016 年 12 月在柬埔寨召开的第四届中国—东南亚国家海洋合作论坛；愿与印尼海洋与渔业部、印尼海洋研究院、印尼科学院等相关海洋部门和机构推进合作，同时邀请印尼方推荐优秀青年学者申请参与"中国政府海洋奖学金"计划。

【王宏局长会见马来西亚科技创新部副部长阿布·巴卡尔一行】　11月29日，国家海洋局局长王宏在京会见马来西亚科技创新部副部长阿布·巴卡尔一行。双方就推动中马两国在海洋领域务实合作进行了交流。国家海洋局副局长林山青与阿布·巴卡尔部长共同主持召开了中马海洋科技合作联委会第三次会议。双方回顾了合作进展，并就未来中马海洋科技合作的项目清单及共同举办第五届中国—东南亚国家海洋合作论坛、共同制定《中马海洋科技合作规划（2017—2020）》等达成共识。

【国家海洋局发布《南海及其周边海洋国际合作框架计划（2016 年—2020 年)》】　国家海洋局在 2016 厦门国际海洋周期间发布《南海及其周边海洋国际合作框架计划（2016 年—2020 年)》（简称《框架计划》）。该《框架计划》旨在以平等互利、合作共赢的原则，与周边国家构建海洋合作伙伴关系，推动实施合作项目，提升对海洋变化规律的科学认知，增强共同应对气候变化、降低海洋灾害危害、合理开发海洋资源、保护海洋环境、维护海洋生态系统健康、加强海洋管理等领域的能力，促进人类与海洋的和谐共生与可持续发展。

【第四届中国—东南亚国家海洋合作论坛在柬埔寨成功召开】　12月15日，第四届中国—东南亚国家海洋合作论坛在柬埔寨暹粒省举行。本届论坛由国家海洋局与柬埔寨环境部共同举办，共有 150 余位来自中国与东盟国家海洋管理部门的官员和海洋科研机构的专家，以及政府间海洋学委员会西太分委会（IOCWESTPAC）和东亚海环境伙伴关系组织（PEMSEA）的代表出席了本届论坛。国家海洋局副局长房建孟、柬埔寨环境部国务秘书、副部长尹金森和柬埔寨暹粒省副省长金才仁出席了论坛开幕式并致辞。论坛主题为："加强中国与东南亚国家海洋科技合作，促进地区可持续发展"，就海洋环境、生物多样性保护、海气相互作用、海洋观测、数据管理与应用领域等议题进行研讨，并提出合作项目建议。

【中—柬首次联合海洋科考航次启动】　12月14日，中国—柬埔寨首次联合海洋科考航次启动仪式暨"向阳红01"船柬埔寨公众开放日活动在柬埔寨王国西哈努克港码头举行。国家海洋局副局长房建孟、中国驻柬埔寨大使馆参赞檀生、柬埔寨环境部部长赛萨莫等中柬双方代表出席了活动，并共同为中—柬联合海洋科考队进行授旗。联合科考队搭乘"向阳红01"海洋综合科考船，在柬埔寨海域进行科考活动。同时，中方科考队员将在科考调查现场为柬方科研人员提供海水样品采集、样品现场分析及处理等方面的培训。

【石青峰副局长在京会见澳门特首崔世安一行】　11月3日，国家海洋局副局长石青峰在京会见了澳门特别行政区行政长官崔世安一行。石青峰副局长代表国家海洋局对崔世安一行的到来表示欢迎，对澳门长期以来对海洋工作的高度重视表示感谢。双方就发展海洋经济、保护海洋生态环境、推动"一个中心"和"一个平台"建设等进行了交流。

【国家海洋局与福建省政府签署框架协议携手推进中国—东盟海洋合作】　11月4日，国家海洋局副局长林山青和福建省副省长黄琪玉共同签署了《国家海洋局福建省人民政府关于共同推进中国—东盟海洋合作建设框架协议》。国家海洋局与福建省政府将中国—东盟海洋合作中心建设作为推进"一带一路"倡议实施的重要工作，携手推动与东盟国家在海洋经济、海洋环境、防灾减灾、海洋人文等领域的务实合作。

【中澳南极和南大洋合作联委会首届会议和中

新南极合作联委会首届会议顺利召开】　2月27日至3月5日，时任国家海洋局副局长陈连增率团先后赴澳大利亚霍巴特和新西兰惠灵顿参加中澳南极和南大洋合作联委会首届会议和中新南极合作联委会首届会议。会议着眼于双边南极合作交流，表达合作意愿，突出中澳和中新已取得的合作成果以及未来可深化和拓展的合作领域，以增进互信，凝聚共识，推动合作向更高层次和更广领域发展。

【中丹签署北极合作协议】　5月9日至13日，国家海洋局副局长陈连增率团赴丹麦格陵兰与格陵兰教育、文化、研究和宗教部部长妮薇奥尔森签署了《中华人民共和国国家海洋局与格陵兰教育、文化、研究和宗教部科学合作的谅解备忘录》，并与丹麦北极大使埃里克劳伦森会谈，切实推动了在格陵兰建立北极科考站、开展连续的以气候变化为主线的多学科长期观测与研究的合作事宜。

【国家海洋局王宏局长访问马耳他、葡萄牙】　5月29日至6月4日，国家海洋局局长王宏率团访问马耳他和葡萄牙。在马期间，王宏局长访问国际海洋学院和马耳他大学，与国际海洋学院续签《关于进一步加强海洋领域合作的谅解备忘录》，与马耳他大学、国际海洋学院签署《关于开展海洋管理硕士项目合作的协议》；在葡期间，王宏局长出席葡世界海洋部长会议并发表主旨演讲，在国际高层平台阐明中国"与海为善、以海为伴"的海洋发展模式，与葡萄牙海洋部签署《关于海洋领域合作的谅解备忘录》，推动中葡海洋合作进入机制化和长期化发展轨道。

【局代表团访问芬兰、推动中芬海洋与极地合作】　6月5日至9日，国家海洋局党组成员、局直属机关党委书记吕滨率团访问芬兰，并出席第四届中国—北欧国家北极合作研讨会。期间，吕滨先后会见芬兰外交部国务秘书彼得斯坦伦德、芬兰北极事务大使阿列克斯哈克南和芬兰议会会长玛利亚洛赫拉女士等人，与芬兰方面就推动签署中芬海洋与极地领域的合作文件达成了重要共识；同时在第四届中国—北欧国家北极合作研讨会上就中国在北极合作中的角色、中国北欧如何一道实现北极可持续发展做主旨发言。

【中美"蓝色海洋"公共宣传活动成功举行】
6月6日，出席第八轮中美战略与经济对话的国务委员杨洁篪和美国时任国务卿克里在钓鱼台国宾馆共同出席中美"蓝色海洋"公共宣传活动并致辞。双方均表示中美在海洋保护领域有着广阔的合作空间，在全球海洋保护区事业中发挥着强有力的领导作用；海洋保护是中美战略经济对话的重要组成部分，为推动中美及两国同世界各国开展海洋合作开辟了更广阔的前景。

【中美"保护海洋"对口磋商成功举行】　6月6日，在第八轮中美战略与经济对话框架下，国家海洋局局长王宏和美国时任副国务卿诺维莉在钓鱼台国宾馆共同主持"保护海洋"对口磋商，就与气候相关的海洋议题、海洋垃圾污染、海洋保护区、海上执法合作和可持续渔业管理等5大议题达成多项共识，确定中美防治海洋垃圾伙伴城市项目和海洋保护区项目，8项海洋合作成果列入对话成果清单。

【国家海洋局局长王宏会见美国旧金山市代表团】　7月9日，国家海洋局局长王宏在出席生态文明贵阳国际论坛期间会见旧金山市市长代表、办公厅高级环境顾问提洛尼朱先生，双方就2015年第七轮中美战略与经济对话期间确定的中美海洋垃圾防治"姐妹城市"合作设想交换意见，并在会后见证厦门市与就旧金山市签署《中美海洋垃圾防治"姐妹城市"合作谅解备忘录》。

【国家海洋局林山青副局长赴俄出席"用北方海航路走向北极的战略稳定与平等合作"国际研讨会】　8月29日至9月2日，国家海洋局副局长林山青率团赴俄罗斯出席由俄罗斯联邦安全委员会举办的"用北方海航路走向北极的战略稳定与平等合作"国际研讨会。

本次会议在俄罗斯"50周年胜利"号核动力破冰船举行。林山青副局长在会上作"北极环境变化及其影响"的讲话，指出中国是北极的近邻，也是利益攸关方，表达了中国政府对北极区域环境保护的高度重视，并提出应对北极环境变化和加强北极环境保护的三点建议。

【国家海洋局王宏局长出席"我们的海洋"大会】　9月15日至16日，国家海洋局局长王宏率团赴美国华盛顿出席"我们的海洋"第三次大会。会议开幕式由时任美国副国务卿凯瑟琳诺维莉主持，美国时任总统奥巴马和国务卿克里先后到场发表演讲。来自世界主要海洋和岛屿国家的政府、学界、国际机构和非政府组织共约100个代表团参会。王宏局长在"海洋与环境"议题下阐述"十二五"期间海洋生态保护的中国实践，并提出在"十三五"期间推进海洋保护国际合作方面的中国倡议，充分体现中国负责任大国的形象。会议期间，王宏局长还同美副国务卿诺维莉、美国家海洋与大气局局长凯西苏利文和美国环保署署长简妮什达围绕如何拓展深化中美海洋保护互利合作进行务实有效的双边会谈。

【国家海洋局孙书贤副局长访问冰岛并出席首届中冰海洋与极地科技合作联委会】　10月8日至12日，国家海洋局副局长孙书贤率团访问冰岛，出席首届中冰海洋与极地科技合作联委会会议及中冰联合极光观测台奠基仪式。期间，与冰岛总统约翰内松先生及前总统格里姆松先生分别进行了会谈。本次访问是中冰双方在《海洋与极地科技合作备忘录》框架下首次举办联委会会议，对近年来双边合作进行了阶段性总结、予以了充分肯定并确定了下一步合作方向，在中冰海洋与极地合作具有重要意义。

【国家海洋局林山青副局长率队出席第19次中美海洋与渔业科技合作联合工作组会议】　10月12日至16日，国家海洋局副局长林山青率团赴美出席中美第19次海洋与渔业科技合作联合工作组会议。林山青副局长和美国国家海洋与大气局助理局长麦克林共同主持会议。会议听取包括海洋在气候变化中的作用、海洋生物资源、海洋和海岸带综合管理、海洋政策、管理及国际海洋事务和极地科学考察等工作组的合作成果汇报和未来工作计划，通过《中华人民共和国国家海洋局与美利坚合众国国家海洋与大气局2016—2020年海洋与渔业科技合作框架计划》、联合工作组两年成果报告及2016—2017年工作计划，原则通过了联合科学专家组职能方案和会议纪要。

【中德第19届海洋科技合作联委会顺利召开】
11月9日至10日，第19届中德海洋科技合作联委会会议暨中德海洋与极地科学研讨会在厦门举行，来自中德双方近20家单位共40多人参加本次会议。联委会会议由国家海洋局国际合作司陈越巡视员、副司长和德国教研部地球系统司副司长蒂姆.伊德主持，对双方近期海洋工作情况以及第一轮中德海洋与极地领域重大合作项目的进展进行回顾，并对第二轮合作项目进行初步筛选。

【国家海洋局王宏局长会见欧盟委员会委员】
11月23日，国家海洋局局长王宏在京会见欧盟环境、海洋事务和渔业委员维拉先生，与欧盟方就"执行《关于在海洋综合管理方面建立高层对话机制谅解备忘录》的行动计划"进行磋商，并就2017年"中国—欧盟蓝色年"的举办及中欧海洋领域合作交换了意见。双方就抓住"中国—欧盟蓝色年"这一契机，积极保持磋商，增进中欧海洋更深层次、更广领域的合作达成共识。

【联合国教科文组织政府间海洋学委员会(IOC)副主席一行访华】　1月26日，联合国教科文组织政府间海洋学委员会（IOC）副主席兼西太平洋分委会（WESTPAC）主席Somkiat Khokiattiwong博士及WESTPAC秘书处主任朱文熙来华访问。国家海洋局国际合作司张海文司长与Khokiattiwong先生进行工作会谈，双方就中国与IOC及WESTPAC合作相关问题、第二次国际印度洋科考、中方主办2017年WESTPAC政府间会议和科学大会及加强IOC能力建设合作等方面深入交换意见。

【北太平洋海洋科学组织中国委员会第二次全体会议在京召开】　4月14日，北太平洋海洋科学组织（PICES）中国委员会第二次全体会议在北京召开。国家海洋局副局长、PICES中国委员会主任陈连增出席并讲话。会议就2015年PICES第24届年会情况及2016年工作计划进行交流讨论。来自国家海洋局、教育部、农业部、中科院等部门所属科研单位，以及浙江大学、厦门大学、中国海洋大学和同济大学等北太平洋海洋科学组织中国委员会的相关负责人参加会议。

【BBNJ问题国际文书谈判预委会第一次会议在纽约联合国总部召开】　根据联合国大会第69/692号决议，国家管辖外海洋生物多样性养护和可持续利用（BBNJ）问题国际文书谈判第一次预委会会议于2016年3月28日至4月8日在纽约联合国总部举行。中国代表团成员共11人，由外交部条法司马新民副司长任团长、国家海洋局国际合作司张海文司长任副团长。会议针对2011年BBNJ特设工作组形成的"一揽子"问题进行了解析和讨论，主要包括：新国际文书的制定和范围、与其他现行国际文书的关系、指导方法和原则，海洋遗传资源及惠益分享，划区管理工具、海洋保护区和环境影响评价以及能力建设和技术转让等方面问题。会议决定在2016年9月召开预委会第二次会议，对有关问题进行进一步的讨论。

【IOC太平洋海啸预警与减灾系统政府间协调组南中国海区域工作组第五次会议（ICG/PTWS-WG SCS-V）在菲召开】　3月2日至4日，IOC太平洋海啸预警与减灾系统政府间协调组南中国海区域工作组第五次会议在菲律宾马尼拉举行。本次会议由菲律宾科技部地震火山研究所承办，来自南中国海周边国家和IOC秘书处以及美、日两国相关机构代表（观察员）40 余人出席。国家海洋环境预报中心易晓蕾副主任率团赴马尼拉参加了此次会议。此次会议主要讨论促进南海周边各国在海啸预警与减灾方面加强合作问题，包括总结过去一年南海周边各国的相关工作，敦促区域各国加强地震和水位观测数据共享，审议中国牵头研发的南海海啸预警试验产品，听取 IOC 关于南海区域地震海啸危险性评估专家研讨会报告等内容。

【西太平洋分委会第十届国际科学大会协调会在京举行】　国家海洋局将在 2017 年与 WESTPAC 共同主办 WESTPAC 第十届国际科学大会，这是亚太地区海洋科学领域最重要、规模最大的盛会之一。为做好会议的筹备工作，2016 年 4 月 20 日，国家海洋局有关单位与部分高校及研究院所举行了 WESTPAC 第十届国际科学大会协调会，专题研讨科学大会的重点议题设置等问题。会议由国家海洋局国际合作司主持，来自 WESTPAC 地区办公室，国家海洋局所属机构，中科院南海所、中国海洋大学、浙江大学等单位的 20 余名专家出席。

【中国东亚海环境管理伙伴关系组织（PEMSEA）中心第二届管理委员会会议在三亚召开】中国 PEMSEA 中心第二届管理委员会会议于 4 月 29 日在三亚成功召开。国家海洋局国际合作司张海文司长、梁凤奎副巡视员、PEMSEA 秘书处执行主任、首席技术官 Stephen Adrian Ross 和部门主任郭寅峰，海洋一所国际中心杨亚峰主任。以及中国 PEMSEA 中心张朝晖副主任等 12 名代表出席了会议。会议审议并通过中国 PEMSEA 中心 2015 年度工作报告及决算，同时审议并批准中心 2016 年度工作计划及预算，通过了 2016 年中心开展海岸带脆弱性和风险评估以及海洋保护区管理的相关培训以及关于规范中心工作人员相关福利待遇的提案。

【PEMSEA 执行委员会第十七次会议召开】
PEMSEA 执行委员会第十七次会议于 2016 年 4 月 6 至 7 日在菲律宾马尼拉召开，PEMSEA 执委会委员以及秘书处的相关人员出席会议，中国、韩国和菲律宾分别派观察员出席会议。会议对 2015 年第五届东海大会及第五届东亚海部长论坛的成果，进行了总结，确认 PEMSEA 今后工作的重点是落实上述两会的成果，尤其是部长论坛通过的东亚海可持续发展战略 2015 年修订版以及 2015 后四大战略目标。会议还就新一届执委会委员的选举、PEMSEA 新非国家成员的申请以及 PEMSEA 2016—2017 年的工作计划与预算进行了审议。

【第二十九届联合国地名专家组会议在泰国曼谷召开】　4 月 25 日至 29 日，第二十九届联合国地名专家组（UNGEGN）会议在泰国曼谷联合国会议中心召开。中国派出了由民政部、外交部、国家海洋局、测绘地信局、联合参谋部、海军航海保证局等单位 9 名专家组成的中国政府代表团出席会议。国家海洋信息中心海洋环境地理中心李四海研究员作为国家海洋局代表参加了会议。本次会议共有 22 项议程，涉及 90 多个专题报告，中国代表团就 28 届联合国地名专家组会议以来开展的第二次全国地名普查、推进地名文化建设、深化地名公共服务、海底和月球地名命名，以及地名出版物等方面的情况作了大会发言。

【亚太经合组织（APEC）海洋与渔业工作组第六次会议在秘鲁阿雷基帕举行】　5 月 5 日至 7 日，APEC 海洋和渔业工作组（OFWG）第六次会议在秘鲁阿雷基帕举行。此次会议是 APEC 第二次高官会及相关会议的组成部分，由 OFWG 主席、菲律宾农业部副部长阿西斯·佩雷兹主持，来自 APEC 相关成员、国际粮农组织和有关企业的代表 70 余人参加。中国代表团由国家海洋局国际合作司、环保司、信息中心、海洋三所等单位的代表组成。会议主要讨论了 OFWG 第五次会议以来 APEC 海洋领域贸易和投资、环境保护、粮食安全、气候变化、蓝色经济等领域的工作进展，听取和审议各成员及相关中心工作报告，评估了目前运行的项目进展等，并与 APEC 粮食安全政策伙伴关系机制举行了联席会议。

【PICES 科学局和理事会中期会议在杭州召开】

PICES2016 年科学局和理事会中期会议（分别简称为 ISB 及 IGC 会议）于 5 月 30 日至 6 月 2 日在杭州举行，其中 ISB 会议为 5 月 30 日至 6 月 1 日，IGC 会议为 6 月 1 日至 2 日。PICES 秘书处及成员国相关科研和管理人员共计约 40 人参会。会议由海洋二所具体承办，海洋一所、监测中心及局国际司有关人员分别作为 PICES 科学局和理事会国家代表和咨询专家参加了上述会议。会议重点审议了 2015 年年会以来 PICES 的工作进展、2016 年 PICES 成立 25 周年庆祝活动的组织情况、将要召开的各类会议的准备情况，以及 2017 年相关活动计划等。

【2016 年度"中国政府海洋奖学金"评选会召开】 5 月 24 日，2016 年度"中国政府海洋奖学金"评选会在山东青岛召开。会议就 2015 年"中国政府海洋奖学金"项目实施情况进行了回顾与总结，评选出 2016 年度奖学金录取名单，并围绕今后奖学金生源遴选工作进行了交流和讨论。本次会议由国家海洋局国际合作司主办，中国海洋大学承办。来自国家海洋局相关部门和局属单位、教育部以及中国海洋大学、浙江大学、厦门大学和同济大学的相关负责人参加了会议。

【IOC 第四十九届执行理事会在巴黎召开】 6 月 7 日至 10 日，IOC 第四十九届执行理事会在巴黎联合国教科文组织总部举行。本次会议由 IOC 主席 Peter Haugan 主持，来自 IOC 执行理事会的 40 个成员国和相关组织机构的近 200 名代表出席。国家海洋局国际合作司张海文司长率相关专家组成的代表团出席。会议主要审议了 IOC 秘书处和地区代表机构的工作报告和 IOC 日常行政和管理事务，讨论了 IOC 战略规划和未来工作方向，评估了 IOC 框架下开展的海啸预警、气候变化、全球海洋通用制图、第二次印度洋科考等项目执行情况，以及 IOC 参与联合国框架下"国家管辖外海域生物多样性养护和可持续利用问题谈判"和"全球海洋环境报告与评估经常性进程"等议题。

【第四届 APEC 蓝色经济论坛在海口举行】 6 月 28 日至 29 日，第四届 APEC 蓝色经济论坛在海南省海口市举行。论坛的主题为"推进蓝色经济合作：路径与实践"。国家海洋局副局长陈连增，海南省副省长王路等出席论坛并致辞。来自 13 个 APEC 经济体、4 个相关国际组织以及 3 个非 APEC 成员国家的政府部门、工商企业和学术研究机构的 150 余名专家、代表参加论坛。陈连增在致辞中表示，近年来国家海洋局积极协调中国有关部门和机构参与 APEC 各项工作，与 APEC 各成员在海洋领域开展了务实合作，取得了丰硕成果。蓝色经济被引入 APEC 框架以来，在各成员的积极努力下，取得了广泛共识，在实践中取得了新的进展。本次论坛将对促进蓝色经济实践与合作、加快蓝色经济发展具有重要的历史意义。

【国际海底管理局第二十二届会议在牙买加举行】 国际海底管理局第 22 届会议于 7 月 11 日至 22 日在牙买加首都金斯敦举行。会议包括大会、理事会及法技委会议。84 个成员（含欧盟）、3 个观察员国派团出席本届大会（截至会前共 168 个成员）。中国代表团由外交部、国家海洋局、国家地质调查局等组成，中国常驻海管局代表牛清报担任代表团团长。会议审议通过了中国大洋协会等 6 个首批承包者关于多金属结核勘探合同的延期申请，选举麦克·洛奇（MichaelLodge，英国籍）为海管局下任秘书长，改选理事会半数成员以及法律和技术委员会、财务委员会全体委员，通过了韩国提交的富钴结壳勘探矿区申请，讨论了制定开发规章、"区域"内海洋科研相关问题等议题，并根据《联合国海洋法公约》第 154 条开始对国际海底制度运行情况进行审查。

【PEMSEA 第八届理事会会议在菲律宾召开】
PEMSEA 第八届理事会会议于 7 月 11 日至 14 日在菲律宾的保和市召开。来自柬埔寨、中国、印度尼西亚、日本、老挝、菲律宾、韩国、新加坡、泰国、东帝汶、越南等 11 个国家成员的代表，东盟生物多样性中心等 11 个非国家伙伴成员的代表，以及联合国开发计划署（UNDP）曼谷办公室、UNDP 马尼拉办公室、世界银行菲律宾分部的代表，PEMSEA 秘书处代表等近 60 人出席了本次会议。会议回顾了 PEMSEA 第七届理事会和第十七届执行理事会决议的执行情况，东亚海可持续发展战略（SDS-SEA 2017—2021）的实施计划，审议并通过了秘书处 2015—2016 年工作报告，会议选出新一届 PEMSEA 执行委员会，并同意接纳 IPIECA 为新的非国家伙伴成员；会议讨论 2018 年东亚海大会举办地点更换事宜。会议前后还举行 PEMSEA 可持续发展分委员会会议、PEMSEA 四期项目指导委员会会议、第八届伙伴关系理事会会议等会议和活动。

【国家海洋局派员出席第二届环印度洋联盟蓝色经济核心小组研讨会】 7 月 13 日至 14 日，第二届环印度洋联盟蓝色经济核心小组研讨会在青岛举行，来自 14 个环印度洋联盟成员国和中国、埃及两个对话伙伴国的代表共计 50 余人参会。该研讨会由中国外交部、南非外交部、环印度洋联盟共同主办，中国海洋大学和南非人类科学理事会承办。国家海洋局信息中心王晓惠研究员、蔡大浩助理研究员和战略所裴婉飞副研究员代表国家海洋局出席会议。研讨会主题为"关注海洋联通与融资，促进环印度洋地区发展"。围绕"海洋经济基础设施与发展计划—港口和船运""经济发展模式比较—经济开发区对于国外投资和国际贸易的驱动""能力建设合作—海洋经济领域教育和技能培训"和"'一带一路'倡议背景下中国和环印度洋联盟的合作"等四项议题进行了深入的交流和讨论，并就海洋经济可持续发展、促进中国和环印联盟务实合作等提出了具体倡议。

【PICES 中国委员会专家委员会 2016 年全体会议在龙口召开】 8 月 30 日，PICES 中国委员会专家委员会 2016 年全体会议在山东龙口举行，来自国家海洋局国际合作司、监测中心、海洋一所，中国科学院、中国水产科学院、中国海洋大学、浙江大学、厦门大学等相关部门和下属单位的专家共 50 余人出席。会议由国家海洋环境监测中心承办。会议听取了专家委员会分委会建设、工作规划编制、2016 年 PICES 年会的组织和参与及 PICES 中国委员会网站和微信公众平台建设等工作情况，探讨了分委会人员组成及年会参与方案等内容，为下一阶 PICES 中国工作的有序推进奠定了基础。

【《伦敦公约》及《96 议定书》缔约国会议在伦敦举行】 9 月 19 日至 23 日，《1972 年防止倾倒废物及其他物质造成海洋污染的公约》（简称《伦敦公约》）第三十八次缔约国协商会议暨《〈伦敦公约〉1996 议定书》（简称《96 议定书》）第十一次缔约国会议在英国伦敦国际海事组织总部举行，共有来自 38 个公约缔约国和 27 个议定书缔约国以及 7 个非缔约观察员国家和 6 个国际组织、非政府间国际组织的观察员出席了本次会议。中国代表团由国家海洋局国际司、环保司、监测中心、东海分局以及外交部条法司、交通运输部海事局等单位的代表出席。本届会议遵循"两份文书，一个家庭"的原则，即《伦敦公约》和《96 议定书》缔约国会议同时召开，交叉进行。会议重点议题包括公约与议定书的战略规划、审议科学组报告、海洋地球工程、二氧化碳海底地质封存、遵约事项、技术合作与援助、边界问题、放射性污染物管理、为伦敦公约与议定书目的监测等。会议取得圆满成功，中国与会代表进一步追踪了国际动态，并为中国今后持续履约工作奠定基础。

【国际海洋研究委员会（SCOR）2016 年年会在波兰举行】　SCOR2016 年年会于 9 月 5 日至 7 日在波兰索波特举行，有来自中国、美国、德国、日本、韩国、波兰、瑞典等国以及多个国际组织的 40 余位专家委员出席。中国 SCOR 作为中国参加国际海洋研究委员会的全国性代表机构，每年均派代表参加国际海洋研究委员会年会。本次国际 SCOR 年会主要内容包括主席报告、执行委员会报告、SCOR 能力建设报告、波兰海洋研究所学术报告、SCOR 工作组讨论、重要国际海洋组织和大型国际合作计划报告以及年度财务报告等内容。作为中国 SCOR 秘书处必要的工作任务，此次参会了解了国际 SCOR 近期开展的海洋科学项目及最新动态，国际 SCOR 的组织机制和运行模式，并与国际 SCOR 秘书处及其他成员进行了沟通，为推动中国科学家参与 SCOR 工作组进行必要的准备工作。

【CLIVAR 青年科学家论坛在青岛举行】　9 月 19 日至 23 日，世界气候研究计划（WCRP）/气候变率及可预测性研究计划（CLIVAR）开放科学大会在青岛举行。大会期间，即 9 月 18 日、9 月 24 日至 25 日，国家海洋局第一海洋研究所与 CLIVAR 全球项目办公室在青岛举办了 CLIVAR 青年科学家论坛。该论坛有来自 34 个国家的 130 多名青年科学家出席。国家海洋局国际合作司，全球气候研究亚太网络计划等单位和国际组织的代表出席开幕式并致辞。此次论坛围绕如何从科学角度面对和解决影响当今社会的气候变化问题等内容展开，采用全体会议与分组讨论相结合的方式进行。此外，与会的青年代表还积极参与 CLIVAR 开放科学大会的相关活动，包括承担会议记录、优秀海报评选等。

【中国海洋研究委员会（中国 SCOR）2016 年年会在青岛召开】　10 月 24 日至 25 日，中国 SCOR2016 年年会在山东青岛举行，中国 SCOR 主席、副主席、国际 SCOR 秘书长和中国 SCOR 秘书处成员等代表共 27 人出席。会议主要围绕"中国海洋走向全球的机遇与挑战"以及中国 SCOR 未来发展等内容展开讨论和交流，中国与会代表在会议期间介绍了中国在海洋深海考察、极地研究、有害藻华、微塑料污染等方面的最新进展。会议最后确定了 2017 年中国 SCOR 有关工作计划，并拟形成会议纪要，作为下一阶段推进相关工作的依据。未来中国 SCOR 将积极推动中国海洋科学研究走向国际，并将国际最新成果介绍进来，继续发挥在海洋研究方面的引领和带动作用。

【2016 厦门国际海洋周】　11 月 4 日，以"共建海上丝绸之路：新愿景新格局"为主题的 2016 厦门国际海洋周在海沧自贸区创新展示中心正式拉开帷幕。国家海洋局局长王宏，福建省副省长黄琪玉出席开幕式并致辞。开幕式由厦门市副市长张毅恭主持。国家海洋局副局长林山青出席开幕式，代表国家海洋局与福建省政府签订《关于共同推进中国—东盟海洋合作建设框架协议》。2016 厦门国际海洋周的主要活动由国际海洋论坛、海洋展览洽谈活动和海洋文化活动 3 部分组成，包括南南合作海洋论坛、海洋防灾减灾论坛、国民海洋意识发展指数研讨暨海洋意识宣传专题会、第九届全国大学生海洋知识竞赛电视总决赛、海洋科学开放日、第九届中国（厦门）国际游艇展等多项活动。

【王宏局长会见发展中国家海洋综合管理部级研讨班学员代表】　11 月 3 日，国家海洋局局长王宏在福建厦门会见前来参加 2016 年发展中国家海洋综合管理部级研讨班的学员代表，就实现海洋可持续发展，推动蓝色经济合作进行交流。

【中国政府海洋奖学金第二次游学活动在浙江举行】　12 月 5 日至 8 日，中国政府海洋奖学金第二次游学活动在浙江杭州和舟山举行，来自中国海洋大学、同济大学、浙江大学、厦门大学的 40 名师生（包括 11 个国家的 32

名留学生）参加。活动由浙江大学承办，国家海洋局国际合作司、国家留学基金委和浙江大学等单位领导出席开幕式并致辞。活动期间安排了座谈、参观、学生交流及文化活动。参加活动的师生分别与国家海洋局国际合作司、国家留学基金委、浙江大学、浙江大学海洋学院等机构的负责人进行了座谈，就如何做好中国政府海洋奖学金工作提出了很多建设性的意见。师生们参观了浙江大学紫金港校区、浙江大学海洋学院舟山校区、国家海洋局第二海洋研究所、舟山城市规划馆以及舟山市海洋渔业局生产基地等，举行了四校羽毛球和踢毽子友谊赛，达到了学习、交流、沟通、提高的目的。

（国家海洋局国际合作司）

附　录

附录1　2016年海洋科研项目获奖成果

2016年度海洋科学技术奖获奖项目名单

一、特等奖

1. 海洋智能无人艇平台技术

推荐单位：中国太平洋学会

主要完成单位：珠海云洲智能科技有限公司、国家海洋局南海调查技术中心

主要完成人：张云飞、蒋俊杰、董超、成亮、邹雪松、钱立兵、唐梓力

二、一等奖

1. 基于多源遥感手段的北海区海洋灾害业务化应急监测系统研制与应用

推荐单位：国家海洋局北海分局

主要完成单位：国家海洋局北海预报中心、国家海洋局第一海洋研究所、中国海监北海航空支队、山东科技大学

主要完成人：胡伟、王宁、商杰、钟山、张晰、范学炜、王瑞富、丁一、赵鹏、王立鹏、靳熙芳、黄蕊、崔廷伟、刘爱超、辛蕾

2. 赤潮立体自动监测技术与系统集成应用

推荐单位：国家海洋局东海分局

主要完成单位：国家海洋局东海环境监测中心、国家海洋局第二海洋研究所、中国科学院南海海洋研究所、国家海洋技术中心、四川大学

主要完成人：徐韧、毛天明、杨跃忠、杜军兰、张新申、程祥圣、王项南、刘材材、李亿红、陶邦一、杨颖、叶属峰、李志恩、楼琇林、李阳

3. "十二五"北极海域物理海洋和海洋气象考察

推荐单位：国家海洋局第一海洋研究所

主要完成单位：国家海洋局第一海洋研究所、中国海洋大学、中国极地研究中心、中国气象科学研究院、国家海洋环境预报中心、国家海洋局东海预报中心、国家海洋局第三海洋研究所、国家海洋局第二海洋研究所、上海海洋大学

主要完成人：马德毅、刘娜、李涛、李丙瑞、雷瑞波、何琰、林丽娜、卞林根、李春花、邓小东、朱大勇、许东峰、高郭平、王晓宇、孔彬

4. 海洋烷烃降解菌与代谢机制研究

推荐单位：国家海洋局第三海洋研究所

主要完成单位：国家海洋局第三海洋研究所

主要完成人：邵宗泽、王万鹏、王丽萍、赖其良

5. 胶州湾生态系统长期监测与系统研究

推荐单位：中国科学院海洋研究所

主要完成单位：中国科学院海洋研究所

主要完成人：孙松、孙晓霞、李新正、宋金明、俞志明、杨红生、张光涛、李超伦、张芳、张永山、赵永芳、王世伟、赵增霞

6. 海洋功能蛋白规模化制备及高值产品产业化

推荐单位：中国科学院烟台海岸带研究所

主要完成单位：中国科学院烟台海岸带研究所、中国海洋大学、烟台新时代健康产业有限公司、山东省海洋资源与环境研究院、好当家集团有限公司、山东东方海洋科技股份有限公司、青岛聚大洋藻业集团有限公司

主要完成人：秦松、李八方、孙永军、刘志河、刘云涛、张健、王颖、宋理平、焦

绪栋、吴仕鹏、赵雪、石丽花、刘天红、赵丽丽、赵云苹

7. 海洋环境中病原微生物检测评价技术研究与应用

推荐单位：国家海洋环境监测中心

主要完成单位：国家海洋环境监测中心

主要完成人：樊景凤、明红霞、苏洁、梁玉波、马玉娟、石岩、李宏俊、李洪波、张振冬、王丽丽

8. 北极冰下自主遥控水下机器人研制与应用

推荐单位：中国科学院沈阳自动化研究所

主要完成单位：中国科学院沈阳自动化研究所、中国极地研究中心、中国海洋大学

主要完成人：李硕、李一平、李丙瑞、史久新、张艾群、曾俊宝、唐元贵、李涛、雷瑞波、李智刚

9. 密

推荐单位：国家海洋局第二海洋研究所

主要完成单位：国家海洋局第二海洋研究所等5个单位

主要完成人：郝增周等13人

三、二等奖

1. 滨海旅游区海洋环境安全保障技术集成与应用

推荐单位：国家海洋环境预报中心

主要完成单位：国家海洋环境预报中心、国家海洋局厦门海洋预报台、国家海洋局北海环境监测中心、厦门市海洋与渔业研究所、国家海洋局北海预报中心、青岛国信汇泉湾管理有限公司

主要完成人：魏立新、吴向荣、孙虎林、苏博、李志强、徐子钧、陈国斌、马静、张薇、邓小花

2. 海上微波综合观测系统与动力卫星定标应用

推荐单位：国家卫星海洋应用中心

主要完成单位：国家卫星海洋应用中心、中海油信息科技有限公司北京分公司、国家海洋技术中心、中国科学院国家空间科学中心、中国科学院西安光学精密机械研究所、中国科学院海洋研究所、厦门理工学院

主要完成人：林明森、兰志刚、宋庆君、朱建华、王振占、张建、申辉、周武、杨安安、何原荣

3. 我国北方典型海岛生态系统固碳生物资源调查与承载力评估

推荐单位：国家海洋局第一海洋研究所

主要完成单位：国家海洋局第一海洋研究所、天津理工大学

主要完成人：石洪华、丁德文、池源、郑伟、王晓丽、沈程程、彭士涛、霍元子、郭振、乔明阳

4. 刺参深加工与质量标准关键技术研究及应用

推荐单位：中国水产科学研究院黄海水产研究所

主要完成单位：中国水产科学研究院黄海水产研究所、中国海洋大学、大连棒棰岛海产股份有限公司、山东好当家海洋发展股份有限公司、獐子岛集团股份有限公司、青岛海滨食品投资控股有限公司、青岛佳日隆海洋食品有限公司

主要完成人：王联珠、刘淇、曹荣、朱文嘉、薛勇、郭莹莹、孙永军、吴岩强、黄万成、赵玲

5. 定位壳聚糖硫酸酯制备与降血糖活性研究

推荐单位：中国科学院海洋研究所

主要完成单位：中国科学院海洋研究所

主要完成人：邢荣娥、李鹏程、刘松、于华华

6. 基于超疏水表面的海洋腐蚀防护技术开发研究

推荐单位：中国科学院海洋研究所

主要完成单位：中国科学院海洋研究所

主要完成人：王鹏、张盾、邱日、吴佳佳、万逸

7. 海洋红藻卤代活性成分的发现及关键技术研究

推荐单位：中国科学院海洋研究所

主要完成单位：中国科学院海洋研究所、中国科学院烟台海岸带研究所

主要完成人：王斌贵、季乃云、李可、李晓明、段小娟

8. 南海多尺度资料同化系统及多年高分辨率再分析产品

推荐单位：中国科学院南海海洋研究所

主要完成单位：中国科学院南海海洋研究所

主要完成人：彭世球、曾学智、王东晓、齐义泉、陈荣裕

9. 海洋工程装备高性能涂层材料

推荐单位：江苏省海洋与渔业局

主要完成单位：江苏麟龙新材料股份有限公司

主要完成人：冯立新、张平则、尹国贤、魏小昕、应峰、陈竺、缪强、姚正军、梁文萍、魏东博

10. 海洋工程平台大功率舵桨推进系统

推荐单位：江苏省海洋与渔业局

主要完成单位：南京高精船用设备有限公司,镇江同舟螺旋桨有限公司

主要完成人：陈永道、舒永东、常晓雷、杜鹏、常江、王湘来、徐高峰、梅斌贤、宋佩学、郁玉峰

11. 条斑紫菜品种创新与产业化应用关键技术研究

推荐单位：江苏省海洋与渔业局

主要完成单位：江苏省海洋水产研究所、常熟理工学院、海安县兰波实业有限公司、江苏瑞达海洋食品有限公司、南通华莹海苔食品有限公司、赣榆县润雨海藻培植场、南通海益苔业有限公司

主要完成人：陆勤勤、朱建一、周伟、胡传明、张涛、张美如、许广平、陈国耀、姜红霞、丁亚平

12. 重要海洋埋栖型养殖贝类种质资源开发与应用

推荐单位：宁波市海洋与渔业局

主要完成单位：浙江万里学院、中国水产科学研究院黄海水产研究所、宁波市海洋与渔业研究院、宁波甬盛水产种业有限公司

主要完成人：林志华、董迎辉、刘志鸿、包永波、尤仲杰、吴彪、边平江、何琳、申屠基康、孙长森

13. 海洋多糖新技术开发研究及产业化应用

推荐单位：厦门市海洋与渔业局

主要完成单位：厦门蓝湾科技有限公司

主要完成人：孙丽、石国宗、张慧兰、赵坐都、张仰宇、周炜、张栋明、王锌源、韩尧跃、潘启胜

14. 自升式钻井平台模块化建造技术

推荐单位：中国船舶工业集团公司

主要完成单位：上海外高桥造船有限公司

主要完成人：邵丹、徐占勇、王杰、叶飞、张海甬、刘勇、岑国英、张理燕、汪练、蒋林勇

15. "雪龙号"极地科考破冰船整体设计改造工程

推荐单位：中国船舶工业集团公司

主要完成单位：江南造船（集团）有限责任公司、中国船舶工业集团公司第七〇八研究所、中国极地研究中心

主要完成人：张福民、张申宁、袁绍宏、程斌、吴刚、张优、厉启宏、徐宁、王燕舞、徐鹏飞

16. 深海大型悬浮式立管支撑系统研制

推荐单位：中国船舶重工集团公司

主要完成单位：武昌船舶重工集团有限公司、中船重工（武汉）船舶与海洋工程装备设计有限公司

主要完成人：严俊、王宇、赵耀、范为、刘波、代波涛、曹国强、王鹏、李新宇、李璇

17. 海藻多糖资源的生物转化工程技术研究

推荐单位：中国海洋大学

主要完成单位：中国海洋大学、山东省海洋生物研究院

主要完成人：牟海津、毛相朝、王颖、王鹏、王静雪、孙元芹、刘哲民

18. 海洋低营养级生物的胁迫响应机制及途径

推荐单位：中国海洋大学

主要完成单位：中国海洋大学

主要完成人：王悠、唐学玺、周斌、肖慧、王影、张鑫鑫

19. 海洋中尺度涡旋识别跟踪技术及其在海洋涡致输运、大气对涡旋的响应和渔业生产中的应用

推荐单位：南京信息工程大学

主要完成单位：南京信息工程大学、国家海洋局第二海洋研究所、中国科学院南海海洋研究所、国家卫星海洋应用中心

主要完成人：董昌明、刘宇、杨劲松、邹斌、徐海明、管玉平、储小青、王坚红、马静、徐广珺

20. 河口海岸沉积动力学及其环境效应

推荐单位：南京大学

主要完成单位：南京大学

主要完成人：汪亚平、高建华、于谦、史本伟、杨旸

21. 近海鲐鱼资源可持续利用关键技术研究及其应用

推荐单位：上海海洋大学

主要完成单位：上海海洋大学

主要完成人：陈新军、李纲、官文江、李曰嵩、雷林、高峰、丁琪、刘金立、田思泉、李云凯

22. 深水区水下溢油数值模拟与三维仿真系统研究

推荐单位：中海油能源发展股份有限公司

主要完成单位：中海石油环保服务（天津）有限公司、国家海洋局第一海洋研究所、中国科学院海洋研究所、中国石油大学（华东）

主要完成人：安伟、章焱、李建伟、魏泽勋、赵宇鹏、王永刚、陈海波、谭海涛、李昊、靳卫卫

23. 密

推荐单位：国家海洋信息中心

主要完成单位：国家海洋信息中心等3个单位

主要完成人：吴新荣等10人

24. 密

推荐单位：中国船舶工业集团公司

主要完成单位：中国船舶工业系统工程研究院

主要完成人：蔡斌等10人

25. 密

推荐单位：中国船舶工业集团公司

主要完成单位：中国船舶工业系统工程研究院

主要完成人：郭永金等10人

26. 密

推荐单位：中国船舶工业集团公司

主要完成单位：中国船舶工业系统工程研究院

主要完成人：张春燕等10人

2016年度海洋工程科学技术奖获奖名单

序号	奖励等级	项目名称	主要完成人	主要完成单位
1	特等奖	"科学"号深远海综合探测平台研发与应用	孙　松，李铁刚，于建军，吴　刚，杨志钢，隋以勇，孔宪才，张　鑫，李超伦，阎　军，栾振东，侯一筠，王　凡，戴立波，张　优，刘志兵，颜　芳，杨昌武，张东升，胡燕平	中国科学院海洋研究所，中国船舶工业集团公司第七〇八研究所，武昌船舶重工集团有限公司，中国科学院声学研究所，中海辉固地学服务（深圳）有限公司，湖南科技大学

序号	奖励等级	项目名称	主要完成人	主要完成单位
2	特等奖	基于大数据环境下海洋石油工程作业安全高效决策系统	杨　进，陈建兵，刘书杰，马认琦，史　旻，王晶晶，周　波，王莹莹，柯　珂，岳前升，张海山，陈爱国，张伟国，赵彦琦，张　能，顾纯巍，董星亮，孙东征，王　磊，孙　挺	中国石油大学（北京），中海油能源发展股份有限公司工程技术分公司，中海油研究总院，中海石油（中国）有限公司上海分公司，中海石油（中国）有限公司天津分公司，长江大学，北京石大科胜石油科技有限公司，华油阳光（北京）科技股份有限公司
3	一等奖	南海东北部内孤立波数值模式的研发应用及载荷理论的研究	蔡树群，谢皆烁，陈植武，许洁馨，龙小敏，甘子钧，刘军亮，何映晖	中国科学院南海海洋研究所
4	一等奖	近海潮能与波浪能开发关键技术	许雪峰，孙志林，赵海涛，张大海，叶　钦，施伟勇，董大富，张俊彪，羊天柱，应剑云，张　峰，潘　冲，杨万康，俞亮亮，宋泽坤	国家海洋局第二海洋研究所，浙江大学，水利部农村电气化研究所
5	一等奖	银鲳苗种繁育及养殖关键技术研究及应用	彭士明，施兆鸿，张晨捷，高权新，赵　峰，王建钢，孙　鹏，尹　飞，马凌波，张凤英，马春艳	中国水产科学研究院东海水产研究所
6	一等奖	天然气水合物流体地球化学现场快速探测技术	陈道华，祝有海，杨灿军，王　虎，刘广虎，徐箐华，孙春岩，程思海，赵宏宇，雷知生，白名岗，黄豪彩，寿志成	广州海洋地质调查局，中国地质调查局油气资源调查中心，浙江大学，同济大学，成都欧迅科技股份有限公司，中国地质大学（北京）
7	一等奖	海洋结构物浪致失稳破坏机理及安全防护研究	李华军，刘　勇，梁丙臣，刘福顺，郭海燕，董　胜，黄维平，王树青，张　敏，孟　珣	中国海洋大学
8	一等奖	混合塔式立管系统的设计及分析技术	孙丽萍，康　庄，马　刚，艾尚茂，张益公，王宏伟，邓忠超，朱为全，戴绍仕，王　玮，闫发锁，申　辉	哈尔滨工程大学，北京高泰深海技术有限公司
9	一等奖	中华绒螯蟹产卵场修复和种质保存技术研究与示范	冯广朋，庄　平，张　涛，赵　峰，黄晓荣，章龙珍，杨　刚，宋　超，罗　刚，王　妤，侯俊利，刘鉴毅，耿　智，张婷婷，黄　宇	中国水产科学研究院东海水产研究所，全国水产技术推广总站
10	一等奖	海域使用监视监测移动终端系统研发与应用	宋德瑞，曹　可，张志华，张　云，赵建华，张建丽，方朝辉，张子鹏，徐京萍，高　宁，苏　岫，初佳兰，景昕蒂，李　飞，温　欣	国家海洋环境监测中心，辽宁省海域和海岛使用动态监视监测中心
11	二等奖	流域—河口生态安全评价与生态系统管理研究	余兴光，刘正华，陈　彬，张丰收，马志远，郑森林，黄　浩，陈　坚，林　辉	国家海洋局第三海洋研究所，国家海洋环境监测中心
12	二等奖	全球 Argo 资料业务系统构建与应用研究	杨锦坤，董明媚，刘玉龙，于　婷，韦广昊，宁鹏飞，杨　扬，苗庆生	国家海洋信息中心
13	二等奖	基于不同海洋环境的浮标（潜标）工程长效系泊技术研究与应用	刘愉强，何红辉，严金辉，孟　强，刘同木，彭昆仑，黄虓寰，林冠英，牟　健	国家海洋局南海调查技术中心
14	二等奖	基于生态系统的北方典型海域海洋牧场关键技术研究与示范	陈　勇，张国胜，田　涛，吴厚刚，杜尚昆，倪　文，刘永虎，刘海映，杨君德	大连海洋大学，獐子岛集团股份有限公司，锦州市海洋与渔业科学研究所，北京科技大学
15	二等奖	大功率潜水射流前后喷冲气举海底管线挖沟机	王世祥，周宏勤，龙　晋，蔡李花，张亚东，冯建伟，张仁干，李　鸣，王明强	江苏华西村海洋工程服务有限公司，张家港江苏科技大学产业技术研究院

续表

序号	奖励等级	项目名称	主要完成人	主要完成单位
16	二等奖	斑点鳟引种繁育及养殖产业化开发	郭　文，高凤祥，胡发文，菅玉霞，潘　雷，王　雪，房　慧，李　莉，刘建国	山东省海洋生物研究院，中国科学院海洋研究所
17	二等奖	海岸带环境典型重金属离子的快速分析与去除方法研究	陈令新，王运庆，陈兆鹏，鹿文慧，李博伟，张卫卫，李金花	中国科学院烟台海岸带研究所
18	二等奖	海底管道在地震危险区域的非线性时域设计技术与应用	孙国民，李　庆，王乐芹，钟文军，冯现洪，夏日长，周子鹏，王会峰，苑健康	海洋石油工程股份有限公司
19	二等奖	海洋钻井井筒安全压力设计方法及关键技术	王志远，李　昊，孙宝江，高永海，殷志明，马英文，赵景芳，柯　珂，关利军	中国石油大学（华东），中海油研究总院，中海石油（中国）有限公司天津分公司，中海油田服务股份有限公司钻井事业部，中海石油（中国）有限公司深圳分公司勘探部
20	二等奖	海洋食品的生物制造关键技术与应用	毛相朝，薛长湖，林　洪，李钰金，孙建安，张鲁嘉，齐祥明，赵元晖，付晓婷	中国海洋大学，荣成泰祥食品股份有限公司
21	二等奖	深水井场地质灾害调查技术与评价方法	张异彪，李　斌，唐松华，陆元刚，崔征科，胡津荧，徐优富，胡建国，黄　涛	中石化海洋石油工程有限公司上海物探分公司（原上海海洋石油局第一海洋地质调查大队）
22	二等奖	深海油气钻采核心装备关键技术研究及其工程应用	张鹏举，李志刚，王立权，甘　屹，董丽华，李荣斌，周声结，施　佳，梁　斌	美钻能源科技（上海）有限公司，哈尔滨工程大学，上海理工大学，上海海事大学，上海电机学院
23	二等奖	精细模拟波浪与多离散体耦合作用的数值仿真试验平台	任　冰，王永学，王国玉，温鸿杰	大连理工大学
24	二等奖	适用于海岛供电的海洋能独立电力系统关键技术研究与示范	张　理，肖　钢，平朝春，耿　敬，李志川，王树杰，张　琳，马　强，李　强（电气）	中海油研究总院，哈尔滨工程大学，中国海洋大学，深圳行健自动化有限公司
25	二等奖	随钻声波测井技术及其在海上安全钻井与油气勘探中的应用	苏远大，刘西恩，谭宝海，庄春喜，仇　傲，李盛清，孙志峰，许　松，瞿金祥	中国石油大学（华东），中海油田服股份有限公司油田技术事业部，保定市宏声声学电子器材有限公司
26	二等奖	河北省卫星遥感海洋应用平台	谢春华，赵志超，屈　强，田　力，徐雯佳，林明森，杨　斌，安文韬，路　丽	河北省地矿局水文工程地质勘查院（河北省遥感中心），国家卫星海洋应用中心，国家海洋局秦皇岛海洋环境监测中心站，北京航天宏图信息技术股份有限公司，河北长风信息技术有限公司
27	二等奖	海洋能源藻类培育与生物炼制基础	叶乃好，李德茂，范晓蕾，曹旭鹏，张晓雯，徐　东，范　晓，高　峰，陈利梅	中国水产科学研究院黄海水产研究所，中国科学院天津工业生物技术研究所，中国科学院青岛生物能源与过程研究所，中国科学院大连化学物理研究所，青岛科技大学
28	二等奖	自升式钻井平台模块化建造技术	邵　丹，徐占勇，叶　飞，王　杰，张海甬，张理燕，吴　娜，刘　勇，汪　练	上海外高桥造船有限公司

2016 年中国海洋大学海洋科研获奖成果

序号	获奖名称	奖种	获奖等级	获奖单位	完成人（限前五位）
1	水产胶原蛋白与胶原肽研究、技术开发及产业化	山东省科学技术奖科技进步奖	二等	中国海洋大学，山东东方海洋科技股份有限公司	李八方，侯　虎，赵　雪，刘云涛，林　琳
2	扇贝分子育种技术创建与新品种培育	山东省科学技术奖技术发明奖	一等	中国海洋大学，中国水产科学研究院，威海长青海洋科技股份有限公司，烟台海益苗业有限公司	包振民，王　师，胡晓丽，李恒德，刘光谋
3	基于海洋生物资源高效综合利用的生物发酵与催化转化关键技术	高等学校科学研究优秀成果奖（科学技术）技术发明	二等	中国海洋大学，荣成泰祥食品股份有限公司	毛相朝，林　洪，薛长湖，李钰金，孙建安
4	扇贝分子育种技术体系的建立与应用	高等学校科学研究优秀成果奖（科学技术）技术发明	一等	中国海洋大学，中国水产科学研究院，獐子岛集团股份有限公司，威海长青海洋科技股份有限公司，烟台海益苗业有限公司	包振民，王　师，胡晓丽，李恒德，梁　峻
5	滩浅海新型构筑物及安全环保关键技术	高等学校科学研究优秀成果奖（科学技术）技术发明	一等	中国海洋大学，中石化石油工程设计有限公司，胜利油田检测评价研究有限公司	李华军，梁丙臣，刘　勇，刘福顺，廖绍华
6	海洋工程材料表面功能调控及防护研究	高等学校科学研究优秀成果奖（科学技术）自然科学	二等	中国海洋大学，上海海事大学	陈守刚，尹衍升，刘　涛，程　莎

（中国海洋大学）

附录2　中国海洋学术团体及活动

【中国海洋学会】　中国海洋学会是全国海洋科技工作者和涉海单位自愿组成并依法登记成立的学术性、公益性法人社会团体，是党和政府联系海洋科技工作者和涉海单位的桥梁和纽带，是推动中国海洋科学技术事业发展的重要力量。

2016年是"十三五"开局之年，中国海洋学会从学会组织建设、队伍建设和改革发展能力等方面下大力气，积极推进学术交流、承接职能、科普宣传等工作，全面落实2016年工作计划，较好地的服务我国海洋事业发展，取得了很大成效。

组织召开第八届一次常务理事会　1月29日，中国海洋学会第八届一次常务理事会在北京召开。会议由陈连增理事长主持，学会常务理事和代表共34余人出席了会议。会议通报了民政部、中国科协对学会换届登记预审情况及说明；审议通过了常务理事会议、理事会各工作委员会工作职责及议事规则等内容。

组织召开中国海洋学会2016年度工作会议暨全国海洋科普工作会议　3月15—16日，中国海洋学会2016年度工作会议暨全国海洋科普工作会议在浙江省宁波市召开。会议总结了中国海洋学会2015年工作，并对2016年重点开展的工作进行了部署，来自地方洋学会、分支机构、工作委员会、期刊编辑部、涉海相关企业、科普教育基地、高校海洋社团的近200位工作人员参加会议。

组织召开中国海洋学会所属机构政策研讨会　12月6—7日，2016年度中国海洋学会所属机构政策研讨会在江苏省南通市召开。60余名地方海洋学会、分会、专业委员会、期刊工作委员会负责人及联络员参加会议。

指导各分支机构按时组织换届工作　2016年，学会所属分支机构海洋观测技术分会完成了换届工作，成立极地科学分会、海洋标准化分会，新增全国海洋科普教育基地。

承办转移的"海洋科技专项招投标实施"，创新学会科技评价功能　2015年6月，学会在北京组织召开了全球变化与海气相互作用专项任务和年度任务公开招投标工作。通过依靠专家力量，认真的履行了合同，圆满完成了任务，较好地扩大了学会的科技评价影响力和权威性。

承办国家海洋局重点实验室综合评估工作　受国家海洋局科学技术司委托，11月份组织开展了局重点实验室综合评估初步评审会议和现场考察工作。11月9—10日召开了局重点实验室综合评估初步评审会议，会议对19个局重点实验室进行了初审；17—19日对初评中每组排名的前30%和后20%的实验室进行现场考察。

组织召开海洋科学技术奖奖励委员会第四次会议及2016年度项目申报工作　4月13日，海洋科学技术奖奖励委员会（以下简称委员会）第四次会议在北京召开。国家海洋局党组书记、局长、委员会主任委员王宏出席会议并讲话，国家海洋局党组成员、副局长、委员会常务副主任委员陈连增主持会议。教育部党组成员、副部长杜占元，中国科学院副院长丁仲礼等出席此次会议。含9位院士在内共25名专家，6名成果汇报人员等50人参加会议。2015年度海洋科学技术奖经过形式审查、网络初评、专业组评审、大会终评以及30天的项目公示，交由奖励委员会审核确认。最终评出获奖项目40项（含海洋优秀科技图书15项）。其中特等奖1项，一等奖6项、二等奖18项，获奖幅度约为40%。会议对增补李家彪、陈大可、吴立新3人为委员会委员。

组织召开 2015 年度颁奖会并颁发 2015 年度获奖证书　2016 年 10 月 20—21 日在厦门召开了 2015 年度海洋科学技术奖颁奖会议，中国海洋学会常务副理事长雷波主持会议，中国海洋学会陈连增理事长致辞。17 位专家领导为 2015 年度海洋科学技术奖获奖代表颁发了获奖证书，其中单位证书 84 项，个人证书 265 项，图书证书 51 项。

组织召开《海洋优秀科技图书评选暂行办法》专家修订会　为规范《海洋优秀科技图书评选》任务，4 月 19 日，《海洋优秀科技图书评选暂行办法》专家修订会在北京召开，会议由中国海洋学会常务副理事长雷波主持。会上，专家对暂行办法的条文进行了审读，并提出修订意见。会议同意该办法经修改后，将作为海洋优秀科技图书评选办法发布。

举办 2016 年度海洋科学技术奖推荐、申报工作部署暨网络申报业务培训会　5 月 5—7 日，2016 年度海洋科学技术奖推荐资格单位和项目申报单位工作部署暨网络申报业务培训会在天津召开。培训会邀请了国家奖励办、中国科协的相关专家领导以及国家海洋局项目管理单位、奖励办公室相关负责人对海洋科学技术奖的有关政策、规定和要求，纸质和网络申报流程进行了详细讲解。此外，培训会还对往届奖励项目推荐及申报中出现的问题及误区进行解答。力争通过培训会提高对适于申报奖项成果的认识，熟悉纸质、网络申报流程、提升申报材料的质量和申报效率。

组织对 2016 年度海洋科学技术奖申报项目进行形式审查、初评，并组织召开 2016 年度海洋科学技术奖评审会议　按照海洋科学技术奖奖励办法规定，2 月召开年度奖励工作动员会议，3 月组织项目申报工作，4 月组织召开形式审查工作，6 月进行网络专家遴选配备及年度专家库补录入工作，7—8 月组织网络初审，并对相关重大项目组织会议初审，9 月对初审结果进行公示，10 月进行会议评审专家的遴选配备工作。9 月 28—30 日，在大连召开 2016 年度海洋科学技术奖评审委员会评审会。会议对经过初审的 88 项科技成果和 23 部海洋优秀科技图书进行评审。经过专家认真评阅和评审委员会无记名投票，按获奖比例要求和得票数的规定原则评选出研究类：一等奖 5 项，二等奖 14 项；转化类：特等奖 1 项，一等奖 4 项、二等奖 12 项。11 月 17 日，审核通过的拟获奖项目在国家海洋局、中国海洋学会等网站以及《中国海洋报》上进行公示。异议期结束后，将组织召开海洋科学技术奖奖励委员会第五次会议审核拟获奖项目，经确认后的获奖项目，由学会正式发文批准获奖项目。

成功主办了第八届海洋强国战略论坛暨海洋科学技术奖颁奖仪式　10 月 21 日，学会与中国太平洋学会联合主办以"'五大发展理念'与海洋强国"为主题的第八届海洋强国战略论坛暨海洋科学技术奖颁奖仪式。来自海洋界有关部门、科研院所、高等院校、企业等各方代表共 400 余人参加了本次大会，并借助技术手段，通过微信平台实时现场直播论坛主会场会议内容，传播范围广泛，显著提升论坛的宣传成效，产生了良好的社会影响。

联合主办第十三届军事海洋战略与发展论坛　10 月 13—15 日，学会与海军大连舰艇学院联合主办第十三届军事海洋战略与发展论坛。会议围绕"聚焦新军事变革，创新海洋科技发展"主题进行广泛、热烈研讨。

联合主办 2016（第四届）西湖国际海水淡化与水再利用大会　10 月 23—25 日，中国海洋学会、中国海洋学会海水淡化与水再利用分会、中国工程院、国际脱盐协会联合主办 2016 第四届西湖国际海水淡化与水再利用大会，会议围绕"和谐环境·绿色发展"主题展开交流研讨。

共同主办第二届海峡两岸 21 世纪海上丝绸之路研讨会　10 月 29 日，学会与同济大学、上海海事大学、上海国际关系学会共同主办"第二届海峡两岸 21 世纪海上丝绸之路研讨会"，通过两岸学术界的合作，凝聚战略与人文领域学术优势，共同探讨 21 世纪海上丝绸之路建设中的相关问题。同时，以海峡两岸 21 世纪海上丝绸之路研讨会为平台，广泛听取和借鉴海内外专家的观点，加快推进 21 世纪海上丝绸之路建设研究，为两岸在 21 世纪海上丝绸之路建设中的合作提供基础性、战略性和前沿性的研究成果和决策咨询。

全面提升所办学术期刊的学术水平　9 月中旬，学会专门组织以所主办海洋科技期刊代表组成的期刊改革发展出访团，前往美国和加拿大有关学术团体和机构，学习交流在新形势下海洋科技期刊改革发展的方法和途径。10 月 21 日，《海洋学报》英文版召开编委会换届大会，成立新一届编委会并开展期刊工作研讨。

2016 年，学会积极加强多方合作，从举办海洋科普研讨会、设立海洋科普能力提升项目、组织海洋科普活动、开展海洋科普培训、主办海洋科普周刊等各方面着手，全面创新海洋科普活动形式和活动内容，增强学会自身及分支机构、科普基地的科普创新服务综合能力。

研究制定海洋科普发展规划　4 月，学会召开海洋科普研讨会，邀请来自中国科普所、海洋系统代表、高校、海洋科普教育基地以及相关新闻媒体的近 30 位代表围绕如何做好海洋科普宣传、提高公众海洋意识展开讨论，并为学会科普工作发展出谋划策。在总结海洋科普研讨会相关意见和建议的基础上，学会根据《全民科学素质行动计划纲要实施方案（2016—2020 年）》《提升海洋强国软实力-全民海洋意识宣传教育和文化建设"十三五"规划》和《中国科协科普发展规划(2016—2020 年)》，明确未来五年科普工作发

展思路，启动制定学会未来五年的海洋科普发展规划。

完善海洋科普组织建设　1.支持科普基地建设，择优发展科普基地。2.不断扩大科普志愿者队伍。依托涉海高校学生社团，以6.8世界海洋日大学生慢跑活动为契机，招募海洋科普志愿者。目前海洋科普志愿者近 1.5 万名。加强科普专家团队建设。3.成立了 18 支海洋科普传播专家团队。海洋科普传播专家团队首席专家于 2016 年 3 月正式被中国科协聘任为全国首席科学传播专家。在全国科普日和"6·8 世界海洋"日期间，组织海洋灾害、极地、卫星遥感、海岛等领域的 10 多位专家，走进学校，开展了 30 多场的海洋科普讲座。

开展丰富多彩海洋科普活动

（1）打造科普活动品牌，不断扩大学会科普影响力。联合全国 14 所涉海高校、12 家涉海高校社团成功举办第三届"奔向大海，跑向未来"大学生公益慢跑活动暨全国海洋科普志愿者招募活动，近万名师生参加活动。

（2）组织开展精准海洋科普——海洋进内陆活动。学会联合《海洋世界》杂志社和科普基地青岛城阳二中开展海洋科普进贵州活动，捐赠海洋科普图书 180 册；邀请贵州省安顺市关岭县第二中学的几十名师生代表到青岛参观大洋样品馆、水准零点、青岛海底世界等科普教育基地。在中国科协全国"科普文化进万家"暨第十八届中国科协年会科普活动启动仪式上，学会还承办了海洋科普进延安活动，联合浙江海洋大学海洋生物博物馆等多家科普基地向延安科技馆捐赠海洋生物、矿物标本及图书报纸等科普产品，并举办海洋科普展览，邀请专家做大洋科普专题讲座。

（3）组织开展"清洁沙滩，保护蔚蓝"公益活动。组织青岛同安路小学、杭州水处理中心、广东雷州珍稀海洋生物国家级自然保护区、市南区实验小学、西沙深海海洋环

境观测研究站、青岛崂山区晓望小学、上海长江河口科技馆等单位在"6·8世界海洋日"开展"清洁沙滩，保护蔚蓝活动"。该活动连续开展多年，越来越的学生、家长和市民参与其中，对呼吁公众保护宣传海洋、保护海洋起到了重要作用。

（4）组织开展全国科技周活动。根据《科技部　中央宣传部　中国科协关于举办2016年科技活动周的通知》要求，学会认真组织并鼓励有条件的全国海洋科普教育基地、分支机构开展科技周活动。各科普基地、分支机构积极响应，充分利用各自优势策划、组织开展了形式多样、丰富多彩的系列海洋科技周活动。

（5）组织开展防灾减灾日活动。学会调动专家资源，联合兄弟单位，制作海洋防灾减灾宣传片并下发到海洋科普教育基地。各基地结合"减少灾害风险，建设安全城市"主题，开展了形式多样，内容丰富的宣传活动。

（6）组织和指导各科普基地开展海洋日活动。为配合"6·8世界海洋日"宣传活动，学会专门向海洋科普教育基地以及分支机构下发通知，要求做好世界海洋日宣传活动。各海洋科普教育基地、分支机构积极响应，开展了"增殖放流""海洋生物特展""河口看海""童心画海洋""图书漂流"，以及海洋科普讲座、展览、进校园等百余场科普宣传活动。

（7）组织开展全国科普日活动。全国科普日期间，学会联合相关单位、海洋科普教育基地开展海洋科普进延安活动；联合天津市科协、海域海岛分会、国家海洋信息中心举办"海洋科技·涌动校园"活动；联合海洋科普教育基地北京海洋馆开展海洋科普进社区活动。与此同时，各海洋科普教育基地在全国科普日期间也开展来互动体验、海洋科普进校园及通过新媒体平台的线上科普宣传等活动。

（8）加强合作，积极组织科普作品创作。委托遥感专业委员会编制《卫星科普读物》；联合中国海洋报社创立《亲海特刊》科普专刊，面向学校、海洋场馆等海洋科普教育基地试刊发行；联合海洋报社联合编制《我国海域使用与管理》科普宣传展板，并在海洋日期间在各海洋科普教育基地展出；全国科普日期间联合《海洋世界》杂志社编制《大洋百科展》，在延安、天津、昆明等地展出。

（9）积极发挥作用，完成委托任务。5月，完成了国家海洋局委托的2015年度全国科普统计调查（科技部）统计工作，基本上摸清了海洋系统科普资源情况。8月，联合海洋局一所、中国海洋报社完成了"2049年的中国——海洋科技与资源利用社会愿景展望"征文活动。11月，完成科协"2049年的中国——海洋科技与资源利用社会愿景展望"项目。

组织海洋科普培训　3月15日，在学会年度工作会召开期间，邀请科普专家和兄弟学会领导，面向科普基地、分支机构和高校学生海洋社团代表，做专题科普理论讲座。6月2—8日，学会联合科普基地中国大洋样品馆，举办"走向深蓝海洋科普教育培训计划2016"青岛地区科普基地教师义务培训班。11月17—18日，学会举办海洋科普能力提升培训会，邀请专家围绕科普理论与实践、科普信息化传播等内容，面向科普基地骨干和涉海高校学生社团负责人开展专项培训。

设立海洋科普能力提升项目　为充分调动海洋科普教育基地、高校社团等单位参与海洋科普的热情，提升其在海洋科普理论和实践方面的能力，学会面向海洋科普教育基地、高校社团等单位，专门设立海洋科普能力提升类项目和学生海洋社团建设发展类项目，得到有关单位的积极响应。经专家严格评审，共12单位项目获得立项。

拓宽科普宣传渠道，加强科普信息化建设　学会依托中国海洋学会官方网站、《海洋世界》杂志微信公众号开展线上海洋科普宣传。截至目前，网页浏览量20万次，微信公众号浏览超过5万次。

2016年度海洋科学技术奖　2016年海洋科学技术研究类共有19项成果获奖，其中一等奖5项、二等奖14项。　（中国海洋学会）

【中国渔业协会】　2016年6月上旬，中国渔业协会在江苏省南通市海安县召开了第四次全国会员代表大会，选举产生了赵兴武同志为会长的新一届理事会。

会员服务工作　（1）为会员单位宣传。与央视农业频道《农广天地》栏目合作，先后赴佛山市福融八达水产有限公司、莱州明波水产有限公司等多家会员单位拍摄水产品专题片，宣传了会员企业及其先进技术和优质产品。

（2）开展培训工作。在湖南、广西等省共举办了5期渔业培训班，500余名基层渔业工作者参加学习；与上海海洋大学、上海博华水产咨询有限公司等单位继续联合主办2016年度"新农村建设—200场水产品安全健康养殖科技入村公益培训活动"；中国渔业协会还分别对辽宁大连、山东荣成、江苏盐城、浙江台州等地的涉韩入渔渔民，就安全作业知识、捕捞日志填写、作业程序规则新增内容等进行了培训，以提高渔民安全生产意识和水平，减少违规事件的发生，维护中韩海上安全作业秩序。

（3）充分发挥信息平台作用。秘书处继续利用会刊、网站和微信公众号等信息平台，及时转发国家渔业政策和信息，发布中国渔业协会通知公告和工作情况，刊载会员单位的新闻和动态，为会员企业及其产品做宣传。自2017年起，会刊《渔业文摘》将更名为《渔协通讯》，其内容也将被重新定位于集中精力向读者介绍协会及分支机构的大事小情，宣传展示会员单位的风采。

（4）努力开拓新的服务领域。中国渔业协会正分别与上海安信农保、北京光合文旅、杭州碳银公司等单位推进深层次的合作，力争在渔业保险、休闲渔业、节能减排、产融结合等方面取得成果，使之能惠及广大会员，并在丰富协会服务内容的同时，促进会员间的交流合作。

拓展休闲渔业工作，推动渔业品牌建设

（1）策划组织中国休闲渔业示范基地调研活动，通过了解全国休闲渔业示范基地建设与运行情况，总结各地发展经验，分析研究影响发展的主要问题，为主管部门制定休闲渔业发展政策及措施提供参考，为全国首届休闲渔业发展现场会的召开提供了基础材料和数据。

（2）10月举办的第九届中国（厦门）国际休闲渔业博览会期间，协会组织了中国精品水族展区，协会龙鱼分会、金鱼分会、锦鲤分会、水族造景分会和孔雀鱼分会集体参展。

（3）11月，中国渔业协会在第20届中国国际宠物水族用品展览会上，与长城国际展览有限责任公司联合举办了首届"长城杯"世界观赏鱼锦标赛。

（4）继续开展优势水产品区域命名工作。根据地方政府提出的申请，经中国渔业协会专家工作委员会实地考察和评审，2016年，分别授予浙江舟山市普陀区"中国鱿鱼之乡"、山东临清市丁马庄村"中国中华鳖第一村"、江苏溧阳市社渚镇"中国青虾第一镇"荣誉称号。

开展国际交流与合作，努力提升中国渔业协会的话语权　（1）继续开展和日韩两国水产会的合作。8月，中国渔业协会组织有关人员前往日本参加中日韩民间渔业协议会，就维护三国海上安全作业秩序、海洋渔业资源管理和民间渔业交流合作等议题进行了商讨；10月，中国渔业协会在厦门组织召开中日、中韩民间渔业协议会，分别与两国水产会就海上安全作业、养护海洋渔业资源等议题进行磋商，并就涉韩渔船担保工作与韩方进行了深入探讨。

（2）协助商务部援外司完成了"援助巴林工厂化循环水养殖系统"外派专家的初选工作。

（3）6 月 1 日，针对菲律宾共和国单方面提起的南海仲裁案，作为中国渔民利益的代表机构，中国渔业协会发表郑重声明，坚定支持中国政府立场，决不接受、不承认任何对中国渔业资源和渔民利益的侵权行为。坚定捍卫中国南海渔民赖以生存的渔业资源，维护渔民的传统渔业利益。对于仲裁庭做出的非法无效的裁决结果，中国渔业协会和中国渔民不予理睬。

其他相关工作 （1）中韩、中日、中越 3 个渔业协定的部分执行工作。完成了全年中方渔船的入渔韩国通报工作和中方渔船赴日、韩海域紧急避风避难的联络工作；及时向部渔业局、中国海警局、外交部等单位提供相关所需数据和材料；派员参加了中韩两国事务级会谈、中韩外交部第 9 轮渔业会谈、中韩中日中越渔委会年会等会议，就作业程序规则修改、两无船舶核查、改进涉日入渔通报方式等提出了具体建议，并承担了部分会议会务工作；编印三个渔业协定相关材料；完成了中方渔船赴韩、日专属经济区管理水域和中越共同渔区入渔许可证的审核、变更、寄送工作。

（2）开展涉韩渔船担保工作。与韩国水产会合作，继续开展涉韩渔船担保工作。全年共为 44 艘违规渔船进行了担保，对保护中方渔民的合法权益、加强中韩渔业执法合作、减少和避免渔船违规作业起到了积极作用。在部渔业局的支持下，为树立中国渔业协会作为涉韩违规渔船担保金缴纳唯一渠道的权威性，自 2016 年起，经部渔业渔政局同意，对未通过中国渔业协会缴纳担保金的违规渔船实行暂停入渔通报一个月的处罚措施。

（3）11 月，中国渔业协会在湖南长沙市举办《渔业法》修订工作研讨会。会议就《渔业法》修订草案及说明进行了梳理和研讨，并结合实际工作和法律实践，对部分草案内容提出了有针对性的建议。

（中国渔业学会）

【中国水产学会】 **学会建设** 2016 年，中国水产学会新成立了 3 个分支机构：海洋牧场研究会、渔文化分会和水产期刊分会，三个分支机构的设立，使学会的学科领域建设得到了加强。学会共有淡水渔业专业委员会等 21 个分支机构。个人会员数量发展到 17826 人，其中资深会员 438 个。团体会员发展到 207 个。

2016 年中国水产学会学术年会 11 月 3—4 日，由中国水产学会和四川省水产学会共同主办的以"创新发展，科技先行"为主题的 2016 年中国水产学会学术年会在成都召开，来自全国各地近 700 位水产科技工作者参加了本次会议。年会安排了 6 个分会场进行水产资源与环境、水产动物医学、水产生物技术、水产育种、水域生态、水产饲料与营养、水产增养殖、水产捕捞、渔业管理、经济信息、渔业工程与装备等 11 个专题学术报告，参加专题交流 326 人，收到论文摘要 443 篇。

学术期刊 经国家新闻出版广电总局批复，同意创办 *Aquaculture and Fisheries*（《渔业学报（英文）》）期刊，主办单位为中国水产学会、上海海洋大学、科学出版社。9 月 24 日，《渔业学报（英文）》杂志召开第一届编委会第一次会议。

国际交往 9 月 7—10 日，应日本水产学会邀请，学会副理事长兼秘书长司徒建通一行 2 人赴日本奈良参加日本水产学会 2016 年秋季大会并进行了合作交流。自 2011 年中日签署了《中国水产学会与日本水产学会学术交流协议》以来，两会的水产学术交流走向了常态化，组织参加对方的学术年会是合作内容之一。本次访问，双方共同探讨了进一步扩大水产科技交流合作问题，并就续签交流协议和备忘录达成了共识。

8 月 3—7 日，由亚洲水产学会，泰国农业部渔业司，联合国粮农组织亚太水产养殖中心联盟（NACA）联合举办的第十一届亚洲渔业和水产养殖论坛于在泰国曼谷召开。近600人参加了论坛。亚洲水产学会第11届理事会理事长，学会常务理事，上海海洋大学黄硕琳教授，水产学报编辑部主任江敏教授等一行参加了此次论坛。黄硕琳教授在论坛开幕式上代表亚洲水产学会致开幕词，江敏教授作了口头报告。黄硕琳教授还主持召开了亚洲水产学会第12届会员大会和第48次理事会。黄硕琳作为刚卸任理事长（IPP）继续担任亚洲水产学会第12届理事会理事和执行委员会委员，江敏教授当选亚洲水产学会第12届理事会理事。

5月22~27日，应第七届世界渔业大会组委会主席 TaekJeongNam 博士的邀请，学会常务理事、海水养殖分会主任委员、黄海水产研究所王清印研究员赴韩国釜山，出席第七届世界渔业大会开幕式及相关活动，并共同主持以"中国的水产养殖业：食物供给、资源保护和环境可持续性"为主题的中国专场的研讨活动。本届世界渔业大会的主旨是"对可持续渔业和安全海产品的挑战，契合了当今世界范围内对渔业发展的关切。会议在釜山会展中心（BEXCO）举行。出席此次会议的中方代表约30人，主要来自各大学和科研机构。活动期间还举办了墙报展示、渔业博览会以及不同规模的多种专业或专门工作会议。

科普活动　2016年水产科技活动周启动仪式于5月13日在厦门举行。活动包括基地授牌、现场参观、标本赠送、讲座交流等内容。期间，各地方水产学会，学会单位会员，分支机构、学生会员工作站、科普教育基地等开展了形式多样的科普培训、技术推广40余次。

渔业统计　2016年，除正式出版了《2016中国渔业统计年鉴》外，学会还开发了"2015年全国渔业统计手册""全国主要统计数据卡片"及"2015年各省、自治区、直辖市主要渔业统计指标情况手册"等一系列渔业统计产品。

成立院士工作站　1月5日，经过半年的筹备，江西省第一个水产院士工作站在江西省鄱阳县鄱阳湖壹号渔业集团揭牌。6月21~22日，学会与宁夏自治区农牧厅、石嘴山市人民政府、西北农林科技大学联合主办的"中国科协创新驱动助力工程首届西部地区水产饲料实用技术论坛"在宁夏石嘴山市隆重举办。

（中国水产学会）

【中国海洋工程咨询协会海洋预报减灾分会】中国海洋工程咨询协会海洋预报减灾分会由国家海洋环境预报中心和国家海洋局海洋减灾中心共同发起成立，隶属于中国海洋工程咨询协会，致力于构筑海洋预报减灾技术交流平台，推动海洋预报减灾事业发展，为相关的重大海洋事务管理提供咨询服务。

【中国海洋学会海冰专业委员会】中国海洋学会海冰专业委员会依托于国家海洋环境预报中心，业务范围包括海冰观测预测预警、海冰中长期预测、海冰预报产品制作和发布等。中国海洋学会风暴潮分会及海啸专业委员会换届后由国家海洋环境预报中心副主任易晓蕾担任主任委员，业务内容主要针对风暴潮预警报技术与风险评估、地震监测、海啸预警等方面。　　（国家海洋环境预报中心）

附录 3 部分涉海机构、单位及涉海网站简介

【国家海洋局北海分局】 经国务院批准，国家海洋局北海分局 1965 年成立于山东青岛，是国家海洋局派出的海洋行政管理机构。负责管辖北起鸭绿江口、南到苏鲁交界绣针河口的我国海域，该海域面积约为 45.7 万平方千米，大陆岸线 5946 千米，辖区内岛屿 2000 多个，其中 500 平方米以上岛屿 707 个，沿海行政区域包括辽宁省、河北省、山东省、天津市。

【国家海洋局南海分局】 国家海洋南海分局成立于 1965 年 3 月 18 日，是国家海洋局在广州设立的南海区海洋行政主管机构，依法履行南海三省（区）有关海洋监督管理职责。主要承担海洋事务的综合协调、海域与海岛管理、环境保护、预报减灾、调查研究、海洋经济调查、海洋规划、海洋督查、维护海洋权益、管理海监队伍等职能。南海分局和南海总队机关内设 16 个职能处室，下辖南海调查技术中心、南海规划与环境研究院、南海环境监测中心、南海预报中心、南海信息中心、南海标准计量中心、深圳海洋环境监测中心站、汕尾海洋环境监测中心站、珠海海洋环境监测中心站、北海海洋环境监测中心站、海口海洋环境监测中心站、三沙海洋环境监测中心站、中国海监第七、第八、第九、第十支队、南海航空支队、南海维权执法支队、分局机关服务中心等单位；拥有海洋水文、化学、地质、气象、生物、遥测浮标、海洋计量检定、海洋环境质量评价、海洋信息服务、海洋执法检查、公务船舶管理、海洋战略政策法律规划研究等专业队伍，并有遍布三省区沿海观测站网和遥测海洋环境数据的浮标网。

【国家海洋局第一海洋研究所】 国家海洋局第一海洋研究所始建于 1958 年，前身系海军第四海洋研究所，1964 年整建制划归国家海洋局，是从事基础研究、应用基础研究和社会公益服务的综合性海洋研究所。以促进海洋科技进步，为海洋资源环境管理、海洋国家安全和海洋经济发展服务为宗旨，是国家科技创新体系的重要海洋科研实体。主要研究领域为中国近海、大洋和极地海域自然环境要素分布及变化规律，包括海洋资源与环境地质；海洋灾害发生机理及预测方法；海气相互作用与气候变化；海洋生态环境变化规律和海岛海岸带保护与综合利用等。拥有国际先进水平的远洋科考调查船、海洋调查测量设备、实验测试设备和科研辅助设施。完成了大量国家重大海洋专项、国家重大基础研究项目、国家"863"计划项目、国家科技支撑项目、国家自然科学基金项目、大型国际合作项目和海洋工程勘探开发项目等，取得一大批优秀科研成果。

国家海洋局第一海洋研究所现有职工 530人，其中：中国工程院院士 3 人，外聘中国科学院院士 1 人，中国工程院外籍院士 1 人；专业技术人员 479 人，具有研究生学历 397人；博士生导师 17 人，拥有硕士点、博士点（共建）和博士后科研工作站（独立招收）。

截至 2016 年底，在研课题 281 项。2016年，科研项目立项总经费 43458 万元。主持完成的"'十二五'北极海域物理海洋和海洋气象考察"获得海洋科学技术奖一等奖，"我国北方典型海岛生态系统固碳生物资源调查与承载力评估"获得海洋科学技术奖二等奖。参与完成的"深海高精度超短基线水声定位技术与应用"获得国家技术发明二等奖。

2016 年度发表文章 413 篇，其中 SCI 检

索收录 201 篇，出版专著 5 部、图集 2 部、编著 1 部。获得软件著作权登记 10 项；专利申请 61 项，其中发明专利申请 50 项；专利授权 34 项，其中发明专利 11 项。

【国家海洋局第二海洋研究所】　国家海洋局第二海洋研究所创建于 1966 年，是一座学科齐全、科技力量雄厚、设备先进的综合型公益性海洋研究机构，隶属于国家海洋局。主要从事中国海、大洋和极地海洋科学研究；海洋环境与资源探测、勘查的高新技术研发与应用。

该所作为国内从事海洋调查与研究的主要单位之一，建有一个国家重点实验室和三个国家海洋局重点实验室，并与浙江省共建浙江省海洋科学院。还建有检测中心、海洋标准物质中心、海洋科技信息中心等技术服务机构和技术支撑体系，在浙江临安建有分析测试基地。该所现有海底科学与深海勘测技术、海洋动力过程与数值模拟技术、卫星海洋学与海洋遥感、海洋生态系统与生物地球化学、工程海洋学 5 个重大研究领域和 19 个重点研究方向，基本形成了适应国家需求和立足海洋科技发展前沿的科技创新体系和科研群体。该所拥有国家级海洋工程勘察设计甲级证书、海洋工程设计甲级证书和海洋测绘甲级证书等资质，主编出版海洋综合性国内学术核心期刊《海洋学研究》。

该所拥有专业技术人员 400 余人，其中中国科学院院士 2 人，中国工程院院士 3 人，浙江省特级专家 3 人，正高级专业技术人员 81 人，副高级专业技术人员 127 人；有 27 人享受政府特殊津贴。2016 年，该所共发表科技论文 301 篇，其中 SCI/EI 论文 209 篇，撰写专著/译著 10 部，完成工程类报告 160 份，获得发明专利 25 项，其中国际发明专利 1 项。潘德炉院士荣获浙江省科学技术重大贡献奖和光华工程科技奖，李家彪院士荣获中国海洋工程咨询协会杰出贡献奖。

【国家海洋局第三海洋研究所】　国家海洋局第三海洋研究所（简称"海洋三所"）成立于 1959 年，是国家海洋局直属的财政补助事业单位，主要从事海洋基础研究、海洋应用基础研究和海洋高新技术研究，促进海洋科技进步，为海洋管理、公益服务、海洋经济发展及海洋安全提供科技支撑。单位网站：http://www.tio.org.cn

现有各类员工近 600 人，招收和联合培养在读硕、博士研究生 160 多人。职工中有中国工程院院士 1 人，国家杰出青年基金获得者 1 人，享受政府特殊津贴专家 20 余人，副高级职称以上科技人员 126 人，具有硕士、博士学位人员 400 多人。海洋三所是 1984 年国务院学位委员会批准的硕士学位授予单位，拥有 4 个硕士学位授予点，并与清华大学、中国科技大学等高校联合招收博士研究生，现建有博士后科研工作站。

海洋三所在深海微生物及生物基因资源研究，海洋与全球变化研究，南北极研究，海洋生物多样性与生态环境保护研究，海洋环境监测技术研究，海洋放射性与海洋核应急技术研究，海洋化学、水文、地质、遥感与声学、海岛、海岸带资源开发利用与保护规划，海洋生态修复技术研究，海洋生物制药与保健品研发等领域具有特色，开展了大量的基础性、应用性和战略性研究工作，成为海洋强国建设和科技兴海事业的重要科技力量。

【国家海洋局海洋减灾中心】　国家海洋局海洋减灾中心（下简称"减灾中心"）于 2011 年 12 月由中编办正式批复设立，是国家海洋局直属的正司级财政补助事业单位。减灾中心拥有高级专业技术职称 12 人，博士 13 人，硕士 29 人，初步形成了一支精干的专业人才队伍。

减灾中心围绕自然灾害应对三个阶段重点工作（灾前风险防范、灾中应急响应、灾后评估恢复），贯穿操作程序标准化建设，做好海洋减灾工作与国家减灾体系、国家海洋局与沿海地方海洋减灾工作、海洋减灾管理与减灾业务支撑的衔接，为国家和沿海各级地方政府、社会公众提供服务，即"三阶段、一贯穿、三衔接、两服务的3132"业务发展思路。明确了海洋减灾业务发展体系，建立起了以海洋灾害风险防范、灾情调查评估为核心，涵盖海洋灾害应急支撑、基础数据和业务平台建设、海洋减灾宣传教育等内容的主体业务领域。

【国家海洋局北海分局网站】　"国家海洋局北海分局"门户网站创建于2003年8月，域名为http://www.ncsb.gov.cn/，由国家海洋局北海分局主办、国家海洋局北海信息中心提供网络支持，是国家海洋局北海分局在互联网上统一发布海洋工作动态、新闻信息、政务信息等相关内容和提供海洋公益服务的综合网络平台。目前，网站已开通了图片新闻、分局要闻、政务信息、海洋管理、权益维护、科研调查、专题回顾等版块，面向社会提供与北海区海洋业务工作相关的信息及服务，并与16个海洋相关政府网站形成复式链接。

该网站作为北海分局海洋工作中重要组成部分，在北海区海洋工作中发挥了至关重要的作用，它是北海分局面向社会的重要窗口，是社会公众了解北海区海洋工作的重要渠道。通过政务信息、海域使用管理、海洋环境保护、海洋执法监察、海洋预报、海洋资源利用等内容的公开发布，全面即时地展示了北海分局的工作业绩，得到社会和国家海洋局好评。

【中国海洋减灾网】　是由国家海洋局主办、国家海洋局海洋减灾中心承办的专业业务网站，（www.hyjianzai.gov.cn）网站全面反映国家海洋减灾体系中各相关单位在海洋防灾减灾方面的工作动态、最新进展、技术成果及应急期间的应对工作等情况，是国家海洋防灾减灾宣传教育门户和业务门户。2016年减灾中心开展了减灾网二期建设工作，依次完成网站部分与GIS系统的需求确认、详细设

计、开发与测试、基础环境搭建、系统部署和测试运行工作。继续开展信息报送管理工作，保证网站持续更新。经统计，共发布新闻558篇，预警报493篇，海冰监测通报61篇，绿潮灾害监测通报142篇。制作海冰灾害专题1期，台风风暴潮与海浪灾害专题6期，浒苔绿潮灾害专题1期。设计开发了2016年"5·12"专栏，及时报道了全国沿海地区海洋防灾减灾宣传周系列活动的宣传工作，发布了各地活动预告并跟踪报道活动相关内容。

【中国Argo实时资料中心网】　"中国Argo实时资料中心网"的前身为"中国Argo网（http://www.argo.org.cn/）"，创建于2002年4月5日。"中国 Argo网"在国家科技部基础研究司以及国家海洋局科学技术司、国际合作司、国家海洋局第二海洋研究所和海洋动力过程与卫星海洋学重点实验室等部门和单位的重视和支持下，为扩大中国Argo计划的影响力、沟通与国际Argo计划组织和各参与国之间的联系、推动中国和全球Argo浮标资料共享等方面起到了积极的作用。

随着中国Argo计划的发展和"中国Argo资料中心网"的建立，"中国Argo网"已经完成其神圣使命。经调整后的"中国Argo实时资料中心网"将继续按国家科技部基础研究司对项目的要求，承担中国Argo浮标的布放、实时资料的接收和处理、资料质量控制技术/方法的研究与开发，以及快速向项目承担单位和相关部门提供Argo资料，及时反映我国科学家在Argo资料应用研究方面所取得的成果等工作。"中国Argo实时资料中心"是"中国Argo资料中心"的一个重要组成部分。

"中国Argo实时资料中心网"将继承"中国Argo网"的服务宗旨，坚定不移地为促进中国Argo计划的发展和Argo资料的共享，以及沟通与各Argo计划成员国科学家之间的合作与交流提供更有效的服务，以回馈各界的大力支持和热忱帮助。

附录4 2016年国家海洋局局级以上机构变动、干部任免情况及现职领导干部名录

国家海洋局
局领导
（一）局　长　王　宏
　　　副局长　孟宏伟　房建孟　孙书贤
　　　　　　　石青峰　林山青
（二）党组书记　王　宏
　　　党组副书记　孟宏伟
　　　党组成员　孟宏伟　房建孟
　　　　　　　　孙书贤　石青峰
　　　　　　　　林山青
变动情况
1. 2016 年 1 月 7 日，中央组织部任命孙书贤同志为国家海洋局党组成员，免去王飞同志的国家海洋局党组成员职务。
2. 2016 年 1 月 17 日，国务院任命房建孟、孙书贤为国家海洋局副局长；免去王飞的国家海洋局副局长职务。
3. 2016 年 8 月 16 日，中央组织部任命石青峰、林山青同志为国家海洋局党组成员，免去陈连增、张宏声、吕滨同志的国家海洋局党组成员职务。
4. 2016 年 8 月 26 日，国务院任命石青峰、林山青为国家海洋局副局长；免去陈连增、张宏声的国家海洋局副局长职务。

总工程师
吕彩霞
变动情况
2016 年 1 月 13 日，根据国家海洋局国海人字 [2016] 66 号文，任命吕彩霞为国家海洋局总工程师（保留部委正司级），免去孙书贤的国家海洋局总工程师职务。

中国海警局
局领导
局　长　孟宏伟
政　委　王　宏
副局长　孙书贤　陈毅德　王洪光

办公室
主　任　高忠文
副主任　王　群
变动情况
1. 2016 年 1 月 13 日，根据国家海洋局国海人字 [2016] 21 号文，免去律志武的国家海洋局办公室副主任职务。
2. 2016 年 11 月 8 日，根据国家海洋局国海人字 [2016] 601 号文，任命高忠文为国家海洋局办公室主任（保留部委正司级），试用期一年；免去石青峰的国家海洋局办公室主任职务。
3. 2016 年 12 月 5 日，根据国家海洋局国海人字 [2016] 645 号文，免去王斌的国家海洋局办公室副主任职务。

战略规划与经济司
司　长　张占海
副司长　沈　君
副巡视员　魏国旗
变动情况
2016 年 12 月 5 日，根据国家海洋局国海人字 [2016] 645 号文，免去翁立新的国家海洋局战略规划与经济司副司长职务。

政策法制与岛屿权益司
副司长　古　�　樊祥国

变动情况

1. 2016 年 1 月 13 日，根据国家海洋局国海人字 [2016] 21 号文，免去李晓明的国家海洋局政策法制与岛屿权益司司长（保留部委正司级）职务。

2. 2016 年 1 月 13 日，根据国家海洋局国海人字 [2016] 66 号文，任命阿东为国家海洋局政策法制与岛屿权益司司长（保留部委正司级），试用期一年。

3. 2016 年 8 月 22 日，根据国家海洋局国海人字 [2016] 377 号文，免去阿东的国家海洋局政策法制与岛屿权益司司长职务。

海警司（海警司令部、中国海警指挥中心）

司　长（参谋长、主任）　王洪光

副司长（副参谋长、副主任）

张春儒　肖惠武　罗汉亚

副巡视员　刘晓燕　马为军　张　冰

变动情况

1. 2016 年 7 月 13 日，根据国家海洋局国海人字 [2016] 317 号文，免去胡学东的国家海洋局海警司（海警司令部、中国海警指挥中心）副司长（副参谋长、副主任）职务。

2. 2016 年 7 月 19 日，根据国家海洋局国海人字 [2016] 334 号文，任命罗汉亚为国家海洋局海警司（海警司令部、中国海警指挥中心）副司长（副参谋长、副主任）（保留部委副司级）。

3. 2016 年 7 月 21 日，根据国家海洋局国海人字 [2016] 325 号文，免去贾建军的国家海洋局海警司（海警司令部、中国海警指挥中心）副司长（副参谋长、副主任）（保留部委正司级）职务。

生态环境保护司

司　长　柯　昶

副司长　许国栋　王孝强

变动情况

1. 2016 年 1 月 13 日，根据国家海洋局国

海人字 [2016] 21 号文，免去于青松的国家海洋局生态环境保护司司长（保留部委正司级）职务。

2. 2016 年 1 月 13 日，根据国家海洋局国海人字 [2016] 66 号文，任命柯昶为国家海洋局生态环境保护司司长（保留部委正司级），试用期一年。

海域综合管理司

司　长　潘新春

副司长　丁　磊　司　慧

副巡视员　刘立芬

预报减灾司

副司长　王　华

变动情况

1. 2016 年 10 月 17 日，根据国家海洋局国海人字 [2016] 491 号文，免去于福江的国家海洋局预报减灾司副司长职务。

2. 2016 年 12 月 11 日，根据国家海洋局国海人字 [2016] 673 号文，免去曲探宙的国家海洋局预报减灾司司长职务。

科学技术司

司　长　曲探宙

副司长　辛红梅

变动情况

1. 2016 年 5 月 16 日，根据国家海洋局国海人字 [2016] 226 号文，免去彭晓华的国家海洋局科学技术司副巡视员（保留部委副司级）职务。

2. 2016 年 12 月 5 日，根据国家海洋局国海人字 [2016] 645 号文，免去雷波的国家海洋局科学技术司司长职务。

3. 2016 年 12 月 11 日，根据国家海洋局国海人字 [2016] 673 号文，任命曲探宙为国家海洋局科学技术司司长（保留部委正司级）。

国际合作司（港澳台办公室）
司长（主任） 张海文
巡视员、副司长（副主任） 陈越
副巡视员 梁凤奎

人事司（海警政治部）
司长（主任） 李东旭
变动情况
1. 2016年1月13日，根据国家海洋局国海人字〔2016〕21号文，免去闫国林的国家海洋局人事司副巡视员职务。
2. 2016年2月1日，根据国家海洋局国海人字〔2016〕126号文，任命李东旭为国家海洋局人事司（海警政治部）司长（主任）（保留部委正司级），免去房建孟的国家海洋局人事司（海警政治部）司长（主任）职务。

财务装备司（海警后勤装备部）
海警后勤装备部部长 王秋彧
副司长（副部长） 吴平 陈颖
财务装备司副司长 陈力群
财务装备司副巡视员 孙春季
变动情况
1. 2016年1月13日，根据国家海洋局国海人字〔2016〕21号文，免去刘建成的国家海洋局财务装备司司长（保留部委正司级）职务；免去居礼的国家海洋局财务装备司（海警后勤装备部）副司长（副部长）（保留部委副司级）职务。
2. 2016年7月18日，根据国家海洋局国海人字〔2016〕327号文，免去周效鲁的国家海洋局财务装备司（海警后勤装备部）副巡视员职务。
3. 2016年12月5日，根据国家海洋局国海人字〔2016〕616号文，任命陈力群为国家海洋局财务装备司副司长（保留部委副司级）。

机关党委
书记 房建孟

专职副书记 李永昌
副书记兼直属机关纪委书记 张力群
巡视员兼审计办公室主任 赵凤东
副司级纪检员 张志刚
副巡视员、直属机关工会主席 潘杰
副巡视员（保留部委副司级） 郭利伟
变动情况
1. 2016年3月7日，根据中共国家海洋局党组国海党发〔2016〕41号文，任命张力群同志为国家海洋局直属机关党委常委、副书记兼直属机关纪委书记（保留机关正司级），免去李永昌同志的国家海洋局直属机关纪委书记职务。
2. 2016年4月6日，中共国土资源部直属机关委员会批复，任命吕滨同志为国家海洋局直属机关党委书记，免去房建孟同志的国家海洋局直属机关党委书记职务。
3. 2016年4月18日，根据中共国家海洋局党组国海党发〔2016〕43号文，任命赵凤东同志为国家海洋局机关党委巡视员兼审计办公室主任；任命张志刚同志为国家海洋局机关党委副司级纪检员。
4. 2016年10月13日，国土资源部直属机关工会批复，任命潘杰同志为国家海洋局直属机关工会主席。
5. 2016年9月13日，中共国土资源部直属机关委员会批复，同意房建孟同志任国家海洋局直属机关党委书记，免去吕滨同志的国家海洋局直属机关党委书记、常委职务。

离退休干部局
局长 李永昌
变动情况
2016年12月11日，根据国家海洋局国海人字〔2016〕673号文，任命李永昌为国家海洋局离退休干部局局长，免去高增田的国家海洋局离退休干部局局长职务。

国家海洋局极地考察办公室

主任、党委副书记（兼） 秦为稼
党委书记、副主任（兼） 翁立新
副主任 吴 军 夏立民
变动情况

1. 2016 年 6 月 20 日，根据国家海洋局国海人字 [2016] 273 号文，任命秦为稼为国家海洋局极地考察办公室主任。

2. 2016 年 12 月 5 日，根据中共国家海洋局党组国海党发 [2016] 146 号文，任命翁立新同志为中共国家海洋局极地考察办公室委员会委员、书记；任命秦为稼同志为中共国家海洋局极地考察办公室委员会副书记（兼），免去其中共国家海洋局极地考察办公室委员会书记兼纪律检查委员会书记、委员职务。

3. 2016 年 12 月 5 日，根据国家海洋局国海人字 [2016] 639 号文，任命翁立新为国家海洋局极地考察办公室副主任（兼）。

中国大洋矿产资源研究开发协会办公室

主任、党委副书记（兼） 刘 峰
党委书记、副主任（兼） 胡学东
副主任 李 波 康 健

1. 2016 年 5 月 16 日，根据中共国家海洋局党组国海党发 [2016] 49 号文，免去沈继刚同志的中共中国大洋矿产资源研究开发协会办公室委员会书记、委员兼纪律检查委员会书记、委员职务。

2. 2016 年 7 月 13 日，根据中共国家海洋局党组国海党发 [2016] 77 号文，任命胡学东同志为中共中国大洋矿产资源研究开发协会办公室委员会委员、副书记（主持党委工作）。

3. 2016 年 7 月 13 日，根据国家海洋局国海人字 [2016] 317 号文，任命胡学东为中国大洋矿产资源研究开发协会办公室副主任（兼）。

4. 2016 年 10 月 17 日，根据国家海洋局国海人字 [2016] 548 号文，免去何宗玉的中国大洋矿产资源研究开发协会办公室副主任职务。

5. 2016 年 12 月 5 日，根据中共国家海洋局党组国海党发 [2016] 147 号文，任命胡学东同志为中共中国大洋矿产资源研究开发协会办公室委员会书记。

6. 2016 年 12 月 5 日，根据国家海洋局国海人字 [2016] 617 号文，任命康健为中国大洋矿产资源研究开发协会办公室副主任。

国家海洋局学会办公室
变动情况

2016 年 12 月 5 日，根据国家海洋局国海人字 [2016] 649 号文，免去雷波的国家海洋局学会办公室主任职务。

国家海洋局北海分局

局长、党委副书记（兼） 郭明克
党委书记、副局长（兼） 徐 胜
副局长 陈武军
党委副书记兼纪委书记 杜继鹏
副局长 孙利佳
变动情况

1. 2016 年 1 月 13 日，根据国家海洋局国海人字 [2016] 63 号文，免去吕彩霞的国家海洋局北海分局巡视员、副局长职务。

2. 2016 年 12 月 5 日，根据国家海洋局国海人字 [2016] 614 号文，任命郭明克为国家海洋局北海分局局长；任命徐胜为国家海洋局北海分局副局长（兼）；免去滕征光的国家海洋局北海分局局长、中国海监北海总队政委职务；免去陈力群的国家海洋局北海分局副局长职务。

3. 2016 年 12 月 5 日，根据中共国家海洋局党组国海党发 [2016] 133 号文，任命徐胜同志为中共国家海洋局北海分局委员会委员、常委、书记；任命郭明克同志为中共国家海洋局北海分局委员会副书记（兼），免去其中共国家海洋局北海分局委员会书记职务；免去滕征光同志的中共国家海洋局北海分局委员会副书记、常委、委员职务。

国家海洋局东海分局
局长、党委副书记（兼） 吴 强
党委书记、副局长（兼） 袁绍宏
巡视员、副局长 王 锋
副局长 魏泉苗
党委副书记兼纪委书记 袁 丁
副局长 黄海波
变动情况

1. 2016 年 1 月 13 日，根据国家海洋局国海人字 [2016] 20 号文，免去刘刻福的国家海洋局东海分局局长、中国海监东海总队总队长职务。

2. 2016 年 1 月 13 日，根据中共国家海洋局党组国海党发 [2016] 8 号文，免去刘刻福同志的中共国家海洋局东海分局委员会副书记、常委、委员职务。

3. 2016 年 1 月 13 日，根据国家海洋局国海人字 [2016] 24 号文，任命吴强为国家海洋局东海分局局长，试用期一年。

4. 2016 年 1 月 13 日，根据中共国家海洋局党组国海党发 [2016] 11 号文，任命吴强同志为中共国家海洋局东海分局委员会委员、常委、副书记（兼）。

5. 2016 年 9 月 30 日，根据国家海洋局国海人字 [2016] 483 号文，免去邱志高的国家海洋局东海分局副局长职务。

6. 2016 年 12 月 5 日，根据中共国家海洋局党组国海党发 [2016] 148 号文，任命袁绍宏同志为中共国家海洋局东海分局委员会委员、常委、书记，试用期一年；免去周振华同志的中共国家海洋局东海分局委员会书记、常委、委员职务。

7. 2016 年 12 月 5 日，根据国家海洋局国海人字 [2016] 640 号文，任命袁绍宏为国家海洋局东海分局副局长（兼）；免去周振华的

国家海洋局东海分局副局长、中国海监东海总队政委职务。

国家海洋局南海分局
局长、党委副书记（兼），中国海监南海总队政委（兼） 钱宏林
党委书记、副局长（兼） 雷 波
巡视员、纪委书记 林 端
副局长 杨炼锋
副局长、中国海监南海总队常务副总队长 陈怀北
副局长 于 斌
变动情况

1. 2016 年 7 月 6 日，根据国家海洋局国海人字 [2016] 309 号文，免去刘高潮的国家海洋局南海分局副局长职务。

2. 2016 年 11 月 25 日，根据中共国家海洋局党组国海党发 [2016] 130 号文，换届后林端同志的中共国家海洋局南海分局委员会副书记职务自然免除。

3. 2016 年 12 月 5 日，根据中共国家海洋局党组国海党发 [2016] 134 号文，免去徐胜同志的中共国家海洋局南海分局委员会书记、常委、委员职务。

4. 2016 年 12 月 5 日，根据国家海洋局国海人字 [2016] 615 号文，免去徐胜的国家海洋局南海分局副局长职务。

5. 2016 年 12 月 5 日，根据中共国家海洋局党组国海党发 [2016] 149 号文，任命雷波同志为中共国家海洋局南海分局委员会委员、常委、书记。

6. 2016 年 12 月 5 日，根据国家海洋局国海人字 [2016] 641 号文，任命林端为国家海洋局南海分局巡视员；任命雷波为国家海洋局南海分局副局长（兼）。

国家海洋信息中心
主任、党委副书记（兼） 何广顺
党委书记、副主任（兼） 石绥祥

副主任　赵光磊　相文玺

纪委书记　刘小强

变动情况

2016 年 11 月 16 日，根据中共国家海洋局党组国海党发 [2016] 123 号文，换届后刘小强同志的中共国家海洋信息中心委员会副书记职务自然免除。

国家海洋环境监测中心

主任、党委副书记（兼）　关道明

党委书记兼纪委书记、副主任（兼）隋吉学

副主任　韩庚辰　王菊英　张志锋

变动情况

1. 2016 年 6 月 20 日，根据国家海洋局国海人字 [2016] 274 号文，免去于建的国家海洋环境监测中心副主任职务。

2. 2016 年 12 月 5 日，根据国家海洋局国海人字 [2016] 644 号文，任命王菊英、张志锋为国家海洋环境监测中心副主任，试用期一年。

国家海洋环境预报中心

主任、党委副书记（兼）　王　辉

党委副书记（主持党委工作）、副主任（兼）　于福江

纪委书记　王亚杰

副主任　易晓蕾　邱志高

1. 2016 年 1 月 13 日，根据中共国家海洋局党组国海党发 [2016] 10 号文，免去吴强同志的中共国家海洋环境预报中心委员会书记、常委、委员职务。

2. 2016 年 1 月 13 日，根据国家海洋局国海人字 [2016] 23 号文，免去吴强的国家海洋环境预报中心副主任职务。

3. 2016 年 9 月 30 日，根据国家海洋局国海人字 [2016] 484 号文，任命邱志高为国家海洋环境预报中心副主任。

4. 2016 年 10 月 17 日，根据中共国家海洋局党组国海党发 [2016] 110 号文，任命于福江同志为中共国家海洋环境预报中心委员会委员、常委、副书记（主持党委工作），免去王亚杰同志的中共国家海洋环境预报中心委员会副书记职务。

5. 2016 年 10 月 17 日，根据国家海洋局国海人字 [2016] 492 号文，任命于福江为国家海洋环境预报中心副主任（兼）。

国家卫星海洋应用中心

主任、党委副书记（兼）　蒋兴伟

党委书记、副主任（兼）　林明森

副　主　任　刘建强

纪委书记　何宗玉

副主任　王其茂

变动情况

1. 2016 年 8 月 15 日，根据中共国家海洋局党组国海党发 [2016] 85 号文，任命林明森同志为中共国家卫星海洋应用中心委员会书记。

2. 2016 年 8 月 15 日，根据国家海洋局国海人字 [2016] 376 号文，任命林明森为国家卫星海洋应用中心副主任（兼）。

3. 2016 年 10 月 17 日，根据中共国家海洋局党组国海党发 [2016] 118 号文，任命何宗玉同志为中共国家卫星海洋应用中心委员会委员，中共国家卫星海洋应用中心纪律检查委员会委员、书记。

4. 2016 年 10 月 28 日，根据国家海洋局国海人字 [2016] 549 号文，任命王其茂为国家卫星海洋应用中心副主任，试用期一年。

国家海洋技术中心

主　任　罗续业

副主任　侯纯扬

党委副书记兼纪委书记　卜玉兵

副主任　夏登文

国家海洋标准计量中心

党委书记兼纪委书记、副主任（兼）

边鸣秋
副主任　姚　勇　隋　军

中国极地研究中心
主任、党委副书记（兼）　杨惠根
副主任　刘顺林
党委副书记兼纪委书记　朱建钢
副主任　孙　波
变动情况

1. 2016 年 6 月 12 日，根据中共国家海洋局党组国海党发 [2016] 55 号文，换届后杨惠根同志兼任中共中国极地研究中心委员会副书记。

2. 2016 年 11 月 9 日，根据国家海洋局国海人字 [2016] 565 号文，免去李院生的中国极地研究中心副主任职务。

3. 2016 年 12 月 5 日，根据中共国家海洋局党组国海党发 [2016] 153 号文，免去袁绍宏同志的中共中国极地研究中心委员会书记、委员职务。

4. 2016 年 12 月 5 日，根据国家海洋局国海人字 [2016] 647 号文，免去袁绍宏的中国极地研究中心副主任职务。

国家深海基地管理中心
主　任、党委副书记（兼）　于洪军
党委书记兼纪委书记、副主任（兼）
刘保华
副主任　王为群　邬长斌

国家海洋局海洋减灾中心
主　任、党委书记　王　斌
副主任　张义钧
变动情况

1. 2016 年 12 月 5 日，根据国家海洋局国海人字 [2016] 621 号文，免去高忠文的国家海洋局海洋减灾中心主任职务。

2. 2016 年 12 月 5 日，根据国家海洋局国海人字 [2016] 642 号文，任命王斌为国家海洋局海洋减灾中心主任。

4. 2016 年 12 月 5 日，根据中共国家海洋局党组国海党发 [2016] 139 号文，免去高忠文同志的中共国家海洋局海洋减灾中心委员会副书记、委员职务。

5. 2016 年 12 月 5 日，根据中共国家海洋局党组国海党发 [2016] 150 号文，任命王斌同志为中共国家海洋局海洋减灾中心委员会委员、书记，免去李晨阳同志的中共国家海洋局海洋减灾中心委员会副书记、委员兼纪律检查委员会书记、委员职务。

国家海洋局海岛研究中心
主　任　蔡　锋
变动情况

1. 2016 年 11 月 8 日，根据国家海洋局国海人字 [2016] 555 号文，免去高文的国家海洋局海岛研究中心副主任职务。

2. 2016 年 12 月 5 日，根据国家海洋局国海人字 [2016] 619 号文，免去李文君的国家海洋局海岛研究中心副主任职务。

3. 2016 年 12 月 11 日，根据中共国家海洋局党组国海党发 [2016] 155 号文，免去余兴光同志的中共国家海洋局海岛研究中心临时委员会书记职务。

国家海洋局第一海洋研究所
所长、党委副书记（兼）　李铁刚
党委书记、副所长（兼）　乔方利
党委副书记兼纪委书记　孙永福
副所长　王宗灵　魏泽勋
变动情况

1. 2016 年 1 月 19 日，根据国家海洋局国海人字 [2016] 17 号文，任命李铁刚为国家海洋局第一海洋研究所所长，免去马德毅的国家海洋局第一海洋研究所所长职务。

2. 2016 年 1 月 19 日，根据中共国家海洋局党组国海党发 [2016] 7 号文，任命李铁刚同志为中共国家海洋局第一海洋研究所委员会委员、党委副书记（兼），免去马德毅同志的中共国家海洋局第一海洋研究所委员会委员职务。

3. 2016年6月21日，根据国家海洋局国海人字[2016] 277号文，免去高振会的国家海洋局第一海洋研究所副所长职务。

国家海洋局第二海洋研究所
所长、党委副书记（兼）　李家彪
党委书记、副所长（兼）　沈家法
副所长　郑玉龙　石建左　黄大吉
纪委书记　王小波
变动情况

2016年12月6日，根据中共国家海洋局党组国海党发[2016] 140号文，换届后王小波同志的中共国家海洋局第二海洋研究所委员会副书记职务自然免除。

国家海洋局第三海洋研究所
党委书记、副所长（兼）　吴日升
副所长　陈玉荣　张海峰　陈彬
纪委书记　陈建宁
变动情况

1. 2016年12月9日，根据中共国家海洋局党组国海党发[2016] 163号文，换届后陈建宁同志的中共国家海洋局第三海洋研究所委员会副书记职务自然免除。

2. 2016年12月11日，根据国家海洋局国海人字[2016] 649号文，免去余兴光国家海洋局第三海洋研究所所长职务。

国家海洋局天津海水淡化与综合利用研究所
所长　李琳梅
党委书记、副所长（兼）　韩家新
纪委书记　赵楠
总工程师　阮国岭
1. 2016年11月16日，根据中共国家海洋局党组国海党发[2016] 124号文，换届后

赵楠同志的中共国家海洋局津海水淡化与综合利用研究所委员会副书记职务自然免除。

2. 2016年12月5日，根据国家海洋局国海人字[2016] 618号文，免去康健的国家海洋局天津海水淡化与综合利用研究所副所长职务。

国家海洋局海洋发展战略研究所
党委书记兼纪委书记、副所长（兼）
贾宇
副所长　商乃宁　于建
变动情况

1. 2016年1月13日，根据国家海洋局国海人字[2016] 28号文，免去高之国的国家海洋局海洋发展战略研究所所长职务。

2. 2016年1月13日，根据中共国家海洋局党组国海党发[2016] 12号文，免去高之国同志的中共国家海洋局海洋发展战略研究所委员会副书记、委员职务。

3. 2016年6月20日，根据国家海洋局国海人字[2016] 275号文，任命于建为国家海洋局海洋发展战略研究所副所长。

国家海洋局海洋咨询中心
主任、党委副书记（兼）　屈强
党委书记、副主任（兼）　李晨阳
副主任　李涛　向友权
变动情况

1. 2016年1月13日，根据中共国家海洋局党组国海党发[2016] 17号文，免去柯昶同志的中共国家海洋局海洋咨询中心委员会书记、委员兼纪律检查委员会书记、委员职务。

2. 2016年1月13日，根据国家海洋局国海人字[2016] 64号文，免去柯昶的国家海洋局海洋咨询中心副主任职务。

3. 2016年12月5日，根据中共国家海洋局党组国海党发[2016] 151号文，任命李晨阳同志为中共国家海洋局海洋咨询中心委员会委员、书记。

4. 2016 年 12 月 5 日，根据国家海洋局国海人字 [2016] 643 号文，任命李晨阳为国家海洋局海洋咨询中心副主任（兼）。

国家海洋局宣传教育中心
党委书记、副主任（兼） 江华安
副主任 李 航 朱德洲 王 忠
变动情况

1. 2016 年 8 月 17 日，根据国家海洋局国海人字 [2016] 371 号文，免去盖广生的国家海洋局宣传教育中心主任职务。

2. 2016 年 8 月 22 日，根据中共国家海洋局党组国海党发 [2016] 86 号文，任命江华安同志为中共国家海洋局宣传教育中心委员会委员、书记。

3. 2016 年 8 月 22 日，根据国家海洋局国海人字 [2016] 378 号文，任命江华安为国家海洋局宣传教育中心副主任（兼）。

4. 2016 年 12 月 5 日，根据中共国家海洋局党组国海党发 [2016] 138 号文，免去李航同志的中共国家海洋局宣传教育中心委员会副书记兼纪律检查委员会书记、委员职务。

5. 2016 年 12 月 5 日，根据国家海洋局国海人字 [2016] 620 号文，任命李航为国家海洋局宣传教育中心副主任。

中国海洋报社
社长兼总编辑、党委副书记（兼）
赵晓涛
党委书记、副总编（兼） 翟亚娜
纪委书记 李文君
副社长 苏 涛
变动情况

2016 年 12 月 5 日，根据中共国家海洋局党组国海党发 [2016] 137 号文，任命李文君同志为中共中国海洋报社委员会委员，中共中国海洋报社纪律检查委员会委员、书记；免去翟亚娜同志的中共中国海洋报社纪律检查委员会书记、委员职务。

国家海洋局机关服务中心
主任、党委副书记（兼） 王文明
副主任 叶加平 张正树

海洋出版社
社长、党委副书记（兼） 杨绥华
党委副书记（主持党委工作） 牛文生
副社长 李正楼
变动情况

1. 2016 年 1 月 13 日，根据中共国家海洋局党组国海党发 [2016] 18 号文，免去阿东同志的中共海洋出版社委员会书记、委员兼纪律检查委员会书记、委员职务。

2. 2016 年 1 月 13 日，根据国家海洋局国海人字 [2016] 65 号文，免去阿东的海洋出版社副社长职务。

3. 2016 年 6 月 20 日，根据中共国家海洋局党组国海党发 [2016] 60 号文，任命牛文生同志为中共海洋出版社委员会委员、副书记（主持党委工作）。

4. 2016 年 6 月 20 日，根据国家海洋局国海人字 [2016] 276 号文，免去牛文生的海洋出版社副社长职务。

5. 2016 年 8 月 15 日，根据国家海洋局国海人字 [2016] 438 号文，任命李正楼为海洋出版社副社长，试用期一年。

国家南极考察训练基地
主 任（兼） 秦为稼
副主任（兼） 夏立民
变动情况

2016 年 2 月 1 日，根据国家海洋局国海人字 [2016] 94 号文，任命秦为稼为国家南极考察训练基地主任（兼）；任命夏立民为国家南极考察训练基地副主任（兼）。

图书在版编目（CIP）数据

2017 中国海洋年鉴 /《中国海洋年鉴》编纂委员会编.
-- 北京：海洋出版社，2018.6
ISBN 978-7-5210-0138-9

Ⅰ. ①2… Ⅱ. ①中… Ⅲ. ①海洋–中国–2017–年
鉴 Ⅳ. ①P7-54

中国版本图书馆 CIP 数据核字（2018）第 143744 号

中 国 海 洋 年 鉴

（1982 年创刊）

编　　辑：《中国海洋年鉴》编辑部
　　　　　　地址：天津市河东区六纬路 93 号　　　邮编：300171
　　　　　　电话：（022）24010853　　　　　　传真：（022）24011262
　　　　　　E-mail：coy@mail.nmdis.gov.cn
责任编辑：张　荣
出　　版：海洋出版社
　　　　　　网址：http://www.oceanpress.com.cn
　　　　　　地址：北京市海淀区大慧寺路 8 号　　　邮编：100081
印　　刷：北京朝阳印刷厂有限责任公司
开本：787mm×1092mm　　1/16　　　　字数：710 千字
印张：29.75（插页：14 页）　　　　　印数：1~2000 册
版次：2018 年 6 月第 1 版　　　2018 年 6 月第 1 次印刷
定价：220.00 元（精）